U0325028

ПРАКТИЧЕСКИЙ РУССКО-КИТАЙСКИЙ НЕФТЕГАЗОВЫЙ СЛОВАРЬ

实用俄汉油气词典

邓民敏　徐文世　主编

石油工業出版社

内 容 提 要

本书收录了石油天然气行业相关的词条约5万个，内容涉及基础地质、石油地质、油气勘探、开发、开采、钻井、测井、录井、集输、储运、炼化等领域。

本书词条具有较强的针对性与实用性，适合石油科技工作者参阅。

图书在版编目（CIP）数据

实用俄汉油气词典 / 邓民敏，徐文世主编 .
北京：石油工业出版社，2012.3
ISBN 978-7-5021-8917-4

I. 实…
II. ①邓…②徐…
III. ①石油工业－词典－俄、汉②天然气工业－词典－俄、汉
IV. TE-61

中国版本图书馆 CIP 数据核字（2012）第 010219 号

出版发行：石油工业出版社
（北京安定门外安华里 2 区 1 号　100011）
网址：www.petropub.com.cn
编辑部：（010）64523561　发行部：（010）64523620
经　销：全国新华书店
印　刷：北京中石油彩色印刷有限责任公司

2012 年 3 月第 1 版　2012 年 3 月第 1 次印刷
880×1230 毫米　开本：1/32　印张：23.75　插页：1
字数：868 千字

定价：120.00 元

（如出现印装质量问题，我社发行部负责调换）
版权所有，翻印必究

《实用俄汉油气词典》编委会

顾　问　吕功训

主　任　邓民敏

副主任　张本全　刘廷富　牛　刚　钱治家　刘合年

主　编　邓民敏　徐文世

副主编　余志清　陈怀龙　韩文阁

参加人员　李　刚　李高潮　刘秀联　燕　丽　任　辉
　　　　　高　彬　杨宝君　王　勇　刘安铖　荆立朴

前言

20世纪80年代至今，国际油气领域科学与技术得到快速发展，出现了大量的专业新词。同时中国与俄罗斯、哈萨克斯坦、乌兹别克斯坦、土库曼斯坦等独联体国家油气的合作领域与规模不断扩大，因此，编写一本现代的专业的《实用俄汉油气词典》很有必要。

在本词典编写过程中，作者收集并整理了油气领域上、下游各个生产环节大量专业词汇。本词典具有很强的针对性与实用性，内容涉及基础地质、石油地质，油气勘探、开发、开采、钻井、测井、录井、集输、储运、炼化等领域，约5万个专业词条。同时在本词典附录中还系统地收录了俄罗斯与中亚地区含油气盆地的信息、油气田信息、石油经济信息等，对上述地区从事油气领域科技交流、生产活动、商务合作、油气项目的运作，具有重要的参考价值。

本词典在出版过程中得到中国石油（土库曼斯坦）阿姆河天然气公司及一些专家、教授的帮助和支持。本词典编委会向对本词典的审核与校译的专家、教授徐树宝、方义生、韩大宇、李继康、蔡镜仑表示感谢！编辑词典是一种复杂而细致的工作，在本词典的编写过程中虽然尽了很大努力，但难免存在一些不足与缺陷，希望广大读者提出宝贵意见，以便今后进一步改进。

2011年7月

使用说明

1. 根据油气领域科学与技术发展趋势及生产特征，为了方便检索与应用，对本词典内容进行分类：

【安】劳动保护、技术安全、环境保护；

【地】基础地质、油气地质、地理、油气勘探；

【震】地震学、地震勘探技术与方法；

【物】物理学、地球物理学（不包括地震、测井技术）；

【钻】钻井、录井、修井、地层测试、地层改造技术与工艺；

【测】测井技术与方法；

【采】油气开采、地面建设；

【储】油气储存与运输；

【炼】油气炼化及其产品；

【化】地球化学、化学分析；

【机】石油机械、仪器。

2. 对于跨多个技术领域的词条与通用词条，不进行分类。

3. 对词义相近的众多词条进行统一归类，在同一基准词条下进行检索，不仅利于俄汉词条查找，还有助于汉俄翻译查词，如探井、开发井、生产井、水平井、定向井等均在“**скважина**井”这一基准词条之下。

4. 括号内为同义词，或词义解释，或缩略语。

5. 中文省略号统一用“…”表示。

6. 对于词义相同的若干词条相继排列，以“，”分隔，位于前列的词条使用频率较高。

目录

A

А Альпы【地】阿尔卑斯(山脉)

А алюминий【化】铝(Al)

А ампер 安培, A(电流单位)

А андезит【地】安山岩

А анод【化】阳极

А антрацит【地】无烟煤

А арагонит【地】文石

АА атомно-абсорбционное определение【物】原子吸收测定

ААВЦ активная акустическая визирная цель【物】主动声测目标

ААИ амплитудный анализатор импульсов【震】脉冲振幅分析器

ААНИИ Арктический и Антарктический Научноисследовательский Институт 南北极科学研究所

Ааленский ярус【地】阿林阶(侏罗系)

ААС азотно-активирующая система【物】氮活化系统

ААСФ атомно-абсорбционная спектрофотометрия【物】原子吸收光谱测定法

АБ абиссальная фация【地】深海相

аб. абонент (长期)用户, 订户

АБ аккумуляторная батарея 蓄电池(组)

АБ акустическая база【测】声测基线

АБ артезианский бассейн【地】自流盆地, 承压盆地

АБ асбестовая бумага 石棉纸

АБ асфальтобетон 沥青混凝土

Абалакская свита【地】阿巴拉克组(西西伯利亚, 卡洛夫—基末利阶)

абандон 废弃; 弃权; 委付; 担保; 票据担保; 票据保付; 物权担保

абгезия 脱黏, 防黏作用

АБД автоматизированный банк данных 自动化数据库

АБД администратор базы данных 数据库管理员; 数据库管理程序

аберрация【物】像差, 光行差

сферическая аберрация【物】球面偏差

хроматическая аберрация【物】色差

аберрация света【物】光行差

АБЗ автобензозаправщик【储】加油汽车

АБЗ асфальтобетонный завод 沥青混凝土工厂

абиогенный【地】非生物成因的

абисса【地】深海

абиссаль【地】深海

абиссальный【地】深海的; 深度的, 深成的

абиссальная ассимиляция【地】深同化作用, 深成同化

абиссальная глина【地】深海黏土

абиссальная дифференциация【地】深成岩浆分化(作用)

абиссальная зона【地】深成带; 深海带

абиссальный ил【地】深海软泥

абиссальная инжекция (инъекция)【地】深成贯入作用

абиссальная красная глина【地】深海红黏土

абиссальная (пучинная) область【地】深海区

абиссальная океаническая впадина 【地】大洋深盆地
абиссальные отложения (осадки) 【地】深海沉积
абиссальная фация【地】深海相
абисокониты【地】深海钙质软泥, 深海钙质泥岩
абисситы【地】含锰结核黏土岩
абиссолиты【地】深成岩体, 深成贯入岩体
абиссопелиты【地】深海红黏土, 深海泥质岩
АБК акустический боковой каротаж【测】声波侧向测井
АБКТ аппаратура бокового каротажа трехэлектродного зонда 【测】三电极系侧向测井仪
аблятор 烧蚀材料, 烧蚀体, 烧蚀屏, 烧蚀层
абляция【地】磨削, 消融; 脱离作用
АБ-Олг альбит-олигоклаз【地】钠奥长石
абонемент 预约券, 预约, 预订, 用户卡片, 用户
аборальный орган【地】反口方感觉器
АБР Азиатский банк развития 亚洲开发银行
АБР Африканский банк развития 非洲开发银行
абразив 磨蚀剂, 研磨料
абразивность 研磨性
абразивный 研磨的, 磨料的; 砂轮的
абразивные материалы (абразионные материалы, шлифовальные материалы) 研磨料
абразионный【地】海蚀的
абразионный берег【地】海蚀岸
абразионный высокий берег【地】侵蚀高海岸
абразионный низкий берег【地】侵蚀低海岸
абразионный пенеплен【地】海蚀准平原
абразионная платформа【地】海蚀台地
абразионная поверхность【地】海蚀面
абразионная терраса【地】海蚀阶地
абразионный уступ【地】海蚀崖
абразит【地】钙沸石
абразия (снашивание)机械磨损【地】海蚀; 磨蚀作用
ветровая абразия【地】风蚀
водная абразия【地】水冲刷作用
морская абразия【地】海蚀
речная абразия【地】河流冲蚀
абриаханит (родусит)【地】纤铁蓝闪石
абрис 草图
аброльдж【地】蘑菇状大型珊瑚礁 (较平坦, 外形极不规则)
АБС автоматическая буйковая станция 自动浮标站
абсолютизация 绝对化【炼】脱水
абсолютный 绝对的
абсолютный базис эрозии【地】绝对侵蚀基准面
абсолютная величина 绝对值
абсолютный вес 绝对重量
абсолютная влагоемкость (водопоглощающая способность) 绝对湿度, 绝对湿容量, 绝对吸湿率
абсолютная влажность воздуха 空气绝对湿度

абсолютное время пробега【震】绝对走时
абсолютная высота【地】海拔高度；绝对高度
абсолютная вязкость 绝对黏度，绝对黏滞性
абсолютная гауссовская система единиц 绝对高斯单位制
абсолютный геологический возраст【地】绝对地质年代
абсолютное геологическое времяс-числение【地】绝对地质时序
абсолютная геохронология【地】绝对地质年代学
абсолютная градуировка 绝对校准，绝对标定；绝对刻度，绝对分度
абсолютная датировка возраста【地】绝对年龄测定
абсолютная деформация 绝对变形
абсолютное значение 绝对值
абсолютное измерение 绝对测量
абсолютная калибровка 绝对标定
абсолютная масса **Земли**【地】地球绝对质量
абсолютная невязка 绝对闭合差
абсолютный нуль 绝对零度(热力学温度)
абсолютное отклонение 绝对偏差
абсолютная отметка【地】绝对标高，海拔
абсолютная отметка устья скважины【钻】井口绝对标高
абсолютная ошибка 绝对误差
абсолютная погрешность 绝对误差
абсолютная (физическая) пористость【地】绝对(物理)孔隙度
абсолютная (физическая) проницаемость【地】绝对(物理)渗透率
абсолютное перемещение 绝对位移
абсолютная пластичность 绝对塑性
абсолютная поправка 绝对校正
абсолютное сжатие 绝对压缩
абсолютная сила тяжести 绝对重力
абсолютная система единиц 绝对单位系统
абсолютная температура 绝对温度
абсорбат 被吸收物，被吸收的物质
абсорбент 吸收剂；吸收质
бедный абсорбент 贫液吸收剂
жирный абсорбент 富液吸收剂
насыщенный абсорбент 饱和吸收剂
селективный (избирательный) абсорбент 选择性吸收剂
щелочной абсорбент 碱性吸收剂
абсорбер 减震器【炼】吸收塔，吸收器(同 поглотитель)
аммиачный абсорбер【炼】氨液吸收塔
графитовый абсорбер【炼】石墨吸收塔
капельный абсорбер【炼】滴式吸收塔
каскадный абсорбер【炼】梯式吸收塔
кварцевый абсорбер【炼】石英吸收塔
насадочный абсорбер【炼】充填式吸收塔
полочный абсорбер【炼】格栅式吸收塔
сетчатый абсорбер【炼】网栅式吸收塔
струйный абсорбер【炼】喷射式吸收塔
тарельчатый абсорбер【炼】碟形吸收塔，塔盘式吸收塔

трубчатый абсорбер【炼】柱状吸收塔
абсорбер-десорбер【炼】吸收—解吸塔
абсорбированный 被吸收的
абсорбирующий 吸收的
абсорбирующее средство 吸收剂
абсорбционный 吸收的
абсорбционная колонна【炼】吸收塔
абсорбционная ось 吸收轴
абсорбционная полоса 吸收带
абсорбционная потеря 吸收损失
абсорбционная способность 吸收能力
абсорбционная среда 吸收介质
абсорбция (поглощение, всасывание) 吸收, 吸收作用
абс.отм. абсолютная отметка【地】绝对标高, 绝对高程
абсоцемент 石棉水泥
АБСС автоматная буйковая сейсмическая станция【震】自动浮标地震站
абстракция 抽象化
абсцисса 横坐标, 横线, 坐标横轴
АБТ автоматический батитермограф 深水温度自动记录仪
АБУ автоматическое блокирующее устройство【机】自动连锁装置
абфарада【物】电磁法拉
АБЦВМ автоматическая быстродействующая цифровая вычислительная машина 自动快速数字计算机
абшайдер 分离器, 离析器
АВ аварийный выключатель 紧急开关, 应急开关
АВ автомат времени 自动定时装置
АВ акустическая волна【物】声波
а.в. амплитуда волны【震】波幅
АВ антарктический воздух【地】南极气团
АВ арктический воздух【地】北极气团
АВ атомный вес【化】原子量
АВ атмосферный воздух【地】大气
аванкамера 预燃室
аванс 预付; 垫款
аварийно-спасательный【安】抢险急救的
аварийность 事故, 故障; 失事; 事故率(率)
аварийный【安】事故的; 应急的
аварийная работа【安】修理工程, 抢修工作
авария 事故; 故障; 失事; 损坏
губительная авария【安】工伤事故
дорожная авария【安】交通事故
неожиданная авария【安】意外事故
пожарная авария【安】火灾事故
авария в скважине【钻】井下事故
авария дизеля 柴油机故障
авария с бурильной колонной【钻】钻井管柱(串)事故
авария с буровым долотом【钻】钻头事故
аваруит【地】铁镍矿
АВБ автомобильная буровая вышка【钻】车载钻塔(井架)
АВБ агрегат вращательного бурения【钻】旋转式钻机
авганит (авгитовый андезит)【地】辉安岩, 无橄玄武岩
авгит【地】普通辉石(辉石)
авгитит (пироксенит)【地】辉石岩

(辉岩), 玻辉岩

авгито-【地】辉(石)的

авгито-биотитовый гранит【地】辉石黑云母花岗岩

авгитовый【地】辉石的

авгитовый андезит【地】辉安岩(普通辉石安山岩)

авгитовый афанит【地】辉石隐晶岩(辉石细密岩)

авгитовый витрофир【地】辉玻基斑岩

авгитовый витрофирит【地】辉玻基玢岩

авгитовое габбро【地】辉石辉长岩

авгитовый гиаломелан (лимбургит)【地】辉石玄武玻璃(辉石玄武岩玻璃)

авгитовый гранит【地】辉花岗岩

авгитовый гранитит【地】辉黑云花岗岩

авгитовый гранулит【地】辉粒变岩, 辉石白粒岩

авгитовый диорит【地】辉闪长岩

авгитовый зеленый сланец【地】辉绿片岩

авгитовый керсантит【地】辉云斜煌岩

авгитовый лампрофир【地】辉煌斑岩

авгитовый латит【地】辉石二长安山岩

авгитовый мерафир【地】辉石暗玢岩

авгитовая минетта【地】辉云煌岩

авгитовый монцонит【地】辉石二长岩

авгитовый норит【地】辉苏长岩

авгитовый ортофир【地】辉正长斑岩

авгитовый перидотит【地】普通辉石橄榄岩(辉石橄榄岩)

авгитовый порфир【地】辉石斑岩

авгитовый порфирит【地】辉石玢岩

авгитовый пропилит【地】辉石青盘岩(辉石粒状安山岩)

авгитовый серпентин【地】辉石蛇纹岩

авгитовый сиенит【地】辉石正长岩

авгитовый сланец【地】辉石片岩

авгитовый тешенит【地】辉石沸绿岩

авгитовый тоналит【地】辉石英闪岩

авгитовый трахит【地】辉石粗面岩

авгитовый фогезит【地】辉石闪辉正煌岩

авгито-диоритовый порфирит【地】辉闪长玢岩

авгито-сиенитовый аплит【地】辉正长细晶岩(辉石正长半花岗岩)

авгито-сиенитовый порфир【地】辉正长斑岩

авгито-содалитовый сиенит【地】辉方纳正长岩

авезакит (авезасит)【地】钛铁辉闪脉岩

авиабензин【炼】航空汽油

авиабензол【炼】航空苯

авиабилет 飞机票

авиагоризонт 航空地平线

авиамасло【炼】航空机油, 航空润滑油

авиаметеослужба авиационная метеорологическая служба【地】航

空气象局

авиаметеостанция авиационная метеорологическая станция【地】航空气象站

авиаразведка【地】航空勘探，航(空)测(量)

авиасъемка【地】航空测量，航空摄影，航测

авиатранспорт 航空运输

авиация 航空

авизо (签发的)通知书，传票；汇票通知书

авизование (签发)通知

телеграфное авизование 电报通知

авизование платежей 付款通知

авизование чека 支票

авиолит【地】堇云角岩

АВК акустический видеокаротаж【测】声波成像测井

АВКС аномально-высокое коллекторское свойство【地】异常高储集性

авлакоген【地】台沟(地台上深陷的槽谷)；拗拉槽

АВО агрегат воздушного охлаждения 空冷器

авометр 万用电表；安伏欧计

АВПД аномальное внутрипоровое породное давление【地】岩石异常孔隙压力

АВПД аномальное высокое пластовое давление【地】异常高地层压力

АВПД аномальное высокое поровое давление【地】异常高孔隙压力

Австралийская платформа【地】澳大利亚地台

Австралийский массив【地】澳大利亚地块

Австралия【地】澳大利亚

авт. автоматика 自动学；自动设备；自动装置

автигенный (аутигенный)【地】自生的

автикластический【地】自碎的

автиморфный【地】变形组分的

авто-(ауто-) 自，原

автобаза【储】汽车站；汽车基地；汽车运输公司

автобензин【炼】车用汽油

автобензозаправщик【储】汽车加油工

автобензол【炼】车用苯

автобензоцистерна【储】油槽汽车

автобетономешалка【钻】混凝土搅拌汽车，汽车式混凝土搅拌机

автоблокировка 自动连锁，自动闭塞

автобрекчия【地】自生碎屑角砾岩

автобус 公共汽车

автовыключатель 自动开关，自动断路器

автогенез【地】自生作用

автогенератор 自激振荡器

автогенерация 自激振荡

автоген 气焊，熔焊

автогенный 自生的；气焊的；自发的

автогент 气焊机

автогенщик 切割工，气切工，气焊工

автогидроочистка 自动水力净化；自动水力清理

автограмма 自动记录图

автограф 自动测图仪

автозагрузка 自动加载

автозапор 自动闩

автозаправщик【储】加油车，加

注车
автозатаскиватель【钻】自动拖放工具
автозащита 自动保护, 自动保险; 自动保护装置
автоионизация 自电离
автокатализ【化】自动催化
автокатушка【钻】自动锚头
автоклав【化】高压釜, 反应釜
автоклавировать【化】高压蒸煮
автоклазы【地】自生裂隙, 自碎
автокласт【地】自生角砾岩
автокластический【地】自碎的
автоковариация 自协方差, 自协变
автоколонка【储】汽车加油管
автокомпенсатор 自动补偿器
автоконтроль 自动控制
автокоррекция 自动校正
автокорреляционный 自相关的
автокорреляционная свертка 自相关褶积
автокорреляционный спектр 自相关谱
автокорреляционная функция 自相关函数
автокорреляция 自相关
автокран 自动吊车, 吊管机
автол 机油, 润滑油
автолебедка 带绞盘汽车, 吊车
автолестница【安】自动防火梯, 自动消防梯
автолиз (автометаморфизм) (细胞)自溶作用【地】自变质
автолит【地】同源包体(同源捕虏体)
автомат. автоматизация 自动化
автомат 自动装置, 自动机; 自动电话
дуговой сварочный автомат 电弧焊机
пескоструйный автомат【钻】水力喷砂机
поплавковый автомат откачки 浮动式抽水机
автомат включения 自动开关
автомат времени 自动计时装置
автомат для понижения устьевого давления【采】井口自动降压装置
автомат для свинчивания и развинчивания труб【钻】套管自动旋拧装置
автомат для спускоподъемных операций【钻】自动提升(起下钻)作业装置
автомат для установки нижнего конца свечей【钻】钻杆立根底端自动安装机
автомат подачи бурильной трубы【钻】钻杆自动给进装置
автомат подачи бурового долота【钻】钻头自动给进装置
автомат по развинчиванию【钻】自动卸开装置
автоматизация 自动化, 自动控制
автоматизация сейсмических наблюдений【震】地震观测自动化
автоматизированность 自动化程度
автоматизированный 自动化的
автоматика 自动化(学科); 自动化技术; 自动装置
автоматический 自动的; 自动化的
автоматический графопостроитель 自动绘图仪
автоматическая запись 自动记录
автоматический индикатор азимута 自动方位指示器
автоматическая каротажная стан-

ция【测】自动测井站
автоматическая катушка 自动线圈
автоматическая миграция【震】自动偏移
автоматическая обработка 自动处理
автоматическая обработка сейсмограмм【震】地震图像自动处理
автоматическая подача【钻】自动给进
автоматическая проверка 自动校正
автоматический регистратор 自动记录器
автоматическая регистрация 自动记录
автоматическая регулировка усиления 放大率自动调节
автоматический регулятор амплитуд【震】自动振幅控制器
автоматическая сейсмическая станция【震】自动地震站
автоматическая система обработки сейсмограмм【震】地震图像自动处理系统
автоматическая система регулирования нагрузки на долото【钻】钻头负荷(钻压)自动调节系统
автоматическое слежение 自动跟踪,自动追踪
автоматическая смазка 自动润滑
автоматическая труборезка【钻】自动切管刀
автоматическая фотозапись 自动照相记录
автоматчик 自动化操作工人
автомигматиты【地】自变混合岩
автомобиль 汽车
аварийный грузовой автомобиль【安】紧急求援卡车
буксирный грузовой автомобиль【钻】拖车
грузовой автомобиль для развозки труб по трассе трубопровода【储】(管线建设专用)管道运送卡车
пожарный автомобиль【安】消防车
пожарный автомобиль пенного тушения【安】泡沫消防车
пожарный автомобиль порошкового тушения【安】粉末消防车
пожарный автомобиль с насосной установкой【安】带泵消防车
поливальный (поливочный) автомобиль 洒水汽车
автомобиль-лебедка【钻】起重车
автомобиль-нефтевоз【储】油罐汽车
автомобиль-сейсмостанция【震】带地震仪器卡车,车载地震仪
автомобиль-тягач 牵引车
автомобиль-цементовоз【钻】水泥车
автомонитор 自动监督器;自动监督程序
автоморфный (аутоморфный, идиоморфный)【地】自形的(本形的)
автоморфные минералы (аутоморфные минералы)【地】自形矿物
автономно 自主地;独立地
автоокисление【化】自动氧化作用;自动氧化
автопереключение 无级变速
автопневматолиз (магматический автокатализ)【地】岩浆自气成作用

автопогрузчик 自动装载机; 自动装卸机

автоподатчик【钻】自动送料器, 自动推进器

автоподача【钻】自动送钻, 自动推进

автоподъемник 车载(多节)升降机

автоподстройка (автоматическая подстройка частоты)【震】频率自动微调; 自动调频装置

автопоры【地】大管(孔)

автоприцеп 汽车拖车

авторейс【钻】自动起下钻装置

авторское право 著作权

автосамосвал 翻斗车, 自动倾卸卡车

автострада 公路, 汽车路

автотерморегулятор 自动调温器

автотранспорт 汽车运输

автотрансформатор 自耦变压器, 单线圈变压器, 自动变压器

автотрофный 自养的

автотрофные организмы【地】自养生物

автоуправление 自动控制

автохозяйство 汽车运输业

автохтон【地】原地岩体

автохтонный【地】原地岩体的, 原地自生的

автохтонный массив【地】原地岩块

автохтонные отложения【地】原地沉积

автохтонная свита【地】原地岩系

автохтонные угли【地】原地煤; 原地生成煤

автоцистерна 槽车, 罐车

пожарная автоцистерна【安】消防水车, 消防车

автоцистерна для горючего газа【储】燃料气槽车

автоцистерна для перевозки нефтепродуктов【储】成品油运输槽车

автоцистерна с самотечным сливом【储】自动放油油槽汽车

автоэстакада【储】油料自动装卸平台

АВУ аналоговое вычислительное устройство 模拟计算机

АВЦ акустическая визирная цель【物】声测目标

АВЭ амплитуда и время экстремума【震】振幅与时间极大值

АГ алкоксильная группа【地】烷氧基, 烃氧基

АГА Американская газовая ассоциация 美国天然气学会

агальматолит【地】寿山石, 宝塔石

агатовый【地】玛瑙的

агатовый порфир【地】玛瑙斑岩

АГВ акустико-гравитационная волна【物】声重(力)波

агломерат (агломерат) 烧结块; 烧结矿; 附聚物【地】集块岩

агломерирующее вещество 熔结剂

агглютигермы【地】藻灰岩

агглютинация 胶结作用

аградация (аградация, намыв, нанос, намывание отложения)【地】堆积作用

аггрегат (агрегат)【地】集合体, 结晶体【化】聚集体

аггрегатная поляризация (агрегатная поляризация)【地】极偏光化

аггрегационные формы【地】集合形状

аггрегация (агрегация) 聚集作用;

A

群聚

Агеевская толща【地】阿格耶夫岩层(下石炭统)

агент【地】营力, 作用力; 因素【化】试剂

активизированный агент【化】活化剂

алкирирующий агент【化】烷化试剂

антиобрушивающийся агент【钻】井壁防塌剂

антипенный агент 防泡沫剂

блокирующий агент【钻】封堵剂(堵水, 堵漏)

буферный агент【钻】缓冲试剂

восстановительный агент【化】还原剂

вспенивающий агент 起(泡)沫剂

вулканизирующий агент 硫化剂; 固化剂

газообразный агент 气态试剂

дегидратирующий агент【炼】脱水剂

дезактивирующий агент 减活(化)作用试剂, 钝化作用试剂

деэмульгирующий агент【钻】脱乳剂

диспергирующий агент【钻】分散剂

диспергирующий агент для вскрытия продуктивного пласта【钻】揭露产层分散剂

желатинизирующий агент 胶凝试剂, 凝胶化试剂

загрязняющий агент 污染物质, 污染剂

закупоривающий агент【钻】堵塞剂, 封堵剂, 堵水剂

коррозирующий агент 腐蚀剂, 致腐组分

модифицирующий агент 改性(型)剂

насыщающий агент 饱和试剂

обессоливающий агент【炼】脱盐剂

обрабатывающий агент 处理剂

огнетушительный агент【安】灭火器药剂

окислительный агент 氧化剂

охлаждающий агент 冷却剂

очистительный агент 净化剂

пенообразующий агент 起泡剂

противозамерзающий агент 防冻剂

противокоррозионный агент 防腐剂

рабочий агент 工作试剂

расклинивающий агент【钻】支撑剂, 压裂支撑剂

смачивающий агент 润滑剂

флокулирующий агент 絮凝剂

эмульгирующий агент 乳化剂

агент выщелачивания 碱洗剂

агент денудации【地】剥蚀作用力

агент для удаления бурового раствора【钻】钻井液清洗剂

агент для удаления парафина【采】除蜡剂

агент закупорки【采】封堵剂, 堵塞剂

агент коагуляции 凝固剂

агент минерализации【地】矿化剂

агент морфогенеза【地】地貌营力

агент переноса【地】搬运营力, 搬运作用力

агент, повышающий смачивающую способность 增加润滑性试剂

агентство 管理署; 代理处

АГЗУ автоматизированные групповые замерные установки 自动组合计量装置(自动计量站)

АГИС автоматизированная государственная информационная система 国家自动化信息系统

агитация 扰动; 搅拌作用

АГКМ Астраханское газоконденсатное месторождение【地】阿斯特拉罕凝析气田

АГКС автоматическая газокаротажная станция【测】自动气测站

агломерат (аггломерат)【地】集块岩

агломератопенобетон 泡沫熔渣混凝土

агломерацирование 附聚

агломерация 成团作用, 凝聚, 聚结

аглопорит 多孔烧结料, 轻骨料

АГМТС автоматическая гидрометеорологическая телеизмерительная станция【地】自动遥测水文气象站

АГО автоматическая геофизическая обсерватория【地】自动地球物理天文台

агон【化】辅基

агональный 无偏差的

агоническая линия【地】零磁偏线, 无偏线

АГП аномальное геохимическое поле【地】异常地球化学场

агравитационный【地】无重力的, 失重的

аградация【地】加积作用; 聚集作用, 填积; 淤高

агрегат 机组【地】集合体; 聚集体

автогенный агрегат 气焊机

буровой агрегат【钻】钻机

буровой агрегат, самоходный【钻】移动式钻机

вибрационный агрегат【钻】振动装置

выпрямительный агрегат 整流装置

газогенераторный агрегат【炼】气体发生装置

газоперекачивающий агрегат【储】天然气增压机, 天然气压缩输送机组

генераторный агрегат【机】发电机组

гусеничный электросварочный агрегат 焊接工程车

депарафинизационный агрегат【采】清蜡车

дизель-генераторный агрегат【机】柴油发电机组

дизель-насосный агрегат【机】柴油机泵组

заливочный агрегат【储】注液车【钻】固井装置, 注水泥装置; 水泥车

запасной агрегат 辅助设备, 辅助装置

зарядный агрегат 充电机, 充电设备

насосный агрегат 泵装置(总成)【钻】泥浆泵组

насосный агрегат, погружной【采】潜油泵

насосный агрегат, рамный 滑动托架泵组

насосный агрегат с гидроприводом 水力驱动泵装置

насосный агрегат, электроцентробежный погружной【采】离心式潜油泵

опрессовочный агрегат【钻】试压机

пескосмесительный агрегат【钻】混砂机

плавучий агрегат【钻】钻井船

подъемный агрегат【采】提升机组; 修井机

промывочный агрегат【采】洗井机

свабирующий агрегат【采】抽汲机, 抽汲绞车; 抽油机

силовой агрегат【采】动力装置

силовой агрегат, одношкивный 单皮带轮动力设备

цементировочный агрегат【钻】水泥车

цементировочный агрегат, мощный【钻】大型水泥车

цементировочный агрегат с 2 насосами【钻】双泵固井车

цементосмесительный агрегат【钻】水泥搅拌装置

агрегат возбуждения【震】激发装置

агрегат для заканчивания скважин【钻】完井设备

агрегат для капитального ремонта скважины【钻】井大修机组

агрегат для налива в бочки【储】油桶加注机

агрегат для подземного ремонта скважины【钻】井下修井机

агрегат для разбуривания цементных пробок【钻】钻水泥塞机组

агрегат для электродуговой сварки 电弧焊装置, 电焊机

агрегат питания 供电装置

агрегат разбрызгивающего насоса【钻】喷淋泵总成

агрегат-дизель 柴油机

вспомогательный агрегат-дизель 辅助柴油机, 备用柴油机

главный агрегат-дизель【机】主柴油机

агрегатизация 聚集作用; 群集, 群聚

агрегатный 机组的; 成套设备的; 集合体的

агрегация 凝集作用

агрессивность【化】腐蚀性, 侵蚀性, 侵蚀作用

коррозийная агрессивность【化】腐蚀性侵蚀

результирующая агрессивность【化】合成腐蚀

агрессивный 腐蚀的, 侵蚀性的

агрессивная вода【化】侵蚀性水

агрессивная грунтовая вода【地】侵蚀性潜水

агрессивная среда【化】侵蚀介质

агрессивная углекислота【化】侵蚀性二氧化碳, 侵蚀性碳酸

агрессия【化】侵蚀性; 侵蚀力【地】侵蚀作用

химическая агрессия【化】化学侵蚀

агрометр 面积计算尺

АГРС автоматическая газораспределительная станция【储】自动煤气配给站, 自动配气站

АГС автоматизированная газоаналитическая система【化】自动化气体分析系统

АГС автомобильный гаммаспектрометр【测】伽马能谱测定车

АГФУ абсорбционногазофракционирующая установка【炼】气体分馏吸收装置

АД алмазное долото【钻】金刚石钻头

АД амплитудный детектор【震】振幅检测器, 鉴幅器

адамантан【化】金刚烷

адамеллито-грейзен【地】石英二

长云英岩(二长花岗质云英岩)

АДАП аппарат для дисперсного анализа в непрерывном потоке【物】连续流分散离差分析器

адаптация 环境适应性; 适应, 采用; 配合, 匹配

адаптер 适音器【钻】管汇接箍; 接头器; 适配器

адаптивный 适应的

адаптивная система сейсмозащиты【震】防震自适应系统

АДВ активно действующее вещество 活性物质

адвективный механизм【物】平流机理

адвекция【地】地幔平流

АДГ аварийный дизель-генератор 备用柴油发电机

адгезив мастичный 胶黏剂

адгезиометрия 黏附测量

адгезия【化】黏附, 附着

аддитив дизельный 柴油添加剂

аддитивный 附加的, 添加的

аддитивный метаморфизм【地】附加变质作用

адекватный 完全符合的, 完全适合的; 相同的, 相等的

аделогенный【地】非显晶质的

адергнейс (артерит)【地】脉混合岩, 脉状片麻岩

АДИ агентство деловой информации 商业情报机构, 业务信息机构

адиабата 绝热; 绝热线, 绝热曲线

адиабатический (адиабатный) 绝热的

адиабатический градиент【物】绝热梯度

адиабатическая конвекция【物】绝热对流

адиабатический модуль сжатия【物】绝热压缩模量

адиабатический объемный модуль【物】绝热体积模量

адиабатический процесс【物】绝热作用

адиабатическое равновесие【物】绝热平衡

адиабатическое расширение【物】绝热膨胀

адиабатическое сжатие【物】绝热压缩

адиагностический【地】隐晶质的

администратор 系统管理员, 程序管理员; 组织程序, 管理程序

адмитанц (адмитанс)【物】导纳

АДН автоматическая дистанционная настройка【物】自动遥控调谐

адрес 地点, 地址

адрес взятия пробы【地】取样地点

адрес инструкции 指令地址

АДС автоматическая дуговая сварка 自动电弧焊(接)

АДС аккумулятор давления в скважине【钻】井下高压聚能器(测试射孔), 井下火药压力发生器

АДС аргоно-дуговая сварка 氩弧焊(接)

адсорбат 被吸附物

адсорбент 吸附剂

гидрофобный адсорбент (憎水)疏水性的吸附剂

диспергированный адсорбент 分散吸附剂

кремнистый адсорбент 硅质吸附剂

природный адсорбент 天然吸附剂

A

твердый адсорбент 固体吸附剂
адсорбент из активированного угля 活性炭吸附剂
адсорбент из гидроокиси кальция 氢氧化钙吸附剂
адсорбент из гидроокиси натрия 氢氧化钠吸附剂
адсорбер 吸附器
адсорбирование 吸附
адсорбированный 被吸附的
адсорбированная вода 吸附水
адсорбированный слой 吸附层
адсорбируемость 吸附性
адсорбирующие земли 吸附土(天然吸附剂)
адсорбция 吸附
избирательная адсорбция 选择性吸附
необратимая адсорбция 不可逆吸附
низкотемпературная адсорбция 低温吸附
поверхностная адсорбция 表面吸附
повторная адсорбция 重新吸附, 重复吸附
химическая адсорбция 化学吸附
хроматографическая адсорбция 层析吸附, 色谱法吸附
адсорбция газа на твердой поверхности 固体表面气体吸附
АДУ аппаратура дистанционного управления 遥控设备
адун-чилон (адун-чолон)【地】含宝石伟晶花岗岩
адхеция 黏附, 黏着; 附着力, 黏附力
адыры【地】零乱丘陵地形
ажурность 稀疏度, 精微性
АЗ аварийный запас【安】应急储备(品)
азабаш【地】褐煤
Азиатская плита【地】亚洲板块
Азиатско-Средиземноморский пояс【震】亚洲—地中海(地震)带
азимут 方位(角); 地平经度
азимут вектора деформации 应变矢量方位
азимут длинной стороны выработки【采】坑道长侧方位角
азимут колебаний почвы【地】地动方位角
азимут на источник【震】向震源方位角
азимут на очаг землетрясения【震】向震源方位角
азимут на станцию【震】向台站方位角
азимут на эпицентр【震】向震中方位角
азимут осей напряжения【地】应力轴方位角
азимут падения пласта【地】地层倾向方位角
азимут падения плоскости разрыва【地】断层面倾向方位角
азимут первого вступления【震】初动(至)方位角
азимут первого движения【震】初动方位角
азимут поляризации【震】偏振方位角
азимут пройденного направления 后视方位角
азимут простирания (азимут линии простирания)【地】走向方位角
азимут сейсмического луча【震】地震射线方位角
азимут станции наблюдения【震】

观测台站方位角
азимут ствола скважины【钻】井眼倾斜方位角
азимут с эпицентра【震】震中方位角
азимут эпицентр-станции【震】震中—台站方位角
азимутальный 方位角的, 地平经度的
азимутальная буссоль 方位罗盘仪
азимутальная диаграмма 方位图
азимутальный дрейф 方位漂移, 方位偏移
азимутальная корреляция 方位对比
азимутальный метод сейсмического наблюдения【震】方位地震观测方法
азимутальное наблюдение 方位观测
азимутальное направление 方位
азимутальная невязка 方位角闭合差
азимутальное окружение 方位圆
азимутальное определение 方位角测定
азимутальное отклонение 方位偏差
азимутальная проекция 方位投影
азимутальное распределение 方位分布
азимутограмма 方位图
азиэтан【化】氮乙烷
азобензол【化】偶氮苯
азовскит【地】棕铁矿; 胶棕铁矿
Азовское море【地】亚速海
Азовско-Подольский (Украинский) щит【地】亚速—波多尔(乌克兰)地盾
азойский【地】无生界(代)的
азойская группа【地】无生界
азойские образования【地】无生物建造
азойские отложения【地】无生代沉积
азойская эра【地】无生代
азональный【地】不分带的, 非地带性的; 泛域的
азональные грунтовые воды【地】不分带潜水
азосоединения【化】偶氮化合物
азот【化】氮(N)
газообразный азот【化】气态氮
доступный азот【化】有效性氮, 可利用氮
жидкий азот【化】液态氮
нитратный азот【化】硝态氮, 硝酸氮
общий азот【化】总氮
азотизация【化】硝化, 硝化作用
азотирование【化】硝化作用
азотистокислый【化】亚硝酸的
азотистокислый натрий【化】亚硝酸钠
азотистокислая соль【化】亚硝酸盐
азотистый【化】亚氮的, 含氮的, 氮化的, 亚硝的
азотистая кислота【化】亚硝酸
азотистые основания【化】亚硝酸基
азотистые соединения【化】含氮化合物
азотистые удобрения【化】氮肥料, 氮肥
азотистый цинк【化】氮化锌
азотнокислый【化】硝酸的
азотнокислый калий【化】硝酸钾
азотнокислая медь【化】硝酸铜
азотнокислый натрий【化】硝酸钠

азотнокислые соли【化】硝酸盐类
азотнокислый цинк【化】硝酸锌
азотный【化】氮的, 含氮的, 硝的
азотный ангидрид【化】硝(酸)酐, 五氧化二氮
азотная кислота【化】硝酸
азотная крепкая кислота【化】浓硝酸
азотная реактивная кислота【化】试剂用硝酸
азотная слабая кислота【化】稀硝酸
АЗС автозаправочная станция【储】自动加油站
азурит (медная лазурь)【地】石青, 蓝铜矿
АЗЧ аппаратура звуковых частот【测】声频仪
АИ анализатор импульсов【测】脉冲分析器
АИК аппаратура индукционного каротажа【测】感应测井仪
АИКМ амплитудная импульсно-кодовая модуляция【震】脉冲编码调幅
АИМ амплитудно-импульсная модуляция【测】脉冲幅度调制, 脉冲调幅
АИМ амплитудно-импульсный модулятор【震】脉冲调幅器
АИМК аппаратура индукционно-магнитного каротажа【测】感应磁性测井仪
АИП автоматический измерительный прибор【采】自动计量仪
АИПС автоматизированная информационнопрогнозирующая система 自动化信息预测系统
АИС автоматизированная информационная система 自动化信息系统
Айдаркуль【地】艾达尔库尔湖
Айон【地】艾翁岛
айсберг【地】冰山; 海洋冰山
АК автомобильный кран汽车起重机
АК активационный каротаж【测】活化测井
АК акустический каротаж【测】声波测井
АК акционерная компания 股份公司
АК акционерный капитал 股金, 股本
АК антикатод 对阴极, 对负极
АК антимонопольный комитет 反垄断委员会
АК апокатагенез【地】深变质成因, 高变质成因; 晚后生作用
АК астрономический компас【地】天文罗盘, 天文罗经
академия 科学院; 研究院
акаустобиолиты (акаистобиолиты, негорючий биолит)【地】不可燃有机岩, 非燃性生物岩
АКБ автоматический ключ бурения【钻】自动拧管机, 钻杆液压大钳
Акбаштауская пачка【地】阿克巴什套层(二叠系下统)
АКВ автоматический контроллер влажности 湿度自动控制器
аквабитумоиды【地】水溶沥青
акваланг 水中呼吸器
акваметрия【地】测水(法)
акватория【地】海湾; 水域, 水面
аквафон 测听器, 测声器
Аквитанский ярус【地】阿启坦阶(渐新统顶部)
акклюзия (金属的)吸氢作用
аккомодация 调节作用; 适合, 适应

аккредитив 付款凭单
аккреционный 增生的
аккреционная плита【地】增生板块
аккреционная призма【地】增生柱, 增生楔
аккреция【地】增生作用
вертикальная аккреция земной коры【地】地壳垂向增生
аккумулирование 聚集; 贮蓄【地】堆积作用, 充填沉积作用
аккумулятивный 堆积的
аккумулятивный вулкан【地】堆积火山
аккумулятивная гора【地】堆积山
аккумулятивная долина【地】堆积谷
аккумулятивное образование【地】堆积建造
аккумулятивная равнина【地】堆积平原
аккумулятивная терраса【地】堆积阶地
аккумулятивные формы рельефа【地】堆积地形
аккумулятор 存储器; 电瓶; 蓄电池; 累加器
беспоршневой гидравлический аккумулятор 无隔板液压蓄能器
кислотный аккумулятор 酸性电池
пневматический аккумулятор 压缩空气瓶
сферический аккумулятор с направляемым поплавком【储】导向浮动式球形存储罐
цилиндрический аккумулятор с направляемым поплавком【储】导向浮动式圆柱型存储罐
шаровой аккумулятор【储】球形储液罐
аккумуляторный 蓄电池的; 蓄储器的
аккумуляторный бассейн 蓄电池; 蓄水池
аккумуляторная батарея 蓄电池组
аккумуляторная кислота【化】蓄电池用酸
аккумуляторный рудничный электровоз【采】矿用蓄电池电车
аккумуляционный 叠积作用的, 堆集作用的
аккумуляционная вулканическая теория【地】火山堆积理论
аккумуляционная способность каналов 渠道的蓄水能力
аккумуляция【地】沉积充填作用, 堆积作用; 聚集作用
аккумуляция нефти и газа【地】油气聚集
аккуратность 准确度, 精确度
аклиническая линия【地】无倾线, 零磁倾角线
акме-зона【地】生物峰带
акмит【地】锥辉石, 绿辉石
акмитовый трахит【地】锥辉粗面岩
аком. акустический ом【地】声欧(姆)
акратопега【地】微矿化冷泉
акрил【化】丙烯醛基(丙烯)
акриламит【化】丙烯酰胺(酯)
акрилат【化】丙烯酸盐
акрилил【化】丙烯酰
акрилиловый【化】丙烯的, 丙烯酸的, 丙烯酸酯的
акрилонитрил【化】丙烯腈
акролеин【化】丙烯醛

акролит【化】丙烯醛树脂
АКС автоматизированная картографическая система 自动化成图系统
АКС автоматическая каротажная станция【测】自动测井站, 自动测井车
акселерация 加速度
акселерометр 加速计
акселерометрия 加速测量
аксессуар 附属物, 附加物
аксиальный 轴线的, 轴向的
аксиальное колебание 轴向振动
аксиальное напряжение 轴向应力
аксиальная скорость 轴向速度
аксиолит【地】椭球粒, 十字晶条, 轴粒
аксиома 公理; 原理
аксонометрическая 立体投影的, 轴测投影的, 轴线测定的, 均角投影的
аксонометрическая проекция 三向图, 不等角投影图
аксонометрический метод проектирования 不等角轴线投影法
аксонометрия 轴测法, 投影图法, 三向图, 立体投影法
аксотомный (аксотомический)【地】定向辟理的
акт 法令；证书, 证明书；凭据
приемо-сдаточный акт 交接单
акт выбора площадок 土地划拨证明
акт об испытании 测试证书
акт о начале работ по строительству 开工证明
акт передачи буровой установки в эксплуатацию 钻机投产交接书
акт передачи строительной площадки 施工现场交接书
акт приемки 验收说明书
акт приемки выполненных работ 竣工工程验收说明书
акт простоев 停工说明书
акт свидетельствования скрытых работ 隐蔽工程证明
акт технического осмотра 技术检验证书
акт экспертизы 检验证明
актив 资产(与负债пассив相对应)
движимые активы 动产
материальные активы 有形资产
недвижимые активы 不动产
нематериальные активы 无形资产
активатор【化】催速剂, 促活剂, 接触剂
активизация【化】活化
неотектоническая активизация【地】新构造活化
эпиплатформенная активизация【地】地台期后活化
активизированный 使活化的
активизированная платформа【地】活化地台
активизированный прогиб【地】活化凹陷
активизированный разлом【地】活化断层
активирование【化】活化, 激活
активированный【化】活化的, 激活的, 使具有活性的
активированный уголь (активный уголь)【化】活性炭
активность 活性, 活度
диффузионно-адсорбционная активность породы【地】岩石扩散吸附活性

коррозионная активность【化】腐蚀性
наведенная активность【物】感应强度
окислительная активность【化】氧化强度
оптическая активность【物】旋光性
остаточная активность【物】剩余强度
поверхностная активность【物】表面活性
сейсмотектоническая активность【地】地震构造活动性
тектоническая активность【地】构造活动性
фильтрационная активность【物】渗透活性
электрохимическая активность【化】电化学强度
активность бурового раствора【钻】泥浆活性
активность ионов【化】离子活性
активный 活性的, 有效的; 能动的; 放射性的; 有源的
активный вулкан【地】活火山
активный глубинный разлом【地】活动深大断裂
активный горст【地】活动地垒
активный грязевой вулканизм【地】活泥火山
активная зона【地】活动带
активная зона землетрясений【地】活动地震带
активная континентальная окраина【地】主动大陆边缘, 活动大陆边缘
активная масса 活性物质
активный период 活动周期
активная платформа【地】活动地台
активная плоскость разлома【地】活动断裂面
активная помеха 有源干扰
активная потеря 有功损耗
активный разлом【地】活动断裂
активный сброс【地】活断层
активная часть водоносного горизонта【地】含水层活动部分
актинолитовый【地】阳起石的
актинолитовый асбест【地】阳起石石棉
актинолитовый сланец (амиантовый сланец)【地】阳起石片岩
актиноэлектричество 光电
актовый 正式文件的
актор 两级反应物; 作用物, 反应物
актуализм【地】将今及古方法论; 现实说; 活动论
АКУ автоматическое контрольное устройство 自动控制装置
акустика【物】声学
строительная акустика【物】建筑声学
акустическая жидкость (инпеданс или волновое сопротивление)【震】声阻抗
акуметр 听声器, 测听器
акустический【物】声学的
акустический альтиметр 回声测高仪
акустический буй 声呐浮标
акустический датчик 声传感器
акустический диапазон 声波频段
акустическое измерение расстояния 声测距
акустический импеданс (импеданц)【震】声阻抗
акустическая индуктивность【物】

A

声感应

акустическое колебание【物】声振动

акустический контакт【物】声接触

акустический лот 回声测深锤

акустическое поглощение【物】声吸收

акустическое поле 声场

акустический прибор 声学仪器

акустическая проницаемость【物】声传导率

акустическая разведка【震】声波勘探

акустическое свойство среды【物】声介质学特性

акустический сигнал【物】声音信号, 声频信号

акустическая сигнализация【物】声音信号系统; 声音信号装置

акустическое сопротивление【震】声阻抗

акустическое сопротивление, активное【震】有效声阻抗

акустический спектр【物】声谱

акустическое течение【物】声流

акустическая тонкослоистость【物】声薄层

акустический трансформатор 声变换器

акустический удар【震】声震, 声冲击

акустический уровень【物】声级

акустическая эмиссия (АЭ)【震】声发射

акустический эхолот 回声测深仪

АКФ автокорреляционная функция 自相关函数

АКЦ акустический контроль цементирования скважин【测】水泥胶结质量评价声波测井, 水泥固井声波测井

акцепт 承兑

акцептант 承兑人

акцессорные 附带的, 副的, 补助的

акцессорные минералы (второстепенные минералы)【地】副矿物(附生矿物)

акцессорные части【地】附生成分【化】副成分

акциденция 附加税

акциз 消费税

акция 股票

АКЧ автоматический контроль чувствительности 灵敏度自动控制

Акчагыльский ярус【地】阿克恰格尔阶(上新统顶部)

АКШ акустический каротаж, широкополосный【测】宽频带声波测井

АКЭТ агрегатированный комплекс электроразведочной техники 全套电法勘探技术设备

АЛ Алашаньская микроплита【地】阿拉善微板块

АЛ Алеутская вулканическая зона【地】阿留申火山带

АЛ Алеутский срединный массив【地】阿留申中间地块

Алазея【地】阿拉泽亚河

Алайский горизонт【地】阿莱层(中始新统)

Алаколь【地】阿拉湖

Алашанькоу【地】阿拉山口

АЛБ арифметико-логический блок 运算逻辑单元, 运算逻辑部件

алгебра 代数学

алгебра матриц 矩阵代数
алгебра операции 代数运算
алгебра суммы 代数和
алгебраический 代数的
Алгол (АЛГОЛ) 算法语言
Алгонкинский (алгонкский, альгонкинский, альгонкский) период【地】阿尔冈纪(元古代)
Алгонкинская (алгонкская, альгонкинская, альгонкская) эра【地】元古宙
Алгонкская группа【地】元古宇
Алгонкская революция【地】阿尔冈运动
Алгонкская система【地】元古系
алгоритм (алгорифм) 算法, 阿拉伯数字算法
Алдан【地】阿尔丹河
Алданский массив【地】阿尔丹地块
алдоза【化】醛糖
алебастр (тонкозернистый гипс, алебастрит)【地】纯白生石膏, 雪花石膏【钻】生石膏泥浆加重剂
алеврит (тонкозернистый песок)【地】粉砂
алевритовый (алевритистый)【地】粉砂状的, 粉砂质的
алевритовая фракция【地】细粉屑组分(0.01～0.1mm)
алевролит【地】粉砂岩
глинистый алевролит【地】泥质粉砂岩
слабоглинистый алевролит【地】微泥质粉砂岩
алевропелит【地】粉砂质泥岩
Александрийский ярус【地】亚历山大阶(上志留统)
Алексинский горизонт【地】阿列克辛层(下石炭统)
алексоит【地】橄榄硫化岩, 磁黄铁橄榄岩
алембик【化】蒸馏器
алеутит【地】闪辉长斑岩
Алеутская впадина【地】阿留申海沟
алидада 照准仪, 测高仪
ализонит【地】闪铜铅矿
алиос (ортштейн)【地】变粒暗褐色砂岩(有机质和铁质胶结石英砂岩)
алитировать 渗铝, 铝化, 镀铝
алифатический【化】脂肪族的
алифтное масло【化】阿利夫油
алициклический【化】脂环族的
алкали (щелочь)【化】强碱
алкали-гастигсит【地】碱性富铁钠闪石
алкализация【化】碱化
алкалиметр 碱度计
алкалиметрия【化】碱量滴定法
алкалоиды【化】生物碱, 植物碱
алкан【化】烷烃
изопреноидный алкан【化】异戊二烯型烷烃
нормальный алкан【化】正构烷烃
алкен【化】烯烃
алкидный【化】醇酸树脂的, 醇酸的
алкил【化】烷基; 烃基
алкиламин【化】烷胺
алкиларил сульфонаты【化】烃基芳基磺酸盐
алкилат【化】烷基化物
алкилбензин【品】烷基化汽油
алкилбензол【化】烷基苯

A

алкилбензолсульфонат【化】烷基苯磺酸盐
алкилен【化】烯烃
алкилиден【化】次烃基, 亚烃基
алкилирование【化】烷基取代, 烃化, 烃基化
алкилоламид【化】羟基酰胺
алкилсульфонат【化】烷基磺酸盐
алкилтолуол【化】烷基甲苯
алкилфенолсульфид【化】硫化烷基酚盐
алкин【化】炔烃
алкоголь (спирт)【化】酒精, 醇
алкоголят【化】醇化物
алкон【化】酮
аллагит【地】绿辉矿; 不纯蔷薇辉石
аллактит【地】砷水锰矿
аллель【化】等位基因
аллен【化】丙二烯
алливалит【地】橄榄钙长岩, 橄长岩
аллил【化】烯丙基
аллилен【化】丙炔
аллилбромид【化】丙烯溴
аллиловый【化】丙烯基的
аллилхлорид【化】丙烯氯
аллимеры【化】丙烯基聚合物
аллобар 变压区
аллогенный【地】他生的; 外源的
аллометаморфизм【地】外力变质作用, 外动力变质作用, 他变质作用
аллометрон 量变
алломигматиты【地】外变混合岩, 他变混合岩
алломорфизм【地】同质异形
алломорфит【地】贝状重晶石
аллопрен【化】氯化橡胶
аллотигенный【地】外来的, 他生的
аллотиморфный【地】他形的
аллотропия【化】同素异形
аллотропы【化】同素异形体
аллохем【地】异化颗粒(相对于 частица и зерно)
аллохтон【地】外来岩体
аллохтонный【地】异地的, 外来的
аллохтонное залегание【地】异地产状
аллохтонный механизм【地】异地机理
аллохтонная теория происхождения каменного угля【地】煤异地成因说(移积说, 漂积说)
аллохтонные угли【地】异地生成煤, 移积煤
аллохтонная формация【地】异地建造
аллювий (аллювиальная формация, нанос)【地】冲积层
аллювиальный【地】冲积的
аллювиальный грунт【地】冲积土
аллювиальный конус【地】冲积扇(锥)
аллювиальная котловина【地】冲积河谷盆地
аллювиальное месторождение【地】冲积矿床
аллювиальное образование【地】冲积建造
аллювиальные осадки【地】冲积物, 淤积物
аллювиальное отложение【地】冲积层
аллювиальная терраса【地】冲积阶地

аллювиальная формация (образование)【地】冲积建造
алмаз 金刚石
буровой алмаз【钻】钻井金刚石
искусственный алмаз 人工金刚石
овализованный алмаз 磨圆金刚石
плоскогранный алмаз 平面金刚石
природный алмаз【地】天然金刚石
синтетический алмаз 合成金刚石
технический алмаз 工业用金刚石
алмазный 金刚石的, 金刚的
алмазный блеск【地】金刚光泽
алмазный бур【钻】金刚石钻具
алмазное долото【钻】金刚石钻头
алмазный шпат (камень) 刚玉
алонж【钻】延长管
АЛП астрономическая линия положения【地】天文位置线
Алтаиды【地】阿尔泰褶皱带
Алтай【地】阿尔泰山脉
алумиан【地】无水矾石
альбедо 反射率, 反照率
альбертиты【地】黑沥青(一种煤沥青)
альбит【地】钠长石
альбитизация【地】钠长石化, 钠长石化作用
альбитит【地】钠长岩
альбитовый【地】钠长的, 钠长石的
альбитовый гранит【地】钠长花岗岩
альбитовый диабаз【地】钠长辉绿岩
альбитовый диорит【地】钠长闪长岩
альбом образцов 标本册
альгариты【地】藻沥青
альгинит【地】藻类体
альдегид【化】醛
аллиловый альдегид【化】丙烯醛
масляный альдегид【化】丁醛
муравьиный альдегид【化】蚁醛
салициловый альдегид【化】水杨醛
уксусный альдегид【化】乙醛
альдегидокислота【化】醛酸
альдоспирт【化】醛醇
альманах 历书; 年报, 年鉴
альмукантарат【地】等高圈, 地平线圈
Альпиды【地】阿尔卑斯褶皱带
Альпийский【地】阿尔卑斯(期, 式)的
Альпийский вулканизим【地】阿尔卑斯火山作用
Альпийская геосинклинальная складчатая область【地】阿尔卑斯地槽褶皱区
Альпийский ороген【地】阿尔卑斯造山带
Альпийский орогенез【地】阿尔卑斯造山运动
Альпийская система【地】阿尔卑斯山系
Альпийское складчатое основание【地】阿尔卑斯褶皱基底
Альпийская складчатость【地】阿尔卑斯褶皱
Альпийско-Средиземноморско-Индонезийский пояс【震】阿尔卑斯—地中海—印度尼西亚地震带
альтернатор 交流发电机
альтернация 交变
альтиграф 测高仪
альтиметрия【地】高度测量

альтипланация【地】夷平作用
альтитуда【地】海拔(高度)
альтитуда (стола) ротора【钻】补心海拔, 钻盘海拔高度
альфа-активность радона【物】氡的α粒子放射性
альфа-лучи【物】α射线
альфа-метод【物】α测量法
альфа-частица【物】α粒子
алюминат【地】铝酸盐, 铝酸盐类
алюминиевый【化】铝的
алюминий【化】铝(Al)
алюминит【地】矾石
алюмосиликаты【化】铝代硅酸盐
алюмоферрит【化】铝铁酸盐
аляскиты【地】白岗岩
Алясовская свита【地】阿拉索夫组(西西伯利亚, 欧特里夫阶)
АМ амплитудная модулирование【震】振幅调制, 调幅
АМ амплитудный максимум【震】振幅最大值
АМ Амурская плита【地】阿穆尔板块
АМ аэромагнитометр【地】航空磁力仪
амальгама汞齐, 汞膏, 汞合金
амбар【采】油池【钻】污水坑, 污油坑
водяной амбар【钻】污水坑
заборный амбар 围坑
земляной амбар 土坑
нефтяной амбар【钻】油池, 油坑
приемный амбар бурового раствора【钻】泥浆接收池
резервный амбар【钻】备用池
амбар для бурового раствора【钻】泥浆池
амбар для загрязненного раствора【钻】废泥浆池
амбар для хранения бурового раствора【钻】泥浆贮存池
амбар-отстойник【采】沉淀池, 沉砂池, 原油油水初分离池
амбулякральная система【地】步带系统
амбулякральные ножки【地】管足
амбуляторный 走动的, 流动的, 非固定的
АМДВС автономная магнитная донная вариационная станция【地】海底磁变异自动观测站
Америка【地】美洲; 美国
американка (муфта) 活接头
Американская плита (блок)【地】美洲板块
амид【化】酰胺, 氨化物
амидин【化】脒
амидоген【化】胺基
амидогруппа (аминогруппа)【化】胺基
амидопрошводные【化】胺衍生物
амидоспирт【化】氨基醇
амил【化】戊基
амилен【化】戊烯
амилнитрат【化】硝酸戊酯
амилнитрит【化】亚硝酸戊酯
амилоген【化】可溶淀粉
амин【化】胺
аминирование【化】胺化
амино【化】氨基
аминобензол【化】苯胺
аминокислота【化】氨基酸
аминооснование【化】胺硷
аминопласт【化】氨基酸塑胶
аминоспирт【化】氨基醇

аминофенол【化】氨基苯酚
амметр 电流表, 安培计
аммиак【化】氨, 氨气
аммиакат【化】氨合物
аммиачный динамит【化】阿摩尼亚黄炸药
аммонал【化】硝铵炸药
аммоний【化】铵
аммониак【化】氨水
амортизатор 阻尼器, 减震垫, 缓冲器【钻】减震器
буровой амортизатор【钻】钻井用减震器
гидравлический амортизатор【钻】水力减震器
наддолотный амортизатор【钻】钻头减震器
пневматический амортизатор【钻】气动减震器
пружинный амортизатор【钻】弹簧减震器
раздвижной амортизатор【钻】可拆卸减震器
регулируемый амортизатор【钻】可调减震器
резиновый амортизатор【钻】橡胶减震器
амортизационный 阻尼的, 减振的
амортизационная жидкость【钻】减振液
амортизационный цилиндр【机】缓冲缸
амортизированная панель【钻】减振板; 缓冲板
амортизация 减振作用
аморфизм【地】无定形现象, 非晶形现象
аморфный【地】非晶质的
аморфное вещество【地】非晶质物质
аморфное состояние【地】非晶质形态, 非晶质状态
аморфное тело【地】非晶形体, 无定形体
АМП аномальное магнитное поле【地】异常磁场
АМП аэромагнитометр, протонный【地】航空质子磁力仪
ампер 安培
амперметр 安培计, 电流表
цифровой амперметр 数字电流表
амплитуда 幅度, 范围【地】垂直断距, 断距【震】振幅
замкнутая амплитуда【地】(圈闭)闭合幅度
мгновенная амплитуда【震】瞬时振幅
амплитуда аккомодации【震】调节幅度
амплитуда аномалии 异常幅度
амплитуда возмущения【震】干扰幅度, 扰动幅度
амплитуда волны【震】波幅, 波动幅度
амплитуда вступления【震】初动振幅; 初至振幅
амплитуда изменения 变化幅度
амплитуда импульса【震】脉冲幅度
амплитуда качания 摆幅
амплитуда коды【震】尾波振幅
амплитуда колебания 波动幅度
амплитуда колебания уровня 水位变化幅度, 水位差; 液位变化幅度
амплитуда маятника 摆幅
амплитуда первого вступления【震】初动振幅

амплитуда пика 峰值高度
амплитуда поверхностных волн 【震】面波振幅
амплитуда помех【震】干扰幅度
амплитуда прилива【地】潮差
амплитуда пьезоэлектрического сигнала压电信号幅度
амплитуда сброса (вертикальная высота)【地】垂直断距
амплитуда сейсмической волны 【震】地震波振幅
амплитуда сигналов【物】信号幅度
амплитуда складки【地】褶皱幅度
амплитуда смещения【地】断距
амплитуда спектра【震】谱幅
амплитуда структуры【地】构造幅度
амплитуда суточных колебаний 【地】日变幅, 日较差
амплитуда фона 本底幅值, 背景幅值
амплитуда шума 噪声幅值
амплитудно-фазовый способ 【震】振幅相位法
амплитудно-частотная характеристика (АПХ)【震】振幅频率特征
амплитудно-частотно-временная картина【地】振幅频率时间图
амплитудный 振幅的
амплитудный акустический каротаж【测】声幅测井
амплитудное восстановление 【震】振幅恢复
амплитудная деабсорбция【震】振幅反吸收
амплитудное затухание【震】振幅衰减
амплитудное значение【震】振幅值
амплитудное искажение【震】振幅畸变
амплитудная локация【震】振幅定位
амплитудная модуляция【震】振幅调制
амплитудная особенность【震】振幅特性
амплитудное соотношение【震】振幅比
амплитудная характеристика【震】振幅特征曲线
амплификация 放大作用, 扩大
АМПП аэровариант метода переходных процессов【物】航空瞬变过程法
АМПП аэромагниторазведка методом переходных процессов【物】瞬变过程法航磁勘探
АМС алкильные мостиковые связи 【化】烷基桥键, 烃基桥键
Амударьинская газонефтеносная провинция【地】阿姆河含油气省(中亚)
Амударья【地】阿姆河(中亚)
Амур【地】阿穆尔河
амфиболизация【地】闪石化作用
амфиболиты【地】角闪岩
амфиболобаз【地】闪辉绿岩
амфиболовое габбро【地】闪辉长岩
амфидромическая точка【地】无潮点
амфиклиза【地】台双斜
амфион【化】两性离子
амфотерный 两性的
АМЭЭ акустомагнитоэлектрический эффект【物】声磁电效应
АН абсолютный нуль 绝对零度

АН агрегат насосный 泵组
АН академия наук 科学院
АН Антарктическая плита【地】南极洲板块
анабатический 上升的, 上滑的
Анадырь【地】阿纳德尔河
анакустический 无声的
анаклинальный 逆向的
анализ 分析
адсорбционный анализ【化】吸附性分析
базисный анализ【化】基础分析
бактериологический анализ 细菌分析
биономический анализ【地】生态分析
битуминологический анализ【化】沥青分析
валовой анализ【化】全分析
весовой анализ【化】重量分析
газовый анализ【化】气体分析
газометрический анализ【化】气测分析
гармонический анализ【震】谐波分析
геодинамический анализ【地】地球动力学分析
геолого-экономический анализ 地质经济评价
геоморфологический анализ【地】地貌分析
гидравлический анализ 流体动力学分析
гидрологический анализ【地】水文分析
гравиметрический анализ【物】重力测量分析
гравитационный анализ【物】重力分析
гранулометрический анализ【地】粒度分析
графический анализ 图解分析
гребневый анализ【化】峰值分析
групповой анализ【化】族分析; 组合分析
дискретный анализ【化】抽样分析
дифференциальный термографический анализ【物】差热分析
дублетный анализ【化】重复分析
зерновой анализ【地】粒度分析
изотопный анализ【地】同位素分析
иммерсионный анализ【化】油浸分析
инфракрасный анализ【物】红外线分析
калориметрический анализ【物】热量分析
капельный анализ【化】滴定分析
качественный анализ 定性分析
количественный (полуколичественный) анализ (半)定量分析
колориметрический анализ【物】比色分析
контрольный анализ 检测分析
корреляционный анализ【化】相关分析
кристаллографический анализ【地】结晶学分析
литолого-фациальный анализ【地】岩相分析, 岩石学沉积相分析
люминесцентно-битуминологический анализ【地】荧光沥青分析
люминесцентно-хроматографический анализ【物】荧光色谱分析

люминесцентный анализ【物】荧光分析
масс-спектральный анализ (масс-спектраграфический)【物】质谱分析
механический анализ 机械分析
микрохимический анализ【化】微量化学分析
минералогический анализ【地】矿物分析
многомерный регрессионный анализ 多元回归分析
мокрый ситовой анализ【地】湿法筛分析
нейтронно-активационный анализ【化】中子活化分析
нефелометрический анализ【化】浊度分析
объемный анализ【化】容量分析
оптический анализ【物】光学分析
палеогеографический анализ【地】古地理分析
палеотектонический анализ【地】古构造分析
петрографический анализ【地】岩相分析
плито-тектонический анализ【地】板块构造分析
полный анализ, химический【化】全化学分析
полный анализ, элементарный【化】全化学元素分析
поляриметрический анализ【物】旋光分析
последовательный статистический анализ 连续统计分析
приближенный анализ 近似分析
проверочный анализ 测验分析, 检查分析
промысловый анализ【化】矿场化验分析, 现场分析; 油气田水分析
растровый анализ【物】光栅分析
регрессионный анализ 回归分析
рентгенометрический анализ【物】X光分析
рентгенорадиометрический анализ【物】伦琴射线分析
рентгеноструктурный анализ【物】伦琴射线结构分析
ретортный анализ【化】蒸馏分析
ртутный анализ【地】压汞分析
седиментометрический анализ【地】沉速分析
седиментоционный анализ【地】沉积学分析
сейсмостратиграфический анализ【地】地震地层学分析
сейсмофациальный анализ【地】地震沉积相分析
систематический анализ 系统分析
ситовой анализ【地】筛析
спектральный анализ【物】光谱分析
спектральный эмиссионный анализ【物】击发光谱分析
спектроскопический анализ【物】分光镜分析, 光谱分析
спектрофотометрический анализ【物】分光光度分析
споровой анализ (анализ споры)【地】孢子分析
спорово-пыльцевой анализ【地】孢子孢粉分析
структурно-геоморфологический анализ【地】构造地形分析
структурно-групповой анализ

【化】结构组分分析
структурно-фациальный анализ 【地】构造—沉积相分析
структурный анализ【地】构造分析
структурный анализ, силовой 【钻】结构受力分析
термический анализ【物】热分析
трендовый анализ (анализ тенденции изменения)趋势分析
трещиноватый анализ【地】裂缝分析
фазовый анализ【物】相态分析; 相位分析
фациальный анализ【地】(沉积)相分析
фациальный анализ по данным ГИС【地】根据测井资料进行沉积相分析
флуоресцентный рентгенорадиометрический анализ【物】荧光伦琴射线分析
формационный анализ【地】(沉积)建造分析
фракционный анализ【地】颗粒组分分析
функциональный анализ 泛函分析; 函数分析
химико-минералогический анализ 【地】化学矿物分析
химический анализ【化】化学分析
хроматографический анализ【物】色谱分析; 色层分析
численный анализ 数值分析
шлифовой анализ【地】薄片分析
электрографический анализ【物】电子衍射分析
эмиссионоспектральный анализ 【物】击发光谱分析
анализ воды【化】水质分析
анализ волн【震】波分析
анализ годографов【震】时距曲线分析
анализ грохочением 筛法分析; 筛分
анализ деформаций 变形分析
анализ дисперсионных кривых 频散曲线分析
анализ записей близких землетрясений【震】近震记录分析
анализ золы【化】灰分分析
анализ кернов【地】岩心分析
анализ кислотности PH【化】pH酸度分析
анализ масс-спектров【物】质谱分析
анализ методом титрования【化】滴定分析
анализ механизма очага【地】震源机制分析
анализ мощностей【地】厚度分析
анализ на 9 компонентов【化】李氏沥青分析(九分法)
анализ напряжений【地】应力分析
анализ на 4 компонентов【化】李氏沥青分析(四分法)
анализ паяльной трубкой 吹管分析
анализ перерывов и несогласий 【地】沉积间断与不整合分析
анализ подземных вод【化】地下水分析
анализ по Маркуссону【化】马氏沥青分析
анализ последовательностей【地】层序分析
анализ природных газов【化】天然气分析
анализ размерности 因次分析, 量纲

A

分析
анализ сглаживания【地】夷平分析
анализ сейсмограмм【震】地震图分析
анализ состояния месторождений【采】油气田状态分析
анализ сточных вод【化】(工业)废水分析
анализ сырой нефти【化】原油分析
анализ трещины【地】裂隙分析
анализ тяжелых минералов【地】重矿物分析
анализ цепей 电路分析
анализ частоты【物】频率分析
анализ Фулье 傅里叶分析
анализатор 上偏光镜, 分析镜; 检测仪; 化学分析师
анализатор проб на ртуть【化】汞样分析器
анализирование【化】化验, 分析
аналитический 分析的
аналитические весы【化】分析天秤
аналитическое выражение 分析式
аналитическая геометрия 解析几何学
аналитическая функция 解析函数
аналог 模拟, 比拟; 相似现象; 类似事物, 类似体, 模拟体
аналогия 模拟, 比拟, 类推, 类比
анаморфизм【地】深成变质作用
анаморфоз 变形, 失真; 畸形, 变态
анасейсм【震】离(震)源(波); 背震中运动
анатексис【地】深熔作用, 深层熔融作用
анафриксис【地】接触变质作用
анаэробиоз【地】厌氧生物
анаэробный 厌氧的, 乏氧的
Ангара【地】安加拉河
Ангарида【地】安加里达古陆(西西伯利亚和东西伯利亚)
ангармонический 非简谐的, 非调和的
Ангарская геосинклиналь【地】安加拉地槽
Ангарский континент【地】安加拉古陆
Ангарская свита【地】安加拉组(西伯利亚南部)
ангидридный период【地】无水期
ангидризация【化】脱水作用
ангидрит【化】酐【地】硬石膏
бензойный ангидрит【化】苯酸酐
сернистый ангидрит【化】亚硫酐
серный ангидрит【化】硫酐
уксусный ангидрит【化】醋酐, 醋酸酐
хромовый (трехокись хрома) ангидрит【化】铬酸酐
АНГК активационный нейтронный гамма-каротаж【测】活化中子伽马测井
Английский【地】英国的
Англо-Парижская нефтегазоносная провинция【地】英格兰—巴黎含气油省
ангстрем 埃(Å)
андезилабрадорит【地】安山拉长岩
андезито-базальты【地】玄武安山岩
андезитовый【地】安山岩的
андезитовый вулканизм【地】安山岩火山作用
андезитовая линия【地】安山岩线
андезитовый порфир【地】安山

斑岩
андезитовый туф【地】安山凝灰岩
андезитотрахит【地】安山粗面岩
андезиты【地】中长石【地】安山岩
Андийская вулканическая зона【地】安迪亚火山带(侏罗—白垩纪)
андрадит【地】钙铁榴石
анемогенный (атомогенный, аэрогенный, эоловый)【地】风成的
анемограмма 风力自记曲线, 风向风速自记记录, 风速自记图
анемограф 风速自记器
анемометр 风速仪
Анизийный ярус【地】安尼阶(三叠系中下部)
анизобарический 不等压的
анизотропия 非均质性(各向异性)
кристаллографическая анизотропия【地】结晶学各向异性
магнитная анизотропия【地】磁性各向异性
многофакторная анизотропия【地】各向异性
анизотропия земной коры【地】地壳各向异性
анизотропия коэффициента диффузии 扩散率各向异性
анизотропия мантии **Земли**【地】地幔各向异性
анизотропия пород【地】岩性非均质性
анизотропия проницаемости【地】渗透率各向异性
анизотропия скоростей сейсмических волн【震】地震波速各向异性
анизотропия сопротивлений【测】电阻率各向异性
анизотропия среды 介质各向异性
анизотропия упругих свойств 弹性各向异性
анизотропия формы 形状各向异性
анизотропность 非均质性(各向异性)
анизотропность горных пород【地】岩性各向异性
анизотропный (анизотропический) 各向异性的, 非均质的
анизотропный пласт【地】各向异性地层
анизотропный разрез【地】各向异性剖面
анизотропные тела 非均质体
анилин【化】苯胺
анион【化】(负)阴离子
АНК активационный нейтронный каротаж【测】活化中子测井
анкер 连接板, 连接件, 锚栓, 锚固装置
анкерит【地】铁白云石
анкеровать 锚, 锚定, 锚栓
анкеровка 锚定, 锚固; 锚定件
анкета 调查表; 履历表
аногенный【地】深成喷出的, 喷发的, 上升的
анод 阳极
анодизация【化】阳极作用
анодный 阳极的
анокатагенез【地】后期深成变质
анолит 阳极电解液
аномалия 异常
газометрическая аномалия【钻】气测异常
геофизическая аномалия【物】地

A

球物理异常

геохимическая аномалия【地】地球化学异常

гидрогеотермическая аномалия【物】地热异常

гидрохимическая аномалия【地】水化学异常

гравитационная аномалия (силы тяжести)【物】重力异常

гравитационная аномалия, остаточная【物】剩余重力异常

латеральная аномалия【物】侧向异常

локальная аномалия【物】局部异常

магнитная аномалия【物】磁力异常

магнитная аномалия, материковая【物】大陆磁力异常

магнитная аномалия, региональная【物】区域磁力异常

отрицательная аномалия 负异常

положительная аномалия 正异常

псевдогравиметрическая аномалия【物】假重力异常

радиоактивная аномалия【地】放射性异常

температурная аномалия 温度异常

аномалия **Буге**【物】布格重力异常

аномалия вращения **Земли**【地】地球自转异常

аномалия годографа【震】时距曲线异常

аномалия гравитационного поля【物】重力场异常

аномалия густоты трещиноватости【地】裂隙密度异常

аномалия давления 压力异常

аномалия земного магнетизма【物】地磁异常

аномалия интенсивности 强度异常

аномалия магнитного поля【物】磁场异常

аномалия повышенных сопротивлений【测】高电阻异常

аномалия пониженных сопротивлений【测】低电阻异常

аномалия рефракции【震】折射异常

аномалия силы тяжести【物】重力异常

аномалия силы тяжести Фая【物】法耶重力异常

аномалия **СП**【测】自然电位异常

аномалия типа «залежь»(**АТЗ**)【地】非常规油气藏, 特殊类型油气藏

аномальный 异常的

аномальное значение 异常值

аномальная область 异常区

аномальное поле 异常场

аномальная полоса 异常带

аномальное распределение 异常分布

аномальная точка 异常点

анорганогенный【地】非有机质成因的

анорганолит【地】非有机质岩

анормальность 反常

анормальный 不正常的, 异常的

анорогеновое время【地】非造山运动时期

анортозит (лабрадорит, олигокоазит, плагиоклазит)【地】斜长岩

АНПД аномальное низкое пластовое давление【地】异常低地层压力

АНС абсолютное нулевое состояние 绝对零状态

АНТ Антарктическая плита【地】南极板块
ант. антиклиналь【地】背斜
Антарктида【地】南极洲, 南极大陆
Антарктический древний массив【地】南极古地块
Антарктический круг【地】南极圈
Антарктическая платформа【地】南极洲地台
Антарктическая плита【地】南极板块
Антарктический фронт【地】(气象)南极锋
антеклиза【地】陆背斜, 台背斜, 陆梁
Волго-Уральская антеклиза【地】伏尔加—乌拉尔台背斜
антенна заземленная 接地天线
антецедентный 先成的, 先前的
антецедентная долина【地】先成河谷
антецедентная терраса【地】先成阶地
антибиотик【化】抗生素
антивибратор【钻】防震器
антивспениватель 发泡抑制剂, 消泡剂
антиглавная точка 反主点, 负主点
антигомоклиналь【地】非均斜层
антигравитация 抗重力的
антидетонатор 抗爆剂, 防爆剂; (加在汽油中)抗震剂
антидетонация 抗爆, 防爆
антиканал 反通道
антиклиналоид【地】似背斜层
антиклиналь【地】背斜
асимметричная антиклиналь【地】不对称背斜
веерообразная антиклиналь【地】扇状背斜
вытянутая антиклиналь【地】扁长背斜, 狭长背斜, 纵长背斜, 延伸背斜
закрытая (замкнутая) антиклиналь【地】闭合背斜
килевидная антиклиналь【地】脊状背斜
куполовидная антиклиналь【地】穹窿背斜
лежачая антиклиналь【地】伏卧背斜
наклонная антиклиналь【地】倾斜背斜
нефтеносная антиклиналь【地】含油背斜
опрокинутая антиклиналь【地】倒转背斜
перевернутая антиклиналь【地】倒转背斜
побочная антиклиналь【地】次级背斜, 副背斜
погребенная антиклиналь【地】潜伏背斜
погружающаяся антиклиналь【地】倾伏背斜
пологая антиклиналь【地】平缓背斜
поперечная антиклиналь【地】横背斜
поставленная антиклиналь【地】倾竖背斜
прямая антиклиналь【地】直立背斜
региональная антиклиналь【地】区域背斜
симметрическая антиклиналь【地】

A

对称背斜
сложная антиклиналь【地】复合背斜
антиклинальный【地】背斜的
антиклинальная долина【地】背斜谷
антиклинальный нос【地】构造鼻, 背斜鼻
антиклинальная ось【地】背斜轴
антиклинальный сброс【地】背斜断层
антиклинальная складчатость【地】背斜褶皱作用
антиклинорий【地】复背斜
антикоагулянт 阻凝剂
антиколлапс 反坍缩, 反崩溃
антиконвергентный 反幅合的, 幅合的
антикоррозийный 防腐的, 防锈的
антикоррозийное покрытие 防腐层
антикоррозионный 防腐蚀的
антикоррозия 防腐蚀
антилогарифм 反对数, 真数
антилогенные включения【地】异质包体
антимагнитный 抗磁的
антинакипин 除锈剂
антинометрия 日射测定法; 辐射测量
антиокислитель 抗氧化剂
антиполюс 反极, 对极
антипроницаемость 反渗透性
антипульсатор【钻】消震器
антирастворитель 防溶剂
антирезонас 并联谐振; 反谐振
антисвертывающий 抗凝固的
антисейсмика【震】抗震学
антисейсмический【震】防地震的, 抗震的
антисейсмическая конструкция【震】抗震结构
антисейсмическое мероприятие【震】抗震措施
антисейсмическая норма 抗震规范
антисейсмическая постройка 抗震建筑
антисейсмическое усилие 抗震加固
антисиккатив 增湿剂
антискорч 抗焦剂
антискрип 消声器, 消音器
антифединговый 抗衰减的
антиферментатор 杀菌剂
антифриз 防冻液
антицентр 对震中, 反震中
антициклон【地】反气旋; 高气压
антраколит (антраконит)【地】沥青灰岩
антраксилон【地】镜煤
антрахинон【化】蒽醌
антрацен【化】蒽(并三苯)
антрацит【地】无烟煤
антрацитовый бассейн【地】无烟煤田
антрацитовый уголь【地】无烟煤, 硬煤
антропоген【地】人类起源; 人类时代; 灵生纪(第四纪)
антропогенный фактор【地】人为因素
антропогеновый【地】人类起源的; 人为的
антропозой【地】灵生代(第四纪)
анфилада 穿堂
АНХ Архив народного хозяйства 国民经济档案馆
АНЧ аппаратура низкой частоты

低频仪

А.О. автономная область【地】自治州

АО активный отражатель【震】有效反射层

АО акустооптический 声光的

АО астрофизическая обсерватория【地】天文台, 天体观测台

АО атомная орбиталь【化】原子轨道

АОВ активное органическое вещество【化】活性有机物

АОД автоматическая обработка данных 数据自动处理

АП автоматическая подстройка 自动微调

АП автоматический пробоотборник【钻】自动取样器

АП агрегат для обработки геологических проб【地】全套地质样品处理设备

АП аналоговый процессор 模拟处理机

АП астрономический пункт【地】天文观测站

АП аттенюатор плавный 均匀衰减器, 平稳衰减器

АПАВ анионное поверхностно-активное вещество【地】阴离子表面活性物质

апвеллинг【地】上升洋流

АПГ автоматический построитель графиков 自动成图仪

АПГР автомат записи параметров глинистого раствора【钻】泥浆参数自动记录仪

АПД аппаратура передачи данных 数据传输设备

АПДС автоматизированная прогнозно-диагностическая система 自动化预检系统

апекс 顶点, 尖顶; 脊; 向点

Апеннины【地】亚平宁山脉(意大利)

апериодический 无周期性的, 非周期性的

апериодичность 非周期性

апертура 孔口, 孔径, 孔隙, 口径

апикальная часть 曲线峰部

АПК автоматический преобразователь координат 坐标自动换算器

АПН артезианский погруженный насос【采】自流井潜水泵, 承压井潜水泵

АПО аппаратура предварительной обработки 预处理设备, 预处理机

апогей【地】远地点

апогейный прилив【地】远地点潮

апогрит【地】硬砂岩, 杂砂岩

апокатагенез【地】晚期成岩变质作用

аполярный 非极性的, 各向同性的, 均质的

апопесчаник【地】石英砂岩(变砂岩)

апоседиментогенный【地】变沉积的, 沉积后生的

апоцентр【地】远心点

АПП аптечка первой помощи 急救药箱

Аппалачиа【地】阿巴拉契亚古陆

Аппалачское движение【地】阿巴拉契亚运动

аппарат 器具; 器械; 机器; 仪器; 装置; 器官

автогенный сварочный аппарат 乙

炔焊机
аэрационный аппарат 充气器
бросовый аппарат【钻】投入式测斜仪
ваккум-экстракционный аппарат【化】真空萃取仪
взрывобезопасный аппарат 防爆仪
водо-защищенный аппарат 防水仪
выпарной аппарат 蒸发装置, 蒸发器
дробеструйный аппарат 爆破脉冲装置; 喷砂机
дыхательный аппарат 呼吸器; 通气器
регистрирующий аппарат 记录仪器
режущий аппарат 割枪, 切削装置
аппарат акустического каротажа【测】声波测井仪
аппарат бокового каротажа【测】侧向测井仪
аппарат гамма-гамма-каротажа【测】伽马—伽马测井仪
аппарат для встряхивания 振动仪
аппарат для окисления 氧化器
аппарат для определения влажности 测定湿度仪
аппарат для разрушения эмульсии 防乳化仪, 破乳器
аппарат для сейсмической записи【测】地震记录仪
аппарат для сейсмоакустического профилирования【震】地震声波勘测仪
аппарат для ситового анализа 筛分仪
аппарат для термообработки 热处理仪
аппарат индукционного каротажа【测】感应测井仪
аппарат микробокового каротажа【测】微侧向测井仪
аппарат обсадной трубы【钻】套管设备
аппаратура 装置, 设备, 仪器
контрольно-измерительная аппаратура 控制计量仪器
сигнальная аппаратура 信号仪
телеизмерительная аппаратура 在线分析仪
цифровая каротажная аппаратура【测】数字测井仪
аппаратура акустического каротажа【测】声波测井仪
аппаратура бокового каротажа【测】侧向测井仪
аппаратура дистанционного управления 遥控仪
аппаратура для интерпретации сейсмограмм【震】地震解释仪
аппаратура для перезаписи сейсмических данных【震】地震资料存储(记录)仪
аппаратура для сейсмической записи【震】地震资料记录仪
аппаратура для сейсмической разведки【震】地震勘探仪
аппаратура микробокового каротажа【测】微侧向测井仪
аппаратура радиоактивного каротажа【测】放射性测井仪
аппаратура семиэлектродного бокового каротажа【测】七电极侧向测井仪
аппаратура электрического каротажа【测】电法测井仪
аппаратура ядерно-магнитного каротажа【测】核磁测井仪

АППИ автономный пункт приема информации 信息自动接收站

аппликата 纵坐标, Z坐标, Z轴

аппроксимация 近似值

аппроксимированный модель 近似模型, 逼近模型

аппроксимируемость 近似值, 逼近值

АППУ атомная паропроизводящая установка 原子蒸汽发生装置

АПР автомат по развинчиванию【钻】自动拆卸装置

АПР акустический парамагнитный резонанс【物】声顺磁共振

АПР анализатор плотностей распределения 密度分布分析器

апробация 认可; 赞同; 核准; 批准

АПС аварийно-предупредительная сигнализация 事故预报信号装置

АПС автоматическая пробоотборная станция 自动取样站

апсида【地】回归点, 近日点或远日点

Аптский ярус【地】阿普特阶(白垩系下部)

АПУ автоматическое пневматическое устройство 自动风动装置

АПУ автоматическое предохранительное устройство 自动安全装置, 自动防护装置

АПФ автоматическая подстройка фазы 相位自动微调

АПХ амплитудно-периодичная характеристика【震】振幅周期特性

Апшеронский ярус【地】阿普谢龙阶(中亚及高加索地区, 上新统)

АР автоматическая постройка частоты【震】频率自动微调

АР автоматический регулятор 自动调节器

АР аргиллиты【地】泥岩, 泥板岩

АРА автоматическая регулировка амплитуд【震】振幅自动控制

Арабская формация【地】阿拉伯建造

Аравийская плита【地】阿拉伯板块

Аральское море【地】咸海

Аргентинский【地】阿根廷的

аргиллизация【地】黏土化作用, 泥化作用

аргиллит (аржиллит, глинистый сланец)【地】泥质岩, 泥板岩

алевритистый аргиллит【地】含粉砂泥岩

алевритовый аргиллит【地】粉砂质泥岩

доломитовый аргиллит【地】白云质泥岩

известковистый аргиллит【地】含钙泥岩

известковый аргиллит【地】钙质泥岩

аргиллитовый【地】泥质的

аргилогенетический【地】泥灰沉积的, 泥灰质的

аргилоиды【地】泥页岩类(泥质页岩类, 油页岩及黏土板岩类)

аргон【化】氩(Ar)

аргон-газ【化】氩气

аргоновый метод【化】氩气法

аргумент 幅角, 自变量, 论据, 确证, 理由

Аргунь【地】额尔古纳河

ареал【地】分布区; (某种动植物

的)分布区;(某种经济特征相同的)地区

ареальное 分布区的

ареальные извержения【地】区域性喷发

ареальное интрузивное тело【地】区域性侵入体

арены 地点;场所【化】芳烃

аренда 租赁;租借

Аренигский ярус【地】亚利尼阶(下奥陶统)

аренит (псаммит)【地】砂粒碎屑岩

ареометр 液体比重仪,浮秤

ареометрия 液体比重测量

аридный 干旱的

аридный климат【地】干旱气候

аридная область (пустынная местность)【地】干旱区

аридная формация【地】干燥型建造

арил【化】芳基

арилирование【化】芳化作用

арилсульфонат【化】芳基磺酸盐

АРИС Агентство развития и сотрудничества 开发与合作署

аристогены【地】定向进化

арифметика 算术

арифметический 算术的

арифмометр плоскости 平面求积仪

АРК асинхронный радиоактивный каротаж【测】异步放射性测井

арка 拱门,拱门形

арккосинус 反余弦

арккотангенс 反余切

аркогенез【地】地拱作用

аркозовый【地】长石的

аркозовый конгломерат【地】花岗质砾岩,长石砾岩

аркозовый песчаник【地】长石砂岩

аркозы (аркозовый песчаник, полевошпатовый псаммит)【地】长石砂岩,花岗质砂岩

аркоорогенность【地】造山性地拱作用

Арктика【地】北极,北极地带

Арктический【地】北极的

Арктический геосинклинальный складчатый пояс【地】北极地槽褶皱带

Арктический климат【地】北极气候

Арктический круг【地】北极圈

Арктическая область【地】北极区

Арктический склон **Аляски** (нефтегазоносная провинция)【地】阿拉斯加北极斜坡含油气省

арматура 电枢;钢筋;井口采油装置(包括油管头和采油树)

газовая арматура 煤气设备

запорная арматура【采】截止阀,停气阀,停止阀

контрольная арматура надземного превентера【钻】地面防喷器控制装置

моноблочная арматура【采】单井井口采油装置

наземная арматура【采】地面装置

осветительная арматура【钻】照明灯具

противовыбрасывающая арматура【钻】防喷装置

распределительная арматура 分配管,配置管

стальная арматура 建筑钢筋

фонтанная арматура (Ф/А)【采】井口采油装置

фонтанная арматура, двухструнная 【采】双翼采油装置

фонтанная арматура для высокого давления 【采】高压井口采油装置

фонтанная арматура для двухрядного лифта 【采】双挂管井口采油装置

фонтанная арматура для заканчивания скважины 【钻】完井井口采油装置

фонтанная арматура для однорядного лифта 【采】单挂管井口采油装置

фонтанная арматура для пробной эксплуатации 【采】试采井口采油装置

фонтанная арматура, крестовая 【采】四通式采油装置

фонтанная арматура, резьбовая 【采】丝扣式采油装置

фонтанная арматура, трехструнная 【采】三翼井口采油装置

фонтанная арматура тройникового типа 【采】三通式井口采油装置

фонтанная арматура, Y-образная 【采】Y形井口采油装置

фонтанная арматура, фланцевая 【采】法兰式井口采油装置

арматура крестового типа 【采】四通型采油装置

арматура тройникового типа 【采】三通型采油装置

арматура устья скважины 【采】井口采油装置

Армения 【地】亚美尼亚

Армения-Курдистан 【地】亚美尼亚—库尔德斯坦

армирование 加固, 加强; 镶装, 浇合铸造, 烧结, 渗碳强化

аромат 【化】芬芳, 香气

ароматика 【化】芳香烃

арочный 拱形的

АРН автоматический регулятор напряжения 电压自动调节器

АРП автоматический регулятор подачи 【钻】自动给进调节器

АРПС автономный радиоуправляемый преобразователь сейсмического сигнала 【震】无线电自控地震信号变换器

арретир 制动器, 停止装置, 锁定装置, 稳定装置

арсенаты 【化】砷酸盐

АРТ автомат регулировки топлива 燃料自动调节器

АРТ автоматический распределитель топлива 燃料自动分配器

АРТ автоматическая регулировка температуры 温度自动调节

артезианский 【地】自流的, 自流井的

артезианский колодец 【地】自流井, 喷水井

артикул 类型, 型号, 规格

артикуляция 清晰度

Артинский ярус 【地】亚丁斯克阶(下二叠统)

АРУ автоматическая регулировка управления 控制自动调节

АРУ автоматическая регулировка усиления 【物】自动增益控制, 自动增益调整

АРУ автоматический регулятор усиления 【物】自动增益调整器

АРФ автоматическая регулировка

A

фазы【物】相位自动调整
археид【地】太古代褶皱带
Архей (AR)【地】太古代, 太古界
Архейская эонотема【地】太古宙
Архейская эра (археозойская эра)【地】太古代
Архейско-Протерозойский геосинклиналь【地】太古代—元古代地槽
археогеология【地】考古地质
архетип【地】原型, 原始模型
архив 档案室, 资料室
Архимедова сила【物】阿基米德力
архипелаг【地】群岛, 列岛
архитектор 建筑师
архитектура 建筑, 建筑学
архсоциаты【地】古杯海绵
АРЧ автоматическая регулировка частоты 自动频率控制, 自动频率调整
АРЧ автоматическая регулировка чувствительности 灵敏度自动调整
АС автомат скорости 速度自动控制器
АС автоматизированная синхронизация 自动(化)同步
АС автоматизированная система 自动化系统
АС автоматичная станция 自动控制站
АС алюминиевый сплав 铝合金
АС аммиачная селитра【化】硝酸铵
АС амплитудный селектор【震】振幅选择器
АС амплитудный спектр【震】振幅频谱
АС аналоговая система 模拟系统
АС аэрофотоснимок 航拍照片
АСА абсорбционный спектральный анализ【物】吸收光谱分析
АСА атомный спектральный анализ【物】原子光谱分析
АСДУ автоматизированная система диспетчерского управления 自动化调度管理系统
асейсмическая область【震】非震区
асимметрический 不对称的
асимметрическая антиклиналь【地】不对称背斜
асимметрическая долина【地】不对称谷
асимметрические складчатые горы【地】不对称褶皱山脉
асимметричность 不对称性
асимметрия 不对称
асимптота 渐近线
асинергия 不协调
асинфазность 非同相, 异相位, 相伴差
асинхронный 非同时性, 不同时, 异步
АСИО автоматизированная система информационного обслуживания 自动化信息服务系统
АСК автоматическая система контроля 自动控制系统, 自动检测系统
АСК алкилированная серная кислота 烷基化硫酸
АСКУБ автоматизированная система контроля и управления бурением【钻】钻井自动化控制与管理系统

АСКУБ автоматизированная система контроля и управления процессом бурения【钻】钻井过程自动化控制与管理系统

АСО автоматизированная система обработки 自动化处理系统

АСО автоматизированная система обработки изображений【震】图像自动化处理系统

АСОГ автоматизированная система обработки геофизических данных【物】地球物理数据自动化处理系统

АСОГД автоматическая система обработки геохимических данных【地】地球化学数据自动化处理系统

АСОД автоматизированная система обработки геологоразведочных данных【地】地质勘探数据自动化处理系统

АСОД автоматизированная система обработки данных【地】自动化数据处理系统, 自动化资料处理系统

АСОМ автоматическая система обработки материалы【地】资料自动处理系统

АСОСД автоматизированная система обработки сейсмических данных【震】地震数据自动化处理系统

АСП автомат спуско-подъемных операций【钻】提升作业装置, 起下钻作业装置

АСП автономный скважинный прибор【测】自动测井仪

аспект 方向, 方面; 观点, 看法

прикладный аспект 应用范围, 应用领域

аспид【地】板岩, 石板

аспидный 片状, 页状

аспиратор 吸气器

АСПО асфальтено-смолистые и парафиновые отложения【地】沥青—胶质—石蜡沉积

АСС автономная сейсмическая станция【震】自动地震站

АСС аналитическая самонастраивающаяся система 自动调整分析系统

Ассельский ярус【地】阿瑟尔阶(二叠系)

ассигнование 拨款

ассимиляция【化】同化作用【地】岩浆同化

ассортимент 品种, 种类; 分选

ассоциация 协会, 组合【地】矿物共生体

Американская ассоциация нефтяных геологов 美国石油地质协会

Американская ассоциация по природному газу 美国天然气协会

Американская ассоциация по снабжению нефтяных компаний 美国石油公司供应协会

Американская газовая ассоциация 美国天然气协会

минеральная ассоциация 矿物协会

парагенетическая ассоциация минералов【地】共生矿物组合

астазирование 无定向, 无定位, 不稳定地震仪频带延展, 地磁场的补偿作用

астазия 无定向, 不稳定

астатий【化】砹(At)

A

астатический 不定向的, 不稳定的, 不稳的

астенолит【地】软流圈巨块, 软流圈岩浆体

астеносфера【地】岩流圈, 软流圈

астероид【地】小行星

астигматизм 象散, 散光性

Астраханское газоконденсатное месторождение【地】阿斯特拉罕凝析气田

астрогеофизика【地】天文地球物理学

астрометрия【地】天文测量学

астроном 天文学家

астрономический【地】天文的; 天文学的

астрономическая география【地】天文地理学

астрономическая обсерватория【地】天文台

астрофизика【物】天文物理学

АСУ автоматизированная система управления 自动化控制系统

АСУБД автоматизированная система управления базами данных 自动化数据库管理系统

АСУП НБ автоматизированная система управления производством направленного бурения【钻】自动化定向钻进控制系统

АСУ ТП автоматизированная система управления технологическими процессами【采】工艺过程自动化监控系统

асфальт (сплошной битум асфальтены)【地】不溶于石油醚沥青质; 地沥青

гранулированный асфальт【地】颗粒状沥青

окисленный асфальт【地】氧化沥青

природный асфальт【地】天然沥青

твердый асфальт【地】硬地沥青

асфальтены【地】沥青质, 沥青烯

асфальтизация【地】沥青化

асфальтиты【地】沥青岩

асфальтобетон【地】沥青混凝土

асфальтовый 沥青的

асфальтовый песчаник【地】沥青砂岩

асцензионный 上升的, 上行的

асцензионная дифференциация【地】上升分异作用

асцензионная теория【地】上升学说

АТ абсолютная топография【地】绝对地形

АТ автоматический титрометр【化】自动滴定计

АТ аттенюатор【地】衰减器

АТ аэрологический теодолит【地】航空气象经纬仪

атектоклазы【地】非构造裂隙

атектонический процесс【地】非构造过程

атермический 不传热的

Атлантика【地】大西洋

Атлантический вулканический пояс【地】大西洋火山带

Атлантический геосинклинальный складчатый пояс【地】大西洋地槽褶皱带

Атлантический океан【地】大西洋

Атлантический порог【地】大西洋海堤

Атлантическое течение【地】大西

洋流

Атлантический тип магм【地】大西洋型岩浆

атлас 地图集, 地图册

атм. атмосфера нормальная【物】正常大气(压)

атм. атмосфера физическая (барометрическая)【物】(气压计的)物理大气压

ат. м. атомная масса【化】原子量

АТМЗ аппарат для точной магнитной записи 精密磁性记录仪

атмогеосистема【地】大气地球系统

атмосфера【地】大气圈; 大气压, 大气; 气氛, 空气, 环境

атмосферики【物】大气干扰, 自然产生的离散电磁波, 天电干扰

атмосферный 大气的

атмосферный агент【地】大气营力, 大气作用

атмосферная влага 大气水分

атмосферная влажность 大气湿度

атмосферная вода 大气水

атмосферное возмущение【物】大气干扰

атмосферный волновод【物】大气波导

атмосферный круговорот【地】大气环流

атмосферная линия 常压线, 等压线

атмосферные осадки 大气降水

атмосферная помеха 大气干扰

атмосферные пылевые отложения【地】大气砂尘沉积

атмосферный разряд 大气放电

атмосферная ректификация 常压精馏

атмосферный слой 大气层

атмосферная температура 大气温度

атмосферная циркуляция 大气循环

атмосферный шум 大气噪声

атмосферное электричество 大气电场

атмосферный ядерный взрыв 大气核爆

АТН артезианский турбинный насос【采】自流井涡轮泵

ат. н. атомный номер【化】原子序数

атолл (лагунный риф)【地】环礁(其内发育潟湖), 环状珊瑚岛

атом 原子

меченый атом【化】示踪原子

нейтральный атом【化】中性原子

первичный водородный атом【化】伯位氢原子

атомарный【化】原子态的; 初生的

атомизм【化】原子学说, 原子论

атомность【化】原子价, 原子数

атомный【化】原子的

атомный вес【化】原子量

атомное время【化】原子时

атомный кларк【化】原子克拉克值

атомная масса (вес)【化】原子量

атомный номер【化】原子序数

атомный объем【化】原子体积

атомное порядковое число (атомный номер, атомное число)【化】原子序(数)

атомная решетка【化】原子格架

атомная связь【化】原子键

атомная энергия【化】原子能

атомное ядро【化】原子核

АТР аномалия типа рифа【地】(地震剖面)礁体异常, 类礁体

A

атрибут【震】(地震)属性

аттенюатор 阻尼器, 减幅器

аттестат 证明书

аттестация 鉴定书, 考核

Аттический массив【地】阿提卡地块(希腊)

аттринит【地】植物炭屑, 细屑煤

ат.эн. атомная энергия【地】原子能

АУ автоматическое управление 自动控制, 自动管理

АУ активированный уголь 活性炭

АУ амплитудный указатель【震】振幅显示器

АУЗ автоматическое управление записью 记录自动控制器

АУК азимутально-угломерное кольцо 方位测角环

аутигенный【地】自生的

аутохтонный (автохтонный)【地】原地的

аутохтонный каменный уголь【地】原地(生成)煤

аутригер 外伸支架, 悬臂支架

АУС автомат для установки нижнего конца свечей【钻】立根底端拉入钻杆盘的自动装置

АФА атомно-флуоресцентный спектральный анализ【物】原子荧光光谱分析

АФА аэрофотографический аппарат 航空摄影机

афанитовый (афанитический)【地】隐晶质的

афанитовый базальт【地】隐晶玄武岩

афанитовый доломит【地】隐晶白云岩

Афганистан【地】阿富汗

Афганский 阿富汗的

Афганская микроплита【地】阿富汗小板块

АФГЭ аэрофотогеологическая экспедиция【地】航空摄影地质勘测队

АФД амплитудно-фазовый детектор【物】振幅相位检波器, 振幅鉴相器

афелий【地】远日点

афотический 无光的, 不透光的

афотическая зона【地】无光带

афотическая область【地】无光区(深海3500~4000m)

Африка【地】非洲

Африканская платформа【地】非洲地台

Африканская плита【地】非洲板块

афролит【地】块熔岩, 碎块熔岩, 泡沫岩, 渣块熔岩

АФС атомно-флуоресцентная спектрометрия【物】原子发光光谱测定法, 原子荧光光谱测定法

афтершок【震】余震

аффинность 亲合性

АФЧХ амплитудно-фазочастотная характеристика【震】振幅—相位—频率特性

ахроматизм 消色差

АЦ автомобильная цистерна (автоцистерна)【储】油槽汽车

АЦ аналого-цифровой 数字模拟的

АЦВМ аналого-цифровая вычислительная машина 数字模拟计算机

аценафтен【化】二氢苊

ацеталь【化】缩醛

ацетальдегид【化】乙醛；醋醛
ацетат【化】醋酸盐；乙酸酯
ацетат натрия【化】醋酸钠
ацетилен【化】乙炔，电气石
ацетиленовый газ【化】乙炔气
ацетиленовый генератор乙炔发生器
ацетиленовый регулятор乙炔调节
ацетон【化】丙酮
ацидиметрия【化】酸测定法，酸量滴定法
ациклический 非周期的，不循环的
АЦРУ автоматическое цифровое регистрирующее устройство 自动数字记录仪
АЧМ амплитудно-частотная модуляция【震】振幅频率调制
АЧХ амплитудно-частотная характеристика【震】振幅频率特性
АШ арочная шарнирная крепь【钻】拱形铰接支架
Ашгильный ярус【地】亚希极阶(上奥陶统)
Ашхабад【地】阿什哈巴德(土库曼斯坦首都)
АЭ акустическая эмиссия【地】声波发射
АЭКС автоматическая электронная каротажная станция【测】自动电测站
АЭМ аэромагнитометр 航空磁力仪
аэрация 充气，通风
АЭРМИ аэроэлектроразведка методом индукции【地】航空感应电法勘探
аэробный【地】喜氧的
аэрогенный 产气的(细菌因新陈代谢产生的气体)；气成的
аэрогеология【地】航空地质学
аэрогеосъемка【地】航空地质测量
аэрогидральный 含有空气与水的，包气液的
аэроградиометр 空气压差密度计
аэрограф 空气压缩机，空压机
аэродинамика 空气动力学
аэродром 机场，航空站
аэрозоль 气溶胶，湿剂，烟雾剂，气雾剂，气体中的悬浮物
аэрология【地】气象学，大气学；高空气象学
аэромагнитометр【地】航空磁力仪
аэромагнитометрия【地】航空磁力测量
аэромагниторазведка【地】航空磁力勘探
аэрометоды 航空方法
аэрометр 气体比重计
аэрометрия 气体比重测量法
аэромеханика 气体力学
аэроснимок 航空照片
аэростатика【物】气体静力学
аэросъемка【地】航空测量，航空勘探
аэрофотосъемка【地】航拍测量
аэроэлектроразведка【地】航空电法勘探
АЭС ароматическая эпоксидная смола【化】芳香烃环氧树脂
АЭС атомно-эмиссионная спектрометрия【物】原子发射光谱测定法
АЯМК аппаратура ядерномагнитного каротажа【测】核磁测井仪

Б

Б(б) бар 巴(压力、压强、应力单位)
бабочка【钻】蝶阀
БАВ бариевоалюмованадиевый (катализатор) 钡铝钒(催化剂)
БАВ биологическое активное вещество 生物活性物质
Бавлинская свита【地】巴夫雷组(伏尔加—乌拉尔地区, 文德系)
багажник 货厢
багор 挠钩; 钩竿
пожарный багор【安】消防钩
бадья 吊桶
Баженовская свита【地】巴热诺夫组(西西伯利亚, 上侏罗统尼欧克阶)
БАЗ боковое акустическое зондирование【测】侧向声波测深
база 基地【储】油库基地【钻】基座【化】盐基【地】岩基
каротажно-перфораторная база【测】测井射孔站
конструктивная база 结构基准
левая передняя база【钻】左前塞座
материально-техническая база 物质技术基地
механоремонтная база 机修站
минерально-сырьевая база 矿物原料基地
нефтедобывающая база【采】采油基地
нефтетоварная база【储】成品油基地
нефтяная база【储】石油基地
перевалочная база 转运站
ремонтная база 修理站
ремонтно-мастерская база 机修厂
соединительная база【钻】连接架
сырьевая база 原料基地
трубная база【钻】管材基地, 管子站
трубосварочная база【钻】管材焊接基地
сырьевая база 原料站
база горючего (БГ)【储】油料基地, 燃料基地
база группы【震】排列长度
база группирования【震】基距
база данных (БД) 数据库
база сжиженного газа【储】液化气站
база снабжения 供应站
база эрозии【地】侵蚀基准面
базальный 基底的
базальный конгломерат【地】底砾岩(基底砾岩)
базальные пластинки 底板
базальт【地】玄武岩
излившийся базальт【地】喷发玄武岩
меланократовый лейцитовый базальт【地】暗白榴玄武岩
слюдяной базальт【地】含云母玄武岩
базальт плато【地】高原玄武岩
базальтит【地】无橄玄武岩
базальтовый【地】玄武岩的
базальтовый агломерат【地】玄武岩集块
базальтовая дайка【地】玄武岩墙
базальтовое излияние【地】玄武岩喷发
базальтовый конус【地】玄武岩锥
базальтовая кора【地】玄武岩地壳

базальтовая лава【地】玄武岩质熔岩

базальтовая отдельность【地】玄武岩节理

базальтовая пемза【地】玄武浮岩

базальтовый покров【地】玄武岩盖, 玄武岩被

базальтовый слой【地】玄武岩层

базальтовое стекло【地】玄武玻璃

базальтовый столб【地】玄武岩柱

базальтовая столовая гора【地】玄武岩桌状山

базальтовый туф【地】玄武凝灰岩

базамент 基层, 底层; 地下室【地】基石, 礁平台

базанитоид【地】似碧玄岩, 玻基玄武岩

Базарлинская свита【地】巴扎林组(哈萨克斯坦曼吉什拉克、乌斯丘尔特地区)

базис 基面, 底面, 基座, 基底; 测量基线【地】基准面

геодезический базис【地】大地测量基准面

базис аккумуляции【地】沉积基准面

базис действия волн【地】波基面

базис денудации【地】剥蚀基准面

базис наблюдений【地】观测基线

базис отложения【地】沉积基准面

базис эрозии【地】侵蚀基准面

базисный 基础的, 基线的

базисный горизонт 底面, 基准面

базисное измерение 基线测量

базисная линия 基线

базисный профиль【地】基准剖面

базисная рейка 基线尺

базисная сеть【地】基准网

базисная станция 基准台

базисный уровень 基面

базиты【地】基性岩类

базификация【地】基性岩化

базовый 基础的

базовая величина 基值

Байкал【地】贝加尔湖

байкалиды【地】贝加尔褶皱系

Байкало-Енисейская складчатая область【地】贝加尔—叶尼塞褶皱区

Байкальский【地】贝加尔的

Байкальский рифт【地】贝加尔断裂带(裂谷带)

Байкальская рифтовая зона (**БРЗ**)【地】贝加尔(湖)深大断裂带

Байкальская эпоха складчатости【地】贝加尔褶皱期

Байкитская свита【地】巴伊基特组(西伯利亚, 下奥陶统)

Байосский ярус【地】巴柔阶(中侏罗统)

байпас 通过; 旁路, 支路, 旁通

бак(油, 水)箱【储】(最小的)油罐

вакуумный бак【钻】真空罐

водяной бак с вентилятором【钻】带风扇水箱

всасывающий бак【钻】吸入槽

мерительный бак【钻】计量罐

промежуточный бак【钻】中间储罐, 沉淀槽

смесительный бак【钻】混合罐

сточный бак【钻】排水罐

бак выпуска воды【钻】排水箱

бак для промывания кислотой 酸洗箱

бак распределения воды 分配水箱

бак растворителя 溶盐箱

Б

бакелит【钻】酚醛塑料电木, 胶木, 电木; 酚醛树脂
Бакинский ярус【地】巴库阶(上新统下部, 滨里海与高加索地区)
бактериальная разведка (съемка)【地】细菌勘探
бактериосъемка【地】细菌勘测法
бактерицид 杀菌剂
бактерия【地】细菌
аэробная бактерия【地】喜氧细菌
водородоокисляющая бактерия【地】氢氧化细菌
гетеротрофная бактерия【地】异养细菌, 有机营养细菌
метанобразующая бактерия【地】甲烷形成细菌
метаноокисляющая бактерия【地】甲烷氧化细菌
сульфатвосстанавливающая бактерия【地】硫酸盐还原细菌
сульфатредуцирующая бактерия【地】硫酸盐还原细菌
углеводородокисляющая бактерия【地】烃类氧化细菌
факультативно-аэробная бактерия【地】异养喜氧细菌
Бактрийский ярус【地】巴克特里阶(费尔干纳盆地, 上新统)
баланс 平衡; 平衡表
бухгалтерский баланс 会计平衡表
государственные балансы запасов полезных ископаемых 国家矿产储量平衡, 国家矿产总储量
заключительный годовой баланс 年终财务报表
ионный баланс【化】离子平衡
материальный баланс 材料平衡表
баланс времени 时效
баланс запасов【地】储量平衡表
баланс народного хозяйства 国民经济平衡表
баланс основных фондов 固定资产平衡表
баланс пластовой энергии【地】地层能量平衡
баланс скважин【采】井数平衡表, 总井数
баланс фаз【化】相平衡
балансир【钻】平衡轮, 均衡器
весовой балансир 配重
двуплечий балансир【钻】双翼平衡
тормозной балансир【钻】刹车平衡器
балда 大锤
балка 梁架; 横杆【地】山间, 峡谷, 长形沟壑
буферная балка【钻】缓冲架
двухтавровая балка 工字梁
опорная балка【钻】支梁
подкронблочная балка【钻】天车大梁
подроторная балка【钻】转盘下横梁
распорная балка【钻】拉条, 斜梁
балка ротора【钻】转盘大梁
Балканский【地】巴尔干的
Балканский полуостров【地】巴尔干半岛
Балканская страна【地】巴尔干地区; 巴尔干国家
балл 级【震】(地震)度, 烈度; 级【地】(颗粒)分级
балл ветров 风级
балл видимости 能见度
балл зернистости 粒度等级
балл интенсивности【震】烈度

балл силы землетрясения【震】地震烈度
баллас【钻】工业用球状金刚石
балласт 压舱; 镇流器; 镇定物
баллон 气瓶, 钢瓶【钻】离合器, 手提的气罐
аккумуляторный баллон【储】储罐
воздушный баллон【钻】气包气囊
кислородный баллон 氧气瓶
баллон для аргон-газа 氩气瓶
баллон для ацетилена 乙炔瓶
баллон для кислорода 氧气瓶
баллон пропана 丙烷瓶
баллон сжатого воздуха 压缩空气储气瓶
баллонет муфты сцепления【钻】离合器气囊
Балтийский【地】波罗的海的
Балтийская нефтеносная область【地】波罗的海含油区
Балтийская синеклиза【地】波罗的海向斜区
Балтийский щит【地】波罗的海地盾
Балтийское море【地】波罗的海
Балхаш【地】巴尔喀什湖
банд 带; 频段, 波段
бандаж【钻】(密封)垫环, 钢箍
бандаж муфты【钻】离合器鼓心
банк (资料)库; 银行
авизующий банк 通知行
акционерный банк 股份银行
государственный банк 国有银行
инвестиционный банк 投资银行
коммерческий банк 商业银行
кредитоспособный банк 有贷款能力银行
сберегательный банк 储蓄银行
экспортно-импортный банк 进出口银行
эмиссионный банк 发行银行
банк данных 资料库
банк продавца 卖方银行
банка【储】瓶, 槽, 罐【地】岸, 浅滩, 海滩
банкет (золотоносный конгломерат)【地】含金砾岩层
банкротство 破产, 倒闭
бар 巴(压强单位)【地】沙坝; 沙洲
береговой бар【地】滨岸沙坝
боковой бар【地】侧向坝
прибрежный бар【地】近岸沙坝
устьевый бар【地】河口坝
барабан 鼓; 布料器【钻】滚筒, 绳轮
главный барабан【钻】主滚筒
инструментальный барабан【钻】大绳滚筒
кабельный барабан【钻】电缆滚筒
пескоструйный барабан【钻】滚筒式喷砂机
подъемный барабан【钻】绞车滚筒
тормозной барабан【钻】刹车鼓
барабан лебедки【钻】绞车滚筒
барабан ручного запуска【钻】手起动鼓轮
барабан с канавкой【钻】开槽滚筒
барда 酒糟; 沉渣
Бардинский ярус【地】巴尔丁阶(下二叠统)
Баренцево море【地】巴伦支海
Баренцевская плита【地】巴伦支板块
баржа 驳船
буровая баржа【钻】钻井船
баржа для глубоководного бурения

Б

【地】深水钻井船
баржа для заглубления【地】加深钻井船
баржа для морского бурения【钻】海上钻井驳船
баржа для прокладки подводных трубопроводов【储】水下铺设管道船
баржа-трубоукладчик【储】铺管船
бариевый【化】钡的
барий【化】钡(Ba)
азотнокислый барий【化】硝酸钡
сернистый барий【化】硫化钡
сернокислый барий【化】硫酸钡
барит (тяжелый шпат)【地】重晶石【钻】重晶石加重剂
насыпанный барит【钻】散装重晶石
баритизация【地】重晶石化作用
баритозация【钻】重晶石泥浆加重
барический 气压的, 压力的
барический градиент 气压梯度
барическая помеха 气压干扰
баро- 气压, 压力
барометр 气压计
барраж 堰堤, 阻塞物; 拦截线
баррель【储】桶(石油专用桶, 约159升)
Барремский ярус【地】巴列(雷)姆阶(下白垩统)
БАРС большая автоматизированная региональная сейсмометрия【震】大区域自动化地震测量
бартер 物物交换; 以物易物
Бартонский ярус【地】巴尔通阶(始新统)
бархан【地】新月形沙丘
барханная цепь【地】新月形沙丘链
барьер障壁; 垒【地】洲堤, 沙坝; 围堰
барьер давления【地】压力封闭【物】压力势
барьерный 障碍的
барьерный лед【地】冰壁
барьерное озеро【地】堰塞湖
барьерный остров【地】障壁岛
барьерный риф【地】堤礁, 堡礁
БАС буровая автоматическая система【钻】自动钻井系统
бассейн (котловина, мульда, водоем, резервуар)水池, 蓄水池【地】流域; 盆地; 煤田
артезианский бассейн【地】自流水盆地
бессточный бассейн【地】内陆河盆地
водонапорный бассейн【地】承压水盆地
глубокозалегающий бассейн【地】深埋盆地, 深部盆地
замкнутый бассейн【地】封闭盆地
Каракумский бассейн【地】卡拉库姆盆地
Каспийский бассейн【地】里海盆地
континентальный седиментационный бассейн【地】陆相沉积盆地
межгорный бассейн【地】山间盆地
нефтегазоносный бассейн (НГБ)【地】含油气盆地
осадочный бассейн【地】沉积盆地
платформенный бассейн【地】地台型盆地
предгорный бассейн【地】山前盆地

Прикаспийский бассейн【地】滨里海盆地
приливный бассейн【地】潮汐盆地
рифтовый бассейн【地】断陷盆地
седиментационный бассейн【地】沉积盆地
Сибирский бассейн【地】西伯利亚盆地
синклинальный бассейн【地】向斜盆地
солоноватый водный бассейн【地】咸水盆地
тектонический бассейн【地】构造盆地
шельфовый бассейн【地】大陆架盆地
шламовый бассейн【钻】泥浆池
эстуариевый застойный бассейн【地】海湾稳定盆地
бассейн выноса【地】侵蚀盆地
бассейн опускания【地】沉降盆地
бассейн реки【地】流域
бассейн стока【地】径流盆地
бассейн стоячих вод【地】停滞水盆地
бассейн-отстойник【钻】沉淀池
батавит【地】透鳞绿泥石
батарея 一排, 一组; 井组, 井列; 电池组
кольцевая батарея скважин【采】环状井组
прямолинейная батарея скважин【采】线型井组
штуцерная батарея【采】井口节流阀组
батарея несовершенных скважин【采】不完善井组
батарея эксплуатационных скважин【采】生产井组
батиаль【地】半深海区, 陆坡深海区
батиальный【地】半深海的
батиальные отложения【地】半深海沉积
батиальная фация【地】半深海相
батигенный【地】次深海成因的
батиграмма【物】回声测深记录图
батилит (батолит)【地】岩基, 岩盘
батиметрический 测深的
батиметрия【地】水深测量
батисинеклиза【地】板块边缘坳陷
батискаф 深海潜水器
батолит (батилит)【地】岩基
батолитит (плутонит, глубинная порода)【地】深成岩, 岩基岩
батометр 水样采取器; 水深测量器
Батский ярус【地】巴通阶(中侏罗统)
бах промежуточный【钻】中间沉淀槽
бахада【地】山麓冲积扇, 山麓冲积平原
бациллит【地】棒状雏晶束
бачок 小桶, 箱, 槽, 盒, 小油箱, 水箱
пеногасительный бачок【安】泡沫灭火器
противопожарный бачок【安】消防罐
Башкирский ярус【地】巴什基尔阶(俄罗斯东欧地台区, 中石炭统)
башмак【钻】接箍, 套管鞋; 制动器
анкерный башмак【钻】套管固定鞋
армированный башмак обсадной колонны【钻】加固套管鞋
забивной башмак【钻】打入管下

Б

端引鞋, 引鞋
направляющий башмак【钻】引鞋
направляющий башмак, усилительный【钻】加大引鞋
опорный башмак【钻】井架大腿底脚
фрезерный башмак【钻】铣鞋
цементировочный башмак【钻】注水泥管鞋
цилиндровый башмак【钻】筒状管鞋
башмак высокой эффективности【钻】高效磨鞋
башмак для обсадной трубы【钻】套管磨鞋
башмак лайнера【钻】衬管鞋
башмак лифта【采】气举管鞋
башмак обсадной колонны【钻】套管鞋
башмак с фаской【钻】倒角套管鞋
башмак фонтанных труб【钻】油管鞋
башмак-колонка【钻】套管鞋, 套管靴
башмак-фрезер【钻】铣鞋, 磨鞋
башня 塔
водоемная башня【储】储水塔
водонапорная башня 高压水塔
факельная башня【采】放喷火炬(燃烧伴生气), 火炬塔
БВ быстродействующий выключатель 快速开关
БВР буровзрывные работы 打眼放炮作业【钻】钻眼爆破工程
БГ битуминозные глины【地】含沥青质泥岩
БГС буровой гидромеханический снаряд【钻】水力钻具
БД банк данных 数据库
БДК банк долгосрочного кредитования 长期贷款银行
бедленд【地】崎岖地
бедный 贫乏的
бедная жила【地】贫矿脉
бедная руда【地】贫矿
бедствие【地】自然灾害
безводный 无水的
безвоздушный 真空的, 无空气的
безграничный 无限的
бездействующий 无效的
бездействующий вулкан【地】死火山
бездействующий сброс【地】不活动断层
бездна【地】深渊
безнапорная вода (вода со свободной поверхностью)【地】无压水(有自由水面)
безопасность 安全
противопожарная безопасность【安】防火安全, 消防安全
техническая безопасность【安】技术安全
безопасность жизни и здоровья【安】人身安全
безопасность оборудования 设备安全
безопасность персонала【安】员工安全
безопасный 安全的
безопасное значение 安全值
безопасная катушка 安全线圈
безопасный ремень 安全带
безразмерный 无量纲的, 无因次的
безрезьбовой 无丝扣的
безрусловая долина【地】无河道

河谷
безусадочный 无收缩的, 不收缩的
белила 白色颜料, 白粉, 香粉
титановая белила 钛白粉
белила-литопон 锌钡白; 立德粉
белильная известь【化】漂白粉
белковина (белок)【化】蛋白质
Белое море【地】白海
Белое озеро【地】别洛耶湖
Беломорский【地】白海的
Белорусская антеклиза【地】白俄罗斯陆背斜
Белорусь【地】白俄罗斯
Белый остров【地】别雷岛
Бельгийский【地】比利时的
бельская свита【地】别尔组(西伯利亚地台, 下寒武统)
бельтинг 传动带
бензгидроль【化】二苯甲醇
бензен (бензол)【化】苯
бензидин【化】联苯胺
бензил【化】苯甲基
бензин【化】汽油
авиационный бензин【化】航空汽油
высококачественный бензин【化】高标汽油
прямогонный бензин【化】直馏汽油
свинцовый бензин【化】含铅汽油
товарный бензин【化】商品汽油
бензин каталитического крекинга【化】催化裂化汽油
бензинвоз【储】汽油罐车
бензингидрогенизация【化】汽油加氢作用
бензинизация【炼】汽油化
бензин-растворитель【化】汽油溶剂
бензобак【储】汽油箱
бензовоз【储】(汽)油罐车
бензозаправщик【储】汽油加油车
бензол【化】苯
бензохранилище【储】汽油库
бензоцистерна【储】汽油油槽车
беннеттитовые【地】苏铁粉属
бенталь【地】水体底层(湖、海、大洋)
бентон【地】皂土, 膨润土
бентонит【钻】土粉(膨胀土), 膨润土, 皂土
бентос【地】海底生物, 底栖生物
бераунит【地】簇磷铁矿
берег【地】岸(线)
болотистый берег【地】泥炭沼泽岸
бухтовый берег【地】湾岸
коренной берег【地】(基)岩岸
крутой берег【地】绝崖岸
лагунный берег【地】潟湖岸
покатый берег【地】下降海岸
размываемый берег【地】侵蚀海岸
сбросовый берег【地】断裂岸线
сползающий берег【地】崩塌海岸
берег атлантического типа【地】大西洋型海岸
берег осушки (приливно-отливная полоса)【地】潮侵地带, 潮汐带
берег погружения【地】下降型海岸
берег поднятия【地】上升型海岸
берег риасового типа【地】不整齐型海岸, 长狭海湾岸, 里亚式湾岸
берег тихоокеанского типа【地】太平洋型海岸
береговой【地】岸的
береговой вал (береговая дамба)【地】岸堤

береговой ветер【地】滨岸风
береговая дамба (береговой вал)【地】岸堤
береговые дюны【地】海岸沙丘
береговая зона【地】海岸带
береговой ил【地】滨岸软泥
береговые и морские бризы【地】海陆风
береговой лед【地】海岸冰
береговая линия【地】岸线
береговая морена【地】滨海冰碛
береговые низины【地】海滨低地
береговая одежда【地】沿岸堤
береговые озера【地】海滨湖
береговые отложения【地】滨岸沉积
береговая отмель【地】岸滩
береговая пещера【地】海岸洞穴
береговая платформа【地】滨岸台地
береговой риф【地】岸礁, 裙礁
береговая терраса【地】海岸阶地
береговое течение【地】岸流
береговой уступ【地】海岸阶地
береговая фация【地】滨岸相
береговая эрозия【地】海岸侵蚀
Березовская свита【地】别列佐夫组(西西伯利亚, 土仑阶)
бериллий【化】铍(Be)
Берингово море【地】白令海
беркелий【化】锫(Bk)
бескислородный【地】无氧的
бескислотный【化】非酸性的
бесконечный 无限的
бесконечно-малый 无限小的
бесперебойность 连续性, 畅通性
беспозвоночные【地】无脊椎动物
безполюсный 无极的
беспошлинный 免税的
бессточный【地】内流的, 内陆的
бессточная впадина (бассейн)【地】闭流盆地, 内流盆地
бессточное озеро【地】堰塞湖
беструбный【钻】无杆的, 无管的
бесфланцевый 无法兰的
бесцветность 无色
бесшовная конструкция 无缝结构
бесшумный 无声的
бета-дефектоскопия【物】β探伤法
бета-излучение【物】β射线
бета-кварц【地】β石英
бета-лучи (β-лучи)【物】β射线
бета-спектр【物】β射线谱
бетон 混凝土
армированный бетон 加固混凝土, 钢筋混凝土
быстротвердеющий бетон 快速凝固混凝土
водоупорный бетон 防水混凝土
высокопрочный бетон 高强度混凝土
кислотоупорный бетон 防酸混凝土
мелкозернистый бетон 结粒混凝土
монолитный бетон 原地混凝土
неармированный бетон 简易混凝土
пенный бетон 泡沫混凝土
плохо уплотненный бетон 弱压实混凝土
пористый бетон 孔隙性混凝土
бетонирование 浇筑混凝土
бетонит【地】固结岩石
бетонка 混凝土路
бетонный 混凝土的
бетоновоз【钻】运混凝土车
бетономешалка【钻】混凝土搅拌机
бетононасос【钻】水泥泵

Б

бетоноукладчик 混凝土浇筑机; 浇筑工人

бетонщик【钻】混凝土工人

БЗУ буферное запоминающее устройство (в ЭВМ) (电子计算机中的)缓冲存储器

бидон【储】带盖桶, 白铁罐, 有盖小桶, 小油桶, (带盖的)圆柱形铁桶

биение радиальное【钻】径向跳动

бизнес 生意; 商业活动

Бийский горизонт【地】比斯基层(乌拉尔及俄罗斯地台区, 中尼盆统)

БИК прибор индукционного каротажа【测】感应测井仪

бикарбонат【化】重碳酸盐

биксбиит【地】方铁锰矿

бина【震】地震采集面元

бинарный 二元的, 二维的

бинарная магма【地】二元岩浆

бинарная (биномиальная) номенклатура【地】二元命名法则

бинокуляр 双目镜, 双筒镜

бином 二项式

био. биологический【地】生物学的; 生物的

био. биология【地】生物学

биоанализ【地】生物分析

биогенез【地】生物成因

биогенетический【地】生物成因的

биогенетический закон【地】生物发生律

биогенный【地】生物成因的

биогеохимия【地】生物地球化学

биогерм【地】生物礁; 生物丘, 生物岩丘

биогермный【地】生物礁的, 生物丘的

биоглифы【地】生物印痕; 生物遗迹

биодеградация нефти【地】石油生物降解作用

биодетритус (детритус)【地】生物碎屑沉积

биозона【地】生物带

биокласты (скелетные фрагменты)【地】生物碎屑

биокомоид【地】生物胶体

биолит (органолит)【地】有机岩, 生物岩

биологический【地】生物的; 生物学的

биологическая зона моря【地】海洋生物分带

биология【地】生物学

биомасса【地】生物量; 生物群

биометаморфизм【地】生物变质作用

биометрия【地】统计生物学

биоморфный【地】生物骨架的

биоморфология【地】生物形态学

бионт【地】单生物有机体, 生物有机体

биополимер【地】生物聚合物

биоразлагаемость【地】生物分解性

биоразрушение【地】生物破坏

биосестон【地】浮游微生物

биосинтез【地】生物合成

биостелл【地】生物凸起(盆地底部地形陡峭部位)

биостратиграфия【地】生物地层学

биостром【地】生物岩层

биотит【地】黑云母

биотоп【地】生物群居场所

Б

биотурбация【地】生物扰动构造
биофация【地】生物相
биофизика【地】生物物理
биофильтр 生物过滤池
биохимия【化】生物化学
биохория【地】生物地理区划, 生物区; 等生活型线
биоценоз【地】生物群落
биошлам【地】生物(骨架)碎屑
бипара【物】双力偶; 双对偶
бипризма 双棱镜
бирефракция 双折射
биржа 交易所; 证券行; 市场
бирка 铭牌, 标签
маркировочная бирка 铭牌
тревожная бирка 警告牌
указательная бирка 指示牌
Бирманский【地】缅甸的
бисквит 粗瓷, 素瓷
бислойная кора **Земли**【地】双层地壳
бистагит【地】纯透辉石, 透辉岩
бит 位; 二进制数位
битер 搅拌器
битовнит【地】培长石(斜长石)
битум 沥青
асфальтовый битум 柏油沥青
водонепроницаемый битум 隔水沥青
вязкий битум【地】黏沥青
горный битум【地】沥青矿
дорожный битум 铺路沥青
первичный битум【地】原始沥青
природный битум【地】天然沥青
свободный битум【地】游离沥青
твердый битум【地】硬沥青
битум нефтяной жидкий, густеющий со средней скоростью (**БНЖС**)【地】中凝液态石油沥青
битум нефтяной жидкий, медленно густеющий (**БНЖМ**)【地】慢凝液态石油沥青
битуминизация【地】(煤)沥青化
битуминит (битуминозный уголь)【地】沥青煤, 烟煤, 沥青质
битуминозный【地】(含)沥青的
битуминозное вещество【地】含沥青物质
битуминозная глина【地】沥青黏土
битуминозный песчаник【地】沥青质砂岩
битуминозная пробка【地】沥青封堵
битуминозный (масляный) сланец【地】油页岩
битуминозный уголь【地】沥青炭, 烟煤
битуминология【地】沥青学
битумный【地】沥青质的
битумоиды【地】沥青类物质(溶氯仿)
битумонасыщенность【地】沥青含量
битумообразование【地】沥青形成
бифенил【化】联二苯; 联苯基
бициклический【化】双环的
бишофит【地】水氯镁石
биэльцит【地】脆块沥青
БК боковой каротаж【测】侧向测井
БК блок контроля 控制模块
БКГ быстроходный качающийся грохот【钻】快速振动筛
БКЗ боковое каротажное зондиро-

вание【测】侧向测深

БКЗ боковое электрическое зондирование【测】侧向电测深

БКНС блочно-комплектная насосная станция 橇装泵站, 联合泵站

благородный 稀有的; 惰性的

благородный газ 惰性气体; 稀有气体

благородные жилы【地】富矿脉

благоустройство 公用工程

бланк 表格

бластез【地】变晶; 变晶作用

блеск【地】光泽; 辉矿类, 硫化矿类

жирный блеск【地】油脂光泽

марганцевый блеск【地】辉锰矿

свинцовый блеск【地】辉铅矿

селеново-висмутовый блеск【地】硒铋矿

блестяк【地】方铅矿

блестящий 发亮的; 闪光的

блестящий витрен【地】闪光煤, 镜煤, 闪炭

блестящий уголь【地】辉煤

Ближний Восток (БВ)【地】近东; 中东地区

блок 块【钻】滑轮组【地】岩块【机】部件【采】(站厂)单元橇

автохтонный блок【地】上冲断块; 逆掩断块

безопасный якорный блок【钻】安全固定滑车轮

взброшенный блок【地】推覆体, 逆冲断块

входной (воспринимающий) блок【采】进站单元

выпрямительный блок 整流模块

высокообводненный блок【采】高含水区块

вышечный блок【钻】井架单元

генераторный блок на 60 Гц【机】60Hz发电机装置

герметизированный блок【钻】密封件

гидравлический блок управления【钻】液控部件

двойной блок【钻】双滑轮车

двухвенечный блок【钻】双滑轮天车

двухшкивный блок【钻】双皮带滑轮车

договорный блок 合同区块

дроссельный блок【钻】节流单元

задающий блок【钻】传动机件

записывающий блок 记录单元

жесткий блок【钻】刚性部件

исполнительный блок【钻】动力传动装置, 驱动机组, 动力机构

контрольный блок 控制单元

лебедочно-роторный блок【钻】转盘—绞车组

манометрический блок 测压元件

многороликовый блок【钻】滑轮组

мотонасосный блок с дизельным приводом【钻】带柴油驱动装置的单泵

направляющий блок【钻】导向滑轮

насосный блок【钻】泵总成, 泵组

низкообводненный блок【采】低含水区块

оттяжной блок【钻】扣绳滑轮, 张紧滑轮

перфораторный блок【采】射孔枪体

подвижной блок【钻】动滑轮; 移动块

процессорный блок【钻】工控机

разведочный блок【地】勘探区块
серебряный блок челюстного держателя【钻】颚板架镶块
силовой блок【钻】动力机组
специальный блок многократного использования 多次用的部件
талевый блок【钻】(游动)滑车
тартальный блок【钻】提捞滑车
тормозной блок【钻】刹车(制动)单元
трансляционный блок 中继组
упругий блок соединительной муфты【钻】联轴节弹性块
электронный блок 电子模块
блок выпрямления 整流块单元
блок глушения (аварийный блок)【钻】压井管汇
блок дистанционного гидравлического управления【钻】远程液压控制装置
блок дозирования и перемешивания порошковых материалов【钻】粉状料给进与搅拌装置
блок дросселирования【钻】节流管汇
блок задвижки от ПВО【钻】钻台下防喷器阀组
блок запуска и регулирования скважины【采】开井投产和调节装置
блок каната катушки【钻】猫头绳滑车
блок кронблока【钻】天车滑轮组
блок сепарации【采】分离橇
блок системы управления【钻】控制系统部件
блок стволовой задвижки【采】主闸阀部件
блок SCR【钻】SCR房

блок-баланс【钻】平衡滑轮
блок-диаграмма 立体图解; 三维模型
блок-крюк талевый【钻】游动滑车—大钩
блок-противовес【钻】平衡重滑轮
блок-сополимер 嵌段共聚
блокировка (блокирование)【钻】锁定, 自锁; 联锁装置
автоматическая блокировка【钻】自动闭锁
защитная блокировка【钻】安全联锁装置
механическая блокировка【钻】机械联锁装置
электрическая блокировка【钻】电动联锁装置
блоковый 断块的; 滑车的
блоковая инверсия【地】断块回返
блоковая лава【地】块状熔岩
блоковое орогеническое движение【地】断块造山运动
блоковое строение коры【地】地壳断块状结构
блочный 模块的
бляшка 垫片
БМЗ быстрые магнитозвуковые волны【测】迅磁声波
БМК боковой микрокаротаж【测】微测向测井
БМР Банк международных расчетов 国际结算银行
БН битум нефтяной【地】石油沥青
БН быстрый нейтрон【测】快中子
БНГЗ боковое нейтронное гамма-зондирование【测】侧向中子伽马测深
БНК банк «Национальный кредит»

国家信贷银行

БНО Балтийская нефтегазоносная область【地】波罗的海含油气区

БНС блочная насосная станция 组合泵站

БНС бюро нормализации и стандартизации规范化与标准化管理局

БНУ бурильно-насосная установка【钻】钻井泵设备

БНХ баланс народного хозяйства 国民经济平衡表

БО боковой обзор 侧视

бобина 筒管, 纱筒, 绕线管

бобышка【钻】轮毂

богатство 财富; 资源

БОД банк океанологических данных【地】海洋学数据库

боек грунтоноса【钻】井壁取心筒

бок 肋; 侧面; 旁边

боковой 侧向的

боковой грунтонос 井壁取心器

боковая сила 横向力

боковое электрическое зондирование【测】侧向电测深

боковая эрозия【地】侧向侵蚀

бокорез【钻】尖头钳

Боливийский【地】玻利维亚的

Боливия【地】玻利维亚

Болгария【地】保加利亚

болотный【地】沼泽的

болотный газ【地】沼气

болотный торф【地】沼泽泥炭

болотный уголь【地】沼泽煤

болото【地】沼泽; 泥潭

плоское болото【地】低位沼泽

пойменное болото【地】河漫滩沼泽

торфяное болото【地】泥炭沼泽

болото с выпуклой поверхностью【地】高位沼泽

болото склонов【地】山地沼泽

болотоведение【地】沼泽学; 湿地学

болт 螺栓, 螺杆

анкерный болт【钻】地脚螺栓

вертлюжный болт【钻】钻台区活节螺栓

крепежный болт【钻】坚固螺栓

плоскоголовый болт 平头螺栓

регулировочный болт【钻】调节螺栓

уплотнительный болт корпуса сальника【钻】填料盒压紧螺栓

шестигранный болт【钻】六角头螺栓

болт с высокой прочностью【钻】高强度螺栓

большой 大的

большая долина провалов【地】大陷落谷

большой круговорот воды【地】水大循环(海洋蒸发—陆地径流入海)

Большой Кавказ (БК)【地】大高加索山脉

бомба 压力取样器; 炸弹【地】火山弹

вулканическая бомба【地】火山弹

бонанца【地】富矿脉【采】产量丰富的油井, 丰产油井

бонус при подписании 合同签字费

бор【化】硼(B)

бора【地】凛冽风, 飓风

бораты【化】硼酸盐

бореальный【地】北方的, 北极的

борид【化】硼化物

борирование【化】硼化作用

Б

бородок 冲子, 打眼器, 打孔器
борт 边缘, 侧边
борт долины【地】谷缘, 谷壁
борт разрыва【地】断层盘
бортовой 边部的, 侧部的
бортовая балка 侧梁, 边梁
бортовое содержание【地】边际品位
борштанга【机】镗杆
борьба 防止
борьба с авариями【安】防止事故
борьба с водопритоками (водопроявлениями) в скважине【采】防止井内出水
борьба с выбросом из скважины【钻】防止井喷
борьба с гидратообразованием 防止水合物
борьба с загрязнением 防止污染
борьба с запыленностью 防尘
борьба с засолением почвы 防止土壤碱化
борьба с коррозией 防止腐蚀
борьба с наводнениями 防洪
борьба с образованием сальников из бурового шлама【钻】防止钻井岩屑形成泥包
борьба с оврагами【地】防止冲沟
борьба с оползнями【地】防止滑坡
борьба с осложнениями【钻】防止钻井复杂化
борьба с отложением парафина【采】防止结蜡
борьба с пескопроявлениями【采】防止出砂
борьба с поглощением бурового раствора【钻】防止钻井液漏失
борьба с пожарами【安】防止火灾
борьба с потерями【钻】防止循环失灵
борьба с проявлением высокого давления пласта при бурении【钻】防止钻井过程中高地层压力, 防钻遇高压地层
борьба с шумом【震】抑制噪音
бостонит【地】火成岩
ботаника【地】植物学
ботанический【地】植物(学)的
БОУ блочная обессоливающая установка【炼】整装脱盐装置, 橇装除盐装置
бочка【储】桶(封口), 储液桶; 油桶
бочко-промывочная【储】洗桶间
БП базисный прибор 基准仪
БП битуминозный песчаник【地】沥青质砂岩, 含沥青砂岩
БП блок памяти 存储部分
БП бромный показатель【地】溴指数
БПО база производственного обслуживания 生产服务基地, 生产服务站
БПФ быстрое преобразование **Фурье**【震】快速傅里叶变换
БР Банк развития 开发银行
Бразилия【地】巴西
брак 废品, 劣质货
бракованный 报废的; 作废的
браковать (брак) 报废
браунит【地】褐锰矿
брахиантиклиналь【地】等轴(窟窿)背斜, 短轴背斜
брахигеоантиклиналь【地】短轴大背斜
брахигеосинклиналь【地】短轴大向斜

брахисинклиналь【地】短轴向斜
брахискладка【地】短轴褶皱
брезент 防水布, 帆布, 油布, 篷布
брезентовый рукав 帆布管(水龙管)
брекчевидный【地】角砾状的
брекчирование【地】角砾岩化作用
брекчия【地】角砾岩
береговая брекчия【地】海滩角砾岩
валунная брекчия【地】漂砾
внутриформационная брекчия【地】建造内角砾; 层内角砾
дислокационная брекчия【地】断层角砾岩
изверженная брекчия【地】喷发角砾
карстовая брекчия【地】岩溶角砾
катакластическая брекчия【地】压碎角砾岩(断层角砾岩)
моренная брекчия【地】冰碛角砾岩
поверхностная брекчия【地】地表风化角砾
сбросовая брекчия【地】断层角砾
сопочная брекчия【地】死火山角砾岩
туфовая брекчия【地】凝灰角砾岩
эксплозионная брекчия【地】爆发角砾岩
брекчия давления【地】压碎角砾岩
брекчия извержения【地】火山喷发角砾岩
брекчия разлома【地】断层带角砾岩
брекчия трения【地】摩擦角砾岩
бремсберг【采】斜坑, 斜坡坑道
бремя 荷重, 负担
Брестская впадина【地】布列斯特盆地
бригада 队
аварийная бригада【安】事故急救队
буровая бригада【钻】钻井队
вышкомонтажная бригада【钻】井架安装队
горноспасательная бригада【安】矿山救护队
комплексная бригада по добыче【采】综合采油队
подготовительная бригада 准备(物料, 器具等)队, 辅助队
производственная бригада【采】生产队
ремонтная бригада【采】修理队
бригада, выполняющая работы по очистке эксплуатационных скважин【采】清洗生产井队
бригада капитального ремонта скважин【采】油井大修队
бригада обхода скважины【采】巡井队
бригада освоения скважин【钻】试油队
бригада по прокладке трубопровода【储】铺管队
бригада профилактического ремонта скважин【采】检修井队
бригада, расчищающая трассу трубопровода【储】清理管道队
бригада ремонта скважины【采】修井队
бригадир 队长
бриз【地】海陆风
Британский【地】不列颠的
бровка【地】陡坡或悬崖边缘
брод【地】浅滩

Б

брожение【化】发酵作用
бром【化】溴(Br)
бромаминокислота【化】溴代氨基酸
бромид【化】溴酸物
бромирование【化】溴化作用
бромистый【化】溴化的
бромистая вода【化】溴水
бронеколпак【钻】防爆器
бронзовый век 青铜时代
бронированный рельеф【地】硬岩壳地形
бронтозавр【地】雷龙
брус 方木;梁;条,杆
верхний рамный брус【钻】井架底座前大梁
задний рамный брус【钻】井架底座后大梁
подсвечной брус【钻】钻杆盘横梁
тормозной брус【钻】绞车横梁
якорный брус【钻】绞车后梁
брус-подкладка 千斤顶垫木
брусит【地】水镁石
брусовка 粗锉
брутто 毛重
брутто-тонна 总吨数,毛吨数
брюхоногие【地】腹足类
брюхоногие моллюски (гастропода)【地】腹足纲(软体动物类)
БС бензиловый спирт【化】苄醇,苯甲醇
БС бензольная смола【化】苯礁油
БСЗ буровой скважинный зонд【钻】钻井探头
БТ бурильная труба【钻】钻杆
БТК боковой токовой каротаж【测】侧向电流测井
БУ буровая установка【地】钻机
бугры【地】小丘;丘陵
бугры насыпания【地】堆积沙丘
бугры развевания【地】风积沙丘
будка 亭;小室;哨棚;岗亭
газораспределительная будка【储】配气房
трансформаторная будка 变压室,变压器室,变电站
будка бурильщика【钻】钻工(司钻)偏房,哨室,小休息室
буж【钻】衬管
буй 浮标
букса【钻】轴承盒
букса сальника【钻】盘根盒
буксование【机】打滑
Булайская свита【地】布莱组(西伯利亚,下寒武统)
булдымит (вермикулит)【地】蛭石,新黑蛭石
булыжник【地】中砾
бульдозер【机】堆土机,挖土机;弯管机,冲压机
бумага(и) 纸
изоляционная бумага 绝缘纸
индикаторная бумага 试纸
клетчатая бумага 方格纸
лакмусовая бумага 石蕊试纸
логарифмическая бумага 对数纸
парафинированная бумага 蜡纸
упаковочная бумага 包装纸
фильтровальная бумага 滤纸
бумага фиксации 记录纸
бункер 仓;燃料舱;储槽;斗;料斗
бур【钻】钻进;钻具
двухтурбинный бур【钻】双涡轮钻具
колонковый бур【钻】取心钻具
бурение【钻】钻井,钻探,钻进

алмазное колонковое бурение 【钻】金刚石取心钻井

безаварийное бурение【钻】安全钻井, 无事故钻井

бездолотное бурение【钻】无钻头钻井

бескерновое бурение【钻】不取心钻井

беспорядочное бурение【钻】井位散布钻井, 不按井网分布钻井

беспромывочное бурение【钻】无钻井液钻井(干钻)

беструбное бурение【钻】无杆钻井

вертикальное бурение【钻】垂直钻井

вертикально-направляющее бурение【钻】垂直定向钻井

взрывное бурение【钻】爆破钻井

вибрационное бурение【钻】冲击(顿)钻井; 振动钻井

виброударное бурение【钻】冲击(顿)钻井

вращательное бурение【钻】旋转钻井

вращательное бурение, роторное 【钻】钻盘旋转钻井

вращательное бурение с винтовыми забойными двигателями【钻】井底螺杆动力钻具旋转钻井

вращательное бурение с забойными двигателями【钻】井底动力钻具旋转钻井

вращательное бурение с турбинными забойными двигателями【钻】井底涡轮动力钻具旋转钻井

вращательное бурение с электрическими забойными двигателями 【钻】井底电力钻具旋转钻井

гидравлическое бурение【钻】水力冲击钻井(高压水力冲击岩石钻井)

гидромониторное бурение【钻】液压马达钻井

гидроударное бурение【钻】水力冲击钻井

глубоководное бурение【钻】深水钻井

глубокое бурение【钻】深钻井

глубокое бурение, разведочное 【钻】深层钻探

горизонтальное бурение【钻】水平钻井

двуствольное бурение【钻】双眼钻井

дробовое бурение【钻】钢砂钻井, 钢砂钻井法; 钻粒钻井法

индукционное бурение【钻】电感应法钻井

искривленное бурение【钻】斜向钻井

канатное бурение【钻】绳式顿钻

канато-вращательное бурение 【钻】绳式旋转顿钻

картировочное бурение【钻】构造钻井(圈定构造范围钻井)

керновое бурение【钻】取心钻井

колонковое бурение【钻】取心钻井

комбинированное бурение【钻】联合钻井

контрольное бурение【钻】控制钻井, 验证钻井

кустовое многоствольное бурение 【钻】多井眼丛式钻井

лазерное бурение【钻】激光钻井

механическое бурение【钻】机械钻井

Б

многозабойное бурение【钻】多井眼钻井，多井底钻井，多分支钻井
многорядное бурение【钻】多级套管钻井
многоствольное бурение【钻】多井眼钻井
морское бурение【钻】海洋钻井
наземное бурение【钻】陆地钻井
наклонное бурение【钻】斜向钻井
наклонно-направленное бурение【钻】定向钻井
направленное бурение【钻】定向钻井
направленное бурение, контролируемое【钻】控制定向钻井
неуравновешенное бурение【钻】欠平衡钻井
оконтуривающее бурение【钻】探边钻井
оптимизированное бурение【钻】优化钻井
первоначальное бурение【钻】起始钻进，最先钻井
плазменное бурение【钻】等离子体钻井
пневматическое бурение【钻】空气钻井
подводное бурение【钻】水下钻井
подрядное бурение【钻】包工钻井，承包钻井
поисковое бурение【钻】预探钻井，普查勘探钻井
разведочное бурение【钻】勘探钻井，钻探
разветвленно-горизонтальное бурение【钻】水平分支钻井
сбалансированное бурение【钻】泥浆平衡钻井
сверхглубокое бурение【钻】超深钻井
сплошное бурение【钻】连续钻进
структурно-поисковое бурение【钻】构造普查钻井
ступенчатое бурение【钻】分阶段钻进，按不同井段钻进
сухое бурение【钻】干式钻井
термическое бурение【钻】火力钻井，火焰钻井
трехствольное бурение【钻】三井眼分支钻井
турбинное бурение【钻】涡轮钻井
ударное бурение【钻】顿钻
ударно-вращательное бурение【钻】旋转冲击钻井
ультразвуковое бурение【钻】超声波钻井
форсированное бурение【钻】快速钻井
шариковое импульсное бурение【钻】钢球冲击成孔钻井
эксплуатационное бурение【钻】开发钻井
электрическое бурение【钻】电钻
бурение без подъема бурильных труб【钻】不起钻钻井
бурение без промывки【钻】无钻井液钻进，干式钻井
бурение в зоне высокого давления【钻】高压层钻井
бурение в крепких (твердых) породах【钻】在坚硬岩石内钻井
бурение в многолетнемерзлых полосах【钻】多年冻土带钻井
бурение в обход оставленного в открытом стволе инструмента【钻】裸眼井掉钻具处侧钻

бурение в продуктивном пласте【钻】产层内钻井
бурение в условиях обильных водопроявлений【钻】富水地层钻井
бурение газовых скважин【钻】钻气井
бурение до проектной глубины【钻】钻达设计井深
бурение замещенной скважины【钻】钻替代井
бурение на воду【钻】钻探地下水
бурение на газ【钻】钻探天然气
бурение наклонных скважин【钻】钻斜井
бурение на нефть【钻】钻探石油
бурение на уплотненной сетке【钻】加密井网钻井
бурение на уступе【钻】阶地上钻井
бурение на шельфе【钻】大陆架钻井
бурение нефтяных скважин【钻】钻油井
бурение опорно-геологических скважин【钻】钻地质基准井
бурение по коренным породам【钻】基岩内钻进
бурение подводных скважин【钻】钻水下井
бурение под заданным углом【钻】按固定角度钻井
бурение под кондуктор【钻】表层套管钻井, 一开钻井
бурение под направление【钻】导管钻井
бурение под первую техническую колонну【钻】第一层技术套管段钻井, 二开钻井
бурение под техническую колонну【钻】技术套管钻进
бурение под эксплуатационную колонну【钻】开发套管钻进
бурение пород средней твердости【钻】中等硬度岩石钻井
бурение при повышенном гидростатическом давлении в стволе скважины【钻】井内高静水压力钻井
бурение при пониженном гидростатическом давлении в стволе скважины【钻】井内低静水压力钻井
бурение при сбалансированных изменениях гидродинамического давления в скважине【钻】井内平衡流体动力压力钻井
бурение разработочных скважин【钻】钻开发井
бурение с баржи【钻】驳船钻井
бурение с большим зенитным стволом【钻】大斜度井眼钻井
бурение с веерным расположением скважин 扇状井网钻井
бурение с выносом шлама пластовой жидкостью или газом【钻】地层液体或气体携砂钻井
бурение с депрессией (или репрессией)【钻】负压(正压)钻井
бурение сейсмических скважин【钻】钻地震放炮井
бурение скважин【钻】钻井
бурение скважин без предварительной геофизической разведки【钻】未进行地球物理勘探情况下钻井
бурение скважин большого диаметра【钻】钻大口径井
бурение скважин, заложенных наугад

Б

【钻】任意钻井; 无规则钻井; 不按规则间距钻井

бурение скважин малого диаметра 【钻】小井眼钻井

бурение скважин с подводным устьем【钻】带水下井口钻井

бурение с неравновесием давления 【钻】欠平衡钻井

бурение с обратной промывкой 【钻】反循环钻井

бурение с отбором керна【钻】取心钻井

бурение с очисткой забоя воздухом 【钻】空气钻井

бурение с очисткой забоя воздухом и введением туманообразующих агентов【钻】加注雾化剂空气钻井

бурение с очисткой ствола скважины глинистым буровым раствором【钻】泥浆钻井液钻井

бурение с плавучих оснований 【钻】海上浮动平台钻探

бурение с потерей циркуляции 【钻】钻井液无循环钻井

бурение с продувкой【钻】风动钻井

бурение с продувкой воздухом 【钻】空气风动钻井

бурение с продувкой забоя природным газом высокого давления 【钻】高压天然气风动钻井

бурение с промывкой аэрированными растворам【钻】充气泥浆钻井

бурение с промывкой буровым раствором【钻】钻井液循环钻井

бурение с промывкой водой【钻】清水循环钻井

бурение с промывкой обращенной эмульсией【钻】逆乳化泥浆钻井

бурение с промывкой раствором на углеводородной основе【钻】油基钻井液钻井

бурение с промывкой соленой водой【钻】盐水钻井

бурение с промывкой утяжеленным буровым раствором【钻】加重钻井液循环钻井

бурение со струйной промывкой под давлением【钻】高压水力循环钻井

бурение с целью уплотнения сетки скважин【钻】加密井网钻井

бурение твердыми сплавами【钻】硬合金钻头钻井

бурение электробуром【钻】电动动力钻具钻井

бурение электровращательным забойным двигателем【钻】井底旋转动力钻具钻井

бурильный【钻】钻孔(用)的, 凿岩(用)的, 钻探(用)的

бурильщик【钻】钻工, 司钻

буримость【钻】(岩石)可钻性

бурный 猛烈的; 迅疾的; 激烈的

бурный день【地】磁暴日

бурный поток【地】急流

буровик【钻】钻井工人

буровой【钻】钻井的

буровая бригада【钻】钻井队

буровая вышка【钻】钻塔, 钻架

буровой журнал【钻】钻井值班记录

буровой канат【钻】钻井大钢绳

буровой ключ【钻】钻井大钳

буровой мастер【钻】钻井技师, 钻

井班长
буровая обсадная труба【钻】钻井套管
буровая площадка【钻】井场
буровой профиль【钻】井眼剖面
буровая разведка【钻】钻探
буровые свечи【钻】立根
буровой снаряд【钻】钻具(组合)
буродержатель【钻】钻卡, 钎夹
бурый 棕色, 褐色的
буря【地】风暴
бустер【钻】助力器
гидравлический бустер【钻】液压助力器
бустер-насос【采】增压泵
бустер-помпа【采】升压泵
бут 不规则形状建筑石料
бутадиен【化】丁二烯
бутан【化】丁烷
бутанол【化】丁醇
бутара【钻】洗鼓, 洗槽, 转筒筛
бутен【化】丁烯
бутил【化】丁基
бутилацетат【化】乙酸丁酯
бутилен【化】丁烯
бутилкаучук【化】丁基橡胶
бутылка 瓶
буфер 缓冲器【钻】减震器
воздушный буфер【钻】空气减震器
гидравлический буфер【钻】水力减震器
масляный буфер【钻】机油减震器
паровой буфер【钻】蒸汽减震器
пневматический буфер【钻】气动减震器
пружинный буфер【钻】弹簧减震器
буфер-компенсатор【钻】补偿缓冲器
буферный 缓冲的
буферное действие 缓冲作用
буферный раствор【钻】缓冲液
Бухарский горизонт【地】布哈拉层(中亚, 古近系)
бухгалтер 会计员
бухгалтерия 会计学
бушинг 衬管
БФ баланс фаз【震】相位平衡
БФ балансный фильтр【震】平衡滤波
БФ бутилфенол【化】丁基苯酚
БФА бифторид аммония 二氟化铵
БФК Большой Ферганский Канал【地】费尔干纳大运河
БЭГЗ боковое электрическое градиент-зондирование【测】侧向梯度测深
БЭЗ боковое электрозондирование【测】侧向电测井
БЭМЗ боковое электрическое микрозондирование【测】微侧向电测深
БЭПЗ боковое электрическое потенциал-зондирование【测】侧向电位电测(深)法
быстродействующий 快速起作用的
быстроменяющийся 快速变换的
быстропереводник【钻】活接头
быстрореагирующий 灵敏的, 快速反应的
быстросхватывающийся 快凝
быстротвердеющий 快速凝固
быстроток 急流
быстроустанавливающийся 快速安装的
быстроходный 快速的

бюджет 预算(案)
годовой бюджет 年度预算
государственный бюджет 国家预算
доходный бюджет 收入预算
постатейный бюджет 逐条项目预算
потребительский бюджет 消费(预算)
расходный бюджет 开支预算
бюллетень 通报, 公报; 学报
бюретка【化】滴定管

В

вага 杠杆, 撬杆
ВА вакуумный агрегат 真空装置
ВА векторный анализ 矢量分析, 向量分析
ВА вода артезианская【地】自流水
ВА вольтамперметр 伏(特)安(培)计, 电压电流表
ВА Восточно-Африканская вулканическая зона【地】东非火山带
вагон 车厢
вагон-цистерна【储】铁路油槽车
вагонетка 矿车; 小(推)车; 平车, 斗车
вагончик 营房车
боковой вагончик【钻】偏房
служебный вагончик【钻】办公营房
вад【地】石墨; 锰土; 潮坪
вади【地】间歇河谷, 干谷
вадозовые грунтовые воды【地】渗流水, 包气带水
вазелин【化】凡士林
Вайгач【地】瓦伊加奇岛
ВАК высшая арбитражная комиссия最高仲裁委员会
вакуум 真空
абсолютный вакуум 绝对真空
высокий вакуум 高真空
полный вакуум 完全真空
предельный вакуум 极限真空
частичный вакуум 部分真空
вакуум-аппарат 真空仪器
вакуум-бачок 真空箱
вакуум-гидроциклон 真空旋转除砂器
вакуум-инжектор 真空喷射器
вакуум-клапан 真空阀
вакуум-колонна 真空塔
вакуум-компрессор 真空压缩机
вакуум-насос 真空泵
вакуум-сушилка 真空干燥器
вакуум-упаковка 真空密封包装
вакуум-установка 真空装置
вакуум-фильтр 真空过滤器
вакуум-эксикатор 真空吸潮器, 真空吸湿器, 真空干燥器
вакуумирование 真空处理, 真空作业
вакуумметр 真空计
вакуумный 真空的
вакуумпомпа (вакуумнасос) 真空泵
вакуумрезервуар 真空罐
вал【地】长垣, 堤【机】轴(振动轴总成), 杆
береговой вал【地】滨岸沙堤; 滩脊
боковой вал【地】边缘长垣, 边

缘堤
блокирующий вал【机】并车轴
ведомый вал【机】从动轴
ведущий вал【机】输入轴, 驱动轴
водяной вал【采】(注水时地层内形成的)水聚集带
волноприбойный вал【地】浪蚀堤
вращающийся вал【机】旋转轴
входной вал【机】输入轴
входной вал в сборе【机】输入轴总成
выходной вал зубчатого колеса【机】齿轮输出轴
гибкий вал【机】挠性轴
естественный прирусловый вал【地】天然堤
жесткий вал【机】刚性轴
земляной вал 接地棒
коленчатый вал (коленвал)【机】曲轴
карданный вал【机】万向轴
катушечный вал【机】猫头轴
нефтяной вал【采】(注水时地层内形成的)移动油带, 集油带
передаточный вал【机】传动轴
приводной вал с двухрядной звездочкой【机】带两排齿的驱动轴
промежуточный вал【机】中间轴
промежуточный вал в сборе【机】中间轴总成
распределительный вал【机】凸轮轴; 分配轴
реверсивный вал【机】反向轴
соединительный вал【机】连轴器
тектонический вал【地】构造长垣
трансмиссионный вал【机】传动轴
шевронный зубчатый вал【机】人字形齿轮轴
эксцентриковый вал【机】曲轴
вал барабана【机】卷筒轴
вал зубчатого колеса【机】齿轮轴
вал катушки【钻】猫头轴
вал катушки с тартальным барабаном【钻】带捞砂滚筒的猫头轴
вал перемены скоростей【机】变速轴
Валаам【地】瓦拉姆岛
Валанжинский ярус【地】凡兰吟阶(下白垩统)
валентность【化】化合价
главная валентность【化】主价
ионная валентность【化】离子价
ненасыщенная валентность【化】不饱和价
нулевая валентность【化】零价
остаточная валентность【化】剩余化合价
валентность элементов【化】元素化合价
валентный【化】化合价的, 价的
валик 小轴, 圆筒, 圆杆
валик привода масляного насоса【机】机油泵传动轴
валик шкива вентилятора【机】风扇皮带轴
валлерит (диорит)【地】闪长岩
валовой 总的, 总体的, 大体的
валун【地】漂砾, 巨砾
валунистость【地】砾含量
валунник【地】巨砾层
валунный【地】漂砾的; 漂石的
валунная глина【地】冰碛泥(冰砾土)
валунный мергель【地】漂砾泥灰岩
валунные отложения【地】冰碛沉

B

积;巨砾沉积
валунный суглинок【地】含漂砾砂质黏土
валунный супесок【地】漂砾砂土
вальцовка【机】碾延机, 辊式破碎机
валюта 外汇
ванна (浴)盆, 槽, 池【采】油浴(用石油冲洗钻孔法); 酸洗(井底)
водяная ванна 水浴
восстановительная ванна 还原浴
гальваническая ванна 电镀浴
жировая ванна 油浴
каустическая ванна 碱浴
кислотная ванна【采】酸浴, 酸洗
коагуляционная ванна 凝固浴
нефтяная ванна【采】油浴
соляная ванна 盐浴
ванадий (ванад)【化】钒(V)
вапоризация (выпаривание) 蒸发; 汽化作用
вар【化】黑油, 焦油
вариант 方案
конструктивно-монтажный вариант 设计安装方案
окончательный вариант【采】最终方案
оптимальный вариант【采】优化方案
предварительный вариант 预案
рациональный вариант разработки нефтяного месторождения【采】油田合理开发方案
технологический вариант【采】工艺方案
технологический вариант разработки нефтяных месторождений【采】油田开发工艺方案
вариант проектирования 设计方案
вариант разработки【采】开发方案
вариант технологических схем 工艺流程方案
вариация 波动, 变动; 变异; 变差; 变分
барометрическая вариация 气压变化
магнитная вариация【物】磁性波动
вариация геомагнитного поля【地】地磁场变动
вариация параметров 参数变化
вариация показаний 指数(读数)波动
вариация силы тяжести 重力变动
вариетет 变种, 变体, 变形, 变态; 变化, 多样性
вариограф 变量计, 记录式变感器
Варисская (Варисцийская) складчатость【地】华力西褶皱作用
варница 盐田(盐盆, 蒸发湖)
Вартовская свита【地】瓦尔托夫组(西西伯利亚, 凡兰吟—阿普特阶)
Васюганская свита【地】瓦休甘组(西西伯利亚, 卡洛夫—牛津阶)
вата 棉花, 棉絮, 絮, 絮棉; 丝绵
стеклянная вата 玻璃棉
целлюлозная вата 纤维素棉
шлаковая вата 矿渣棉
ватерпас 水平尺
ватт 瓦特
ваттность 瓦数, 瓦特数
ватты 淤泥
вахта 野外营房
вахтерка 值班室, 传达室
вашгерд 洗砂槽, 斜槽式洗矿台

ВБ валютная биржа 外汇交易所, 外汇市场
ВБ Всемирный банк 世界银行
ВББ Всероссийский биржевой банк 全俄证券交易银行
ВБГ виброграф 振动仪
ВВ ввод-вывод 输入—输出; 输入输出
ВВ взрывная волна【震】爆炸波
ВВ взрывчатое вещество 炸药, 爆炸物料
ВВГ влажное внутрипластовое горение【采】湿式火烧油层法; 层内湿燃烧
ВВД воздух высокого давления【地】高压气团
введение 引言, 导言, 绪论, 概论
ВВЗ внешний валютный заем 外汇外债
ВВЗ внутренний валютный заем 外汇内债
ВВО Всероссийское внешнеторговое объединение 全俄外贸联合公司
ввод 投入; 加载
ввод в действие 生效
ввод в эксплуатацию【采】投入开发, 投产
ввод данных 资料加载
ввоз товаров 商品输入
ввозимый 输入的
ВВП валовая внутренняя продукция 国民生产总值
ВВП валовой внутренний продукт 国内总产量
ВВС высоковольтная сеть 高压输电网
ВВТ внутренний водный транспорт 内河运输
ВВФ водо-воздушный фактор【采】气水比
ВГ винтовая гайка 螺帽, 螺母
ВГ внутрипластовое горение【采】火烧油层法
ВГ Восточно-Гренландская складчатая система【地】东格陵兰褶皱系
ВГ вспомогательный генератор 辅助发电机
ВГ вторая гармоника【震】二次谐波
ВГБ высокоглиноземистый базальт【地】高矾土玄武岩, 高铝质玄武岩
ВГТ Восточный геофизический трест【地】东方地球物理托拉斯
ВГТД временная грузовая таможенная декларация 临时货物报关
ВД восточная долгота【地】东经
ВД второй детектор 二次检测器
ВД высокое давление 高压
вдавливание 压入, 挤入, 嵌入
ВДК волновой диэлектрический каротаж【测】电介质测井, 介电测井
ВДОГ внутрипластовый движущийся очаг горения【采】油层内部移动燃烧源
ВДП верхний допустимый предел 上极限, 上容许限度
вдувание 注入; 吹进
вдувание извести 加石灰
вдувание кислорода 吹氧
вдувание пара 吹入蒸汽
ВЕ Восточно-Европейская платформа【地】东欧地台
вебер 韦伯

ведомость 明细表
дефектная ведомость 亏空明细
инвентаризационная ведомость 清点(清查)明细
отгрузочная ведомость 卸货清单
ремонтная ведомость 维修记录
упаковочная ведомость 包装明细
эксплуатационная ведомость 生产记录
ведомость добычи нефти【采】采油记录明细
ведомость заказа материалов 物料订购清单
ведомость осмотра 检验记录
ведомость о спущенных в скважину обсадных трубах【钻】井内下放套管明细
ведомость по спуску насосно-компрессорных труб【采】下放油管明细
ведомый 被动的; 从动的
ведомый диск【机】被动盘
ведомый шкив【机】被动皮带轮
ведро противопожарное【安】消防桶
ведущий 主导的; 主任的; 主动的, 引动的, 传动的
ведущий диск【机】主动盘
ведущая шестерня【机】主动齿轮
веер【地】扇形地, 扇状地
веероидный (веерообразный) 扇状的
вездеход 越野车
вездеход-трейлер 平板车
век 时代【地】期
бронзовый век 铜器时代
железный век 铁器时代
каменный век 石器时代
вековой 长期的, 多年的; 世纪的
вековое колебание【地】长期升降运动(地壳升降运动)
вековое поднятие【地】长期上升
вековое погружение【地】长期沉降
векселедатель 发票人
векселедержатель 期票持有人
вексель 期票, 票据
вексельный 期票的
вектор (向)矢量
палеомагнитный вектор【地】古地磁方位
векторный 矢量的
велиховит【地】沥青矿脉; 氮硫沥青; 维利霍夫沥青
величина 值
абсолютная величина 绝对值
бесконечно-большая величина 无穷大值
бесконечно-малая величина 无穷小值
входная величина 输入值
выходная величина 输出值
граничная величина 界限值
действующая величина 有效值
дискретная величина 离散值
допускаемая величина 允许值
заданная величина 给定值
интегральная величина 积分值
искомая величина 未知数
истинная величина 真实值
конечная величина 最终值
критическая величина 临界值
максимальная величина 极大值
мгновенная величина 瞬时值
пороговая величина 门限值
постоянная величина 常数值
приближенная величина 近似值

проектная величина 设计值
расчетная величина 计算值
регулируемая величина 调节值
средневзвешенная величина 加权平均值
средняя величина 平均值
средняя величина, арифметическая 算术平均值
средняя величина, арифметически взвешенная 算术加权平均值
средняя величина, геометрическая 几何平均值
средняя величина, квадратичная 均方根值
статистическая величина 统计值
угловая величина 角度值
удельная величина 单位比值
условная величина 条件值
фактическая величина 实际值
численная величина 数值
эмпирическая величина 经验值
величина амплитуды 振幅值
величина аномалии 异常值
величина в оригинале 原型值
величина вязкости 黏度值
величина градиента 梯度值
величина горизонтального смещения【地】水平断距
величина затухания 衰减值
величина нефтенасыщения【地】含油饱和度值
величина нефтеотдачи【采】石油采收率值
величина осевой нагрузки 轴压值
величина отсечки 交绘值; 截取值
величина поглощения 吸收值
величина погрешности 误差值
величина подъема 上升值
величина поправки 修正值
величина разрушающего напряжения 破坏应力值
величина силы трения 摩擦力值
величина скольжения по падению【地】倾斜断距
величина скольжения по простиранию【地】走向断距
величина скольжения по разлому【地】断层错距
величина скорости бурения 钻速值
величина смещения 移动值
величина срезывающего усилия (статического напряжения сдвига) 静剪切力值
величина фазы 相位差
Венгерский【地】匈牙利的
венд【地】文德纪(系)(与震旦纪年代相近, 6.8亿～5.8亿年)
Венесуэла【地】委内瑞拉
венец 轮缘, 齿盘, 框架
зубчатый венец【机】齿圈
зубчатый венец с внутренним зацеплением【机】内齿圈
вентилирование 通风
вентиль 针阀; 旋塞阀; 考克
впускной вентиль 进气阀
выпускной вентиль 放喷阀
главный распределительный вентиль 主配置阀
грязевой вентиль【钻】泥浆阀
дренажный вентиль【采】排污阀
дроссельный вентиль【采】节流阀
запорный вентиль 截止阀
запорный вентиль, муфтовый 丝扣球阀
запорный вентиль, проходной 直通球阀

игольчатый вентиль 针阀
импульсный вентиль 脉动阀
конический вентиль 锥阀
косой вентиль 倾斜式阀
нормальный угольный вентиль 正轴角阀
паровой вентиль 蒸汽阀
перепускной вентиль 溢流阀, 泄压阀
питательный вентиль 给水阀
распределительный вентиль 分配阀
регулирующий вентиль 调节阀
редукционный вентиль【钻】减压阀
ручной вентиль 手动换向阀
сливо-наливной вентиль 装卸油阀
фланцевый вентиль 法兰球阀
управляемый вентиль 控制阀
уравнительный вентиль 平衡阀
фланцевый вентиль 带法兰阀
шиберный вентиль 闸阀, 板阀, 闸板, 阀阀
электропневматический вентиль 电气动阀
вентиль азотного баллона 氮瓶阀
вентиль запуска 启动阀
вентиль с водяным затвором 水封式阀
вентилятор 通风机, 风扇
вытяжной вентилятор 排风扇
осевой вентилятор 轴流风机
центробежный взрывобезопасный вентилятор【钻】离心式防爆风机
вентилятор смены воздуха 换气扇
вентилятор трансформатора 变压器风扇
вентиляция 通风
вентсистема 通风系统
веревка 绳
пеньковая веревка 麻绳
Верейский горизонт【地】维列层(俄罗斯地台, 中石炭统)
верность 正确性
верньер 游尺, 游标
вероятность 可能性, 概率, 或然率
вертикаль 垂线; 铅垂线
вертикальный 立式的; 垂直的
вертикальная дислокация【地】垂直错位, 垂直断裂作用
вертикальная нагрузка 垂向负荷
вертикальная отдельность【地】垂直节理
вертикальная плоскость 垂直面
вертикальный разрез (профиль) 垂直剖面
вертикальный сброс【地】垂直断层
вертикальный сдвиг【地】垂直平移断层
вертикальный сейсмометр 垂直地震仪
вертикальное сечение 垂直截面
вертикальное смещение 垂直位移
вертикальный ствол【钻】直井眼
вертикальная шахта【采】采矿直井
вертикальное электрическое зондирование【测】垂直电测深
вертлюг【钻】水龙头, 水龙带; 水龙头吊环
двухфункциональный вертлюг【钻】两用水龙头
насосный вертлюг【钻】泵水龙头
промывочный вертлюг【钻】洗井水龙头
спаренный вертлюг【钻】导气龙头
вертлюг для геологического буре-

ния【钻】地质钻井水龙头

вертлюг с длительным сроком службы 长寿命水龙带

вертолет 直升机

вертушка 云台控制; 卷线车

Верфенский (скифский) ярус【地】维尔芬(斯基夫)阶(三叠系下部)

Верхневолжский ярус【地】上伏尔加阶(上侏罗统顶部)

верхнемеловой【地】上白垩(统)的

верхний 上部的

верхний бьеф【地】上流水

верхнее крыло【地】(断层)上盘(翼)

верхний отдел【地】上统

верхнее течение(бьеф)【地】上游

верхняя часть разреза (ВЧР)【地】剖面上部

верховодка (сезонная вода)【地】上层滞水

верховой【钻】井架工

верховье【地】水源, (河流)上游

Верхоленская свита【地】维尔霍林组(西伯利亚, 上寒武统)

Верхоянский хребет【地】上扬斯克山脉

вершина 上游; 高峰, 顶点, 极点

вершина антиклинали【地】背斜顶

вершина волны 波峰

вершина вышки【钻】井架顶部

вершина кривой 曲线峰值

вершина структуры【地】构造顶部

вершина шарошки【钻】牙轮顶端

вес 重量

атомный вес【化】原子量

валовой вес 总重

видимый вес 视重

молекулярный вес【化】分子量

общий вес 总重

объемный вес 体积重量

ориентировочный вес 近似重量

переводный вес 换算重量

погонный вес 单位长度重量

собственный вес 自重

стационарный вес 静止重量

сухой вес 干重

удельный вес 比重

удельный вес глинистого раствора【钻】泥浆比重

удельный вес, искомый 未知比重

удельный вес, кажущийся 视比重

вес брутто 毛重

вес бурового инструмента【钻】钻具重量

вес нетто 净重

вес пая 当量重量

весовая 天平室

весовой 重量的

весовой кларк【地】重量克拉克值

весовщик 司称

весы 天平

аналитические весы 分析天平

гидравлические весы 液压天平

гидростатические весы 液体比重计, 比重天平, 静水天平

настольные весы 台式称

пружинные весы 弹簧称

рычажные весы 杠杆式天平

удельные весы 比重称

электронные весы 电子天平

ветвление складок【地】褶皱分支

ветвь 分系, 分支

ветвь разлома【地】分支断裂

ветвь трубопровода【采】分支管线, 支线

ветер 风
береговой ветер【地】由陆地吹向海洋的风, 离岸风
боковой ветер【地】侧风
ветер горных долин【地】山谷风
ветер пустыня【地】沙漠风
ветер склонов【地】山坡风
ветка 支线
ветромер 测风计
ветроуказатель 风标
веха (вешка) 路标, 测量标杆
вечный 永久的
вечная мерзлая почва【地】永久冻土
вечная мерзлота【地】永久冻土层(带)
вещество 物质; 剂
абразивное вещество 侵蚀性物质
абсорбируемое вещество 被吸收物质
абсорбирующее вещество 吸收物质
активированное вещество 被活化物质
активирующее вещество【化】活性剂
активное вещество 活性物质
аморфное вещество 无定形物质
антидетонационное вещество 防爆炸物质
антикоррозийное вещество 防腐物质
асфальтово-смолистое вещество 沥青胶质
битуминозное вещество 含沥青质
буферное вещество 缓冲剂
взвешенное вещество 悬浮物
взрывоопасное вещество 危险爆炸物质
взрывчатое вещество 爆炸物质
вредное вещество 有害物质
вспенивающее вещество 起(泡)沫物质(剂)
вспучивающее вещество 膨胀物质(剂)
высокомолекулярное вещество 高分子物质
вяжущее вещество 黏合剂, 胶结料
газообразное вещество 气体物质
гетероатомное вещество 杂原子物质
гигроскопическое вещество 吸收剂, 吸水剂
гидрофильное вещество 亲水物质
гидрофобное вещество 憎水物质
горючее вещество 可燃物质
гуминовое вещество【地】腐殖质
гумусовое вещество【地】腐殖质
дегазирующее вещество 消毒剂, 净化物质
дегидратирующее вещество【采】脱水剂
дезинфицирующее вещество 消毒剂
декатирующееся вещество 可沉淀固体颗粒
диспергирующее вещество 分散相
дисперсное вещество 分散物质
едкое вещество 苛性物质
жидкое вещество 液态物质
загрязняющее вещество 污染物质
заменяющее вещество 代用品, 替代品
инородное вещество【地】外来物质, 外来杂质
исходное вещество【地】油母质, 原生物

канцерогенное вещество 致癌物质
капиллярно-активное вещество 毛细作用活性物质
клейкое вещество 胶黏剂
коллоидное вещество 胶体物质
контактное вещество 接触剂, 触媒
коррозирующее вещество 腐蚀性物质
легковоспламеняющееся вещество 易燃物
летучее вещество【化】挥发性物质
лигнинно-гумусовое вещество【地】木类腐殖质
минеральное вещество【地】矿物质
моющее вещество 清洁剂物质
нейтрализующее вещество 中和剂
неорганическое вещество 无机物质
нерастворимое вещество 不溶物质
обезвоживающее вещество【采】脱水剂
обезжиривающее вещество 脱脂剂
обогащенное вещество 富化剂
огнеопасное вещество 易燃物质
огнестойкое вещество 耐火物质
окисляющее вещество 氧化物质
органическое вещество (ОВ)【地】有机物质
органическое водо-растворенное вещество【地】水溶性有机物质
органическое ископаемое вещество【地】有机物质矿产
органическое нерастворимое вещество【地】不溶有机物质
органическое рассеянное вещество (РОВ)【地】分散有机物质
осаждающее вещество 沉淀剂
отверждающее вещество 硬化剂
охлаждающее вещество 冷却剂
очищающее вещество 净化剂
пахучее вещество 有臭味物质
пенообразующее вещество 起泡物质
поверхностно-активное вещество (ПАВ)表面活性物质, 表面活性剂
поверхностно-активное вещество, анионное 阴离子表面活性剂
поверхностно-активное вещество для бурового раствора【钻】钻井液表面活性剂
поверхностно-активное вещество, катионное 阳离子表面活性物质
поверхностно-активное вещество, неионное 非离子表面活性物质
поверхностно-активное вещество, обладающее бактерицидными свойствами 杀菌表面活性物质
поверхностно-активное вещество, применяемое для вызова притока нефти из пластов【采】地层诱喷表面活性剂
поверхностно-активное вещество, применяемое для улучшения притока жидкости в скважину【采】井内增产表面活性剂
поверхностно-активное вещество, растворимое маслянистое 可溶油性表面活性剂
поверхностно-активное вещество с низкой температурой застывания 低温凝固表面活性剂
поверхностно-активное вещество, твердое 固体表面活性物质
проводящее вещество 导电物质
пропитывающее вещество 浸渍剂
простое вещество 单质

противокоррозийное вещество 防腐蚀剂
радиоактивное вещество 放射线物质
разбавляющее вещество 稀释剂
разжижающее вещество 液化剂
разъедающее вещество 腐蚀剂
распадающееся вещество 衰减物质
растворимое вещество 可溶性物质
реликтовое вещество 残留物
самовоспламеняющееся вещество 自燃物质
смазочное вещество 润滑物质
твердое вещество 固态物质
токсичное вещество 有毒物质
фальсифицирующее вещество 掺杂物
химическое вещество 化学物质
цементирующее вещество 胶结物
экстрагируемое вещество 萃取物
взаимовлияние 相互影响
взаимодействие (интерференция) 干扰
взаимодействие между горизонтами【采】层间干扰
взаимодействие между скважинами【采】井间干扰
взаимообмен 相互交换
взаимосжатие 互相挤压
взброс (ненормальный сброс)【地】逆断层
взбросо-пересдвиг【地】逆掩平移断层
взбросо-раздвиг【地】逆—开断层
взбросо-сдвиг【地】平移逆断层
взвесь【钻】悬浮液(物)
взвешенный 悬浮的
взвешенное состояние 悬浮状态
взгляд 测量读数
взгляд вперед 测量前视
взгляд назад 测量后视
вздувание 吹起; 鼓起; 突起, 鼓胀
вздутие 膨胀, 隆起, 突起; 增生物
вздымание【地】(地质体)隆升, 隆起
инверсионное вздымание【地】反转抬升
устойчивое вздымание【地】稳定抬升
вздымание коры【地】地壳隆起
взимание 征收(税或费)
взимание платы за пользование недрами 征收矿产使用费
взимать 征税
взимать таможенные пошлины 征收关税
взрыв 爆炸【地】火山爆发(同извержение)
направленный взрыв 定向爆炸
обратный взрыв 反向爆炸
подземный взрыв 地下爆炸
взрыв в нефтяных пластах【采】油层内爆炸
взрыв в скважине【钻】井中爆炸
взрываемость 爆炸性, 爆破力
взрыватель 雷管; 导火管
взрывник爆炸工
взрывобезопасность【安】防爆安全
взрывоопасность【安】爆炸危险
взрывпункт 爆炸点
взрывчатка 雷管
взрывчатость 爆炸性
ВЗС виброзащитная система 防振系统
взыскание 处罚, 处分
взятие 取出, 采取, 抽取

взятие керновой пробы【钻】取岩心样
взятие образцов 取样
взятие проб промывочной жидкости【钻】钻井液取样
вибратор (вибросейс)【震】可控震源, 振击器; 振子
асинхронный вибратор【震】非同步震源
высокочастотный вибратор【震】高频震源
глубинный вибратор【震】内部震源
забойный вибратор【钻】井底振击器
пневматический вибратор【钻】气动振击器
пьезоэлектрический вибратор【钻】压电振击器
вибрационный 振动的
вибрационное испытание 振动试验
вибрационное устройство 振动装置
вибрация 振动
осевая вибрация 轴向跳动
упругая вибрация 弹性振动
вибрация бурильного каната【钻】钻井钢绳振动
вибрация бурильных труб【钻】钻杆振动
вибрация бурового долота【钻】钻头振动
вибрация клапана 阀门振动
вибрирование 振动
вибробурение【钻】振动冲击钻井
вибровыпрямитель 振动整流器
виброгаситель【钻】减振器
виброграф 震动计
виброгрохот【钻】振动筛
вибродвигатель【钻】振动电机
виброизмеритель 测振仪
виброметр 振动表
виброопор 耐振基座
виброплощадка 振动台
вибропрочность 振动强度
виброрукав 振动袋
вибросейс【震】可控震源
вибросейс-метод【震】可控震源法
вибросейс-разведка【震】可控震勘探
вибросито【钻】振动筛, 振动筛
вибросито в сборе【钻】振动筛总成
вибросито одностадийной очистки【钻】单级砂处理振动筛
вибростойкий 抗振的
виброуплотнитель 振捣器
виброустойчивость 耐振(震)性
виброустойчивый 抗振(震)的
вид 种类, 类型; 形式
внешний вид 外观
минеральный вид【地】矿物种类
вид вверх 仰视图
вид вниз 俯视图
вид волн 波形
вид геологоразведочных работ на нефть и газ【地】油气勘探工作种类
вид годографа【震】时距曲线图
вид дислокации в очаге【震】震源错动类型
вид полезных ископаемых【地】矿产种类
вид пользования недрами 矿产资源利用形式
вид сбоку 侧视图
вид сзади 后视图
вид спереди 前视图

В

вид технического обслуживания 技术服务类型
видеоаппаратура 视频设备, 电视设备
видеоизображение 视频影像
видеокамера 摄像头, 监视器
видеосвязь 视频通信
видеочастота 视频
видимость 能见度
видимый 可见的
видовое название【地】(生物)种名
видообразование【地】新物种形成
ВИЗ высокочастотное индукционное зондирование【测】高频感应测深
виза 签证
Визейский ярус【地】维杰阶(下白垩统)
визирка 测量杆, 水平尺
визуализация【震】图像显示
трехмерная визуализация【震】三维可视化
визуальный 目测的, 目视的
ВИК высокочастотный индукционный каротаж【测】高频感应测井
ВИКИЗ высокочастотное индукционное каротажное изопараметрическое зондирование【测】高频感应等参数测深
Викуловская свита【地】维库洛夫组(西西伯利亚, 阿尔普—阿普特阶)
вилка 插头, 拨叉
вторичная вилка 二次插接件
вилка с предохранителями 安全插销
Виллафранский (калабрийский) ярус【地】维拉弗兰阶(上新统上部)
Вилюй【地】维柳伊河
Вилюйская синеклиза【地】维柳伊地向斜
ВИМ временно-импульсная модуляция 时间脉冲调制
ВИМ время импульсной модуляции 脉冲调制时间
винилит【化】乙烯基树脂(商名)
винилхлорид【化】氯乙烯
винифлекс【化】乙烯基塑料
винил【化】乙烯基
винилацетат【化】乙酸乙烯脂
виниловый спирт 乙烯醇
винипласт【化】聚氯乙烯塑料
винистен 聚氯乙烯塑料装饰板
винкель 矩尺
винол【化】聚乙烯醇
винт 螺钉, 螺丝
анкерный винт 地脚螺丝
бесконечный винт 螺杆
короткий ходовой винт【钻】短丝杠
левый винт 反扣螺钉
плоскоголовой винт【钻】平头螺钉, 平头螺栓
регулировочный винт 调节螺丝
регулирующий винт 调节丝杠
регулирующий винт, двойной 花篮螺栓
стопорный винт【钻】顶丝, 顶紧螺钉
установочный винт 安装螺丝
шестигранный винт 六角螺钉
винт с полукруглой крышкой 半圈螺钉
винтоверт 改锥, 螺丝刀
ВИР водоизоляционные работы【采】堵水作业

виргация【地】分支褶皱(指状分支), 山脉分支
виртуальный 虚的, 隐的, 潜在的
вискозиметр【钻】井场用黏度计
вискозиметрия【钻】黏度测定法
висмут【化】铋(Bi)
висмутид【化】铋化物
висмутил【化】氧铋基
вистанекс【化】聚异丁烯塑料胶
витамин комплектный【化】合成维生素
Витим【地】维季姆河
виток 圈匝
витрен (витрит, витраин)【地】镜煤
витринит【地】镜质组
витриолизация【化】硫酸盐化作用
витриоль【化】硫酸盐, 矾
ВИУ вакуум-испарительная установка 真空蒸发装置
вихревой 涡流的
вихревое движение воздуха 空气涡动
вихревое течение 涡流
вихревой ток 涡流
вихрь 涡流
вициналь 邻界面, 邻晶面
ВИЭР водоинвертный эмульсионный раствор 转化水乳胶溶液
ВК величина корректировки 校正量, 修正量
ВК взаимная корреляция 互相关
ВК взрывная камера 爆炸室
ВК включатель концевой 终端开关
ВК волновая картина【震】波震图
ВК Восточно-Караский срединный массив【地】东喀拉海中间地块
ВК Восточные Карпаты【地】东喀尔巴阡(山脉)
ВК вторичный кварцит【地】次生石英
ВК функция взаимных корреляций 互相关函数
ВКВ Верхнекамская впадина【地】上卡马盆地
ВКВ Восточно-Кубанская впадина【地】东库班盆地
ВКГУ Восточно-Казахстанское геологическое управление【地】东哈萨克斯坦地质局
вкладка 插板
вкладыш 轴瓦
заменяемый вкладыш【钻】可换性衬瓦
квадратный вкладыш【钻】方瓦; 方补心
конический вкладыш【钻】斜轴瓦
роторный вкладыш【钻】大方瓦
вкладыш для обсадной трубы【钻】套管方瓦
вкладыш квадрата с роликами【钻】滚子式方钻杆补心
вкладыш ротора【钻】转盘方瓦
включение【地】包体, 包裹体(矿, 岩)【钻】合上, 开动
включение скоростей【钻】推档
включатель 开关
ВКМ волокнистый композиционный материал 纤维合成材料
ВКР второй капитальный ремонт【采】二次大修
ВКР высококальциевый глинистый раствор【钻】高钙膨润土钻井液
вкрапление【地】浸染作用
вкрест простирания 垂直于走向, 正交于走向
ВКС водородно-кислородная смесь

B

【化】氢氧混合物
ВКС вторая космическая скорость 第二宇宙速度
вкус【地】味
вкус воды【地】水味道
ВЛ высоковольтная линия 高(电)压线
влага капиллярная【地】毛细水
влагоемкость 含水量, 含湿量; 含水性
полная влагоемкость 总含量
влагоемкость горных пород【地】岩石含水能力(含水性)
влагозащита 防潮
влагомер 湿度计
влагометрия скважины【采】测量井含水量
влагопоглотитель 吸湿器, 吸湿剂
владычество 统治
влажность 湿度
абсолютная влажность газа 气体绝对湿度
природная влажность 自然湿度
удельная влажность 比湿度, 单位湿度
влажность горных пород【地】岩石湿度
вливание 注入
влияние 影响; 作用; 效应
влияние дрейфа【地】漂移作用
влияние разрывов на напряжение【地】断裂对应力作用
влияние экранирования 屏蔽影响, 屏蔽效应
вложенная терраса【地】嵌入式阶地, 下切阶地
ВМ вахтовая машина 值班车
ВМ верхняя мантия【地】上地幔
ВМ Воронежский массив【地】沃罗涅日地块
ВМ вычислительная машина 计算机
ВМВ высокая малая вода【地】高低潮
вместимость (вместительность) 容积
вмешательство 干涉; 干扰
ВМЖК высокомолекулярная жирная кислота【化】高分子脂肪酸
ВМК высокомолекулярный компонент 高分子组分
ВМП вращающееся магнитное поле【物】旋转磁场
ВМП модификация вращающегося магнитного поля【物】改进旋转磁场法(电法勘探)
ВМС высокомолекулярное соединение【化】高分子化合物
ВМЦ вышкомонтажный цех【钻】井架安装队
вмывание 淀积作用
ВМЭ водомасляная эмульсия 水油乳胶液
ВН вакуум-насос 真空泵
ВН выборочное накопление 抽样存储
ВН высокое напряжение 高电压
ВНГБ возможно нефтегазоносный бассейн【地】潜在的含油气盆地
ВНД воздух низкого давления【地】低压气团
внеатмосферный【地】大气层外的
внедрение 引进(方法、技术)【地】侵入; 侵入体(同интрузия)
внедрение воды【采】水锥进, 水贯入
внесметный 预算外的

внести соответствующие коррективы в документацию 对文件进行相应修改

внешний 外部的

внешний агент【地】外营力

внешний геосинклинальный прогиб【地】外地槽坳陷

внешняя динамика (экзокинетические процессы)【地】外动力作用

внешний контактметаморфизм【地】外接触变质作用

внешнее ядро【地】外地核

внештатный 编制以外的

ВНЗ водонефтяная зона【采】油水带

ВНК водонефтяной контакт【采】油水界面

ВННИИ Нефтяной научноисследовательский институт 石油科学研究所

ВНО водонефтяное отношение【采】油水比

ВНП валовой национальный продукт 国民总产值, 国民生产总值

ВНП визуальный наблюдательный пост 目视观测站

ВНП внутренняя норма прибыли 内部利润率

ВНР водонефтяной раздел水油比【采】油水界面

ВНР водонефтяной раствор【地】油水混合液

внутренний 内部的

внутренняя дислокация 内部错位

внутренний контактметаморфизм【地】内接触变质作用

внутреннее море【地】内海

внутреннее строение **Земли**【地】地球内部结构

внутреннее трение 内摩擦

внутренняя труболовка【钻】捞管器

внутреннее усилие 内力

внутреннее ядро【地】内核

внутреннематериковое море【地】陆内海

внутреннераковинные【地】内壳亚纲, 二鳃亚纲

внутриблоковое движение【地】板块内运动, 断块内部运动

внутригеоантиклиналь【地】内地背斜

внутридуговой спрединг【地】岛弧内海底扩张

внутризернистый【地】粒内的

внутриконтинентальный【地】内陆的

внутриокеанический【地】洋内的

внутриокеанический разлом【地】洋内断裂

внутриокеанический рифт【地】洋内裂谷

внутрипластовый【地】层内的, 层间的

внутриплатформенный【地】地台内的, 台内的

внутриплатформенная впадина【地】地台坳陷

внутриплатформенный прогиб【地】地台凹陷

внутрипоровый【地】孔隙内的

внутрискважинный【采】井内的

ВНФ водонефтяной фактор【采】油水比

ВО вероятное отклонение 概率偏差, 概率误差

ВОВ водо-растворимое органическое вещество 水溶性有机物
ВОГ взрывоопасный газ【安】爆炸危险性气体
вогнуто-выпуклый 凹凸的
вогнутость 凹度
вогнутый берег【地】凹海岸
Вогулкинская толща【地】沃古尔金层(乌拉尔地区，卡洛夫—基末利阶)
ВОД водоотдача【钻】(泥浆)失水量
вода 水
агрессивная пластовая вода【地】有腐蚀性地层水
адсорбционная вода 吸附水
аммиачная вода【化】氨水
артезианская вода 自流水
аэрированная вода 充气水
буровая вода【钻】钻井用水
вадозная вода【地】渗流水，包气带，上层滞水
верхняя вода【采】上层水
внутрипоровая вода【地】间隙水，孔隙水
возрожденная вода【地】再生水
газированная вода【钻】气侵水
гидрокарбонатная вода【地】重碳酸(质)水
гидроскопическая вода【地】吸湿结合水
горькая вода 苦水
гравитационная подземная вода【地】重力水，地下自由水
грунтовая вода【地】潜水
деаэрированная вода 除氧水
дистиллированная вода 蒸馏水
дренажная вода 排出水
жесткая вода【地】硬水
загрязненная вода 被污染水
законтурная вода【采】(油藏)边界外的水，边水
зашламованная вода【钻】含岩屑泥浆水
избыточная вода 残余水
известковая вода 石灰水
иловая вода【地】淤泥水
инфильтрационная вода 淋滤水
инфлюационная вода 渗透水
ископаемая вода【地】原生水
карбонатно-натриевая вода【地】碳酸钠型水
капиллярная вода【地】毛细管水
карстовая вода【地】岩溶水
кислая вода 酸性水；酸味水
конденсационная вода【采】冷凝水
конституционная вода【地】结构水；化合水
контурная вода【地】边水
краевая вода【地】边水
кристаллизационная вода【地】结晶水
литогенная вода【地】成岩水
магматическая вода【地】岩浆水
маслянистая сточная вода【采】含油污水
металлическая вода 金属味的水
метеогенная вода【地】大气进入地层的水
метеорная вода【地】流星水
минерализованная вода【地】矿化水
минеральная вода【地】矿泉水
мягкая вода【地】软水
нагнетаемая вода【采】注入水
напорная вода【地】承压水
наступающая вода【采】侵入水，

水侵
нефтепромысловая вода【采】油田水
нижняя вода【地】底层水
обессоленная вода 除盐水
оборотная вода 循环水
опресненная вода 淡化水
осветленная вода 澄清水
остаточная вода 剩余水, 残余水, 残留水
отопительная вода 采暖水, 取暖水
отработанная вода 排放废水
охлаждающая вода 冷却水
очищенная вода 净化水
первичная вода【地】原生水
питательная вода【地】补给水
питьевая вода 饮用水
пластовая вода【地】地层水
пленочная вода【地】束缚水
поверхностная вода【地】地表水
погребенная вода【地】埋藏水
подземная вода【地】地下水
подошвенная вода【地】底水
подсоленная вода 咸水
подтоварная вода【储】油底水
пожарная вода【安】消防水
попутная вода【采】伴生水
попутно-добываемая вода【采】伴生水
поровая вода【地】孔隙水
постоянная жесткая вода【地】永久硬水
промежуточная вода【采】层间水
промывочная вода【钻】洗井用水, 钻井液用水
промысловая вода【采】油气田水, 矿场水
промышленная вода 工业水
проточная вода【地】流水, 流动水
радиоактивная вода 放射性水
рассольная вода 盐水
реликтовая вода【地】残余古水
рыбная вода 腥味水
сбросовая вода【地】断层水
свежая вода 新鲜水
свободная вода【地】自由水
свободная гравитационная вода【地】自由重力水
связанная вода【地】束缚水
седиментогенная вода【地】沉积水
сернистая вода 含硫水
сингенетическая вода【地】同生水
сладкая вода 甜(味)水
соленая вода 盐水
солоноватая вода 微咸水
сорбционно-замкнутая вода 吸附封闭水
сточная промысловая вода【采】矿场污水
сульфатно-натриевая вода 硫酸钠型水
сырая вода 原水, 生水, 净化水
термальная вода【地】地热水
техническая (технологическая) вода 工业水
трещинная вода【地】裂缝型水
тяжелая вода【地】重水
углекислая щелочная вода 碱性碳酸水
физическая связанная вода【地】物理束缚水
фреатическая (грунтовая) вода【地】地下潜水
химически связанная вода【地】化学束缚水
хлоридно-кальциевая вода【地】氯

化钙型水
хлоридно-магниевая вода【地】氯化镁型水
хлорная вода【化】氯水
цеолитная (цеолитовая) вода【地】沸石水
циркуляционная вода 循环水
шахтная вода【采】矿山水
шламовая вода【钻】泥浆水
щелочная вода 碱性水
ювенильная (юношеская) вода【地】原生水, 岩浆水
вода в порах【地】孔隙水
вода в трещинах【地】裂隙水
вода выщелачивания 溶滤水
вода грязевых вулканов【地】泥火山水
вода для охлаждения поршней 活塞冷却水
воды закачки【采】注水
вода источника【地】泉水
воды нефтяного пласта【地】油层水
воды нефтяных и газовых месторождений【采】油气田水
вода после фильтрации 滤后水
вода со свободной поверхностью【地】自由表面水, 自由水, 非承压水
вода хлоркальциевого типа【地】氯化钙型水
водитель 司机
водорастворимость 水溶性
водорастворимый 水溶性的
водовод 水管, 水道
водовоз 运水车
водоворот 漩涡
водо-грязеотделитель【钻】泥水分离器
водоем 水池(塔), 水库【地】蓄水盆地, 水域
полуизолированный водоем【地】半封闭水域
водоемкость 水罐; 持水量, 容水量
комбинационная водоемкость 套装水罐
водоемкость для охлаждения лебедки【钻】绞车冷却水罐
водозабор 水源地; 水厂
водоизмещение 排水量
весовое водоизмещение 排水吨位
рабочее водоизмещение 工作排水量
водоизмещение в процессе бурения【钻】钻井排水量
водоизмещение при буксировке в районе эксплуатации【采】(油气田)开发区内抽排水量
водоизмещение при бурении【钻】钻井排水量
водоизоляция【采】堵水; 防水, 隔水
водоисточник 水源
водоканализация 给排水系统
водокачка 抽水站; 泵水, 扬水
водолаз 潜水员
водомер 水表
водонагреватель 热水器
водонапор 水头, 压力
водонапорный 水头的, 水压的
водонасос 水泵
водонасыщенность【地】含水饱和度
остаточная водонасыщенность【地】剩余含水饱和度
водонепроницаемость 不透水性

водо-нефте-газо-насыщенность кернов【地】岩心油、气、水饱和度
водонефтепроявление【地】油水显示
водоносность 含水性
водоносный 含水的
водоносный напорный горизонт【地】承压水层
водоносный свободный горизонт【地】自由水层
водообмен【地】水交换, 水循环
водоотвод 排水
водоотдача【钻】失水量【采】采水率
удельная водоотдача 失水率, 单位失水量
водоотделитель【采】脱水器
водоотлив 泄水, 排水
водоотталкиваемость 憎水性
водоочиститель 净水器, 净水剂
водоочистка 水净化
водопад【地】瀑布
водопоглощение 吸水作用
водопоглощаемость 吸水率, 吸水性
водоподготовка【采】水处理, 水净化
водопонижение 水位降低
водопост 水站
водопотребление 需水量
водопровод 水管, 水管线
водопроницаемость 透水性
водопроницаемый 透水的
водоразлитие【地】泛滥
водород【化】氢(H)
водорослевые【地】藻的
водоросли 水草【地】藻
водосборник【储】储水罐
водосборный 汇水的, 集水的
водосборный бассейн【地】汇水盆地
водосборная площадь【采】水汇流区
водоситема【地】水系
водоскат 降液管
водоскоп 储水池
водоснабжение 供水
водосодержащий 含水的
водостойкость 耐水性
водоток 水道
водоудержание 蓄水量, 持水量
удельное водоудержание 单位含水率, 单位持水度
водоупор【地】隔水层
водоупорность【地】隔水性
водоупорный 隔水的, 不透水的
водоупорный горизонт【地】隔水层
водохранилище 水库
водохранилище для регулирования паводков 调洪水库
водяной 含水的; 水力的, 水力发动的
водяная ванна【钻】清水浴井
водяной газ 水煤气
водяной манометр 水压力表
водяной насос 水泵
водяная пара 水蒸气
водяной столб 水柱

ВОЗ возникновение очагов землетрясений【震】震源产生
возбудимость 激励性; 励磁性
возбуждение 引起; 刺激; 激发
многоступенчатое возбуждение 多级激发
независимое возбуждение 独立激发
параллельное возбуждение 平行

激发
последовательное возбуждение 按顺序激发【钻】串激
постороннее возбуждение 他激, 旁激
ударное возбуждение 撞击激发
возбуждение землетрясения【震】诱发地震
возбуждение пускателя【钻】激发启动器
возбуждение сейсмических волн【震】地震波激发
возбуждение скважины【采】井的增产; 井的增注; 井的激发; 井的增产措施
возврат 返回, 撤销
добровольный возврат прав 自愿撤销
обязательный возврат прав 强制撤销
возврат прав 撤销
возвратно-поступательный 往复的
возвратно-поступательное движение 往复式运动
возвратный 返回的
возвратное финансирование 上缴资金
возвратность 归还
возвышение 抬升
возвышенность【地】高地
возвышенный 上升的
возвращение 回复, 回归
возгон 升华物
возгонка (сублимация) 升华作用
возгораемость 可燃性
возгорание 点燃
воздействие 影响, 作用, 反应, 效果; 改造
бактериальное воздействие【地】细菌作用
внешнее воздействие 外部作用
возмущающее воздействие 搅动作用, 激发作用
гидротермальное воздействие【地】地热作用
искусственное воздействие на пласт【采】地层人工增产改造措施
термическое воздействие на пласт【采】地层热法增产改造措施
воздействие на призабойную зону【采】井底改造措施
воздух 空气
атмосферный воздух 大气
влажный воздух 湿气
вовлеченный воздух 吸入气
возмущенный воздух 湍气流, 湍流空气
всасывающий воздух 进气
загрязненный воздух 污染空气
избыточный воздух 多余空气
ионизированный воздух 电离空气
кондиционированный воздух 调节空气
открытый воздух 露天
отработанный воздух 排放空气
поступающий сжатый воздух 进入压缩空气
чистый воздух 洁净空气
воздух КИП и А【采】仪表风
воздуходувка 吹风机, 排风机, 鼓风机
нагнетательная воздуходувка 压缩式鼓风机
поршневая воздуходувка 活塞式鼓风机
ротационная воздуходувка 旋转式

鼓风机
смесительная воздуходувка 混合式鼓风机
струйная воздуходувка 喷射式鼓风机
воздухомер 气体比重计
воздухомерия 气体测定法
воздухо-наполнительный【钻】充气的
воздухоотвод 排气
воздухоотделитель 空气分离器
воздухоохладитель 空气冷却器
воздухоочиститель 空气清洁器
воздухоподогреватель 空气预热器
воздухоприемник 进气管
воздухопровод 空气导管
воздухораспределитель 空气分配器, 气控阀
воздухосборник 储气罐
буферный воздухосборник【钻】空气缓冲罐
воздухоснабжение 供气
воздушник 通气孔
воздушный 大气的
воздушный взрыв 空气爆炸法
воздушное затухание 空气阻尼
воздушный клапан 进气门
воздушный компрессор 空气压缩机
воздушная пушка【震】(海上地震采集)气枪
воздушное течение 气流
возмещение 补偿, 回收费用
возможность 可能性
возмущение 扰动, 干动, 搅拌, 摄动
возмущение в **Земле**【地】大地扰动
возмущение в ионосфере 电离层扰动
вознаграждение 奖赏, 酬金
вознаграждение за выявление месторождения【地】油气田发现奖励
возникновение 发生; 出现
возникновение аварийной ситуации 发生事故
возникновение ловушек【地】圈闭形成
возобновление 更新; 恢复, 复原
возобновленный复活的
возобновленная геосинклиналь【地】复活地槽
возобновленный сброс【地】复活断层
возраст【地】地质年代
абсолютный возраст【地】绝对年代
геологический возраст【地】地质年代
геологический возраст, относительный【地】相对地质年代
геологический возраст пласта (горизонта) 地层地质年代
хронологический возраст【地】年代序列
возраст залежей нефти и газа【地】油气藏年代
возраст **Земли**【地】地球年龄
возраст нефти【地】石油年代
возраст подземных вод【地】地下水年代
возраст пород【地】岩石年代
возраст рельефа【地】地形年代
возрастание 增加
возрастная датировка【地】年代测定
возрожденное 复活的; 再生的
возрожденное поднятие【地】再生隆起

B

войлок противопожарный【钻】消防毛毡
Волга【地】伏尔加河
Волго-Уральская антеклиза【地】伏尔加—乌拉尔陆背斜
Волго-Уральская нефтегазоносная провинция【地】伏尔加—乌拉尔含油气省
волна(ы) 波
аксиально-симметричная волна 轴对称波
акустическая волна 声波
альфвеновская волна 阿尔文波
атмосферная волна 大气波; 大气干扰
бегущая волна【震】行波
блуждающая волна 杂乱波
взрывная волна 爆炸波
возвратная волна 回波
вращающаяся волна 旋转波
вступающая волна【震】初至波
вторичная волна【震】二次波
высокочастотная волна 高频波
гармоническая волна【震】谐波
глубинная волна【震】深层波
головная волна【震】首波
граничная волна 界面波
дважды отраженная сейсмическая волна【震】二次反射地震波
детонационная волна【震】爆震波
дифрагированная волна【震】绕射波
затухающая волна【震】衰减波
звуковая волна【测】声波
излучаемая волна 幅射波
импульсивная волна 脉冲波
индуктированная волна 感应波
инерционная волна 惯性波
интерференционная волна【震】干扰波
инфракрасная волна 红外波
искаженная волна 畸变波
интерференционная волна 干涉波
истинная волна 实际波
кабельная волна 电缆波
когерентная волна 相干波
компенсирующая волна 补偿波
континентальная волна 大陆型波
короткая волна 短波
кратная волна 多次波
критическая волна 临界波
магнитная волна 磁波
маркирующая волна 基准波
мешающая волна 干扰波
многократная волна【震】多次波
многократная волна, отраженная интерференционная【震】多次反射—干涉波
многократная волна, рассеянная【震】多次散射波
наклонная волна【震】斜波
негативная волна 负波
незатухающая волна 无阻尼波
неотраженная волна【震】直达波
нерегулярная волна 不规则波
нестационарная волна 瞬时波, 不稳定波
обменная волна 转换波
обменная головная волна【震】转换首波
обменная поперечная волна【震】转换横波
обменная преломленная волна【震】转换折射波
обменная продольная волна【震】转换纵波
обменная сейсмическая волна

【震】转换地震波
объемная волна【震】体波
однократная продольная головная волна【震】单次纵首波
одномерная волна【震】一维波
околоповерхностная волна【震】近地表波
опорная волна 基准波
основная волна 主波
отраженная волна【震】反射波
падающая волна【震】入射波
парциальная волна 部分波, 次波
передаточная волна 发信波
перемежающаяся волна 交替波
периодическая волна【震】周期波
плоская волна 平面波
поверхностная волна【震】表面波
поверхностная волна высшего порядка【震】高次表面波
поверхностная волна сдвига【震】表面剪切波
подэкранная волна отражения【震】屏蔽反射波
позитивная волна 正波
полезная волна【震】有效波, 有用波
полезная волна, отраженная【震】有效反射波
полезная волна, преломленная【震】有效折射波
поперечная волна【震】横波(S波)
посторонняя волна 寄生波
предельная волна 极限波
преломленная волна【震】折射波
придонная волна【震】底层波(海洋地震采集)
продольная волна【震】纵波(P波)
промежуточная волна 中短波
простая волна 单波
пространственная волна 空间电波
проходная волна 穿透波
проходящая волна【震】透射波
прямая волна 直达波
рабочая волна 工作波
рассеянная волна 散射波
расходящаяся волна 发散波
расчетная волна 计算波
реверберационная волна【震】(海洋地震勘探)干扰波
регулярная сейсмическая волна【震】规则地震波
результирующая волна 合成波
релеевская волна【震】瑞利波
рефрагированные P и S волны【地】绕射纵波与横波
световая волна 光波
сейсмическая волна【震】地震波
сейсмическая поверхностная волна【震】地震表面波
синусоидальная волна 正弦波
скользящая волна【震】滑行波
сложная волна 复合波
сопряженная волна【震】共轭波
спадающая волна 衰减波; 减幅波
стандартная волна 标准波
стационарная волна【震】驻波
стоячая волна【震】驻波
суммарная многократная волна【震】多次合成波
сферическая волна 球面波(体波)
трубная волна 管波
ударная волна 冲击波
ультразвуковая волна 超音波, 超声波
ультракороткая волна 超短波
упругая волна【震】弹性波

упругая сейсмическая волна【震】弹性地震波
фронтальная волна【震】前锋波, 锋面波
электромагнитная волна 电磁波
элементарная волна 波元, 波素
элементарная гармоническая волна【震】谐波元
элементарная отраженная волна【震】反射波元
волна в волноводе 波导
волна возбуждения 激发波
волна возмущения 干扰波
волна высшего порядка 高次谐波
волна высшего типа 高次波
волна граничной поверхности 界面波
волна давления 压力波
волна дальнего приемника 远距离接收波
волна землетрясения【震】地震波
волна импульса 脉冲波
волна инерции 惯性波
волна **Лява** 勒(拉)夫波
волна мантия【震】地幔波
волна напряжения 应力波
волна низкого типа 低次波
волна отражения【震】反射波
волна первых вступлений【震】初至波
волна поляризации 极化波; 偏振波
волны помех【震】干扰波(噪音)
волна разрежения (расширения)膨胀波
волна растяжения 拉伸波
волна **Релея**【震】瑞利波
волна рефракции【震】折射波
волна сгущения 压缩波
волна сгущения и разрежения 疏密波
волна сдвига 剪切波
волна сжатия 压缩波
волна смещения 切变波
волна спутника 伴随波
волна **Стокса** 斯托克斯波
волна **Стонли** 斯通利波
волна цунами 海啸波
волна эхо 回波
волнение 浪, 波浪, 波动
волнистый 波状的
волнистая слоистость【地】波状层理
волнистое угасание【地】波状消光
волнистость 波纹, 波纹度; 起皱
волновод 波导
волновой 波的
волновая скорость 波速
волновое сопротивление (акустический импеданс)【震】波阻抗
волновой фронт【震】波前
волновое число 波数
волнограф 测波仪, 波形仪
волнообразный 波形的, 波状的
волнообразное возмущение 波形干扰
волнообразное движение 波状运动
волнообразное искажение 波形失真
волнообразное колебание 波动
волнообразователь 振荡器
волноуказатель (волноуловитель) 检波器, 示波器
волокнистый 纤维的
волокнистый уголь 纤维炭, 丝炭
волокнит (волокнистый) 纤维丝(塑料)

волокно 纤维

волокно глинистого раствора【钻】泥浆纤维

волосность 毛细管作用, 毛细管现象

волочение 拖曳

волочение при сдвиге【地】平移断层牵引

волочение складки【地】拖褶皱

волочение трения 摩擦曳力

вольт 伏特

вольтаметр 电位计

вольтметр 电压伏特表

вольтметр переменного тока 交流电压表

вольтоампермер 万用表

указательный вольтоампермер 指针式万用表

цифровой вольтоампермер 数字多用表

вольфрам【化】钨(W)

вольфраматы【化】钨酸盐

вольфрамил【化】黑钨矿, 钨锰铁矿

ВОП валовой общественный продукт 社会总产值

Воронежская антеклиза【地】沃罗涅日陆背斜

воронка 漏斗

башмачная воронка【钻】管鞋漏斗

делительная воронка【化】分液漏斗

депрессионная воронка【采】压降漏斗

дозировочная воронка【化】计量漏斗

загрузочная воронка 给料仓【钻】加料漏斗

капельная воронка【化】滴定漏斗

карстовая воронка【地】岩溶漏斗

наземная воронка для утяжеления【钻】地面加重漏斗

наливная воронка【钻】加注漏斗

направляющая воронка【钻】导向管鞋, 导向喇叭口

подроторная воронка【钻】钟形导向短节

приемная воронка【钻】接料漏斗

разгрузочная воронка【钻】卸料斗

раструбная воронка 喇叭形漏斗

репрессионная воронка【采】升压漏斗

смесительная воронка【钻】混合漏斗

смесительная воронка для приготовления бурового раствора【钻】泥浆配制混合漏斗仓

смесительная воронка, циклонная【钻】旋流式混合漏斗

струйная воронка【钻】喷射式漏斗

фильтровальная воронка【化】过滤漏斗

воронка взрыва【地】火山爆裂口

воронка депрессии【采】压降漏斗

воронка для направления ловильных инструментов【钻】打捞工具导向喇叭口

воронка для обсадных труб【钻】套管异径接头

воронка для перемешивания【钻】漏斗形搅拌仓

воронка для повторного ввода 重反漏斗

воронка для фильтрования 过滤漏斗

воронка для цементного раствора, смесительная【钻】配制水泥浆搅拌漏斗

В

воронка поглощения【化】吸收漏斗
ворот【钻】绞车, 卷扬机
ворота 大门
воротник【机】花键
воск 蜡
воскирование 涂蜡
восконосный 含蜡的
воспламенение 燃烧
воспламенимость 可燃性
воспламенимый 易燃的, 易燃的
воспламеняемость 可燃性
восприимчивость 敏感性
магнитная восприимчивость【物】磁化率
обратимая восприимчивость【物】可逆磁化率
обратная восприимчивость【物】逆向磁化率
восприимчивость к буровому раствору【钻】泥浆敏感性
воспроизведение 再现; 再生产; 复制; 模拟
дискретное воспроизведение данных 数据数字显示
воспроизведение данных на экране 数据屏幕显示
воспроизведение запаздывания 延迟表示法, 延迟显示
воспроизведение магнитной записи 磁带回放, 磁带重放, 磁带重播
воспроизведение процесса разработки【采】模拟开发过程
воспроизведение сейсмических сигналов【震】地震信号回放
восстание【地】地层上倾方向
восстановимость【化】还原性
восстановитель【化】还原剂
восстановить (восстанавливать) 恢复; 还原
восстановить нулевое положение【钻】复零位
восстановить свойство бурового раствора【钻】恢复钻井液性能
восстановить циркуляцию【钻】恢复循环
восстановление【钻】恢复; 复原【化】还原作用
восстановление давления【采】压力恢复
восстановление динамического уровня 恢复动液面
восстановление напряжения 应力恢复
восстановление сигнала 信号恢复
восстановление скважин【采】油井复活
восстановление упругости 弹性恢复
восстановление устьевых давлений【采】井口压力恢复
восстающий【采】天井
восток 东
Восточно-Европейская равнина 东欧平原
Восточно-Сибирское море【地】东西伯利亚海
восточный 东方的, 东部的
восточная девиация 东偏
восточная долгота 东经
восточное отклонение 东偏
Восточный Саян【地】东萨彦岭
восходящий 上升的
восходящий источник【地】上升泉
восходящий конвекционный поток【地】上升对流
восходящая конвекционная струя【地】上升对流

восходящее крыло【地】上升翼
восходящий поток 上升流
восходящее скольжение 上升滑动
восьмигранник 八面体
ВП ванадийпорфириновый【化】钒卟啉的
ВП величина поправок 修正值
ВП величина прилива【地】潮差
ВП вертикальный профиль 垂直剖面图
ВП вода питьевая 饮用水
ВП водопункт 水站
ВП восточное полушарие【地】东半球
ВП вредная примесь 有害杂质, 有害成分
ВП вызванная поляризация 激发极化
ВП вызванный потенциал 激发电位
ВП высокая пойма【地】高河漫滩, 高河漫阶地
ВП высокая проницаемость【地】高渗透率【物】高导磁率
впадение【地】河口, 河流汇合处; 注入
впадина【地】坳陷(一级构造单元, 基底受断裂带控制, 近圆形, 与隆起相对); 盆地; 凹地; 海沟, 海渊
Аму-Дарьинская впадина【地】阿姆河盆地
Вилюйская впадина【地】维柳伊盆地
внутриплатформенная впадина【地】台内坳陷
Днепровско-Донецкая впадина【地】第涅伯—顿涅茨盆地
краевая впадина【地】边缘坳陷
межгорная впадина【地】山间盆地
наложенная впадина【地】叠加型盆地
нефтегазоносная впадина【地】含油气盆地
океаническая впадина【地】大洋坳陷
предгорная впадина【地】山前坳地
Прикаспиская впадина【地】滨里海盆地
Припятская впадина【地】普里皮亚盆地
тектоническая впадина【地】构造盆地
Тунгусская впадина【地】通古斯盆地
Хатангская впадина【地】哈坦加盆地
Южно-Каспийская впадина【地】南里海盆地
впадина извержений【地】喷发凹地
впадина окраинного моря【地】边缘海盆地
впай 封口, 固封, 焊接
ВПВА внутрипластовое производство вытесняющих агентов【采】驱油剂(进行)层内生产
впечатление【地】遗迹
впитывание 吸入; 吸收
капиллярное впитывание 毛细管吸收
ВПЖ вязкопластичная жидкость 黏塑性液体
ВПО виброперемешивающий орган【钻】振动搅拌器
ВПП вулкано-плутонический пояс【地】深成火山带
впрыск 喷射, 喷入, 溅入
впрыскивание 喷射

впрыскивание бурения【钻】喷射钻井
впрыскивание топлива 燃料喷射
впрыскиватель 射流泵
ВПТ вертикально-поднимающаяся труба【钻】垂直提升(套)管
ВПУ выносной пульт управления 遥控台
ВР временный разрез【震】地震时间剖面
Врангеля【地】弗兰格尔岛
вращатель 旋转器,转子
вращатель для навинчивания ведущей трубы【钻】主钻杆旋扭器
вращатель для насоснокомпрессорных труб, гидравлический【钻】油管水力旋扭器
вращатель для насоснокомпрессорных труб, механический【钻】油管机械旋扭器
вращатель для развинчивания ведущей трубы【钻】主钻杆卸扣器
вращательный旋转的
вращательный расширитель【钻】旋转扩孔器
вращательный сброс (шарнирный сброс)【地】旋转断层(扭转断层)
вращать под углом【钻】旋转…度
вращение 旋转
обратное вращение 反转
осевое вращение 轴向旋转
пространственное вращение 空间旋转
прямое вращение 正转
равномерное вращение 平衡旋转
вращение бурильной колонны【钻】旋转钻杆
вращение бурового долота【钻】旋转钻头
вращение влево 左旋
вращение в обратную сторону 返向旋转
вращение вокруг неподвижного центра【机】绕不动中心旋转
вращение вправо 右旋
вращение **Земли**【地】地球旋转
вращение на холостом ходу【机】空转
вращение по часовой стрелке 顺时针旋转
вращение против часовой стрелки 逆时针旋转
вред 害处; 损害; 损失
вредный 有害的
временной 短期的, 一时的, 有时间性的, 暂时的
временная амплитуда【震】瞬时振幅
временная аномалия【震】瞬时异常
временная вариация【震】瞬时变化
временная величина【震】瞬时值
временное возмущение【震】瞬时扰动
временное восстановление 短期恢复
временная деформация 暂时应变
временная задержка 延时
временное колебание【震】瞬时振动
временной куб данных【震】时间数据体
временное окно 时空
временная отметка 时间标志
временное отражение 时间反射
временная последовательность 时间序列
временная постоянная 时间常数

временная протяженность 时间长度
временное сжатие 瞬时挤压
временной спектр 时间谱
временной шаг【震】时间步长
временная шкала 时标
время 时间【地】地质时期
интервальное время【震】时窗
одинарное время【震】单程时间
удвоенное время【震】双程时间, 双倍时间
установленное время 规定时间; 安装时间
время бурения【钻】钻井时间
время ввода в эксплуатацию【采】投产时间
время восстановления 恢复时间
время вступления волны【震】波入射时间
время выдержки 延迟时间; 感觉时间
время демонтажа буровой установки【钻】钻机拆卸时间
время доводки 调试时间
время загустевания【钻】水泥初凝时间
время запаздывания 滞后时间, 延迟时间
время затвердения цемента【钻】水泥固化时间
время затухания【震】衰减时间, 延迟时间
время механического бурения【钻】机械钻井时间
время на извлечение трубы【钻】套管拔出时间
время на монтаж буровой установки【钻】钻机安装时间
время на оставление трубы на дне моря【钻】海底安放管柱时间
время на подъем снаряда【钻】井内管串提升时间
время на ремонт и обслуживание 维修时间
время на свинчивание и спуск обсадной колонны【钻】旋接与下放套管时间
время на спуск и подъем снаряда【钻】起下钻具时间
время начала бурения【钻】开钻时间
время начала схватывания цементного раствора【钻】水泥浆初凝时间
время непосредственного углубления【钻】直接加深钻进时间
время обратного хода【钻】回程时间
время окончания схватывания цемента【钻】水泥凝固结束时间
время остановки скважины【采】关井时间
время отбора【采】开采时间
время отработки бурового долота【钻】钻头到达井底时间
время отражения【震】反射时间
время отсоединения【钻】卸开时间
время первого вступления【震】初至时间
время пересечения годографа【震】时距曲线交点时间
время по **Гринвич**у【地】格林尼治时间
время подготовки к работе 工作准备时间
время приработки【钻】钻头切屑(钻屑)时间
время пробега 车辆行使时间【震】

(波)传播时间, 旅行时间

время пробега волны вдоль взрывной скважины【震】波沿爆炸井滑行时间

время пробега звуковой волны【震】声波旅行时间, 声波传播时间

время промывки【钻】洗井时间; 循环时间

время прослушивания【震】接听时间(震源振动后接听时间)

время проходки【钻】钻进时间

время прохождения промывочного раствора【钻】钻井液体(从泵到井底或从井底到地面)通行时间

время распада 退变时间, 衰变时间

время распространения волны 波扩散时间

время релаксации 松弛时间

время спада 衰变时间

время спускоподъемных операций【钻】提升作业时间

время схватывания цементного раствора【钻】水泥凝固时间

время технического обслуживания【钻】技术维修时间

время фильтрации 过滤时间; 渗透时间

время цементирования【钻】水泥固井时间

время эксплуатации скважины【采】井开发时间

ВРОГГ временный разрез общих глубинных точек【震】共深点时间剖面

ВРП валовой региональный продукт 地区总产值; 地区总产品

ВРП водо-растворимый полимер 水溶性聚合物

ВРС высокоразрешающая сейсморазведка【震】高分辨地震勘探

ВРУ временная регулировка усиления【震】瞬时增益控制

ВС вентиляционная система 通风系统, 通气系统

ВС взрывное средство【震】爆破方法, 爆破方式

ВС Восточно-Сибирская платформа【地】东西伯利亚地台

ВСАК временная система автоматического контроля 自动控制计时系统

ВСАП вертикальное сейсмоакустическое профилирование【震】垂直地震声波剖面探测

всасывание 吸入

всасывающий【钻】进气

ВСД воздух среднего давления【地】中压气团

всего 总计

всего эксплуатационных затрат 使用费用总计

вселенная【地】全宇宙的

Всероссийский【地】全俄的

ВСЗ вертикальное сейсмозондирование【震】垂直地震测深

вскипание 沸腾

вскрытие продуктивного пласта【钻】揭开产层, 钻开产层

вскрыша 剥离, 剥离物

ВСМ вероятностно-статистическая модель【地】概率统计模型

ВСМ вибросейсмический метод【震】可控震源法

ВСМ видеоспектрометрирование 视频光谱测量

ВСНК Восточно-Сибирская нефтяная компания 东西伯利亚石油公司

ВСО внутрискважинное оборудование 井下工具

ВСП вертикальное сейсмическое профилирование【震】垂直地震剖面【测】垂直地震测井

вспарывание 切开, 割开, 断开, 破裂, 拆开

вспенивание 发泡

вспениватель 发泡剂

вспомогательный 辅助的

вспучивание 膨胀

вспучивать шлак 起渣

вспыхивание 发闪光, 爆炸; 着火; 闪燃

вспышка 发光; 爆发; 突然燃烧

ВСР вибросейсморазведка【震】可控震源地震勘探

вставка 嵌入, 插入

вступление【震】波至; 初至, 初动

первое вступление【震】初至波

последующее вступление【震】后至地震波

вступление волны【震】波至(波入射)

вступление отраженных волн【震】反射波初至

вступление преломленных волн【震】折射波初至

ВСШ высокочастотные сейсмические шумы【震】高频地震噪音, 高频地震干扰

ВТК вязкостно-температурный коэффициент 粘滞温度系数

вторичный 次要的; 次生的; 二次的

вторичная геосинклиналь【地】次生地槽

вторичное действие 次生作用

вторичная инверсия【地】次级回返

вторичное месторождение【地】次生矿床

вторичный метод добычи【采】二次开采方法

вторичная океаническая впадина【地】次生洋盆

вторичная плита【地】次级板块

вторичная пористость【地】次生孔隙度

вторичный разрыв【地】次生断裂

вторичная слоистость【地】次生层理

второстепенный 二级的

второстепенный минерал【地】副矿物

второстепенный разлом【地】次级断裂

ВТП вертикальное теллурическое зондирование【地】垂向大地探测

ВТП Восточно-Тихоокеанское поднятие【地】东太平洋隆起

ВТП высокотемпературный пек 高温沥青

втулка 轴衬, 轴瓦, 轴皮; 套, 套筒; 轮毂; 塞子, 栓【机】轴套; 衬套

бронзовая втулка【机】铜套

двухметаллическая втулка【机】双金属钢套

зажимная втулка【机】压套

осевая втулка【机】轴套

разделительная втулка【机】拆分式大轴套

цилиндровая втулка【机】缸套

ВТУ временные технические условия 时间技术条件

B

втягивание 拉入, 吸, 吸入
ВУ вершина угла 角顶
ВУ вычислительное устройство 计算装置
в.у. выше указанный 上述的, 上面所指出的
ВУВ воздушная ударная волна 空气冲击波
ВУЗ высшее учебное заведение 高等学校, 大学
вулкан【地】火山
грязевой вулкан (вулканоид)【地】泥火山
древний вулкан【地】古火山
потухший вулкан【地】死火山
центральный вулкан【地】中心式火山
щитовидный вулкан【地】岩盖式火山
вулкан гайотообразной формы【地】盖约特火山, 海底平顶火山
вулканизация 硫化, 固化, 胶化
вулканизм【地】火山机制, 火山作用
вулканизм рифтов【地】裂谷火山作用
вулканический【地】火山的
вулканический агломерат【地】火山集块岩
вулканическая активная зона【地】火山活动带
вулканическая ассоциация【地】火山岩组合
вулканический блок【地】火山岩块
вулканическая бомба【地】火山弹
вулканическая брекчия【地】火山角砾岩
вулканический выброс【地】火山喷出物
вулканический газ【地】火山气
вулканическая горловина【地】火山喷火口
вулканическая гора【地】火山
вулканическая грязевая лава【地】火山熔岩流
вулканический грязевой поток【地】火山泥流
вулканическая деятельность【地】火山活动
вулканическая деятельность гавайского типа【地】夏威夷型火山活动
вулканическая дуга【地】火山弧
вулканическое извержение【地】火山喷发
вулканический ил【地】火山泥
вулканический канал【地】火山通道
вулканический конгломерат【地】火山砾岩
вулканический конус【地】火山锥
вулканический кратер【地】火山口
вулканический купол【地】火山穹丘
вулканический лакколит【地】火山岩盘
вулканический ландшафт【地】火山景观
вулканические лапилли【地】火山砾
вулканический (пирокластический) материал【地】火山物质
вулканический некк (нэк)【地】火山颈
вулканическое озеро【地】火山湖
вулканический остров【地】火山岛
вулканическое отложение【地】火

山沉积
вулканический пепел【地】火山灰
вулканическое плато【地】火山高原
вулканическое поднятие【地】(大洋)火山隆起
вулканический пояс【地】火山带
вулканическая пыль【地】火山尘
вулканическое стекло【地】火山玻璃
вулканическая трубка【地】火山筒
вулканический туф【地】火山凝灰岩
вулканическая формация【地】火山建造
вулканическая цепь【地】火山链
вулканический цикл【地】火山旋回
вулканический шлак【地】火山渣
вулканическая эманация【地】火山喷气
вулканоген【地】火山成因
вулканогенно-осадочный【地】火山沉积的
вулканоид【地】类火山, 泥火山
вулканопластический материал【地】火山碎屑物质
вулканология【地】火山学
вулканотектоническая впадина【地】火山构造盆地
вульфенит【地】钼铅矿
вурцилит【地】韧沥青, 伍兹沥青
ВУС высокоупругая смесь 高弹性混合物【钻】稠泥浆
ВУС вязкоупругая система 黏弹性体系
ВФС валютно-финансовая система 货币金融制度
вход 引入(端), 输入(端); 入口, 进口
питательный вход 进料口
входной 输入的
входные данные 输入资料
входной сигнал 输入信号
входной ток 输入电流
ВХР водно-химический режим【化】水化学状态
ВЦ вычислительный центр 计算中心
ВЧ высокая частота 高频
ВЧ высокочастотный 高频的
ВЧ высокочувствительная (кинофотопленка) 高灵敏度的(电影胶片), 高感光度的(电影胶片)
ВЧИМ высокочастотная импульсная модуляция【物】高频脉冲调制
ВЧП высокочастотное подмагничивание【物】高频磁化
ВЧС высокочастотная сейсмика【震】高频地震学, 微波地震学
ВЧС высокочастотная сейсморазведка【震】高频地震勘探
ВЧС высокочастотная связь【物】高频通信; 载波通信
ВЧСС высокочастотная сейсмическая станция【震】高频地震站
ВЧУ высокочастотная установка 高频装置
ВЧФ высокочастотный фильтр 高频滤波器
ВЧШС высокочастотная шахтная связь 高频矿井通信, 载波矿井通信
ВЭЗ вертикальное электрическое зондирование【测】垂向电测深
ВЭМК волновой электромагнитный каротаж【测】电磁波测井
Вьетнамский【地】越南的
выбить попарные номера【钻】打

配对号
выбор 选择; 采样
многоступенчатый выбор 多级挑选
псевдослучайный выбор 伪随机挑选
выбор конструкции скважины【钻】井身结构选择
выбор местоположения скважины【钻】选井位
выбор оптимальных вариантов 优选方案
выбор участка【地】选区块
выборка 提取
выборка данных 提取资料
выборка трасс【震】提取地震道
выборочный 抽样的, 样本的
выбрасывание (выбросование) инструмента【钻】绷钻具
выбрасыватель седла клапана【钻】阀座取出器
выброс 喷出
газовый выброс【钻】气喷
открытый выброс【钻】敞喷
выброс бурильных труб【钻】(从井架向钻杆滑梯)抛钻杆
выброс вредных веществ (**ВВ**) 排放有害物质
выброс горных пород【地】岩石突出
выбросоопасность【钻】井喷危险
выверка 调整, 调准; 检验, 校验
выверщик 调整器, 调节器
выветренность【地】风化程度
выветриваемость【地】风化性
выветривание【地】风化(作用)
биологическое выветривание【地】生物风化作用
механическое выветривание【地】机械风化作用
органическое выветривание【地】生物风化
физическое выветривание【地】物理风化
химическое выветривание【地】化学风化
вывинчивание【钻】拧松, 拧下, 倒扣
вывод 结论; 输出
анодный вывод 阳极输出
экранированный вывод 屏蔽输出
вывод данных 数据输出
вывод данных в двоичной форме 输出二进制数据
вывод данных в цифровой форме 数据数字形式输出
вывоз 输出(输出额); 移开; 运走
вывоз грунта 土方运离
выгнутость 上弯, 上曲; 外凸度
выгнутый 外凸的, 弯曲的, 拱状的
выгода 好处
выгодоприобретатель 受益方
Выгозеро【地】维戈泽罗湖
выгонка【化】馏出
выгорание【化】烧毁
выгрузка 卸荷, 卸载, 卸货, 卸下, 下车, 下船
выдавка 冲出, 压出, 旋压, 挤压
выдавливание 压出, 冲压, 旋压
выдать аванс 预付款
выдача 发放
выдача лицензий на пользование участками недр 矿区使用许可证发放
выделение 排出, 析出; 分泌物; 排泄物; 沉淀物, 析出体; 划拨资金【地】析出【地】(断层)划分【采】(开发层系)划分

выделение амплитуд【震】振幅分析, 振幅选择
выделение вулканических паров (испускание вулканических паров)【地】火山喷气
выделение газа【地】气体析出
выделение газа из нефти【地】从油中析出气体
выделение деформации【地】应变释放
выделение нефти из керна【钻】油从岩心析出
выделение паров 蒸汽析出
выделение пены 气泡析出
выделение пластов-коллекторов по данным промысловогеофизическому исследованию【地】根据测井资料划分储层
выделение полезных волн【震】有用波识别, 有效波显示
выделение разломов【地】断裂划分
выделение сейсмической энергии【震】地震能量释放
выделение сейсмогенных зон【震】地震带划分
выделение систем трещин【地】裂隙系统划分, 划分裂隙组
выделение соли【钻】盐析
выделение тепла 析出热量
выделение этапов разведки【地】勘探阶段划分
выдержка 滞后时间, 延时; 持续时间
выдувка 吹除, 吹制
выемка【钻】凹槽
выжигание 焙烧
выжимание 压出, 挤出, 榨取
вызванный 诱发的, 激发的
вызов притока【钻】诱喷排液
выигрыш 增益, 效益
выкачивание【采】排出(油气水等)
выкид 排出管(防喷器下出口管); 放出, 排放, 流出, 排泄
выкид бурового насоса【钻】泥浆泵出口管, 泥浆泵排出量
выкид жидкости 排出液体
выкидной 排出的
выкладка 计算, 运算; 摆出, 阵列
выклинивание【地】尖灭
литологическое выклинивание【地】岩性尖灭
выключатель 开关【钻】断路器
аварийный выключатель 紧急开关
автоматический выключатель 自动开关
быстродействующий выключатель 快速联动开关
взрывозащищенный выключатель 防爆开关
групповой выключатель 组合开关
дистанционный выключатель 遥控开关
кнопочный выключатель 按钮开关
пневматический выключатель 气动开关
пусковой выключатель 启动开关
ручной выключатель 手动开关
силовой выключатель【钻】动力开关
электромагнитный выключатель 电磁开关
выключение 断开
выкопировка 放大图片; 复制本, 副本, 复描图
выкрашивание резьбы 螺纹崩扣
выкручивание 扭绞(断层面); 旋动
вымораживание 冻结, 凝结; 冻坏

В

вымывание (смывание)【地】冲蚀(侵蚀)
вынос 取出, 携出, 带出; 流失; 伸出长度, 散失
веерный вынос【地】扇状冲积锥
вынос жидкости【采】排液量
вынос керна【钻】取心(收获率)
вынос керна, фактический【钻】实际取心收获率
вынос песка【采】出砂量
вынос разрушенной породы из скважины【钻】从井内携出破碎岩屑
вынос шлама (выносить)【钻】携出岩屑
выносливость усталостная 抗疲劳性
выпадение (выделение) 分离; 沉淀; 析出
выпадение парафина【采】脱蜡
выпадение песка в скважине【采】井内沉砂
выпадение слоя【地】岩层缺失
выпадка (выпадение) 沉淀物, 析出物
выпарение (выпаривание) 蒸发
выпарительная чашка 蒸发皿
выпарный 蒸发的
выплавление 熔化
выплата процентная 利息支付
выплывание 捞出, 摸索出, 捕落鱼, 掏出【钻】井涌
выполаживание 岩层变缓, 变平
выполнение 执行
выполнение проектноизыскательских работ【地】完成普查设计工作
выполнение проектных работ 完成设计工作
выполнить по техническому требованию【钻】按技术要求执行
выпот 渗出液
выправка 修正, 校正, 订正
выпрямитель 整流器
ртутный выпрямитель 水银整流器
трехфазный роторный выпрямитель【机】三相转子整流器
выпрямление【震】层拉平
выпуклость 凸起
выпуклый【地】上拱的
выпуск 凸缘
вырабатывать открытым способом【采】露天开采
выработка 产量, 产率【采】(开采)动用; 采矿巷道
эксплуатационная выработка【采】开发生产
выработка залежи【采】油气藏动用(开采)
выработка запасов нефти【采】石油储量动用
выработка нефти【采】石油动用(开采)
выравнивание 使均匀; 使平直, 调整, 补偿
выравнивание амплитуд【震】振幅抹平
выравнивание денудацией【地】夷平作用
выравниватель 均衡器
выражение 表达式, 方式
натуральное выражение 实物方式
выращивание 接长; 增生
вырез 切口
вырезка 割去
выровненный【地】夷平的

выровненный берег【地】夷平海岸
выровненная поверхность【地】夷平面
вырождение 衰减; 退化, 蜕化, 变异
выручка 进款
вырыть землю 挖土
высадка 加厚
внутренняя высадка【钻】(钻杆或套管)内加厚
наружная высадка【钻】(钻杆或套管)外加厚
высаживание【钻】镦头
высаживатель【化】沉淀器
высаливание【化】盐析
высасывание 吸出
высачивание 渗出, 漏出
высвобождение 释放
высевки 筛屑
высеивание 过筛
высокие плоскогорья【地】高原
высокодебитный【采】高产的
высокодисперсный 高分散度的
высокозольный 高灰分的
высококапиллярный 高毛细作用的
высококачественный 高质量的
высококвалифицированный 有高等技术的
высокомолекулярный【化】高分子的
высокообводненный【采】高水淹的; 高含水的
высокоомный【物】高电阻的
высокоомный слой【测】高阻层
высокоплавкий 高熔点的
высокополимер【化】高分子聚合物
высокочастотный【物】高频的
высокочастотное возмущение【震】高频干扰
высокочастотная запись【震】高频记录
высокочастотная компонента【震】高频成分
высокочастотная микросейма【震】高频脉动
высокочастотная помеха【震】高频干扰
высокочастотная потеря【震】高频损失, 高频损耗
высокочастотная сейсмическая помеха【震】高频地震干扰
высокочастотная сейсморазведка【震】高频地震勘探
высокочувствительный 高灵敏度的
высота 高(度)
абсолютная высота 绝对高度
действующая высота 有效高度
критическая высота 临界高度
относительная высота 相对高度
предельная высота 极限高度
высота антиклинали【地】背斜高度
высота волн 波高
высота всасывания【钻】泵吸入高度
высота дна долины【地】谷底高度
высота залежи【地】矿藏高度
высота испарения 蒸发量
высота крюка【钻】钩子高度
высота ловушки【地】圈闭高度
высота нагнетания насоса【机】泵扬程高度
высота над уровнем моря【地】海拔高度
высота напора 压力(水头)高度
высота нефтенасыщенности залежи【采】油藏含油高度

высота от ротора【钻】补心海拔
высота подъема【钻】扬程; 上升高度
высота подъема цемента【钻】水泥返高
высота подъема цементного раствора за трубами【钻】套管外水泥返高
высота ротора【钻】转盘高度
высота сброса【地】断层垂直断距
высота складки【地】褶皱高度
высота столба жидкости【物】液柱高度
высота уровня воды 水位, 水位高度
высота уровня моря【地】海平面高度
высота устья【钻】井口高度
высотомер 高度计, 测高仪
выступ【地】断凸, 凸起(三级构造单元); 岩颈, 山脊, 高地
биогенный выступ【地】生物凸起
структурный выступ【地】构造凸起; 构造鼻
выступ фундамента【地】基底凸起
высыпка 散落
высыхаемость 干燥度
выталкиватель【钻】顶杆
вытекать 流出
вытеснение【地】(初次运移)析出【采】驱油(气)【采】管道(或管柱)内流体置换
воздушное вытеснение【采】空气驱替
воздушное вытеснение нефти【采】空气驱油
гидродинамическое вытеснение【采】水力驱替
изотермическое вытеснение нефти водой【采】等温水驱油
метаморфическое вытеснение 变质析出
площадное вытеснение нефти【采】面积驱油
поршневое вытеснение【采】活塞式驱替
радиальное вытеснение нефти【采】径向驱油
смешивающееся вытеснение нефти【采】混合驱油
фронтальное вытеснение нефти【采】前缘驱油
электроосмотическое вытеснение 电渗驱替
вытеснение воздухом 空气置换
вытеснение газа водой【采】水驱气
вытеснение жидкости【采】排出液体
вытеснение жидкости газом【采】气驱液
вытеснение краевой воды в залежь【采】边水侵入油气藏
вытеснение нефти【采】驱油
вытеснение нефти в газовую шапку【采】原油侵入气顶
вытеснение нефти водой【采】水驱油
вытеснение нефти воздухом【采】空气驱油
вытеснение нефти газом【采】气驱油
вытеснение нефти газом высокого движения【采】高压气驱油
вытеснение нефти горячей водой【采】热水驱油
вытеснение нефти давлением расширения газовой шапки【采】气顶(帽)膨胀压力驱油

вытеснение нефти нагнетанием жидкостей【采】注液体驱油
вытеснение нефти непрерывно нагнетаемым паром【采】连续注蒸汽驱油
вытеснение нефти оторочками【采】段塞驱油
вытеснение нефти оторочкой жидкого пропана【采】液相丙烷段塞驱油
вытеснение нефти паром【采】蒸汽驱油
вытеснение нефти пеной【采】泡沫驱油
вытеснение нефти при заводнении【采】注水驱油
вытеснение нефти продуктами сгорания【采】油层燃烧驱油
вытеснение нефти растворами **ПАВ** (поверхностное активное вещество)【采】表面活性剂溶液驱油
вытеснение нефти растворителем【采】溶剂驱油
вытеснение нефти тепловой оторочкой【采】热力段塞驱油
вытеснение нефти холодной водой【采】冷水驱油
выточка 车槽, 沟槽; 旋槽, 切槽
вытягивание【采】抽提
вытяжка 抽提物, 提取物; 拉长; 拉深
водная вытяжка 水提取物
щелочная вытяжка 碱提取物
выхлоп【钻】排烟
выход 产率; 输出(端)【地】出露; 露头
боковой выход【采】侧出口
валовой выход 毛收益
высокий выход 高产率
кодированный выход 二进制输出
функциональный выход 函数输出
выход газа 天然气产率; 天然气流出
выход горных пород【地】岩石露头
выход керна【钻】岩心收获率
выход нефти【地】油苗
выход отложений【地】地层出露
выход раствора【钻】出液口
выходной 出口的, 输出的
выходной импеданс【震】输出阻抗
выходной каскад 输出级
выходной конец 输出端
выходной контур 输出线
выходное напряжение 输出电压
выходной сигнал 输出信号
выходное сопротивление 输出电阻; 输出阻抗
выходной ток 输出电流
выхолаживание 使冷却
вычерчивание 绘图, 描图
вычет 扣除
вышка 架; 井架, 钻塔
башенная вышка для кустового бурения【钻】丛式塔型钻井井架
буровая вышка【钻】井架
А-образная вышка【钻】A型井架
К-образная вышка【钻】K型井架
комбинированная вышка【钻】联合井架
мачтовая вышка【钻】桅型井架
нефтяная вышка【钻】油井井架
передвижная вышка【钻】活动井架
спереди открывающаяся вышка【钻】前开式井架
телескопическая вышка【钻】伸缩管架
вышкомонтажник【钻】井架安装工

выщелачивание【化】碱洗【地】淋滤
выщелачивание горных пород【地】岩石淋滤
выяснение 阐明; 发现【地】(构造, 含油气性)落实
выяснение объектов под глубокое бурение【地】深部钻探落实目标
выяснение продуктивных горизонтов в разрезе【地】查明(落实)剖面上含油气层位
ВЭЗ вертикальное электрическое зондирование【测】垂直电测深
ВЭК валютный и экспортный контроль 外汇和出口管制
ВЭМК волновой электромагнитный каротаж【测】电磁波测井
ВЭМК высокочастотный электромагнитный каротаж【测】高频电磁测井
ВЭР вторичные энергоресурсы 再生能源(资源)
ВЭУ ветроэнергетическая установка 风能装置
ВЭФ Всемирный экономический форум 世界经济论坛
вюрм【地】武木冰期
вюртцилит (вурцилит)【地】软沥青
вязкий 黏性的
вязкая жидкость 黏滞性液体
вязкий материал 黏性物质
вязкое напряжение 黏性应力
вязкий разрыв 韧性断裂
вязкая сила 黏滞力
вязкое скольжение 黏性滑动
вязкая упругость 黏弹性
вязкий флюид 黏性流体
вязкомер 黏度计
вязкопластичность 黏塑性
вязкость 黏度
абсолютная вязкость 绝对黏度
аномальная вязкость 异常黏度
виртуальная вязкость【钻】潜在黏度
динамическая вязкость 动力黏度; 动态黏度
истинная вязкость 真黏度
кажущаяся вязкость 视黏度, 表观黏度
кинематическая вязкость 运动黏度
нормальная вязкость 正常黏度
объемная вязкость 体积黏度
относительная вязкость 相对黏度
пластическая вязкость【钻】(泥浆)塑性黏度
структурная вязкость【钻】结构黏度
удельная вязкость 比黏度
упругая вязкость 弹性黏度
условная вязкость【钻】相对(漏斗)黏度
эффективная вязкость 有效黏度
вязкость нефти【地】石油黏度
вязкость при 20 градусов【物】20°C黏度
вязкотекучий 黏滞流体的; 可塑的
вязкоупругий 黏弹性的

Г

г. год 年
г. гора 山
г. город 城市
габарит 间隙, 空隙; 外形
габбро【地】辉长岩
Гавайский【地】夏威夷的
Гавайская вулканическая зона【地】夏威夷火山带
гавань【地】港口, 港湾
гадолиний【化】钆(Y)
газ 气体; 煤气(瓦斯)
агрессивный газ 腐蚀性气体, 侵蚀性气体
адсорбированный газ 吸附气
азотный газ【化】氮气
активный газ 活性气体
ацетиленовый газ【化】乙炔气
балластный газ【炼】废气
баллонный газ 瓶装气体
бедный газ【炼】贫气
богатый газ【炼】富气
болотный газ【地】沼气
буферный газ【采】蓄压气(垫气)
взрывоопасный газ【安】易爆气体
взрывчатый газ【安】爆炸气体
включенный газ 包裹气
влажный газ【采】湿气
водо-растворенный газ【地】水溶气
вредный газ 有害气体
вулканический газ【地】火山喷出气体
высококоррозийный газ 高腐蚀性气体
высокосернистый газ【地】高含硫气体
выхлопной газ 废气(内燃机工作时排出的)
генераторный газ【炼】生成气
гидратный газ【地】可燃冰气; 水合物气
горючий газ【地】可燃气体
диспергированный газ【地】分散气体
добываемый газ【采】开采天然气, 采出天然气
дымовой газ 烟道气
жирный газ【炼】富气, 湿气, 肥气
идеальный газ【物】理想气体
изоляционный газ【炼】绝缘气体
инертный газ 惰性气体
кислотный (кислый) газ【采】酸性气体
кислый газ 酸气
коксовый газ 气煤气
коммунальный газ 民用煤气; 家用煤气
нагнетаемый газ【采】注入气
незрелый биогенный газ【地】未熟生物气
нейтральный газ 惰性气体
неотбензиненный газ【炼】未脱轻质油气
неочищенный газ【炼】未净化气
непопутный газ【采】非伴生气
нерастворенный газ 不可溶解气
нефтяной газ【采】油田气
нефтяной газ, сжиженный【储】液化石油气
обогащенный газ 富化气
огнеопасный газ 易燃气体
окклюдированный газ【地】包气,

滞留在孔隙中吸附的天然气
остаточный газ 残余气
отработанный газ 排放废气
отходящий газ 废气, 尾气
очищенный газ【炼】净化气
пластовый газ【地】地层气
подземный газ【地】地下气
попутный газ【地】伴生气
природный газ【地】天然气
природный газ, сжиженный【炼】液化天然气
промышленный газ 工业用气; 有工业价值的天然气
растворенный газ【地】溶解气体; 水溶气
регенерационный газ【炼】再生气
ручной газ【钻】手油门
свободный газ【地】游离气
сернистый газ【地】含硫天然气
сероводородный газ 硫化氢气体
сжатый газ 压缩气体
сжиженный газ【炼】液化气
смешанный газ 混合气体
сорбированный горными породами газ【地】岩石吸附气
сухой газ【地】干气
сырой газ【地】原始气, 未加工天然气
сырьевой газ【采】原料气
технологический газ【炼】过程气
товарный газ【炼】商品气
топливный газ【炼】燃料气
тощий газ【地】贫气
угарный газ【化】一氧化碳
углеводородный газ【化】烃类气体
углеводородный газ, тяжелый【地】重质烃气体
углекислый газ 酸性气体; 二氧化碳 (同углекислота)
угольный газ【地】煤层气
улетучивающийся газ【炼】逸出气体
удушливый газ 窒息性毒气
фоновый газ【钻】背景气; 某井段气测平均气量
хвостовой газ【炼】尾气
холодно-продувочный газ 冷吹气
циркулирующий газ【炼】循环气体
эталонный газ【炼】标准气体
ювенильный газ【地】岩浆生成气体
ядовитый газ 毒气
газ грязевых вулканов【地】泥火山气体
газ закрытых пор【地】封闭孔隙内天然气
газ крекинга【炼】裂解气体
газация 充气; 气体消毒
газгольдер【储】储气罐
газирование【钻】泥浆气侵, 充气
газификатор 气化器
газификация 气化作用; 天然气工业化; 天然气使用普及化
Газлинское газовое месторождение【地】加兹利气田
газлифт【采】气举开采
бескомпрессорный газлифт【采】无空压机气举
внутрискважинный газлифт【采】井内气举
естественный газлифт【采】自然气举
искусственный газлифт【采】人工气举
комбинированный газлифт【采】联合气举

компрессорный газлифт【采】空压机气举
непрерывный газлифт【采】连续气举
газо-перемежающийся (периодический) газлифт【采】周期性气举
газоанализатор【化】气体分析器
газобаллон【化】取气样瓶
газобезопасный【安】防瓦斯的；气防的；防气体爆炸的
газовый 气的，气体的
газовые включения【地】气体包裹体
газовый выброс【钻】气体井喷
газовый генератор【炼】气体发生器
газовые гидраты【地】天然气水合物
газовая и нефтяная пропорция【采】气油比
газовое месторождение【地】气田
газовая проба 气样
газовая сварка 气焊
газовая сера【炼】天然气中回收的硫
газовый сланец【地】含气油页岩
газовая съемка 气体测量
газовая шапка【地】气顶，气帽
газовыключатель【钻】排气档开关
газогенератор【炼】气体发生器，气体发生装置
газогидрат【采】天然气水合物
газогидродинамика【物】气相流体动力学
газодинамика【物】气体动力学
газодобыча【采】采气
газойль【化】粗柴油
газоинспектор 燃气检验员
газокаротаж【钻】气测，气体测井
газоконденсат【地】凝析气
газоконденсатный【地】凝析气的
газолин【地】天然汽油
газомер 煤气表
газомеритель 气量计
газометрия скважин (газовый каротаж)【钻】气测
газонакопление【地】气体聚集
газонасыщенность【地】含气饱和度
газонефтеносность【地】含油气性
газонефтеносный【地】含油气性的
газонефтеносная область (ГНО)【地】含油气区
газонефтеносная провинция (ГНП)【地】含油气省
газонефтеносный район (ГНР)【地】含油气带
газонефтепроницаемость【地】油气渗透率
газонефтяной【地】油气的
газонефтяной контакт (ГНК)【地】油气界面
газоносный【地】含气的
газоносная область (ГО)【地】含气区
газообильность【地】瓦斯涌出量
газообмен 气体交换
газообразование【地】气体形成
газообразный 气态的
газоотвод 气体导管，排气管，烟道
газоотдача【采】天然气采收率
конечная газоотдача【采】天然气最终采收率
газоотделитель 气体分离器
газоочиститель【炼】气体净化器
газоочистка【炼】气体净化

газопоглотитель 吸气剂, 吸气器
газопоказание【钻】气测值
газоприток【钻】气流, 气流量
газопровод【储】输气管道【钻】气管线
двухниточный газопровод【储】双线式天然气管道
кольцевой газопровод【储】环状天然气管道
магистральный газопровод【储】输气干线
наземный газопровод【储】地面天然气管道
подземный газопровод【储】地下天然气管道
распределительный газопровод【储】天然气调配管线
сборный газопровод【采】天然气集气管线
трехниточный газопровод【储】三线式天然气管道
тупиковый газопровод【储】天然气管道侧线; 支线, 支管路
газопроизводительность【采】产气能力
газопроницаемость【地】气体渗透性
газопроявление【地】气显示
газосборник【采】气体收集器
газосварщик 气焊锻工
газосепаратор【采】气体分离器【钻】除气器
газосмеситель 气体混合器
газоснабжение 供气
газосодержание нефти【地】油中含气量
газотурбокомпрессор 天然气涡轮压缩机
газоупорный 气密的, 不透气的
газоуправление【钻】(机)油门控制
газофракционировка【炼】气体分馏
газохранилище【储】储气罐; 储气库
подземное газохранилище в водоносных пластах【储】地下含水层储气库
подземное газохранилище в истощенных коллекторах газа【储】地下枯竭气层储气库
подземное газохранилище высокого давления в соляных отложениях【储】地下盐层高压储气库
газохранилище большого объема【储】大容积储气库
газохранилище высокого давления【储】高压储气库
гайка 螺母(帽)
быстросоединяющая гайка 活接头
винтовая гайка 螺丝帽
квадратная гайка 方螺母
колпачковая гайка 盖(罩)型螺母
нажимная гайка 压紧螺母
регулировочная гайка 调节螺母
самозажимная гайка 自锁螺母
самоконтролирующая гайка 自锁螺母
шлицевая гайка 开槽螺母
гайка-барашек 蝶形螺帽
гал 伽
Галактика【地】银河系
галенит【地】方铅矿【钻】方铅矿加重剂
галечка (галька)【地】小卵石, 小砾石
галечник【地】砾岩, 卵石层, 砾石层

галит (каменная соль)【地】石盐
галитит【地】石盐岩
галлий【化】镓(Ga)
галлон 加仑
галлуазит【地】多水高岭土
гало【地】晕, 晕轮, 日月晕
галобиос【地】海洋生物; 盐生生物
галоген【化】卤素
галогенез【地】盐类化学沉积, 成盐作用
галогенид【化】卤化物
галогенирование【化】卤化(作用)
галогенный 卤化的; 卤素的
галогеноводород【化】氢卤酸
галоид【化】卤族(素); 卤化物
галоидирование【化】卤化作用
галокинез (соляная тектоника)【地】盐构造学, 盐类构造作用
галопелит【地】碳酸盐岩软泥
галофит【地】盐生植物, 耐盐植物
галька【地】卵砾, 砾石(有一定磨圆)
гальмиролиз【地】海底风化作用
гамма【物】伽马
гамма-дефектоскопия【物】伽马—射线探伤法
гамма-зондирование【测】伽马探测
боковое нейтронное гаммазондирование【测】侧向中子—伽马探测
гамма-излучение【物】伽马射线
гамма-каротаж (ГК)【测】伽马测井
гамма-квант【物】伽马量子, 光子
гамма-луч【物】伽马射线
гамма-плотномер 伽马密度计
гамма-прибор 伽马仪
гамма-спектроскопия 伽马能谱学
гамма-фон 伽马背景值
гамма-цементометрия【测】伽马水泥胶结测井
ГАМС главная авиаметеорологическая станция 航空气象总站
ГАП гидравлический автомобильный подъемник 液压汽车起重机
Гарантия 保证; 担保
гарантия качества 保证质量
гарантия материнской компании 母公司担保
гардина 窗纱
гармонизация【震】调谐
гармоника 谐波; 谐函数【地】表皮褶皱
гарь【地】焦沥青
ГАС Государственная автоматизированная система 国家自动化系统
гаситель 灭火器; 阻尼器, 熄弧电阻
гасить 熄(灯)
гастроподы (брюхоногие моллюски)【地】腹足类
Гаурдакская свита【地】高尔达克组(中亚, 基末利阶)
Гауссовское распределение 高斯分布
гаффы【地】河口潟湖
гашение 消灭, 熄灭
гашение волны 波消
гейзер【地】间歇热泉
ГАЭС гидроаккумулирующая электростанция 水力蓄能发电站, 蓄能水电站
ГБ газоносный бассейн【地】含气盆地
ГБ государственный банк 国家银行
ГВ газовый выброс 排气
ГВ генератор возбуждения 激发发生器

Г

ГВ головка воспроизведения 回放磁头

ГВ горизонт воды【地】水位

ГВ гравиметр-высотомер【地】重力测高仪

ГВ Гринвичское время【地】格林尼治时间

ГВ грунтовая вода【地】地下水，潜水

ГВ гуминовое вещество【地】腐殖质

ГВБ горизонт верхнего бьефа【地】上游水位，上游河段水位

ГВВ горизонт высоких вод【地】高水位

ГВГ генерация второй гармоники 二次谐波振荡

ГВГ главная фаза газообразования 天然气形成主要阶段，天然气形成关键期

ГВИ генератор временных интервалов 时间间隔发生器

Гвинейский【地】几内亚的

ГВК газо-водяной контакт【地】气水分界面

ГВН главная фаза нефтеобразования【地】石油形成主要时期

ГВС газо-водяная смесь【采】气水混合物

ГВЧ генератор высокой частоты 高频振荡器

ГВЧ гипервысокая частота 超高频

ГГ газогенератор 气体发生器

ГГ геотермический градиент【地】地热梯度，地温梯度

ГГ геохимический градиент【地】地球化学梯度

ГГ гидроксильная группа【化】羟基

ГГВ горизонт грунтовой воды【地】潜水水位，地下水位

ГГЗ газогидратная залежь【地】天然气水合物矿藏

ГГИ главный генератор импульсов 主脉冲发生器

ГГК-П плотностной гамма-гамма-каротаж【测】密度伽马—伽马测井

ГГК-С селективный гамма-гамма-каротаж【测】选择伽马—伽马测井

ГГМ гамма-гамма метод【测】伽马—伽马法

ГГРУ главное геологоразведочное управление 地质勘探总局

ГГС Государственная геологическая служба 国家地质局

ГГС групповая геологическая съемка【地】分图幅地质测量

ГГТ глубинный гравитационный тектогенез【地】深部重力构造成因

ГГУ Главное геодезическое управление 大地测量总局

ГГУ Главное геологическое управление 地质总局

ГГУ Главное горное управление 矿务总局

ГГУ Главное грузовое управление 货运总局

ГГФИ Государственный геофизический институт 国家地球物理研究所

ГГЭ геолого-геофизическая экспедиция【地】地质—地球物理勘探队

ГД Государственная дума 国家杜马

ГД гравитационный детектор【地】重力探测器

ГДДС градиент динамического давления сдвига【钻】动切压力梯度

ГДМ гидродинамический метод 流体动力学法

ГДО государственные долговые обязательства 国家债务; 国家债券

ГДП главный диспетчерский пункт【采】总调度室

ГДТМ гидротермический метаморфизм【地】热液变质, 热液变质作用

гезенк【采】暗井, 下山坑道

гейзер【地】间喷泉

гексагон 六角形

гексагональный 六角的, 六角形的

гексагональная пирамида 六方锥

гексагональная призма 六棱柱(体)

гексагональная сингония (система)【地】六方晶系

гексадекан (цетан)【化】十六烷

гексалин【化】环己醇

гексаметилен【化】环己烷

гексаметиленгликоль【化】己二醇

гексаметилендиамин【化】己二胺

гексан【化】己烷

гексанол【化】己醇

гексантриол【化】己三醇

гексаоктаэдр 六八面体

гексатетраэдр 六四面体

гексаэдр 六面体

гексил【化】己(烷)基

гексилен【化】己烯

гелеобразный 胶状的

гелеобразование 胶凝作用

гелий【化】氦(He)

гелиоцентризм【地】太阳中心说

гель【地】凝胶

гематит (железная слюда, железный блеск)【地】赤铁矿【钻】赤铁矿加重剂

бурый гематит【地】褐铁矿

глинистый гематит【地】泥质赤铁矿

кристаллический гематит【地】晶体状赤铁矿

слюдистый гематит【地】黑色片状赤铁矿

черный гематит【地】赤铁矿

гематит-кровавик【地】血红色赤铁矿

гемера (хемера)【地】古生物发育期, 极盛时期

гемин 氯化血红素

гемисинеклиза【地】半台向斜

гемишельф【地】地背斜翼部斜坡

генезис【地】成因

разнородный генезис【地】不同成因

генезис нефти【地】石油成因

генезис осадконакопления【地】沉积成因

генезис углеводородов【地】油气成因(假说)

генератор 发生器; 发电机

ацетиленовый генератор 乙炔发生器

сварочный генератор 焊接发电机

генератор переменного тока 交流发电机

генератор постоянного тока 直流发电机

генерация 生成【地】生(油气)

генерация нефти и газа【地】油气生成

генетический【地】成因的

Г

Г

генетическая диаграмма【地】成因图解
генетический метод【地】成因法
генетическое районирование【地】成因区划
генетический тип【地】成因类型
геоантиклиналь【地】地背斜
геоблемы【地】地内潜爆发构造
геоблоки【地】断块单元
геогидрология【地】地球水文学
геогидросфера【地】地球水圈
геоградус (геотермический градиент)【地】地温梯度
географический【地】地理的
географический азимут【地】地理方位角
географическая долгота【地】地理经度
географические координаты【地】地理坐标
географический ландшафт【地】地理景观
географический меридиан【地】地理子午线
географическое положение【地】地理位置
географическое распределение【地】地理分布
географический цикл【地】地理旋回
географическая широта【地】地理纬度
географический экватор【地】赤道
география【地】地理学
геодезист-полевик【地】野外地形测量人员
геодезический 大地测量学的
геодезический базис【地】大地基线
геодезическая высота【地】大地测量高度
геодезическое изыскание【地】大地勘测
геодезическое нивелирование【地】大地水准测量
геодезическое положение【地】大地位置
геодезическое построение【地】大地测量制图
геодезический репер【地】大地测量水准点,大地测量基点
геодезическая сеть【地】大地测量网
геодезическая система координат【地】大地测量坐标系
геодезическая съемка【地】大地测量
геодезический треугольник【地】大地测量三角点
геодезия【地】大地测量学
геодинамика【地】地球动力学
геодинамический【地】地球动力学的
геодинамический закон【地】地球动力学规律
геодинамический механизм【地】地球动力机制
геодинамическое напряжение【地】地球动应力
геодинамическая обстановка【地】地球动力环境
геодинамический полигон【地】地球动力学试验场
геодинамический цикл【地】地球动力旋回
геоид【地】大地椭球体, 大地水准面

геоизотермы【地】等地温线
геоинформатика【地】地质信息
геокинетика【地】地球动力学
геокомплекс【地】地质综合体, 地质体
геократический【地】地质扩张的
геократическое движение【地】陆地扩张运动
геократическая фаза (период)【地】陆地扩张期, 造陆期
геокриология【地】冰岩学, 冻土学
геолог 地质工作者, 地质学家
геолог-нефтяник【地】石油地质工作者
геолог-разведчик【地】地质勘探工作者
геологический【地】地质的
геологический агент【地】地质营力
геологическое время【地】地质时代
геологическая изученность【地】地质研究程度
геологическое изыскание【地】地质勘查
геологическая интерпретация【地】地质解释
геологическое исследование【地】地质调查
геологическая картирование【地】地质成图
геологический компас【地】地质罗盘
геологическое летоисчисление (возраст)【地】地质年代
геологический молоток【地】地质锤
геологическая опасность【地】地质灾害
геологический отчет【地】地质报告
геологический профиль【地】地质剖面
геологический процесс【地】地质过程
геологическая ситуация【地】地质形势
геологическая среда【地】地质介质, 地质环境
геологическое строение【地】地质结构
геологическая сфера【地】地质圈层
геологическая съемка (геологическое картирование)【地】地质测量, 地质调查
геологическая съемочная экспедиция【地】地质勘查队
геологическое тело【地】地质体
геологическая фация【地】地质相
геологическая формация【地】地质建造
геологическая хронология【地】地质年代学
геологический цикл【地】地质旋回
геология【地】地质(学)
глобальная геология【地】全球地质, 世界地质
глубинная геология【地】深部地质; 钻井地质
динамическая геология【地】动力地质学
инженерная геология【地】工程地质学
историческая геология【地】地史学
континентальная геология【地】大陆地质学
морская геология【地】海洋地质学
нефтепромысловая геология【地】

Г

Г

油矿地质学
нефтяная геология【地】石油地质学
общая геология【地】普通地质学
полевая геология【地】野外地质学
прикладная геология【地】应用地质学, 实用地质学
промысловая геология【地】矿场地质学
региональная геология【地】区域地质
рекогносцировочная геология【地】踏勘地质
рудничная и шахтная геология【地】矿山地质
сейсмическая геология【地】地震地质学
структурная геология【地】构造地质学
тектоническая геология【地】大地构造地质学, 大地构造学
техническая геология【地】工程地质
четвертичная геология【地】第四系地质学
экономическая геология【地】经济地质
экспериментальная геология【地】实验地质
геология изверженных пород【地】火山岩地质
геология каустобиолитов【地】可燃有机矿产地质学
геология континентальной окраины【地】大陆边缘地质
геология моря【地】海洋地质
геология нефти и газа【地】石油与天然气地质学
геология полезных ископаемых【地】矿产地质
геология по эксплуатации нефти【地】石油开发地质学
геологоразведочный【地】地质勘探的
геологоразведочная партия【地】地质勘探队
геологоразведочные работы【地】地质勘探工作, 地质勘探作业
геомагнитный【地】地磁的
геометрический 几何的
геометрия 几何学; 几何形状
геометрия бурового долота【钻】钻头几何形状
геометрия лопасти бурового долота【钻】钻头切刀几何形状
геометрия месторождения【地】油气田几何形状
геометрия порового пространства【地】孔隙空间几何形状
геометрия шарошки【钻】牙轮形状
геомеханика【地】地质力学
геоморфогенез【地】地貌成因(过程)
геоморфогения【地】地貌成因学
геоморфологический【地】地貌的
геоморфологический агент【地】地貌营力
геоморфологическая карта【地】地貌图
геоморфологическая съемка【地】地形测量
геоморфологический цикл【地】地貌变化旋回
геоморфология【地】地貌学
геопак【地】地质程序包
геопотенциал【地】重力位势

георазведка【地】地质勘探
Георгиевская свита【地】格奥尔金耶夫组(西西伯利亚, 基末利阶)
георифтогеналь【地】地球裂谷带
геосинклиналь【地】地向斜(地槽)
унаследованная геосинклиналь【地】继承性地向斜
геосинклинальный【地】地向斜(地槽)的
геосинклинальный прогиб【地】地槽型凹陷
геосинклинальная складчатая область【地】地槽褶皱区
геосинклинальный складчатый пояс【地】地槽褶皱带
геосинклинальная складчатая система【地】地槽褶皱系
геосинклинальный этап【地】地槽阶段
геосонограф【震】地震滤波器
геостатистика【地】地质统计学
геотектогенез【地】地质构造成因
геотектоклиналь【地】地槽; 地槽沉积
геотектоника【地】大地构造学(构造地质学)
геотектонический【地】大地构造的
геотектоническое движение【地】大地构造运动
геотектонический комплекс【地】大地构造地质体
геотектоническое районирование【地】大地构造区划
геотектохронология【地】构造演化史
геотектуры【地】地质(岩石)构造
геотемпературный【地】地温的
геотерма【地】地热; 地温
геотермика【地】地热
геотермилогия【地】地热学
геотермический【地】地热的
геотермическая аномалия【地】地热异常
геотермический градиент【地】地温梯度
геотермический метаморфизм【地】地热变质
геотермическое поле【地】地热场
геотермический поток【地】地热流
геотермическая разведка【地】地热勘探
геотермическая ступень【地】地温率, 地热增温率
геотермическая эксплуатация【地】地热开发
геотермия【地】地温学
геотермометр 地温计
ГеоТЭС геотермальная тепловая электростанция 地热发电站
геофаза【地】地质时期; 地质幕
геофизика【物】地球物理学
буровая геофизика【物】钻井地球物理
поисково-разведочная геофизика【物】勘探地球物理
прикладная геофизика【物】应用地球物理学
промысловая геофизика【物】矿场地球物理, 工业地球物理
скважинная геофизика【测】单井地球物理学
ядерная геофизика【物】核地球物理
геофизический 地球物理的
геофизические данные【物】地球

物理资料
геофизическое исследование【物】地球物理研究
геофизический каротаж【测】地球物理测井

геофизический метод разведки【物】地球物理勘探法
геофизическая особенность【物】地球物理特性
геофизический параметр【地】地球物理参数
геофизическое поле【物】地球物理场
геофизический признак【物】地球物理特征
геофизическая разведка【物】地球物理勘探
геофизическая сеть наблюдений【物】地球物理观测网
геофизическая съемка【物】地球物理测量
геофизическая экспедиция【物】地球物理勘查(队)
геофон (сейсмоприемник)【震】地震检波器
геохимический【化】地球化学的
геохимическая аномалия【化】地球化学异常
геохимический баланс【化】地球化学平衡
геохимическая корреляция【化】地球化学对比
геохимический метод【化】地球化学方法
геохимическая миграция【化】地球化学元素迁移
геохимический поиск【化】地球化学普查
геохимический пояс【化】地球化学带
геохимическая разведка【化】地球化学勘探
геохимическая система【化】地球化学系统
геохимическая фация【化】地球化学相
геохимический фон【化】地球化学背景值
геохимия【化】地球化学
геохимия газов пластовых вод【化】地层水气体地球化学
геохимия нефтяных месторождений【化】油田地球化学
геохимия подземных вод【化】地下水地球化学
геохрон【地】地质年代顺序; 地质时代段(相当于一个岩石地层单元)
геохронологический【地】地质年代的
геохронологический интервал【地】地质年代间隔
геохронологическая шкала【地】地质年代表
геохронология【地】地质年代表; 地质年代学
геохронотерма【地】地温演化史
геоцентрический【地】地心的
геоэлектрический разрез【地】地质电测剖面
геоэнергосфера【地】地球能量圈
гептан【化】庚烷
германий【化】锗(Ge)
герметизатор【钻】密封装置
герметизация【钻】密封
уплотнительная герметизация【钻】

填料密封
герметизировать скважину【钻】封井, 密封井
герметик【钻】密封剂, 封口胶, 密封膏
герметический 密封的
герметичность 气密性, 密封性
герморазъем 密封接头/插头
гермотруба 密封插管
герц 赫兹
герциниды【地】海西褶皱系
герцинский【地】海西期的
гетеро- 杂, 不同, 异
гетерогенетический 非均匀的
гетерогенность 异源; 多相性; 不均匀性
гетерогенный 不均一的, 多相的, 异成分的
гетероморфный 同质异相的
гж. газожидкий【地】气液的
ГЖВ газожидкое включение【地】气液包体
ГЖХ газожидкостная хроматография【地】气液色层法, 气液色谱法, 气液层析法; 气液色谱学
ГЗ головка записи【震】记录头; 记录磁头
ГЗК газовый каротаж【测】气测井
ГЗН главная зона нефтеобразования【地】石油形成主带
ГЗУ групповые замерные установки【炼】组合计量装置
ГИ генератор импульсов 脉冲发生器
гибка 弯曲
гибкий 挠性的, 易弯曲的
гибкость 柔性
гибкость технологических операций 工艺流程灵活性
гибридизм (гибридизация)【地】混染作用
ГИВ гидравлический индикатор веса【钻】大锤悬重指示器
гигант 巨型
гигантский 巨型的
гигрограф 湿度计
гигрометр 湿度计
гигрометрия 湿度测定(法)
гигроскоп 验湿器
гигроскопичность 吸湿性
гигростат 湿度测定器
гигротермограф 温湿计
гидатогенезис【地】热液成矿作用; 水成; 液成
гидатоморфизм【地】热液变质作用; 水成变质作用
гидатопирогенный【地】水火成因的
гидатопироморфизм【地】热液变质
гидатопневматический【地】气水成因的
гидравлика 水力学, 应用流体力学【钻】液压装置, 液压附件
гидравлический 水力的, 液压的
гидравлическое сопротивление【采】水力摩阻
гидразин【化】联胺
гидразин-гидрат【化】水合肼
гидразинсульфат【化】硫酸肼
гидраслюдизация【地】水云母作用
гидраслюдизация монтмориллонитов【地】蒙脱石水云母化
гидрат【化】水合物, 水化物
гидратация (гидратировать)【化】

Г

水化, 水合(作用)
гидратация приготовленного раствора【钻】配制好的泥浆水化
гидратизация【化】水合作用
гидратированный 水合的, 水化的
гидратонасыщенность 水合物饱和度
гидратный 水合的, 水化的
гидратная вода【地】结晶水, 结合水
гидратогенный 水成的
гидратообразование 水合物形成
гидрационит【化】水化物
гидрид【化】氢化物
гидрид калия【化】氢化钾
гидрирование【炼】氢化作用, 加氢作用
гидроавтомат 自动液压装置
гидроакустический 水声的
гидробуфер 液压缓冲器
гидрогазодинамика 天然气流体动力学
гидрогель 水凝胶
гидрогенизация【炼】加氢作用
деструктивная гидрогенизация【炼】去氢作用
гидрогеологический【地】水文地质的
гидрогеологический год【地】水文年
гидрогеологическое изыскание【地】水文地质勘察
гидрогеологическое исследование【地】水文地质调查
гидрогеологическое наблюдение【地】水文地质观测
гидрогеологическая обстановка【地】水文地质环境
гидрогеологический поиск и разведка【地】水文地质普查与勘探
гидрогеологический пункт【地】水文地质点
гидрогеология【地】水文地质
инженерная гидрогеология【地】工程水文地质
гидрогеоморфология【地】水文学
гидрогеохимия【化】水文地球化学
гидрограф【地】水文图
гидрография【地】水文地理学
гидродавление 水头压力
гидродинамика 流体动力学, 流体力学
гидродинамический 流体动力学的
гидродинамический напор 动压力水头
гидродинамические условия 水动力条件
гидродинамометр 流速计
гидрозатвор 水封槽; 液压闸门
гидроидный 类水相的
гидроизобата【地】地下水等埋深线
гидроизогипс【地】潜水面等高线, 地下水等高线
гидроизоляция 防水; 防潮
гидроизоплента 水文等值线
гидроизопьеза【地】等水压线
гидроизотерма 水等温线
гидроиспытание 液压试验
гидрокарбонатный 重碳酸的
гидрокинетика 流体动力学
гидроключ【钻】液压大钳
гидрокораллы【地】水珊瑚
гидрократическое движение【地】水圈扩张运动
гидроксибензол【化】酚, 苯酚

гидроксид【化】氢氧化物
гидроксид натрия【化】氢氧化钠
гидроксикислота【化】羟基酸
гидроксил【化】羟基
гидроксилирование【化】羟基化
гидроксильный【化】羟基的
гидролакколиты【地】冰隆丘; 冰核丘; 冰水岩盖
гидролебедка【钻】液压绞车
гидролиз【化】水解作用, 加水分解
гидролизация【化】水解
гидролог 水文学家
гидрологический【地】水文的
гидрологические данные 水文资料
гидрологический пост 水文站
гидрология 水文学
гидролокализация【物】声响, 水声定位
гидролокатор 声呐, 水声测位计
гидроматик【钻】水力刹车, 液压刹车
гидрометаморфизм【地】水力变质作用
гидрометеорология 水文气象学
гидрометр 液体比重计
гидрометрическая станция 水文站
гидромеханика 流体力学
гидромодуль 流量模数(系数)
гидромонитор【钻】冲泥机, 水枪, 水力冲洗机
гидромотор【钻】液压马达
гидромусковит (гидрослюды)【地】伊利石, 水云母
гидромуфта【钻】液压耦合器
гидронасос 液压泵
гидроокись (гидроокислы)【化】氢氧化物
гидроперфоратор【钻】水力射孔枪
гидроперфорация【钻】水力射孔
гидропескоструйный【钻】水力喷砂的
гидропитание【钻】液压源, 供液
гидропневмосистема【钻】液压气动系统
гидроподъемник【机】液压起重机
гидропресс【机】液压机
гидропресс для вытаскивания【钻】液压拔阀器
гидропривод【机】液压传动(装置)
гидропрогноз 水文预报
гидропрослушивание【采】井间储层连通性监测
гидроразведка【地】水文勘探
гидроразрыв【钻】水力压裂
направленный гидроразрыв скважин【钻】井定向压裂
термокислотный гидроразрыв【钻】热酸压裂
гидроразрыв пласта【钻】地层水力压裂; 地层破裂
гидрорежим【地】水文特征, 水文状况, 水情
гидросепаратор 水力分离器
гидросиликат【化】硅酸盐水化物
гидросистема 液压系统
гидрослюда【地】水云母
гидростатика【物】流体静力学
гидростатический【物】流体静力学的
гидростатический напор【物】静压力水头
гидростатическое равновесие【物】流体静力平衡, 流体静压平衡
гидростатическое сжатие【物】流体静力压缩

Г

Г

гидростатический уровень【地】静水位, 静压力水面
гидростроительство 水工建筑
гидросульфат【化】硫酸化物, 硫酸氢盐
гидросульфид【化】氢硫化物
гидросфера【地】水圈
гидротерма【地】地热, 温泉
гидротермальный (гидротермический)【地】热液的
гидротехника 水力工程学; 水工学
гидротормоз【钻】水力刹车, 液压刹车
гидротрансформатор【钻】液压传输装置
гидроудар 液压冲击
гидроударник【钻】液压冲击钻头, 水力冲击钻头
гидроузел 水利枢纽
гидроупругость 液压弹性
гидроустановка 水力装置
гидрофилизация 亲水化
гидрофильность (гидрофобность)【地】亲水性
гидрофильный【地】亲水的(吸水性的)
гидрофильтр 液压过滤器
гидрофит【地】水生植物
гидрофобизатор【地】憎水剂
гидрофобизация【地】憎水性
гидрофобность【地】憎水性
гидрофобный【地】憎水的(疏水性的)
гидрофон 水听器, 水声器
гидрохимический 水文化学的, 水化学的
гидрохимический метаморфизм【地】水化学变质作用
гидрохимический метод【地】水化学方法
гидрохимический режим【地】水化学状态
гидрохимия 水(文)化学
гидрохинон【化】苯二酚
гидроцентр【地】震源
гидроцилиндр 液压油缸
гидроэнергия 水能
гиероглифы (иероглифы)【地】象形印模, 似文象构造; 可疑化石, 虫迹; 印痕化石
гильберт 吉
гильза 套筒, 探管; 套筒; 轴套
поворотная гильза 旋套
гильза (втулка) цилиндра 缸套
гильсонит【地】硬沥青, 黑沥青
гиляби (кил) 漂白土
Гималайский【地】喜马拉雅山的
гимиабисситы【地】半深海沉积(1000~2000 m)
ГИНИ Государственный научно-исследовательский нефтяной институт 国家石油(科学)研究所
ГИП главный инженер проекта 总设计师
гипабисситы【地】半深海沉积; 半深成沉积
гипавтомофный (гипидиоморфный)【地】半自形的
гипер-ацидит【地】超酸性岩
гипербазиты【地】超基性岩
гипербазитовый【地】超级性的
гипербола 双曲线
гиперболоид 双曲面
гипергенез (гипергенезис)【地】表生作用

гипергенный【地】地表风化的, 表成的
гиперзвук 超声波
гиперзона【地】古地磁带; 超带
гипертермия 超高温
гипидиаморфный【地】半自形的
гипобазит【地】深成超基性岩
гипозона【地】深变质带
гипокислота【化】次酸
гипометаморфизм (катаморфизм)【地】深度变质作用
гипонитрат【化】次硝酸盐
гипоочаг【地】震源
гипотеза【地】成因假说
астенолитная гипотеза【地】软流圈形成假说
волновая гипотеза 波形成假说
геотектоническая гипотеза【地】大地构造假说
изостатическая гипотеза【地】均衡说
контракционная гипотеза【地】收缩假说
космогоническая гипотеза【地】天体演化假说
небулярная гипотеза【地】星云假说
гипотеза волочения базы земной коры【地】地壳底流说
гипотеза движения литосферных плит (глобальная тектоника, неомобилизм, гипотеза тектоники плит)【地】岩石圈板块运动学说
гипотеза двухслойной земной коры【地】地壳双层结构学说
гипотеза дифференциации земной оболочки【地】地壳分异学说
гипотеза дрейфа (перемещения, плавания) материков【地】大陆漂移学说
гипотеза мобилизма【地】活动论假说
гипотеза об эволюции **Земли**【地】地球演化学说
гипотеза плитной тектоники【地】板块构造学说
гипотеза равновесия【地】地壳均衡学说
гипотеза расширения дна【地】洋底扩张学说
гипотеза сжатия【地】地壳压缩学说
гипотеза стабилизма【地】地壳固定论
гипотеза тектоники плит【地】板块构造学说
гипотерма【地】深成温泉
гипоцентр (очаг землетрясения)【地】震源
гипс【地】石膏【钻】石膏加重剂
гипсографический 测高的
гипсографическая кривая【地】陆高海深曲线, 测高曲线
гипсометр 沸点测定器
гипсометрический【地】高程的, 测高的
гипсометрический план【地】等高线地形图
гипсометрический уровень【地】等高面
гипсометрия【地】高度测量
гипсоносно-соленосный【地】含膏盐的
гирло【地】河口支流
гироазимут 方位仪
гироид 五角三八面体

гиря 砝码

гиря-рейтер 游码

ГИС географическая информационная система【地】地理信息系统

ГИС геолого-исследовательская служба【测】测录井队

ГИС геофизическое исследование скважин【测】地球物理测井

гистерезис 滞后作用(现象)

гистерогенетический【地】岩浆期后的

гистерокристаллизация【地】次生结晶, 再结晶作用

гистограмма 直方图

ГИТ гидроимпульсная техника 流体脉冲技术

гиттья【地】腐殖黑泥, 湖积有机软泥, 湖底沉积物, 腐泥, 湖积黑泥, 骸泥

ГК газоконденсатная залежь【地】凝析气藏

Гк. галька【地】卵石

ГК гамма-каротаж【测】伽马测井

ГК генераторный контур 振荡器

ГК гуминовая кислота【地】腐殖酸

ГКБ гарантированный контроль безопасности 安全保障检查

ГКБО гарантированный контроль безопасности объекта 工程项目安全保障检查

ГКЗ государственная комиссия по запасам 国家储量委员会

ГКЗ Государственная комиссия по запасам полезных ископаемых 国家矿产储量委员会

ГКМ газоконденсатное месторождение【地】凝析气田

ГКПБ газовый каротаж после бурения【钻】完钻气测

ГКПИ газовый каротаж после испытания【钻】测试后气测

ГКР гипсокалиевый раствор【钻】钾石膏泥浆

ГКР глинисто-карбонатный раствор【钻】碳酸盐黏土泥浆

ГКС газокаротажная станция【测】气测井站

ГКС гамма-каротаж, спектрометрический【测】伽马能谱测井

ГКЧС Государственный комитет по чрезвычайным ситуациям 国家紧急情况委员会

глава 章, 篇

главбух 总会计师

Главгаздобыча Главное управление по добыче газа 采气总局

Главгазнефтестрой Главное управление по строительству нефтегазовых промыслов 油气田建设总局

Главгазопроводстрой Главное управление по строительству магистральных газопроводов 天然气长输管道建设总局

Главгазопроводы Главное управление эксплуатации магистральных газопроводов 天然气长输管线运营管理总局

Главгеоразведка Главное геологоразведочное управление 地质勘探总局

Главгеофизизка Главное управление геофизических работ 地球物理总局

Главгормаш Главное управление горного машиностроения 矿山机械制造总局

Главгорпром Главное управление горной промышленности 矿山工业总局, 矿务总局

главенство 领导权

главинж. главный инженер 总工程师

главконит (глауконит)【地】海绿石

Главнефтемаш Главное управление нефтяного машиностроения 石油机械制造总局

Главнефтепроммаш Главное управление нефтепромыслового машиностроения 油田机械制造总局

Главнефтепромстрой Главное управление нефтепромыслового строительства 油田建设总局

главный 主要的

главная зона газообразования (**ГЗГ**)【地】主要天然气形成带

главная зона нефтеобразования (**ГЗН**)【地】主要石油形成带

главная насосная установка (сборки нефти)【采】主要抽油装置

главная фаза газообразования (**ГФГ**)【地】天然气主要形成期

главная фаза нефтеобразования (**ГФН**)【地】石油主要形成期

ГлавУКС Главное управление капитального строительства 油气田地面建设总局

гладкость 光滑度

глазка птичья【地】鸟眼(构造)

глазомер 目测

глазурование 上釉

глауберит【地】钙芒硝

глауконит【地】海绿石

глауконитолиты【地】海绿石沉积岩

глаукофан (главкофан)【地】蓝闪石

глетчер (ледник)【地】冰河, 冰川

глиеж 天然焙烧黏土

гликокол【化】甘氨酸

гликол (гликоль, этиленгликоль)【化】乙二醇; 甘醇

глиммерит (слюдит)【地】云母岩

глина【地】(黏土)泥【钻】膨润土

автохтонная глина【地】原地形成黏土

активированная глина【钻】活化黏土

аттапульгитовая глина【地】硅镁土

бентонитовая глина【钻】膨润土

бокситовая глина【地】铝土质黏土

валунная глина【地】冰碛泥

вспучивающаяся глина【钻】膨胀黏土

высококоллоидальная глина【钻】高胶黏性黏土

высокопластичная глина【钻】高塑性黏土

вязкая глина【钻】高黏性黏土

гидрофильная глина【钻】水敏性黏土

гипсоносная глина【钻】含石膏黏土

жароупорная глина【地】耐火黏土

железистая глина【地】铁质黏土

затвердевшая глина【地】硬化黏土

известковая глина【地】钙质黏土

каолиновая глина【地】高岭土

карманная глина【地】囊状黏土

кислая глина【地】酸性黏土

комовая глина【地】块状黏土

кремнистая глина【地】硅质黏土

малосвязующая глина【地】低黏

性土
мергелистая глина【地】灰泥质黏土
монтмориллонитовая глина【地】蒙脱石黏土
моренная глина【地】冰碛泥, 冰川泥
недоуплотненная глина【地】欠压实泥岩
непроницаемая глина【地】非渗透性黏土
огнеупорная глина【地】耐火黏土
окремненная глина【地】硅质黏土
осадочная глина【地】沉积黏土
остаточная глина【地】残积黏土
отмученая глина【钻】淘出的膨润土
природная глина для приготовления бурового раствора【钻】泥浆配制天然膨润土
септариевая глина【地】龟裂泥岩
сланцеватая глина【地】泥板岩
уплотненная глина【地】压实黏土
глинизация【钻】造浆, 泥饼作用
глинисто-известковый【地】泥灰质的
глинисто-песчанный【地】泥砂质的
глинистость【地】含泥率, 泥质含量
глинистый【地】(黏土)泥质的
глинистая паста【钻】膨润土浆
глинистый пласт【地】泥质条带
глинистый раствор【钻】膨润土泥浆
глинистый раствор с добавлением нефти【钻】加油的膨润土泥浆
глинистый цемент【地】泥质胶结物
глинозавод【钻】泥浆厂
глинозем【地】矾土, 氧化铝
глинокаротаж【测】泥浆测井
глинокислота【化】土酸
глиноматериалы【钻】泥浆材料
глиномешалка【钻】泥浆搅拌机
вихревая гидравлическая глиномешалка【钻】涡流水力泥浆搅拌机
гидравлическая глиномешалка【钻】水力泥浆搅拌机
двухвальная глиномешалка【钻】双轴泥浆搅拌机
многовальная глиномешалка【钻】多轴泥浆搅拌机
глиноотделитель【钻】泥浆清洁器; 除浆器
глинопровод【钻】泥浆管线
глиностанция【钻】泥浆站
глиптика 雕刻术, 宝石雕刻术
глиптоморфозы【钻】刻痕
глицерин【化】甘油, 丙三醇
глобальный 全球的
глобальная тектоника【地】全球大地构造; 板块构造学说(同неомобилизм, гипотеза движения литосферных плит, гипотеза тектоники плит)
глобигериновый ил【地】抱球虫属软泥
глобигерины【地】抱球虫属
глобус【地】地球仪
гломерогранулитовый【地】聚粒状的, 团粒状的
глубина 深度
вертикальная глубина 垂直深度
заданная глубина【钻】指定深度, 预计深度
конечная глубина бурения【钻】最终实钻深度

максимальная глубина проникновения сейсмической волны【震】地震波最大穿透深度
окончательная глубина бурения【钻】完钻深度
предполагаемая глубина【地】预测深度
проектная глубина【钻】设计深度
умеренная глубина залегания【地】中等产出深度
фактическая глубина【钻】实际深度
глубина заделки【钻】下入深度, 下坐深度
глубина залегания【地】产出深度, 埋藏深度
глубина залегания пласта【地】油气藏埋藏深度
глубина залегания продуктивного горизонта【地】产层埋藏深度
глубина заложения трубопровода【储】管道埋深
глубина замера 测量深度
глубина зондирования【地】探测深度
глубина искусственного забоя【钻】人工井底深度
глубина компенсации【地】补偿深度
глубина максимального погружения【地】最大沉降深度
глубина **Мохоровича**【地】莫霍面深度
глубина перфорирования【钻】射孔深度
глубина по вертикали 垂直深度
глубина подвески насоса【采】泵挂深度
глубина посадки пакера【钻】封隔器坐封深度
глубина промерзания 冻结深度
глубина проникновения【震】穿透深度
глубина проникновения сейсмических лучей【震】地震波穿透深度
глубина просачивания 渗透深度
глубина расчленения【地】切割深度
глубина расчленения рельефа【地】地形切割深度
глубина скважины【钻】井深
глубина скважины до установки цементного моста【钻】水泥桥安置井深
глубина скважины, истинная【钻】实际井深
глубина скважины по контракту【钻】合同井深
глубина скважины после установки моста【钻】安置水泥桥后井深, 水泥桥之上井深
глубина спуска【钻】下入深度
глубина спуска обсадной колонны【钻】套管下放深度, 套管下深
глубина установки башмака обсадной колонны【钻】管鞋安放深度
глубина установки моста【钻】水泥桥安置井深
глубина цементирования обсадной колонны【钻】套管水泥胶结深度
глубинно-насосный【采】深井泵的
глубинный 深部的; 井下的
глубинная впадина【地】海沟
глубинный манометр【采】井底压力计
глубинная мульда【地】深海槽

глубинный насос【采】深井泵
глубинный разлом【地】深大断裂
глубинное сейсмическое зондирование (ГСЗ)【震】地震深部探测
глубиномер【钻】深度计
глубоководный 深水的
глубоководный ил【地】深水软泥
глубоководный океанский желоб【地】深海沟
глубокозалегающий【地】深部产出的
глубокопогруженный 深埋的
глушение 消声, 减音; 塞住
глушение выброса【钻】压井堵喷
глушение скважины【钻】压井
глыба【地】块体, 断块, 岩块
глыба разлома【地】断块
глыбовый【地】断块的
глыбовая зона【地】断块带
глыбовая лава【地】断块熔岩
глыбовое поднятие【地】断块上升, 断块状隆起
глыбовая складчатость【地】断块褶皱
гляциогеология【地】冰川地质学
гляциодислокация【地】冰川(构造破坏)作用
гляциоизостазия【地】冰川地壳均衡说
гляциология【地】冰川学, 冰河学
гляциотектоника【地】冰川构造
ГМАК условия генерации, миграции, аккумуляции и консервации УВ【地】烃的生成、运移、积聚和保存条件
ГМИ гидротермальнометасоматическое изменение【地】热液交代蚀变
ГМРФ генетическая модель рудных формаций【地】成矿成因模型
ГМФН гексаметафосфат натрия 六偏磷酸钠
ГН газонефтяная залежь【地】油气藏
ГНБ газонефтеносный бассейн【地】含油气盆地
ГНВ горизонт низких вод【地】低水位
ГНВ горизонт нормальной воды【地】正常水位
ГНГЗ главная нефтегазовая зона【地】主要油气带
гнездо 巢; 座, 槽
рудное гнездо【地】矿巢(蜂窝状矿体)
гнездо клапана【钻】阀座
гнездо подшипника【机】轴承座
гнейс【地】片麻岩
авгитовый гнейс【地】辉片麻岩
альбитовый гнейс【地】钠长片麻岩
гранитный гнейс【地】花岗片麻岩
слюдяной гнейс【地】云母片麻岩
гнейсогранит【地】花岗片麻岩
ГНИГИ Государственный научно-исследовательский геофизический институт 国家地球物理科学研究所
гниение 腐烂
ГНК газо-нефтяной контакт【地】油气分界面
ГНК гамма-нейтронный каротаж【测】伽马—中子测井
ГНК Государственная нефтяная компания 国营石油公司
ГНМ гамма-нейтронный метод

(фотонейтронный метод)【测】伽马—中子法(光中子法)

ГНО газонефтеносная область【地】含油气区

ГНП газонефтеносная провинция【地】含油气省

ГНП гидропоршневой насос【机】水力活塞泵

ГНР газонефтеносный район【地】含油气带

ГНС газонаполнительная станция 充气站

ГНСБ газонефтеносный суббассейн【地】准(类)含油气盆地

ГНТК Государственный научно-технический комитет 国家科学技术委员会

ГНЧ генератор несущей частоты 载频振荡器

ГНЧ генератор низких частот 低频振荡器

ГО газоносная область【地】含气区

ГО гранитно-осадочный【地】花岗质沉积的

гоби【地】戈壁

год 年, 年代

календарный год (合同)日历年

год ввода в бурение【钻】开钻年代

год ввода в разработку【采】投入开发年代

год вывода из бурения【钻】撤出钻井年代, 结束钻井年代

год консервации【采】封存年代

год начала повторной разведки【地】二次勘探开始年代

год начала разведки【地】开始勘探年代

год окончания повторной разведки【地】二次勘探结束年代

год окончания разведки【地】结束勘探年代

год открытия месторождения【地】油气田发现年代

годный 合格的

годовой 全年的; 年度的

годовые осадки【地】年降水量

годовой отчет 年报

годовой сток【地】年径流

годограф【震】速度矢量图; 分析图; 时距曲线, 时深曲线

амплитудный годограф【震】振幅轨迹

нагоняющий годограф【震】时距曲线

годограф волны【震】波时距曲线

годограф времен пробега【震】走时曲线

годограф вступлений волн【震】波至时距曲线

годограф первых вступлений【震】初至波时距曲线

годограф фронтов【震】波前时距曲线

головка 套管头; 油管头

бурильная головка【钻】钻头

висячая головка【钻】提升短节

внешняя плавающая головка【钻】外浮头

внутренняя плавающая головка【钻】内浮头

выпускная головка для бака соленого раствора【钻】盐水泥浆罐排气帽

двойная головка【采】抽油机的双驴头

Г

дренажная головка【采】放空阀
захватная головка【钻】打捞头
колонная головка【钻】套管头
комплексная измерительная головка температуры, уровня масла и вибрации【采】油温、油位振动组合探头
ловильная головка【钻】打捞头
насосная головка 抽油杆头
обмоточная головка 缠绕器
обсадная головка【钻】套管头
подвесная головка【钻】悬挂头
посадочная головка【钻】坐放头
промывочная головка 循环水接头
режущая головка【钻】取心钻头刮刀
сменная бурильная головка【钻】可换钻头
трубная головка【采】油管头, 封头
фрезерная головка【钻】铣切头
цементировочная головка【钻】水泥头
цементировочная головка для двухступенчатого цементирования【钻】二级固井水泥帽
циркуляционная головка 循环接头
шарошечная головка【钻】取心钻牙轮头
головка балансира【采】驴头
головка для НКТ【采】油管头
головка для подвески колонны【采】悬挂管柱用的管头
головка для спуска обсадной колонны【钻】下放套管用接头
головка керноизвлекателя【钻】岩心推取杆
головка колонны【采】油管头
головка колонны-хвостовика【钻】尾管顶部接头
головка насосно-компрессорных труб【采】油管头
головка обрыва【钻】钻杆断头
головка обсадной трубы【钻】套管头
головка обсадной колонны, двухрядная【钻】双层套管头
головка обсадной колонны с клиновой подвеской для насосно-компрессорной трубы【钻】带楔形卡瓦油管的套管头
головка с сальниковым устройством, устьевая【采】井口盘根式油管头
голограмма 全息图
голография сейсмическая【震】地震全息(照相)
голосимметрия 全对称
голотип【地】全型
голоцен (колоцен)【地】全新世, 全新统
гомеополярный 同极的
гомогенизация 均化作用
гомогенность 均一性
гомогенный 均匀的, 同性的, 同质的
гомоилогия (生物)同源
гомоклиналь【地】单斜; 均斜层
гомолог【化】同系物
гомология 同系, 同源
гомотермальный 等温的, 恒温的
гомохронность 同时性, 均时性, 等时性
ГОН годовой отбор нефти【采】年度采油量
Гондвана【地】冈瓦纳古大陆
Гондванская плита【地】冈瓦纳板块

гониометр 测向器, 量角器, 测角计
гонка【化】蒸馏
гора【地】山
глыбовая гора (дизъюнктивная гора)【地】断块山
горстовая гора【地】地垒山
массивная гора【地】桌状山
горб 凸起物
горб волны 波峰
гордень 滑车绳
горелка 烤把, 热风枪; 火嘴
газосварочная горелка 气焊枪
сварочная горелка 焊枪, 焊接喷灯
горение 燃烧
влажное горение【采】润湿火烧油层
внутрипластовое горение【采】油气藏内火烧油层
внутрипластовое горение, сухое【采】干式火烧油层
горжа【地】峡谷, 山峡
горизонт【地】层(位)
базальный горизонт【地】基底层位
базисный горизонт разведки【地】主要勘探层位
водоносный горизонт (пласт)【地】含水层位
выщелоченный горизонт【地】淋滤层
газоносный горизонт【地】含气层
геологический горизонт【地】地质层位
заводняемый горизонт【地】注入(水)层
иллювиальный горизонт【地】淋积层, 淀积层
маркирующий (опорный) горизонт【地】标志层
напорный водоносный горизонт【地】承压含水层
нефтеносный горизонт【地】含油层
нефтяной горизонт【地】油层
ограничивающий горизонт【地】隔水层, 封闭层
опорный (маркирующий) горизонт【地】标准层, 标志层
опорный электрический горизонт【地】电测标准层位
опробуемый горизонт【采】试油层位
основной нефтепродуктивный горизонт【采】主力产油层
отражающий горизонт【震】反射层
песчаный горизонт【地】砂层
поглощающий горизонт【地】漏失层
преломляющий горизонт【震】折射层
продуктивный горизонт【采】(油气)产层
проектный горизонт【钻】(钻井)设计层位
промежуточный горизонт【地】中间层
промышленный горизонт【地】有工业价值层位
реперный горизонт【测】标志层位
сейсмический горизонт【震】地震层位
сплошной горизонт【地】连续层
стратиграфический горизонт【地】地层层位
фонтанный горизонт【采】自喷层
целевой горизонт【地】目的层位
эксплуатационный горизонт【采】开发层

Г

электрический опорный горизонт 【测】电测标准层
горизонт вмывания (илювиальный горизонт)【地】淋滤层
горизонт воды 水位
горизонт высоких вод【地】高水位
горизонт грунтовых вод【地】潜水位
горизонталь【地】等高线
горизонтальный 卧式的, 水平的
горизонтальная выработка【采】水平巷道
горизонтальная дислокация【地】水平错位, 水平错动
горизонтальное залегание【地】水平产状
горизонтальная морена【地】水平冰碛
горизонтальное перемещение континентов【地】大陆水平移动
горизонтальный пласт【地】水平层
горизонтальная поверхность 水平面
горизонтальное положение 水平位置
горизонтальный сброс【地】水平断层
горизонтальная слоистость【地】水平层理
горловина【钻】鹅颈管
горнбленд【地】角闪石
горнблендит【地】角闪石岩
горнопроходческий 掘进的
горный【地】山的, 山区的【采】矿业的, 采矿的
горная выработка【采】矿井; 采矿
горное дело【采】采矿业
горное дерево【地】硅化木
горный компас 野外罗盘
горный корень【地】山根
горная механика【地】岩石力学
горное молоко【地】石乳
горный молоток 地质锤
горный обвал【地】山崩
горные отроги【地】山嘴, (延伸出来的)山脉
горное поднятие【地】山体隆起
горные породы【地】岩石
горный промысел【采】采矿场
горная промышленность【采】矿业
горная система【地】山系
горное сооружение【地】山体
горная страна【地】山区
горный хребет【地】山岭, 山脉, 山脊
горный хрусталь【地】水晶(天然)
горная цепь【地】山链
Горный Алтай【地】阿尔泰山
горообразование (горообразовательные процессы)【地】造山作用
горообразующее движение【地】造山运动
горст【地】地垒
погребенный горст【地】潜山
горст-антиклинальное строение【地】地垒—背斜构造
горькозем【化】氧化镁
горючий 可燃的
горючие ископаемые【地】可燃矿产
горючая масса 可燃物质
горючий сланец (нефтяной сланец, битуминозный сланец)【地】油页岩
горючее топливо 燃料
горючесть 可燃性
Госбанк Государственный банк 国家银行

Госбюджет Государственный бюджет 国家预算
Госинкор Государственная инвестиционная корпорация 国家投资公司
Госпром государственная промышленность 国营工业, 国有工业
госпромналог 营业税
госпромышленность 国有工业
государственный 国家的
государственный контроль за чем 国家检查
государственный надзор за чем 国家监督
государственная триангуляционная сеть 国家三角测量网
готовность 准备程度; 准备状态
готовность оборудования к пуску в эксплуатацию 设备投产准备程度
готовность товара к отгрузке 货物运输准备程度
ГОУ газоочистительное устройство 天然气净化装置
гофрировка【地】小褶皱
ГП газосборный пункт【采】集气站
ГП геологическое пространство【地】地质空间
ГП геохимическое поле【地】地球化学场
ГП гидропривод【机】液压传动, 液压传动装置
ГП горная порода【地】岩石
ГПА газоперекачивающий агрегат【采】天然气增压站, 压气站
ГПВ горизонт подземных вод【地】地下水水位
ГПЗ газоперерабатывающий завод【炼】天然气处理厂
ГПНА гидропоршневый насосный агрегат 液压活塞泵机组
ГПНУ гидропоршневая насосная установка 液压活塞泵装置
ГПП гидропескоструйная перфорация【钻】水力喷砂射孔
ГПС способ градиентов ПС【测】自然电位梯度法
ГПУ газопромысловое управление 气田管理局; 气田作业区
ГПУ главный пульт управления 总操纵台, 总控制台
ГПЭ геолого-поисковая экспедиция【地】地质普查队
ГР геологоразведка【地】地质勘探
ГР гипсовый буровой раствор【钻】石膏钻井液
ГР глубинный разлом【地】深大断裂
ГР гравелиты【地】砾岩
грабен【地】地堑
взбросовый грабен【地】对冲断层地堑(谷)
круглый грабен【地】环状断陷
сбросовый грабен【地】裂谷
срединный грабен【地】中间地堑
флексурный грабен【地】拖弯曲地堑
грабенообразный【地】地堑式的
грабенообразная впадина【地】地堑式盆地
грабенообразное опускание【地】地堑沉降
гравелит【地】(磨圆较好)砾岩
галечный гравелит【地】卵砾岩
глинистый гравелит【地】含泥砾岩

Г

песчанистый гравелит【地】含砂砾岩
песчаный гравелит【地】砂砾岩
сильногалечный гравелит【地】大砾岩
гравий【地】卵砾, 砾石
дробленый гравий【地】粉碎砾石
ледниковый гравий【地】冰川砾石
наносный гравий【地】冲刷砾石
обваливающийся гравий【地】崩塌砾石
окатанный гравий【地】磨圆砾石
речной гравий【地】河道砾石
угловато-зернистый гравий【地】棱角状砾石
гравимагниторазведка【地】重力磁力勘探
гравиметр 重力仪
гравиметрический【物】重力法的
гравиметрический геоид【物】重力大地水准面
гравиметрический метод【物】重力测定法
гравиметрическое наблюдение【物】重力观察
гравиметрическая разведка【物】重力勘探
гравиметрическое разделение【采】重力分选, 重力分离
гравиметрическая сеть【物】重力网
гравиметрический способ【物】重力方法
гравиметрическая ундуляция【物】重力起伏, 大地水准面起伏
гравиметрия【物】重力测量
гравиразведка【物】重力勘探
гравитационный【物】重力的
гравитационная аномалия【物】重力异常
гравитационный вакуум 真空
гравитационная дамба 重力坝
гравитационная депрессия【物】重力洼, 重力低
гравитационная дифференциация【物】重力分异
гравитационный дрейф【物】重力漂移
гравитационное зондирование【物】重力探测
гравитационный каротаж【测】重力测井
гравитационный крип【地】重力蠕动
гравитационное наблюдение 重力观测
гравитационное оползание【地】重力滑坡
гравитационное опускание【地】重力沉降
гравитационное поле【地】重力场
гравитационная постоянная【地】万有引力常数
гравитационный потенциал【地】重力势
гравитационный прилив【地】重力潮
гравитационный профиль【地】重力剖面
гравитационный разрыв (сброс)【地】重力断层
гравитационный режим【地】重力驱动
гравитационный репер【地】重力基点
гравитационная энергия【地】重

力能, 重力势
гравитация【地】重力, 引力
гравитектоника【地】重力构造学
гравмассы【地】砂卵石
грагамит【地】脆沥青
градация 分度, 等级
градиент 梯度
геотермический градиент【地】地温梯度
гидравлический градиент【地】水力梯度
крутой градиент【地】大坡度
напорный градиент 压力梯度
нормальный градиент 正常梯度
градиент атмосферного давления【地】大气压力梯度
градиент водного зеркала (гидростатический градиент) 静水面梯度, 静水压梯度
градиент гидродинамического давления 流体压力梯度
градиент горного давления【地】岩石压力梯度
градиент давления 压力梯度
градиент давления бурового раствора【钻】钻井液压力梯度
градиент давления гидроразрыва пласта【采】地层压裂梯度
градиент давления пластового гидроразрыва【钻】地层水力压裂梯度
градиент динамического давления сдвига【钻】剪切动压力梯度
градиент пластового давления【地】地层压力梯度
градиент (уклон) потока 水流梯度, 水流坡度
градиент рассеяния 分散梯度
градиент силы тяжести【地】重力梯度
градиент скорости 流速比降
градиент тектонических движений【地】构造压力梯度
градиент удельного сопротивления【测】电阻率梯度
градиент фильтрации 渗透梯度
градиент-зонд【测】梯度电极
каротажный градиент-зонд【测】测井梯度电极
кровельный градиент-зонд【测】顶部梯度电极
подошвенный градиент-зонд【测】底部梯度电极
симметричный градиент-зонд【测】对称梯度电极
четырехэлектродный градиент-зонд【测】四电极梯度电极系
градиент-зондирование, боковое электрическое (**БЭГЗ**)【测】侧向梯度电测深
градиент-манометр【钻】地层压力计
градиентометр 梯度计
градирня 冷却塔, 冷水设备
градуатор 分度器, 刻度器)
градуировка 分度, 刻度, 校准
градус 度
градус **Боме** 波美度(液体密度单位)
градус долготы【地】经度(°)
градус жесткости воды【地】水的硬度
градус искривления 倾斜角度
градус **Кельвина** 开氏度 (°K)
градус **Фаренгейта** 华氏度 (°F)
градус **Цельсия** 摄氏度(°C)
градус широты 纬度(°)

Г

грамм-атом【化】克原子
грамм-масса【化】克质量
грамм-эквивалент【化】克当量
граммолекула【化】克分子
гранат【地】石榴石
гранатизация【地】石榴石化作用
гранатит【地】石榴岩
гранит【地】花岗岩
гранитоиды【地】花岗岩类
граница 界线(面)
литологическая граница【地】岩性界线
маркирующая граница【震】标志层,标准层,指示层
протяженная отражающая граница【震】延续反射界面
сейсмическая граница【震】地震界面
снеговая граница【地】雪线
стратиграфическая граница (контакт)【地】地层界线(接触面)
условная граница залежи (**УГЗ**)【地】油气藏条件边界
граница второго порядка【地】二级构造单元分界线
граница геологических напластований【地】地层分界线
граница **Конрада**【地】康拉德面
граница контура【地】(油气藏)边界线
граница максимума 极大极限
граница минимума 极小极限
граница **Мохо**【地】莫霍面
граница обмена 转换面
граница пласта【地】地层界线
граница раздела 分界面
граница распространения залежи вверх по восстанию【地】油气藏上倾方向分布界线
граница среды 介质面
граница фаз 相界面
граничный 界面的,边界的
граничная скорость 界面(波)速度
граничное условие 边界条件
граничный эффект 边界效应
гранник 多面体
гранодиорит【地】花岗闪长岩
гранула 颗粒
гранулезный【地】粒状的
гранулирование серы【炼】硫黄成型
гранулировать шлак 造渣
гланулитовый 等粒结构; 麻粒的
гланулитовое габбро【地】等粒辉长岩
гранулитовый пояс【地】麻粒岩带
гранулитовая фация【地】粒变岩相
гланулометрический 粒度测定的
гланулометрический состав【地】粒度成分
гланулометрия【地】粒度分析, 颗粒测定法
гранулярный【地】碎屑颗粒的
грануляция (гранулировка)【地】成粒作用, 粒化作用【炼】粒度成型
грануляция серы【炼】硫黄成型
грань 棱面, 棱
грат 毛刺; 毛边
граувакка【地】杂砂岩(硬砂岩)
график (图)表
временный график 时间表
гравитационный график【物】重力曲线图
производственный график【采】生

产计划表
сводный график 综合图表
график бурения скважины【钻】钻井进度计划
график буровых работ【钻】钻井进度表
график «время-давления»【采】时间—压力曲线
график ежесуточных замеров добычи нефти【采】日采油量曲线图
график зависимости 关系图
график зависимости вязкости от температуры 黏度—温度图
график зависимости расхода от вязкости 流量—黏度图
график зависимости удельного веса от температуры 比重—温度图
график использования буровых растворов【钻】钻井液使用计划
график «отбора-давления»【采】压力—产量曲线
график отгрузок 运送计划
график платежей 支付计划
график поставки 交货单
график темпа отбора【采】开采进度表
график хода работ 工作进程表
графит 石墨; 铅笔芯
графитизация【地】石墨化
графический 图像的
графический способ 图解法
графометр 半圆仪
ГРБ газлифтная распределительная батарея【采】气举采油配气管汇
ГРБ газораспределительная батарея【采】配气管汇
гребенка распределительная【采】分配管汇
гребень【地】峰; 山脊; 分水岭, 波顶
гребень волны【地】波峰
гребень горного хребта【地】山脊
гребень синклинали【地】向斜脊线
гривистый рельеф【地】侵蚀丘陵地形
Гринвичский【地】格林尼治的
Гринвичское время【地】格林尼治时间
Гринвичский меридиан【地】格林尼治子午线, 本初子午线
грит【地】粗砂岩
грифельный сланец (кровельный сланец)【地】板岩
грифон【钻】窜槽, 溢流【地】地表热泉喷发, 热泉, 地下水喷出处
газовый грифон【地】气泉
грязевой грифон【地】泥热泉
нефтяной грифон【地】油泉
гроза 雷暴, 雷雨
грозозащита 避雷装置
грозопереключатель 避雷开关
громовой удар 雷击
громоотвод 避雷针
громоразрядник 避雷器
грот【地】岩洞, 洞穴
грохот (大)筛
быстроходный качающийся грохот для мелкого зерна【钻】细粒级快速振动筛
вибрационный грохот【钻】振动筛
вибрационный двухситный грохот【钻】双层振动筛
грохочение 过筛, 筛分
ГРП газораспределительный пункт【采】配气站
ГРП геологоразведочная партия【地】地质勘探队

Г

ГРП гидравлический разрыв пласта【采】地层水力压裂

ГРР геологоразведочные работы【地】地质勘探工作，地质勘探作业

ГРС газораспределительная станция【采】配气站

ГРС геолого-статистический разрез【地】地质统计剖面

ГРУ геологоразведочное управление【地】地质勘探局

грубогалечный【地】极粗砾的

грубозернистый【地】极粗粒的

грубый【地】极粗的

груз 负荷，荷重

грузило 测锤(测量)

Грузия【地】格鲁吉亚

грузовик 货车

грузовик-цистерна【储】油槽车

грузонесущий 承载的

грузооборот 货物周转量

грузоподъем на крюке【钻】大钩悬重

грузоподъемник 起重机

грузополучатель 货物接收人

грузопоток 货物流

грунт【地】土

галечнико-щебенистый грунт【地】砂砾碎石土

грунт водонасыщения【地】含水土

грунт засыпки 回填土

грунтоведение【地】土(体)力学；土壤学

грунтовка 底漆

грунтонос【钻】(取心筒内)取心器

боковой грунтонос【钻】井壁取心器

короткий грунтонос【钻】短取心器

группа 组【化】族【地】界

докембрийская группа【地】前寒武界

кайнозойская группа【地】新生界

мезозойская группа【地】中生界

палеозойская группа【地】古生界

шатунная группа【钻】连杆组

группа возбуждения【震】炮点组合

группа вулканов【地】火山群

группа горных пород【地】岩石群(界、系、组等)

группа кратных волн【震】多次波组

группа подвесных пружин【钻】吊簧组

группа приема【震】检波器组

группа прочности стали 钢强度级别

группа сбросов【地】断层组

группа трещин【地】裂隙组合

группа электрофации【测】测井相组合

группирование 组合

группирование в сейсморазведке【震】地震采集组合

группирование сейсмоприемников (сейсмографов)【震】地震检波器组合

группирование скважин【采】井组合

группировка 分组，分类

ГРЭ геологоразведочная экспедиция【地】地质勘探队

гряда【地】岭；海脊；滩脊；波峰

изоклинальная гряда【地】等斜脊

моренная гряда【地】冰碛滩

песчаная гряда【地】砂脊，砂垄

грязевик【钻】沉泥器，泥箱，沉淀池；污水过滤器

грязевой 泥的
грязевой вулкан【地】泥火山
грязевой гейзер【地】泥喷泉
грязевое извержение【地】泥火山喷发
грязевой конус【地】泥火山锥
грязевая лава【地】泥熔岩(火山泥)
грязевое озеро【地】泥湖
грязевой поток【地】泥流
грязевая сопка【地】小泥火山
грязеотделитель【钻】集尘器
грязеотстойник【钻】泥砂沉淀器
грязь 污物
ГС генератор сигналов 信号发生器
ГС геологическая съемка【地】地质测量
ГС геостационарный спутник 同步地球卫星
ГС гидротермальная система【地】热液系统
ГС глинистые сланцы【地】泥质页岩
ГС горючие сланцы【地】可燃性页岩, 油页岩
ГСЗ глубинное сейсмическое зондирование【震】深部地震探测
ГСМ гамма-спектрометрический метод【测】伽马能谱法
ГСР геолого-съемочная работа【地】地质测量工作
ГСР геолого-статистический разрез【地】地质统计剖面
ГСС государственная система стандартизации 国家标准化系统
ГСУ газосборная установка【采】集气装置
ГСФ газ свободной фазы【地】游离相气体
ГСЭИ Государственное словарно-энциклопедическое издательство 国家百科词典出版社
ГТ газовая турбина 燃气轮机, 燃气透平
ГТ газотурбинный двигатель 燃气涡轮发动机
ГТЭС геотермальная электростанция 地热发电站
ГУ групповые установки 组合装置
ГУГБ Главное управление государственной безопасности 国家安全总局
ГУГГН Главное управление государственного горного надзора 国家矿山监督总局
ГУГМР Главное управление государственных материальных резервов 国家物资储备总局
гудрон 渣油
гудронирование 铺沥青
гумат【化】腐殖酸盐
гумидные климаты【地】温和潮湿气候
гумины【地】腐殖质, 腐黑物
гумификация【地】腐殖化, 腐殖作用
гумоиды【地】腐质
гумолит【地】腐殖煤
ГУМТС Главное управление материально-технического снабжения 物资技术供应总局
гумус【地】腐殖质
гумусовый【地】腐殖质的
гумусовые выветривания【地】腐殖风化
гумусовые каустобиолиты【地】腐殖可燃有机岩

гумусовые угли【地】腐殖煤
гумусообразование【地】腐殖质形成
гусак стояка【钻】鹅颈立管
густота 密度, 浓度
густота мегатрещин【地】大型裂隙密度
густота речной сети【地】河网密度
густота трещин【地】裂隙密度
гутта (гуттаперча) 古塔波胶, 杜促胶
ГФ газовый фактор【采】油气比
ГФГ главная фаза газообразования【地】天然气形成主要阶段(时期)
ГФИ Геофизический институт 地球物理研究所
ГФН главная фаза нефтеобразования【地】石油生成主要阶段(时期)
ГФС гипано-формалиновая смесь 水解聚丙烯氢化合物
ГФУ газофракционирующая установка【炼】气体分馏装置
ГХ газовая хроматография【化】气体色层法, 气体色谱法, 气体层析法; 气体色谱学
ГХТБП геохронотермобарический показатель【地】地质年代温压指数
ГЭМ гамма-электронный метод (эмиссионный метод)【测】伽马电测法(放射法)
ГЭНИИ Географо-экономический научно-исследовательский институт 经济地理(科学)研究院
ГЭП геолого-экономическая перспективность 地质经济前景
ГЭР геолого-экономический район 地质经济区
ГЭР гидрофобно-эмульсионный раствор 憎水乳浊液
ГЭС гидроэлектростанция 水力发电站
ГЭУ главное экономическое управление 经济管理总局
ГЭУ главная энергетическая установка 主要动力装置

Д

Д дарси 达西(渗透率单位)
давить 压, 按, 挤
давление 压力
абсолютное давление 绝对压力
аксиальное давление 轴向压力
атмосферное давление【物】大气压力, 大气压
атмосферное давление, стандартное【物】标准大气压
барометрическое давление 大气压力
боковое давление 侧向压力
буферное давление【采】油管压力(油压)(采油树最顶端压力, 等同于трубное давление)
вакуумметрическое давление 真空测量压力
всестороннее давление 围压; 封闭压力
водяное давление 静压, 静水压力
воздушное давление 气压

геостатическое давление【地】地层静压力
гидравлическое давление 液压
гидродинамическое давление 流动压力
гидростатическое давление 流体静压力
горное давление【地】上覆地层压力; 岩石压力
граничное давление 边界压力; 末端压力
динамическое давление 动压力
допускаемое давление 允许压力
динамическое давление【采】工作压力; 动压; 冲击压力
дифференциальное давление 分压; 压力差
допустимое давление 允许压力
забойное давление【采】井底压力
забойное давление в закрытой оставленной скважине【采】关井井底压力
забойное давление, динамическое【采】井底流动压力
забойное давление при нагнетании【采】注水时井底压力
заданное давление 预设压力
замеренное давление【采】测试压力
затрубное давление【采】套管压力(套压)
индикаторное давление 指示压力
испытательное давление【采】测试压力
капиллярное давление【地】毛细管压力
когезионное давление 内聚力; 黏结力
компенсационное давление 补偿压力
конечное давление 最终压力
критическое давление【采】临界压力
латеральное давление 侧向压力, 横向压力
максимальное давление в закрытой скважине【采】最大关井压力
максимальное давление, допустимое рабочее【采】最大允许工作压力
максимальное давление на входе【采】最大进气压力(入口)
манометрическое давление 压力表计量压力
наибольшее насосное давление【钻】最大泵压
насосное давление 泵压
начальное давление【地】原始压力
начальное давление гидроразрыва【采】起始水力压裂压力
низкое давление 低压
номинальное давление【钻】额定压力
нормальное давление 正常压力
обратное давление【采】回压
одностороннее давление 单向压力
осмотическое давление 渗透压
основное давление 校准压力; 主控压力
остаточное давление【采】剩余压力
отрицательное давление 负压
парциальное давление 分压
переменное давление 变压; 变动压力
пластовое давление (ПД)【地】地层压力
пластовое давление, аномальное

Д

【地】异常地层压力
пластовое давление, динамическое 【地】地层动压力
пластовое давление, замерное 【钻】测试地层压力
пластовое давление к моменту истощения пласта【地】枯竭压力; 油层枯竭压力
пластовое давление, начальное 【地】原始地层压力
пластовое давление, нормальное 【地】正常地层压力
пластовое давление, первоначальное【地】原始地层压力
пластовое давление при закрытом устье【地】(井口关闭时)地层压力
пластовое давление, расчетное 【地】计算地层压力
пластовое давление, сверхгидростатическое (СГПД)【地】超高地层压力
пластовое давление, средневзвешенное【地】加权平均地层压力
пластовое давление, среднее【地】平均地层压力
пластовое давление, статическое 【地】地层静压力
поверхностное давление 表面压力; 地面压力
повышенное давление 升高压力
подземное давление【地】地下压力
полезное давление 有效压力
полное давление 总压力, 全压力
положительное давление 正压
пониженное давление 降低压力
поровое давление флюида【地】孔隙流体压力
пороговое давление 门限压力
постоянное давление 常压, 定压
предельное давление 极限压力
приведенное давление 折算压力
приложенное давление 外加压力
принудительное давление 正压力
пробное давление【钻】实验压力【采】(仪表上)测试压力
псевдокритическое давление 准临界压力
пусковое давление 启动压力
рабочее давление 工作压力
рабочее давление источник-воздуха 【钻】气源工作压力
равновесное давление 平衡压力
радиальное давление 径向压力
разгрузочное давление 释放压力
реактивное давление 反应压力
сверхвысокое давление【地】超高压力
сминающее давление 破坏压力
средневзвешенное давление 加权平均压力
среднее давление 平均压力
статическое давление 静压力
тангенциальное давление 切线压力
ударное давление насоса глинистого раствора【钻】泥浆泵振动压力
удельное давление 比压, 单位压力
удельное давление на грунт 单位地面压力
условное давление 标定压力; 假定压力; 条件压力
устьевое давление【采】井口压力
фильтрационное давление【物】渗透压力
давление аккумулятора для напол-

нения【钻】储存器充注压力
давление атмосферы (大)气压
давление бурения【钻】钻压
давление бурового раствора【钻】钻井泥浆压力
давление в бурильной колонне 钻杆内压力
давление в выкидной линии【钻】放喷管线压力
давление в газопроводе【储】输气管道压力
давление в закрытой скважине【采】关井压力
давление в залежи【地】油气藏压力
давление в затрубном пространстве【钻】套管压力; 套压
давление в зоне контакта【地】油气水分界面压力
давление в кольцевом пространстве【钻】环形空间压力; 环空压力
давление в конце расширения 终端压力
давление в манифольде 汇管压力
давление в межтрубном пространстве 套管间压力
давление в напорной линии【采】地面高压管线压力
давление в напорном трубопроводе【采】高压管道压力
давление в направлении течения 流动方向压力
давление в насадке бурового долота【钻】钻头喷嘴喷射压力
давление в насосно-компрессорных трубах【采】油管压力
давление в невскрытом пласте【地】未揭露地层压力
давление в обсадных трубах【钻】套管压力
давление водяного столба 水柱压力
давление в открытой скважине【采】开井内压力
давление в пневматической системе 气动系统内压力
давление всасывания 吸入压力
давление в сепараторе【采】分离器压力
давление в скважине【采】井内压力
давление в скважине после остановки【采】关停后井内压力
давление в трубопроводе【储】管道内压力
давление, выраженное высотой ртутного столба 水银柱高度表示压力
давление вытеснения【采】驱替压力; 驱动压力, 推动压力
давление вышележащих пород【地】上覆岩层压力
давление газа 气体压力
давление газа в газовой шапке【地】气顶(气帽)内气体压力
давление газлифта【采】气举压力
давление гидроразрыва пласта【钻】地层破裂压力; 地层水力压裂压力
давление глинистого раствора【钻】泥浆压力
давление горных пород【地】(上覆)岩石压力, 岩层压力
давление до штуцера【采】节流前压力
давление жидкости 液体压力
давление залежи【地】油气藏压力
давление замещения【采】排替压力, 替置压力, 顶替压力

давление конденсации 凝析压力
давление краевой воды【地】边水压力
давление кровли【地】顶板压力
давление на входе【采】入口(站)压力
давление на выкиде【采】出口压力, 气举管出口压力
давление на выкиде насоса【钻】泵排压
давление на выкидной линии【钻】放喷管线压力
давление на выходе【采】出口(站)压力
давление нагнетания【采】注水(流体)压力
давление на головке【采】油管头压力
давление нагрузки 荷载压力, 负荷压力
давление на грунт 对地面产生压力
давление наддува 增压, 充压
давление на долото【钻】钻头压力(钻压)
давление на единицу поверхности 作用单位面积上压力
давление на контуре питания【采】(油气藏)供给边界压力
давление на насосе【采】泵压
давление напорной воды【地】承压水压力【物】高压水压力
давление на поршень【机】活塞压力
давление насыщения 饱和压力
давление на устье【采】井口压力
давление на устье нагнетательной скважины【采】注水井井口压力
давление на устье фонтанирующей (фонтанной) скважины【采】自喷井井口压力
давление начала конденсации【采】起始凝析压力
давление образования трещин【钻】裂隙形成压力
давление пара 蒸气压
давление питания 供液压力
давление пластовых флюидов у забоя скважин【采】井底地层流体压力
давление поглощения【钻】地层漏失压力
давление порового флюида【地】孔隙流体压力
давление после штуцера【采】节流后压力
давление потока 流动压力
давление прекращения разработки залежи【采】油气藏停止开发(枯竭)压力
давление при заводнении【采】注水压力
давление при закрытии скважин【采】关井时压力
давление при испытании【采】测试压力
давление при откачке 泵送压力
давление при открытии скважин【采】开井时压力
давление при срезе【钻】剪切压力
давление проницаемости 渗透压力
давление прорыва【地】(盖层)突破压力【采】水锥进压力
давление прорыва воды【采】(地层)水突进(锥进)压力
давление разрыва【钻】破裂压力
давление раствора 溶液压力

давление расширения 膨胀压力
давление столба жидкости 液柱压力
давление столба жидкости в скважине【采】井内液柱压力
давление столба нефти【采】石油液柱压力
давление стопа【钻】碰压
давление фонтанирования скважины【采】油井自喷压力
давление циркуляции【钻】循环压力
Дагинская свита【地】达吉组(北萨哈林, 中新统)
Даехуриинская свита【地】达耶胡里音组(北萨哈林, 中新统)
дайка【地】岩墙, 岩脉
дальнеизвеститель 远距离警报器, 遥测报讯器
Дальний Восток【地】俄罗斯远东
дальноизмерение 遥测
дальномер 测距仪
дамба 坝, 堤
данные 数据, 原始资料
аналоговые данные 模拟数据
базисные данные 基础数据
входные данные 输入资料
выходные данные 输出资料
геологические данные【地】地质资料
геомагнитные данные【地】地磁资料
графические данные 图解数据资料
дискретные данные 离散数据
исходные данные 原始数据
исходные данные для расчета 计算用原始数据
исходные данные каротажа【测】原始测井数据
исходные данные кернового анализа【地】原始岩心分析数据
исходные данные ситового анализа【地】原始筛分数据
количественные данные 数字化资料
лабораторные данные 实验数据
метеорологические данные 气象资料
опытные данные 试验数据, 测试数据
полевые данные【地】野外数据
поправочные данные 校正数据
предварительные данные 推测数据
промысловые данные【采】矿场数据, 油气田数据
расчетные данные 计算数据
сейсмологические данные【震】地震资料
систематизированные данные 系统化数据资料
справочные данные 查询资料
суммарные данные 汇总数据
технические данные 技术资料
цифровые пространственные данные 空间数字化资料
экспериментальные данные 试验数据
эксплуатационные данные 开发数据
экстраполированные данные 外插数据
данные бурения【钻】钻井资料
данные геофизической разведки【物】地球物理勘探资料
данные исследования продуктивного пласта【采】产层研究测试数据
данные каротажа【测】测井数据
данные кернового анализа【地】岩心分析资料

Д

данные контрольных испытаний 检查试验数据
данные наблюдений 观测资料
данные об эксплуатации в условиях промысла【采】油(气)矿生产数据
данные опытно-промышленной эксплуатации【采】工业试采资料
данные о скважине【采】井资料
данные по добыче【采】采油(气)数据, 生产数据
данные скважинных измерений【采】单井测量数据
Дарвинизм 达尔文理论
дата 日期
дата анализа 分析日期
дата вступления в силу 生效日期
дата выдачи лицензии 许可证发放日期
дата заложения скважины【钻】定井位日期
дата истечения срока 过期
дата ликвидации 弃置日
дата начала бурения【钻】开钻日期
дата начала промышленной добычи【采】工业性生产开始日
дата окончания бурения 钻井结束日期
дата получения данных 资料接收日期
дата поставки оборудования 供货(设备)日期
датолит【地】硅硼钙石
датчик 传送器, 传感器, 传感装置
гидравлический датчик 水力检波器; 水力传感器
дистанционный датчик 远距离拾波器; 远距离电视摄像仪; 遥感器; 遥测器
емкостный датчик 容量传感器
импульсный датчик 脉动传感器
индукционный датчик 感应传感器
кодовый датчик 编码传感器
магнитный датчик 磁化传感器
магнитоупругий датчик 磁弹性传感器
мембранный датчик 隔膜(孔板)传感器
пневматический датчик 气动传感器
потенциометрический датчик 电位传感器
проточный датчик 流态传感器
расходомерный датчик 流量传感器
резистивный датчик 电阻传感器
синхронный датчик 同步传感器
скважинный датчик 内径规, 通径规, 井径传感器
температурный датчик 温度传感器
тензометрический датчик 变形量传感器
тепловой датчик 热量传感器
датчик вертикальной качки 垂直摆动传感器
датчик веса 指重表传感器
датчик вибрации 振动传感器
датчик времени 时间传感器
датчик глубины 深度传感器
датчик горизонта 层位传感器
датчик давления 压力传感器
датчик давления всасывания 吸入压力传感器
датчик давления масла 油压传感器
датчик давления стояка【钻】立管压力传感器
датчик дефекта【钻】故障传感器
датчик импульсов 脉动传感器
датчик индикатора веса 示重传感器

датчик контактного сопротивления 接触电阻传感器
датчик налива 加油传感器
датчик нормального времени【钻】正时传感器
датчик перепада давления 压差传感器
датчик подачи раствора【钻】泥浆给进流量传感器
датчик положения 位置传感器
датчик потока 流量传感器
датчик расхода бурового раствора【钻】泥浆流量传感器
датчик сигнала 信号传感器
датчик скорости 速度传感器
датчик смещений 位移传感器
датчик температуры 温度传感器
датчик температуры в главном статоре генератора 发电机主定子温度传感器
датчик угла наклона водоотделяющей колонны, акустический【炼】水分离塔倾斜角度声波传感器
датчик уровня【钻】液面传感器
датчик уровня в емкости【储】罐内液位传感器
датчик усталостных разрушений 疲劳破坏传感器
ДАЭ диаллиловый эфир【化】二烯丙基乙醚, 联丙烯乙醚
ДБДС дибензиллисульфид【化】联苄基二硫化物, 二苄二硫化物
ДВ дистиллированная вода【化】蒸馏水
ДВ длинная волна【物】长波
ДВ допустимая величина 容许值
ДВГ движущийся фронт горения 燃烧推进前缘
дверь 门
безопасная дверь【安】安全门
задвижная дверь 推拉门
пожарная дверь【安】消防门
двигатель 发动机; 引擎
авиационный двигатель 航空发动机
асинхронный двигатель 异步发动机, 非常同步发动机
бензиновый двигатель 汽油发动机
буровой двигатель【钻】钻井发动机
быстроходный двигатель 高速发动机
взрывозащитный двигатель 防爆发动机
вспомогательный двигатель 辅助发动机, 备用发动机; 增压风机
высокомоментный пневматический двигатель 高力矩空气发动机
газовый двигатель с турбонаддувом или турбонагнетателем 涡轮增压燃气发动机
забойный двигатель【钻】井底动力钻具
забойный двигатель, вибрационный【钻】井底振动动力钻具
забойный двигатель, гидравлический【钻】井底水力动力钻具
забойный двигатель, гидровинтовой【钻】井底水力螺杆动力钻具
забойный двигатель, гидролопаточный【钻】井底水力叶轮式钻具
забойный двигатель, гидротурбинный【钻】井底涡轮动力钻具
забойный двигатель, с плавающим валом【钻】井底浮动轴式动力钻具
пневматический двигатель 气动式

Д

发动机
поршневой двигатель 活塞式发动机
реактивный двигатель 喷气发动机
редукторный двигатель 带变速器的发动机
спаренный двигатель 双发动机
тормозной двигатель 制动电动机
тяговый двигатель 牵引机
шунтовой двигатель 并联式引擎
электрический двигатель 电动发动机
двигатель внутреннего сгорания 内燃机
двигатель дизеля 柴油发动机
двигатель для привода бурового насоса【钻】驱动钻井泵发动机
двигатель привода 驱动电机
двигатель привода ротора【钻】转子引擎
движение(я) 运动
апериодическое движение 非周期式运动
безвихревое движение 非涡流运动
беспорядочное движение 无序运动
беспростойное движение 不停移动
боковое движение 侧向运动
вихревое движение 涡流运动
возвратно-поступательное движение штока поршня【机】活塞杆往复式运动
возмущенное движение 受迫运动
волнообразное движение 波状运动
восходящее движение 抬升运动
вращательное движение 旋转运动
гармоническое движение 谐振动
затухающее движение 阻尼运动
импульсное движение 脉动
капиллярное движение【物】毛细管运动
качательное движение 摆动
колебательное движение 波动
коловратное движение 旋转运动
кратогеновое движение【地】克拉通运动
круговое движение 圆周运动
ламинарное движение 层流
линейное движение 线流
мгновенное движение 瞬时运动
наложенное движение【地】叠加式运动
направленное движение 定向运动
неотектоническое движение【地】新构造运动
непрерывное движение 连续运动
неравномерное движение 不规则运动
нестационарное движение жидкости【采】液体非稳定流动
неустановившееся движение 不稳定运动
неустойчивое движение 不稳定运动
нисходящее движение 下降运动; 下沉作用
обратное движение 逆转
одномерное движение 一维运动
орогеновое движение【地】造山运动
переменное движение 变速运动
периодическое движение 周期运动
плавное движение 滑动
пликативное движение【地】褶皱运动
поступательное движение 前进式运动
продольное движение 纵向运动
пространственное движение 空间

式运动
равномерное движение 均匀运动
резкое движение 剧烈运动
синорогеническое движение【地】同造山运动
складчатое движение【地】褶皱运动
турбулентное движение 涡流运动
унаследовательное движение【地】继承性运动
ускоренное движение 加速运动
хаотическое движение 紊乱运动
эвстатическое движение【地】海面升降运动
экзотектоническое движение【地】外力构造运动
эндотектоническое движение【地】内部构造运动
эпирогенное движение【地】造陆运动
эрейрогеническое движение【地】造陆运动
движение блоков земной коры 地壳块体运动
движение возмущения 扰动
движение газа 气体流动
движение жидкости 液体流动
движение земной коры【地】地壳运动
движение земной оси【地】地轴移动
движение земных полюсов【地】地极移动
движение по инерции 惯性运动
движение по кругу 圆周运动
движение по падению【地】倾向滑动
движение по простиранию【地】走向移动
движение по часовой стрелке 顺时针运动
движение сплошной среды 连续介质运动
движимость 动产
двойник 两个组合联结【地】矿物双晶【钻】二通
прямоугольный двойник с покрышкой【钻】直角二通(带盖板)
двойное 双层的, 两层; 双重的, 二元的
двойное зондирование 双重探测
двойная интерполяция 双内插法
двойное преломление 双重折射
ДВС двигатель внутреннего сгорания 内燃机
дву- 双, 重, 二
двуатомный【化】双原子的
двувалентность【化】二价
двумолекулярный【化】双分子的
двуокись (диоксид)【化】二氧化物
двуокись кремния【化】二氧化硅
двуокись серы【化】二氧化硫
двуокись углерода【化】二氧化碳
двуосновной 二元的
двупреломление 双折射
двурог【钻】双角大钩
двутавр 工字钢, 工字铁
двухжильный 双芯的
двухкратный 二次的
двухмерный 二维的
двухпозиционный 双位的
двухполосный 双带的
двухполюсный 双极的
двухрядный 双列的
двухслойный 双层的
двухсторонный 双方的

Д

двухступенчатый 双级的, 二级的
двухтрубка【钻】双根
ДГР динамический глубинный разрез 动深度剖面
ДГЦ дегидроциклизация【炼】脱氢成环作用

ДДС додецилсульфат【化】十二烷硫酸盐
ДДСН додецилсульфат натрия【化】十二烷硫酸钠
деазотизация【化】去硝作用
деасфальтизация【炼】脱沥青
деаэрация 脱气
дебаланс 失去平衡
дебит 流量【采】测试产量, 测试流量(добыча工业性生产过程中的产量)
безводный дебит【采】无水产量
безгазовый дебит【采】无气产量
безразмерный дебит 无量纲流量
действительный дебит【采】实际有效产量
единичный дебит【采】单位产量
конечный дебит【采】最终产量
критический дебит【采】临界产量, 极限产量
максимальный дебит【采】最高产量
малый дебит【采】低产量
массовый дебит 质量流量
минимальный дебит【采】最低产量
начальный дебит【采】初始产量
неустановившийся дебит【采】不稳定产量
общий дебит【采】总量
оптимальный дебит【采】合理产量
переменный дебит【采】变产量; 浮动产量
постоянный дебит【采】稳定产量
потенциальный дебит【采】潜在产量
предельный дебит【采】极限产量
свободный дебит【采】无阻流量
суммарный дебит【采】累计产量
суточный дебит【采】日产量
текущий дебит【采】目前产量
удельный дебит【采】单位压降产量
эффективный дебит【采】有效产量
дебит воды【采】产水量
дебит газа【采】产气量
дебит жидкости【采】产液量
дебит конденсата【采】凝析油产量
дебит нефти【采】产油量
дебит общего отбора【采】总产量
дебит реки 河流流量
дебит скважины【采】单井产量
дебитограмма【采】流量计曲线
дебитомер 流量计
весовой дебитомер 质量流量计
глубинный дебитомер【采】井下流量计
дистанционный глубинный дебитомер【采】井下遥控流量计
компенсационный дебитомер 补偿式流量计
лифтовый дебитомер 管式流量计
нефтепромысловый дебитомер【采】油田流量计
объемный дебитомер 体积流量计
поверочный дебитомер 检验流量计
поплавковый глубинный дебитомер【采】浮筒式井下流量计
ультразвуковой дебитомер 超声波流量计
дебитомер пакерирующего элемента【采】封隔器流量计

дебитомер переменного перепада давления 可变压差流量计
дебитометрия 测流量
девальвация 货币贬值
девиата 离差, 偏差数, 方差
девиатор 偏量
девиатор деформаций 应变偏量
девиатор напряжений 应力偏量
девиатор тензора напряжений 偏应力张量
девиация 磁偏差
девитрификация (расстеклование)【地】去玻璃化作用
девон【地】泥盆系(纪)
девонский【地】泥盆系(纪)的
дегазатор【采】脱气设备【钻】除气器
вакуумный дегазатор【钻】真空除气器
дегазация 脱气
дегазация воды【炼】水脱气
дегазация нефти【炼】原油脱气
дегазация паром【炼】蒸汽脱气
дегазация пласта【采】地层脱气
дегазация раствора【钻】泥浆脱气
дегазирование (удаление газа)【钻】脱气, 除气
дегенерация【化】退化作用
дегидратация 去水合物作用; 去气作用
дегидратор 脱水器, 脱水剂
дегидрация нефти【炼】石油脱氢
дегидрирование【炼】脱氢作用
деградация【炼】降级作用
дежурная 值班室
дезактивация【化】去活作用
дезинсекционный【化】杀虫的
дезинтеграция【化】放射性元素退变作用【地】山石崩解
дезинтегрированный【地】分解的, 解体的
дезинфекционный【安】消毒的
дезинфицировать【安】消毒
дезодорант【化】去臭剂
дезодоратор【化】去臭剂; 除臭器
деионизация 脱离子作用
действие 作用; 影响, 作用, 效应
абразивное действие 研磨作用
бризантное действие 碎裂效应
вымывающее действие 冲洗作用, 冲刷作用
вытесняющее действие【采】驱替作用, 置换作用
гидромониторное действие 喷射作用
глинизирующее действие【钻】造浆作用
дробящее действие 裂碎作用
закупоривающее действие【钻】堵塞作用
замедленное действие 滞后作用, 延缓作用
истирающее действие 磨碎作用
капиллярное действие 毛细管作用
катализирующее действие【化】催化作用
коррозионное действие 腐蚀作用
осаждающее действие 沉淀作用
осмотическое действие 渗透效果(作用)
поверхностно-активное действие 表面活化作用
поверхностное действие【采】表皮(趋肤)效应
поворотно-скалывающее действие 扭转—破裂作用
полезное действие 有效作用

Д

Д

размывающее действие струи【钻】泥浆的冲蚀作用
разобщающее действие【地】分解作用; 集块岩分散成小块
разрушающее действие 破坏作用
расклинивающее действие【钻】支撑作用, 压裂支撑作用
растворяющее действие 溶解作用
сглаживающее действие махового колеса 飞轮阻尼作用
скоблящее действие 刮削作用
смазывающее действие 润滑作用
срезывающее действие 剪切作用
тормозящее действие 制动作用
ударное действие 碰击作用
штукатурящее действие【钻】(泥浆)造壁作用
действие взрыва 爆破效应
действие волн 波作用
действие газа【采】气驱
действие напряжений【地】应力作用
действие распора 分解作用
действие силы тяжести【地】重力作用
действие экрана 屏蔽作用
действие эрозии【地】侵蚀作用
действующий 实际的, 有效的, 作用的
действующая величина 实际值
действующая мощность 有效厚度
действующая норма 现行规范
действующее сечение 有效横截面积
действующая сила 作用力
действующее сопротивление 有效电阻
дейтерический【地】后期变质的, 后期形成的
дейтероороген【地】后造山带
декад 十位制
декалин 萘烷, 十氢化萘
декальцинация 脱钙作用
декантация【地】倾泻
декарбоксилирование 除羧(基)作用
декарбонизация【化】去碳作用
декаэдр 十面体
декларация 报货单
грузовая таможенная декларация 货物报关单
деклинатор 磁体偏计
деклинация【地】偏角
декомпрессия 降压
деконволюция【震】(地震处理)反褶积
декремент 衰减量
декремент затухания 阻尼衰减
деление 刻度; 分割; 除法
полное деление маслоуказателя 油标满位
делимость 可劈性【地】解理
дело 事情; 事业; 工作
банковское дело 银行业
дела скважины【采】井史
дельта辐射区【地】三角洲(фронт дельты, продельта 三角洲前缘, 前三角洲)
высокодеструктивная дельта【地】高破坏性三角洲
высококонструктивная дельта【地】高建设性三角洲
лопастная дельта【地】朵状三角洲
дельтовый【地】三角洲的
дельтовый берег【地】三角洲岸
дельтовое озеро【地】三角洲湖
дельтовые отложения【地】三角洲

沉积
дельтовая равнина【地】三角洲平原
дельтовая фация【地】三角洲相
делювиальный【地】坡积的
делювиальный плащ【地】坡积层
делювиальный снос【地】坡积
делювиальный шлейф【地】坡积裙
делювий【地】坡积层(物); 山麓堆积, 岩屑堆
демагнетизация【物】去磁, 退磁
демодулизация 解调, 反调制
демодулизация импульсов 脉冲解调
демодулизация по времени 时位解调
демодуляция 解调, 反调制
демонтаж 拆卸, 拆除
деморфизм【地】风化变质作用
демпфер 阻尼器, 减振器
дендритный 树枝状的
дендритная речная система【地】树枝状河流
денудационный 剥蚀的
денудационная гора【地】剥蚀山
денудационная деятельность【地】剥蚀作用
денудационная поверхность【地】剥蚀面
денудационная равнина【地】剥蚀平原
денудационная терраса【地】剥蚀阶地
денудация【地】剥蚀作用
день календарный 日历日
деоксидация【化】脱氧作用
депарафинизация【采】清蜡, 脱蜡作用
механическая депарафинизация【采】机械清蜡
термохимическая депарафинизация скважины【采】井内热化学清蜡
депо 维修与供应基地, 仓库, 器材库, 车房, 消防车库, 机车库, 车房
пожарное депо【安】消防队(驻地)
деполяризация 退极化
депонировать 寄存; 存入; 存(款)
депрессионная поверхность【地】地下水降落面
депрессия【地】洼陷; 洼池【采】压降
большая депрессия【采】高压降(开采), 大压差
малая депрессия【采】低压降(开采), 小压差
платформенная депрессия【地】台内坳陷
депрессия в забое【采】井底压差
депрессия давления【采】压力降(压差)
депрессия пластового давления【采】地层压降
депрессор 减压器; 缓冲器
держатель【钻】支承架; 固定器
держатель насосно-компрессорных труб【采】油管支架
держатель пружины【钻】弹簧座
десили(фа)кация【地】去硅作用
десквамация【地】剥离作用(昼夜温差变化引起的风化作用)
десорбция【化】解吸
дестиллаты нефти【炼】石油馏出物
дестилляция【化】蒸馏
деструктивная деформация 破坏作用, 破坏变形
деструкция【化】分解(破坏)作用
деструкция **УВ**【地】烃类分解

Д

десульфирование【炼】脱硫作用
десятник 工长; 组长
деталь 详细内容【机】零件, 机件, 配件
арматурная деталь 加固件
бракованная деталь 报废零件
быстроизнашивающаяся деталь 易磨损件
ведомая деталь 从动件
ведущая деталь 主动件
взаимозаменяемая деталь 互相替换件
вращающаяся деталь 旋转件
вставная деталь 插入件
годная деталь 合格件
запасная деталь 备件
износостойкая деталь 耐磨件
комплектующая деталь 组件, 成套件
короткая соединительная деталь 短连接件
крепежная деталь 紧固件
литая деталь 铸造件, 模具件
неисправная деталь 损坏不能用部件
неподвижная деталь 不动件
обработанная деталь 处理件; 制成零配件
основная деталь 主要部件
отбракованная деталь 不合格零件
поддерживающая деталь 支撑件
распорная деталь 取间隔的装置, 逆电流器; 隔块, 隔板, 隔环, 隔片
свариваемая деталь 焊接件
сломанная деталь 折断件
сменная деталь 替换零件, 备件
соединительная деталь 连接件
стандартная деталь 标准件
тонкостенная трубчатая деталь 薄壁管件
трубная деталь для приборов 仪表管件
трущаяся деталь 磨损件
уплотняющая деталь 密封件
фиксирующая деталь 固定件
деталь конструкции 结构细节; 结构部件
детальность 详细程度, 细节
детальный 详细的
детальная (подробная) разведка 详细勘探, 详查
детальная съемка 详测
детальный чертеж 详图
детандер 扩管器
детектор 探测器; 检波器; 检测器
газовый детектор 气体探测器
нейтронный детектор 中子探测器
пожарный детектор 消防探测器
электрический детектор 电子探测器
детектор (датчик) пламени 火苗探测器
детектор потери глинистого раствора【钻】泥浆漏失探测器
детектор утечки 泄漏探测器
детонатор 雷管, 爆破管, 起爆器
детонация 爆破
детрит【地】生物骨架碎屑, 生物碎屑
детритовый (детритусовый)【地】生物骨架碎屑的, 生物碎屑的
детритус (биодетритус)【地】生物碎屑沉积
детство реки【地】河流幼年期
дефекация 澄清作用
дефект 缺陷; 缺损; 瑕疵【钻】故障
выявленный дефект 查明故障, 查明缺陷
производственный дефект 制造缺陷

скрытый дефект 隐蔽瑕疵, 隐蔽缺陷
точенный дефект 点缺陷
дефект в колонне【钻】套管缺陷
дефект конструкции 结构缺陷
дефект литья 铸造缺陷
дефект от смятия обсадной трубы 【钻】套管挤压形成的缺陷
дефект прокатки 轧制缺陷
дефект сварки 焊接缺陷
дефектометрия (дефектоскопия) 探伤; 缺陷检查
дефектоскоп 探伤器
магнитнопорошковый дефектоскоп 磁粉探伤仪
рентгеновский дефектоскоп X射线探伤仪
ультразвуковой дефектоскоп 超声波探伤机
дефектоскопист 探伤人员
дефектоскопия (дефектовать) 探伤法
акустическая дефектоскопия 声波探伤法
гамма-лучевая дефектоскопия 伽马射线探伤法
индукционная дефектоскопия 感应探伤法
инфракрасная дефектоскопия 红外线探伤法
люминесцентная дефектоскопия 荧光探伤法
магнитная дефектоскопия 磁力探伤法
магнитопорошковая дефектоскопия 磁力探伤法, 磁粉探伤法
рентгеновская дефектоскопия X射线探伤法
ультразвуковая дефектоскопия 超声波探伤法
цветная дефектоскопия 着色探伤法
дефицит 亏空; 赤字
дефицит пластового давления【地】地层压力亏空(欠压)
дефлегмация 分凝; 分馏作用
дефлокуляция 反絮凝作用
дефляция (развевание)【地】风蚀作用
деформативность 变形程度
деформационный 变形的
деформация (应)变形
внутренняя деформация 内部变形
линейная деформация 线性变形
обратимая деформация 可逆变形
объемная деформация 体积变形
остаточная деформация 永久变形, 破坏性变形
относительная деформация 相对变形
пластическая деформация 塑性变形
плоская деформация 平面变形
поперечная деформация 横向变形
продольная деформация 纵向变形
тепловая деформация 热变形
угловая деформация 角应变
усадочная деформация 收缩变形
усталостная деформация 疲劳变形
деформация грунта【地】土体应变
деформация земной поверхности【地】地表面变形
деформация изгиба 弯曲变形
деформация под действием боковых сдвигов 侧向剪切作用变形
деформация при охлаждении 冷却变形
деформация при пределе текучести 流动极限变形

Д

Д

деформация при сжатии 挤压变形
деформация при скручивании 旋转变形
деформация растяжения 拉张变形
деформация сдвига 剪切变形
деформация смятия 挤压变形
деформация текучести 流塑性变形, 屈服变形
деформация упругого крипа 弹性蠕变
деформометрия 应变测量
дехлорирование【化】去氯作用
децентрация 偏心距
децибел 分贝
дешифрирование аэрофотоснимков и космических снимков 航片与卫片解译
деэмульгатор (деэмульсатор)【化】脱乳剂
маслорастворимый деэмульгатор【化】油溶破乳剂
деэмульгация 脱乳化作用
деэмульгация нефти【炼】石油脱乳化作用
деятельность 公司业务; 活动; 作用
производственная деятельность 生产业务, 生产活动
деятельность газодобывающей компании 天然气开采公司业务
деятельность нефтяной компании 石油公司业务
джоль 焦尔
ДЗ дипольное зондирование【测】偶极探测, 偶极测深
ДЗК движение земной коры【地】地壳运动
ДИ данные испытания【钻】测试数据
ДИ датчик импульсов 脉冲发送器
диагенез (диагенизм, диагенезис)【地】成岩作用, 岩化作用
диагноз 鉴定, 调查分析, 检查, 识别
диагностика 诊断学, 诊断, 确诊
диагностические признаки минералов【地】矿物识别标志
диагональ 对角线
диагональный 对角的, 斜交的
диагональная слоистость【地】斜交层理
диаграмма 图解; 图表; 线图
гравитационная диаграмма【物】重力图
индикаторная диаграмма 指示图
керновая диаграмма【地】岩心图
магнитная диаграмма【地】地磁记录图
петротектоническая диаграмма【地】岩组图
принципиальная электрическая диаграмма 电路图
пространственная диаграмма 立体图解
сводная диаграмма 综合图【测】综合测井曲线图
фазовая диаграмма равновесия 相态平衡图
характеристическая диаграмма 特征曲线图
хронометражная диаграмма бурения【钻】钻时曲线图
диаграмма акустического каротажа по скорости【测】声波速度曲线图
диаграмма акустического цементомера【测】水泥胶结声幅测井曲线图

диаграмма бокового каротажного зондирования【测】侧向梯度电极系测井曲线图
диаграмма бокового микрокаротажа【测】微侧向测井曲线图
диаграмма времени 时间曲线图
диаграмма газового каротажа【钻】气测曲线图
диаграмма гамма-гамма-каротажа【测】伽马—伽马测井曲线图
диаграмма гамма-нейтронного каротажа【测】伽马—中子测井曲线图
диаграмма геохимического каротажа【测】地球化学测井曲线图
диаграмма гранулометрического состава【地】粒度成分图
диаграмма естественного потенциала【测】自然电位曲线图
диаграмма записи 记录图
диаграмма засечки (кроссплот)【测】交会图
диаграмма индукционного каротажа【测】感应测井曲线图
диаграмма испытания【采】测试曲线图
диаграмма каротажа потенциалов самопроизвольной поляризации【测】自然电位测井曲线图
диаграмма каротажа сопротивления【测】电阻率测井曲线图
диаграмма микрокаротажа【测】微测井曲线图
диаграмма нейтронного гамма-каротажа【测】中子—伽马测井曲线图
диаграмма непрерывного акустического каротажа по скорости【测】连续声波速度测井曲线图
диаграмма «объем-давление» 压力—体积图解
диаграмма плотностного каротажа【测】密度测井曲线图
диаграмма подъема【钻】提升曲线
диаграмма, полученная при исследовании пластоиспытателем【采】地层测试仪获得曲线图
диаграмма проходки【钻】钻时曲线图
диаграмма радиоактивного каротажа【测】放射性测井曲线图
диаграмма распределения нагрузки 荷载分布图
диаграмма розы 玫瑰图
диаграмма с изолиниями 等值线图
диаграмма скорости 速度图
диаграмма скорости бурения (проходки)【钻】钻井速度图, 钻时图
диаграмма термометрии【地】测温图
диаграмма фазового равновесия【物】相平衡图
диаграмма электрического каротажа【测】电测井曲线图
диаграмма электрокаротажа【测】电测曲线图
диаграмма ядерно-магнитного каротажа【测】核磁测井曲线图
диаклаза【地】构造裂缝, 压节理
диаклазит (протобастит)【地】玩火辉石
диакливы【地】横节理
диализ【化】渗析【地】分解
диамагнетизм 抗磁性, 反磁性, 抗磁力, 抗磁现象
диамагнитный 抗磁的, 反磁的

диамант【钻】钻石, 金刚石
диаметр 直径
внутренний диаметр 内径
мелкий диаметр 小孔径
наружный диаметр 外径
номинальный диаметр【机】公称直径, 通称直径
проходной диаметр【钻】通径
сопряженный диаметр 共轭直径
диаметр бурового долота【钻】钻头直径
диаметр бурового инструмента【钻】钻具直径
диаметр зоны проникновения【钻】(泥浆)侵入带直径
диаметр керна【钻】岩心直径
диаметр колонны подъемных труб【钻】提升管柱直径
диаметр ствола скважины【钻】井眼直径
диаметр цилиндра 缸径
диамид 二酰胺
диапазон 范围, 宽度范围
динамический диапазон 最强地震信号频带
номинальный диапазон 额定范围
широкий диапазон 宽范围
диапазон волн 波段
диапазон градуировки 标定范围
диапазон давлений 压力范围
диапазон диаметров во что 直径范围
диапазон длин волн 波长范围
диапазон дросселирования【采】节流范围
диапазон изменения 变化范围
диапазон индикации 指示范围
диапазон ошибок 误差范围
диапазон показаний 计数范围
диапазон регулирования 调节范围
диапазон скоростей 速度范围
диапазон температур 温度范围
диапазон частот 频率范围, 频带, 频段
диапазон чувствительности 灵敏度范围
диапазон шкалы 刻度范围
диапир【地】刺穿褶皱; 底辟, 底辟作用
соляной диапир【地】盐刺穿, 盐底辟
диапиризм【地】底辟刺穿作用
диапировый 底辟的
диапировый купол【地】刺穿穹隆, 底辟穹隆
диапировое ядро【地】底辟核
диапроектор оптический 光学投影仪
диастема 分裂面
диастромы【地】层面节理
диатексис (расплавление) 溶融, 溶化
диатома【地】硅藻
диатомеи【地】硅藻类
диатомовый【地】硅藻的
диатомовый ил【地】硅藻软泥
диатомовые сланцы【地】硅藻页岩
диатомовые слои【地】硅藻土层
диатрема【地】岩颈, 火山道; 火山角砾岩筒
диафановая область【地】透光区(0~400m)
диафанометр 透度计
диафрагма 孔板, 膈膜, 膜片; 光圈, 十字丝环
апертурная диафрагма 孔径光圈
гибкая диафрагма 可变形隔膜
дисковая диафрагма【采】锐孔板

регулирующая диафрагма【采】调节孔板
дибромбензол【化】二溴苯
дивергентный 离散的, 分散的
дивергентная граница【地】板块离散型边界
дивергентный тип плит【地】离散型板块
дивергенция 散度; (生物演化)趋异
дивинил【化】二乙烯
дигексагон 复六方体, 十二角体
дигидрат【化】二水合物
дидодекаэдр【地】偏方二十四面体
дизелист 柴油机工
дизель 柴油机
быстроходный дизель 高速柴油机
12-цилиндровый дизель【机】12缸发电机
дизель-генератор【机】柴油发电机
дизельная【钻】柴油机房
дизельный 柴油的
дизельный аддитив 柴油添加剂
дизельный индекс 柴油指数
дизельное масло 柴油发电机油
дизельный мотор 柴油机发动机
дизельный привод 柴油机驱动
дизельная пробка 柴油塞
дизельная рама 柴油机支架
дизельный редуктор 柴油机减速器
дизельное топливо (солярка) 柴油
дизельный шкив 柴油机皮带轮
дизъюнктивный【地】断裂的
дизъюнктивное движение【地】断裂运动
дизъюнктивная дислокация【地】断裂错动, 断裂错位
ДИК диэлектрический каротаж【测】电介质测井
дикая кошка【钻】野猫井
дилатасия (дилатация)【地】膨胀, 扩张, 扩容
дилювиальный【地】洪积的
дилювиальное оледенение【地】洪积冰川作用
дилювиальные почвы【地】洪积土壤
дилювий【地】洪积物
ДИМ дистанционный индукционный манометр 远距感应压力表
диморфизм【地】双晶现象, 同质二形
ДИМП дипольное индуктивное магнитное профилирование【测】偶极磁感应剖面(测量)
дина 达因
динамика 动力学; 动态
волновая динамика【震】波动力学
флюидная динамика 流体动力学
динамика газовых факторов【采】油气比动态
динамика добычи нефти и газа【采】油气开采动态; 油气生产动态
динамика земной коры【地】地壳动力学
динамика земных недр【地】地球内部动力学
динамика изменения добычи【采】开采动态
динамика истощения коллектора【采】油藏枯竭动态
динамика литосферных плит【地】岩石圈板块动力学
динамика обводнения【采】水淹动态; 含水动态

динамика подземных вод【地】地下水动力学
динамика разрывов【地】断裂动力学
динамит 甘油炸药
динамический 动力学的; 动态的
динамическая вязкость 动力黏滞性
динамическая деформация 动应变
динамическая дислокация【地】构造动力错位
динамическая компенсация 动力补偿
динамический метаморфизм【地】动力变质
динамический момент 动力矩
динамический набор 动压力水头
динамическая нагрузка 动力荷载
динамический напор 动水头
динамическое напряжение 动电压; 动应力
динамическая особенность волн 波的动力学特性
динамическое равновесие 动态平衡; 动力平衡
динамическая скорость 动力速度
динамический способ 动力法
динамическая теория упругости 弹性动力理论
динамическое условие 动态条件
динамическая характеристика 动力学特征
динамометаморфизм【地】动力变质作用
динамометрия 测力(法)
динамосфера 动力圈
динас 硅砖(耐火砖), 硅质耐火材料
динитробензол【化】二硝基苯
динитросоединение【化】二硝基化合物
динитротолуол【化】二硝基甲苯
диод 二极管
реверсивный диод 旋转二极管(正向)
диоксид углерода【化】碳的二氧化物
диолефин【化】二烯烃
диоплен【地】沉降平原
диопсид【地】透辉石
диорит【地】闪长岩
кварцевый диорит【地】石英闪长岩
ДИП дипольное индуктивное профилирование【测】偶极感应剖面(测量)
дипирамида【地】双锥体
диплодок【地】梁龙属
диполь 偶极(子); 偶极天线
дипольное зондирование【测】偶极探测
дипропилкетон【化】二丙酮
ДИР долото истирающего режущего типа【钻】磨损切割型钻头
диск 边缘【钻】圆盘; 盘状物
нажимный диск【钻】压紧盘
указательный диск【钻】指示盘
уплотнительный диск【钻】密封盘
фиксирующий диск【钻】定位盘, 定向盘
фракционный диск【钻】摩擦块
дисковод (计算机)光驱
дискриминация 判别
дислокационный 移位的, 断层的, 断裂的, 变位的
дислокационная брекчия【地】断层角砾
дислокационная гора【地】断层山

дислокационное движение【地】断错运动
дислокационное землетрясение【震】断层地震
дислокационный конгломерат (брекчия)【地】断层砾岩
дислокационный массив【地】断块
дислокационный метаморфизм【地】断层变质作用, 错动变质作用
дислокационное озеро【地】断层湖泊
дислокационный эффузивный процесс【地】断错喷发作用
дислокация 位错, 错位【地】褶皱断错
глубинная разломная дислокация【地】断错(褶皱断裂)作用, 断裂错位
дизъюнктивная дислокация (разрывное нарушение, разрыв)【地】断裂作用
ледниковая дислокация【地】冰川错位, 冰川断裂
оползневая дислокация【地】滑动错位
пликативная дислокация【地】褶皱错位
соляная дислокация【地】盐底劈断裂错位
тангенциальная дислокация 切向断裂, 切向错位
дислоцированность 错位程度
дислоцированный【地】错位的, 断错的
диспергатор 分散剂
диспергирование 分散作用
дисперсионный 离散的, 分散的
дисперсия 分散, 偏差, 偏移
дисперсия скорости 速度畸变
дисперсность 分散性
дисперсный 分散的
дисперсная фаза 分散相
дисперсоид【化】分散胶体
диспетчер 调度员
диспетчеризация调度
диспетчерская 调度室【钻】司钻房
диспрозий【化】镝(Dy)
диспропорционирование 不相称; 歧化作用; 氢原子转形
диспропорция 不成比例
диссиметрия рельефа【地】地形不对称性
диссимиляция【化】异化
диссипативный 耗散的
диссипация 逸散; 耗散
диссольвер 溶解器
диссоляция (растворение) 溶解作用
диссоциация 分解, 离解, 分离, 游离
термическая диссоциация【地】热分解
дистанционный 远距离的, 远方的
дистанционная измерительная установка 遥测装置
дистанционный материал 遥感资料; 遥测资料
дистанционное наблюдение 远距离观测
дистанционное управление 遥控
дистанция 距离, 远距离, 远方
дистиллер 蒸馏器
дистиллирование (дистилляция) 蒸馏
дистиллят 蒸馏物
дистилляция 蒸馏
магматическая дистилляция【地】

Д

岩浆蒸馏作用
дисульфид【化】二硫化物
дисфотическая зона【地】弱光带(水深30~200m)
дифенилоксид【化】二苯醚
дифениламин【化】二苯胺
дифенилгуанидин【化】二苯胍
дифенилсульфид【化】硫化联苯
дифлектор 铰式导向装置
дифманометр 差压计
дифракция 绕射; 衍射
дифракция волн【物】波绕射; 波衍射
дифракция рентгеновских лучей【物】伦琴射线绕射; 伦琴射线衍射
дифференциал 微分【钻】差速器, 差动装置
дифференциация 分异作用
гравитационная дифференциация【地】重力分异(作用)
механическая осадочная дифференциация【地】机械沉积分异作用
осадочная дифференциация【地】沉积分异(作用)
тектоническая дифференциация【地】构造分异
дифференциация водоема【地】水体分异作用
диффузия 扩散; 漫射; 渗滤
взаимная диффузия 相互渗透
вихревая диффузия 涡流式扩散
вынужденная диффузия 强制扩散
молекулярная диффузия 分子扩散
обратная диффузия 逆向扩散
объемная диффузия 空间内扩散
последовательная диффузия 连续扩散
свободная диффузия 自由扩散
термическая диффузия 热扩散
управляемая диффузия 控制扩散
дихлорид【化】二氯化物
дихлорэтан【化】二氯乙烷
дихотомия 二分法
дихроизм 二色性
дихромат【化】重铬酸盐
дицианамид【化】双氰胺甲烷
дициклопентандиен【化】双环戊二烯
диэдр 双面, 二面角
диэлектрик【化】电介质
диэтиленгликоль【化】二羟基代二乙醚, 二甘醇
диэтилкетон【化】二乙酮
ДК диэлектрический каротаж【测】电介质测井
ДК дроссельный клапан【采】节流活门; 节气阀, 节流阀
ДК дроссельный кран【采】节流阀; 节流活门
ДК координата долготы【地】经度坐标
ДК метод длинного кабеля【地】长电缆法(电法勘探)
ДКН двойные колонковые наборы【钻】双层岩心管
ДКС двойной колонковый снаряд【钻】双层岩心钻具
ДКС дожимающая компрессорная станция【采】增压站
длина 长度
длина волн 波长
длина волн, кажущаяся 视波长
длина выступающей части【钻】加长短节长度
длина плунжера【钻】柱塞长度

длина расстановки【震】组距
длина хода 冲程; 行程
длина цилиндра 泵筒长度
длинопериодный 长周期的
длинорадиусное 长径的
ДМ динамическая модель【地】动力学模型
ДМА диметиланилин【化】二甲基苯胺, 二甲苯胺
ДМБ диметилбензидин【化】二甲基联苯胺
ДМР диффузионнометасоматическая реакция【地】扩散交代反应
ДМУ дирекционный магнитный угол【地】磁方位角
ДН делитель напряжения 分压器
ДН диспергатор нефти【采】石油扩散器
ДН добыча нефти【采】石油开采, 采油
ДН дополнительный насос【钻】辅助泵
Днепр【地】第聂伯河
днище 底层, 下层
ДНК дезоксирибонуклеиновая кислота【化】脱氧核糖核酸
дно 底, 底部【地】海底; 水体底部
тюльпанообразное дно 带喇叭口底部, 漏斗形底部
дно долины【地】谷底
дно океана【地】洋底
ДНС динамическое напряжение сдвига【钻】泥浆屈服值(动切力)
ДНС дожимная насосная станция 增压泵站
добавка 加注【钻】添加剂, 添加物
антикоррозионная добавка【钻】防腐添加剂
антифрикционная добавка【钻】抗磨添加剂
вспучивающая добавка【钻】膨胀添加剂
газообразующая добавка【钻】生气添加剂
гидрофобная добавка【钻】疏(憎)水添加剂
диспергирующая добавка【钻】分散作用添加剂
закупоривающая добавка【钻】堵塞添加剂
комплектная антикоррозийная добавка【钻】复合防腐蚀剂
пенообразующая добавка【钻】泡沫添加剂
смазывающая добавка для буровых растворов на пресноводной основе【钻】水基钻井液润滑添加剂
стабилизирующая добавка【钻】稳定添加剂
структурнообразующая добавка【钻】结构成型添加剂
сухая добавка【钻】干式添加剂
сухая сыпучая добавка【钻】干式颗粒添加剂
термостойкая смазывающая добавка【钻】耐热润滑添加剂
утяжеляющая добавка【钻】(钻井液)加重添加剂
шлакообразующая добавка【钻】造屑添加剂
добавка для борьбы с загрязнением цементного раствора【钻】水泥浆防污染添加剂
добавка для борьбы с поглощением бурового раствора【钻】钻井液防漏失添加剂

Д

добавка для буровых растворов на водной основе, противозадирная смазывающая【钻】水基钻井液抗抱死润滑添加剂

добавка для инверсных эмульсий, жидкая стабилизирующая【钻】乳化转型液态稳定添加剂

добавка для инверсных эмульсий, порошкообразная гелеобразующая【钻】乳化转型粉末状成胶添加剂

добавка к буровому раствору на углеводородной основе, дающая стойкую стабильную пену【钻】油基钻井液发泡添加剂

добавка к буровому раствору, поверхностно-активная【钻】钻井液表面活性添加剂

добавка к буровому раствору, смазывающая【钻】钻井液润滑添加剂

добавка к цементу【钻】水泥添加剂

добавка, предохраняющая буровой раствор от загрязнения и порчи при разбуривании цементных пробок【钻】钻水泥塞钻井液防污染添加剂

добавка, снижающая водоотдачу【钻】降低钻井液失水添加剂

добавка-загуститель【钻】钻井泥浆稠化剂

добавочный 补充的，附加的

добуривание【钻】钻入(产层)；分级固井后再开钻

добыча【采】开采；产量；生产

вторичная добыча【采】二次采油

глубинно-насосная добыча【采】深井泵采油

годовая добыча【采】年产量

компрессорная добыча газа【采】空压机采气

оптимальная добыча【采】合理产量

послойная добыча газа【采】分层采气

послойная добыча нефти【采】分层采油

потенциальная добыча нефти【采】原油可产量；原油生产能力

промышленная добыча【采】工业(商业)性生产

суммарная добыча【采】累计产量

существующая добыча нефти и газа (合同)基础油气

третичная добыча нефти【采】三次采油

удельная добыча нефти【采】石油采收率

шахтная добыча нефти【采】矿井采油

добыча воды【采】产水量

добыча жидкости【采】产液量

добыча конденсата【采】凝析油产量

добыча нефти【采】产油量

добыча полезных ископаемых【采】矿产开采

добыча с начала года【采】年(累)产

добыча с начала месяца【采】月(累)产

добыча с начала разработки【采】历年(累)产

доверенность 委托书

доверительность 置信度

доверительный 置信的

доверительная граница 置信限

доверительная зона 置信区间

доверительный интервал 置信区间
договор 合同
международный договор 国际合同
договор об отборе 提油协议
договор о разделе продукции 产品分成合同
додекан【化】十二烷
додекаэдр 十二面体
додецил【化】十二烷基
додецилбензол【化】十二烷基苯
дождезащита 防雨
ДОЗ дипольно-осевое зондирование【测】偶极轴向探测, 偶极轴向测深
дозатор спиральный【钻】螺旋给料器
дозвуковой 亚声速
доисторическое время жизни Земли【地】地球史前时代
докаменноугольный【地】前石炭纪(系)的
докембрий【地】前寒武纪(系)
докембрийский【地】前寒武纪(系)的
докембрийское кристаллическое основание【地】前寒武纪结晶基底
докембрийское отложение【地】前寒武纪沉积
доклад 报告
докритический 亚临界的
документ 文件
аттестационный документ 鉴定证明
итоговый документ 成果文件
нормативный документ 规范性文件
результирующий документ 成果文件
транспортный документ 运输文件
документация 文件系统; 文件资料; 文件编录
геологическая документация【地】地质编录
исходная документация 原始文件
обосновывающая документация 基础文件
проектируемая документация 设计文件
проектно-сметная документация 设计预算文件
разрешительная документация 批准文件
технико-коммерческая документация 商务技术文件
техническая документация 技术文件
документация на низкую логику процесса 低等逻辑过程文件
документация на обслуживание 维护文件
документация о государственной регистрации 国家注册登记文件
документация по системе управления【钻】控制系统文件
документация по шкафу преобразования【钻】变频柜资料
долговечность средняя【钻】平均寿命
долгосрочный 长期的
долгота 经度
должность 职位
долив (долить)【钻】灌浆
долина【地】谷, 山谷; 盆地
рифтовая долина【地】裂谷
сквозная долина (прорыва)【地】贯通谷
долина ледника (трог)【地】冰川谷
долина промыва (промывная долина)【地】侵蚀谷

Д

долина прорыва (сквозная долина)【地】贯通谷, 裂谷

долина разлива【地】泛滥平原

долина реки【地】河谷

доллар 美元

доломит【地】白云岩; 白云石

доломитизация【地】白云岩化

доломитизированный【地】白云岩化的

доломитистый (доломитовый)【地】白云岩的, 白云质的

доломитолиты【地】白云岩

долото【钻】钻头

алмазное долото【钻】金刚石钻头

алмазное долото с вогнутой рабочей поверхностью【钻】具有内凹工作面的金刚石钻头

армированное долото твердосплавными зубками【钻】嵌硬质合金牙齿的钻头

бицентричное долота【钻】偏心钻头

буровое долото【钻】钻头

буровое долото, алмазнотвердосплавное【钻】金刚石硬合金钻头

буровое долото, армированное твердым сплавом【钻】硬合金加固钻头

буровое долото для работы малыми вращающими моментами【钻】小扭矩钻头

буровое долото для работы со съемным керноприемником【钻】带可拆卸取心筒钻头

буровое долото дробящего типа【钻】破碎型(作用)钻头

буровое долото, изношенное по вооружению【钻】钝化钻头

буровое долото, импрегнированное【钻】潜铸式钻头

буровое долото истирающережущего типа【钻】磨削型钻头

буровое долото, керновое (колонковое)【钻】取心钻头

буровое долото, обработанное【钻】废旧钻头

буровое долото, оправочное【钻】修整(套管柱或井眼)用钻头

буровое долото, отклоняющее【钻】造斜钻头

буровое долото, отработанное【钻】被磨损废弃钻头

буровое долото со вставными зубьями из карбидов вольфрама【钻】碳化钨牙轮钻头

буровое долото скалывающего типа【钻】切削型钻头

буровое долото с образовавшимся на нем сальником【钻】已形成泥包的钻头

буровое долото, сработанное не полностью【钻】未完全磨损钻头

буровое долото с самоочищающимися шарошками【钻】自清洗牙轮钻头

буровое долото, ударно-канатное крестообразное【钻】电缆冲击十字型钻头

буровое долото, ударно-режущее【钻】切削冲击钻头

буровое долото, четырехлопастное【钻】四刮刀钻头

гидромониторное долото【钻】水力喷射式钻头

двухлопастное долото【钻】刮刀钻

头, 鱼尾钻头
двухшарошечное долото【钻】双牙轮钻头
депарафинизационное долото【钻】通蜡钻头
дисковое долото【钻】滚盘钻头
дифференциальное долото **Зублина** для проходки глинистых сланцев【钻】钻泥页岩差动式钻头
зарезное долото【钻】领眼钻头
изношенное долото【钻】磨损钻头
колонковое долото【钻】取心钻头
колонковое долото, четырехшарошечное【钻】四牙轮取心钻具
колонковое долото, шарошечное【钻】牙轮取心钻具
комбинированное долото【钻】复合式钻头
корпусное долото【钻】带母接头的钻头
крестовое долото【钻】十字钻头
крестообразное долото【钻】十字形钻头
лопастное долото【钻】刮刀钻头
многошарошечное долото【钻】多牙轮钻头
направляющее долото【钻】导向钻头
ненаваренное долото (рыбий хвост)【钻】普通未镶焊的鱼尾钻头
острокоечное долото【钻】修整套管柱用钻头, 修整管子用矫形钻头
пилотное долото【钻】先导性钻头
пилотное долото с расширителем【钻】先导扩眼钻头
пирамидальное долото【钻】尖钻头
полукруглое долото【钻】半圆形钻头
проверочное долото【钻】划眼钻头, 扩孔钻头, 扩眼钻头
разборное долото【钻】可拆卸钻头
раздвижное долото【钻】可卸钻头, 伸缩式钻头
режуще-скалывающее долото【钻】刮刀钻头
сработанное долото【钻】磨钝钻头, 旧钻头
струйное долото【钻】喷射钻头
ступенчатое долото【钻】多级钻头, 阶梯钻头
трехлопастное долото【钻】三翼钻头
трехшарошечное долото【钻】三牙轮钻头
тупое долото【钻】钝钻头
фрезерованное долото【钻】钢齿钻头
ударное долото【钻】顿钻头
универсальное долото【钻】多用途钻头
шарошечное долото【钻】牙轮钻头
шарошечное долото, крестообразное【钻】十字形牙轮钻头
эксцентричное долото【钻】偏心钻头
долото без зубьев【钻】无牙轮钻头
долото для бурения кремнистых горных пород【钻】硅质岩石钻头
долото для бурения мягких горных пород【钻】软岩石钻头
долото для бурения твердых горных пород【钻】硬岩石钻头
долото для вращательного бурения【钻】旋转钻头
долото для ударно-канатного бурения【钻】钢索顿击钻头

долото для ухода в сторону (нового ствола)【钻】开窗侧钻钻头
долото **Зублина**【钻】独牙轮钻头, 苏柏林式牙轮钻头
долото режущего типа【钻】切削钻头
долото «рыбий хвост»【钻】鱼尾钻头
долото с длинными зубьями【钻】长齿钻头
долото ударного бурения【钻】冲击(顿钻)钻头
долото-расширитель【钻】扩眼钻头
доля 份额
массовая доля серы【炼】硫分质量百分比
доля нефти и газа (合同)油和气份额
доля участия (合同)参与权益
домезозойский【地】前中生代(界)的
домкрат 千斤顶
Дон【地】顿河
донный 底的
донная морена【地】底冰碛
донная фауна【地】底栖动物群
доплатформенный【地】地台前的
доплатформенная стадия【地】地台前阶段
допплерит【地】弹性沥青, 弹性泥炭
допсоглашение 补充协议
допуск 操作许可证, 上岗证; 公差
минусовый допуск 负公差
плюсовый допуск 正公差
допуск к работе 上岗证
допускаемый (допустимый) 允许的
допускаемая деформация 允许变形
допускаемое напряжение 允许电压
допускаемое отклонение 允许偏差
допускаемая погрешность 允许误差
допускаемый предел 允许限度
допускаемая частота 允许频率
доразведка【地】探边, 详探
доразработка【采】后续开发, 进一步开发
дорифейский【地】前里菲期的, 里菲期前的
дорифтовый【地】裂谷期前的
доска 板, 木板; 配电盘
доска для отворота【钻】钻头卡板
доставить 补发
доставка 补发; 送达
достоверность 可靠性
достоверность прогноза нефтегазоносности【地】含油气性预测可靠性
дострел【采】补射孔
доступ 通畅, 通道, 入口
ограниченный доступ кислорода 氧气隔绝
свободный доступ кислорода 氧气自由通畅
доход 收入, 收益
общий доход 总收入
доход по договору 合同收入
доцент 副教授
ДП дегазационный прибор 消毒器
ДП дипольное электропрофилирование【测】偶极电测剖面(测深)
ДП диспетчерский пункт 调度所, 调度站
ДП дифракционное преобразование 衍射变换
ДП диэлектрическая проницае-

мость【物】电容率, 介电系数, 介电常数

ДП метод дипольного профилирования【测】偶极剖面测量法

ДПП долгосрочный прогноз погоды 长期天气预报

ДПС датчик пожарной сигнализации 火警信号传感器

ДПС датчик противопожарной системы 防火系统传感器

ДПФ дискретное преобразование **Фурье** 傅里叶离散变换

ДР датчик расхода 流量传感器, 流量发送器

драга 浮式挖泥机; 浮式采掘机

древесный 木质的

древесное волокно 木质纤维

древесный спирт 木精, 甲醇

древесный уголь【地】木炭(煤)

древний 古老的

древнее геомагнитное поле【地】古地磁场

древний каменный век【地】旧石器时代

древние киты【地】原鲸类

древний межледниковый век【地】古间冰期

древнее оледенение【地】古冰川作用

древняя платформа【地】古地台

древний поток【地】古水流

древние птицы【地】古鸟

древняя речная долина【地】古河道, 古河谷

древние террасы【地】古阶地

древовидный 树状的

дрейф 移动, 漂移; 漂流

дрейф материков 大陆漂移

дрейф нуля 零点漂移

дрейфовый 漂流的

дрейфовый лед【地】浮冰

дрейфовое течение【地】海水表流(漂流)

дрель настольная 台钻

дренаж 排水(气)【地】地下水排泄

непрерывный дренаж 连续排污

периодический дренаж 间歇排污

дренаж масла【采】排油

дренирование 排泄, 排水(油)

естественное дренирование 自然排液, 自然排泄, 自然排水

установившееся дренирование【采】稳定排油; 均衡排泄

дренирование пласта【采】地层排液(排泄)

дресва【地】未磨圆碎石, 砂砾

дресвянник【地】砂砾岩

ДРИ датчик радиоактивный изотопный 放射性同位素传感器

дробилка 粉碎机

дробление 击碎, 破碎, 压碎, 轧碎

дробный 分数

дробная часть 小数部分

дробь 分数, 小数碎块

дробянок【地】裂殖植物

дросселирование【采】节流

дроссель【采】节流器; 节气阀

гидравлический дроссель【采】液压节流阀

гидравлический дроссель, переменный【采】可变液压节流阀(可调节流阀)

гидравлический дроссель, постоянный【采】不可调节液压阀

Д

регулирующий дроссель【采】调节式节流器

дроссель-клапан【采】节流阀

ДРУ дистанционная регулировка усиления【震】遥控调节增益

друмлины【地】冰河堆集成的小山

ДС датчик сигналов 信号发送器

ДСА дистрибутивностатистический анализ 分布统计分析法

ДСР детальное сейсмическое районирование【震】详细地震分区

ДСС датчик степени сжатия 增压比传感器

ДТА дифференциальнотермический анализ 差热分析

ДТА дифференциальный термоанализатор 差热分析计

дублет 电子对; 偶极子

дубликатор 复制器

дубль скважины【采】更新井

дуга 弧线

внешняя дуга【地】外弧

внутренняя дуга【地】内弧

вулканическая дуга【地】火山弧

островные дуги【地】岛弧

сварочная дуга 电弧

дуга глубоководной впадины【地】深海沟弧

дуга меридиана【地】子午线弧

дуга параллели【地】纬线弧

Дунайская ледниковая эпоха【地】多瑙冰期

дураин (дурит, атрит)【地】暗煤, 钝煤

духовка 烤箱

ДФ дифосфат【化】二磷酸盐

ДФРН диффузно рассеянная нефть【地】扩散性分散石油

ДХ двойной ход【震】双行程

ДХА дихлоранилин【化】二氯苯胺

ДЩ диспетчерский щит 调度盘

ДЭГ диэтиленгликоль【化】二甘醇

ДЭМИ дифракционные электронно-микроскопические изображения【地】衍射电子显微镜扫描

ДЭП дипольное электропрофилирование【测】偶极电测剖面

ДЭС двойной электрический слой (电化学极化激发)双电层

дым 烟

дымоход 烟道

дыра 孔, 口

дыхание 排气

дюйм 英寸

дюкер【钻】虹吸管

дюна【地】(海滨、湖滨及河谷)风成沙丘

дюнное озеро【地】沙丘湖

дюпаркит (везувиан)【地】符山石

дюрометр 硬度测定器

E

EAC Евразийский союз 欧亚联盟
EACT Европейская ассоциация свободной торговли 欧洲自由贸易联盟
ЕВП естественно-вызванная поляризация【测】自然激发极化法
Евразийская плита【地】欧亚板块
Евразия【地】欧亚大陆
Еврейский (письменный) гранит【地】希伯来型文象花岗岩
Европа【地】欧洲, 欧罗巴洲
Западная Европа【地】西欧
европий【化】铕(En)
единица 测量单位
абсолютная единица 绝对单位
безразмерная единица 无量纲单位
британская единица 英制单位
денежная единица 货币单位
десятичная единица 十进制单位
метрическая единица 米制单位
нормированная единица 符合标准单位, 额定单位
относительная единица 相对单位
производная единица 导出单位, 派生单位
расчетная единица 计算单位
таксономическая единица 分类单位
тарифная единица 税率单位
тепловая единица 热量单位
хозяйственная единица 经济单位; 营业单位
единица веса 重量单位
единица времени 时间单位
единица вязкости 黏度单位
единица геологического времени【地】地质年代单位
единица груза 货物单位
единица давления 压力单位
единица измерения 测量单位
единица консистенции 稠度单位
единица массы 质量单位
единица объема 体积单位
единица частоты 频率单位
едкий 苛性的, 腐蚀性的
едкая сода【化】烧碱
едкость【化】苛性
ЕИБ Европейский инвестиционный банк 欧洲投资银行
ЕИЭМПЗ естественное импульсное электромагнитное поле **Земли**【地】大地自然脉冲电磁场
ЕКТС Единая контейнерная транспортная система 统一集装箱运输系统
елка【采】采油(气)树(一号阀及其上的井口装置)
морская фонтанная елка【采】海上采油(气)树
подводная елка【采】水下采油(气)树
фонтанная елка【采】采油(气)树(不包括油管头和套管头)
елка-протектор【采】井口(压裂, 酸化)保护器
емкость 容量; 容积; 电容; 罐(无安装的较大的储罐)
барьерная емкость 势垒电容
буферная емкость 缓冲罐
вертикальная емкость【储】立式罐
водяная емкость【钻】水罐
горизонтальная емкость【储】卧式罐

E

действующая емкость 有效电容
диффузионная емкость 扩散电容
доливная емкость 加注罐
дренажная емкость【采】排污罐(导液、引流)
заглубленная емкость【储】地下储罐
капиллярная емкость 毛细容量
катионообменная емкость 阳离子交换体积
конденсаторная емкость【储】凝析油罐
мерная емкость【钻】计量罐
напорная емкость 压力罐
нефтеналивная емкость【储】加油罐
нефтяная емкость【储】油罐
номинальная емкость 额定容积
общая емкость нефтебазы【储】油库总储油量
отстойная емкость【钻】沉淀罐
охладительная емкость【钻】冷却水罐
полезная емкость【钻】有效容量
приемная емкость【钻】配浆池
расходная емкость【钻】钻井储水罐
смесительная емкость【钻】搅拌罐
удельная объемная емкость горной породы【地】岩石比容量
химреагентная емкость 化学试剂罐, 药品罐
емкость газопровода【储】天然气管道容积
емкость горной породы【地】岩石总体积
емкость для глинистого раствора【钻】泥浆罐
емкость для глинистого раствора, отстойная【钻】泥浆沉淀罐
емкость для добавок【钻】添加罐
емкость для запасного бурового раствора【钻】钻井液储备罐
емкость для отбора проб газа【采】天然气取样罐
емкость для отстаивания【钻】沉淀槽
емкость для отходов【钻】废水池
емкость для сбора и хранения нефти, расположенная на морском дне【储】海底集油储存罐
емкость для сбора плавающих на поверхности веществ и предметов【储】漂浮表面物质收集池
емкость для сбора шлама【钻】收集岩屑池
емкость для улавливания масла【储】捕集油罐
емкость для успокоения цементного раствора【钻】水泥浆缓冲罐
емкость для хранения горючего【储】燃料储存罐
емкость для хранения ингибитора коррозии【采】缓蚀剂储罐
емкость ловушки【地】圈闭空隙体积
емкость одного магазина для свеч【钻】立根室容量
емкость охлаждения 冷却罐
емкость под давлением【钻】带压容器
емкость подсвечника【钻】下立根容量
емкость резервуара【储】罐容积
емкость топлива【储】燃油罐
емкость трубопровода【储】管道

容积

ЕНВ единые нормы выработки на геологоразведочные работы【地】地质勘探统一作业定额

Енисей【地】叶尼塞河

Енисейский кряж【地】叶尼塞岭

ЕО единица объема 容积单位, 体积单位

ЕП естественное поле【地】自然场

епсомит【化】泻利盐

ЕРО единый распределительный орган 统一分配机关

ерш【钻】打捞矛

ЕРЭ естественный радиоактивный элемент 自然放射性元素

ЕС Европейский совет 欧洲委员会

ЕС Европейское сообщество 欧洲共同体

ЕС Европейский Союз 欧洲联盟(欧盟)

ЕСГ Единая система газоснабжения【储】统一供气系统

ЕСС единая система сейсмических наблюдений【震】统一地震观测系统

естественный 天然的, 自然的

естественное воспламенение 自燃

естественное обнажение【地】天然露头

естественный отбор 自然选择

естественная поляризация 自然极化

естественный потенциал【测】自然电位

естественное русло【地】天然河道

ЕЦСВ Единая централизованная система водоснабжения【采】统一集中供水系统

ЕШБ Единая шкала горных пород по буримости【钻】统一岩石可钻性分类

ЕЭЭС Единая электроэнергетическая система 统一电力系统

Ж

жалоба 申诉, 申诉书; 控告, 控告书

жаропрочность 抗热强度

ЖБК железобетонная конструкция 钢筋混凝土结构

ЖВ жесткая вода【地】硬水

ЖГ жирно-газовый уголь【地】肥气煤

ЖГС жидкость для глушения скважин【钻】压井液

ЖГЭ жидкостно-газовый эжектор【采】气液喷射器

ЖД жесткий диск 硬盘

желатинизатор 胶化剂, 凝胶剂

желатинизация 胶凝作用

желвак【地】结核

железистые кварциты (джеспелиты)【地】碧玉铁质岩; 铁质石英岩

железный 铁的, 铁质的

железный блеск【地】铁质光泽

железный век 铁器时代

железный колчедан (пирит)【地】黄铁矿

железная руда【地】铁矿石

железная слюда【地】铁云母

железный сплав (ферросплав) 铁合金
железная шляпа【地】铁帽(矿石氧化产物)
железняк【地】铁矿石
железо【化】铁(Fe)
арматурное железо 钢筋
брусковое железо 条行铁
волнистое железо 波纹钢; 陨铁
губчатое железо 海绵铁
двухвалентное железо【化】二价铁
двухсеристое железо【化】二硫化铁
закисное железо【化】亚铁; 低价铁
карбидное железо【化】碳化铁
ковкое железо 熟铁
окисное железо【化】氧化铁
полосовое железо【化】条状铁
самородное железо【地】天然铁, 单质铁
сернокислое железо【化】硫酸铁
сортовое железо 型铁, 型钢
трехвалентное железо【化】三价铁
углекислое железо【化】碳酸铁
угловое железо 角铁
хлористое железо【化】氯化铁
железобактерия【地】嗜铁细菌
железобетон 钢筋混凝土
железобетонный 钢筋混凝土的
железобетонное здание 钢筋混凝土房屋
железобетонный каркас 钢筋混凝土骨架
железобетонная колонна 钢筋混凝土柱
железобетонная конструкция 钢筋混凝土结构
железосодержащий 含铁的

Ж

желоб (жолоб)【钻】泥浆槽【地】地槽; 海沟
водосточный желоб【钻】排水沟
выкидной желоб для бурового раствора【钻】钻井液排放槽
глубоководный океанический желоб【地】大洋深水海沟
кабельный желоб【钻】电缆槽
кабельный желоб с высокой подставкой【钻】高架电缆槽
кабельный желоб трубопровода с трехскладным видом【钻】三折叠式管线电缆槽
масляный желоб【钻】油槽
межгорный желоб островных дуг【地】弧内山间裂谷
передвижной желоб【钻】移动电缆槽
разъемный желоб【钻】喇叭口
распределительный желоб【钻】分配池
съемный кабельный желоб【钻】活动电缆槽
шламовый желоб【钻】钻井岩屑池
желоб для бурового раствора【钻】泥浆槽
желоб для осаждения песка из бурового раствора【钻】钻井液沉砂池
желоб для эвакуирования персоналов при аварийном случае【钻】安全逃生滑道
желоб очистки глинистого раствора【钻】泥浆净化槽
желонка【钻】捞砂筒
жемчуг 珍珠; 珍珠制品
жеоды【地】晶洞, 晶球(岩隙壁晶, 异质晶簇)

жерловина【地】岩颈, 火山颈
жесткий 硬的
жесткий фундамент 硬化基底
жесткость 刚度; 刚性, 硬度
акустическая жесткость【震】波阻抗, 声阻抗
жесткость воды【化】水的硬度
жесткость воды, карбонатная【化】碳酸盐型水硬度
жесткость воды, общая【化】水的总硬度
жесткость воды, устранимая【化】消除的水硬度
жесть 白铁皮; 马口铁
белая жесть 白铁皮; 马口铁
кровельная жесть 屋顶用铁皮
листовая жесть 白铁皮
луженая жесть 镀锡铁皮
некондиционная жесть 不规则马口铁
оцинкованная жесть 镀锌马口铁
рулонная жесть 成卷马口铁
цинкованная жесть 镀锌铁皮
черная жесть 黑铁皮
живой 活的
живое сечение потока 过水断面
живое сечение русла【地】河床截面, 河道断面
животное 动物
дикие животные【地】野生动物
низшие животные 低等动物
жидкость 液体
агрессивная жидкость 侵蚀性液体
антиобледенительная жидкость 防冻液体
буровая промывочная жидкость (БПЖ) (буровой раствор)【钻】钻井液
буферная жидкость【钻】缓冲液
вытесненная жидкость【采】排出液体, 驱替出液体
вытесняемая жидкость【采】被驱替液体
вытесняющая жидкость【采】驱替液
вязкая жидкость 黏性液体
вязкопластичная жидкость 黏塑性液体
газированная жидкость【钻】气侵液体
двухфазная жидкость【化】二相液
добываемая жидкость【采】产液
загазированная жидкость【钻】气侵液体
закалочная жидкость 淬火液
защитная жидкость 保护液
истинная жидкость 真溶液, 牛顿液体
контактирующая жидкость 界面流体
летучая жидкость 挥发性液体
меченая жидкость 示踪液
надпакерная жидкость【钻】封隔器上的液体
многофазная жидкость 多相液
напорная жидкость 动力液; 工作液, 压力液
насыщенная жидкость 饱和液体
незамерзающая жидкость 不冻液
нейтральная или слабокоррозийная жидкость 中性或弱腐蚀性液体
неньютоновская жидкость 非牛顿液体
несжимаемая жидкость 不可压缩液体
несмешивающаяся жидкость 非混相流体

отфильтрованная жидкость【钻】泥浆滤后液
охлаждающая жидкость 冷却液体
очень сильно (умеренно и слабо) коррозийная жидкость 强(中和弱)腐蚀液体
пакерная жидкость【钻】封隔液，隔离液
пластовая жидкость【地】地层流体
поступающая жидкость【采】流入液体
продавочная жидкость【钻】前置液
промывочная жидкость (ПЖ)【钻】洗井液; 钻井液
разделительная жидкость【钻】隔离液
скважинная жидкость【钻】井产液
тетраэтиловая жидкость【化】四乙基液
тормозная жидкость【钻】刹车油
углеводородная жидкость【采】烃类液体
жидкость, вызывающая коррозию 腐蚀性液体
жидкость гидравлического затвора【钻】封闭液，密封液
жидкость для гидравлического разрыва【钻】压裂液
жидкость для гидравлического тормоза【钻】水力刹车液
жидкость для глушения скважины【钻】压井液
жидкость для заканчивания скважин【钻】完井液
жидкость для отбора керна【钻】取心钻井液
жидкость для ремонта скважины【钻】修井液
жидкость-носитель【钻】携砂液，携带液
жидкость-песконоситель【钻】携砂液
жидкотекучесть 流动性
жизнедеятельность 人类活动
жила 芯【地】矿脉
жила провода 导线芯
жильный【地】矿脉的
жильная вода【地】断层水
жильная глина【地】断层泥
жильный минерал【地】脉石矿物
жильная свита【地】脉系
жильный шток【地】脉状岩株
жир【化】脂肪
жирный 油脂的
жирный блеск【地】油脂光泽
жирная глина【地】富油黏土
жирные длиннопламеные угли【地】富油长焰煤
жирная известь【地】富石灰
жирная кислота【化】脂肪酸
жирный торф【地】富油泥炭
жирный уголь【地】肥煤(含25%挥发物)
жировик (стеатит)【地】皂石
ЖК жидкий кристалл 液晶
ЖК жирная кислота【化】脂肪酸
ЖКИ жидкокристаллический индикатор 液晶显示器
ЖНС жидкий нелетучий состав【化】不挥发液态成分
ЖР ждущий режим 期望状态
ЖС жирный спирт【化】脂肪醇
ЖТС жидкостный тампонажный снаряд【钻】液体固井设备
журавец【机】起重机； 超重勾机
журнал 记录本

буровой журнал【钻】钻井记录
вахтенный журнал 值班日记, 值班记录
геологический журнал【钻】地质记录
журнал дежурного 值班日记
журнал добычи【采】生产(开采)记录
журнал работ 工作记录簿
журнал регистрации данных анализа кернов【地】岩心分析记录
журнал учета работы 工作统计记录
ЖХ жидкостная хроматография【物】液体色层法, 液体色谱法, 液体层析法; 液态色谱

З

заатмосферный 外层空间的, 大气外层的
забалансовый 平衡表外的
забивка【钻】镶嵌物(孔中)
забита【钻】堵
забой (矿井)工作面, 掌子面【钻】井底
глухой забой 死端, 盲堵
действующий забой 工作面; 活动面
искусственный забой скважины【钻】人工井底
необсаженный забой ствола скважины【钻】敞开井底, 裸眼井底, 未下套管井底
обсаженный забой ствола скважины【钻】下套管井底
открытый забой【钻】裸眼井底
проектный забой ствола скважины【钻】设计井底
сплошной забой ствола скважины【钻】连续井底
заболачивание【地】沼泽化
забор 围栏
забуривание【钻】开钻
забуривание второго (нового) ствола【钻】侧钻开窗
забуривание нового ствола【钻】钻新井身; 侧钻
забурить【钻】略移井位再钻井
забурка【钻】开钻
забутовка 衬垫; 支架; 底座
завал【地】塌塞, 崩落; 塌陷湖
заваривание 重(返修)焊
заварка 重(返修)焊
заведующий 高级主管
завершение бурения【钻】完成井眼钻井, 结束钻进
завинчивание 拧, 拧入
завинчивание бурильных труб【钻】拧紧钻杆
завинчивание гайки и винта 拧紧螺母与螺栓
завинчивание двухтрубки【钻】接双根
зависимость 关系
функциональная зависимость 函数关系
завихрение 涡流
завихритель 旋流器, 翼下涡流发生器, 涡流器

завод 工厂
асбестовый завод 石棉厂
газобензиновый завод 汽油厂
газовый завод 煤气厂
газоперерабатывающий завод (ГПЗ)【炼】天然气处理厂
кирпичный завод 砖厂
коксохимический завод 焦炭化工厂
машиностроительный завод 车辆制造厂; 机械制造厂
металлургический завод 钢铁厂
нефтеперерабатывающий завод (НПЗ)【炼】炼油厂
нефтехимический завод【炼】石油化工厂
ремонтно-механический завод 机修厂
цементный завод 水泥厂
завод металлических конструкций 金属构件厂
завод-изготовитель 制造厂商, 厂家
заводнение 注水
барьерное заводнение【采】隔离注水
внутрипластовое заводнение【采】油层内注水
внутриконтурное заводнение【采】油藏边界内注水
естественное заводнение【采】天然水驱
законтурное заводнение【采】边界外注水
избирательное заводнение【采】选择性注水
искусственное заводнение【采】人工注水
кольцевое заводнение【采】环状注水
комбинированное заводнение【采】混合式注水
контурное заводнение【采】边缘注水
кустовое заводнение【采】丛式注水
линейное заводнение【采】线性注水
опытное заводнение 试注水, 注水试验
очаговое заводнение【采】中心式注水; 点状注水
площадное заводнение【采】面积注水
полимерное заводнение【采】注聚合物
приконтурное заводнение【采】边界带注水
приконтурное заводнение, кольцевое【采】边界带环状注水
разрезающее заводнение【采】切割注水
сводовое (центральное) заводнение【采】顶部(中心)注水
частичное заводнение【采】局部注水
щелочное заводнение【采】注碱水
заводнение месторождения【采】油田注水
заводнение нефтяного пласта【采】油层注水
заводнение с оторочками【采】段塞式注水, 边部注水
заводь (старица, ярмо, слепой рукав реки, затон)【地】牛轭湖(牛轭沼, 弓形沼)
заворот【钻】上扣
загар 漆
загар пустыни (защитная кора, пу-

стынная лакировка, лак пустыни, пустынный загар)【地】沙漠漆
загар реки【地】河漆
заглубление 下沉, 下放【钻】加深
заглушение 熄灭; 堵塞【钻】封井, 压井
заглушение радиатора 散热片堵塞
заглушение скважины【钻】压住井喷; 压喷
заглушение трубопровода【储】管道不畅, 管道堵塞
заглушка (пробка)堵头【钻】管塞; 盲板法兰
заголовка трассы【震】道头
заголовник 头垫
загородка 栅栏
заготовка 钢坯; 毛坯
кованная заготовка 锻造毛坯
кузнечная заготовка 锻件毛坯
заграждение хранительное 防护墙
загрязнение 污染
подземное загрязнение 地下污染
сильное загрязнение 严重污染
загрязнение бурового раствора【钻】钻井液污染
загрязнение водоема нефтью 石油污染水体
загрязнение воды 水污染
загрязнение воздуха 空气污染
загрязнение клапана【采】阀门结垢
загрязнение нефтепродуктами 成品油污染
загрязнение окружающей среды 环境污染
загрязнение пласта водой【采】水污染地层
загрязнение продуктивной зоны горизонта【钻】产层污染
загустевание 变浓, 凝结
загуститель【钻】增黏剂；硬化剂
задавание скважины буровым раствором【钻】泥浆压井
задание 任务
архитектурно-планировочное задание (**АПЗ**) 建筑规划书
геологическое задание【地】地质任务
техническое задание 技术任务
задания на проект 设计任务书
задвижка 闸(板)阀; 截止阀
аварийная задвижка 安全阀
автоматическая задвижка 自动阀
входная задвижка 入口阀
гидравлическая задвижка 液压阀
главная задвижка【采】总阀
двухклиновая задвижка 双板闸阀
дренажная задвижка【采】排污阀
дроссельная задвижка 节流阀
запасная задвижка 备用阀
запорная задвижка 隔断阀
клиновая задвижка【采】楔型闸阀
коренная задвижка【钻】液动阀(防喷器)
основная задвижка【采】总阀
перепускная задвижка【钻】旁通阀
плоская задвижка 平板阀
приводная задвижка 电机驱动阀
противовыбросовая задвижка【钻】防喷阀
проходная задвижка 直通阀
пусковая задвижка 启动阀
распределительная задвижка 分配阀, 配置阀
спаренная задвижка 复式阀, 双联阀
стволовая задвижка【采】主阀
угловая задвижка【采】角阀

З

фланцевая задвижка【采】法兰阀
фонтанная задвижка【采】出油阀, 主闸阀
шандорная задвижка 泄水闸门(闸板)
шаровая задвижка 球阀
шиберная задвижка среднего давления【钻】中压闸阀
задвижка байпаса 旁通阀
задвижка высокого давления 高压闸阀
задвижка на устье【采】井口阀
задвижка с гидроприводом【采】液动闸板阀
задвижка с плоскими шиберами【采】平板闸阀
задвижка с пневматическим приводом【钻】气动阀
задвижка с ручным приводом【采】手动闸板阀
задвижка с ручным управлением【采】手动控制阀
задвижка фонтанной арматуры【采】井口采油(气)装置阀门
задержание (задерживание, задержка) 延迟, 阻塞, 停滞
задержание времени 延时
задержание сигнала 信号延迟
Задонско-Елецкий слой【地】扎顿—叶列茨层(俄罗斯地台, 上泥盆统)
задорина【钻】划痕
задуговой【地】弧后的
заедание 滞塞, 紧涩, 不灵活; 咬住, 卡住【钻】卡死, 卡住
заем 债务
зажатие 夹紧
заживление 愈合, 闭合
заживление магистрального разрыва【地】主断裂闭合
зажигатель 点火器
зажим【钻】固定夹子, 压紧; 接线端
предохранительный зажим【钻】安全卡子
зажим для каната【钻】钢丝绳绳卡
зажим для полированных штоков【采】光杆卡子
зажим трубы【钻】管卡
заземление 接地, 通地
заземлитель 接地线
зазор【钻】间隙
зазоромер 间隙规
заиливание 淤积, 沉积淤泥
Зайсан【地】斋桑湖
закалка 淬火【钻】硬化
индукционная закалка 工业淬火
закалочный 淬火的
закалять сталь 钢淬火
заканчивание 完成, 结束【钻】完井
заканчивание скважины【钻】完井(工艺)
заканчивание скважины в двух горизонтов【钻】两套产层内完井
заканчивание скважины для одновременной эксплуатации четырех продуктивных горизонтов【钻】同时开发四套产层合采完井
заканчивание скважины для одноколонного газлифта【钻】单气举管柱完井
заканчивание скважины, многопластовое【钻】多层完井
заканчивание скважины, однопластовое【钻】单层完井
заканчивание скважины после спуска насосно-компрессорной

трубы【钻】下油管完井

заканчивание скважины при необсаженном забое【钻】裸眼完井

заканчивание скважины при стационарном оборудовании【钻】固定设备下完井

заканчивание скважины с открытым подводным устьевым оборудованием【钻】带水下井口设备完井

Закарпатский глубинный разлом【地】外喀尔巴阡深断裂

закарстование【地】溶洞作用

закачивание 注入

обратное закачивание газа【采】回注气体

периодическое закачивание【采】定期注入

повторное закачивание【采】重复注入

приконтурное закачивание газа【采】边界带注气

пробное закачивание【采】试注

равномерное закачивание【采】平衡注水

раздельное закачивание воды【采】分割注水; 选择性注水

закачивание буферной жидкости【采】注缓冲液

закачивание воды【采】注水

закачивание водяного пара【采】注蒸汽

закачивание в пласт кислых сточных вод【采】向地层注酸性废水

закачивание газа【采】注气

закачивание газа в газовую шапку【采】向气顶注气

закачивание газа в нижнюю часть пласта【采】向地层下部注气

закачивание газа в сводную часть пласта【采】向地层高部位注气

закачивание газа по площади, равномерное【采】均匀面积注气

закачивание газа, приконтурное【采】边界带注气

закачивание горячей воды【采】注热水

закачивание карбонизированной воды【采】注碳酸化水

закачивание кислоты【采】注酸

закачивание несмешивающихся жидкостей【采】注非混相液体

закачивание теплоносителя【采】注热载体

закачивание углекислого газа【采】注二氧化碳气体

закачивание цементного раствора【钻】注水泥浆

закачка обратная【采】回注(地层)

закись железа【化】氧化亚铁

закладывать фундамент 铺设基础, 打地基

заклепка 铆钉

заклепка для бирки【钻】标牌用铆钉

заклинивание【钻】蹩钻

заклинить в отверстие【钻】契入孔中

заключение 签订(合同); 结论

инженерно-геологическое заключение【地】工程地质结论

заключение государственной экспертизы 国家鉴定结论

заключение государственной экологической экспертизы 国家环保鉴定结论

3

заключение международного договора 签订国际合同
закон 自然规律, 定律; 法律
закон **Архимеда** 阿基米德定律
закон **Вальтера** 瓦尔特定律
закон всемирного тяготения 万有引力定律
закон **Гука** 胡克定律
закон **Дарси** 达西定律
закон затухания 衰减规律
закон **Кулона** 库仑定律
закон наложения 叠加原理
закон необратимости эволюции 进化不可逆法则
закон **Ньютона** 牛顿定律
закон отражения 反射定律
закон постоянства углов кристаллов【地】晶角常数定律
закон **Пуассона** 泊松定律
закон сохранения энергии 能量守恒定律
закон **Федорова** 费多罗夫定律
закон фильтрации 渗流定律
законодательство 法规
законодательство о недрах 矿产资源法
закономерность 规律性
закономерность размещения скоплений нефти и газа【地】油气聚集分布规律
закономерность распространения 分布规律; 传播规律; 扩散规律
законтурный【地】边界外的, 油气藏边界外的
законтурная часть【采】油气藏边界外的部分
закрепление стенок скважины【钻】井壁加固
закругление【钻】圆角
закручивание 绕紧; 扭转【机】打扭
закрытие океана【地】大洋关闭
закрыть скважину【采】关井
закупоривание【采】堵塞现象
закупоривание песком【采】砂堵
закупоривание призабойной зоны【采】井底堵塞
закупоривать глухим фланцем【钻】用盲法兰堵死
закупорка 塞上, 关闭, 封锁【钻】堵塞
герметическая закупорка【采】塞住密封口
залегание【地】产状, 产出; 埋藏; 矿层
моноклинальное залегание【地】单斜产状
несогласное залегание【地】不整合产状
синклинальное залегание складок【地】向斜状褶皱
слоистое залегание【地】层状
согласное залегание【地】整合产状
трансгрессивное залегание【地】地层超覆产状
центроклинальное залегание пластов【地】地层向心倾斜产状
залегание горных пород【地】岩石产状
залегание горных пород, регрессивное【地】岩层水退式产状, 退覆
залегание горных пород, согласное【地】岩石整合产状
залежь【地】矿藏, 矿层, 矿体
битумная залежь【地】沥青矿藏
висячая залежь нефти【地】悬挂式油藏

впластованная залежь【地】顺层矿藏
газовая залежь【地】气藏
газогидратная залежь【地】水合物矿藏
газоконденсатная залежь【地】凝析气藏
газоконденсатная залежь с нефтяными оторочками【地】带油环凝析气藏
газонефтяная залежь【地】油气藏
неразрабатываемая залежь【地】未开发油气藏
нефтегазовая залежь【地】含气油藏
нефтяная залежь【地】油藏
нефтяная залежь с газоконденсатными шапками【地】带凝析气顶(帽)油藏
залежь газа【地】气藏
залежь газа без нефтяной оторочки【地】不带油环气藏
залежь газа с нефтяной оторочкой непромышленного значения【地】带不具有工业价值油环的气藏
залежь горючих сланцев【地】油页岩矿藏
залежь легкой нефти【地】轻质油藏
залежь нефти, высокопарафинистая【地】高含蜡油藏
залежь нефти и газа, антиклинальная【地】背斜油气藏
залежь нефти и газа, асимметричная антиклинальная【地】不对称背斜油气藏
залежь нефти и газа, баровая【地】沙体(坝)油气藏
залежь нефти и газа, безводная【地】无水油气藏
залежь нефти и газа, блоковая【地】断块油气藏
залежь нефти и газа, брахиантиклинальная【地】短轴背斜构造油气藏, 等轴背斜油气藏
залежь нефти и газа, взбросовая【地】逆断层遮挡油气藏
залежь нефти и газа, висячая【地】悬挂油气藏
залежь нефти и газа, водоплавающая【地】底水油气藏
залежь нефти и газа в рифовом выступе【地】礁丘油气藏
залежь нефти и газа, вторичная【地】次生油气藏
залежь нефти и газа, высокодебитная【地】高产油气藏
залежь нефти и газа высокосернистого газа【地】高含硫油气藏
залежь нефти и газа, диапировая【地】底辟构造油气藏
залежь нефти и газа, жильная【地】脉状油气藏
залежь нефти и газа, закрытая【地】封闭式油气藏
залежь нефти и газа, истощенная【地】枯竭油气藏
залежь нефти и газа, козырьковая【地】帽檐状油气藏
залежь нефти и газа, кольцевая【地】环状油气藏
залежь нефти и газа, куполовидная【地】窟窿状油气藏
залежь нефти и газа, лентообразная【地】条带状油气藏
залежь нефти и газа, линзовидная

З

【地】透镜状油气藏
залежь нефти и газа, линзообразная 【地】透镜状油气藏
залежь нефти и газа, литологическая【地】岩性油气藏
залежь нефти и газа, литологически ограниченная【地】岩性遮挡油气藏
залежь нефти и газа, литолого-стратиграфическая【地】岩性—地层油气藏
залежь нефти и газа, массивная 【地】块状油气藏
залежь нефти и газа, мертвая【地】死油气藏
залежь нефти и газа, моноклинальная【地】单斜油气藏
залежь нефти и газа, неантиклинальная【地】非背斜构造油气藏
залежь нефти и газа, недонасыщенная【地】未饱和油气藏
залежь нефти и газа, неполнопластовая【地】非完全层状油气藏
залежь нефти и газа, неправильная 【地】不规则油气藏
залежь нефти и газа, непромышленная【地】非工业性油气藏
залежь нефти и газа, неструктурная 【地】非构造油气藏
залежь нефти и газа, обводненная 【采】水淹油气藏, 含水油气藏
залежь нефти и газа, ограниченная со всех сторон【地】全方位封闭性油气藏
залежь нефти и газа, первичная 【地】原生油气藏
залежь нефти и газа, пластовая 【地】层状油气藏
залежь нефти и газа, пластовая песчаная【地】层状砂岩油气藏
залежь нефти и газа, пластообразная【地】层状油气藏
залежь нефти и газа, погребенная 【地】隐伏油气藏; 隐蔽油气藏
залежь нефти и газа, поднадвиговая 【地】逆掩断层下油气藏
залежь нефти и газа полного контура【地】完整边界油气藏
залежь нефти и газа, пологая【地】平缓状油气藏
залежь нефти и газа, полосообразная【地】带状油气藏
залежь нефти и газа, приразломная 【地】断裂带油气藏
залежь нефти и газа, присбросовая 【地】正断层遮挡油气藏
залежь нефти и газа, промышленная【地】工业性油气藏
залежь нефти и газа, прослойно-линзовидная【地】薄层透镜状油气藏
залежь нефти и газа, радиальная 【地】放射状油藏
залежь нефти и газа, разведочная 【地】探明油气藏
залежь нефти и газа, разрабатывающаяся【地】正在开采油气藏
залежь нефти и газа, рифовая 【地】生物礁油气藏
залежь нефти и газа, рукавообразная【地】河道控制油气藏; 分支河道油气藏
залежь нефти и газа, самозапечатанная【地】沥青封闭油气藏
залежь нефти и газа, сводовая 【地】穹隆状油气藏, 背斜油气藏

З

залежь нефти и газа, связанная с биогенным выступом【地】与生物凸起有关的油气藏
залежь нефти и газа, сероводородсодержащая【地】含硫化氢油气藏
залежь нефти и газа, сингенетическая【地】原生油气藏，共生油气藏
залежь нефти и газа, срезанная【地】错断油气藏
залежь нефти и газа срезанного контура【地】边界错断油气藏
залежь нефти и газа, стратиграфическая【地】地层油气藏
залежь нефти и газа, структурная【地】(背斜)构造油气藏
залежь нефти и газа, структурно-литологическая【地】(背斜)构造—岩性油气藏
залежь нефти и газа, структурно-стратиграфическая【地】(背斜)构造—地层油气藏
залежь нефти и газа, тектоническая【地】构造油气藏
залежь нефти и газа, техногенная (вторичная)【地】人工油气藏(人为破坏次生油气藏)
залежь нефти и газа, трещинно-пластовая【地】裂隙型层状油气藏
залежь нефти и газа, экранированная гидродинамически【地】水动力遮挡油气藏
залежь нефти и газа, экранированная дизъюнктивно【地】断裂遮挡油气藏
залежь нефти и газа, экранированная литологически【地】岩性遮挡油气藏
залежь нефти и газа, экранированная стратиграфически【地】地层遮挡油气藏
залежь нефти и газа, экранированная соляным штоком【地】盐株遮挡油气藏
залежь нефти и газа, экранированная тектонически【地】(断裂)构造遮挡油气藏
залежь нефти с высоким содержанием растворенного газа【地】高含溶解气油藏
залежь нефти с газовой шапкой【地】带气顶(帽)油藏
залежь нефти с газонапорным режимом【地】气驱油藏
залежь нефти с гидравлическим режимом【地】水驱油藏
залежь нефти с гравитационно-водонапорным режимом【地】重力水驱油藏
залежь нефти с гравитационно-упруго-водонапорным режимом【地】重力弹性水驱油藏
залежь нефти с гравитационным режимом【地】重力驱动油藏
залежь нефти с комбинированным режимом【地】混合驱动油藏
залежь нефти с первоначальным режимом растворенного газа【地】初始溶解气驱油藏
залежь нефти с подошвенной водой【地】底水油藏
залежь нефти с приобретенным режимом растворенного газа【地】溶解气驱油藏
залежь нефти с упруговодонапор-

3

ным режимом【地】弹性水驱油藏
залежь полезного ископаемого【地】矿藏
залежь, связанная с биогенным выступом【地】生物凸起油气藏
залежь тяжелой нефти【地】重油藏
залив (бухта, губа)【地】海湾
заливание 注入, 浇灌; 淹没
заливка【钻】注水泥, 浇注
ступенчатая заливка【钻】分级注水泥
заливка цемента【钻】注水泥
заливной 注入的, 倾注的; 浸水的
зализ 整流带, 整流片
залог 质押
заложение скважины【钻】定井位
зальбанд【地】(矿脉与围岩间)脉壁
замазка 涂油
замачивание 浸湿
замедление нейтрона【测】中子减速
замедлитель схватывания【钻】缓凝剂
замена 更新, 替换
замена бурового раствора【钻】替泥浆
замена изношенных породоразрушающих инструментов【钻】替换磨损破岩工具
замена изношенных частей 替换破损零件
замена клапана 替换阀门
замена оборудования 替换设备
замена талевого каната【测】替换测井电缆(钢丝绳)
заменитель 代用品
замер 测量, 计量
замер давления【采】压力测量
замер кривизны скважины【钻】井斜测量
замер температуры 温度测量
замер температуры скважины【钻】测量井温
замерный 计量的
замещение 置换, 变换; 交代
выборочное замещение 选择交代, 分别交代
ионное замещение【化】离子交换
литологическое замещение【地】岩性变化
фациальное замещение【地】(沉积)相变
замкнутость нефтегазоносного объекта【地】含油气目标闭合幅度
замкнутый【地】闭合的; 封闭的
замкнутый бассейн【地】闭塞盆地
замкнутый контур 闭合电路, 闭合回路
замкнутое море (внутреннее море, континентальное море)【地】内海
замкнутый отрезок 闭区间
замкнутая система 封闭系统
замкнутая цепь 闭合电路
замкнутая циркуляция 封闭循环
замок 接头; 闭合; 锁扣
запорный замок【钻】闭锁接头
предохранительный замок【钻】安全接头
сварной бурильный замок【钻】焊接钻杆接头
эксцентричный замок【钻】偏心接头
замок бурильных труб【钻】钻杆接头

замок к удлинителям【钻】加长杆接头
замок ловушки【地】圈闭溢出点
замок складки【地】褶皱转折端
замочка 润湿, 浸湿
замыкание 闭合
короткое замыкание 短路
замыкатель 接触器, 导电杆, 闭合器, 闭锁器, 连接杆
зандры 冰碛物
занивелирование 水准测量, 高程测量
Западно-Сибирская нефтегазоносная мегапровинция【地】西西伯利亚巨型含气油省
Западно-Сибирская плита【地】西西伯利亚板块
Западно-Сибирская равнина【地】西西伯利亚平原
западный 西的
Западный Саян【地】西萨彦岭
запаривание (запарка) 蒸发
запас(ы) (物质材料)储备【地】储量
активные запасы【地】实际可动用储量
балансовые запасы【地】平衡储量
вероятные запасы【地】概算储量, 可能储量; 推测储量
внебалансовые запасы【地】平衡表之外储量
выработанные запасы【地】动用储量
геологические запасы нефти【地】石油地质储量
действительные запасы【地】有效储量, 实际储量
доказанные запасы【地】证实储量$(A+B+C_1)$
достоверные запасы【地】证实储量
забалансовые запасы【地】平衡外储量
извлекаемые запасы【采】可采储量
измеренные запасы【地】测试储量
начальные запасы【地】原始储量
начальные запасы, разведанные (**НРЗ**)【地】原始探明储量
неактивные запасы【地】非有效储量, 不可动用储量
неразведанные запасы【地】未探明储量
неразработанные запасы【地】未动用储量, 未开发储量
остаточные запасы【地】剩余储量
пассивные запасы【地】常规工艺不可动用储量
первоначальные запасы нефти【地】原始石油储量
подразумеваемые запасы【地】推测储量
подсчитанные запасы【地】概算储量
подтвержденные запасы【地】探明储量$(A+B+C_1)$
пассивные запасы【地】不可动用储量
потенциальные запасы【地】潜在储量, 远景储量
предварительно оцененные запасы【地】控制储量(C_2)
предполагаемые запасы【地】推测储量
прогнозные запасы【地】预测储量
промышленные запасы【地】工业储量
разведанные запасы【地】探明储量$(A+B+C_1)$

3

разведанные запасы, геологические 【地】探明地质储量
резервные запасы 【地】备用储量
сверхплановые запасы 【地】超出勘探计划储量
стратегические запасы нефти 【地】石油战略储量(备)
текущие запасы 【地】现有储量(全部级别)
упругие запасы пласта 【地】地层弹性储量
установленные запасы 【地】落实储量($A+B+C_1+C_2$)
запасы категории (A, B, C_1, C_2) 【地】(A, B, C_1, C_2)级储量
запасы подземных вод 【地】地下水储量
запасной 备用的, 储备的
запасной блок 备用部分
запасная часть (запчасть) 备件
запись 记录
первоначальная запись 原始记录
промежуточная магнитная запись 【震】(地震)磁带记录
сейсмическая запись 【震】地震记录
цифровая магнитная запись 【震】数字磁带记录
запись близкого землетрясения 近震记录
запись волнения 波动记录
запись деформации 应变记录
запись землетрясения 【震】地震记录
записывающий 记录的
записывающая аппаратура 记录仪
записывающая головка 记录头
записывающий механизм 记录装置
записывающий прибор 记录仪器
записывающая система 记录系统
записывающее устройство 记录装置
заполнение 【地】充填
заполнение бассейна 【地】盆地充填
заполнение ловушек 【地】圈闭充注
заполнение русла 【地】河道充填(沉积)
заполненный 充填的
полно-заполненный 【地】全充填的
полу-заполненный 【地】半充填的
слабо-заполненный 【地】弱充填的
заполнитель 【地】充填物
глинисто-органический заполнитель 【地】泥质—有机质充填物
глинистый заполнитель 【地】泥质充填物
доломитовый заполнитель 【地】白云质充填物
кальцитовый заполнитель 【地】钙质充填物
заполнитель окисленного битума 【地】氧化沥青充填物
запоминающий 存储的, 记忆的
запоминающее устройство 存储装置
заправить солидолом 注黄油
заправка 装入, 嵌入; 修理, 装饰; 加油
запуск 触发, 走动; 发射; 开动, 投产, 工厂开车
синхронный запуск 【钻】同步开机
запуск насоса (запустить насос) 【钻】开泵
запчасть (запасная часть) 备品, 备件【机】配件
запчасть собственного производства 【机】原厂配件
зарезка второго ствола 【钻】侧钻第二井眼

заржавление 生锈
заряд 充电, 炸药
заряд перфорации【钻】射孔弹
зарядка 充电
зарядка аккумулятора 电瓶电压
засаливание【机】油污
засечка【测】交会图
заслонка 炉门, 闸门; 闸板, 挡板, 盖板; 节气阀【钻】泥浆挡板
дроссельная заслонка【采】节流挡板
засорение 咬卡【钻】弄污
застаивание бурового раствора【钻】钻井液停留(滞)
застревание клапанов 阀门堵塞
застывание 凝结, 凝固; 冻结, 结冻
застывание и загустение нефти 石油凝固
засыпка 回填
засыпка гравмассы 铺卵石
засыпка траншей 填沟
затаскивание【钻】拉(钻具)
затвердевание 凝固, 变硬
затвор 阀; 闸门
шаровой затвор【采】球形闸板
затвор для чистки【钻】清洁闸板
затворение цемента【钻】调制水泥浆
затирка【钻】干钻(取心时)
затон【地】江湾, 河湾, 水湾
затухание 衰减, 消退, 减弱; 阻尼, 减振
затраты 费用
аварийные затраты 事故经济损失
возмещаемые затраты 可回收费用
денежные затраты 现金开支
капитальные затраты 投资
косвенные затраты 间接开支
материальные затраты 原材料消耗
непроизводительные затраты 管理费用, 非生产费用
среднегодовые эксплуатационные затраты 年平均操作费用
эксплуатационные затраты 操作费
затраты на бурение 钻井费用
затраты на гидрогеологическое исследование скважины 单井水文地质研究费用
затраты на ликвидацию 弃置费用
затраты на поиск и разведку 勘探费用
затраты по договору 合同费用
затрубный 管外的, 套管外的
затухание сейсмических волн【震】地震波衰减
затухатель【钻】阻尼器, 衰减器
затылок зубца шарошки【钻】牙轮齿
затяжка 拉杆, 系杆
заусенец【机】毛刺, 飞边
захват 占领; 夺取【钻】卡住, 夹住；打捞爪
автоматический клиновый захват【钻】自动卡瓦
однорычажный захват【钻】单杆爪
захват грузоподъемной машины 起重机抓钩
захват для канатов【钻】绳打捞工具
захлопывание 闭锁作用
захоронение 埋藏
зацентровка плавучего тела относительно корпуса【钻】浮体与壳体对正
зацеп вытаскивания【钻】拉销
зацепить муфту сцепления【钻】

3

挂离合器

зацепка каната катушки【钻】猫头绳小沟

зацепление【钻】钩住, 啮合, 衔接

зацепление кулачковым ключом【机】挂钳镶嵌

зацепление стрелки【钻】表针卡滞

зацеплять【钻】吊上

зачистить маслобак【钻】清洗油箱

зашламовывание скважины【钻】钻井造浆

зашлифовка 研磨

защелачивание【化】碱洗

защелка【钻】掣子

двухкрыловая защелка【钻】双翼卡子

предохранительная защелка【钻】安全插销

защита 保护

антикоррозионная защита нефтегазопроводов【储】石油天然气管道防腐保护

катодная защита 阴极保护

противопожарная защита【安】消防

технологическая защита 工艺保护

электрохимическая защита (ЭХЗ) 电化学保护

защита от взрыва 防爆

защита от влаги 防潮

защита от землетрясений 防震

защита от излучений 防辐射

защита от молнии 避雷

защита от перенапряжения 过电压保护

защита от помех【震】防止干扰

защита от пыли 防尘

защита от ударов 避免冲击

защита продуктивного пласта от загрязнения【钻】油层防污染保护

заявка 申请单

заявление 声明

особые заявления отправителя 发货人的特别声明

звездочка【钻】齿, 链条

ведомая звездочка【钻】从动链轮

ведущая звездочка【钻】主动链轮

зубчатая звездочка【钻】链轮, 星形轮

направляющая звездочка【钻】导向链轮

звено 环节

звукозонд 声探测器

звукопередача 声传播

звукопоглотитель 消音器

зев 开口, 开度, 间隙, 开缝

зев крюка【钻】大钩口

зев ключа【钻】钳子缺口

зеленокаменный【地】绿岩的

зеленокаменная серия【地】绿岩系

зеленокаменная фаза【地】绿岩相

зеленокаменная формация【地】绿岩建造

землепользование 土地使用

землетрясение【震】地震

внутриблоковое землетрясение【震】板内地震

Земля【地】地球

Земля Франца-Иосифа【地】法兰士约瑟夫地群岛

земноводные【地】两栖类

земной【地】地的, 地球的; 陆地的; 地上的

земной глобус【地】地球仪

земная кора【地】地壳

земная ось【地】地轴

земная поверхность【地】地表面
земной шар【地】地球
земное ядро【地】地球中心, 地心
зенит 天顶, 顶点
зенкерование【钻】锪孔, 锥形扩孔, 尖底扩孔
зериение 碎粒化
зеркало 平面, 面
зеркало грунтовых вод【地】潜水面, 地下水面
зеркало скольжения【地】断层摩擦面
зерно【地】(碎屑岩内的)颗粒
водорослевые инкрустированные зерна【地】藻灰结核(同онколиты)
покрытые зерна【地】灰岩包粒(包括鲕粒、豆粒、核形石等)
скелетные зерна【地】骨粒, 生物骨骼颗粒
сферичные зерна【地】球形颗粒
сферолитовые зерна【地】球状颗粒
зернистость【地】粒度
зернистый 颗粒的
зимний 冬天的; 冬季的
зимняя межень【地】冬季枯水
зимнее строительство 冬季施工
зияние 张开, 剖开, 裂开
ЗМС зона малых скоростей【震】低速带
ЗН зона наблюдения 观察区域, 观察空域
знаки ряби【地】波痕
значение 值, 价值
амплитудное значение【震】振幅值
критическое значение 临界值
номинальное значение 额定值
оптимальное значение 优化值
отрицательное значение 负值
положительное значение 正值
приближенное значение 近似值
промышленное значение【地】工业价值
средневзвешенное значение 加权平均值
значение крутящего момента 扭力值
значение параметра【采】参数值
значность【化】化合价
ЗНГН зона нефтегазонакопления【地】油气聚集带
ЗНН зона нефтенакопления【地】油气聚集带
зодиак【地】黄道
зола 灰分
внешняя зола 外来灰分
внутренняя зола 内在灰分, 固定灰分
вторичная зола 次生灰分
древесноугольная зола 木质灰分
летучая зола 粉煤灰
остаточная зола 剩余灰分
первичная зола 原生灰分
зола нефти【地】石油灰分
зола углей【地】煤灰分
золотник контрольный【钻】控制滑阀
золото【化】金(Au)
золь 溶胶, 悬浮胶体
зольность 灰分含量
зольность горючих ископаемых【地】可燃有机矿产灰分
зона (区)带
абиссальная зона【地】深海区
аконсервационная зона【地】非封盖带(盖层缺失带)
Альпийская складчатая зона【地】阿尔卑斯褶皱带

3

антиклинальная зона【地】背斜带
батиальная зона【地】半深海带
безопасная зона【安】安全区
береговая зона моря【地】海岸带
беспошлинная зона 免税贸易区
ближняя зона【物】(电法勘探)近源带
бытовая зона 生活区
взрывоопасная зона 爆炸区
водонефтяная зона【地】油水带
выклинивающаяся зона【地】地层尖灭带
высокообводненная зона【采】高含水带
высокотемпературная зона горения【采】高温燃烧带
газоносная зона【地】含气带
геосинклинальная зона【地】地槽带, 地向斜带
гидратная зона【地】含水合物带
Гималайская складчатая зона【地】喜马拉雅褶皱带
главная зона газообразования (ГЗГ)【地】天然气主要形成带
главная зона нефтеобразования (ГЗН)【地】石油主要形成带
глубоководная морская зона【地】海洋深水区
дальняя зона【物】(电法勘探)远源带
депрессионная зона【地】低洼地带
дисфотическая зона【地】弱光带, 不透光带
жильная зона нефтегазонакопления【地】油气脉状聚集带
загрязненная зона пласта【地】地层污染带
закаленная контактная зона【地】冷却接触带
застойная зона【地】死油区
защитная зона 保护区
зрелая зона 成熟区
капиллярная зона【地】毛细管带, 毛细吸附带
катодная зона 阴极区
квазигоризонтальная зона【地】近水平带
климатическая зона【地】气候带
коллизионная зона【地】碰撞带
краевая зона 边缘带
крыльевая зона【地】翼部
ксенотермальная зона【地】浅成高温热液带
литоральная зона【地】潮间带, 滨海带
мертвая зона【地】停滞区; 盲区, 死区
метоморфическая зона【地】变质带
мобильная зона【地】活动带
нарушенная зона【地】破坏(碎)带
незрелая зона【地】未成熟区
нейтральная зона【地】中立带
непродуктивная зона【地】非含矿区
нефтегазоносная зона (НГЗ)【地】含油气带
нефтеносная зона【地】含油带
нефтяная зона【采】油区
обвальная зона【钻】塌陷井段
окраинная зона 边缘带
опасная зона【安】危险带
оптимальная зона нефтегазообразования【地】油气形成有利带
орогенная зона【地】造山带
ослабленная зона 软弱带
охранная зона 保护带

палеомагнитная зона【地】古地磁带
пелагическая зона【地】远洋带
перемещающаяся нефтяная зона【采】移动油带
переходная зона 过渡带
перигляциальная зона【地】冰缘地带
перфорированная зона【地】射孔带
поглощающая зона【钻】泥浆漏失带
погребенная зона поднятий【地】隐伏隆起带
поднадвиговая зона【地】逆冲断层下盘带
подчиненная зона заводнения【采】辅助注水区
пожароопасная зона 消防区
пористая зона【地】孔隙带
прибрежная зона【地】滨岸带
призабойная зона скважины【钻】井底附近区
приливно-отливная зона【地】涨潮—退潮带, 潮坪带
приразломная зона【地】断裂带
продуктивная зона【地】产油带
промежуточная зона 中间地带
промытая зона【钻】冲洗带
проницаемая зона【地】渗透带
раздробленная зона【地】破碎带
рифтовая зона【地】深大断裂带, 裂谷带
санитарно-защитная зона (СЗЗ) 卫生保护区
Сахалино-Хоккайдская складчатая зона【地】萨哈林—霍凯德褶皱带
сбросовая зона【地】断层带
свободная экономическая зона 自由经济区
сейсмическая зона【地】地震带
симатическая зона【地】硅镁层
синклинальная зона【地】向斜区
структурно-фациальная зона【地】构造—沉积相带(含主要勘探目标)
сублиторальная зона (сублитораль)【地】潮下带
тектоническая зона【地】构造带
трещиноватая зона【地】裂缝带, 裂隙带
турбулентная зона 湍流区
угленасыщенная зона【地】含煤带
умеренная климатическая зона【地】(气候)温带
умеренно-холодная зона【地】寒温带
центральная депрессионная зона【地】中心坳陷带
шарнирная зона【地】褶皱转折端
шельфовая зона【地】陆架区
шовная зона【地】缝合带
эвфотическая зона【地】海水透光带
эксплуатационная зона【采】开采区
зона активных разрывов【地】活动断裂带
зона аэрации【地】包气带
зона **АВПД**【地】异常地层高压带
зона аккумуляции【地】堆积带, 聚集带
зона аномальных давлений【地】异常压力带
зона **Беньофа**【地】毕乌夫带
зона богатого орудснения【地】富矿化带

зона брекчирования【地】角砾化带
зона влияния скважины【采】井影响带
зона водонефтяного контакта【地】油水接触带
зона водообмена【地】水交换带
зона водопроявления【地】出水段
зона восстановления【化】还原层
зона выветривания【地】风化带
зона выклинивания【地】尖灭带
зона выклинивания пласта вверх по восстанию【地】地层上倾方向尖灭带
зона высоких давлений【地】高压区
зона вытеснения【地】驱替带
зона выщелачивания【地】淋滤带
зона газификации 气化区
зона главных нарушений【地】主断裂带
зона глубинных землетрясений【地】深部地震带
зона глубинных разломов【地】深大断裂带
зона горения 燃烧区
зона горообразования【地】造山带
зона двойного экранирования 双屏蔽带
зона действия 有效区, 影响区, 可达范围
зона деформации 变形区
зона диагенеза【地】成岩作用带
зона диастрофизма【地】地壳变动带
зона дренажа【采】排油区
зона дренирования скважины【采】井排油区
зона дробления【地】破碎带
зона заводнения【采】注水带
зона, загрязненная буровым раствором【钻】钻井液污染带
зона замещения【地】交代作用带
зона, заполненная дислокационной брекчией【地】构造角砾岩充填带
зона затопления【采】水浸带
зона затухания【震】衰减区
зона интерференции【震】干扰区
зона инфильтрации【地】渗透带
зона истечения【地】泻水带
зона капиллярности【地】毛细管带
зона катаморфизма【地】深变质带
зона комплекса (ценозона)【地】生物种群带(剖面地层对比)
зона контакта【地】接触带
зона малых скоростей (ЗМС)【震】低速带
зона масляных емкостей【储】油罐区
зона меланжа【地】混合岩带
зона метаморфизма【地】变质带
зона мигматитов【地】混合岩带
зона минимумов【物】(重力)低带
зона нагрева【采】加热段, 加热层
зона нарушения【地】断裂带
зона насыщения【地】饱和区
зона, не охваченная вытеснением【采】未波及驱油区
зона нефтегазонакопления【地】油气聚集带
зона нефтеобразования【地】石油生成带
зона низких давлений【地】低压带
зона низкой проницаемости【地】低渗带
зона обводнения【采】水淹带, 含水区

зона обдукции (наддвига)【地】仰冲带
зона окисления【地】氧化带
зона орудненния【地】矿化带
зона осадкообразования【地】沉积作用区
зона осложнений【钻】钻井复化段
зона островных дуг【地】岛弧带
зона отсутствия преломленной волны【震】折射波盲区
зона отсутствия прослеживаемости【地】追踪消失区
зона передовых хребтов【地】山前地带
зона перехода от континента к океану【地】陆地与大洋过渡带
зона перикратонных опусканий【地】克拉通边缘沉降带
зона поглощения【钻】(泥浆)漏失带
зона поддвига (субдукции)【地】俯冲断层带
зона подачи масла (воды)【采】供油(水)区
зона поднятия【地】抬升区
зона пониженного давления【采】压降带
зона пористой породы【地】孔隙性岩石分布带
зона предгорных шлейфов【地】山前裙积带
зона проникновения【钻】冲洗带, 侵入带
зона проникновения бурового раствора【钻】泥浆冲洗带, 泥浆侵入带
зона просачивания【地】淋滤带
зона равновесия 平衡带
зона разведки【地】勘探区域
зона разгрузки【地】(应力)释放带
зона разложения 分解带
зона разлома (раздробления земной коры)【地】断裂带
зона разработки【采】开发区带
зона разрушения【地】破碎带
зона разрыва【地】断裂带
зона распространения【地】(生物地层)分布带
зона реакции【化】反应带
зона региональных несогласий【地】区域不整合带
зона сварного шва 焊缝带
зона сжатия【地】挤压带
зона силицификации【地】硅化带
зона скалывания 滑动带
зона складок (складчатости)【地】褶皱带
зона скольжения【地】滑动带
зона смешения【采】混油区
зона смятия【地】揉皱带, 扭曲带, 挠曲带【钻】钻杆扭曲带
зона спрединга【地】扩张带
зона срединно-океанических хребтов【地】洋中脊带
зона столкновения континентов【地】大陆碰撞带
зона субдукции (поддвига)【地】板块俯冲带, 俯冲消减带
зона теплового возмущения 热干扰区
зона трещиноватых пород【地】裂隙性岩石分布带
зона эпигенеза【地】后成作用带, 表生作用带
зональное строение кристаллов【地】晶体带状结构

3

зональность 分带性, 地带性, 带状分布
аккумуляционная зональность УВ【地】油气聚集带
гидрогеологическая зональность【地】水文地质带
миграционная зональность УВ【地】油气运移带
зональность оруденения【地】成矿分带性, 矿化带

3

зонд 探头【测】电极
каротажный зонд, акустический【测】声波测井电极
каротажный зонд, акустический двухэлементный【测】声波双测井电极
каротажный зонд, боковой【测】侧向测井电极系
каротажный зонд, боковой двухполюсный【测】偶极子侧向测井电极
каротажный зонд, боковой дивергентный【测】侧向发散测井电极
каротажный зонд, буферный【测】缓冲测井电极
каротажный зонд, диэлектрический【测】介电测井电极
каротажный зонд, электрический【测】电测井电极
каротажный зонд, электромагнитный【测】电磁测井电极
микрокаротажный зонд, боковой【测】微侧向测井电极
нормальный зонд【测】常规测井电极
однополюсный зонд【测】单极电极系
радиоактивный зонд【测】放射性测井电极
сейсмокаротажный зонд【测】地震测井电极系
стабильный зонд【测】稳定电极系
стандартный зонд【测】标准电极系
фокусирующий зонд【测】聚焦电极系
зонд для замера кривизны ствола скважины【测】测井斜电极
зонд индукционного каротажа【测】感应测井电极系
зонд самопроизвольной поляризации【测】自然电位电极
зонд сопротивления【测】电阻率电极
зонд электродных потенциалов【测】电位电极

зондирование (зондировка) 探测, 测深
боковое каротажное зондирование (БКЗ)【测】侧向测井
вертикальное электрическое зондирование (ВЭЗ)【测】垂直电测深
глубинное сейсмическое зондирование (ГСЗ)【震】深部地震探测
глубинное электромагнитное зондирование【物】深部电磁探测
дипольное зондирование (ДЗ)【测】偶极子探测
магнитотелурическое зондирование (МТЗ)【物】大地电磁场探测
электрическое зондирование становлением поля【物】人工激发场测深

зонтик цементный【钻】固井帽
зообентос【地】底栖生物
зооид 个体, 游动孢子
ЗП закрытая пора【地】封闭孔隙

ЗП западное полушарие【地】西半球

ЗП зона проникновения【钻】泥浆侵入带, 泥浆冲洗带

ЗПВ зондирование преломленными волнами【震】折射波探测

ЗПС зона пониженных скоростей【震】速度降低带

ЗПС зона промежуточных скоростей【震】中速带

ЗР звукометрическая разведка【震】声波测量勘探

зрелость【地】成熟度; 成年期

составная зрелость【地】(岩石)成分成熟度

текстурная зрелость【地】(岩石)结构成熟度

зрелость горного хребта【地】成年山脉

зрелость долины【地】河谷壮年期

зрелость органического материала【地】有机质成熟度

зрелость реки【地】河流壮年期

зрелость рельефа【地】地形壮年期

зрелый 成年的

ЗСКО значение среднего квадратичного отклонения 均方差值, 标准差值

ЗСМ завод строительных материалов 建筑材料厂

ЗСМ Закавказский срединный массив【地】外高加索中间地块

ЗСМ зондирование методом становления магнитного поля【物】人工磁场法探测

ЗСМЗ Западно-Сибирский металлургический завод 西西伯利亚冶金厂

ЗСНГП Западно-Сибирская нефтегазоносная провинция【地】西西伯利亚含油气省

ЗСП Западно-Сибирская плита【地】西西伯利亚板块

ЗТПЗ Западно-Тихоокеанская переходная зона【地】西太平洋过渡带

зуб 齿【钻】钻头齿

зубья бурового долота【钻】钻头齿

зубья бурового долота, вставные【钻】钻头镶齿

зубья бурового долота в форме зубила【钻】楔型钻头齿

зубья бурового долота, литые【钻】浇铸钻头齿

зубья бурового долота, периферийные【钻】钻头边齿

зубья бурового долота, размещенные с большим шагом【钻】大间距钻头齿

зубья бурового долота, размещенные с малым шагом【钻】小间距钻头齿

зубья бурового долота с большим углом заострения【钻】大尖角钻头齿

зубья бурового долота с полусферической рабочей поверхностью【钻】半圆型工作面钻头齿

зубья бурового долота с призматической рабочей поверхностью【钻】棱柱型工作面钻头齿

зубья зубчатого колеса【钻】齿轮齿

зубья шарошки【钻】牙轮齿

зубья шарошки, армированные зернистым твердым сплавом【钻】颗粒硬合金加固牙轮齿

зубья шарошки, вставные【钻】镶

З

嵌牙轮齿

зубья шарошки, вставные карбидо-вольфрамовые【钻】镶碳化钨牙轮齿

зубья шарошки, в форме острого зибила【钻】尖楔型牙轮齿

зубья шарошки, в форме тупого зубила【钻】钝楔型牙轮齿

зубья шарошки, короткие【钻】短牙轮齿

зубья шарошки, с округленной вершиной【钻】圆顶型牙轮齿

зубья шарошки с пулевидной вершиной【钻】子弹尖型牙轮齿

зубья шарошки, фрезерованные【钻】铣切牙轮齿

зубец 凹痕; 坑穴; 齿

зубило 凿子

зубчатые 齿状的

зуммер 蜂鸣器, 蜂音器, 微振器

И

ИАМ импульсно-амплитудная модуляция 脉冲调辐, 脉冲振幅调制

ИБР Исламский банк развития 伊斯兰开发银行

ИВ источник волны 波源

ИГ инертный газ【化】惰性气体

ИГГ Институт геологии и геофизики 地质与地球物理研究所

ИГГК импульсный гамма-гамма-каротаж【测】脉冲伽马—伽马测井

игнимбриты【地】熔结凝灰岩

игольчатый 针形的, 针状的

игольчатая руда【地】针铁矿

ИД ионизационное действие 电离作用

ИД исходные данные 原始资料, 原始数据

идеальный 理想的

идеальная жидкость 理想液体

идеальная среда 理想介质

идеальная упругость 理想弹性

идентификация 识别, 鉴定

идентификация волн【震】波识别

идентификация пластов【地】地层识别

идентификация фаз сейсмических волн【震】地震波相位识别

идентичный 同等的, 同一的, 恒等的

идиогипергенез【地】表生作用

идиоморфизм【地】晶体自形作用

идиоморфный (автоморфный, аутоморфный)【地】自形的

идиоморфный кристалл【地】自形晶体

ИДС изододецionный спирт【化】异十二烷醇, 异十二醇

ИДС индукционный датчик скорости 感应式速度传感器

ИЖ изотропная жидкость 均质液体

изаллотерма 等变温线

избирательный 选择性的

избыточный 剩余的, 过剩的, 盈余的

извержение (взрыв) 喷发, 喷溢

извержение воды【钻】喷水

извержение вулкана【地】火山

喷发

изверженный【地】火山喷出的；火成的(岩石)

известемешалка【钻】石灰搅拌机

известковистый【地】含钙质的，含灰质的

известково-глинистый【地】灰泥质的

известково-доломитовый【地】灰质白云岩的

известково-щелочной【地】钙碱性的

известковый【地】石灰质的，灰质的；钙质的

известковая пещера【地】石灰岩洞

известковый туф【地】石灰华；钙华

известняк【地】石灰岩(石灰石)

алевритистый известняк【地】含粉砂质石灰岩

алевритовый известняк【地】粉砂质石灰岩

асфальтовый известняк【地】沥青质石灰岩

биогенный (органогенный) известняк【地】生物石灰岩(一半以上由生物骨架组成)

биогермный известняк【地】生物(礁)石灰岩(生物颗粒占50%以上)

биоморфный известняк【地】生物骨架(碎屑)石灰岩

битуминозный известняк (свиной камень)【地】沥青质石灰岩(臭灰岩)

верхнеюрский известняк【地】上侏罗统石灰岩

водорослевый известняк【地】藻灰岩

главконитовый известняк【地】海绿石灰岩

глинисто-алевритистый известняк【地】含(黏土)泥质—粉砂质石灰岩

глинисто-алевритовый известняк【地】(黏土)泥粉砂质石灰岩

глинисто-песчанистый известняк【地】含(黏土)泥砂质石灰岩

глинисто-песчаный известняк【地】(黏土)泥质—砂质石灰岩

глинистый известняк【地】(黏土)泥质石灰岩

грубый известняк【地】极粗粒石灰岩

девонский известняк【地】泥盆系石灰岩

доломитизированный известняк【地】白云岩化石灰岩

доломитистый известняк【地】含白云质石灰岩

доломитовый известняк【地】白云质石灰岩

закарстованный известняк【地】岩溶石灰岩

зернистый известняк【地】颗粒石灰岩

кавернозный известняк【地】孔洞型石灰岩

каменноугольный известняк【地】石炭系石灰岩

комковатый известняк【地】团块状石灰岩

копролитовый【地】粪粒石灰岩

кораллово-водорослевый известняк【地】珊瑚藻石灰岩

коралловый известняк【地】珊瑚石灰岩

кремнистый известняк【地】硅质石灰岩
криноидный известняк【地】海百合石灰岩
криптозернистый известняк【地】微晶(泥晶)石灰岩
кристаллический известняк【地】晶屑石灰岩，结晶灰岩
крупнодетритовый известняк【地】粗生物碎屑石灰岩
крупнопесчаный известняк【地】粗砂屑石灰岩
магнезиальный известняк【地】镁质石灰岩
массивный известняк【地】块状石灰岩
мелкодетритовый известняк【地】细碎屑石灰岩
мелкопесчаный известняк【地】细砂屑石灰岩
мергелистый известняк【地】泥灰岩
микрозернистый известняк【地】微晶石灰岩
морской известняк【地】海相石灰岩
мшанково-криноидный известняк【地】苔藓—海百合石灰岩
мшанковый известняк【地】苔藓灰岩
нижнемеловой известняк【地】下白垩统石灰岩
низкопористый известняк【地】低孔隙度石灰岩
нуммулитовый известняк【地】货币虫石灰岩
обломочный известняк【地】碎屑石灰岩
обломочный известняк, брекчиевый【地】碎屑角砾石灰岩
обломочный известняк, гравелитовый【地】碎屑卵砾状石灰岩
обломочный известняк, микробрекчиевый【地】细碎屑角砾石灰岩
обломочный известняк, конгломератовый【地】碎屑砾状石灰岩
обломочный известняк, псаммитовый【地】砂屑石灰岩
онколитовый известняк【地】藻结核灰岩，球状叠层石灰岩
оолитовый известняк【地】鲕粒石灰岩
органогенно-гравелитовый известняк【地】生物细砾石灰岩
органогенно-конгломератовый известняк【地】生物砾屑石灰岩
органогенно-обломочный брекчиевый известняк【地】生物角砾碎屑灰岩
органогенно-обломочный детритовый известняк【地】生物碎屑灰岩
органогенно-песчаный известняк【地】生物砂屑石灰岩
органогенный (биогенный) известняк【地】生物石灰岩(一半以上由生物骨架组成)
пелитоморфный известняк【地】泥质灰岩
пенистый известняк【地】多孔灰岩
первоначальный известняк【地】原始石灰岩，原生石灰岩
песчанистый известняк【地】含陆源砂质石灰岩
песчаный известняк【地】陆源砂

质石灰岩

пластовый известняк【地】层状石灰岩

плиточный известняк【地】纹层状石灰岩

плотный известняк【地】致密石灰岩

пористый известняк【地】孔隙性石灰岩

раковинно-детритусовый известняк【地】介壳碎屑石灰岩

раковинный известняк【地】介壳石灰岩

ракушняковый известняк【地】介壳石灰岩

рифовый известняк【地】礁型石灰岩, 礁灰岩

сгустковый известняк【地】凝块石灰岩

скорлуповатый известняк【地】介壳石灰岩

скрытокристаллический известняк【地】泥晶石灰岩

сланцевый известняк【地】页状石灰岩

слоистый известняк【地】层状石灰岩

среднедетритовый известняк【地】中粒生物碎屑石灰岩

среднепесчаный известняк【地】中粒砂屑石灰岩

строматопоровый известняк【地】层孔虫石灰岩

суглинистый известняк【地】砂质黏土石灰岩

тонкокристаллический известняк【地】细晶石灰岩

тонкослоистый известняк【地】薄层石灰岩

трещиноватый известняк【地】裂缝性石灰岩

фузулиновый известняк【地】纺锤虫石灰岩

чистый известняк【地】洁净石灰岩

известняк-ракушечник 介壳石灰岩

известь 石灰

белильная известь【化】漂白粉

гашеная известь【钻】熟石灰(泥浆加重剂)

едкая (негашеная) известь 生石灰

извещатель 报警器, 警报器, 信号器

пожарный извещатель【安】火灾报警器

пожарный извещатель, автоматический【安】自动火灾报警器

пожарный извещатель, ручной【安】手动火灾报警器

пожарный извещатель, световой【安】灯光火灾报警器

пожарный извещатель, тепловой【安】热感火灾报警器

извилина реки【地】河(蛇)曲

извилистость 扭曲度【地】河流弯度, 蛇曲度

малая извилистость【地】低弯度河

извлекаемый【采】可采的

извлечение 取出, 拔出; 提取

извлечение бокового керноотборника【钻】拔出井壁取心器

извлечение бурильной колонны【钻】拔出钻柱

извлечение бурильных труб через закрытый универсальный противовыбросовый превентер【钻】从关闭的万能防喷器拔出钻杆

извлечение керна【钻】取心

извлечение кислых компонентов из газа【炼】从天然气中提取酸性成分
извлечение масла 抽油
извлечение насоса 提出泵
извлечение нефти 抽油
извлечение **НКТ**【钻】抽出油管
извлечение обсадных труб【钻】提出套管
извлечение пробы 提取样品
извлечение сероводорода【化】提取硫化氢
извлечение флюида 回收液体
изгиб 弯曲
изгибаемый 碰弯的
изготовить по лицензии 按许可生产
изделие 制品, 产品; 机件
покупное изделие 外购件
укомплектованное изделие 配套产品
излияние 喷溢
излом【地】断口
излом минерала【地】矿物断口
излучение【物】射线; 辐射
инфракрасное излучение【物】红外线辐射
когерентное излучение【物】相干辐射
радиоактивное излучение【物】放射性辐射
рентгеновское излучение 伦琴射线
световое излучение【物】光辐射
излучение альфа-частиц【物】α粒子辐射
излучение бета-частиц【物】β粒子辐射
излучение волн【物】波辐射
излучение гамма-частиц【物】伽马粒子辐射
излучение диполя 偶极子辐射
излучение дуги 电弧辐射
излучение звука 声音辐射
излучение солнца【地】太阳辐射
излучина (меандр)【地】曲流, 河曲(发育点坝)
изменение 变化, 变量【地】蚀变, 蚀变作用
биофациальное изменение【地】生物(相)变
внезапное изменение 突变
вторичное изменение【地】次生变化
гидротермальное изменение【地】热液变化
обратимое изменение【化】可逆变化
скачкообразное изменение 不连续变化, 飞跃式变化, 跳跃式变化
температурное изменение 温度变化
фациальное изменение【地】沉积相变
изменение аккредитива 信用证改变
изменение амплитуды 振幅变化
изменение величины давления 压力值变化
изменение вертикальной неоднородности коллектора по пористости【地】储层孔隙度垂向非均质性变化
изменение вертикальной неоднородности коллектора по проницаемости【地】储层渗透率垂向非均质性变化
изменение в поведении продуктивного пласта【地】产层行为变化, 产层动态变化

изменение газового фактора【采】油气比变化
изменение гидродинамического забойного давления【采】井底流动压力变化
изменение глубины подвески насоса【采】泵挂深度变化
изменение дебита скважины【采】单井产量变化
изменение забойного давления【采】井底压力变化
изменение климата【地】气候变化
изменение коллектора по вертикали【地】储层垂向变化
изменение коллектора по площади【地】储层横向变化
изменение кривизны 弯曲度变化
изменение курса валют 汇率变化
изменение литологического состава【地】岩石成分变化
изменение масштаба 比例变化
изменение механической скорости бурения【钻】机械钻速变化
изменение направления скважины в градусах【钻】钻井方向变化
изменение направления ствола скважины【钻】井眼方向变化
изменение направления течения при заводнении【采】注水流向变化
изменение осевой нагрузки на долото【钻】轴向钻压变化
изменение потенциала 趋势变化
изменение проницаемости горной породы【地】岩石渗透率变化
изменение проницаемости коллектора по вертикали【地】储层渗透率垂向变化
изменение проницаемости коллектора по площади【地】储层渗透率横向变化
изменение режимов работы или эксплуатации【采】工作制度变化
изменение сечения 横截面变化
изменение силы тяжести【地】重力变化
изменение скорости бурения【钻】钻速变化
изменение среднего уровня моря【地】平均海平面变化
изменение температуры 温度变化
изменение угла 角度变化
изменение фазы 相变
измерение 测量, 计量, 测定
акустическое измерение 声波测量
геотермическое измерение【地】地温测量
магнитное измерение 磁力测量
рентгенометрическое измерение 伦琴射线测量
сейсмическое измерение【震】地震测量
скважинное измерение【采】井下测量
топографическое измерение【地】地形测量
электрометрическое измерение【测】电测
измерение во время бурения【钻】随钻测量
измерение волн 测量波
измерение восстановления давления【钻】测量压力恢复
измерение восстановления уровня【采】测量液面恢复
измерение времени 测量时间

измерение высоты налива нефти 【采】测量石油加注高度
измерение вязкости 测量黏度
измерение вязкости при высокой температуре 测量高温黏度
измерение гидродинамического забойного давления 【采】测量井底流压
измерение глубины 【采】测量深度
измерение горного давления 【地】测量上覆地层压力
измерение давления 测量压力
измерение дебита 【采】测量产量
измерение дебита скважины 【采】测量单井产量
измерение депрессии 【采】测量压降
измерение деформации 测量变形
измерение дрейфа 测量漂移
измерение землетрясений 【震】测量地震
измерение искривления ствола скважины 【钻】测量井斜
измерение конечного забойного давления в закрытой скважине 【采】测量关井最终井底压力
измерение мутности 测量浊度
измерение напряжения 应力测量; 电压测量
измерение нефти и газа 【采】油气计量
измерение перелива 【采】测量溢流量
измерение перепада давления 【采】测量压降
измерение пескосодержания 【钻】测量含砂量
измерение пластового давления 【地】测量地层压力
измерение плотности 测量密度
измерение поглощающей способности 【钻】测量泥浆漏失率
измерение притока 【采】测量流量
измерение проницаемости пласта 【地】测量地层渗透率
измерение радиоактивности 测量放射性
измерение точки росы 【采】【炼】测量露点温度
измерение удельного сопротивления бурового раствора 【钻】测量泥浆电阻率
измерение уровня 【采】测量液面
измерение частоты 测量频率
измерение чувствительности 测量灵敏度
измерение щелочности бурового раствора PH 【钻】测量泥浆酸碱度
измеритель 测定仪
измеритель крутящего момента 扭矩测量仪
измеритель расхода течения высокого давления 【钻】高压流量计
измерительный 测量的
изнашиваемость 磨损性
износ 磨损
естественный износ 正常磨损
клинообразный износ 偏磨
односторонний износ 偏磨
чрезвычайный износ 过度磨损
износостойкость 耐磨性
изоазимут 等方位角
изоамплитуда 等振辐
изоаномалы 等异常线
изобазы 等基线

изобары 等压线
изобаты 等深线
изображения 图像
дифракционные изображения 绕射图像
трехмерные изображения【震】三维图像
изобретение 发明, 创造
изобутан【化】异丁烷
изобутен【化】异丁烯
изобутилен【化】异丁烯
изогалина 等盐度线
изогексан 异己烷
изогенетический 同成因的
изогенный 同成因的, 同期生的
изогеотерма【地】等地温线, 地下等温线
изогептан【化】异庚烷
изогипсы【地】等高线
структурные изогипсы【地】构造等高线
изогипсы глубинных пластов【地】地层等深线
изогипсы сейсмического отражающего горизонта【震】地震反射层等时线
изогнутость 曲度, 弧, 曲率
изогонали 等方位线
изограты 等变线; 等变度; 等变质级线
изоклинальный【地】同斜的, 等斜的
изоклинальная долина【地】等斜谷
изоклинальная линия【地】等斜线
изоклинальный сброс【地】同斜断层
изолента 黑胶布【钻】绝缘胶带
изолиния 等值线
изолит【地】等岩性线
изолятор 绝缘体
изоляция 封堵; 防腐; 绝缘, 隔离
акустическая изоляция 声音隔离
антикоррозийная изоляция 防腐绝缘
битумная изоляция 沥青绝缘
воздушная изоляция 空气绝缘
внутренняя изоляция 内部绝缘
наружная изоляция 外部绝缘
огнеупорная изоляция 耐火绝缘
поглощающая изоляция 漏失绝缘
противопожарная изоляция 防火绝缘
тепловая изоляция 热绝缘
селективная изоляция пластовых вод【采】选择性堵水
изоляция водопритоков в скважине【采】井中堵水
изоляция воды【采】堵水
изоляция закачиваемых вод【采】堵注入水
изоляция класса F для обмоток ротора и статора【钻】定子和转子线圈F级绝缘
изоляция обводненных пропластков【采】封堵含水小层
изоляция технологически осложненных интервалов【钻】封隔工艺上复化井段
изоляция пласта цементным раствором под давлением【钻】高压水泥浆封堵地层
изоляция пластовых вод【采】封堵地层水
изоляция подошвенных вод【采】封堵底水
изоляция стыков 补口

И

изоляция трубопроводов【采】管道绝缘
изомер 同分异构体
изомеризация 同分异构化作用, 异构化作用
изомеризм 同分异构现象
изомеры 同分异构体
изометрический【地】等轴的, 各向相等的
изоморфизм 类质同象, 类质同晶现象

изооктан【化】异辛烷
изоомы 等欧姆线
изопахиты (линии равных мощностей)【地】等厚线
изопрен【化】异戊二烯
изопреноиды【化】异戊间二烯化合物, 类异戊二烯, 异戊二烯类
изопьезы (изопьестическая линия)【地】等压力水位线
изоресплeнды【地】镜质体反射率等值线
изосейсты【震】等震线
изостата 等压线, 等力线
изостатический 均衡的; 等压的
изостатическая компенсация 均衡补偿
изостатическое опускание【地】均衡下沉
изостатическая поверхность компенсации【地】均衡补偿面
изостатическое поднятие【地】均衡上升
изостатическая поправка 均衡校正
изостера 等比容线
изоструктурность【地】(晶体)等结构; 同结构
изотермы 等温线
изотима 等蒸发线
изотоп【化】同位素
неустойчивый изотоп【化】不稳定同位素
радиоактивный изотоп【化】放射性同位素
стабильный изотоп【化】稳定同位素
устойчивый изотоп【化】稳定同位素
изотопы в геологии【地】地质同位素
изотопия 同位素学
изотропия 各向同性(物理性质各向相同)
изотропность 各向同性
изоуглеводороды【化】异构烃
изохоры 等间距线, 等层厚线, 等体积线【震】等时差线, 等时线; 构造等深度线
изохронизм 等时性
изохроны【震】等时差线, 等时间深度线, 等t_o线
изучение 研究
геологическое изучение【地】地质研究
геологическое изучение недр【地】矿产资源地质研究
лабораторное изучение 实验室研究
изучение геологостратиграфического разреза по керну и шламу【地】根据岩心与录井岩屑(资料)研究地层剖面
изученность 研究程度
изыскания 勘察, 勘测, 调查
буровое изыскание【钻】钻井普查
геологическое изыскание【地】地质普查, 地质勘查

гидротехническое изыскание 【地】水文勘测
инженерно-геодезическое изыскание 【地】工程测量勘查
инженерно-геологическое изыскание 【地】工程地质勘查
полевое изыскание 【地】野外勘查
предварительное изыскание 【地】初测, 踏勘
ИИ ионизирующее излучение 【物】电离辐射
ИИ источник излучения 【测】辐射源, 放射源
ИИ источник информации 信息源
ИК инвестиционная компания 投资公司
ИК индукционный каротаж 【测】感应测井
ИК инклинометр 【测】测斜仪
ИК инфракрасная аэросъемка 红外线航空测量
ИК инфракрасное излучение 红外线辐射
ИК инфракрасные лучи 红外线
ИКИ интенсивность космического излучения 宇宙辐射强度
ИКМ индустриально-комплексный метод 工业综合法
ИКС инфракрасная спектрометрия 【物】红外光谱测定法
Иктехская свита 【地】伊克捷赫组 (东西伯利亚, 文德系)
ИЛ индикаторная линия 指示线
ил 软泥, 淤泥
пелагические илы 【地】远洋泥
Или 【地】伊犁河
илистый 淤泥质的
иллювиальный горизонт (горизонт вымывания) 【地】淋积层, 淤积层
иллюстрация 图解, 图例
иловик 黏泥
илонасос 【钻】污泥泵
илоотделитель 【钻】除泥器
илоотстойник 【钻】沉泥槽
илоочиститель 【钻】除泥器
илоуловитель 【钻】沉砂池, 沉砂槽
ильменит 【地】钛铁矿, 钜钛矿
ильменорутил 【地】铌铁金红石; 金红重铌铁矿; 钛重铌铁矿
Ильмень 【地】伊尔门湖
ИМ измерение модуля 模量测定
Имандра 【地】伊曼德拉湖
иматралиты (иматровские камни) 【地】碳酸钙质结核
ИМВ индикатор магнитной восприимчивости 磁化率指示器
имитатор 【机】仿真器, 模拟器 (装置)
иммерсия 油浸
импактиты 【地】冲击变质岩
импеданс (импеданц) 【震】阻抗
акустический импеданс 【震】声阻抗
импортозамещающий 进口替代的
импсониты 【地】焦性沥青, 脆沥青岩
импульс 波动, 脉动, 脉冲
импульс давления 压力脉动
импульсатор 脉冲发生器
импульсивный 脉冲的
импульсивное зондирование 脉冲探测
импульсивная сила 脉冲力
импульсивная помеха 脉冲干扰
импульсивная синтетическая сейс-

мограмма【震】脉冲合成地震图
импульсивная частота 脉冲频率
инвариант 不变数, 不变量
инвентарь противопожарный 消防器材
инверсионный 倒转的; 反演的
инверсионная стадия【地】回返阶段
инверсионная тонкослоистая модель【地】反演的薄层模型
инверсия 反演, 反转【地】构造反转, 倒转, 转变, 转化
частная инверсия【地】局部回返
инверсия аномалии【地】异常逆转, 异常反转
инверсия геомагнитного поля【地】地磁场倒转
инверсия осей намагниченности【地】磁化轴倒转
инверсия плотности 密度反转
инверсия полярности 极性反转
инверсия сжатия 压缩可逆
инверсия скоростей 速度逆转
инвестиция иностранная 外国投资
инвойс 装货清单
ингибированность 抑制性
ингибитор【化】抑制剂
анодный ингибитор【化】阳离子抑制剂
катодный ингибитор 阴极防腐抑制剂
ингибитор атмосферной коррозии 大气腐蚀抑制剂
ингибитор гидратообразования 水合物抑制剂
ингибитор кислотной коррозии 防酸腐蚀剂
ингибитор кислородной коррозии 防氧腐蚀抑制剂
ингибитор коррозии 防腐剂
ингибитор коррозии для растворов на углеводородной основе【钻】油基钻井液防腐剂
ингибитор образования эмульсии【钻】乳化抑制剂
ингибитор парафина【采】防蜡剂
ингибитор сероводородной коррозии 防硫化氢腐蚀抑制剂
ингибитор щелочной коррозии 防碱腐蚀抑制剂
Индигирка【地】因迪吉尔卡河
ИНГК импульсный нейтронный гамма-каротаж【测】脉冲中子—伽马测井
ингредиенты гумусовых углей【地】腐殖煤组分
ингрессивный【地】海侵的, 海进的
ингрессивное залегание【地】海侵超覆产状
ингрессивное море【地】海侵海
ингрессия【地】海侵, 海进
индекс 指数; 目录, 索引
геодезический индекс【地】测绘指数
дизельный индекс 柴油指数
индекс буримости【钻】可钻性指数
индекс валютного курса 汇率指数
индекс загрязнения 污染指数
индекс загрязнения окружающей среды 环境污染指数
индекс здоровья 健康指数
индекс изоляции 绝缘指数
индекс инерции 惰性指数
индекс корреляции 相关指数

индекс минерализации воды【地】水矿化指数
индекс модуляции 调制指数
индекс сжатия 压缩指数
индекс станции 台站指数; 台站索引; 台站代号
индекс трещин【地】裂隙指数
индий【化】铟(In)
Индийская плита【地】印度板块
Индийский субконтинент【地】印度次大陆
индикатор 指示器, 显示器【化】示踪剂【钻】指示灯
индикатор вакуума 真空指示器
индикатор веса【钻】指重表
индикатор влажности 湿度指示器
индикатор газа 气体指示器
индикатор границы прихвата колонны【钻】卡钻点指示器
индикатор давления 压力指示器
индикатор излучения 辐射指示器
индикатор колебаний 振动指示器
индикатор концентрации водородных ионов 氢离子指示器
индикатор крутящего момента 扭矩指示器
индикатор крутящего момента ротора【钻】转盘扭矩表
индикатор метана 甲烷指示器
индикатор мощности 功率表
индикатор нагрузки на буровой инструмент【钻】钻具压力指示器
индикатор объема бурового раствора в емкостях【钻】罐内钻井液体积指示器
индикатор перегрева 过热指示器
индикатор плотности и температуры бурового раствора【钻】钻井液温度与密度指示器
индикатор положения компенсатора бурильной колонны【钻】钻杆补偿器位置指示器
индикатор положения крюка【钻】大钩位置指示器
индикатор положения плашек противовыбросового превентера【钻】防喷器闸板位置指示器
индикатор точки росы 露点指示器
индикатор угла【钻】角度指示器
индикатор угла наклона плавающего основания【钻】海上浮式钻井平台倾斜角指示器
индикатор удельного веса 比重指示计
индикатор уровня буровых растворов【钻】泥浆液面指示仪
индикатор хода насоса【钻】泵冲程显示装置
индикаторный 指示的; 示踪的
индикаторная бумага【化】试纸
индикаторная диаграмма 指示图表
индикаторные лампочки 指示灯泡
индикатриса 特征曲线; 指示线; 指示表
индикация 指示, 表示, 显示
Индокитайский【地】南中国的
индол【地】吲哚, 氮茚
Индонезийская геосинклинальная область【地】印度尼西亚地槽区
Индонезия【地】印度尼西亚
индуктанц 电感, 电感系数
индуктивность【物】电感量
индуктивный 电感的, 感应的
индуктор 感应器; 电感器
индукционный 感应的
индукционный коэффициент 感应

И

系数
индукционное магнитное поле 感应磁场
индукционный метод 感应法
индукционная поляризация【测】感应极化; 激发极化法
индукционный сейсмометр【震】感应式地震仪
индукционный ток【测】感应电流
индукция 诱导, 归纳(法)【物】感应
инертность 惯性, 惰性
инертный 迟钝的, 不灵活的, 惰性的
инерционный 惯性的
инерционная сила 惯性力
инерционное ускорение 惯性加速度
инерция 惯(惰)性, 惯量
инжектор (форсунка)【钻】注入器, 喷嘴
инжекционный 注入的, 贯入的
инжекционная вода【采】注入水
инженер 工程师
главный инженер 总工程师
инженер по **АСУ** 自动控制工程师
инженер по бурению【钻】钻井工程师
инженер по буровому раствору【钻】钻井液工程师
инженер по глинистому раствору【钻】泥浆工程师
инженер прибора 仪表工程师
инженер-буровик【钻】钻井工程师
инженер-геолог【地】地质师; 地质工程师
инженер-гидравлик 水力工程师
инженер-испытатель【采】测试工程师
инженер-каротажник【测】测井工程师
инженер-конструктор 设计工程师
инженер-консультант 顾问师
инженер-коррозионист 防腐工程师
инженер-механик 机械工程师
инженер-монтажник 安装工程师
инженер-нефтяник 石油工程师
инженер-оператор 操作工程师
инженер-планировщик 计划工程师
инженер-пневматик 轮胎工程师; 气动师
инженер-промысловик【采】矿场工程师
инженер-разработчик【采】开发工程师
инженер-сантехник 卫生技术工程师
инженер-теплотехник 热力工程师
инженер-технолог 工艺师
инженер-технолог нефтеперерабатывающего завода【炼】石油处理厂工艺师
инженер-физик 物理师
инженер-химик 化学师
инженер-экономист 经济师
инженер-эксплуатационник【采】采油工程师
инженер-электрик 电力(气)工程师
инженер-энергетик 动力工程师
инженерный 工程的
инженерная геофизика【物】工程地球物理
инженерная конструкция 工程结构
инженерное обследование 工程调查
инженерная сейсмоакустика 工程地震声学
Иниканская свита【地】伊尼坎组(西伯利亚地台)

инициирование 引起, 引发, 造成, 引入

ИНК импульсный нейтронный каротаж【测】脉冲中子测井

инкарта (инструкционная карта) 操作说明卡片

инклинограмма【钻】侧斜曲线图, 井斜曲线图

инклинометр【钻】测斜仪

одноточечный инклинометр【钻】单点测斜仪

инклинометрия【测】孔斜测量, 井斜测量

инклинометрия скважины【测】井斜测量

инклюзия (включение) 包裹体

ИНК-С/О【测】碳—氧比测井

ИННК импульсивный нейтронейтронный каротаж【测】脉冲中子—中子测井

ИННК Иракская национальная нефтяная компания 伊拉克国家石油公司

ИННК Иранская национальная нефтяная компания 伊朗国家石油公司

ИНОЗ институт озероведения 湖泊学研究所

инсеквентный【地】斜向的

инсеквентная долина【地】斜向河谷

инсеквентная оползень【地】斜向滑动

инсеквентная речная сеть【地】河系, 河网

инспектор 检验员, 监督员

главный инспектор по бурению【钻】钻井总监

главный инспектор по испытанию【采】测试总监

главный инспектор по технике безопасности (ТБ) 安全总监

налоговый инспектор 税务监督

портовый инспектор 港口监督

страховой инспектор 保险监督

инспекция 监察, 检察; 检查机关, 监察机关

главная инспекция 总检查局

вышестоящая инстанция 上级检察机关

инспекция для товара 商品检验

инструктаж 说明书

оперативный инструктаж 操作说明书

технический инструктаж 技术说明书

инструкция 说明书; 规程, 规范, 细则, 手册

временная инструкция 试行规程

заводская инструкция 厂家说明书

противопожарная инструкция【安】防火规程

рабочая инструкция 工作须知

техническая инструкция 技术指南

технологическая инструкция 工艺规程

инструкция по обслуживанию 维护规程

инструкция по обслуживанию оборудования 设备维护说明

инструкция по эксплуатации 操作规程

инструкция по эксплуатации оборудования 设备使用说明书, 设备操作规程

инструмент 工具; 钻具

абразивный инструмент 研磨工具
аварийный инструмент 紧急备用工具
бурильный инструмент【钻】钻具
бурильный инструмент с лопастным долотом в комплекте【钻】刮刀钻头组合钻具
бурильный инструмент с шарошечным долотом в комплекте【钻】牙轮钻头组合钻具
вышечно-монтажный инструмент【钻】井架安装工具
ловильный инструмент【钻】打捞工具
ловильный инструмент для бурильных штанг【钻】打捞钻杆工具
ловильный инструмент для подъема оставшихся в скважине труб【钻】井下管柱打捞公锥
ловильный инструмент для захвата оставшегося инструмента за муфту【钻】接箍打捞工具
подъемный инструмент【钻】起下钻具
породоразрушающий инструмент【钻】破岩工具
ручной инструмент【钻】手动工具
слесарный инструмент【钻】钳工工具
сопровождающий инструмент 随机工具
спускной инструмент【钻】下放工具
фрезерный инструмент【钻】铣切工具
инструмент без долота【钻】光钻杆
инструмент для буровзрывных работ【钻】钻眼爆破工具
инструмент для демонтажа блока превентера【钻】防喷器拆卸工具
инструмент для извлечения уплотнительного устройства【钻】密封设备拔取工具
инструмент для испытаний противовыбросового превентера【钻】防喷器测试工具
инструмент для канатного бурения【钻】钢缆钻井工具
инструмент для ловли шарошек долота【钻】牙轮钻头打捞工具
инструмент для многократного применения 多次使用工具
инструмент для наклонного бурения【钻】斜钻工具
инструмент для опрессовки подвесной головки обсадной колонны【钻】套管悬挂器(头)试压工具
инструмент для очистки стенок обсадной трубы от твердого осадка【钻】套管壁固着物清除工具
инструмент для пневмоударного бурения【钻】气动顿钻工具
инструмент для подземного ремонта【钻】井下维修工具
инструмент для посадки унифицированного уплотнения【钻】成套密封器坐封工具
инструмент для разведки【地】勘探工具
инструмент для развинчивания бурильных труб【钻】钻杆拆卸(拧开)工具
инструмент для разрыва обсадных труб в скважине【钻】井下钻杆切割工具
инструмент для спуска и монтажа

【钻】下放与安装工具
инструмент для спуска и подвески хвостовика【钻】尾管下放与悬挂工具
инструмент для спуска и подъема водоотделяющей колонны【钻】水分离管柱升降工具
инструмент для спуска направляющей опорной плиты【钻】导向基座下放工具
инструмент для спуска подвесной головки обсадной колонны【钻】套管头悬挂器下放工具
инструмент для спуска подводного устьевого оборудования【钻】水下井口设备下放工具
инструмент для спуска уплотнительного узла【钻】密封圈下放工具
инструмент для спуска фонтанной арматуры【钻】井口装置下放工具
инструмент для ударного бурения【钻】顿钻工具
инструмент для установки надставки хвостовика【钻】尾管安装工具
инструмент для цементирования【钻】水泥固井工具
инструмент для циркуляции【钻】循环工具
инструмент для чистки забоя【采】井底净化工具
инструмент спуска-подъема【钻】提升工具
инструмент электрика 电工工具
инструктор 指导员
интеграл 积分
интегральный 积分的; 整体的, 完整的
интегратор 积分器, 求积仪
интеграция 累积, 积算; 积分法
интенсивность 强度
интенсивность волны 波强度
интенсивность горения 燃烧强度
интенсивность землетрясения【震】地震强度
интенсивность излучения 辐射强度
интенсивность изнашивания 破损强度
интенсивность импульса 脉冲强度
интенсивность искривления 弯曲强度
интенсивность испарения 蒸发强度
интенсивность магнитного поля【物】磁场强度
интенсивность отражения 反射强度
интенсивность притока жидкости к забою скважины【采】井底产液流动强度
интенсивность сигнала 信号强度
интенсивность сушки 干燥强度
интенсивность тока 电流强度
интенсивность трещиноватости【地】裂隙密度
интенсивность турбулентности 涡流(紊流)强度
интенсивность ударной волны 冲击波强度
интенсивность цуга【震】波列强度
интенсивность шума【震】噪音强度
интенсификация 强化, 紧张化, 加快
интенсификация добычи нефти【采】强化采油方法

интенсификация притока【采】强化增产措施
интервал 井段, 范围
временной интервал【震】时间段; 时间窗口
дискретный интервал 离散(分散)段
замкнутый интервал 封闭段
зацементированный интервал【钻】水泥固井段
испытываемый интервал【钻】测试井段
критический интервал 临界区间
необсаженный интервал【钻】裸眼井段
обводненный интервал【采】水淹井段, 含水井段
обсаженный интервал【钻】下套管井段
опробуемый интервал【钻】试油井段
продуктивный интервал【地】含矿层段, 产油(气)段
продуктивный газовый интервал【地】含气段
продуктивный нефтяной интервал【地】含油段
сплошной интервал【地】连续段
температурный интервал 温度区间
интервал бурения【钻】钻井段
интервал глубины【钻】井深度段
интервал диаметров【钻】直径范围
интервал изменений 变化范围
интервал импульсов 脉冲范围
интервал испытания【钻】测试层段
интервал концентрации 浓度范围
интервал между группами (интервал группирования)【震】道间距, 组距
интервал между изолиниями 等值线间距
интервал насыщения 饱和范围
интервал опробования【钻】试油层段
интервал осреднения 平均间隔, 平均间距
интервал отбора【钻】取样段
интервал отбора керна【钻】取心段
интервал перфорации【钻】射孔段
интервал сходимости 收敛区间
интервал температур 温度较差, 温差
интервал частот 频率范围
интервенция 干涉
интергранулярный (междузернистый)【地】粒间的
интерполирование 内插法
интерпретация 解释
геологическая интерпретация данных【地】资料地质解释
геологическая интерпретация, комплексная【地】综合地质解释
геофизическая интерпретация【测】地球物理资料解释
качественная интерпретация 定性解释
количественная интерпретация 定量解释
оперативная интерпретация【测】单井解释
сводная интерпретация【测】综合解释
сейсмическая интерпретация【震】地震解释
структурная интерпретация【震】

构造解释
интерпретация годографов【震】地震时距曲线解释
интерпретация головных волн【震】首波解释
интерпретация данных каротажа【测】测井数据解释
интерпретация данных поисковых работ【地】勘测资料解释
интерпретация данных электрокаротажа【测】电测资料解释
интерпретация диаграмм наклонометрии【钻】井斜曲线解释
интерпретация дифракционных картин【震】绕射图形解释
интерпретация каротажных диаграмм【测】测井曲线解释
интерпретация сейсмических данных【震】地震数据解释
интерпретатор 解释员
интерсертальный【地】填隙的, 孔隙充填的
интерфейс 分界面, (人机)交流界面; (电脑)接口
человеко-машинный интерфейс【震】人机交流界面
интерференционный 干涉的
интерференция 干扰
интерференция акустических волн【震】声波干扰
интерференция давления【采】压力干扰
интерференция кратных волн【震】多次波干扰
интерференция отраженных волн【震】反射波干扰
интерференция преломленных волн【震】折射波干扰
интерференция резонансов 共振干扰
интерференция скважин【采】井间干扰
интракласты【地】内碎屑(相对于экстракласты)
интрузив【地】侵入体
интрузивный【地】侵入的
интрузивная брекчия【地】贯入角砾岩
интрузивная залежь【地】侵入矿层
интрузивный жил【地】侵入脉
интрузивный лакколит【地】侵入岩盘
интрузия【地】侵入
несогласная интрузия【地】不整合侵入
пластовая интрузия【地】层状侵入
согласная интрузия【地】整合侵入
инфильтрат 渗入, 淋滤, 渗滤
инфильтрация【地】渗入作用, 淋滤作用, 渗滤作用
информация 信息
геологическая информация о недрах【地】矿产地质信息资料
инженерно-геологическая информация【地】工程地质信息; 工程地质资料
ИНФП изменение направления фильтрационных потоков 渗流方向变化
инфракрасный 红外的
инфракрасный луч 红外线
инфракрасная область 红外区
инфракрасная спектроскопия 红外光谱

инфраструктура 基础设施，公共设施【地】深部构造，下部构造
газотранспортная инфраструктура【储】天然气运输地面设施
комплексная инфраструктура 综合设施
инфраструктура промысла【采】油气田基础设施
инфузия【地】浸出
инъекция【地】贯入；贯入体【钻】灌浆，灌入(混凝土)
иод【化】碘(I)
иодат【化】碘酸盐
иодид【化】碘化物
иодирование【化】碘化作用
иодистый【化】碘化的
иодоформ【化】三碘甲烷(碘仿)
ион【化】离子
атомарный ион【化】单原子离子
биполярный ион【化】双极性离子
гидратированный ион【化】水合离子
гидроксильный ион【化】氢氧根离子
кислотный ион【化】酸性离子
комплексный ион【化】复离子；络离子
молекулярный ион【化】分子型离子
ионизация 电离
ионный 离子的
ионообмен【化】离子交换
ионосфера 电离层
ИП Индийская плита【地】印度板块
ИП информационный пункт 信息站
ИП испытание пластов【采】地层测试
ИПС информационно-поисковая система 信息检索系统
ИПТ испытатель пластов на трубах 随钻杆地层测试仪
ИР индукционный резистивиметр 感应电阻计
Ирак【地】伊拉克
Иракский【地】伊拉克的
Иран【地】伊朗
Иранский【地】伊朗的
иридий【化】铱(Ir)
иризация 晕彩；虹彩
иррегулярный 不规则的
ирригация 灌溉，水利
Иртыш【地】额尔齐斯河
ИС интерпретирующая система 解释系统
ИС информационная система 信息系统
ИСЗ искусственный спутник Земли 人造地球卫星
искажение 畸变
гармоническое искажение 谐波畸变，谐波失真
допустимое искажение 允许畸变
фазочастотное искажение【震】相位频率畸变
искажение амплитуды【震】振幅失真；振幅畸变
искажение годографов【震】时距曲线畸变
искажение импульса 脉冲畸变
искажение профиля【地】剖面畸变
искажение сигналов 信号畸变
искажение угла 角畸变
искажение формы волны【震】波

形畸变
исключение 排除; 取消; 除去; 消除
искомый 未知的
искомый параметр 未知参数
искомое число 未知数
ископаемое【地】矿产
органическое ископаемое【地】有机矿产
полезное ископаемое【地】矿产; 有用矿物
рудное ископаемое【地】金属矿产
ископаемый【地】古生的, 化石的; 矿产的, 矿物的; 化石(包括 остатки и следы；同 окаменелость, фоссилия)
руководящие ископаемые【地】(地质剖面)主控化石
ископаемая (реликтовая) вода【地】封存水, 封闭水; 古残余水
ископаемые фауна и флора【地】动植物化石
искривильщик【钻】定向人员
искривление【钻】弯曲, 变形定向调整
искривление скважины【钻】钻孔弯曲, 井斜
искривление ствола скважины, азимутальное【钻】井眼方位上弯曲
искривление ствола скважины, допустимое【钻】允许井眼弯曲
искривление ствола скважины, естественное【钻】正常井眼弯曲
искривление ствола скважины, зенитное【钻】井眼水平方向弯曲
искусственный 人工的
искусственное заводнение【采】人工注水
искусственный камень 人造石
искусственная классификация 人工分类
искусственный метод добычи【采】人工开采法
искусственный минерал 人造矿物
использование 利用
рациональное использование газа 合理利用天然气
испарение【化】蒸发
поверхностное испарение 表面蒸发
ретроградное испарение 反蒸发
испарения воды 水蒸发
испарения под уменьшенным давлением 降压蒸发
испаритель 汽化器, 蒸发器
испорченный 损坏的
исправитель 矫正器
исправить стрелку в нулевое положение 指针归零
исправление 修正, 校正
исправление искривленных скважин【钻】弯曲井眼的矫正, 弯曲井眼纠斜
испытание 试验【采】测试
полевое испытание【震】野外现场试验
эксплуатационное испытание【采】试采; 试生产
испытание бетона на подвижность 混凝土流动性试验
испытание в колонне【钻】套管内测试
испытание в открытом стволе【钻】裸眼井测试
испытание в процессе бурения【钻】随钻测试

испытание метала на разрыв 金属拉力试验
испытание на безопасность 安全测试
испытание на вязкость【钻】黏度测试
испытание на герметичность【钻】密封试验, 密封性测试
испытание на гидратацию 水合作用测试
испытание на деформацию 变形测试
испытание на изоляцию 绝缘测试
испытание на изгиб 弯折试验
испытание на коррозию медной пластинки【钻】铜板锈蚀试验
испытание на огнеупорность 耐火性实验
испытание на пористость【地】孔隙度测量
испытание на расход【采】流量测试
испытание на ток 电流试验
испытание на удар 撞击试验
испытание пластов【钻】地层测试
испытание поверхностных условий【震】地表条件试验
испытание под давлением【采】带压测试
испытание под нагрузкой 负重试验
испытание под напряжением 应力试验
испытание при высокой температуре 高温试验
испытание при пуске【采】投产测试
испытание продувкой【采】吹扫测试
испытание продуктивных горизонтов в скважине【钻】产层测试
испытание скважины【钻】单井测试
испытание ударности 冲击试验
испытатель【钻】测试仪
поинтервальный испытатель【钻】分段测试仪
испытатель герметичности обсадной колонны【钻】套管密封性测试仪
испытатель нефтеносного пласта【钻】含油层测试仪
испытатель пластов, гидравлический【钻】液压式地层测试仪
испытатель пластов, гидропружинный【钻】流体弹性地层测试仪
испытатель пластов, механический【钻】机械地层测试仪
испытатель пластов многократного действия【钻】多次使用地层测试仪
испытатель пластов на геофизическом кабеле【钻】测井电缆式地层测试仪
испытатель пластов с двумя пробоотборных камер【钻】双取样器地层测试仪
испытатель пластов с опорным якорем【钻】固定式地层测试仪
испытатель пластов, спускаемый на бурильной колонне【钻】钻柱投放地层测试仪
испытатель пластов, управляемый давлением【钻】压力控制地层测试仪
исследование 研究; 调查

геологическое исследование【地】地质调查
геолого-геофизическое исследование【测】地质与地球物理研究, 测井与录井研究
геолого-промысловое исследование【钻】现场地质研究, 矿场地质研究, 油田地质研究
геолого-технологическое исследование скважины (ГТИ)【钻】地质录井
геолого-технологическое исследование скважины в процессе бурении【钻】钻井过程地质录井
геофизическое исследование скважин (ГИС)【测】地球物理测井
гидродинамическое исследование 流体动力学研究
гидрологическое исследование нефтяных горизонтов【采】油层水文条件研究
гравиметрическое исследование【物】重力测量, 重力调查
инженерно-геологическое исследование【地】工程地质勘查
инженерно-сейсмологическое исследование【震】工程地震研究
качественное исследование 定性研究
количественное исследование 定量研究
лабораторное исследование 实验室研究
научное исследование 科学研究
обломочное геологическое исследование【钻】岩屑地质录井
полевое исследование【地】野外勘查
прикладное исследование 应用研究
промысловое исследование【测】矿场研究, 采油(气)研究
промысловое исследование, геофизическое【测】矿场地球物理研究(测井)
радиометрическое исследование 放射性测量研究
сейсмометрическое исследование【震】地震测量研究
теоретическое исследование 理论研究
электрометрическое исследование【测】电测研究
исследование бурового раствора【钻】泥浆研究
исследование буровой скважины, газогидродинамическое【钻】气体动力学研究钻井
исследование буровой скважины, гидродинамическое【钻】流体动力学钻井研究
исследование буровой скважины методом подкачки【钻】抽油法研究钻井
исследование буровой скважины при неустановившемся притоке【钻】非稳定流研究钻井
исследование буровой скважины при установившемся притоке【钻】稳定流研究钻井
исследование буровой скважины, термодинамическое【钻】热动力学研究钻井
исследование взаимодействия скважин【采】井间干扰研究; 井间影

响研究
исследование дебита фонтанирующей скважины【采】自喷井产量研究
исследование коллекторских свойств пласта【地】地层储集性研究
исследование кривизны скважины【钻】井斜研究
исследование нефтегазопризнаков【地】油气苗研究; 油气显示研究
исследование образцов породы【地】岩样研究
исследование пласта【地】地层研究
исследование пласта-коллектора【地】储层研究
исследование продуктивности пласта【地】产层研究
исследование режима бурения в скважине【钻】钻井制度研究
исследование фильтрационных свойств бурового раствора【钻】钻井液渗流特性研究
исследователь 勘测者
Иссык-Куль【地】伊塞克湖
истечение 流出, 排出
истечение срока действия (合同)有效期满
истинный 真的
истинный азимут 真方位角
истинная аномалия 真异常
истинное значение 真值
истинное извлечение 实际回收率
истинная мощность пластов【地】地层真厚度
истинное напряжение 实际应力
истинный раствор 真溶液
истинная скорость 真速度
история 历史
геологическая история 地史
история добычи【采】生产历史
история осадконакопления【地】沉积充填史
история формирования структур【地】构造形成史
источник(и) 源; 泉水
альтернативный источник **УВ**【地】烃类替代能源
вибрационный источник【震】可控震源
гипертермический источник【地】高温温泉
запасной источник 备用电源
каротажный источник【测】测井放射源
переменный источник промышленной частоты 工频变频电流
пневматический источник 气源
радиоактивный источник【测】放射源
субаквальный (подводный) источник【地】水下泉眼
источник взрыва【震】炸药震源
источник водоснабжения 水源地
источник возбуждения【震】激发震源
источник возмущения 干扰源
источник волн-помех【震】波干扰源
источник гидроэнергии 液压动力源
источник излучения【测】放射源
источник излучения радиоактивного каротажного зонда【测】放射性测井放射源

И

источник информации 信息源
источник питания 电源
источник поставки природного газа 【储】供气源地
источник сноса 【地】沉积物供给区; 沉积物物源区
истощение 枯竭, 耗损, 衰竭
истощение пластового давления 【采】油层压力枯竭
истощение дебита скважины 【采】井产量枯竭
истощенное месторождение 【采】已枯竭油气田
Исфаринский ярус 【地】伊斯法林阶(中亚, 始新统)
исходный 原始的
исходные данные 原始资料, 原始数据
исходный материал 原始资料
исходное состояние, напряженное 【地】原始应力状态
исходя из мирового опыта 纵观世界经验
ИТ источник тока 电源
ИТБ инструкция по технике безопасности 【安】安全技术守则
итог 结果; 总结; 结局
итого 总计, 合计
ИТР инженерно-технический работник 工程技术工人
итерация 迭代
ИУС информационноуправляющая система 信息管理系统
ИФА Институт физики атмосферы 大气物理学研究所
ИФБ инвестиционно-фондовый банк 投资银行
ИФиП институт финансов и права 金融和法律研究所
ИФК инвестиционно-финансовая компания 投资金融公司
ИЦ информационный центр 试验中心
ИШ измерительная шайба 【采】计量孔板
ИЭД импульсный электромагнитный двигатель 电磁脉冲发生器

Й

йод 【化】碘(I)
йодирование 【化】碘化
йодистый 【化】碘化物的; 含碘的

К

к. кулон 库仑(电量单位)
КАБ Коммерческий акционерный банк 商业股份银行
кабель 电缆

К

высокоподвесной кабель【钻】高架电缆
заземленный кабель【安】接地电缆
многожильный кабель【钻】多股电缆
одножильный кабель【钻】单股电缆
силовой кабель 电力电缆, 动力电缆
кабель высокого напряжения 高牵引力电缆; 高(电)压电缆
кабель связи 通信接口
кабестан 钻盘; 绞锚盘; 扬锚机
кабина 室; 驾驶室
кабина бурильщика【钻】司钻室
кабина для охраны 门卫室
кабина помощник-бурильщика【钻】钻台偏房
каварьер 土堤
каверна【地】(岩石)孔洞, 洞穴
каверна в отложениях каменной соли【地】盐层孔洞
каверна вымывания【地】冲刷洞穴
каверна выщелачивания【地】淋滤洞穴
каверна-газохранилище【储】储气洞穴
каверна-нефтехранилище【储】储油洞穴
каверна-хранилище【储】储存洞穴
каверна-хранилище в отложениях каменной соли【储】盐层内储存洞穴
каверна-хранилище для сжиженного нефтяного газа【储】液化石油气储存洞穴
кавернограмма【测】井径曲线
кавернозность 孔洞性
кавернозность ствола скважины【钻】最大井眼直径(大肚子); 井径
кавернозный (пещеристый) 孔洞的, 溶洞的
каверномер【测】井径仪
механический каверномер【测】机械井径仪
пружинный каверномер【测】弹簧井径仪
раскрывающийся каротажный каверномер【测】展开式井径仪
ультразвуковой каверномер【测】超声波井径仪
кавернометрия【测】井径测量
кавернометрия скважины【测】井径测量
кавернообразование【钻】扩(井)径, 形成大肚子
кавернообразование за счет растворения солей【钻】盐溶扩(井)径, 盐溶形成大肚子
кавитация 空化, 空穴现象
Кавказит 高加索人
кадастр 地籍图; 河流志; 地质图; 登记, 注册; 调查手册
государственный кадастр месторождений полезных ископаемых 国家矿床登记
кадка 槽, 桶
кадмиевый 镉的
кадмий【化】镉(Cd)
кадмирование 镀镉
кажущийся 视的, 假的
кажущаяся масса шара 球体视质量
кажущаяся плотность 视密度
кажущееся сопротивление 视电阻
кажущийся угол наклона【地】视

倾角

кажущийся угол оптических осей【地】假光轴角

кажущийся удельный вес【物】视比重

кажущееся удельное сопротивление 视电阻率

Казанский【地】喀山的

Казанский ярус【地】喀山阶(俄罗斯地台,二叠系)

Казахстано-Алтайская складчатая область【地】哈萨克斯坦—阿尔泰褶皱区

Казахстано-Северно-Тяньшаньская складчатая область【地】哈萨克斯坦—北天山褶皱区

казеиновый клей 乳胶

кайма 边缘

кайновулканический (неовулканический)【地】新火山的

кайнозоид【地】新生代褶皱带

кайнозой【地】新生界(代)

Кайнозойская эра【地】新生代

Кайнозойская эратема (группа)【地】新生界

кайнолит (кайнолот)【地】新喷出岩

калач U形管

каледониды【地】加里东构造带,加里东褶皱带

Каледонский【地】加里东期的

Каледонское горообразование【地】加里东期造山运动

Каледонская складчатость【地】加里东褶皱作用

Каледонский цикл тектогенеза【地】加里东期构造旋回

кали【化】氧化钾

калибр【钻】通径规; 扣规, 量规, 打捞对口接头

кольцевой калибр【钻】环形规

трубный калибр【钻】管形量规

цилиндрический калибр【钻】圆柱塞规

калибратор【钻】扶正器, 标定器, 校准器

калибрирование (калибровка) 校准, 标定

калибрирование прибора 仪器标定

калибрирование чувствительности 灵敏度校准, 灵敏度标定

калибрированный 标定的, 校准的

калибрированное значение 标定值

калибрированный сейсмограф【震】标定地震仪

калибромер【钻】线规, 测径规, 卡规; 井径仪

калибр-пробка【钻】塞规

калий【化】钾(K)

азотнокислый калий【化】硝酸钾

бромистый калий【化】溴化钾

едкий калий【化】苛性钾

иодистый калий【化】碘化钾

марганцовокислый калий (марганцовка)【化】高锰酸钾

сернокислый калий【化】硫酸钾

углекислый калий【化】碳酸钾

фтористый калий【化】氟化钾

хлористокислый калий【化】亚氯酸钾

хлористый калий【化】氯化钾

хлорноватокислый калий【化】氯酸钾

хлорнокислый калий【化】高氯酸钾

Калинская свита【地】卡林组(阿

塞拜疆, 上新统)
калорийность【物】含热量, 热值
калорифер 热风机
калория【物】卡(热量单位)
калькирование 描图
калькуляция 成本核算
кальцеустойчивость 抗钙能力
кальций【化】钙(Ca)
сернокислый кальций【化】硫酸钙
углекислый кальций【化】碳酸钙
хлористый кальций【化】氯化钙【钻】氯化钙泥浆加重剂
кальцирудит【地】砾屑石灰岩
кальцит【地】方解石
Кама【地】卡马河
камедь【化】树脂
каменноугольный【地】石炭纪(系)的
каменный【地】岩石的, 石质的
каменный лес【地】石林(喀斯特地貌)
каменный поток (курумы)【地】石海; 碎石流
каменная соль【地】岩盐
камень【地】(岩)石; 宝石
бутовый камень 水泥砂浆毛石
драгоценный камень【地】贵重宝石
камера 照相机; 摄影机; 摄像机; 室【炼】炉膛
воздушная камера【钻】空气包
воздушная камера сцепления【钻】离合器气囊
гидравлическая камера【钻】泵室(液压室)
грязевая камера【钻】泥浆房
декомпрессионная камера 减压室
замерная камера【采】计量室
клапанная камера【采】阀室
компрессионная камера【采】压缩机房
нагнетательная камера【采】增压房
насосная камера【采】泵室
осадительная камера【钻】沉淀室
отстойная камера【钻】沉降室
подогревательная камера【采】预热室
приемная камера【钻】接收室
сепараторная камера【采】分离室
скважинная телевизионная камера【采】井场在线监控室
смесительная камера【钻】搅拌室
камера горения 燃烧炉膛
камера для запуска скребков【储】清管器发送室, 发清管器装置
камера для контроля 控制房
камера для приема скребков【储】清管器接收室, 收清管器装置
камера для пробы 样品室
камера дробления 破碎房
камера замещения 置换室
камера смешения【钻】混合室
камера сушки 干燥室
камера электроподстанции 配电室
Кампанский ярус【地】坎潘阶(白垩系)
камфара 樟脑
камы 圆形或椭圆形小丘
канава 沟槽【地】探槽
водоотливная канава 排水沟
дренажная канава【钻】排污沟
канавка 小沟, 沟【钻】油槽
водоотводная канавка【钻】排水沟
канавокопатель 挖壕机, 挖沟机
Канада【地】加拿大
канал 通路, 通道【地】(岩石颗粒

间连接孔隙)孔道(同проток)
водоотводящий канал【钻】排水沟
грязевой канал【钻】泥浆槽沟
дренажный канал【采】排油通道
капиллярный канал【地】毛细管通道
масляный канал【钻】注油槽, 油路
перфорационный канал【钻】射孔通道
подземный канал【采】地下管道
приливно-отливной канал【地】潮道
сейсмический канал【震】地震道(采集测线)
сейсмозаписывающий канал【震】地震记录道
трубный канал【采】管路
канал астеносферы【地】软流圈通道
канал регистрации【震】记录道
канализация 给排水管道, 管道系统; 下水管道, 排水设施
канат (粗)绳【钻】钢丝绳
анкерный канат【钻】锚绳
буровой канат【钻】钻井缆绳
буровой канат, стальной【钻】钻井钢丝缆绳
мертвый канат【钻】死绳
натяжной канат【钻】牵引绳
пенковый канат 粗麻绳
талевый канат【钻】提升缆绳
ходовой канат【钻】活绳
канат для безопасной катушки【钻】猫头绳
канат катушки【钻】猫头绳
канатодержатель【钻】钢丝绳夹持器
канистра【储】燃油箱, 加油桶
канифоль 松香
канюля в емкости【钻】罐上的插管
каолин【地】高岭土
КАП алмазная порошковая коронка【钻】金刚石粉末钻头
капилляр 毛细管
капиллярность【地】毛细管现象, 毛细管作用
капиллярный【地】毛细管的
капитал 资本(金)
капитализация 资本化
капиталовложение 投资
капремонт (капитальный ремонт скважин)【钻】大修井
капсула【钻】胶囊
капсюль 雷管, 爆管
каптаж подземных вод 地下水引水工程
Карагинский остров【地】卡拉金岛
Каракуль【地】喀拉湖
Каракум【地】卡拉库姆沙漠
карась 铆台
карат 克拉(宝石的重量单位)
карбазол【化】氮(杂)芴, 卡唑
карбены【化】碳烯, 碳质沥青
карбид【化】碳化物
карбид бора【化】碳化硼
карбид железа【化】碳化铁
карбид кальция【化】碳化钙, 电石
карбидовый【化】碳化的, 碳化物的
карбинол【化】甲醇
карбоиды【地】焦沥青, 油焦质, 煤状沥青
карбоксил (-COOH)【化】羧基
карбоксиметилцеллюлоза【钻】

К

羧甲基纤维素(用于泥浆)
карбомид【化】尿素
карбон (каменноугольная система или период)【地】石炭纪(系)
карбонат【化】碳酸盐
карбонат бария【化】碳酸钡
карбонат железа【化】碳酸铁
карбонат кальция【化】碳酸钙
карбонат цинка【化】碳酸锌
карбонатизация【地】碳酸盐化
карбонатность【地】碳酸盐含量
карбонизация【地】碳化作用
карбонил【化】羰基
карбонит【地】自然焦(炭)
карбюрация【化】汽化作用
кардан【钻】万向轴, 万向节, 万向接头
каретка 滑座, 滑架, 滑鞍, 拖板
каретка глубинного манометра【采】井下压力计托架
каретка для спуска трубопровода на воду【储】水下投放管道托架
каретка талевого блока【钻】滑轮滑动导向架
карклазит【地】白土, 陶土, 高岭土
каркас 骨架, 构架, 框架【钻】机架, 骨架
стальной каркас【钻】钢架(骨架, 构架)
каркас силовой части【钻】动力端机架
каркас-контейнер 框架, 箱状支架
карман 室; 口袋
рудный карман【地】矿巢
карман для насосов【钻】泵房
карман забоя【钻】井底口袋
карналлит【地】光卤石
карниз【地】房檐, 飞檐; 悬崖
соляной карниз【地】盐帽檐
каротаж【测】测井
активационный каротаж【测】活化测井
акустический каротаж (АК)【测】声波测井
акустический каротаж, волновой (**ВАК**)【测】阵列声波测井
акустический каротаж двухэлементным зондом【测】双电极声波测井
акустический каротаж для контроля цементирования (**АКЦ**)【测】水泥胶结质量评价声波测井
акустический каротаж зондом большой длины【测】长源距声波测井
акустический каротаж, компенсированный【测】补偿声波测井
акустический каротаж, многорядный【测】多阵列声波测井
акустический каротаж по затуханию【测】声波衰减测井
акустический каротаж по скорости【测】声波速度测井
акустический каротаж регистрации фазокорреляционных диаграмм (**ФКД**)【测】相位对比声波测井
акустический каротаж с компенсацией влияния скважины【测】井干扰补偿声波测井
акустический каротаж трехэлементным зондом【测】三电极声波测井
акустический каротаж, широкополосный【测】宽频带声波测井
боковой каротаж (**БК**)【测】侧向测井

боковой каротаж, двойной【测】双侧向测井
боковой каротаж, двухзондовый【测】双电极侧向测井
боковой каротаж, 3-электродный (БК_3)【测】三侧向测井
боковой каротаж, 7-электродный (БК_7)【测】七侧向测井
боковой каротаж 9-электродный (БК_9)【测】九侧向测井
брон-нейтронный каротаж【测】布朗中子测井
брон-нейтронный каротаж в необсаженном стволе【测】裸眼井布朗中子测井
брон-нейтронный каротаж в обсаженном стволе【测】过套管布朗中子测井
высокочастотный электромагнитный каротаж【测】高频电磁测井
газовый каротаж【钻】气测
газовый каротаж в процессе бурения (ГК_ПБ)【钻】随钻气测
газовый каротаж после бурения (ГКПБ)【钻】完钻气测
газовый каротаж после испытания【钻】测试后气测
газовый каротаж после спуска бурового инструмента【钻】下钻具后气测
гамма-каротаж (ГК)【测】伽马测井
гамма-каротаж, естественный【测】自然伽马测井
гамма-каротаж, импульсный нейтронный【测】脉冲中子伽马测井
гамма-каротаж, интегральный【测】联合伽马测井
гамма-каротаж, кислородно-активационный нейтронный (КАНГК)【测】氧活化中子伽马—伽马测井
гамма-каротаж, нейтронный (НГК)【测】伽马中子测井
гамма-каротаж, спектрометрический (СГК)【测】伽马能谱测井
гамма-гамма-каротаж (ГГК)【测】伽马—伽马测井
гамма-гамма-каротаж, литологический (ГГК-Л)【测】伽马—伽马岩性测井
гамма-гамма-каротаж, плотностной (ГГК-П)【测】密度伽马—伽马测井
гамма-гамма-каротаж, селективный (ГГК_С)【测】选择伽马—伽马测井
гамма-гамма-каротаж цементирования (ГГК-Ц)【测】水泥胶结伽马—伽马测井
геотермический каротаж【测】井温测井
геофизический каротаж【测】地球物理测井
геохимический каротаж【测】地球化学测井
гравиметрический каротаж【测】重力测井
диэлектрический каротаж (ДК)【测】介电测井
диэлектрический каротаж, волновой (ВДК) 波列介电测井
диэлектрический каротаж, емкостный (ЕДК)体积介电测井
изобразительный каротаж (имиджи)【测】成像测井
индукционный каротаж (ИК)

К

【测】感应测井

индукционный каротаж, высокоточный【测】高精度感应测井

индукционный каротаж, двухзондовый【测】双电极感应测井

индукционный каротаж, двухфазовый【测】双相感应测井

индуктивный каротаж, диэлектрический (ИДЭК)【测】介电感应测井

интервальный каротаж【测】分段测井

комплексный каротаж【测】组合测井

литолого-плотностной каротаж【测】岩性密度测井

люминесцентный каротаж【测】荧光测井

магнитный каротаж【测】磁测井

магнитоэлектрический каротаж【测】电磁测井

механический каротаж (МЕХ_К)【测】机械测井(钻时和钻速)

микробоковой каротаж (МБК)【测】微侧向测井

микробоковой каротаж со сферической фокусировкой тока【测】微球聚焦侧向测井

микросферический фокусированный каротаж【测】微球聚焦测井

нейтрон-нейтронный каротаж (ННК)【测】中子—中子测井

нейтрон-нейтронный каротаж, импульсный【测】脉冲中子—中子测井

нейтрон-нейтронный каротаж по тепловым нейтронам【测】热中子—中子—中子测井

нейтронно-активационный каротаж быстрыми нейтронами (НАКБН)【测】快中子—中子活化测井

нейтронно-активационный каротаж тепловыми нейтронами (НАКТН)【测】热中子—中子活化测井

нейтронный каротаж (НК)【测】中子测井

нейтронный каротаж, активационный【测】活化中子测井

нейтронный каротаж, импульсный【测】脉冲中子测井

нейтронный каротаж с компенсацией влияния водородосодержания, импульсный (ИНКК)【测】氢离子补偿脉冲中子测井

нейтронный каротаж, компенсированный【测】补偿中子测井

нейтронный каротаж, компенсированный по тепловым нейтронам (КНТ)【测】热中子补偿中子测井

нейтронный каротаж, компенсированный по надтепловым нейтронам (СНГК)【测】超热中子补偿中子测井

нейтронный каротаж, с различным расстоянием между источником нейтронов и индикатором излучениями【测】多源距中子测井

низкочастотный дипольный каротаж【测】低频偶极子测井

одноэлектродный каротаж【测】单电极测井

плотностной каротаж【测】密度测井

плотностной каротаж, компенсированный【测】补偿密度测井

радиоактивный каротаж (РК) 【测】放射性测井
рентгенорадиометрический каротаж (РРК)【测】伦琴放射性测井
сейсмический каротаж【测】地震测井
спектрометрический каротаж 【测】放射性能谱测井
спектрометрический каротаж по кислороду【测】氧同位素能谱测井
спектрометрический каротаж по углероду【测】碳同位素能谱测井
спектрометрический каротаж по хлору【测】氯同位素能谱测井
стандартный каротаж【测】标准测井
фотоэлектрический каротаж (ФЭК) 【测】电成像测井
электрический каротаж (ЭК)【测】电测井
электролитический каротаж【测】电解质测井
эпизодический каротаж【测】间断测井, 随机测井
ядерно-магнитный каротаж (ЯМК) 【测】核磁测井
каротаж ближней зоны【测】近源距测井
каротаж в необсаженном стволе 【测】裸眼井测井
каротаж в обсаженном стволе 【测】过套管测井
каротаж глинистого раствора 【钻】泥浆测井
каротаж градиента поля самопроизвольной поляризации【测】自然电位梯度测井
каротаж истинных сопротивлений 【测】真电阻率测井
каротаж магнитной восприимчивости【测】磁化率测井
каротаж методом измерения времени термического распада【测】热衰减时间法测井
каротаж методом захвата импульсных нейтронов【测】捕获脉冲中子测井
каротаж методом кажущегося сопротивления【测】视电阻率测井
каротаж механической скорости проходки【测】钻井速度机械测井
каротаж микрозондом【测】微电极测井
каротаж микросканера【测】微成像测井
каротаж окислительно-восстановительных потенциалов【测】氧化—还原电位测井
каротаж по выбуренной породе 【测】岩屑录井
каротаж по методу радиоактивных изотопов【测】放射性同位素测井
каротаж по методу сопротивления 【测】电阻率法测井
каротаж пористости【测】孔隙度测井
каротаж потенциалов самопроизвольной поляризации (СП) 【测】自然电位测井
каротаж проводимости【测】电导率测井
каротаж, проводимый с целью определения продуктивности пласта 【测】确定地层含油气性(含矿性)测井

каротаж по шламу (**КШ**)【测】岩屑录井
каротаж скорости, непрерывный【测】连续速度测井
каротаж сопротивления (**КС**)【测】电阻率测井
каротаж сопротивления с высокой разрешающей способностью【测】高分辨电阻率测井
каротаж с пользованием фокусировки тока【测】电流聚焦测井
каротаж с целью оценки пористости【测】孔隙度评价测井
каротаж магнитной восприимчивости (**КМВ**)【测】磁化率测井
каротаж магнитного поля (**КМП**)【测】磁场测井
каротажник【测】测井解释人员
каротажный【测】测井的
каротажная аппаратура【测】测井仪器
каротажные данные【测】测井数据资料
каротажная диаграмма【测】测井曲线图
каротажный зонд【测】测井电极, 测井探头
каротажная информация【测】测井信息
каротажная кривая【测】测井曲线
каротажная лебедка【测】测井绞车
каротажный материал【测】测井资料
каротажный микрозонд【测】测井微电极
каротажная палетка поправок【测】测井校正图版
каротажный прибор【测】测井仪
каротажный профиль【测】测井剖面
каротажное регистрирующее устройство【测】测井记录装置
каротажный сигнал【测】测井信号
каротажная система【测】测井技术流程
каротажная служба【测】测井服务
каротажный фокусированный зонд【测】聚焦测井电极
каротажный фоторегистратор【测】测井成像记录仪
каротажная установка【测】测井设备
Карпатское предгорье【地】喀尔巴阡山麓
карры【地】岩溶石峰, 石林
Карское море【地】喀拉海
карст【地】喀斯特, 岩溶
карстовый【地】岩溶的
карстовая вода【地】岩溶水
карстовая воронка【地】岩溶漏斗
карстовая котловина【地】岩溶凹地
карстовый ландшафт【地】岩溶地貌
карстовый провал【地】岩溶漏斗, 岩溶塌坑
карстовая пустота【地】岩溶空洞
карстовая топография【地】喀斯特地形
карстообразование【地】喀斯特形成作用
карта 图
аэромагнитная карта 航磁图
батиметрическая карта 水深图
бланковая карта 边缘图, 边界图; 示意图
временная карта【震】时间图

геологическая карта【地】地质图
геологическая карта нефтяного месторождения【地】油田地质图
геолого-фациальная карта【地】地质—沉积相图
геоморфологическая карта【地】地形图
геофизическая карта【物】地球物理参数图
гидрогеологическая карта【地】文水地质图
гидрохимическая карта 水文化学图
гипсометрическая карта【地】等高线地形图
дорожная карта 道路图
изомагнитная карта 等磁图
инженерно-геологическая карта【地】工程地质图
крупномасштабная карта 大比例尺图
литологическая карта【地】岩性图
литолого-палеогеографическая карта【地】岩相古地理图
металлогеническая карта【地】金属矿产图
обзорная карта 示意图
ориентировочная карта 方位图
палеобатиметрическая карта【地】古等深线图
палеогеографическая карта【地】古地理图
палеогеологическая карта【地】古地质图
палеогидрогеологическая карта【地】古水文地质图
палеотектоническая карта【地】古大地构造图
пластовая карта【地】岩层分布图
площадная карта 平面图
подземная структурная карта【地】地下构造图
полевая карта【地】野外图
прогнозная карта【地】预测图
региональная карта【地】区域图
рельефная карта【地】地形图
синоптическая карта 气象学图
структурная карта【地】构造图
схематическая карта 示意图
тектоническая карта【地】大地构造图
топографическая карта【地】地形测量图
фациальная карта【地】沉积相图
фациально-палеогеографическая карта【地】沉积相古地理图
хронометражная карта 测时记录表, 时间表
цифровая карта 数字化图
карта бурения【钻】钻井图
карта в горизонталях【地】等高线图; 等值线图
карта вектора 向量图
карта ветров 风向图
карта газового фактора【采】气油比曲线图
карта геологических формаций【地】地质建造图
карта естественных потенциалов【测】自然电位图
карта изобар 等压力图
карта изогон【地】等磁偏线图; 等方位线图
карта изолиний мощности (карта изохоры)【地】等厚图
карта изохрон【震】等时间图
карта каротажа глинистого раствора

К

【钻】泥浆测井图
карта кратности наблюдений【震】观测次数图
карта месторождения【地】油气田图
карта мощностей【地】厚度图
карта начальных дебитов【采】原始产量图
карта новейшей тектоники【地】新构造运动图
карта перспектив нефтегазоносности【地】含油气前景图
карта песчанистости【地】含砂率图
карта полезных ископаемых【地】矿产图
карта равных газовых факторов【采】等油气比图
карта равных коэффициентов продуктивности【采】等产油率图
карта равного нефтесодержания【地】等含油量图
карта равных пластовых давлений【地】等地层压力图
карта равной пористости【地】等孔隙度图
карта равных проницаемостей【地】等渗透率图
карта разработки месторождения【采】油气田开发图
карта районирования【地】分区图
карта расположения скважин【钻】井位分布图
карта распределения осадков【地】沉积分布图
карта сейсмофаций【震】地震相图
карта сопротивлений【测】电阻率图
карта схождения 等垂距线图, 等间距图
карта тектонического районирования【地】大地构造分区图
карта технологического процесса 工艺图
карта фаций【地】沉积相图
карта фондов скважинных точек【钻】井位分布总图
карта четвертичных отложений【地】第四系沉积图
карта-врезок 插图, 附图
картер 曲轴箱
картирование 制图, 填图
геологическое картирование【地】地质填图
структурное картирование【地】构造制图
картограмма 图解, 统计图
картография 制图学
картопостроение (用解释资料)成图, 编图
картосоставление 编图
карточка 卡片
картридж 墨盒
карьер 挖土场, 取土场【地】露天采矿场
кары【地】冰斗
каска 安全帽
каскад 急滩; 级联, 串联
Каспийское море【地】里海
касса 收款处
кассир 出纳员
катагенез【地】岩石期后作用, 成岩后期作用
Катазиатский【地】华夏(式)的
катазона【地】深变带(>10km)
катаклаз【地】压碎, 破裂
катаклазит【地】碎裂岩(断层角砾

К

岩)
катализатор активный【化】活性催化剂
катализ【化】催化作用
каталог 索引目录
катаморфизм【地】分化变质, 破碎变质
катанка 盘条; 线材
Катар【地】卡塔尔
катархей【地】冥古代
катасейсма【震】向震源
катастрофа 灾变; 灾难; 失事
катастрофизм 灾变论
катастрофический 灾变的, 灾害的
категория 级别, 等级; 范畴
категория взрывобезопасности 防爆等级
категория запасов【地】储量级别
категория ликвидации скважины【钻】井报废级别
категория местности【地】地区级别, 地形类型
категория опасности【安】危险级别
категория (тип) скважины【钻】井类型(如预探井、探井、开发井等)
катерпиллар【钻】卡特发电机
катион【化】阳离子
катионообмен【化】阳离子交换
катод 阴极
катодный 阴极的
катодное восстановление 阴极还原作用
катодная защита 阴极保护
каток 滚筒
катушка 线圈; 轴, 筒【钻】猫头
гидравлическая катушка【钻】液压猫头
надпревентерная катушка【钻】防喷器出液管汇接头
промежуточная катушка【钻】升高短节
катушка для обсадной головки【钻】套管头乌龟壳
каустика 焦散点, 焦散曲线
каустобиолиты【地】可燃性有机岩, 可燃性生物岩
гумусовые каустобиолиты【地】腐殖性有机岩
сапропельные каустобиолиты【地】腐泥性有机岩
каустозоолит【地】可燃性动物岩
каустофитолит【地】可燃性植物岩
каучук 橡胶
акрилонитриловый каучук【化】丙烯腈橡胶
бутадиен-нитрильный (дивинил-нитрильный) каучук【化】丁腈橡胶, 丁二烯丙烯腈橡胶
бутадиеновый (дивиниловый) каучук【化】丁二烯橡胶
дивинил-метилстирольный (бутадиенметилстирольный) каучук【化】二乙烯甲基苯乙烯橡胶
изопреновый каучук【化】异戊橡胶
искусственный каучук【化】人造橡胶
натрий-бутадиеновый каучук【化】丁钠橡胶
натуральный каучук【化】天然橡胶
полисульфидный каучук【化】多硫橡胶
уретановый каучук【化】氨基甲酸乙酯橡胶

хлорированный каучук【化】氯化橡胶

хлоропреновый (неопреновый) каучук【化】氯丁(二烯)橡胶

кахины (ограническое соединение)【化】有机化合物

кахиты (ограническое ископаемое)【地】有机矿产

качалка【钻】摇杆

качание 抽送, 汲取

качание масла в насос【钻】吸油入泵

качение 滚动, 振动, 摆动

качество 质量

качество выполнения работы 完成工作质量

качество материалов 材料质量

качество сырой нефти【采】原油质量

качество цементажа【钻】固井质量

качество цементажа «плотный контакт»【钻】连续接触的固井质量

качество цементажа «отсутствие контакта цементного камня с колонной»【钻】水泥与管柱缺少接触的固井质量

качество цементажа «отсутствие контакта цементного камня с породой»【钻】水泥与井壁岩石缺少接触的固井质量

качество цементажа «отсутствие цемента»【钻】缺少水泥的固井质量

качество цементажа «частичный контакт»【钻】部分接触的固井质量

КБ кабельный барабан 电缆盘, 电缆卷轴

КВ каротаж восприимчивости【测】磁化率测井

КБ коммерческий банк 商业银行

КБ кооперативный банк 合作银行

КВ короткая волна【物】短波

КВ коэффициент вязкости 黏性系数

квадрант 象限

квадрат 平方, 正方形【钻】方钻杆(рабочая труба)

квадратный 正方形的

квадратура 求积法

квадратурный 积分的

квази- 准, 似, 类

квазигеоид【地】似大地水准面

квазинасыщение 准饱和

квазиномированный 准归一化的

квазистационарный ток 准静电流

квакер (доломит)【地】白云岩

квалификация 熟练技能

квант 量子

квартал календарный (合同)季度

квартование 四分法

кварц【地】石英

кварцевый【地】石英的

кварцевый песок【地】石英砂

кварцевый песчаник【地】石英砂岩

кварцит【地】石英岩

кварцитовый【地】石英质的

КВД кривая восстановления давления【采】压力恢复曲线

квитанция 收据

квитанция об уплате лицензионного сбора в банке 付许可证费用的银行收据

квитанция таможни 海关收据

квершлаг【采】石门(采矿的), 横巷

квота 限额, 配额
импортная квота 进口配额
экспортная квота 出口配额
КВТ кривая восстановления температуры 温度恢复曲线
КВЧ количество взвешенных частиц 悬浮颗粒数量
КГ кавернограмма【测】井径图
КГ квантовый генератор 量子振荡器
КГ кислый гудрон 酸渣
КГ комбинационная гармоника 复合谐波
КГК критическая глубина карбонатного осадка【地】碳酸盐沉积物极限(补偿)深度
КГНК критическая (или компенсационная) глубина накопления карбонатов【地】碳酸盐沉积极限(补偿)深度
КГП критерий геологического подобия【地】地质类比准则
кг\с. килограмм в секунду 千克／秒
кгсм. килограмм на сантиметр 千克／厘米
КД каротажная диаграмма【测】测井曲线图
Келловейский ярус【地】卡洛夫阶(上侏罗统)
Кембрий【地】寒武纪(系)
кеннель【地】烛煤
керамзит 有孔烧结黏土; 陶土
керамическое сырье 陶瓷原料
керн【地】岩心
гидрофильный керн【地】亲水岩心
гидрофобный керн【地】憎水岩心
ориентированный керн【地】定向岩心
сплошной керн【地】连续岩心
типичный (характерный) керн【地】典型岩心, 代表性岩心
хрупкий керн【地】易碎岩心
керн, взятый боковым грунтоносом【地】井壁取心器取出的岩心
керн, загрязненный фильтратом【地】泥浆过滤物污染的岩心
керн, насыщенный нефтью【地】含石油岩心
керн, отобранный при ударно-канатном бурении【地】顿钻取出的岩心
керн, пропитанный нефтью【地】浸油岩心
керногамма【地】岩心图
кернодержатель【钻】岩心夹
керноизвлекатель【钻】从岩心筒中取心的工具, 岩心退取器, 推岩心杆, 岩心提断器
кернокол【钻】岩心切断器
керноловитель【钻】岩心抓
керноловка【钻】打捞岩心工具
кернoотборник【钻】取心筒
керноприемник【钻】岩心筒
кернорватель【钻】岩心提取器, 岩心抓
кернохранилище【地】岩心库
кероген【地】干酪根, 油母
кероген гумусового типа【地】腐殖型干酪根(III型干酪根)
кероген переходного типа【地】过渡型干酪根(II型干酪根)
кероген сапропелевого типа【地】腐泥型干酪根(I型干酪根)
керосин【炼】煤油
прямогонный керосин【炼】(由矿石直接提炼)直馏煤油
кетон【化】酮, 甲酮

Кеть【地】克季河

КЗ катодная защита 阴极保护

КЗ короткое замыкание 短路

КЗоТ Кодекс законов о труде 劳动法典

КИА контрольно-измерительная аппаратура 检测装置, 检(查)测(量)仪器

кибернетика 控制论

КИЗ коэффициент извлечения запасов (нефти и газа)【采】(石油与天然气)储量可采系数

КИЗ коэффициент использования запасов (нефти и газа)【采】(石油与天然气)储量利用系数

кизельгур【地】硅藻土

КИК консорциум иностранных компаний 外国公司财团

кил 漂白土

килевидный 脊状的

киловатт 千瓦(特)

киловольт 千伏

килограмм 千克

килоджоуль 千焦耳

килокалория (большая калория) 千卡(大卡)

килокулон 千库仑

километр 千米

километраж 里程

килоом 千欧

киль 中棱【地】(生物体)隆线

киль антиклинали【地】背斜脊

киль синклинали【地】向斜槽

Кимериджский ярус【地】基末利阶(上侏罗统)

кинематика 运动学, 动力学

кинематический 运动学的, 运动的

кинетический 动力的, 动力学的

кинетический метаморфизм【地】动力变质作用

кинетогенезис【地】动力成因

кинетометаморфизм【地】动力变质作用

киноварь【地】辰砂, 朱砂

КИП контрольно-измерительный прибор 控制计量仪表

КИП и А контрольный измерительный прибор и автоматика 自动化计量仪表

кирка 洋镐

кирпич 砖

огнестойкий кирпич 耐火砖

строительный кирпич 建筑用砖

кискеиты【地】高硫钒沥青, 硫沥青

кислород【化】氧(O)

газообразный кислород【化】气态氧

жидкий кислород【化】液态氧

технологический кислород 工业氧

кислородный 含氧的, 氧气的

кислота【化】酸

азотистая кислота【化】亚硝酸

азотная кислота【化】硝酸

азотноватистая кислота【化】亚硝酸

азотоводородная кислота【化】氢氮酸

акриловая кислота【化】丙烯酸

активированная кислота【化】强化酸

аминовая кислота【化】氨基酸

ароматическая кислота【化】芳香酸

бензойная кислота【化】苯甲酸

борная кислота【化】硼酸

бромистоводородная кислота【化】氢溴酸

винная кислота【化】酒石酸
водорастворимая кислота【化】水溶性酸
высококонцентрированная кислота【化】高浓度酸
высокомолекулярная кислота【化】高分子酸
галловая кислота【化】鞣酸
гептановая кислота【化】庚酸
глино-соленая кислота【化】土酸
глутаминовая кислота【化】谷氨酸
гремучая кислота【化】雷酸
гумусовая кислота【化】腐殖酸
двухосновная кислота【化】二羟基酸
дубильная кислота【化】鞣酸
едкая кислота【化】侵蚀性酸
жирная кислота【化】脂肪酸
загущенная кислота【化】加稠酸
ингибированная кислота【化】抑制酸
йодистоводородная кислота【化】碘氢酸
каприловая кислота 辛酸
карболовая кислота【化】苯基酸
карбоновая кислота【化】羧酸
концентрированная кислота【化】浓酸
кремневая кислота【化】硅酸
кремнефтористоводородная кислота【化】硅氟酸
ледяная уксусная кислота【化】冰醋酸
масляная кислота【化】丁酸
метафосфорная кислота【化】偏磷酸
минеральная кислота【化】无机酸
многоосновная кислота【化】多羟基酸
молибденовая кислота【化】钼酸
муравьиная кислота【化】蚁酸
нафтеновая кислота【化】环烷酸
непредельная кислота【化】不饱和酸
нефтяная кислота【化】石油酸
нуклеиновая кислота【化】核酸
одноосновая кислота【化】单羟基酸
октановая кислота【化】辛烷酸
органическая кислота【化】有机酸
ортофосфорная кислота【化】正磷酸
плавиковая кислота【化】氢氟酸
полиакриловая кислота【地】聚丙烯酸
предельная кислота【化】饱和酸
пропионовая кислота【化】丙酸
разбавленная кислота【化】稀酸
разъедающая кислота【化】腐蚀酸
свободная жирная кислота【化】游离脂肪酸
серная кислота【化】硫酸
сильная кислота с добавкой поверхностно-активного вещества【化】添加表面活性物质的强酸
слабая кислота【化】弱酸
смоляная кислота【化】树脂酸
соляная кислота【化】盐酸
стеариновая кислота【化】硬脂酸
сульфаниловая кислота【化】磺胺酸
сульфоновая кислота【化】磺酸
титрованная кислота【化】滴定酸
угольная кислота【地】碳酸
уксусная кислота【化】乙酸，醋酸
фосфорная кислота【化】磷酸

фталевая кислота【化】苯二甲酸，邻苯二甲酸
фтористоводородная кислота【化】氢氟酸
хлористо-водородная кислота【化】氢氯酸
хлорноватая кислота【化】氯酸
хлоруксусная кислота【化】氯代乙酸
щавелевая кислота【化】乙二酸，草酸
кислотность【化】酸度
кислотный 酸性的
кислотомер 酸度计，pH计
кислотостойкость 耐酸性
кислотоупорный 耐酸的
Китайско-Корейская платформа【地】中朝地台
КК козловой кран【钻】龙门起重机，高架起重机
КК коммерческий кредит 商业信贷；商业信用，商业贷款
КК концентрический комплекс 同心组合
ККА критические концентрации ассоциации【化】化合临界浓度
ККМ критическая концентрация мицеллообразования 形成胶束的临界浓度
ККН коэффициент конечной нефтеотдачи【采】最终原油采收率
ккюри. килокюри 千居里(放射性活度单位)
КЛ компьютерная лингвистика 电脑语言学，计算机语言学
клавиатура 键盘
кладовая 仓库
кладовщик 仓库管理员

клапан【采】阀；气门
аварийный клапан【采】紧急备用阀
автоводоотходный клапан【钻】自动排水阀
автоматический клапан【采】自动阀
авторазгрузочный клапан【采】自动卸油阀
блокировочный клапан 连锁阀
боковой клапан【采】侧阀，翼阀
буферный клапан【钻】缓冲阀
быстродействующий выпускной клапан【钻】快放阀
вакуумный клапан управления【钻】真空控制阀
ведущий предохранительный клапан 先导式安全阀
верхний клапан【采】顶阀
водоспускной клапан【采】排水阀
воздушный клапан【采】空气阀
впускной клапан【采】进气阀；吸入阀门
всасывающий клапан【钻】吸气阀
вспомогательный клапан 副阀
входной клапан 进口阀
выкидной клапан【采】排气阀
выпускной клапан【钻】放气阀，排出阀门
высасывающий клапан【钻】排气阀
выходной клапан 出口阀
газлифтный клапан【采】气举阀
газлифтный клапан, дифференциальный【采】差压气举阀
газлифтный клапан обратного действия【采】反向调节气举阀，油管加压气举阀
газлифтный клапан прямого действия【采】直接气举阀，环空加

压气举阀
газлифтный клапан, съемный【采】可拆卸气举阀
газлифтный клапан, управляемый【采】可控气举阀
гидравлический клапан, обратный 液压式止回阀, 液压式回压阀
гидромеханический клапан【采】机械液动阀
гидрофобный клапан 疏水阀
главный клапан【采】主阀
двухопорный клапан 双基座阀
двухпозиционный клапан 双位阀
двухпозиционный клапан, трехходовой【钻】二位三通阀
декомпрессионный клапан【采】减压阀
демпфирующий клапан 延迟阀
диафрагменный клапан【采】孔板阀
дифференциальный клапан【采】差压阀【钻】差动阀
дозировочный клапан【采】计量阀, 定量阀
дренажный клапан【采】排液阀
дроссельный клапан【采】节流阀, 蝶阀
дыхательный клапан【采】通气阀
запорный клапан【钻】截止角阀
запорный клапан, управляемый электрически【采】电动截止阀
золотниковый клапан【钻】调节滑阀(佐洛特尼克阀)
игольчатый клапан【采】针形阀
инжекционный клапан【采】喷射阀
контрольный клапан【采】控制阀
маслообратный клапан【钻】回油阀
направляющий клапан【采】导向阀
обратный клапан 回压阀, 单向阀
обратный клапан насоса 泵的单流阀
обратный клапан с демпфирующим устройством【采】带减振装置的单向阀
общий перепускной клапан【钻】总溢流阀
односторонний воздушный клапан【钻】单向导气龙头
отключающий клапан【采】断流阀
отсекающий клапан【采】切断阀
переключательный клапан【钻】换向阀
переливной клапан 溢流阀
перепускной клапан【钻】溢流阀，旁通阀
пневматический клапан быстроходной передачи【钻】高档气动阀
поршневой (плунжерный) клапан 柱塞阀
предохранительный клапан【采】安全阀, 保险阀
предохранительный клапан под давлением (высоким) 高压安全阀
предохранительный клапан, пружинный【采】弹簧安全阀
пробковый клапан【采】旋塞阀
регулирующий клапан【采】调节阀
редукционный клапан【采】减压阀
резервный клапан【采】备用阀
ручной запорный клапан 手动闸阀, 截止阀
ручной коммутационный клапан 手动换向阀
ручной плоский клапан【采】手动平板阀
ручной шаровой клапан 手动球阀

К

сборный клапан 集成阀
скважинный клапан【采】井下阀
срезной клапан【采】剪切阀
стопорный клапан【采】止回阀
сферический клапан с внутренней нарезкой 内丝球阀
тормозной клапан【钻】刹车阀
угловой клапан【采】角阀
угловой предохранительный клапан игольчатого вида【采】针型安全角阀
уравновешенный клапан【采】平衡阀
циркуляционный клапан【采】循环阀
шариковый клапан 小球阀
шаровой клапан【钻】球阀
шаровой клапан для сточных вод 排污球阀
шаровой клапан из нержавеющей стали【钻】不锈钢球阀
шаровой клапан, управляемый электрически 电动球阀
электрогидравлический клапан переключения【钻】电动液压换向阀
электромагнитный клапан【钻】电磁阀
электромагнитный клапан, трехпозиционный четырехпроходной【钻】三位四通电磁阀
клапан бурового насоса 钻井泵阀
клапан всасывающей линии【钻】吸入管线阀
клапан в сборе【钻】阀体总成, 整阀
клапан высокого давления 高压阀
клапан глубинного насоса【采】深井泵阀
клапан для запуска трубопроводного скребка【储】管道清管器发送阀
клапан для испытаний при контролируемом давлении【采】控制压力测试阀
клапан для нагнетания химических реагентов【采】化学试剂注入阀
клапан для регулирования противодавления 回压调节阀
клапан для смазки 润滑阀
клапан для снижения давления 降压阀
клапан игольчатого вида 针形阀
клапан на манифольде【钻】汇管阀门
клапан насоса【钻】泵阀
клапан низкого давления 低压阀
клапан отбора образцов 取样阀
клапан перемотки【钻】过卷阀
клапан противодавления【采】压力止回阀
клапан среднего давления 中压阀
клапан стояка 立管闸门
клапан-бабочка【钻】蝶阀
клапан-захлопка 黏阀, 瓣阀
клапан-разрядник【钻】快放阀
клапан-регулятор давления 调压阀
кларен (кларит, клараин, клярен, клярит)【地】亮煤
кларк【地】克拉克值, 元素丰度
класс 级
класс бурильных труб【钻】钻杆等级
класс изготовления【钻】制造级别
класс материалов【钻】材料级别
класс крупности месторождения【地】油气田(按储量大小)级别
класс огнестойкости 耐火等级

класс стали 钢级
класс точности 精度等级
класс характеристики 性能级别
классификация 分类
петрографическая классификация 【地】岩石分类
классификация буровых растворов 【钻】钻井液分类
классификация горных пород 【地】岩石分类
классификация запасов【地】储量分类
классификация минералов【地】矿物分类
классификация морских осадков 【地】海洋沉积分类
классификация нефтегазоносных бассейнов【地】含油气盆地分类
классификация подземных вод 【地】地下水分类
классификация подземных вод по степени минерализации【地】地下水矿化程度分类
классификация подземных вод по условиям залегания【地】地下水赋存条件分类
классификация подземных вод по химическому составу【地】地下水化学成分分类
классификация пожароопасности 【安】火灾分类
классификация природных газов 【地】天然气分类
классификация нефти【地】石油分类
классификация природных битумов【地】天然沥青分类
классификация природных газов 【地】天然气分类
классификация рассеянного органического вещества【地】分散有机质分类
классификация скважин【钻】井分类
классический 经典的, 古典的
кластический【地】碎屑的, 碎屑状的
кластолиты (обломочные породы) 【地】碎屑岩
кластоморфный【地】碎裂变形的
кластотуф【地】碎屑凝灰岩
клей 胶
клеймо 钢印
цифровое клеймо 数字钢印
клемма 端子, 接头, 接线柱
клепать 铆焊
клепка 铆钉键
клерование 净化, 澄清
клетка 细胞; 方格, 网眼
клетчатый 棋盘格状的, 格子形的
клещи 老虎钳, 尖嘴钳
клещи-зажимы 夹钳
клещи-кусачки 克丝钳
климат【地】气候
аридный климат【地】干旱气候
гумидный климат【地】湿热气候
климатическая аномалия【地】气候异常
клин(ья) 楔块【钻】楔形卡瓦
безопасные клинья【钻】安全卡瓦
безопасные клинья для утяжеленных труб【钻】加重钻杆安全卡瓦
квадратный роликовый клин【钻】滚子方补心
отклоняющий клин【钻】偏心垫块(造斜工具)

К

пневматические клинья ротора (ПКР)【钻】气动转盘卡瓦
породный клин【钻】岩楔(钻头牙切下的岩屑)
посадочный клин【钻】下坐式卡瓦,坐封式卡瓦
роторные клинья【钻】转盘卡瓦
сверхдлинные клинья【钻】超长卡瓦
сменные вставочные клинья【钻】插入式混合卡瓦
стандартные клинья【钻】标准卡瓦
клинья для бурильных труб【钻】钻杆卡瓦
клинья для обсадной колонны【钻】套管卡瓦
клинья для удержания колонны обсадных труб【钻】套管悬挂器卡瓦
клинья для утяжеленных бурильных труб【钻】加重钻杆卡瓦
клин ротора【钻】转盘卡瓦
клиновидный 楔状的
клинометр【测】侧倾仪, 侧角仪
клинопироксены (моноклинные пироксены)【地】单斜辉石
клиноремень【机】三角皮带, V形带
узкий клиноремень 窄V形三角带
клиноремень ведущего электродвигателя 主电机三角带
КЛС калибратор лопастный спиральный【钻】扶正器
ключ 钥匙; 钳, 扳手
гаечный ключ 螺母扳手
гидравлический ключ для **НКТ**【钻】油管液压机械大钳
гидравлический ключ колонн【钻】液压套管钳
запасной ключ 备用钥匙
круговой ключ для бурильных труб【钻】钻杆圆钳
круговой ключ для обсадных труб【钻】套管圆钳
машинный ключ【钻】大钳
механический ключ【钻】机械大钳
накидной ключ 呆头扳手, 梅花扳手
открытый силовой ключ【钻】开口动力钳
пневматический буровой ключ (ПБК)【钻】气动大钳
подвесной ключ【钻】吊钳
подвижной ключ 活动扳手
раздвижной ключ 活动扳手
рожковый ключ 活扳手
силовой ключ【钻】动力钳
силовой ключ для бурильных труб【钻】钻杆动力大钳
силомерный ключ 扭力扳手
торцевой ключ 套筒扳手
трубный ключ【钻】管钳
удерживающий ключ【钻】支撑钳, 固定钳
универсальный механический ключ【钻】液压大钳
фиксационный ключ【钻】固定大钳
цепной ключ【钻】链钳
цепной ключ для ручного свинчивания и развинчивания【钻】手动紧扣和松扣链钳
шестигранный ключ【钻】六方扳手, 六角套筒扳手
шестигранный внутригаечный ключ【钻】内六角扳手
штанговый ключ【采】抽油杆钳

К

ключ для обсадной колонны【钻】套管钳
ключ для труб【钻】管钳
ключ с полным захватом【钻】全夹紧式大钳
ключ с 2 шарнирами【钻】带两个铰链的大钳
ключевой 关键的
КМ кавернометрия【测】井径测量
КМВ каротаж магнитной восприимчивости【测】磁感应测井
КМПВ корреляционный метод преломленных волн【震】折射波对比法
КМТП комбинированное магнитотеллурическое профилирование【地】综合大地电磁剖面(测量)
КМЦ карбоксилметилцеллюлоза 甲基纤维素
км\ч. километр в час 千米/小时
КН коэффициент насыщенности 饱和系数
КН нефтяной кокс【炼】石油焦炭,油焦
книга бухгалтерская 会计账簿
КНБК компоновка низа бурильной колонны【钻】钻柱下部组合
КНО конечная нефтеотдача【采】石油最终采收率
КНО коэффициент нефтеотдачи【采】石油采收率
кнопка 按钮
аварийная кнопка 紧急按钮
взрывозащитная кнопка【钻】防爆按钮
педальная кнопка 脚踏钮
пусковая кнопка【钻】启动按钮
стопорная кнопка【钻】停止钮
кнопка аварийного стопа【钻】系统急停钮
кнопка пуска и стопа насоса для добавки【钻】加压泵启停按钮
кнопка пуска и стопа подпорного насоса【钻】灌注泵启停按钮
кнопка с цифрами 数字键
КНС кустовая насосная станция 联合泵站
КО кабельный отбор【测】电缆井壁取心
КО кислотная обработка【钻】酸化
КО корреляционное отношение【地】对比关系
коагулирование【化】凝结
коагулянт【化】凝结剂
коагуляция (коагулировать) (свертывание)【化】凝结【钻】胶凝
коаксиальный【钻】同轴的,共轴的
коалиция 同盟
кобальт【化】钴(Co)
кованный锻造的
ковер【钻】地毯(单面)
ковкость минералов【地】矿物延展性
ковш【钻】缠钢丝绳的鸭嘴
когерентность【震】相干性
фазовая когерентность【震】相位相干
когерентность волновых полей【震】地震波场相干性
когерентность сейсмических сигналов【震】地震信号相干性
код 代码,编码
кода-волна【震】尾波
кодекс 法规
кодирование 编码

К

кожух【钻】护罩, 外罩; 外壳
предохранительный кожух【钻】遮护板; 护罩
разъемный кожух【钻】泥浆防溅盒
кожух фонтанной арматуры【采】井口采油(气)装置护罩
кожух цепей ротора【钻】转盘链条护罩
кожух шкива【钻】皮带轮护罩
козел【钻】人字架
подъемный козел【钻】提升用的三角架
козелок-домкрат 千斤顶
козырек【钻】防淋伞; 挡板
Кокалинская свита【地】科卡林组(中亚, 下侏罗统)
кокс【化】焦炭, 焦煤
нефтяной кокс【化】石油焦
коксование 焦化
Кокчетавско-Киргизская геосинклинальная область【地】科克切塔夫—吉尔吉斯地槽区
колба 瓶
дистилляционная колба 蒸馏瓶
мерная колба 量瓶
перегонная колба【化】干馏瓶
колба эрленмейера【化】锥形烧瓶, 三角烧瓶
Колгуев【地】科尔古耶夫岛
колебание 振荡, 波动, 变化
эвстатическое колебание【地】海面升降
колебание низкой частоты 低频振动
колебание температуры 温度变化
колебание уровня мирового океана【地】世界大洋面变化
колебание широты【地】纬度变化
колебательное движение【地】升降运动
колено шарнирное 活动连接弯头, 铰链弯管
колесо【钻】叶轮
вторичное колесо【钻】副叶轮
зубчатое колесо【钻】齿轮
паразитное колесо【钻】惰轮, 过桥齿轮
промежуточное колесо【钻】隔环
цепное колесо【钻】链轮
колесо с вырезом【钻】缺口轮
колея 轨距
количественный 定量的
количество 数量
количество бурового раствора【钻】泥浆量
количество добываемого газа【采】采气量
количество долблении【钻】钻进次数, 起下钻次数
количество персонала 员工数量
количество пластового флюида【采】地层流体量
количество потери воды【钻】失水量
количество продукции【采】(生产)产品数量
количество продуктивных скважин【采】含矿井数; 产油(气)井数
коллега 同事
коллектив 集体
коллективизация 集体化
коллектор(ы)【采】集油气管线; 汇管; 配置管【地】储层
гидрофобные коллекторы【地】憎水储层
гранулярные коллекторы【地】颗粒型储层

замкнутые коллекторы【地】封闭式储层
кавернозные коллекторы【地】孔洞型储层
карбонатные коллекторы【地】碳酸盐岩储层
карстовые коллекторы【地】岩溶储层
малопродуктивные коллекторы【地】低产层
нефтепромысловые коллекторы【采】油田管线
низкопроницаемые коллекторы【地】低渗透率储层
порово-трещиноватые коллекторы【地】孔隙—裂缝型储层
поровые коллекторы【地】孔隙型储层
промысловые коллекторы【采】矿场内部集油气管线
промысловые коллекторы, кольцевые【采】矿场内部环状集油气管线
промысловые коллекторы, линейные【采】矿场内部线状集油气管线
промысловые коллекторы, лучевые【采】矿场内部放射状集油气管线
промысловые коллекторы, смешанные【采】矿场内部混合状集油气管线
распределительный и расширительный коллектор【采】配置汇管
рыхлые коллекторы【地】疏松储层; 松散储层
сборный коллектор【采】集油(气)管线(集油气站间的管线)
сборный коллектор, главный【采】集气干线(从集油气总站至处理厂)
терригенные коллекторы【地】陆源碎屑岩储层
трещиновато-кавернозные коллекторы【地】裂缝—溶洞型储层
трещиновато-пористые коллекторы【地】裂缝—孔隙型储层
трещиноватые коллекторы【地】裂缝型储层
эксплуатационный коллектор【采】生产汇管
эффективные коллекторы【地】有效储层
коллизия【地】地质体碰撞
коллоид【化】胶体
коллювий【地】崩积层
колодец【地】浅水井(坑); 岩溶落水井
колодка 楔块【钻】闸瓦
клиновая колодка【钻】楔块
тормозная колодка【钻】刹车块, 刹车片, 刹瓦
колодка двигателя 电机连接板
колодка электросети【钻】电网连接板
колокол【钻】锥, 母锥
ловильный колокол【钻】打捞锥
ловильный колокол для НКТ【钻】油管打捞锥
ловильный левый колокол【钻】反扣打捞锥
ловильный правый колокол【钻】正扣打捞锥
колонка【地】柱状剖面图, 地质柱状图
геологическая колонка【地】地质

柱状剖面
сводная колонка【地】综合柱状图
стратиграфическая колонка【地】地层柱状剖面图
формационная колонка【地】岩层柱状图
колонка обнажения【地】露头柱状图
колонка скважины【钻】钻井柱状剖面图
колонковый 取心的
колонковое долото【钻】岩心钻头
колонковая труба【钻】岩心管
колонна【钻】管柱【炼】立式塔
бурильная колонна (БК)【钻】钻柱(从方钻杆至钻头)
вакуумная колонна 真空塔
вторая техническая колонна【钻】第二层技术套管(三开)
дополнительная колонна【炼】辅助塔
зацементированная колонна【钻】已固井套管
колпачковая ректификационная колонна【炼】泡罩塔
многосливная колонна【炼】双溢流塔
насадочная колонна【炼】填料塔
обсадная колонна (ОК)【钻】套管
обсадная колонна, комбинированная【钻】复合套管
обсадная колонна с большим диаметром【钻】大口径套管
односливная колонна【炼】单溢流塔
первая техническая колонна【钻】第一层技术套管(二开)
промежуточная колонна【钻】中间套管
промежуточная колонна, 1-я【钻】第一层中间(技术)套管(表层套管下第一技术套管)
промежуточная колонна, 2-я【钻】第二层中间(技术)套管
промежуточная колонна, 3-я【钻】第三层中间(技术)套管
ректификационная колонна【炼】精馏塔
ситчатая колонна【炼】筛塔
смятая колонна【钻】被挤压变形管柱
тарельчатая колонна【炼】板式塔
техническая колонна【钻】技术套管
эксплуатационная обсадная колонна【钻】(油层)生产套管, 开发套管
колонна вторичной перегонки【炼】二次蒸馏塔
колонна для глушения скважины【钻】压井管柱
колонна для закачивания【钻】注入管柱
колонна для очистки жидкости【炼】液体净化塔
колонна для регенерации【炼】再生塔
колонна для спуска【钻】下放管柱
колонна для цементирования【钻】注水泥管柱
колонна обсадных труб【钻】套管柱
колонна с плавающим клапаном【炼】浮阀塔
колонна-хвостовик【钻】尾管
колориметр 比色计
колориметрия 比色法

колпак【采】通风帽, 阀罩
вентиляционный колпак【钻】风机罩
предохранительный колпак【钻】护丝, 护罩
предохранительный колпак для УБТ【钻】加重钻杆护丝
колпак-компенсатор【钻】(空)气包
колумбий (ниобий)【化】钶(Cb)
колькировщик 描图员
кольцевой 环形的
кольцевое напряжение【地】环状应力
кольцевое сечение【地】环形截面
кольцевая тектоника【地】环状地质构造
кольцо 环箍
антифрикционное кольцо 耐磨胶圈
внутреннее кольцо 内环
грузовое кольцо【钻】加重环
зажимное кольцо【钻】卡环
запорное кольцо【钻】卡环
маслоотражательное кольцо【钻】挡油环
направляющее кольцо【钻】导向环
О-образное уплотнительное кольцо【钻】O形密封圈
подъемное кольцо【钻】提升环
предохранительное кольцо【钻】钻杆护箍, 保护圈
пружинное кольцо【钻】弹簧圈
пылезащитное кольцо【钻】防尘环, 防尘圈
пыленепроницаемое кольцо 防尘圈
резиновое кольцо 胶圈
смазочное кольцо【钻】油封环
стопорное кольцо【钻】固定圈
стопорное кольцо из нилона (нейлона)【钻】尼龙档圈
уплотнительное кольцо【钻】密封环
уплотнительное кольцо крышки клапана【钻】阀盖密封圈
упорное кольцо стопа【钻】阻流环
фиксирующее кольцо【钻】定位圈
цементное кольцо【钻】管外水泥环
Колыма【地】科雷马河
команда 口令; 指令; 指挥
Командорские острова【地】科曼多尔群岛
комбинезон 连体服
комбинирование 联合
комбинировать 融合在一起
комиссия 委员会
государственная комиссия по запасам (**ГКЗ**)【地】国家储量委员会
плановая комиссия 计划委员会
экспертная комиссия 审批委员会
комитет 委员会
комитет управления 管理委员会
комкование 黏结现象
коммерсант 商人
коммерция 商业
коммуникация 交通设施
коммутатор 交换台, 交换机; 转换器
коммутация 整流, 换向; 变换
компания 公司
государственная компания 国有公司
нефтяная компания 石油公司
родственная компания 关联公司
специальная сервисная компания 专业服务公司
тампонажная и каротажная компания 固井和测井公司
компания нефтепроводного транспорта【储】石油管道运输公司

компания пожарного страхования 火灾保险公司
компания-поставщик 供应公司
компания-проектировщик 设计公司
компаратор 比色计
компас 罗盘
компенсатор 校正器; 补偿器; 平衡器; 伸缩管, 伸缩接头, 膨胀接头【钻】空气包
азотный компенсатор【钻】氮气包
забойный компенсатор вертикальной качки【钻】井底升降补偿装置
кронблочный компенсатор【钻】天车平衡器
нижний компенсатор【钻】缓冲胶囊
одноцилиндровый компенсатор 单缸平衡器
сильфонный компенсатор 皱纹管补偿器
скважинный компенсатор вертикальной качки【钻】井下垂直升降补偿器(垂直升降校正器)
компенсатор бурильной колонны【钻】钻杆校正器
компенсатор бурильной колонны с двумя цилиндрами【钻】双缸钻杆升降补偿器
компенсатор вертикальной качки【钻】垂直升降补偿器(垂直升降校正器)
компенсатор давления 压力校正器
компенсатор перемещения с двумя цилиндрами 双缸移动校正器
компенсатор пульсаций 脉冲校正器
компенсационный 补偿的
компенсационная масса 补偿质量
компенсационное сопротивление 补偿电阻
компенсационный способ 补偿方法
компенсационный ток 补偿电流
компенсация 补偿, 赔偿
компенсация амплитуды【震】振幅补偿
компенсация фаз【震】相位补偿
компенсация частоты【震】频率补偿
компенсирование 补偿
компетенция 权限, 职权范围
комплекс 组合, 综合体【地】复合体
водоносный комплекс【地】含水地质体
нефтегазоносный комплекс (НГК)【地】含油气组合(储盖组合)
промежуточный комплекс【地】过渡沉积复合体(地槽向地台过渡沉积)
комплекс для заводнения【采】注水设施
комплекс оборудования для газлифтного способа добычи【采】气举采油成套设备
комплекс осадочных пород【地】沉积杂岩体
комплекс пород фундамента【地】基底杂岩体
комплексирование 综合
комплексный 综合的, 复合的, 成套的
комплексное использование минерального сырья 综合利用矿物原料
комплексные соединения【化】络合物
комплект 套
бурильный комплект【钻】成套

钻具
одиночный комплект 单套
червячный комплект【钻】涡轮总成
комплект вкладки 插板总成
комплект воздушного трубопровода для буровой установки【钻】钻机全套输气管线
комплект для регулирования свойств буровых растворов【钻】调节泥浆性能成套装置
комплект инструмента для работы подземного оборудования【采】井下设备作业工具
комплект клапана【钻】阀体
комплект ключей 成套扳手
комплект поставки【钻】配套供应
комплект прижимной планки【钻】压板组件
комплектование 编制
компонент 机件, 组件【化】成分
вредный компонент【化】有害成分
высокочастотный компонент【震】高频成分
газовый компонент【化】天然气组分
легкий компонент【化】轻组分
летучий компонент【化】挥发分
полезный компонент 有用组分
сопутствующий компонент【采】伴生组分
компоненты бурильных колонн【钻】钻杆部件
компоненты вентилятора【钻】风机组件
компоновка 组合
компоновка бурильного инструмента【钻】钻具组合
компоновка бурильной колонны (КБК)【钻】钻柱组合, 钻柱程序
компоновка инструментов для отбора керна【钻】取心钻具组合
компоновка низа бурильной колонны (КНБК)【钻】钻柱底部组合
компоновка обсадных колонн 套管组合, 套管程序
компостер 穿孔器
компрессия 压缩
компрессор 压缩机
вертикальный компрессор 立式压缩机
винтовой компрессор 螺杆压缩机
воздушный компрессор с холодным пуском【钻】冷启动空压机
вспомогательный компрессор 辅助压缩机
газовый компрессор 气体压缩机
гидравлический компрессор 液动压缩机
горизонтальный компрессор 卧式压缩机
двухступенчатый компрессор 二级压缩机
дожимной компрессор высокого давления 高压压缩机
многоступенчатый компрессор 多级压缩机
объемный компрессор 体积压缩机
одноступенчатый компрессор 单级压缩机
осевой компрессор 轴向压缩机
поршневой компрессор 活塞式压缩机
поступательный компрессор 往复式压缩机
ротационный компрессор 旋转式压缩机

К

сверхвысоконапорный компрессор 超高压压缩机
стационарный компрессор 固定式压缩机
стационарный компрессор, винтовой【钻】螺杆固定压缩机
струйный газовый компрессор 脉冲气体压缩机
трехступенчатый компрессор 三级压缩机
центробежный компрессор 离心式压缩机
электровинтовой компрессор【钻】电动螺杆压缩机
электровинтовой компрессор с пневматическим охлаждением подачи【钻】风冷式电动螺杆压缩机
компрессор второй степени 二级压缩机
компрессор высокого давления 高压压缩机
компрессор низкого давления 低压压缩机
компрессор с газотурбинным приводом 燃气涡轮驱动压缩机
компрессорная 压缩机房
компрессорный 压缩机的
компрессорная станция【采】增压站
компрессорная эксплуатация【采】空压机开采
компьютеризация 计算机化
комья【地】碳酸盐岩团块
конвейер 传送带, 传输装置
конвейеризация 流水作业
конвективный (конвекционный) 对流的
конвективный перенос тепла 热量对流传递
конвективное течение 对流
конвекция 对流作用
конвенция 公约
конвергентная граница【地】汇聚型板块边界
конвергенция 辐合, 汇聚, 收敛
конверсия 转换, 转变【地】(地质)反转构造
конвертация 兑换(外币)【震】数据转换
конвертация временного куба в глубинный куб【震】(数据体)时深转换
конвертер крутящего момента【钻】变矩器
конгломерат【地】砾岩(有一定磨圆度)
конгруэнция 全等
конденсат 凝析油【钻】冷凝液(水)
нестабилизированный конденсат【炼】未稳定凝析油
нестабилизированный конденсат, водосодержащий【采】含水未稳定凝析油
стабилизированный конденсат【炼】稳定凝析油
конденсатор 电容器, 冷凝器, 聚光器【炼】冷凝器
фильтровый конденсатор 滤波电容
конденсатор фильтра 滤波电容器
конденсатосборник【储】凝析液储罐
конденсация 冷凝, 凝结
капиллярная конденсация【地】毛细凝聚作用, 毛细冷凝
обратная конденсация【地】反凝析作用, 逆向凝析作用

кондиционирование воздуха【钻】空气调节
кондиция 达到标准; 符合要求
кондуктивность 传导率; 电导率
кондуктор 模板; 固定架【钻】表层套管
цепной кондуктор【钻】链条减速器
кондукция 传导
конец 终点
выкидной конец【钻】排出端
гидравлический конец насоса【钻】泥浆泵液流端
мертвый конец【钻】死节; 固定端
мертвый конец талевого каната【钻】提升铜绳固定端
обточенный ниппельный конец【机】铣制公螺纹端头
свободный конец【钻】自由端
силовой конец【钻】动力端
ходовой конец【钻】活节
конечный 端的, 末端的, 终点的, 有限的
конический 圆锥的, 锥形的
конкордатная долина (консеквентная долина)【地】顺向谷
конкретизация 具体化
Конкский ярус【地】孔克阶(中亚及高加索地区, 中新统)
конкуренция 竞争
конкурс 竞争
коннектор 多脚插头
конодонты【地】牙形石(刺)
коноид 圆锥体, 圆锥面
конседиментационная складчатость【地】同沉积褶皱
консеквентный 顺向的
консеквентный водораздел【地】顺向分水岭
консервация 封存
консервация подземных сооружений 地下建筑封存
консервация предприятий 企业封存
консервация скважины【采】井封存
консервирование 封存
консистенция 浓度, 稠度
консистенция нефти【采】石油黏稠性
консолидация 固结作用, 集聚作用, 固化作用
консолидированный【地】汇聚的; 固结的
консолидированная земная кора【地】固结地壳
консолидированная сфера【地】固结层
консолидированный фундамент【地】固化基底
консоль 悬臂, 悬臂梁, 托架, 支架
консонанс 谐和, 和音
консорциум 财团
конспект 概要
константа 常数, 常量
вязкостно-весовая константа **(ВК)** 黏度比重常数
константа равновесия 平衡常数
конституционная вода【地】化合水, 结构水
конструктивная схема 结构图
конструкция 结构【钻】套管程序, 套管结构
быстросъемная конструкция【机】快速拆卸结构
двухколонная конструкция【钻】双层套管程序, 双层套管结构
деревянная конструкция 木结构

железобетонная (каркас) конструкция 钢筋混凝土框架结构
жесткая конструкция 刚性结构
легкая бетонная конструкция 轻质混凝土结构
одноколонная конструкция【钻】单层套管程序
огнестойкая конструкция 耐火结构
оригинальная конструкция 独特结构
подземная коробчатая конструкция【钻】埋地箱式结构
стальная конструкция 钢结构
стальная стропильная конструкция 钢屋架结构
топологическая конструкция 拓补结构
трехколонная конструкция【钻】三层套管程序
конструкция забоя скважин【钻】井底结构
конструкция пенькового сердечника【钻】绳芯结构
конструкция скважины【钻】井身结构, 套管程序
конструкция скважины с открытым забоем【钻】带裸眼井底井身结构
конструкция скважины со сплошной заливкой【钻】连续注水泥井身结构
конструкция скважины с фильтром【钻】带筛管井身结构
конструкция скважины с хвостовиком【钻】带尾管井身结构
консументы 消费者, 用户
контакт 接触
водонефтяной контакт (ВНК)【地】油水界面
газоводяной контакт (ГВК)【地】气水界面
газонефтяной контакт (ГНК)【地】油气界面
жесткий контакт метала с металлом【钻】金属对金属接触密封
наклонный контакт【地】倾斜油(气)水界面
несогласный контакт【地】不整合接触
поверхностный контакт【地】表面接触
постепенный контакт【地】渐变接触
резкий контакт【地】突变接触
сбросовый контакт【地】断层接触
согласный контакт【地】整合接触
тектонический контакт【地】构造接触
трансгрессивный контакт【地】水进接触面
электрический контакт【钻】电接点
контакт интрузии【地】侵入接触
контакт между стратиграфическими комплексами【地】地层接触界面
контакт плит【地】板块接触
контактирование 接触
контактовый ореол【地】接触晕
контактолит【地】接触变质岩
контактометаморфизм【地】接触变质作用
контактор переменного тока【钻】交流接触器
контаминация【地】混染作用
контейнер 集装箱

К

контейнер для загрузки【钻】送料皮带机
контейнер для сыпучих материалов【钻】松散料运输车
континент (материк)【地】大陆
континентальный【地】大陆的; 陆相的
континентальная **Азия**【地】亚洲大陆
континентальная геосинклиналь【地】大陆地槽
континентальная глыба (масса)【地】大陆块
континентальный дрейф【地】大陆漂移
континентальная кора【地】大陆型地壳
континентальный ледниковый покров【地】大陆冰层
континентальное (внутреннее) море【地】大陆海, 内海
континентальная область【地】大陆区
континентальный остров【地】大陆岛
континентальный откос【地】大陆坡
континентальная плита【地】大陆板块
континентальное подножье【地】大陆基
континентальный режим【地】陆相条件
континентальная рифтовая зона【地】大陆裂谷带
контора 办事处
контракт 合同
контракционный 冷缩的, 收缩的
контракция 收缩, 缩小
контргайка【钻】保险螺帽, 锁紧螺帽, 防松螺帽
контргруз 平衡锤; 配重; 助力器
контролер 控制器
логический контролер【钻】逻辑控制器
программно-логический контролер【钻】程序逻辑控制器
контролировать скорость подъема и спуска【钻】控制起下钻速度
контроль 监督; 检查; 控制
автоматический контроль 自动控制
бездефектный контроль 无损检测
векторный контроль 矢量控制
визуально-измерительный контроль (**ВИК**)肉眼检查
контроль без разрушения 无破坏检测
контроль глинистого раствора【钻】泥浆性能控制
контроль за безопасным ведением работ【安】安全作业监督
контроль за выполнением плана работы【钻】监督工作计划执行情况
контроль за давлением【采】压力监控
контроль за охраной недр 监控矿产资源保护
контроль за разработкой залежи【采】油气藏开发动态监测
контроль за рациональным использованием недр 监控合理利用矿产资源
контроль за скважиной【钻】井控
контроль и надзор за ходом строительства скважины【钻】监督建井过程(进程)

контроль радиографическим методом 射线法检测

контрольный спуск-подъем【钻】控制起下钻

контур 外形, 轮廓; 回路

внешний контур газоносности【地】含气外边界

главный контур【钻】主回路

двухканальный контур【钻】双回路

условный контур питания【地】假定供给边界

контур водоносности【地】含水边界

контур газоносности【地】含气边界

контур заводнения【采】注水边界

контур залежи【地】油气藏边界

контур месторождения【地】油气田边界

контур нефтеносности【地】含油边界

контур области дренирования【地】泄油边界

контур области питания【地】供油边界

контур питания【地】供油(气、水)边界

контур питания залежи【地】油藏供给边界

контур питания скважины【地】单井油气供给边界

контур пласта【地】油气层边界

контур суперматерика【地】超级大陆边界

конус 圆锥体【钻】锥型物

аллювиальный конус выноса【地】冲积扇

близкий конус выноса【地】(冲积扇)近扇

входной конус【钻】水眼锥孔

дальний конус выноса【地】(冲积扇)远扇

замковый конус【钻】公接头

конечный конус илоотделителя【钻】除泥器小锥体

конечный конус пескоотделителя【钻】除砂器小锥体

обратный конус 反锥体

подводный конус выноса【地】水下扇

расщепленный конус【地】决口扇

средний конус выноса【地】(冲积扇)中扇

конус выноса【地】冲积扇, 冲积锥

конус для испытания цементного раствора на растекаемость【钻】测水泥流动度的圆锥

конус обводнения【采】水锥(进), (油气藏水淹形成的)水锥

конус, образованный грязевым вулканом【地】泥火山锥

конус обсадной головки【钻】套管头楔形卡瓦

конус подошвенной воды【采】底水锥(进)

конусность【钻】锥度(丝扣)

конусообразование【采】锥进, 水锥作用, 水锥形成

конференция(科学技术)会议

пусковая конференция【钻】开钻会议; 投产会议

конфигурация 轮廓, 外形, 形状

конфиденциальность 保密性

концентрат 浓缩物

железистый концентрат 铁矿砂

концентратометр 浓度计
концентратор 浓缩器
концентрация【化】浓度
безопасная концентрация 安全浓度
весовая концентрация 重量浓度
высокая концентрация раствора【化】高浓度溶液
граничная концентрация【化】边界浓度
долевая концентрация【化】体积比浓度
молекулярная концентрация【化】分子浓度
мольная концентрация【化】摩尔浓度
мольно-объемная концентрация【化】摩尔体积浓度, 体积克分子浓度
объемная концентрация【化】体积浓度
остаточная концентрация【化】剩余浓度
предельно допустимая концентрация【化】极限允许浓度
концентрация в объемных процентах【化】体积百分比浓度
концентрация водородных ионов【化】氢离子浓度
концентрация ионов водорода【化】氢离子浓度
концентрация огнеопасного газа, предельная【化】可燃气体极限浓度
концентрация по массе【化】质量浓度
концентрация по массе, процентная【化】质量百分比浓度
концентрация примесей【化】杂质浓度
концентрация титрованных растворов【化】标准溶液浓度, 滴定溶液浓度
концентрация химического реагента【化】化学试剂浓度
концентрический 同心的
концентрическая окружность 同心圆
концентричность 同心度
концепция 构想; 概念
основная концепция 基本概念
концерн 康采恩
конъюнктура 局势
кооперация 协作
координата 坐标
вертикальная координата 纵坐标
горизонтальная координата 横坐标
прямоугольная координата 直角坐标
угловая координата 角坐标
координата скважины【钻】井位坐标
координационный 配合的, 配位的, 协调的
координационная связь 配位键
координационное число 配位数
координация 协调
Копетдаг【地】科佩特山脉
копия 复制
кора 壳
земная кора【地】地壳
океаническая кора【地】洋壳
кора выветривания【地】风化壳
кораллит【地】单体珊瑚; 珊瑚石
коралловый【地】珊瑚的
коралловый ил【地】珊瑚泥
коралловые острова【地】珊瑚岛
коралловый песок【地】珊瑚砂

коралловые полипы【地】珊瑚虫
коралловый риф【地】珊瑚礁
кораллы (коралловые полипы)【地】珊瑚类; 珊瑚虫纲
восьмилучевые кораллы【地】八射珊瑚
четырехлучевые кораллы【地】四射珊瑚
шестилучевые кораллы【地】六射珊瑚
коренной 根的, 根基的
коренной берег【地】基岩岸
коренное отложение【地】基岩层
коренная струя 主流
корень 根(部)
корень надвига【地】逆掩断层根部
корень складчатости【地】褶皱底部
корзина ловильная【钻】打捞篮
корка 外皮, 外壳【钻】泥饼
глинистая корка【钻】泥饼
мерзлая корка【钻】冻结壳
соляная корка【钻】盐结壳
фильтрационная корка бурового раствора【钻】钻井液渗透结壳
фильтрационная корка на стенках скважины【钻】井壁泥浆滤失形成的泥饼, 泥浆造壁
корка бурового раствора【钻】钻井液形成的泥饼
корка выветривания【地】风化壳
корковое сложение【地】表壳构造, 外壳构造
коркомер【测】微井径仪
коркообразование【钻】造壁作用
коробка 盒
взрывобезопасная коробка【钻】防爆箱
двухскоростная коробка передачи【钻】双速传动箱
клапанная коробка【钻】阀箱
распределительная коробка【钻】配电箱, 分线盒
распределительная коробка на среднее напряжение【钻】中(电)压分线盒
регуляторная коробка【钻】调节控制箱
редукторная коробка【机】减速箱
угловая передаточная коробка【钻】角传动箱
цепная коробка【钻】链盒箱
цепная коробка передачи【机】链条传动箱
цепная коробка, приводная【机】链条传动箱; 并车传动箱
шестеренная коробка【机】齿轮箱
коробка компрессора【机】空压机配电箱
коробка масляного фильтра【机】机油过滤箱
коробка набивки【钻】填料箱
коробка передачи【钻】传动箱(变速箱)
коробка передачи (редуктор) ротора【钻】转盘变速器
коробка переключателей【钻】开关箱
коробка сетки【钻】筛箱总成
коробление 翘曲, 皱损, 失稳, 扭曲
коровой【地】地壳的
коровое движение【地】地壳运动
коровой рифт【地】地壳裂谷
коровой слой **Земли**【地】地壳层
коровомантийная смесь【地】(地)壳(地)幔混合层
коронка 冠状物; 牙冠; 钎头

коротковолновой 矮波的
короткозамыкание短路
короткозамыкатель【钻】短路器
корпус 本体, 本身; 外壳; 罩【机】机壳
корпус головки обсадной колонны【采】套管头本体
корпус дизеля 柴油机体
корпус клапана【钻】阀体
корпус насоса 泵体, 泵壳
корпус центрифуги【钻】离心机箱体
корпус цилиндра【机】汽缸体
корразия 刻蚀, 磨蚀
корректив 修正, 校正, 改正
корректировка 校正; 调整
корректировка положения вышки【钻】校正井架位置
корректировка проекта разработки 开发方案调整
коррекция 修正, 校正, 变位, 矫正
корреляционный 相关的
корреляция (сопоставление, параллелизация) 对比
стратиграфическая корреляция【地】地层对比
фазовая корреляция【震】相位对比
корреляция волн【震】波组对比
корреляция горизонтов【震】层位对比
корреляция нефтяных пластов【地】油层对比
корреляция отраженных волн【震】反射波对比
корреляция пласта【地】层位对比
корреляция преломленных волн【震】折射波对比
корреляция разрезов【地】剖面对比
корреляция сейсмических горизонтов【震】地震层位对比
коррозийность 腐蚀性
коррозия 腐蚀作用, 侵蚀作用【地】刻蚀
атмосферная коррозия【化】大气腐蚀
внешняя коррозия【采】【储】管道外部腐蚀, 外表面腐蚀
внутрискважинная коррозия【采】井内腐蚀
водородная коррозия【化】氢腐蚀
высокотемпературная коррозия【化】高温腐蚀
газовая коррозия【化】气体腐蚀
избирательная коррозия【化】选择性腐蚀
катодная коррозия【化】阴极腐蚀
кислородная коррозия【化】氧气腐蚀
кислотная коррозия【化】酸腐蚀
контактная коррозия【化】接触腐蚀
межкристаллитная коррозия【化】晶间腐蚀
микробиологическая коррозия【化】微生物腐蚀
наружная коррозия【化】外(部)腐蚀
неравномерная коррозия【化】不同程度腐蚀
нитевидная коррозия【化】丝状腐蚀
ножевая коррозия【化】刀痕状腐蚀
общая коррозия【化】总腐蚀
оспенная коррозия【化】斑点状

腐蚀
поверхностная коррозия【化】表面腐蚀
подводная коррозия【化】水下腐蚀
подземная коррозия【化】地下腐蚀
послойная коррозия【化】层状腐蚀
равномерная коррозия【化】均匀腐蚀
сероводородная коррозия【化】硫化氢腐蚀
скважинная коррозия【采】井下腐蚀
сквозная коррозия【化】穿透腐蚀
солевая коррозия【化】盐水腐蚀
сплошная коррозия【化】连续腐蚀
структурная коррозия【化】结构腐蚀
точечная коррозия【化】点腐蚀
транскристаллитная коррозия【化】结晶腐蚀
ударная коррозия【化】冲击腐蚀
фрикционная коррозия【化】摩擦腐蚀
химическая коррозия【化】化学腐蚀
щелевая коррозия【化】碱腐蚀
электрическая коррозия【化】电腐蚀
электролитическая коррозия【化】电解质腐蚀
электрохимическая коррозия【化】电化学腐蚀
эрозионная коррозия【采】冲蚀
коррозия блуждающим током【化】杂散电流腐蚀
коррозия внешним током【化】外部电流腐蚀
коррозия внутренней поверхности (внутренняя коррозия)(设备或管线)内(表面)腐蚀
коррозия в электролитах【化】电解质腐蚀
коррозия металлов【化】金属腐蚀
коррозия по ватерлинии【化】水管线腐蚀
коррозия под действием бурового раствора【钻】钻井液腐蚀作用
коррозия под напряжением【化】应力腐蚀
коррозия при воздействии конденсата【化】冷凝物作用下腐蚀
коррозия пятнами【化】斑状腐蚀
коррозия сернистой нефтью【化】含硫石油腐蚀
коррозия с образованием глубоких язв【化】深度溃洞腐蚀
коррозия трущихся поверхностей【化】表面磨损腐蚀
коррозия цемента【化】水泥腐蚀
корунд【地】刚玉
коса【地】沙洲
косейсмические линии【震】同震线
косинус 余弦
косой 斜的
косой сброс (сброс-сдвиг)【地】斜断层, 斜向断层
космическая пыль 太空粉尘
косослоистый【地】斜层理的, 交错层的
Костинская свита【地】科斯金组(西伯利亚地台, 中寒武统)
котел (котельная) 锅炉(房)
кошка 吊车
кошма【钻】毛毡
коэффициент 系数(率)

вязкостно-температурный коэффициент (**ВТК**) 黏度温度常数
гранулометрический коэффициент【地】粒度系数
конечный коэффициент газоотдачи【采】天然气最终采收率
минералогический коэффициент【地】矿物比例系数(稳定矿物/不稳定矿物)
номинальный коэффициент мощности【钻】额定功率因数
объемный коэффициент 体积系数
пересчетный коэффициент 换算系数
песчано-глинистый коэффициент【地】砂泥比
коэффициент аналогии 相似系数
коэффициент анизотропии 非均质系数
коэффициент безводной нефтеотдачи【采】原油无水采收率
коэффициент безопасности【安】安全系数
коэффициент буримости【钻】可钻性系数
коэффициент вариации проницаемости【地】渗透率变异系数
коэффициент водонасыщенности【地】含水饱和度(系数)
коэффициент водообильности【采】含水率
коэффициент водообмена 水交换系数
коэффициент водопоглощения породы【地】岩石吸水系数
коэффициент водопроводимости 导水系数
коэффициент вскрышности【采】剥离系数
коэффициент вытеснения【采】驱油系数
коэффициент выхода【钻】岩心收获率
коэффициент вязкости 黏度系数
коэффициент газонасыщенности【地】含气饱和度(系数)
коэффициент газоотдачи【采】天然气采收率
коэффициент дефлегмации【化】回流比率, 分馏比率
коэффициент диффузии【物】扩散系数
коэффициент естественного падения дебита【采】产量自然递减率
коэффициент заводнения【采】注水系数
коэффициент закупорки【采】堵塞系数
коэффициент запасов【地】储量系数
коэффициент затухания【物】阻尼系数, 衰减系数
коэффициент зонда【采】电极系数
коэффициент извилистости рек【地】河流弯曲系数
коэффициент извлечения нефти (**КИН**)【采】石油采收率
коэффициент изменения объема газа【采】气体体积变化系数
коэффициент использования 利用率
коэффициент истощения【采】消耗系数, 枯竭系数
коэффициент кислотности【化】酸度系数
коэффициент консолидации 固结

К

系数

коэффициент концентрации【化】浓度系数

коэффициент коррелятивности 相关系数

коэффициент метаморфизма нефти【地】石油变质系数

коэффициент метаморфизма подземных вод【地】地下水变质系数

коэффициент мономинеральности【地】单矿物系数, 单矿物比率

коэффициент мощности【钻】功率因数

коэффициент надежности 安全系数

коэффициент намагничивания (намагничения)【物】磁化率

коэффициент наполнения насоса 泵效率

коэффициент насыщения 饱和系数

коэффициент нефтеотдачи (**КНО**)【采】石油采收率

коэффициент нефтеотдачи при режиме газовой шапки【采】气顶驱动方式下石油采收率

коэффициент номинальной мощности 额定功率因数

коэффициент общей эффективности подготовки запасов【地】储量准备效益系数

коэффициент объемного сжатия【地】体积压缩系数

коэффициент объемной пластовой нефти【地】石油地下体积系数

коэффициент однородности 均匀系数

коэффициент округленности 磨圆度系数

коэффициент остаточной водонасыщенности【地】剩余水饱和度系数

коэффициент отдачи【采】采收率

коэффициент открытой пористости【地】有效孔隙度

коэффициент относительной плотности 相对密度系数

коэффициент относительной трещиноватости【地】相对裂缝系数

коэффициент отражения【震】反射系数

коэффициент охвата заводнением【采】注水波及系数

коэффициент охвата по мощности【采】厚度波及系数

коэффициент охвата по объему нефтяной залежи【采】油藏体积波及系数

коэффициент охвата по площади месторождения【采】油田面积波及系数

коэффициент охвата по толщине пласта【采】油层厚度波及系数

коэффициент падения【采】递减率

коэффициент падения дебита【采】产量递减率

коэффициент перфорации【钻】射孔系数

коэффициент песчанистости【采】含砂率

коэффициент поглощения 吸收系数

коэффициент подтверждаемости структур【地】构造落实率

коэффициент полной пористости【地】总孔隙度

коэффициент преломления【震】折射系数

коэффициент приемистости【采】

注水系数
коэффициент проводимости【采】传导系数
коэффициент продуктивности【采】产油率(指数)
коэффициент продуктивности скважины【采】单井产油指数(指压降1m产出的油量)
коэффициент пропорциональности 比例系数
коэффициент просвета 透光度(率)
коэффициент **Пуассона**【震】泊松系数【地】泊松比
коэффициент пучения 膨胀系数
коэффициент пьезопроводности【采】导压系数
коэффициент разрыхления 发散系数
коэффициент распространения по площади【地】面积分布系数
коэффициент распространения прослоев【地】小层分布系数
коэффициент растворимости газа【采】气体溶解系数
коэффициент расхода 流量系数
коэффициент расчленности【采】分层系数
коэффициент расширения 膨胀系数
коэффициент регулировки 调节系数
коэффициент регрессии 减退系数
коэффициент сверхсжимаемости газа 气体超压缩系数
коэффициент сжатия 压缩系数
коэффициент сжимаемости【采】压缩系数
коэффициент слияния прослоев【地】小层连通系数
коэффициент сменности оборудования 设备替换率, 设备使用率
коэффициент смешения 混合比
коэффициент сортировки 颗粒分选系数
коэффициент стока 径流系数
коэффициент сферичности 球度
коэффициент трения【物】摩擦系数
коэффициент трещиноватости【地】裂隙度
коэффициент увеличения сопротивления【物】电阻增大系数
коэффициент увеличения удельного электрического сопротивления пласта【地】地层电阻率增大系数
коэффициент удлинения 延伸率
коэффициент упругоемкости нефтяной залежи【采】油藏弹性容量系数
коэффициент упругоемкости пласта【采】地层弹性容量系数
коэффициент фильтрации 渗透系数
КПД коэффициент полезного действия 有效系数
КПД кривая падения дебита【采】产量下降曲线
КПС коэффициент продуктивности скважин【采】油井产(油气)率
КР кислотный раствор 酸液
КР коэффициент распределения 分布系数
краевой 边缘的
краевая фация【地】边缘沉积相
край 边缘
крайний 极限的
крайность 极端, 极度, 极限

кран 阀,旋塞;起重机,吊车
водоспускной кран 水旋塞
воздушный кран【钻】导气龙头
выпускной кран【钻】排放阀
двухходовой кран【钻】双通阀
козловой кран【钻】龙门起重机
консольный кран【钻】悬壁吊
перепускной кран【钻】旁通阀
плавучий кран【钻】浮动吊车
подвижной ручной кран 可移动手动吊车
трехпроходной пневматический кран【钻】三通气动开关
трехходовой кран【钻】三通阀
устьевой кран【采】井口阀
устьевой кран с двумя запорными органами, шаровой【采】双闸板球型井口阀
шаровой кран【采】球型阀
электропневматический кран 电动气开关
кран-балка【机】梁式起重机
краситель 染料
краска 颜料,染料【机】油漆
водоэмульсионная краска 涂料
минеральная краска 矿物颜料
огнезащитная краска 防火涂料
красный 红的
красная глубоководная глина【地】深水红色泥岩
кратное 次数
кратный 倍数的,成倍的;多重的
кратность 次数
кратность запасов【地】储采比
кратность наблюдения【震】观测次数
кратность отражения【震】反射次数
кратоген【地】稳定大地块
кратон【地】克拉通
крахмал【钻】上浆粉,造浆淀粉(提黏度)
карбоксиметилированный крахмал【钻】羧甲基淀粉
модифицированный крахмал【钻】改性淀粉
крезол【化】甲酚
крейцкопф【钻】十字头,十字导向头,滑块
крекинг каталитический【化】催化裂化
кремень【地】燧石
кремневодороды【化】硅烷
кремневый 硅质的
кремневые губки【地】硅质海绵
кремневые натеки【地】硅华
кремневый цемент【地】硅质胶结物
кремнезем【地】氧化硅,二氧化硅
кремнекислота【化】硅酸
кремний【化】硅(Si)
кремнистый【地】硅质的
кремнистый песчаник【地】硅质砂岩
кремнистый туф (гейзерит)【地】硅华
кремнистая формация【地】硅质建造
крепеж【钻】(集)连接件,固定件
крепление 固定【钻】固井
анкерное крепление【钻】锚固
боковое крепление【钻】侧支撑
поинтервальное крепление ствола【钻】分段固井
шарнирное крепление【钻】铰链加固

крепление долота【钻】加固钻头
крепление к трубопроводу【储】管线加固
крепление к фундаменту 加固基底
крепление насоса 加固泵
крепление ног вышки【钻】加固井架大腿
крепление обсадными трубами【钻】用套管加固
крепление призабойной зоны【钻】加固井底
крепление резьбы 紧扣
крепление скважины【钻】固井(注水泥, 测固井质量), 加固井壁
крепость пород【钻】岩石可钻性【地】岩石稳定性, 岩石坚硬性
крестовик-отвертка 十字螺丝刀
крестовина【钻】四通; 十字头
превентерная крестовина【钻】防喷器四通
крестовина обсадной трубы в сборе【钻】套管四通总成
кривая 曲线
кривая восстановления давления【采】压力恢复曲线
кривая вытеснения нефти водой【采】水驱油曲线
кривая **ГИС**【测】测井曲线
кривая депрессии【采】压降曲线
кривая зондирования【测】测深曲线
кривая истощения【采】衰竭曲线
кривая накопления добычи【采】累计产量曲线
кривая нарастания давления на головке【采】井口压力上升曲线
кривая начального дебита【采】原始产量曲线
кривая падения давления【采】压力下降曲线
кривая падения дебита【采】产量下降曲线
кривая сопротивления раствора【钻】泥浆电阻率曲线
кривизна 曲率, 弯曲程度
кривизна ствола скважины【钻】井斜, 井眼弯曲程度
кривой 弯曲的
криволинейный 曲线的
кривошип【机】曲柄; 曲轴拐
кризис 危机
криолитозона【地】冻土带
криопротектор 低温保护器
крип 蠕变
криптогенный【地】隐晶质的
криптозой【地】隐生宇(宙), (同докембрий)
криптокластический【地】极细碎屑的
криптон【化】氪(Kr)
кристалл【地】晶体
кристаллизационный【地】结晶的, 晶体的
кристаллизационная вода【地】结晶水
кристаллизационная решетка【地】晶格
кристаллизация【地】结晶作用
кристаллический【地】结晶的; 晶体的 (крупнокристаллический 粗晶的, мелкокристаллический 细晶的, микрокристаллический 微晶的, 泥晶的, межкристаллический 晶间的)
кристаллическая кора【地】结晶地壳

кристаллическая решетка【地】晶格; 结晶格架
кристаллический туф【地】结晶凝灰岩
кристаллический фундамент【地】结晶基底
кристаллический щит【地】结晶地盾
кристаллосланец【地】结晶页岩
критерий 标准, 方法; 准则; 判据
критерий оценки нефтегазоносности【地】评价含油气性标志
критерий эффективности геологоразведочных работ【地】地质勘探工作效率准则
критический 临界的
критический гидравлический уклон【地】临界水力坡度
критическая глубина【地】临界深度
критический объем 临界容积
критическая скорость 临界速度
критическое сопротивление 临界电阻率
критическая температура 临界温度
критический угол 临界角
критический угол падения【震】临界入射角
критический уклон【地】临界坡度
кровля【地】顶部
кровля залежи【地】油气藏顶部
кровля пласта【地】油层顶部; 地层顶面
крокидолит【地】青石棉
кромальтит【地】黑榴霓辉岩
кронблок【钻】天车, 滑车
кронциркуль【钻】外卡钳
кронштейн【钻】支架, 托架, 支臂, 安装座, 固定架, 固定基座
левый кронштейн【钻】左支架
правый кронштейн【钻】右支架
соединительный кронштейн【钻】连接架
кронштейн набивки【钻】填料支撑
кронштейн тормоза【钻】盘刹支架
кроссирование 划线
КРС капитальный ремонт скважин【采】油井大修
круглый 圆形的
кружка【化】量杯
крупный【地】大型的; 粗的
крутильный 扭动的
крутильный момент 扭动力矩
крутильная система 扭动系统
крутой【地】陡峭的
крутопадающий【地】陡倾的
крутящий момент【钻】扭转力矩
кручение 扭转, 扭曲
крыло【地】(断层)盘; 翼(褶皱)
сводовое крыло【地】穹隆构造翼部
крыло антиклинали【地】背斜翼部
крыло мульды【地】向斜翼部
крыло сброса【地】断层盘
крыло сброса, верхнее【地】断层上盘
крыло сброса, висячее【地】断层上盘
крыло сброса, лежачее【地】断层下盘
крыло сброса, опущенное【地】断层下降盘
крыло сброса, приподнятое【地】断层上升盘
крыльчатка 叶轮
крыльчатка водяного насоса【采】水泵叶轮

крышка 盖【钻】护丝
вентиляционная крышка【钻】呼吸帽
двухскатная крышка【钻】人字盖
задняя крышка 后盖
клапанная крышка【机】阀盖
нажимная крышка подшипника【机】轴承压盖
передняя крышка【机】前盖
прижимная крышка【机】压盖
смотровая крышка【机】视孔盖, 油孔盖
уплотнительная крышка【钻】填料压盖
цилиндровая крышка【机】缸盖
крышка клапана 阀盖
крышка набивки【钻】填料压盖
крышка подшипника【机】轴承压盖
крышка торца вала【机】轴头盖板
крышка торца муфты【机】轴端盖
крышка цилиндра【机】汽缸盖
крюк【钻】大钩
буровой крюк【钻】钻井吊钩
ловильный боковой крюк【钻】打捞壁钩
подъемный крюк【钻】大钩
пустой крюк【钻】无负荷的大钩
штанговый крюк【采】抽油杆吊钩
эксплуатационный крюк【钻】开采大钩
крюк для спуска и подъема насосных штанг【钻】提升抽油杆吊钩
крюк для спуска и подъема НКТ【钻】提升油管大钩
крюк для спуска обсадных труб【钻】下套管大钩
крюк крана【钻】吊车大钩
крюкоблок【钻】滑车大钩, 大钩滑轮, 游车大钩
крючок【钻】(安全绳)小钩
отводной крючок 拨钩, 壁钩
КС кажущееся сопротивление【测】视电阻率
КС камера сгорания 燃烧室; 火药室
КС каротажное сопротивление【测】测井电阻
КС каротажная станция【测】测井站, 测井台, 测井车
КС компрессорная станция【采】压缩机站
КС консервационная стадия【采】暂停开采阶段; 封存阶段
КС контрольная станция 检查站; 纠察台
КС Координационный Совет 协调会议; 协调委员会
КС кривая сопротивления【测】电阻率曲线
ксерофильные организмы【地】喜旱生物
ксиленол【化】二甲酚
ксилол【化】二甲苯
КСК корреляционный сейсмический каротаж【测】地震对比测井
КСП комплексно-сборный пункт【采】综合集油气站
КСПК контактный способ поляризационных кривых【测】极化曲线接触法
КСР конечная стадия разработки【采】开发后期
КСС критическая степень сжатия 临界压缩比
КССП концентрированная сульфитоспиртовая барда 缩合硫酸盐酒精

废液

КСУ комбинированый стабилизатор-уклонитель【钻】定向组合装置

КСУ комплексная сепарационная установка【炼】组合分离装置

КСУ концевая сепарационная установка【采】终端分离装置

КТ корректирующая точка 校正点

КТ космический телескоп 宇宙望远镜

КТ коэффициент теплопроводности 导热系数

КТК Каспийский трубопроводный консорциум 里海管道联营企业

КТО коэффициент теплоотдачи 散热率, 散热系数

КТП комплексный технологический поток 综合流水作业法

КТП коэффициент теплопередачи 导热率, 导热系数

КТР коэффициент теплового расширения 热膨胀系数

КТС комплекс технических средств 全套技术设备

КТС комплексная транспортная система 综合运输系统

КТСР комплексная технологическая схема разработки【采】综合开发工艺方案

КТУ котлотурбинная установка 锅炉涡轮装置

КУ кислородная установка 氧气装置, 制氧设备

КУ компрессорная установка【机】压缩机

КУ коэффициент усиления【震】放大系数, 增益系数

куб 立方体

нефтеперегонный куб 石油蒸馏釜

куб когерентности【震】相干数据体

куб скоростей【震】速度体

Кубань【地】库班河

кубатура 求积法

кубический 立方(体)形的; 立方的, 三次的

кубометр 立方米

кувалда【钻】榔头

Кувейт【地】科威特

кузнечно-прессовый 锻压的

кузнечно-штамповочный 锻冲的

кузнец 锻工

Кузнецовская свита【地】库兹涅佐夫组(西西伯利亚, 土仑阶)

кукерсит【地】库克油页岩

Куломзинская свита【地】库罗姆金组(西西伯利亚, 贝利阿斯—凡兰吟阶)

кулон 库仑

куметр 库仑表

кумол【化】异丙苯

кумулятивный 累积的; 聚焦的

кумулятивное выветривание【地】累积风化

кумулятивное отложение【地】堆积层

кумулятивный перфоратор【采】聚能射孔器(枪)

Кунгурский ярус【地】孔谷阶(前苏联欧洲地区, 二叠系)

Куонамская свита【地】库奥那姆组(西伯利亚地台, 中下寒武统)

купол【地】构造高点; 丘, 穹形体

пробкообразный купол【地】柱塞状盐丘

продуктивный купол【地】含矿

К

盐丘

проткнутый купол【地】刺穿盐丘

соляной купол【地】盐丘

экструтивный купол【地】喷出穹丘

купол набухания【地】穹形火山

купол протыкания【采】刺穿构造，刺穿盐丘

купорос【化】硫酸盐，矾类

медный купорос【化】硫酸铜，胆矾

Кура【地】库拉河(格鲁吉亚和阿塞拜疆)

курвиметр 曲线仪

курган【地】小土丘，小砂丘

Курильские острова【地】千岛群岛

курс 课程，教程；方位，方向；航向

обменный курс 汇率

Курсовская свита【地】库尔索夫组(西伯利亚，文德系)

куртаж 佣金

Кулундинское озеро【地】库伦达湖

кусачки【钻】剪线钳

куст 灌木(丛)

КФ корректирующая фильтрация 校正过滤

КФ коэффициент фильтрации пород【地】岩石渗透系数

КФ коэффициент фракционирования【化】分馏系数

КЦ командный центр 指挥中心

Кызылкум【地】克孜勒库姆沙漠

Кызылсырская свита【地】克孜勒瑟尔组(西伯利亚，下侏罗统)

КЭ кинетическая энергия 动能

КЭВ континентальный экваториальный воздух【地】大陆赤道气团

КЭП каротаж электропроводности【测】电导率测井

кювет 边沟，(路两旁的)水壕；排水沟

кюри【物】居里

кюри температура (Кюри точка)【物】居里温度点

кюрий【化】锔(Cm)

кяриз 坎儿井，暗渠

Л

лаанилит【地】榴铁伟晶岩

лабильность不稳定性；不安定性

лабильный 不稳定的，易变的

лаборант【化】化验员

лаборатория【化】化验室

аналитическая лаборатория (АЛ)【化】分析实验室

заводская лаборатория【化】工厂化验室

каротажная лаборатория【测】测井资料处理室

научно-исследовательская лаборатория 科学研究化验室

отраслевая лаборатория【化】专业化验室

передвижная лаборатория【化】移动化验室

полевая лаборатория【化】野外化验室

промысловая лаборатория【化】矿场化验室

лаборатория для проведения экс-

прессанализов【化】快速分析化验室
лабрадит【地】拉长岩
лабрадор【地】拉长石
лава【地】熔岩
агломератовая лава【地】集块熔岩
андезитовая лава【地】安山岩熔岩
анортитовая лава【地】钙长石熔岩
базальтовая лава【地】玄武熔岩
глыбовая лава【地】块状熔岩
грязевая лава【地】泥流火山碎屑
донная лава【地】海底熔岩
лавовый【地】熔岩质的
лавовый агломерат【地】熔岩质集块岩
лавовая брекчия【地】熔岩角砾
лавовый вулкан【地】熔岩火山
лавовый канал【地】熔岩通道
лавовый конус【地】熔岩锥
лавовый купол【地】熔岩丘
лавовый нэк【地】熔岩颈
лавовое озеро【地】熔岩湖
лавовый пепел【地】熔岩灰
лавовый песок【地】熔岩砂
лавовое плато【地】熔岩高原
лавовый покров【地】熔岩盖
лавовый поток【地】熔岩流
лавовый щит【地】熔岩盾
Лавразия【地】劳亚古陆
Лаврентьевская складчатость【地】劳仑褶皱作用
лагуна【地】潟湖; 浅水海湾
лагуна атолла【地】环礁湖
лагунный【地】潟湖的
лагунное отложение【地】潟湖沉积
лагунный риф (атолл)【地】潟湖礁
лагунная фация【地】潟湖相
Ладожское озеро【地】拉多加湖

лазер 激光
лайнер【采】衬管, 衬圈
лак 油漆(背漆)
битумный лак для покрытия трубопровода【储】管道沥青漆
влагостойкий лак 抗水漆
кислотоупорный лак 耐酸漆
масляный лак 油漆
противокоррозийный лак 防腐漆
щелочестойкий лак 耐碱漆
лакколит【地】侵入岩盖
ламина【地】纹层
ламинарное течение 层流
ламинация 层理, 纹理
лампа 灯; 真空管
взрывобезопасная флуоресцентная лампа【钻】防爆荧光灯
взрывозащитная флуоресцентная лампа【钻】防爆司钻荧光灯
взрывозащищенная лампа 防爆灯
выпрямительная лампа 整流管
двухэлектродная лампа 二极管
индикаторная лампа 信号指示灯
ртутная лампа 水银灯
паяльная лампа 喷灯
противоводяная лампа 防水灯
противосырая лампа 防潮灯
сигнальная лампа 信号灯
стартовая лампа ртути 自镇流汞灯泡
тревожная лампа【安】警报灯
флуоресцентная лампа 荧光灯
лампа-маяк вышки【钻】井架标高灯
лампа-указатель автоподачи долота【钻】自动送钻指示灯
ландшафт【地】地形, 地面景色, 景观

лантан【化】镧(La)
лантаниды【化】稀土元素(镧族元素)
лапа 脚掌; 抓弹钩, 爪, 爪齿, 耳座
загрузочная лапа 装载卡爪
лапа долота【钻】钻头巴掌
лапка 拉钳
латекс 橡胶浆, 乳状液, 乳胶
латеральный 侧向的, 横向的
латеральная вариация 侧向变化, 横向变化
латеральная изменчивость сейсмофации【震】地震相横向变化
латеральная неоднородность 侧向不均匀性
латеральное перемещение 侧向位移, 横向位移
латунь 黄铜
Лауренция【地】劳仑古陆
лаурил【化】十二烷基
лафет【钻】卡盘
ЛВМ легковоспламеняющиеся вещества и материалы 易燃器与易燃材料
ЛГС листогибочный станок 弯板机
ЛДШ линия детонирующего шнура 导火线
лебедка 绞车
автоматическая лебедка для депарафинизации【采】自动清蜡绞车
буксирная пневматическая лебедка【钻】气动式卷扬机(绞车)
буровая лебедка【钻】钻井绞车
буровая двухбарабанная лебедка【钻】双滚筒钻井绞车
буровая двухскоростная лебедка【钻】双变速箱钻井绞车
буровая трехвальная лебедка【钻】三轴钻井绞车
верховая лебедка【钻】二层助力绞车
вспомогательная лебедка【钻】辅助绞车
гидравлическая лебедка【钻】液压绞车
грузовая лебедка【钻】装载绞车
кабельная лебедка【钻】缆绳绞车
канатная лебедка【钻】钢丝绳绞车
каротажная лебедка【测】测井绞车
маневровая лебедка【钻】运动绞车
монтажная лебедка【钻】安装绞车
подъемная лебедка【钻】提升绞车
пневматическая лебедка【钻】气动绞车
реверсивная лебедка【钻】反向绞车
самоходная лебедка【钻】自行走绞车
тракторная лебедка 拖拉机式绞车
фрикционная лебедка 摩擦绞车
швартовная лебедка 锚索绞车, 系泊绞车
электрическая лебедка【钻】电动绞车
якорная лебедка【钻】锚链绞车
лебедка для инклинометра【钻】测斜绞车
лебедка для каротажа, самоходная【测】自行式测井绞车
лебедка для подъема керноприемника【钻】提升取心筒绞车
лебедка для ремонта скважин【钻】修井绞车
лебедка для спуска трубопровода на дно【储】海底下放管道绞车
левовращающий 左旋的

Л

легенда (условные обозначения) (地图、图表等的)图例, 说明
легкий 轻的, 容易的
легковзрывной 易爆的
легковоспламеняющийся 易燃
легколетучий 易挥发的
лед 冰
сухой лед 干冰
ледник (глетчер)【地】冰川
ледниковый 冰川的
ледниковые борозды【地】冰川垄沟, 冰川沟痕
ледниковые валуны【地】冰川漂砾; 冰川漂石
ледниковая долина【地】冰川谷
ледниковый конгломерат【地】冰砾岩冰
ледниковая морена【地】冰碛石
ледниковые нарезки (рубцы)【地】冰擦作用
ледниковый обвал【地】冰川陷落
ледниковое озеро【地】冰川湖
ледниковые отложения【地】冰川沉积
ледниковый покров【地】冰盖层
ледниковое прибрежное озеро【地】冰缘湖
ледниковое растирание【地】冰擦痕
ледниковая стадия【地】冰川阶段
ледниковая тектоника (гляциодислокация)【地】冰川构造
ледниковые трещины【地】冰川裂隙
ледниковые формы рельефа【地】冰川地形
ледниковый цикл【地】冰川旋回
ледниковая шлифовка (штриховка)【地】冰擦痕
ледниковая эпоха【地】冰期
ледниковая эрозия【地】冰蚀
ледяной 冰的
ледяная глыба【地】冰块
ледяная гора【地】冰山
ледяное поле【地】冰原
ледяная сосулька【地】冰柱
ледяная шапка【地】冰帽
ледяной щит 冰盖
лежачий 平躺的; 横放的
лежачая антиклиналь【地】伏卧背斜, 倒卧背斜
лежачее крыло【地】断层下盘
Лейасовый ярус【地】里阿斯阶(下侏罗统)
лейкократный 淡色的
лекало 曲线板, 云形板
лектостратотип【地】选定标准地层剖面, 选层型剖面
лектотип 选型, 选模, 补选模式标本
Лена【地】勒拿河
лента 条带; 记录带
асбестовая лента 石棉带
изоляционная лента 绝缘带
каротажная лента【测】测井记录纸
каучуковая лента 生料带
магнитная лента 磁带
перфорированная лента 穿孔带
пластичная изоляционная лента 塑料绝缘带
резиновая лента 橡胶条
резьбовая лента 生料带
самослипаемая водонепроницаемая лента 自粘性防水胶带
самослипаемая пластмассовая изолированная лента 自粘性塑料绝缘胶带

Л

сейсмическая лента【震】地震记录带
тормозная лента【钻】刹车带
транспортерная лента 传送带
упаковочная лента 包装带
уплотнительная лента 密封带
лента записи 记录带
лента черного цвета 黑胶布
лерка【钻】母锥
лестница 梯子
винтовая лестница 旋梯
выдвижная лестница 伸缩梯
клеточная лестница【钻】笼梯
маршевая лестница 楼梯
монтажная лестница 安装用梯
пожарная лестница 消防梯
летучий 挥发的
летучесть 挥发性
Леушинская свита【地】列乌希诺组(西西伯利亚, 欧特里夫—巴雷姆阶)
лечение стационарное 住院治疗
ЛЗ линейная зависимость 直线关系, 线性关系
ЛЗ линейно-зависимый【震】直线型装药(爆破)(地震勘探)
лигносульфонат【钻】木质素磺酸盐降黏剂
лигроин【化】石油醚, 粗汽油
лидит (лидийский камень, фтанит)【地】燧石板岩; 试金石
лизин【化】赖氨酸
ликвация 偏析, 熔析; 分熔作用
ликвидация 报废; 关闭
ликвидация аварии【钻】处理(排除)事故
ликвидация гидратов【采】消除水合物
ликвидация и вывод 弃置和拆除
ликвидация и вывод из эксплуатации【采】开发弃置和拆除
ликвидация контракта 合同作废
ликвидация поглощения【钻】处理井漏, 堵漏
ликвидация пожара 消灭火灾
ликвидация предприятий 关闭企业
ликвидация прихвата【钻】解除卡钻具, 解卡
ликвидация пробки в стволе скважины【钻】井内解堵
ликвидация скважины【钻】报废井
ликвидация утечек【采】消除液漏
ликвидация филиала 注销分支机构
ликвидация фонтана【钻】消除井喷
ликвидировать скважину【采】弃置井
лимб 分度圈, 分度弧
лимит 限额
максимальный лимит 最高限额
лимит капитальных вложений 投资额度
лимит кредитования 贷款额度
лимит расходов 开支额度
лимитер 限制器
лимнические отложения【地】淡水沉积
лимнокальцит (пресноводный известняк)【地】淡水灰岩
линеаризация 线性化
линейный 直线的
линейная интерполяция 线性内插
линейное преобразование 线性变换
линейное программирование 线性规划
линейная проекция 线性投影

Л

линза 透镜体
линзообразный (линзовидный)【地】透镜状的
линия 线
аварийная линия 安全线, 警戒线
агоническая линия 零磁偏线, 无偏线
антиклинальная линия【地】背斜线
базовая линия 基线
береговая линия в начальной стадии【地】初始岸线
береговая линия опускания【地】沉降岸线
береговая линия погружения【地】埋藏岸线
береговая линия поднятия【地】抬升岸线
базовая линия ПС для глинистого сланца【测】自然电位测井泥岩基线
вихревая линия 旋涡线
водоспускная линия 放水管线
возвратная линия【采】回流管线
всасывающая линия【钻】吸入管线
входная линия 输入管线
выкидная линия【钻】泥浆出口管线; 放喷管线, 排出管线(指废液等)
выкидная линия для бурового раствора【钻】泥浆排出管线
выкидная линия для выбуренной породы【钻】钻出岩屑排出管线
выкидная линия для газообразного бурового агента【钻】气态钻井试剂排出管线
выкидная линия резервуара【钻】储罐排出管线
выпускная линия【采】排出管线
выпускная линия насоса【钻】泵排出管线
газоотводная линия【采】排气管线
газоотводная линия для сжигания【采】火炬管线
газоприемная линия【采】天然气接收线
газосборная линия【采】集气管线
газоуравнительная линия【采】气体平衡管
заданная линия 对比线, 参考线, 零位线
изобатическая линия【地】等深线
изогональная линия 等角线
изодинамическая линия 等(液体)压力线
изоклинальная линия 等倾线
изопьестическая линия 等压线
испытательная линия【采】测试管线
исходная линия 起始线
канализационная линия【采】下水管线
контактная линия 接触线
контурная линия 轮廓线
корреляционная линия 对比线
косейсмическая линия【震】同震线, 等烈度线
котектическая линия【地】共结线, 共熔线, 低共溶线
магнитная линия【物】磁力线
нагнетательная линия【采】注气管线【钻】高压管线
наклонная базисная линия 倾斜基线
наливная линия【采】灌注线【储】装油管道
напорная линия【采】高压管线
неискаженная линия 无畸变线
нефтепроводная линия【储】输油

管线
нефтесборная линия【采】集油管线
осевая линия 轴线
отводная линия 排水管线
откачивающая линия 汲出管线, 抽出管线
переточная линия 溢流管线
поточная линия 流线
приемная линия 进水管道
проверочная линия 参考线, 对比线
пунктирная линия 折线, 虚线
пусковая линия【钻】启动管线
растворная линия【钻】泥浆管线
реверсивная линия【钻】回路
рефлексная линия【钻】回流管线
сборная линия【采】集油气管线
сейсмическая линия【震】地震测线
сейсмотектоническая линия【震】地震构造线
силовая линия 动力线
скважино-заглушающая линия【钻】压井线
сливная линия 放水管道
снеговая линия【地】雪线
тектоническая линия【地】构造线
транспортная линия 运输线
трансрегиональная тектоническая линия【地】区域构造转换带
уравнительная линия 平衡管线
факельная линия【钻】放喷管线
цементировочная линия【钻】注水泥浆管线
штуцерная линия【采】节流管线
эквипотенциальная линия 等测压水位线; 等势线, 等位线
линия взрывных пунктов【震】爆炸点排列线(炮线)
линия влияния【采】影响线, 波及线
линия возбуждения【震】激发线
линия восстания 上倾方向线
линия высокого давления【钻】高压管线
линия глинистого раствора【钻】泥浆管线
линия глушения и дросселирования【采】压井和节流管线
линия для заводнения【采】注水管线
линия для обратной промывки【采】反循环管线
линия для создания противодавления【钻】回压管线
линия долива скважины【钻】灌注管线
линия задержки 延迟线
линия контура 边界线
линия малого сопротивления 低阻线
линия манифольда 汇管线
линия моря【地】海岸线
линия нарастания 生长线
линия нарушения 破坏线
линия наступания【采】边水前侵线
линия от скважины до мерника【采】从井口至计量罐的管线
линия падения【地】倾向线
линия пара 蒸汽管线
линия привязки【震】联测线
линия приема【震】接收线
линия приливов【地】涨潮线
линия простирания【地】走向线
линия равного напора 等水压线, 等势线
линия разлома【地】断裂线
линия размыва【地】侵蚀线
линия регулирования давления 压

力调节管线

линия сборки лебедок【钻】滚筒大绳

линия сброса【地】断层线

линия сброса воды 排水管线

линия сброса газа 排气管线

линия сварки 焊接线

линия сдвига【地】剪切线

линия сырого газа【采】原料气管线

линия топливного газа【采】燃料气管线

линия фронта наступающей воды【采】注水前缘线

линия шва 缝合线

линолеум 地板革

липид【化】脂类化合物

липкость бурового раствора【钻】钻井液黏性(胶黏性)

липоиды【化】类脂化合物

липтобиолит【地】残留生物岩, 残留有机岩

лист 单; 板

кремнестальной лист【钻】硅钢板

стальной лист 钢板

технологический лист данных 工艺数据单

упаковочный лист 装箱单

лист клапана 阀瓣

листинг с комментариями 带注解的清单

листоватость【地】页理

литаренит【地】岩屑砂岩

Литвинцевская свита【地】里特文采夫组(西伯利亚地台, 中下寒武统)

литий【化】锂(Li)

литификация (окаменение)【地】(成岩)石化作用

литогенез (петрогенез)【地】岩石成因, 岩石成因说

литогенезис【地】成岩作用

литографский камень 石印石料

литоклазы【地】岩石裂隙

литология【地】岩石学; 岩性

литология пласта (горизонта)【地】地层岩性

литология по ГИС【地】测井岩石学

литолого-стратиграфический【地】岩性地层的

литолого-фациальный комплекс【地】岩性—岩相组合

литомеханика【地】岩石机械力学, 岩石机械性质

литораль【地】滨岸带(潮汐带)

литоральный (прибрежный)【地】潮坪的, 滨岸的

литоральная зона【地】潮汐带

литоральное отложение【地】海岸沉积

литоральная фация (береговая фация)【地】滨岸相

литосфера【地】岩石圈

литотоп【地】岩石沉积环境; 均一沉积区, 稳定沉积区; 岩性地层单位

литофация【地】岩相

литраж 升数

литромер 油量表

литье【地】铸体(岩心分析)

каменное литье (петругия)【地】岩石铸模

лифт【采】气举管

двухрядный лифт【采】双层气举管

однорядный лифт【采】单层气举管柱

одноступенчатый лифт【采】一级

气举管柱
плунжерный лифт【采】活塞气举
ступенчатый лифт【采】多级气举管
лифт с башмачной воронкой【采】漏斗状油管鞋气举管
лифт с концевым клапаном【采】末端阀门气举管
лифт с пакером【采】封隔器气举管
лицензия 执照, 许可证
государственная лицензия генерального подрядчика 总包方国家许可证
государственная лицензия на право монтажа 安装国家许可证
государственная лицензия на право проведения наладочных работ оборудования 设备调试国家许可证
государственная лицензия на право строительства 建筑国家许可证
импортная лицензия 进口许可证
патентная лицензия 专利许可证
таможенная лицензия 海关许可证
экспортная лицензия 出口许可证
лицензия на пользование недрами 矿产使用许可证
лицензия на проектирование 设计许可证
лицензия на разведку и добычу 勘探开发许可证
лицо 人
ответственное лицо 负责人
третье лицо 第三方
физическое лицо 自然人
юридическое лицо 法人
ЛК летучая кислота【化】挥发性酸
ЛЛК легколетучий компонент【化】易挥发性组分
ЛМ локатор муфты【测】接箍定位测量器
ЛО литологически ограниченная【地】岩性遮挡油气藏
ловитель【钻】打捞工具
гидромагнитный ловитель【钻】液压电磁打捞器
двухступенчатый ловитель【钻】二级打捞工具
клиновой ловитель【钻】楔形打捞工具
магнитный ловитель【钻】磁力打捞工具
наружный ловитель【钻】打捞筒
одноступенчатый ловитель【钻】单级打捞工具
ловитель всасывающего клапана【钻】进气阀打捞工具
ловитель для насоснокомпрессорных труб【钻】油管打捞筒
ловитель для насосных штанг【钻】泵杆打捞工具
ловитель, спускаемый на канате【钻】钢丝绳打捞工具
ловительный【钻】打捞的
ловительный ерш【钻】打捞钩
ловительный инструмент【钻】打捞工具
ловительный колокол【钻】打捞母锥
ловительный метчик【钻】打捞公锥
ловительный патрон【钻】打捞夹持器
ловительная работа【钻】打捞工作
ловить【钻】打捞
ловушка【采】捕集器【地】圈闭
антиклинальная ловушка【地】背斜圈闭
антиклинально-дизъюнктивная ло-

вушка【地】断层错断背斜圈闭
вакуумная ловушка【采】真空捕集器
всасывающая ловушка【采】吸入式捕集器
вторичная ловушка【地】次生圈闭
высокоамплитудная ловушка【地】高幅(闭合高度)圈闭
газовая ловушка 气体收集器
гидродинамическая ловушка【地】水动力圈闭
глубинная ловушка【地】深埋圈闭
глубокозалегающая ловушка【地】深层圈闭
дизъюнктивно экранированная ловушка【地】断层遮挡圈闭
дрейфующая ловушка 浮式捕集器
комбинированная ловушка【地】复合圈闭
литологическая ограниченная ловушка【地】岩性遮挡圈闭
локально-структурная ловушка【地】局部构造圈闭
магнитная ловушка 磁收集器
малоамплитудная ловушка【地】低幅圈闭
неантиклинальная ловушка【地】非背斜圈闭
незамкнутая ловушка【地】非封闭性圈闭
неструктурная ловушка【地】非背斜构造圈闭
первичная ловушка【地】原始圈闭
промысловая ловушка【采】矿场捕集器, 矿场收集器
пылевая ловушка【采】灰尘捕集器
региональная ловушка【地】区域性圈闭
сводовая ловушка【地】上凸形圈闭, 上拱形圈闭, 背斜圈团
стратиграфическая ловушка【地】地层圈闭
структурная ловушка【地】背斜构造圈闭
структурная ловушка, литологическая【地】岩性—背斜构造圈闭
структурная ловушка, стратиграфическая【地】地层—背斜构造圈闭
тектоническая ловушка【地】构造圈闭
тектонически экранированная ловушка【地】构造遮挡圈闭
экранированная ловушка, асфальтовой пробкой【地】沥青封堵圈闭
экранированная ловушка сбросами【地】断层遮挡圈闭
ловушка для конденсата【采】凝析油捕集器
ловушка для нефти【采】石油捕集器
ловушка для скребков【储】清管器捕集器
ловушка нефти и газа【地】油气圈闭
ловушка, обусловленная наличием сброса【地】断裂围限圈闭, 断块圈闭, 断层圈闭
логарифм 对数
логарифмический 对数的
ложбина【地】地沟, 槽谷
ложе【地】(河)海洋底部
ложе океана【地】洋盆底
ложе реки【地】河床
ложный 假的

ложная антиклиналь【地】假背斜
ложная брекчия【地】假角砾
локализация【地】局部化; 富集, 聚集
локализованный【地】富集的
локальный 局部的
локальная аномалия【震】局部异常
локальная деформация【震】局部变形
локальное поднятие【地】局部隆起
локатор 测位器, 定位器
локатор верхней точки прихвата【钻】上卡点定位器
локатор замковых соединений бурильной колонны【钻】钻柱拉扣定位器
локатор зоны поглощения【钻】泥浆漏失带定位器
локатор муфт【钻】(管柱)接箍定位器
локация【钻】定位, 测位
лом 撬杠
лона (провинциальная зона)【地】生物区域分布带
лопастная (перегородочная) линия【地】(生物结构)隔板线
лопата 铁锹, 小铲子
совковая лопата 圆头锹
штыковая лопата 方头锹
лопатка【钻】叶轮, 叶片
лоток 淘沙盘
лоток для хранения керна【钻】岩心盒
ЛП лабораторный пенетрометр 实验室透度计, 实验室针穿硬度计
ЛП лазерный пучок 激光束
ЛП ледниковый покров【地】冰川覆盖层
ЛП лесная полоса 林带
ЛП летная полоса 飞行带
ЛП линейное программирование 线性程序设计
ЛПД линия передачи данных 数据传输线
ЛРЗЭ легкий редкоземельный элемент【化】轻稀土元素
лубрикатор 润滑器, 加油器
лужа 水洼
лунит 月尘
лунный 月亮的
лупа【地】放大镜
луч 射线
ЛХ литохимия【地】岩石化学
льгота优惠
ЛЭ литологически экранированная【地】岩性遮挡油气藏
люк 孔口
аварийный люк 紧急出口
вентиляционный люк 通风口
выпускной люк 排气窗口
грузовой люк 货舱口
замерный люк【采】量油孔
наливной люк【采】灌装口
пробоотборный люк 取样口
спасательный люк 应急通道, 救生出口
люксметр (люксметр) 照度计
люлька 吊台
люмен 流明(光通量单位)
люминесценция 发荧光
люминофор аварийный 双管应急荧光灯
люнет 托架, 撑架
люстра 枝形吊灯
лютеций【化】镥(Lu)
люфт 间隙, 空隙; 松动

Л

осевой люфт вала【钻】轴向活动间隙

радиальный люфт【钻】径向活动间隙

M

мега 兆(10^6; 十进制计算单位的前缀)

м. месяц 月

м. метр 米, 公尺

м. милли 毫(10^{-3}; 十进制计算单位的前缀)

м. мощность 功率

МА магнитная аномалия【地】(地)磁异常

МА младший актинид【化】最小锕系元素

МА морозильный агрегат 冷冻机

МАБ Международный акционерный банк 国际股份银行

магазин 仓库; (仪器)箱, 盒

дисковый магазин 磁带盘

измерительный магазин 测量盒

магазин емкостей 电容盒

магазин индуктивностей 电感盒

магазин перфокарт 送卡箱, 输入箱

магазин сопротивлений 电阻箱

магистраль 干线; 主干道路; 主管线

водопроводная магистраль 总水管线

воздушная магистраль 主空气管道

впускная магистраль【储】总进气汇管

газопроводная магистраль【储】天然气主管道

кабельная магистраль 主电缆线

напорная магистраль【储】增压管线

транспортирующая магистраль【储】长输干线

магистральный 干线的, 主要的

магма【地】岩浆

магматит【地】岩浆岩

магматический【地】岩浆的

магматическая ассимиляция【地】岩浆同化作用

магматический бассейн【地】岩浆源, 岩浆房

магматическая вода【地】岩浆水

магматические выделения【地】岩浆分异物

магматический газ【地】岩浆气

магматические гнезда【地】岩浆巢

магматическая дифференциация【地】岩浆分异

магматическая интрузия【地】岩浆侵入

магматические комплексы【地】岩浆杂岩体, 火成岩系

магматическая коррозия【地】岩浆融蚀

магматический очаг【地】岩浆源

магматическая сегрегация【地】岩浆分结作用

магматический столб【地】岩浆柱

магматическое тело【地】岩浆体

магматогенный【地】岩浆成因的

магмообразование【地】岩浆形成作用

магнедефектоскоп (магнофлокс)

【采】磁力探伤器
магнетизация【物】磁化作用
магнетизм 磁, 磁学
магнетит【地】磁铁矿【钻】钻井液磁铁矿加重剂
магний【化】镁(Mg)
магнит 磁铁
магнит вращения 旋转磁体
магнит для определения местонахождения 定位磁铁
магнитный 磁的
магнитный азимут 磁方位角
магнитная аномалия 磁异常
магнитная буря 磁暴
магнитное возмущение 磁扰动
магнитная восприимчивость 磁化率
магнитный железняк (магнетит) 磁铁矿
магнитный индикатор 磁性指示器
магнитная индукция 磁感应
магнитный каротаж【测】磁测井
магнитный колчедан (пирротин)【地】磁黄铁矿
магнитный меридиан【地】磁子午线
магнитный метод【地】磁法勘探
магнитный момент 磁矩
магнитное наклонение【地】磁倾角
магнитное поле【地】磁场
магнитное поле **Земли**【地】地球磁场
магнитный полюс 磁极
магнитная полярность 磁极性
магнитный поток 磁通量
магнитная сепарация【采】磁铁分离法
магнитное склонение 磁偏角
магнитная съемка 磁测量
магнитодержатель 磁铁支座
магнитометр 磁力计
наземный магнитометр 地面磁力计
скважинный магнитометр【采】井下磁力计
магнитометрия【地】磁力测量
магниторазведка【地】磁法勘探
магнитостратиграфия【地】磁性地层学
магнитуда 量, 量值; 等级; 震级
мазут【炼】重质燃料油(重油)
высокосернистый мазут【炼】高含硫重质燃料油
маловязкий мазут【炼】低黏性重质燃料油
топочный мазут【炼】工业炉用重质燃料油
мазутопровод【储】重油管道
мазутохранилище【储】重油库
Майкопская серия (свита)【地】麦科普组(中亚—高加索地区, 渐新统—中新统)
макет 样本
макроанализ 常量分析
макрокластический【地】粗碎屑的
макроколебание (макросейсмы)【震】强震
макрокомпоненты подземных вод【化】地下水常规组分
макрокоррозия 宏观腐蚀, 可见腐蚀
макромолекула【化】大分子, 高分子
макропора【地】大孔隙
макропористость【地】宏观孔隙度, 大孔隙率
максимальный 最大的, 极大的
максимизация 使达到最大限度; 最

高限度; 极大化; 极限化
максимум 最大值
малодебитный【采】低产(井)的
малозольный 低灰分的
малопродуктивный【地】低产层的
малоразмерный 小型的
Малохетская свита【地】小赫特组(西西伯利亚, 巴列姆—阿普特阶)
Малый Кавказ【地】小高加索山脉
мальта【地】软沥青
мальтены【地】软沥青质; 石油脂, 石油质, 马青烯
Малышевская свита【地】马雷雪夫组(西西伯利亚, 巴通阶)
маляр 油漆工
маневренность 机动性; 灵活性
маневры противопожарные 消防演习
манжета 涨圈, 轴圈, 袖套; 线圈
грязевая манжета【钻】泥浆盘根
заливочная манжета【钻】水泥伞
термоусадочная манжета 热收缩套
манжета глубинного насоса【采】深井泵皮碗
манжета для уплотнения【钻】密封圈
манжета пакера【钻】封隔器皮碗
манжета поршня 活塞皮碗
манжета по штоку【钻】杆皮碗
манжета сальника【钻】密封填料, 密封压盖
манипулятор 控制器, 键控器
манифольд 汇管, 管汇, 集合管
аварийный манифольд【安】紧急汇管
воздушный манифольд 空气汇管
впускной манифольд【炼】进气汇管, 进口管汇
всасывающий манифольд 吸入汇管
выкидной манифольд скважины【钻】【采】井口放喷管汇(管线)
газовый манифольд【采】天然气汇管
газораспределительный манифольд【采】配气汇管
газосборный манифольд【采】集气汇管
нагнетательный манифольд【钻】吸入管线, 高压泥浆管汇
обводной манифольд 迂回汇管, 旁通汇管
одноштуцерный манифольд【采】单节流管汇
подводный манифольд【采】水下汇管
приемный манифольд【采】接收汇管
разгрузочный манифольд【钻】排放(卸载)汇管
распределительный манифольд【采】分配汇管
цементировочный манифольд【钻】注水泥管汇
штуцерный манифольд【采】节流管汇
эксплуатационный манифольд【采】生产汇管; 采油(气)管汇
манифольд буровых насосов【钻】泥浆泵管汇
манифольд выкидной линии【钻】【采】放喷管汇
манифольд высокого давления 高压软管
манифольд для фонтанной эксплуатации【采】自喷式生产汇管

манифольд резервуара【储】油罐管汇
манифольд сборной установки【采】集油(气)装置管汇
манифольд управления 控制管汇
манифольд управления противовыбросовыми превентерами【钻】防喷器控制管汇
манифольд циркуляционной системы【钻】泥浆循环管汇
мановакуумметр 真空压力表
манограф 压力记录仪
манометр 压力表, 压力计
бесшкальный манометр 无刻度压力表
вакуумный манометр 真空压力表
водяной манометр 水压表
воздушный манометр 空气压力表
гидравлический манометр 液压式压力表
глубинный манометр【采】井下压力计
глубинный манометр, лифтовый【采】井下提升式压力计
глубинный манометр, прецизионный【采】井下精密压力计
дистанционный манометр【采】远程控制压力表
дифференциальный манометр 差压表
дифференциальный манометр, дистанционный 遥控差压表
дифференциальный манометр, поплавковый 浮式差压表
жидкостный манометр 液体压力表
жидкостный манометр, U-образный U形液体压力表
забойный манометр【采】井底压力表
забойный манометр, регистрирующий【采】井底记录式压力表
контрольный манометр 控制压力表
масляный манометр 油压表
мембранный манометр 膜片压力表
нержавеющий манометр 不锈钢压力表
пневматический манометр 气动压力表
показывающий манометр 显示压力表
поршневой манометр 活塞式压力表
пружинно-поршневой манометр 弹簧—活塞压力表
регистрирующий манометр 记录式压力表
самопишущий манометр 自记录式压力表
скважинный манометр 井下压力表
манометр абсолютного давления 绝对压力表
манометр ацетилена 乙炔表
манометр гидропитания【钻】液压源压力表
манометр давления бурового раствора【钻】钻井液压力表
манометр кислорода 氧气表
мантия【地】地幔
мантийный 地幔的
мантийная астеносфера【地】地幔软流圈
мантийный диапир【地】地幔底辟
мантийная призма (струя)【地】地幔柱
мантийная протрузия【地】地幔突起
марганец【化】锰(Mn)

марка 标号
марка угля【地】煤级, 煤化程度
марка цемента【钻】水泥标号
маркетинг 营销
маркировка 贴商标; 标志, 辨认标志
маркирующий горизонт【震】标准层位, 指示层位
маркшейдерия【地】矿山测量学
Марьяновская свита【地】马里亚诺夫组(西西伯利亚, 卡洛夫阶)
маска 面罩
дыхательная маска 呼吸面罩
защитная маска 保护面罩
кислородная маска 氧气面罩
сварочная маска 电焊面罩
маскированное обнажение【地】隐蔽露头
маскировка 掩蔽, 覆盖
масленка 加油枪; 注油器
игольчатая капельная масленка 针式加油器(游动滑车上)
пружинная масленка 弹簧加油枪
масленка для консистентной смазки 润滑油加油枪
масленка для подачи смазки под давлением 高压润滑油加油枪
масло 油, 油类【化】润滑油
антикоррозийное масло【采】防腐蚀油
веретенное масло 液压油
всесезонное масло 四季机油
вязкое масло 黏性机油
гидравлическое масло 液压油
графитовое масло 丝扣油
дизельное масло 柴油发电机油
дистиллятное масло 蒸馏油
закалочное масло【机】淬火油
индустриальное масло 工业油
машинное масло 机油
медицинское масло 医用油
морозостойкое масло 防冻油
отработанное масло 废润滑油
смазочное масло, автомобильное 汽车润滑油
смазочное масло, веретенное 转轴润滑油
смазочное масло, дизельное 柴油机润滑油
смазочное масло, для воздушных фильтров 空气过滤器润滑油
смазочное масло, зимнее 冬季用润滑油
смазочное масло, компрессорное 压缩机用润滑油
смазочное масло, летнее 夏季用润滑油
смазочное масло, отработанное 废润滑油
смазочное масло, трансмиссионное【机】齿轮传动润滑油
соляровое масло【机】索拉油(太阳油)
сульфированное масло 硫化油
талловое масло【机】妥尔油
техническое масло 工业润滑油
технологическое масло 工艺油
трансмиссионное масло【机】齿轮油, 变压器油
турбинное масло【机】透平油
эмульсионное масло 乳化油
масло быстроходной машины【机】高速机械油
масло для сварочного олова 焊锡油
масло с низкой точкой затвердения 低凝点润滑油
маслобак【储】油槽, 油箱

маслодержатель【采】油垫
маслоемкость 油容量
маслоизмеритель (масломерник) 油尺
маслоканал 油路
маслокладовая【储】润滑油库
масломанометр 润滑油压力表
масломер 油位镜
маслоотражатель【钻】挡油圈, 挡油板, 油封
маслоотстойник 沉油室
маслоохладитель 油冷却器
маслоочиститель 油净化器
маслопровод 润滑油管
маслорадиатор 润滑油散热器
маслораспылитель【机】油雾器
маслорастворимость 油溶性
маслосборник 集油盒
маслоуказатель 油标, 油尺, 机油指示器
маслоустойчивый 耐油的
масса 大量; 质量
автохтонная масса 自有质量, 原生质量
атомная масса【化】原子质量
гравитационная масса 重量
действующая масса 有效质量
инертная масса 惯性质量
критическая масса 临界质量
молекулярная масса【化】分子量
молекулярная масса газа【化】天然气分子质量
молярная масса【化】摩尔质量
начальная масса【化】原始质量
объемная масса 体积重量, 容重
масса агрегата 整机重量
масса в буровом растворе【钻】在钻井液中的重量
масса в воздухе 在空气中的重量
масса колонны【钻】管柱重量
масса колонны насоснокомпрессорных труб【钻】油管重量
масса колонны обсадных труб【钻】套管柱重量
масса погонного метра труб【钻】每米管重量
масса покоя 静止重量
масса полезной нагрузки 有效载荷重量
масса породы 岩石重量
масса столба воздуха 空气柱重量
Массагетский ярус【地】马萨格特阶(费尔干纳盆地, 渐新统—中新统)
массив块体, 平台【地】地块; 山岳岩体
биогермный массив【地】生物礁块
карбонатный массив【地】碳酸盐岩块(台地)
погребенный массив【地】埋藏断块山, 潜山
рифовый (рифогенный) массив【地】礁块
массив породы【地】岩块
массивный 块状的
массивная гора【地】块状山
массивный коллектор【地】块状储层
массивный фундамент【地】块状基底
массопровод【采】输料管
масс-спектрограмма 质谱图
масс-спектрограф 质谱仪
масс-спектрометрия 质谱测量法
масс-спектроскопия 质谱法
мастер 技师, 维修人员; 班长; 工长

буровой мастер【钻】钻井技师，钻井班长
сменный мастер【钻】倒班钻井班长
старший буровой мастер【钻】高级钻井技师
мастер по добыче нефти【采】采油班长
мастерская 工房
мастерская зарядки перфораторов【钻】射孔弹安装房
мастерская трансформатора 变压器检修间
мастерство 技艺
мастика 胶黏剂
мастодонты【地】剑齿象，乳齿象
масштаб 比例
математика 数学
материал 材料；资料
горюче-смазочный материал 燃料润滑油
дополнительный материал 辅助材料
дорожно-строительный материал 道路建筑材料
исходный материал 原始资料
каротажный материал【测】测井资料
картографический материал 图表资料
огнестойкий материал 耐火材料
осадочный материал 沉积物
первичный материал 原始资料
полевой материал【地】野外资料
радиационно-модифицированные (термоусаживающиеся) материалы 辐射变形(热收缩)材料
расходные материалы 耗材
сейсмический материал【震】地震资料
строительные материалы 建筑材料
теплоизоляционные материалы 热绝缘材料
уплотнительный материл 压实材料；密封材料
упругий материл 弹性材料
фрикционный материл 摩擦材料
материалы трубы【钻】管材
материалы для изоляции стыков 补口用料
материал-заменитель 替代材料
материальноемкость 材料消耗量
материк (континент)【地】大洲，大陆
матка【地】基质
маточник【化】母液
матрас (матрац) 床垫
матрица【地】基质(充填于岩石颗粒之间)
махайродонт (саблезубый тигр)【地】剑齿虎类
маховик【钻】手轮
мацералы углей【地】煤显微组分
мачта-антенна 桅杆式天线
машина 机器
абсорбционная воздушная осушительная машина 吸附空气干燥机
газорезательная машина 气割机
газосварочная машина 气焊机
грузоподъемная машина 起重机
гусеничная пескодувная машина【采】履带式喷砂车
загрузочная машина 装料机
испытательная машина 试验机
каротажная машина【测】测井车
клепальная машина 铆钉机
наждачная машина (дюреска) 砂

轮机
пескосмесительная машина 混砂机
пожарная машина 消防车
реверсивная машина каната【钻】倒绳机
сварочная машина 焊机
сварочная машина постоянного тока 直流电焊机
тампонажная машина【钻】水泥灌注车, 注水泥固井车
транспортная машина с горизонтальной цистерной【储】平罐运输车
трубогибочная машина【钻】弯管机
трубосварочная машина【储】焊管机
цементносмесительная машина【钻】水泥搅拌车
центробежная машина【钻】离心机
шлифовальная машина【钻】打磨机
машина для натяжки 压边机
машина для покрытия изоляцией 管道绝缘包捆机
машинизация 机器化
машинист 机械操作工
машиностроение 机器制造, 机械制造
машпром. машиностроительная промышленность 机器制造工业
маяк 灯塔
маятниковая слоистость【地】递变层理
МБ местный бюджет 地方预算
МБ метеорологическое бюро 气象局
МБ Министерство безопасности 安全部
МБ Мировой банк 世界银行
МБИ биологический микроскоп【地】生物显微镜
МБК микробоковой каротаж【测】微侧向测井
МБМК многозондовый боковой микрокаротаж【测】多电极系侧向测井
МБУ морская буровая установка【钻】海洋钻井装置
МБЭС Международный банк экономического сотрудничества 国际经济合作银行
МВ магнитная восприимчивость 磁化率
м.в. молекулярный вес【化】分子量
МВ мягкая валюта 软货币, 软通货
МВБ межбанковская валютная биржа 银行间外汇交易所
МВВ модуль ввода-вывода 输入输出模块
м.вод. ст. метр водяного столба 水柱米(压力)
МВП метод вызванной поляризации 激发极化偏振法
МВт. мегаватт 兆瓦(特)
МВФ Международный валютный фонд 国际货币基金组织
мг. миллиграмм 毫克
МГБ Межгосударственный банк 跨国银行
МГБУ малогабаритная блочная установка 小型橇装装置
МГГКСМ микрогамма-гамма-каротаж в селективной модификации【测】改进型微伽马—伽马测井
МГД метод местного гидростатиче-

ского давления 局部静水压力法

МГК Международный газовый конгресс 国际天然气大会

МГК метод главных компонентов 主要组分法

мгновенный 瞬时的

мгновенная амплитуда【震】瞬时振幅

мгновенная фаза【震】瞬时相位

мгновенная частота【震】瞬时频率

МД магнитный диск 磁盘

МЕ массовая единица 质量单位

меандры (излучины)【地】曲流河;曲流,蛇曲

врезанные меандры【地】深切曲流河

мега- 大,巨;百万,兆

мегабассейн【地】巨型盆地

мегавал【地】大型长垣构造

мегапрогиб【地】大型凹陷

мегаэлектрон-вольт (МЭВ) 百万电子伏特

Мегионская свита【地】梅吉翁组(西西伯利亚,贝里阿斯—凡兰吟阶)

мегомметр 兆欧表

медный 铜的

медный блеск (халькозин)【地】辉铜矿;铜辉光

медный колчедан (халькопирит)【地】黄铜矿

медь【化】铜(Cu)

самородная медь【地】自然铜

межгорный【地】山间的

межгорная впадина【地】山间盆地

межгорный массив【地】山间地块

межгорный прогиб【地】山间凹陷

межгорье【地】山间地区

межгранулярный【地】粒间的

международная конференция 国际会议

междуречные торфы【地】河间泥炭

междуречье【地】河间

межень【地】(河、湖的)低水位,平水期,枯水期;平水量

межзернистый (межзерновой)【地】粒间的

межкристаллитный【地】晶间的

межпластовый【地】地层间的

межскважинный【采】井间的

межфазный 相间的

мезитилен【化】均三甲苯

мезо- (词头)中等,中型,中性

мезогеосинклиналь【地】中型地向斜(地槽)

мезозоиды【地】中生代褶皱系

мезозой [мезозойская эратема (группа) или эра]【地】中生(代)界

мезозона【地】中深(变质)带

мезокатагенез【地】中期变质作用

мезоплейстоцен【地】中更新世(统)

Мексика【地】墨西哥

мел【地】白灰

Мел (меловая система или период)【地】白垩(纪)系

мела-(мелано-) 深色,暗色

меламин【化】三聚氰胺;密胺

мелководный【地】浅水的

мелководье【地】浅水

мелкокристаллический【地】细晶的

меловой【地】白垩纪(系)的

мель【地】沙坝

мельница 磨;研磨机

меморандум 备忘录
мензула 平板仪
мензурка【化】量杯，量筒
ментан【化】萜，锰烷，薄荷烷
мера 尺度；标准；量度；规模；措施
безопастная мера 安全措施
предупредительная мера 预防措施
противопожарная мера 防火措施
мера безопасности【安】安全措施
мера по устранению【安】排除措施，处理事故措施
мергель【地】泥灰岩；灰泥
алевритистый мергель【地】含粉砂泥灰岩
алевритовый мергель【地】粉砂质泥灰岩
глинистый мергель【地】黏土泥灰岩
глинистый мергель, известковый【地】钙质黏土泥灰岩
доломитовый мергель【地】白云质泥灰岩
доломитовый мергель, глинистый【地】含黏土白云质泥灰岩
известковистый мергель【地】含钙泥灰岩
раковистый мергель【地】介壳泥灰岩
мерзлота【地】冻结层；冻结，冰冻
вечная мерзлота【地】永久冻土层
многолетняя мерзлота【地】多年冻土层
меридиан【地】子午线，经线
меридиональный【地】经线的，南北向的，子午线的
меркаптаны【化】硫醇
меркаптол【化】缩硫醇
Меркурий【地】水星
мерник【采】计量罐，计量装置
мерник для бурового раствора【钻】泥浆(计量)罐
мерник для жидкости 液体计量
мероксен【地】铁黑云母
мероприятие 措施
аварийно-профилактические мероприятия 紧急维修措施
природоохранные мероприятия 自然保护措施，保护大自然措施
противопожарные мероприятия【安】防火措施，消防措施
мероприятия по защите от коррозии【采】防腐蚀措施
мероприятия по ликвидации гидратов【采】消除水合物措施
мероприятия по предупреждению гидратообразования【采】防止水合物形成措施
мероприятия по прогнозированию и предупреждению чего 预防措施
мероприятия противовыброса【钻】防喷措施
мероприятия против осыпи【钻】防井塌措施
мерцание 闪烁；载频变化
месилка 拌揉机
местность【地】地区(等级)；地形
горизонтальная местность【地】平坦地区
лесистая местность【地】森林地区
пересеченная местность【地】崎岖地区
равнинная местность【地】平原地区
холмистая местность【地】丘陵地区
место 位置

географическое место【地】地理位置
геометрическое место точек【地】大地测量点位
несущее место【钻】受力部位
посадочное место【钻】坐卡位置
рабочее место 岗位; 工作地点
силовое место【采】动力部位
место бурения【钻】钻井位置
место взятия пробы【钻】取样位置
место заложения скважин【钻】定井位点, 井位
место изгиба 弯折点
место крепления【钻】加固点
место начала отклонения угла ствола скважины от вертикали【钻】开始造斜点
место обрыва【钻】(钻杆或钢丝绳等)断裂点
место перерыва 间断点
место посадки башмака обсадной колонны в скважине【钻】井内管鞋坐放(安放)位置
место посадки пакера【钻】封隔器坐封位置
место приема 接收位置
место прихвата【钻】卡钻位置
место расположения скважины【钻】井位分布位置
место спайки 焊接点; 连接点
место спая 焊接点
место стоянки 停车场位置
место установки пакера【钻】封隔器安放位置
место утечки【采】漏失位置
местоположение 位置
местоположение скважины【钻】井点位置, 井位
местоположение труб в колонне【钻】管柱在管串中的位置
месторождение【地】矿床; 油气田
аллювиальное месторождение【地】冲积矿床
антиклинальное месторождение【地】背斜油气田
бедное месторождение【地】贫矿
богатое месторождение【地】富矿
брахиантиклинальное месторождение нефти【地】等轴背斜油田, 穹隆背斜油田
газовое месторождение (Г)【地】气田
газоконденсатное месторождение (ГК)【地】凝析气田
газонефтяное месторождение (ГН)【地】油气田
глубинное месторождение【地】深埋油气田
замыкающее месторождение【地】(经济上)边际油气田
истощенное месторождение【地】枯竭油气田
камерное месторождение【地】鸡窝矿
конденсатное месторождение, двухфазное【地】两相凝析气田
конденсатное месторождение, насыщенное【地】饱和凝析气田
конденсатное месторождение, однофазное【地】单相凝析气田
крупное месторождение (30～300 млн.т.нефти или 30～500 m^3 млрд. газа)【地】大型油气田
куполовидное месторождение нефти【地】上凸状油田
массивное месторождение【地】块

М

状油气田
мелкое месторождение (менее 10 млн.т.нефти и менее 10 m^3 млрд. газа)【地】小型油气田
многоколлекторское месторождение【地】多储层油气田
многообъектное месторождение【地】多产层油气田
многопластовое месторождение【地】多层位油气田, 多矿层油气田
моноклинальное месторождение нефти【地】单斜状油田
морское месторождение【地】海上油气田
нарушенное месторождение【地】破坏油气田
неразбуренное месторождение【地】未开钻油气田, 未开发钻井油气田
неразработанное месторождение【地】未开发油气田
нефтегазовое месторождение (НГ)【地】油气田
нефтегазоконденсатное месторождение (НГК)【地】凝析油气田
нефтяное месторождение (Н)【地】油田
нефтяное месторождение, гигантское【地】巨型油田
обводненное месторождение【地】水淹油气田; 含水油气田
обнаруженное месторождение【地】已发现油气田
одно-объектное месторождение【地】单产层油气田
одно-пластовое месторождение【地】单矿藏油气田
осадочное месторождение【地】沉积矿床
пластообразное месторождение【地】层状油气田
подготовленное месторождение к разработке【地】准备开发油气田
полиметаллическое месторождение【地】多金属矿床
разбитое тектоническими нарушениями месторождение【地】构造破坏油气田
разбуренное месторождение【地】已完钻油气田
разведанное месторождение【地】已探明油气田
разработанное месторождение【地】枯竭油田, 已采油气田
среднее месторождение (10～30 млн.т.нефти или 10～30 m^3 млрд. газа)【地】中型油气田
уникальное месторождение (более 300 млн.т.нефти или более 500 млрд. m^3 газа)【地】超大型油气田
эпигенетическое месторождение【地】次生油气田
месторождение газа【地】气田
месторождение, находящееся в разработке【地】在开发的油气田
месторождение, начинающее обводняться【地】开始水淹油气田, 开始含水油气田
месторождение нефти【地】油田
месторождение нефти и газа【地】油气田
месторождение нефти с гидравлическим режимом【地】水驱油田
месторождение нефти с гравитационным режимом【地】重力驱动

M

油田

месторождение нефти с режимом растворенного газа【地】溶解气驱油田

месторождение полезных ископаемых【地】矿床

месторождение промышленного значения【地】商业性油气田

месторождение с высоким пластовым давлением【地】高地层压力油气田

месторождение сернистого газа【地】含硫化氢油气田

месторождение с нарушенной структурой【地】构造破坏油气田

месторождение угля【地】煤田

месяц календарный (合同)日历月

метагенез【地】成岩期后(深)变质作用

метаксилидин【化】邻二甲苯胺

металл 金属

благородные (драгоценные) металлы【化】贵金属

тяжелые металлы【地】重金属

цветные металлы【化】有色金属

черные металлы【化】黑色金属

металлолом 金属废料; 废钢铁

металлообработка 金属加工

металлоуловитель【钻】金属打捞筒(爪)

метаморфиды【地】变质褶皱带

метаморфизм【地】变质作用

метан【化】甲烷

метанизация【化】沼气化

метанизация нефти【地】(后期变质作用中)石油甲烷化作用

метанол【化】甲醇

метасоматоз (метасоматизм)【地】交代作用

метеорологический 气象的

метеорология【地】气象学

метил【化】甲胺

метилкарбинол【化】甲基甲醇

метилоранж【化】甲基橙

метилрот【化】甲基红

метилциклогексан【化】甲基环己烷

метод (技术)方法

битуминологический метод прямых поисков【地】沥青直接勘探法

вибросейсмический метод【震】可控震源法

вторичный метод добычи нефти【采】二次采油法

вторичный метод добычи нефти циклической паропропиткой【采】循环蒸汽浸湿加热二次采油法

вторичный метод интенсификации добычи【采】二次强化采油法

газовый метод【钻】气测法

газо-геохимический метод прямых поисков【地】气体地球化学直接勘探法

газохроматографический метод【物】气相色谱法

гелиевый метод【物】氦(放射)法

геотермический метод【地】地热法

геофизический метод разведки【物】地球物理勘探法

геофизический метод сопоставления разрезов скважин【物】油井剖面地球物理对比法

геохимический метод【地】地球化学方法

геохимический метод сопоставле-

ния разрезов скважин【地】油井剖面地球化学对比法
гидрогеохимический метод прямых поисков【地】水文地球化学直接勘探法
гидродинамический метод исследования пластов【采】流体动力学研究产层方法
гидродинамический метод расчета добычи нефти【采】流体动力学计算产油量法
голографический метод 全息摄影法
графический метод 图解法
графоаналитический метод 图解分析法
дистилляционный метод【化】蒸馏法
дистилляционный метод измерения насыщенности пласта жидкостью【地】测量地层液体饱和度蒸馏法
иммерсионный метод 浸湿法
искусственный метод добычи нефти【采】人工采油法
калий-аргоновый метод【地】钾氩法
колориметрический метод【化】比色法
комплексометрический метод【化】络合测定法
кондуктометрический метод【测】电导测定法
корреляционный метод преломленных волн (**КМПВ**)【震】对比折射波法
литогеохимический метод прямых поисков【化】岩石地球化学直接勘探法
люминесцентно-битумнологический метод【地】荧光沥青分析法
люминесцентный метод【地】荧光分析法
магнитометрический метод разведки【物】磁力勘探法
магнитоэлектрический метод контроля 电磁控制法
микробиологический метод прямых поисков【地】微生物直接勘探法
объемно-балансовый метод прогноза нефтегазоносности【地】预测含油气体积平衡法
объемно-генетический метод подсчета запасов【地】计算储量成因—体积法
объемно-генетический метод прогноза нефтегазоносности【地】预测含油气成因—体积法
объемно-статистический метод прогноза нефтегазоносности【地】预测含油气体积—统计法
объемный метод 容积法, 体积法
объемный метод подсчета запасов【地】储量计算体积法
палеонтологический метод【地】古生物学方法
первичный метод добычи нефти【采】一次采油法
первичный метод интенсификации добычи【采】一次强化采油法
петрографический метод изучения осадочных горных пород【地】研究沉积岩石学方法
поляризационный сейсмический метод【震】极化地震法
порошковый метод 粉末法
приближенный метод 近似法

радиоактивный метод геофизической разведки【物】地球物理放射性勘探法

радиогеохронологический метод【地】放射性测年法

радиоуглеродный метод【地】碳(^{14}C)放射性测年法

свинцовый метод【地】放射性铅测年法

сейсмический метод【震】地震法

сейсмоакустический метод【震】地震声波法

спектроскопический метод【物】光谱法

статистический метод расчета добычи нефти【采】计算采油量统计方法

стронциевый метод【地】放射性锶测年法

тепловой метод повышения нефтеотдачи【采】提高石油采收率热采法

термокислотный метод обработки пласта【采】热酸处理地层方法

третичный метод добычи нефти【采】三次采油法

ультразвуковой метод дефектоскопии【物】超声波探伤法

упругий метод расчета 弹性计算法

флотационный метод 浮选法

химический метод закрепления стенки ствола скважины【钻】化学加固井壁法

хроматографический метод【物】色谱法

хроматографический метод разделения 色谱分离法

численный метод 数值计算法

экспертный метод прогноза нефтегазоносности【地】经验法预测含油气性

электрический метод【物】电法

электрокаротажный метод【测】电法测井

электроразведочный метод【地】电法勘探

электрохимический метод 电化学法

ядерно-геофизический метод【测】核地球物理方法

метод анализа вод【化】水分析法

метод аналогии 类比法

метод атомной абсорбции 原子吸收法

метод баланса площади (при заводнении)【采】面积平衡注水法

метод бурения【钻】钻井方法

метод вдавливания ртути【地】压汞法

метод вертикального электрического зондирования【测】垂直电测深法

метод влажного внутрипластового горения【采】湿法火烧油层

метод внутрипластового очага горения【采】火烧油层法

метод воздействия на пласт【采】地层强化增产法

метод восстановления давления (МВД)【采】压力恢复法

метод восстановления забойного давления【采】井底压力恢复法

метод вращения【钻】旋转(钻井)法

метод вскрытия продуктивного горизонта【钻】产层揭露方法

метод вызванной поляризации (ВП)【测】激发极化法

метод вызова притока【钻】诱喷法

метод выпрямления искривившегося ствола за счет маятникового эффекта【钻】钟摆控制井斜技术方法

метод вытеснения нефти【采】驱油方法

метод вытеснения нефти горячей водой【采】热水驱油法

метод вытеснения нефти горячим паром【采】热蒸汽驱油法

метод гамма-спектрометрии естественной радиоактивности【测】伽马能谱自然放射性测井法

метод геофизического контроля технического состояния скважины【测】地球物理控制(检测)井况方法

метод геофизической разведки, гравитационный【物】重力地球物理勘探法

метод геофизической разведки, магнитный【物】磁性地球物理勘探法

метод геофизической разведки, наземный【物】地面地球物理勘探法

метод геофизической разведки, радиоактивный【物】放射性地球物理勘探法

метод геофизической разведки, электрический【物】地球物理勘探电法

метод гидроразрыва (гидравлического разрыва) пласта【钻】地层水力压裂法

метод гидростатического давления【采】静水压力法

метод глушения скважины при непрерывной промывке【钻】连续循环钻井液压井法

метод годографов【震】时距曲线法

метод группирования【震】组合法

метод двустороннего восстановления давления【采】双边恢复压力法

метод дефектоскопии【物】探伤法

метод дипольного зондирования【测】偶极探测法

метод дифференциального дегазирования【化】差异脱气法

метод добычи газа【采】采气法

метод добычи нефти【采】采油法

метод добычи нефти, вторичный нагнетанием теплоносителя【采】注热载体二次采油法

метод добычи нефти, вторичный циклической паропропиткой【采】蒸汽循环浸透二次采油法

метод естественного поля【物】自然电场法

метод естественного потенциала【测】自然电位法

метод заводнения【采】注水方法

метод задержания песка (гравийные набивки)【钻】填砂砾完井法

метод заканчивания скважины【钻】完井方法

метод закрепления стенки ствола скважины【钻】加固井壁法

метод закрепления стенки ствола скважины, физический【钻】加固井壁物理法

метод закрепления стенки ствола скважины, химический【钻】加固井壁化学法

метод закрепления стенки ствола скважины, электрохимический【钻】加固井壁电化学法
метод замораживания 冻结法
метод зарезки бокового ствола【钻】侧向开窗法; 侧钻法
метод засечек【测】交会法
метод защиты от коррозии 防腐方法
метод извлечения нефти из пласта【采】从地层采油(抽油)法
метод измерения насыщенности пласта жидкостью【地】地层液体饱和度测定法
метод измерения пористости пласта【地】地层孔隙度测定法
метод изолинии для подсчета запасов【地】储量计算等值线法
метод изоляции подошвенных вод【采】堵底水方法
метод изохронных испытаний【采】等时测试法
метод изучения коллекторских свойств горных пород【地】研究岩石储集物性法
метод изучения нерастворимого ОВ【化】研究不溶有机物方法
метод изучения природных газов 天然气研究方法
метод импульсного исследования скважины【采】脉冲试井
метод импульсов 脉冲法
метод инверсии 反演法
метод индикаторов, радиоактивный【测】放射性法
метод инклинометрии (ИНК)【测】井斜测量法
метод интенсификации добычи нефти【采】强化采油方法
метод интенсификации добычи нефти, вторичный【采】二次强化采油方法
метод интенсификации добычи нефти, первичный【采】一次强化采油方法
метод интенсификации добычи нефти, третичный【采】三次强化采油方法
метод интерференции 干扰法
метод инфильтрации 浸润法
метод исправительного цементирования【钻】补充注水泥固井法, 水泥固井校正法
метод испытаний【钻】测试方法
метод испытания пластов【钻】地层测试法
метод исследования в эксплуатационной скважине【采】开发井测试方法; 开发井研究方法
метод кавернометрии (измерение диаметра скважины) (МК)【测】井径测井法
метод каротажа【测】测井方法
метод колонки【地】岩石剖面法
метод контактирования 接线法
метод контроля качества цементирования скважины【钻】检测固井质量方法
метод коркометрии【钻】泥饼测量(定)法
метод коррекционного прослеживания волн【震】波组对比追踪法
метод корреляции разрезов скважин【地】井剖面对比法
метод корреляции разрядов скважин 井别对比法
метод кратных продольных волн

【震】多次纵波法
метод крепления скважин обсадными трубами【钻】套管固井法
метод кривых восстановления давления【采】压力恢复曲线法
метод линейной интерполяции 线性内插法
метод магнитизации 磁化方法
метод магнитного порошка 磁粉法
метод магнитно-порошковой дефектоскопии【物】磁粉探伤法
метод материального баланса【采】物质平衡法
метод многоступенчатого испытания скважины【钻】多级流量试井, 变产量测试
метод монтажа вышки【钻】井架安装法
метод мощных внутрипластовых взрывов【采】层内高能爆炸法
метод наблюдений【震】观测方法
метод наведения активности (НА)【测】人工放射性法
метод наклонометрии (НАК)【测】井斜测井法
метод нагнетания водного раствора поверхностно-активного вещества【采】注表面活性剂水溶液法
метод нагнетания жидкого растворителя 注液体溶剂法
метод нагнетания обогащенного газа【采】注富气法
метод нагнетания сухого газа【采】注干气法
метод нагнетания сухого газа высокого давления【采】注高压干气法
метод наименьших квадратов 最小二乘法
метод наложения 叠加法
метод обезвоживания【炼】脱水方法
метод обессоливания【炼】脱盐方法
метод обменных волн【震】转换波法
метод обменных волн землетрясений (МОВЗ)【震】转换地震波法
метод обменных проходящих волн (МОПВ)【震】转换透射波法
метод обращенного годографа (МОГ)【震】变换时距曲线法
метод общей глубинной точки (МОГТ)【震】共深点法
метод ограничения дебита скважины【采】限制产量法
метод окончания бурения【钻】完钻方法
метод определения возраста горных пород【地】岩石测年法
метод определения дебита【采】产量测定方法
метод определения дебита газовой скважины【采】气井产量测定法
метод определения критической водонасыщенности (пласта)【地】地层极限含水率确定法
метод определения критической водонасыщенности пласта воспроизведением пластовых условий【地】地层条件下测定极限含水饱和度法
метод определения критической водонасыщенности пласта нагнетанием ртути【地】压汞测定地层极限含水饱和度法
метод определения места притока

воды в скважину【采】确定井内产水段方法
метод определения относительной водосмачиваемости пород【地】测定岩石相对水润湿性方法
метод определения падения пластов, сейсмический【采】测定地层压降地震法
метод определения положения фронта заводнения【采】注水前缘位置确定法
метод определения смачиваемости【采】湿润性测定法
метод определения смачиваемости, капиллярный【采】测定湿润性毛细管压力法

метод определения фракционного состава седиментометрическим способом【地】确定岩石组分沉降法
метод осаждения 沉淀法
метод осреднения 平均法
метод остронаправленного профилирования (МОП)【震】定向剖面法
метод отбора нефти【采】抽油法
метод отбора проб【化】取样法
метод откачивания (вызова притока)【钻】诱喷法; 抽油法
метод отражения【震】反射法
метод отраженных волн (МОВ)【震】反射波法
метод оттартывания【采】提捞法
метод оценки неоднородности пласта【地】地层非均质性评价法
метод оценки неоднородности пласта восстановлением давления【地】评价地层非均质性压力恢复法
метод оценки повреждения пласта【钻】产层伤害评价法
метод оценки повреждения пласта при вскрытии【钻】产层揭露伤害评价法
метод оценки повреждения пласта при вскрытии восстановлением давления【钻】压力恢复评价产层揭露伤害法
метод оценки продуктивного пласта【地】评价产层方法
метод парафинирования【地】(岩心)封蜡法
метод первых вступлений【震】初至波法
метод переменной интенсивности 变化强度法
метод переменной плотности【测】变密度法
метод перфорирования【钻】射孔方法
метод плоского фронта【震】平面爆破波前法
метод площадного закачивания газа【采】面积注气法
метод повторений 复测法
метод повышения нефтеотдачи【采】提高石油采收率方法
метод повышения подвижности нефти【采】提高石油流动性方法
метод поддержания пластового давления【采】保持油层压力方法
метод поддержания пластового давления путем нагнетания воздуха【采】注空气保持地层压力法
метод поддержания пластового давления путем нагнетания газа

【采】注天然气保持地层压力法
метод подобия 类比法
метод подсчета запасов【地】储量计算法
метод подсчета запасов газа【地】天然气储量计算法
метод подсчета запасов газа по падению давления【地】计算天然气储量压降法
метод подсчета запасов нефти и газа【地】计算油气储量法
метод подсчета запасов нефти и газа, объемно-генетический【地】储量计算体积—成因法
метод подсчета запасов нефти и газа, объемно-статический【地】储量计算体积统计法
метод подсчета запасов нефти и газа, объемный【地】储量计算体积法
метод поиска нефти, геологический【地】地质找油法
метод поиска нефти, геофизический【物】地球物理找油法
метод понижения температуры застывания 降低凝结温度法
метод поперечных отраженных волн (**МПОВ**)【震】横波反射法
метод потенциалов вызванной поляризации (**ВП**)【测】激发电位法
метод потенциалов гальванических пар (**ПГП**)【测】电偶电位法
метод потенциалов самопроизвольной поляризации (**МПСП**)【测】自然电位测井法; 自然极化电位测井法
метод преломленных волн (**МПВ**)【震】折射波法
метод пробных откачек【采】一点法测试; 试抽法
метод прогноза нефтегазоносности на основе геологических аналогий【地】基于地质类比法预测含油气性
метод прогноза нефтегазоносности по наислабейшему звену【地】最弱因素法预测含油气性(主控因素法)
метод прогноза нефтегазоносности по скорости осадконакопления【地】根据沉积速度预测含油气性
метод прогнозирования 预测方法
метод продолжительности проходки【钻】钻时法
метод промывки【钻】钻井液冲洗法; 钻井液循环法
метод прослеживания уровня【采】(停吸或停喷后)液面压力监测法
метод противоточного горения【采】逆向层内燃烧法
метод профилеметрии ствола скважины (**МПФ**)【测】井斜测井法; 井眼轨迹测井法
метод прямоточного горения【采】直接层内燃烧法
метод равных деформаций 等变形法
метод разбавления 稀释法
метод разделения 分离法
метод разностей 差分法
метод разработки на истощение【采】枯竭式开发方法
метод разработки с поддержанием пластового давления【采】保持地层压力开发方法
метод регулируемого направленного приема (**МРНП**)【震】可调节

M

定向接收法

метод резистивиметрии по сопротивлению (**МРС**)【测】电阻率测井法

метод седиментометрического анализа【地】沉速分析法

метод сечений 横截面法

метод симметричного электропрофилирования【物】对称电测剖面法

метод слоев (прогнозирование поведения коллектора)【地】分层预测储层变化法

метод сопротивления градиент-зондом (**МСГЗ**)【测】梯度电极电阻率测井法

метод сопротивления потенциал-зондом (**МСПЗ**)【测】电位电极电阻率测井法

метод средних градиентов 平均梯度法

метод стационарных режимов фильтрации【采】稳定渗流法

метод структурно-геоморфологического анализа【地】构造—地形分析方法

метод тампонирования【钻】固井方法

метод теллурических токов (**МТТ**)【物】大地电流法

метод теплового воздействия на пласт【采】地层热采法

метод термометрии【测】温度测井法

метод увеличения притока жидкости из скважины【采】增加单井产液方法

метод угловых несогласий【地】角度不整合法

метод ударной сейсмики【震】振击式地震法

метод укладки трубопровода【储】管道铺设法

метод управления скважиной с поддержанием постоянного давления в межтрубном пространстве【采】套间保持常压管理井方法

метод установившихся отборов【采】(试井)稳定流量法(定流量法)

метод фронтального вытеснения нефти газом【采】前缘注气驱油法

метод цементирования【钻】水泥固井法

метод широкого профиля【震】大范围剖面观测法

метод электродных потенциалов (**ЭП**)【测】电位测井法

метод ядерного магнитного резонанса【测】核磁共振测井方法

методика 工作方法(方式)

методика взятия образцов 取样方法

методика геологоразведочных работ【地】地质勘探工作程序

методика запуска 启动方式

методика измерения 测量方法

методика наблюдений【震】观测方法

методика операции【采】操作方法

методика топоработ【震】地形测量方法

методика эксперимента 实验方法

методика электропривода【机】电驱方式

метоксил【化】甲氧基

метр 米
квадратный метр 平方米
кубический метр 立方米
погонный метр 直线米
метр ртутного столба 米汞柱
метраж【钻】进尺
общий метраж бурения【钻】总进尺
метраж кернового бурения【钻】取心钻井进尺
метчик 丝锥, 公锥
гаечный метчик 螺帽丝锥
конусный метчик для **НКТ**【钻】油管公锥
конусный метчик для обсадных труб【钻】套管公锥
ловильный метчик【钻】打捞公锥
ловильный метчик для захвата ниппеля【钻】打捞公锥
ловильный метчик для насосных штанг【钻】抽油杆打捞锥
ловильный метчик для обсадных труб【钻】套管打捞锥
ловильный метчик с левой резьбой【钻】反扣公锥
ловильный метчик с правой резьбой【钻】正扣公锥
ловильный метчик с удлиненным конусом【钻】加长公锥
ловильный метчик с укороченным конусом【钻】缩短公锥
метчик для зачистки нарезанных отверстий【钻】清理开孔锥
метчик для трубной резьбы【钻】管螺纹丝锥
метчик правой резьбы【钻】正扣公锥
механизм 机理, 机制; 机构, 装置
блокировочный механизм 连锁装置; 连锁原理
вибрационный механизм 振动原理; 振动器
вращательный забойный механизм【钻】井底转动装置
газо-подъемный механизм【采】气举原理; 气举装置
грузоподъемный механизм 起重设备
движущий механизм 移动机理
дифференциальный механизм 分异机理
дозирующий механизм 计量装置
загрузочный механизм 加载装置
зажимной механизм 夹紧装置
запирающий механизм 闭锁装置
запорный механизм 关闭机构
заряжающий механизм 充电装置
исполнительный механизм 执行机构
лентопротяжной механизм【震】磁带驱动装置
маятниковый механизм 钟摆装置
обдукционный механизм【地】(板块)仰冲机制
отсоединяющий механизм в ловильном инструменте【钻】打捞工具松动原理
очистительный механизм【化】净化装置
парораспределительный механизм 蒸汽分配机
передаточный механизм 传动装置
перфорирующий механизм【采】射孔装置
разбрызгивающий механизм очистки【钻】喷射清洗装置
растягивающий механизм【钻】拉

М

伸装置
регулирующий механизм 调节装置
режущий механизм 切割装置
рифтогенный механизм【地】深大断裂机制
рычажный механизм 杠杆原理
спуско-подъемный механизм【钻】提升装置
стопорный механизм 停车装置
субдукционный механизм【地】(板块)俯冲机制
тормозной механизм【钻】刹车器;刹车原理
трубосбрасывающий механизм【钻】下管器
механизм автоматического отсоединения скважинного инструмента【钻】井下工具自动分离装置
механизм автоматического регулирования подачи (бурового инструмента)【钻】钻具自动调节给进装置
механизм автоматической регулировки состава топлива 燃料成分自动调节装置
механизм вращения долота【钻】钻头旋转机理(装置)
механизм вытеснения нефти【采】驱油机理
механизм газораспределения 配气装置
механизм действия коррозии 腐蚀作用机理
механизм для натяжения【钻】张紧调整装置
механизм для свинчивания и развинчивания труб【钻】管柱旋拧装置
механизм захвата вертлюга 大钩抓动机理
механизм захвата свечи 抓立杆机
механизм извлечения нефти 抽油机
механизм качания 摆动原理
механизм крепления мертвого конца【钻】绳结固定装置
механизм нефтяного пласта【采】油层机理
механизм обратной связи 反馈原理;反馈装置
механизм обучения специалистов 人员培训机制
механизм переключения передач (переключения скоростей) 变速装置
механизм переноса свечи【钻】立根移动机器
механизм подачи долота (**МПД**)【钻】钻头给进装置
механизм подачи электродов 电极输运装置
механизм подъема свечи【钻】立根提升装置
механизм подъема труб【钻】管柱提升装置
механизм раздвигания долота【钻】钻头松动装置
механизм разрушения горной породы【钻】破岩装置;凿岩机理
механизм расстановки свечей【钻】立根排放装置
механик 机械师
главный механик 总机械师
механика 力学
квантовая механика 量子力学
классическая механика 经典力学
ньютоновская механика 牛顿力学

прикладная механика 应用力学
строительная механика 建筑力学
механика горных пород 岩石力学
механика грунтов 土力学
механика жесткого тела 刚体力学
механика материалов 材料力学
механика разрушения 断裂破坏力学
механика твердого тела 固体力学
механический 机械的
механоглифы 机械印痕
мехспецификация 机械规范书
меш 筛眼(1in²上的)
мешалка【钻】搅拌槽, 搅拌机
вибрационная мешалка【钻】振动搅拌机
гидравлическая мешалка【钻】水力搅拌机
качающаяся мешалка【钻】摇摆式搅拌机
лопастная мешалка【钻】叶片式搅拌器
одновальная мешалка【钻】单轴搅拌机
передвижная мешалка【钻】移动式搅拌机
планетарная мешалка【钻】多齿轮传动搅拌机
струйная мешалка【钻】喷流式搅拌机
турбинная мешалка【钻】涡流式搅拌机
мешалка бурового раствора【钻】钻井液搅拌机
мешалка дозатора【钻】定量给进搅拌器
мешатель 搅拌器, 混合机, 搅拌机
МЗ микрозондирование【测】微电极系测深

миграция【地】运移【震】偏移
боковая миграция【地】侧向运移
вертикальная миграция【地】垂向运移
внутриматеринская миграция【地】母岩内部运移
внутрипластовая миграция【地】层内运移
внутрирезервуарная миграция【地】储层内运移
временная миграция【震】时间偏移
вторичная миграция【地】二次运移
геохимическая миграция【化】地球化学迁移
глубинная миграция до суммирования【震】叠前深度偏移
двухфазная миграция【地】两相运移
диффузно-пленочная миграция【地】扩散膜状运移
капиллярная миграция【地】毛细管运移
латеральная миграция【地】侧向运移
локальная миграция【地】局部运移
межпластовая миграция【地】层间运移
многократная миграция【地】多次运移
начальная миграция【地】初始运移
первичная миграция【地】初次运移
подземная миграция воды【地】水地下运移
поперечная миграция【地】横向运移
продольная миграция【地】纵向运移
региональная миграция【地】区域

M

性运移
сингенетическая миграция【地】同生运移
трещинная миграция【地】裂隙延伸
эпигенетическая миграция【地】后期运移
миграция воды, подземная【地】地下水运移
миграция газа【地】天然气运移
миграция жидкости по порам【地】液体孔隙内运移
миграция жидкости по трещинам【地】液体沿裂隙运移
миграция и аккумуляция нефти и газа【地】油气运移与聚集
миграция на больших глубинах【地】深部运移
миграция нефти【地】石油运移
миграция нефти вверх【地】石油向上运移
миграция природных флюидов【地】自然流体运移
миграция углеводородов【地】烃类运移
микрит【地】泥晶, 微晶; 泥晶灰岩, 微晶灰岩
микроанализ【化】微量分析
микроанизотропия【地】微观各向异性
микробюретка【化】微量滴定管
микроградиент-зонд【测】微梯度电极系
микродеформация 微变形
микрозонд【测】微电极系
микрозондирование【测】微电极测深
микрокаверна【地】微孔洞
микрокаротаж【测】微测井
боковой микрокаротаж【测】微侧向测井
боковой микрокаротаж со сферической фокусировкой поля【测】微侧向微球形聚焦测井
боковой микрокаротаж, сфокусированный【测】微侧向聚焦测井
микрокомпонент 微量成分
микрокомпоненты ископаемого (ОВ)【化】有机矿产微量成分
микрокомпоненты подземных вод【化】地下水微量元素
микрокомпоненты углей【化】煤微量成分
микроконгломерат【地】细砾岩
микрокоррозия 微观腐蚀
микрокристаллический【地】微晶的
микролиты【地】微晶, 细晶石
микрометр 百分表, 千分尺, 测微计
внутренний микромер 内径规
резьбовой микрометр 螺纹千分尺
микронефть【地】微量初生油
микроорганизмы【地】微生物
микропалеонтология【地】微体古生物学
микроплита【地】微板块
микроползучесть【地】微观蠕变
микропора【地】微孔隙
микрорельеф【地】微地形
микросдвиг【地】小断层
микросейсмограф【震】微地震记录器
микросейсмология 脉动学
микроскладчатость【地】小褶皱
микроскоп 显微镜
микротопография【地】微地貌,

M

微地形
микротрещина【地】微裂隙
микрофон 麦克风
микрофоссилин в нефти и пластовых водах【地】油和地层水中微化石
микрохимия【化】微量化学
микроэлементы нефти и природных битумов【化】石油和沥青微量元素
микстинит РОВ【地】分散有机质混合微粒体
миллиард 十亿
миля 英里
Мингео. Министерство геологии 地质部
МИНГК многозондовый импульсный нейтронный гамма-каротаж【测】多电极系脉冲中子—伽马测井
минерал【地】矿物
акцессорный минерал【地】副矿物
аморфный минерал【地】不定形矿物
аутогенный глинистый минерал【地】自生黏土矿物
водосодержащий минерал【地】含水矿物
вторичный минерал【地】次生矿物
второстепенный минерал【地】次要矿物
гидратированный минерал【地】水化矿物
гидротермальный минерал【地】热液矿物
гипергенный минерал【地】表生矿物
гипогенный минерал【地】深成矿物
главный минерал【地】主要矿物
глинистый минерал【地】黏土矿物
жильный минерал【地】脉石矿物
игольчатый минерал【地】针状矿物
ионообменный минерал【地】离子交换矿物
искусственный минерал【地】人造矿物
кластический минерал【地】碎屑状矿物
коллоидно-дисперсный минерал【地】胶体分散矿物
легкий минерал【地】轻矿物
ломкий минерал【地】易折矿物
магнитный минерал【地】磁性矿物
мафический минерал【地】镁铁质矿物
метамиктный минерал【地】变生非晶质矿物
набухающий минерал【地】膨胀矿物
неустойчивый минерал【地】不稳定矿物
огнеупорный минерал【地】耐火矿物
оксидный минерал【地】含氧矿物
определяющий минерал【地】基本矿物; 主要矿物
основной минерал【地】主要矿物
органический минерал【地】有机矿物
пластинчатый минерал【地】片状矿物
породообразующий минерал【地】造岩矿物
реликтовый минерал【地】残留

矿物

светлоцветный минерал【地】亮色矿物

сингенетический минерал【地】原生矿物

смешаннослойный минерал【地】混层矿物

сульфидный минерал【地】硫化矿物

темноцветный минерал【地】暗色矿物

терригенный минерал【地】陆源碎屑岩矿物

тяжелый минерал【地】重矿物

хемогенный минерал【地】化学成因矿物

химически незрелый минерал【地】化学成分不成熟矿物

хрупкий минерал【地】脆性矿物

черный минерал【地】暗色矿物

эпигенетический минерал【地】次生矿物

минерал заполнения【地】充填矿物

минерализатор【地】矿化剂

минерализация【地】矿化度; 成矿作用

минерализация бурового раствора【钻】钻井液矿化度

минерализация воды【化】水矿化度

минерализация подземных вод【化】地下水矿化度

минералогия【地】矿物学

минералообразование【地】矿物形成

минеральный【地】矿物的

минеральный вид【地】矿物种类

минеральная вода【地】矿物水, 矿泉水

минеральные пигменты【地】矿物颜料

минеральные разновидности【地】矿物变种

минеральные ресурсы【地】矿物资源

минеральная соль【地】矿物盐

минеральное сырье【地】矿物原料

минерогенный【地】成矿的

минимакс 极小值

минимальный 最小限度的, 最低限度的

минимум 最小值

министерство иностранных дел (МИД) 外交部

МИНК многозондовый импульсный нейтронный каротаж【测】多电极系脉冲中子测井

МИННК многозондовый импульсный нейтрон-нейтронный каротаж【测】多电极系脉冲中子—中子测井

миоцен【地】中新世(统)

МИП метод искусственного подмагничивания 人工磁化法

мипора 米波拉绝热材料, 微孔胶木

мир 世界

Миссисипская система【地】密西西比系(下石炭统, 北美)

мицеллы【地】胶体微粒; 胶态离子

мишень【钻】钻井靶点(目标)

МК магнитный каротаж【测】磁测井

МК магнитный курс【地】磁针

МК мезокатагенез【地】中深变质作用

МК механический каротаж【测】

机械测井
мк. микро 微(10^{-6}; 十进制计算单位的前缀)
МК микрокаротаж【测】微测井
МК мостиковый каротаж【测】电桥测井
МКЗ микрозондирование【测】微电极系测深
МКЗ шкала **Меркалли-Канкани-Зиберга**【震】麦卡利—坎卡尼—西贝尔格烈度表
МЛ магнитная лента【震】磁带
ММ математическое моделирование 数学模拟
ММ математическая модель 数学模型, 数学模拟机
ММ мультимедиа 多媒体
ММЗК магмаметаморфическая земная кора【地】岩浆变质地壳
ммоль. миллимоль 毫摩(尔), 毫克分子
ММЦ модифицированная метилоцеллюлоза 改性甲基纤维素
мнимый 虚假的, 假想的
МНК Международный нефтяной консорциум 国际石油财团
МНК метод многозондового нейтронного каротажа【测】多电极系中子测井法
МНК многозондовый нейтронный каротаж【测】多电极系中子测井
МНКВ метод наложения краевых волн【震】边缘波叠加法
МННК многозондовый нейтрон-нейтронный каротаж【测】多电极系中子—中子测井
многоканальный【震】多道的
многоканальная запись【震】多道记录
многоканальная система【震】多道系统
многоканальная цифровая регистрация【震】多道数字记录
многократный 多次的
многократное преломление【震】多次折射
многократное профилирование【震】多次反射剖面测量
многократность 多次性, 多倍性, 多重性
многолетний 多年的
многополосный 多频带的, 多波段的, 多带的
многослойный (многопластовый) 多层的
многоступенчатый 多级的
многоступенчатое штуцирование (дросселирование)【采】多级节流
многотрубный 多管的
многоугольник 多角形
многофазный 多相的
множимое 被乘数
множитель 乘数
МНП метод незаземленной петли 不接地回路法
МНП министерство нефтяной промышленности 石油工业部
мобилизация 动员(迁), 动用
мобилизм【地】大陆活动论
МОВ метод отраженных волн【震】反射波法
МОВЗ метод обменных волн землетрясений【震】地震转换波法
МОВ-ОГТ метод отраженных волн общей глубинной точки【震】共

深点反射波法

МОГ метод обращенных годографов【震】(地震勘探)变换时距曲线法

МОГТ метод общих глубинных точек【震】共深度点法

мода 众数

моделирование 建模, 模拟; 试验

аналоговое моделирование 类比法模拟

геологическое моделирование【地】地质建模(模拟)

математическое моделирование 数学建模(模拟)

трехмерное сейсмическое моделирование【震】三维地震建模(模拟)

цифровое моделирование 数字建模(模拟)

моделирование землетрясений【震】地震模拟

моделирование напряженного состояния【地】应力状态模拟

моделирование резервуаров【地】储层模拟

моделирование сейсмических волн【震】地震波模拟

модель 模型(式)【采】型号

аналоговая модель 相似模型

базисная модель 基本模型

вероятная модель 大概模型

геодинамическая модель нефтегазообразования【地】油气成因模式

геометрически подобная модель 几何相似模型

двухмерная модель 二维模型

двухслойная модель 双层模型

детерминированная модель 确定性模型, 约束模型

динамическая модель 动态模型

дискретная модель 离散模型

интерполяционная модель 内插模型

интерпретационная модель 解释模型

комбинированная модель 对比模型

математическая модель 数学模型

модифицированная модель 改进模型

общепринятая модель 一般模式(模型)

объемная модель геологического строения【地】地质结构立体模型

плоская модель 平面模型

предлагаемая модель 推测模型

прогнозирующая модель 预测模型

пространственная модель 空间模型

сеточная модель 网状模型

симуляционная модель 假设模型, 模拟模型

скоростная модель【震】速度模型

стохастическая модель 随机模型

трехмерная модель ловушек【地】圈闭三维模型

упрощенная модель 简化模型

цифровая модель пласта【地】地层数字模型

модель газовой залежи【地】气藏模型

модель двух пористостей【地】双重孔隙介质模型

модель месторождения【地】油气田模型

модель образования и накопления нефти【地】油气形成与聚集模式

модель одного пласта【地】单层模型

модель пласта【地】地层模型
модель разработки【采】开发模式
модель разрушения горных пород【地】岩石破坏模型
модель фаций【地】沉积相模型
модификация 改型
модифицирование глин【钻】黏土(坂土)改型
модулирование 调制
модулятор-демодулятор 调制解调器
модуль 模数, 模量
выпрямительный модуль 整流模板
модуль всестороннего сжатия 三维体积模量
модуль деформации 变形模量
модуль естественной упругости 自然弹性模量
модуль жесткости 刚性模量
модуль затухания 衰变模量
модуль источника питания 电源模板
модуль крупности 脆性模量
модуль пластичности 塑性模量
модуль подсчета PLC PLC计数器模板
модуль сдвига 剪切模量
модуль сжимаемости 压缩模量
модуль упругости 弹性模量
модуль упругости второго рода【地】抗剪弹性模数(刚性模量)
модуль упругости, динамический 动弹性模量
модуль упругости, начальный 初始弹性模量
модуль упругости, объемный【地】体积弹性模量
модуль упругости первого родя【地】杨氏弹性模量
модуль упругости пород【地】岩石弹性模量
модуль упругости, статический 静弹性模量
модуль электропитания 电源模块
модулятор 调幅器
мозазавры【地】沧龙类
МОЗУ магнитное оперативное запоминающее устройство 磁存储器
моласса (молассовые формации)【地】磨拉石建造
мол.вес. молекулярный вес【化】分子量
молекула【化】分子
молекулярный【化】分子的
молекулярный вес【化】分子量
молекулярная конденсация【化】分子凝结
молекулярное притяжение【化】分子引力
молекулярная связь【化】分子键
молекулярная теплоемкость【化】分子热容量
молекулярная теплота【化】分子热
молекулярная формула【化】分子式
молибдат【化】钼酸盐
молибден【化】钼(Mo)
молниезащита 避雷
молниеотвод 避雷器; 避雷针
молниеуловитель 避雷针
молния 闪电; 拉链
молот электрический 电锤
молоток 手锤; 钢锤
бурильный молоток 冲击钻
ручной молоток 手锤
ручной электрический молоток 手电锤
моль【化】摩尔

М

молярность【化】摩尔浓度
момент 时刻; 力矩
крутящий момент【物】扭矩, 转矩
номинальный вращающий момент【钻】额定旋转扭矩
пиковый крутящий момент 最大扭矩
момент инерции 惯量
моментометр 力矩表, 扭矩仪
Монгольско-Охотская складчатая область【地】蒙古一鄂霍茨克褶皱区
монитор 显示器
жидкокристаллический сенсорный монитор 液晶显示器
противопожарный монитор【安】消防监视屏
мониторинг 监督, 监视, 监控; 探索, 追踪
моногенный 单成因的
моногидрат【化】一水化合物
монозонды【测】单电极
моноклиналь【地】单斜产状, 单斜层
моноклиническая система (сингония)【地】单斜晶系
монолит【地】单一岩, 单成岩
мономер 单体
мономиктовый (мономиктный)【地】单矿物的, 单矿物碎屑的
Мономская свита【地】莫诺姆组(西伯利亚, 下三叠统)
монополизация 专利权
монополия 垄断
монорейс 单轨
монослой【地】单层
монотропия 单变性
монохроногенный 单色的
монтаж 安装, 装配
монтаж буровой вышки【钻】安装井架
монтаж буровой установки【钻】安装钻机
монтажник 安装工
Монтанский ярус【地】蒙得阶(白垩系)
монтер 装配工
МОПВ многократное отражение поперечных волн【震】横波多次反射
море【地】海
бурное море【地】汹涌澎湃的大海
внутреннее море【地】内陆海
глубокое море【地】深海
мелкое море【地】浅海
окраинное море【地】边缘海
шельфовое море【地】陆架海
Море Лаптевых【地】拉普捷夫海
морена【地】冰碛, 冰碛层, 冰川堆石
морозильник 冰柜
морозобойные трещины【地】冻裂隙
морозостойкость 耐寒性
морские пузыри (цистоидеи)【地】)海林檎纲
морской【地】海洋的
морские бухты【地】海湾
морские ежи【地】海胆
морские звезды【地】海星
морские лилии【地】海百合
морской прибой【地】拍岸海浪, 击岸海浪
морские приливы и отливы【地】涨潮与退潮
морские проливы【地】海峡

морские течения【地】洋流
морская фация【地】海相
морская эрозия【地】海蚀
морфогенетический тип【地】地貌成因类型
морфография【地】地貌学
морфометрия【地】地形测量
морфоструктура【地】地貌构造(单元)
морфотропия【地】变形性; 变晶现象
мост 桥; 桥梁; 轮轴
приемный мост【钻】坡道, 引桥
цементный мост【钻】水泥桥
мостик 跳板; 齿桥; 电桥
боковой мостик【钻】坡道, 人行栈桥, 高空走道
выпрямительный мостик【物】整流桥
наклонный мостик【钻】斜平台
приемный мостик【钻】猫道
мостик для труб, горизонтальный【钻】管子水平台架
мостик для труб, наклонный【钻】管子斜坡道
мотивы побудительные【地】诱发动力
мотор【钻】电动机
ведущий мотор【钻】主电机
дизельный мотор【钻】柴油发动机
моточас【钻】马达小时
Мотская свита【地】莫特组(西伯利亚地台, 文德系—下寒武统)
мочение 湿, 浸湿
мощность 功率, 能力, 强度【地】地层厚度
вертикальная мощность【地】垂直厚度
видимая мощность【地】视厚度
вскрытая мощность【地】揭露厚度
входная мощность 输入功率
выходная мощность 输出功率
гидравлическая мощность 水力功率
гидравлическая мощность на буровом долоте【钻】钻头液动能力
действительная мощность 实际效率
допустимая мощность 允许功率
индикаторная мощность 指示强度
истинная мощность【地】真厚度
кажущаяся мощность【地】视厚度
крюковая мощность【钻】大钩能力
максимальная мощность【地】最大厚度【机】最大输入功率
максимальная мощность, входная【机】最大输入功率
мгновенная мощность 瞬时功率
механическая мощность на буровом долоте【钻】钻头机械破碎能力
номинальная мощность【钻】额定功率
общая мощность【地】总厚度【机】总功率
общая мощность комбинационного электричества【机】总配电功率
пиковая мощность 峰值功率, 最大功率
поглощаемая мощность 吸收能力, 吸收强度
полезная мощность【机】有用功率
потребляемая мощность【机】要求功率
предельная мощность 极限功率; 极限能力
проектная мощность 设计能力
производственная мощность 生产能力

реальная мощность【地】实际厚度
суммарная мощность【地】总厚度, 累积厚度
тормозная мощность【钻】刹车能力
тяговая мощность 拉伸能力
удельная мощность 单位功率
установленная мощность 装机容量
эффективная мощность【地】有效厚度
эффективная мощность нефтеносного горизонта【地】含油层有效厚度
эффективная мощность пласта【地】地层有效厚度
мощность бурового насоса【钻】钻井泵功率
мощность буровой лебедки【钻】钻井绞车功率
мощность водоносного горизонта【地】含水层厚度
мощность вскрыши【地】岩石剥离厚度
мощность газонасыщения【地】含气量, 含气潜力
мощность гидравлического привода【机】液压传动功率
мощность горизонта【地】地层厚度
мощность дизеля【机】柴油机功率
мощность компрессора【机】压缩机功率
мощность крана【机】起重机功率
мощность на испытании 试验功率
мощность нефтенасыщения【地】含油量, 含油能力
мощность перекрывающих пород【地】上覆岩石厚度
мощность пласта【地】地层厚度
мощность пласта, водонасыщенная【地】地层含水潜力; 地层含水厚度
мощность пласта, вскрытая【地】揭露地层厚度
мощность пласта, нефтенасыщенная эффективная【地】地层有效含油厚度
мощность пласта, общая【地】总地层厚度
мощность пород【地】岩石厚度
мощность потока 流量
мощность продуктивного пласта【地】产层厚度
мощность смесительного насоса【钻】混合泵配备功率
мощность турбины【地】透平功率
мощность установки【地】装置功率
мощность холостого хода【地】空转功率
МП магнитный пеленг 磁方位
МП магнитное поле 磁场
МП методика многократных перекрытий【震】(反射波)多次覆盖法
МП методика перекрытий【震】覆盖法
МП многократное профилирование【震】多次剖面测量
МП муфельная печь【化】马弗炉, 隔焰炉
МПБУ морская плавучая буровая установка【钻】海洋浮式钻机
МПВ метод преломленных волн【震】(地震勘探)折射波法
МПД метод падения давления【采】压降法
МПД механизм подачи долота【钻】钻头给进装置

МПЗ магнитное поле **Земли**【地】大地磁场

МПП метод переходных процессов 中间过程法

МР мицеллярный раствор 胶束溶液

МРНП метод регулируемого направленного приема【震】定向调节接收法

МРП межремонтный период 免修期

МС магнитное склонение 磁偏, 磁差; 磁偏角

МСА многомерный статистический анализ 多维统计分析

МСА молекулярный спектральный анализ【物】分子光谱分析

МСБ магнитосферная суббуря【地】磁层亚暴

мсек. миллисекунда 毫秒

МСЗ метеорологический спутник **Земли**【钻】地球气象卫星

МСК микросейсмокаротаж【测】微地震测井

МСП максимальная скорость проводимости 最大传导速度

МСП межскважинное и сейсмическое просвечивание【震】井间地震透视

МСП морская стационарная платформа【钻】海上固定钻井平台

мст. местность【地】地方; 地区

МТЗ магнитотеллурическое зондирование【地】地磁测深

МТМПП магнитотеллурический метод переходных процессов【物】变换大地电磁法

МТО Международное общество по торфу【地】国际泥炭协会

МТП метод магнитотеллурического профилирования【地】大地磁场剖面测量法

МУКА малая ультразвуковая каротажная аппаратура【测】小型超声波测井仪

МУПС магнитное устройство против солей 防盐磁性装置

мульда【地】围斜, 深海槽, 舟状海盆; 向斜

мультивибратор 多谐振荡器

мультипликатор 乘法

мундштук【采】管鞋, 过滤嘴

Мургаб【地】穆尔加布河

мусковит【地】白云母

мутация 变异, 突变

мутность 浑浊性, 混浊度

муфель【化】马弗炉

муфта【钻】套筒; 连接器; 联轴节; 接箍, 接头

вращающаяся муфта питательной трубы【钻】冲管旋转接头

дисковая муфта сцепления【机】盘式离合器

заливочная муфта【钻】注水泥接箍

замковая муфта【钻】母接头, 钻杆接头

изолирующая муфта 绝缘接头

канатная муфта【钻】绳接头

контрольная муфта【钻】自封母接头

кулачковая муфта【钻】联轴器

муфта вертлюга【钻】水龙头接头

муфта бурильной трубы【钻】钻杆母接头

муфта обсадной трубы【钻】套管接箍

муфта обсадной трубы с обратным клапаном【钻】带回流阀的套管

接箍

муфта сцепления【钻】联轴器, 离合器

муфта сцепления главного двигателя【钻】主电机离合器

МФЗ метод фокусированных зондов (боковой каротаж)【测】(侧向测井)聚焦电极系探测法

мышьяк【化】砷(As)

мьютинг (митинг)【震】噪声抑制

МЭА Международное Энергетическое Агентство 国际能源属

МЭВ морской экваториальный воздух【地】赤道海洋空气, 赤道海洋气团

МЭК магнито-электрический каротаж【测】电磁测井

МЭП метод электродного потенциала【测】电极电位法

мэнджек【地】硬化沥青

МЭС метод эквивалентных систем 等价系统法

мыло 肥皂

мылонафт【化】环烷酸皂

мягкий 软的

мягкость 柔软性, 可挠性

мягчитель【化】软化剂

Н

набивать смазку【钻】打黄油

набивка【钻】填料; 盘根

гравийная набивка【钻】砾石充填(完井)

графитная набивка【钻】柔性石墨填料

намоченная набивка【钻】淋水填料(阻燃)

сальниковая набивка【钻】盘根

наблюдать 观看; 观察

наблюдать за вытеснением раствора в емкостях【钻】观察罐内钻井液返出情况

наблюдать за уровнем раствора【钻】观察钻井液液面

наблюдение 观测【钻】观察

двухсторонние наблюдения【震】(中间放炮排列)两侧观察

односторонние (фланговые) наблюдения【震】单边放炮排列观察, 单点放炮排列观察

опытное наблюдение【震】实验观察

сейсмическое наблюдение в скважинах【震】井内地震观测

набор 组合, 套

полный набор【钻】全套(工具产品)【测】全部曲线系列

полный набор буровой установки【钻】钻机全套产品

ремонтный набор для газового мотора【钻】气动马达修理包

ремонтный набор для гидравлических ключей【钻】液压大钳修理包

ремонтный набор для кабины бурильщика【钻】司钻控制室维修包

набор деталей 成套组件, 成套器具
набор ключей 一套扳手
набор напильников 一组锉刀
набор прокладок【钻】垫片组
набор электрических отверток 电工改锥组套
набор электрических щипцов 电工钳子组套
наборка 收集
набухаемость 膨胀性
набухание 膨胀
навал【地】堆积, 积聚, 堆积
навеска【化】称样
наводнение【地】洪水, 水灾; 泛滥
наводка лазерная 激光瞄准
наволок【地】推覆大断层, 大逆掩断层
нагнетание【采】压送, 压入, 注入
нагнетание воды【采】注水
нагнетание воды в газовую шапку【采】气顶(帽)注水
нагнетание пены в пласт【采】向地层注泡沫
нагнетание цементного раствора【采】注水泥
нагнетатель 增压器
лопаточный нагнетатель 叶片式鼓风机
поршневой нагнетатель 活塞式增压机
смазочный нагнетатель 润滑油增压泵
центробежный нагнетатель 离心式增压器
наголовник для забивки обсадных труб【钻】人字架, 套管承撞, 套管撑
нагорье【地】高原(>500m)
нагревание 加热
нагреватель 加热器, 预热器
нагреватель-печь 预热炉
нагружаемость 负载量
нагружение 装载; 加载
нагрузка 负荷
динамическая нагрузка 动力负荷
наибольшая нагрузка【钻】最大负荷
наибольшая нагрузка, статическая【钻】最大净负荷
номинальная нагрузка крюка【钻】大钩额定载荷
нулевая нагрузка 无负荷
осевая нагрузка【钻】轴向压力
основная нагрузка на **БК**【钻】钻柱轴向压力
нагрузка каждой цепи【钻】每路电负荷
нагрузка на долото【钻】钻压
нагрузка на долото, удельная【钻】单位面积钻压
нагрузка на крюк【钻】大钩载荷
нагрузка на полированный шток【采】光杆负荷
нагрузка насоса【钻】泵负荷
нагрузка от свечей【钻】立根负荷
надвиг【地】逆(掩)断层, 逆冲断层
надвигание островной дуги【地】岛弧仰冲作用
надвигообразование【地】冲断层形成作用
надгруппа【地】超群, 超组
наддолотник【钻】钻铤
наддув 增压, 升压
надежность прогноза нефтегазоносности【地】含油气性预测可靠性

надземный 地面的, 地上的
надзор 监督(员)
авторский надзор 设计监理
надсверление【钻】钻盲孔; 点钻; 钻坑
надувка 打气, 充气
Надым【地】纳德姆河
наем 雇佣
наждак 砂轮, 砂布【地】金钢砂, 刚玉砂
нажим 压, 压制; 加压
название 名称
название и спецификация оборудования 设备名称及规格
название минералов【地】矿物名称
название структуры【地】构造名称
наземный 地面的
наземная вода【地】地表水
наземный годограф【震】地面时距曲线
наземные организмы【地】陆生生物
наземная помеха【震】地面干扰
наземная сеть【震】地面测网
наземная съемка【地】地面测量
назначение 用途
назначение скважин (поисковые, разведочные и эксплуатационные, т. д.)井的用途, 井的目的
наибольший 最大的
наивысший 最高的
наименьший 最小的
НАК каротаж наведенной активности【测】激发活化测井
НАК нейтронно-активационный каротаж【测】中子活化测井
наказание 惩罚
накат【钻】斜面
накатать резьбы 滚压螺纹
накачка 充满
накипеобразование 结垢作用
накладка крепежная【钻】固紧板
накладная 货单
накладная на ремонт и обслуживание 维修服务单
наклон 倾斜; 倾斜面; 斜度
наклонение【地】倾斜
наклономер【测】地层倾角测井仪; 测斜仪
пластовый наклономер, основанный на измерении сопротивления【测】电阻率地层倾角仪
пластовый наклономер, основанный на применении каверномера【测】井径地层倾角仪
пластовый наклономер с высокой разрешающей способностью【测】高分辨率地层倾角测井仪
пластовый наклономер с каверномером【测】井径地层倾角测井仪
пластовый наклономер с непрерывной регистрацией【测】连续记录地层倾角测井仪
пластовый наклономер, четырехрычажный【测】四臂地层倾角测井仪
6-рычажный наклономер【测】六臂倾角测井仪
наклонный 斜的, 倾斜的
наклонная дальность 斜距
наклонный пласт【地】倾斜层
наклонная плоскость【地】斜面
наклонный сброс【地】倾斜断层
наклонность 倾斜度
наклонометрия【钻】倾斜测量

Н

【测】倾角测井

наклонометрия скважины【地】倾角测量; 井斜测量

наконечник【钻】管头, 短接, 短节, 连接短节

сварной наконечник 焊接末端

наконечник для карандаша 铅笔帽

наконечник контакторов【钻】触子触头

накопитель тока 贮电器

накопление 积累

накопление **ОВ**【地】有机物质聚集

накопление осадков【地】沉积物聚集

НАЛ неантиклинальная ловушка【地】非背斜(油气)圈闭

наладка 调整, 调节, 调试

наладчик 调试工

налипание 黏附, 吸持

налипание разбуренной породы на трубы и долота【钻】钻碎岩屑对套管和钻头形成泥包(黏附)作用

налипание частиц шлама на стенки скважины【钻】岩屑造壁作用; 井壁结泥饼

наличие 存在

наличие зазора 存在间隙

наличие масла 有油

наличие мертвых зон между скважинами при существующей сетке размещения 井网内井间存在死油区(死区)

налог 税

доходный налог 所得税

доходный налог с физическим лицом 个人所得税

налог на добавленную стоимость (НДС) 增值税

налог на прибыль 利润税

налогообложение 税收

налогоплательщик 纳税人

наложение 叠加, 叠置

наложение волн-помех【震】波一干扰波叠加

наложение диполей【测】偶极子叠加

наложение изоляционных слоев 涂绝缘层

наложение обертонов【震】高次谐波叠加

наложение сейсмограмм【震】地震记录叠加

наложенный 上叠的; 叠合的

наложенная геосинклиналь【地】上叠地槽

наложенное движение【地】叠加运动

наложенное колебание【地】叠加振动

наложенное поле【地】叠加场

намагниченность【地】磁化, 磁化强度

намазать солидолом 涂脂

наматывание【钻】缠绳

намотка【钻】缠绕, 卷绕法

намыв【地】冲积, 冲填; 冲积层

намывание【地】冲积作用

нанос (намыв)【地】(复数)冲积物, 冲积层, 浮土层, 淤积物; 冰碛

наносный【地】冲积的

наносное образование【地】冲积建造

наносная почва【地】冲积土

наносная равнина【地】冲积平原

напильник 锉刀

напластование【地】成层; 沉积作用

Н

диагональное (косое, неправильное) напластование【地】交错层理, 斜层理, 不规则层理
несогласное напластование【地】不整合层理, 不平行层理
наплыв【地】溢流; 淤积物
наполнение 装满; 充满
напор 压力, 水头压力; 坚持
гидродинамический напор 动水压
гидростатический напор 静水压
положительный напор 正压力水头
напор вод【地】压力水头
напор кривизны ствола【钻】稳斜
напор насоса【钻】泵压力水头
напор подошвенных вод【采】底水驱动
напорный 压力驱动的; 高压力的
напорная вода【地】承压水
напорный градиент 压力梯度
напорный режим【采】驱动方式
направление【地】方向【钻】导管
направление вдоль оси 轴向
направление вращения 转动方向
направление вспарывания 破裂方向
направление главного напряжения【地】主应力方向
направление движения волн【震】波运动方向
направление миграции【地】运移方向
направление отклонения 偏向
направление падения【地】倾斜方向
направление падения пласта【地】地层倾斜方向
направление первого движения 初动方向
направление поляризации 极化方向
направление потока 流向
направление простирания【地】走向
направление простирания пласта【地】岩层走向
направление распространения 传播方向
направление скольжения 滑动方向
направление тектонического напряжения【地】构造应力方向
направление течения 流动方向
направление транспортировки【地】(沉积物)搬运方向
направление трассы трубопровода【采】管线走向
направляющий 导向的
напряжение 应力; 电压
вторичное напряжение 二次电压
динамическое напряжение сдвига (ДНС)【钻】钻井液动切力
динамическое напряжение сдвига, предельное (ПДНС)【钻】钻井液屈服值
номинальное напряжение трансформатора 变压器额定电压
скручивающее напряжение 扭应力
статическое напряжение сдвига (СНС)【钻】钻井液静切力
эффективное напряжение【地】有效应力
напряжение всестороннего сжатия 围压
напряжение выхода 输出电压
напряжение на изгиб 挠曲压力
напряжение на клеммах 端电压
напряжение на кручение 扭应力
напряжение на поверхности【地】表面应力

напряжение на растяжение 拉力
напряжение на сдвиг 剪切力
напряжение на сжатие 压应力
напряжение на смятие 挤压力
напряжение на срез 切应力
напряжение питания 电源电压
напряжение ползучести 蠕动应力
напряженность 强度
напряженный 应力的; 紧张的
напыление газопламенное【机】渗碳
нарастание 增加; 积累
нарастание деформаций 应变积累
наращивание 增大, 增长; 接长
наращивание бурильных труб【钻】向井内接钻杆
наращивание инструмента【钻】接井下钻具
наращивание континентальной литосферы【地】大陆岩石圈增生
наращивание коры【地】地壳增生
наращивание мощности осадков【地】沉积厚度增加
наращивание новой свечи бурильных труб【钻】接新的单根钻杆
наращивание одиночки【钻】接单根
наращивание плит【地】板块增生
нарезать пазы【机】开槽
нарезка 切开; 切螺纹, 开割螺纹; 膛线, 来复线
наружнораковинные【地】外壳头足纲
нарушение 破坏, 违反【地】断裂带
разрывные нарушения (дизъюнктивная дислокация, разрыв)【地】断裂破碎带
сбросовое нарушение【地】正断层
складчатое нарушение【地】褶皱断裂
тектоническое нарушение【地】构造断裂带
нарушение равновесия 破坏平衡
нарушение стационарного режима【采】破坏(钻井或生产)稳定工作制度
нарушение устойчивости 破坏稳定性
нарушение эксплуатационных качеств продуктивного пласта【钻】破坏产层开发质量
наряд 说明单
геолого-технический наряд【钻】地质录井剖面
наряд-допуск 派工单
насадка 填料【钻】喷嘴
башмачная насадка для цементирования【钻】水泥固井管鞋
башмачная насадка, направляющая【钻】定向管鞋
башмачная насадка с обратным клапаном【钻】带回流阀的浮鞋(注水泥用)
инжекционная насадка 喷嘴, 喷射器
промывочная насадка 冲洗喷嘴; 循环喷嘴
насекомые【地】昆虫; (复数)昆虫纲
населенный пункт 居民点
наслаивание 涂几层; 使成层
наслоение 一层层地铺上; 涂【地】层理
несогласное наслоение【地】不整合层理
перекрестное наслоение【地】交错层理

наслоенный【地】成层的, 层状的
насос 泵
бесштанговый насос【采】无杆泵
бесштанговый глубинный (погруженный) насос【采】无杆深井泵
блочный насос для закачки ингибитора коррозии【采】缓蚀剂注入泵组
буровой насос【钻】钻井泵
вакуумный насос 真空泵
вертикальный насос 立式泵
взрывозащитный гидравлический насос 防爆型液压泵
вибрационный насос 振动泵
винтовой шламовый насос (**ВШН**)【钻】螺旋式污水钻井泵
водоструйный насос 喷射水泵
водяной насос 水泵
вспомогательный насос 辅助泵
вставной штанговый насос【采】插入式杆泵
высоконапорный насос 高压泵
гидравлический насос 液压泵
гидравлический насос, поршневой【采】水力活塞泵
глубинный вставной насос【采】插入式深井泵
горизонтальный насос 卧式泵
доливочный насос【钻】补给泵
дренажный насос 排水泵
зубчатый насос 齿轮泵
измерительный насос с диафрагмой 孔板计量泵
индивидуальный насос топлива【钻】单体燃油泵
масляный насос 润滑油泵
многоступенчатый центробежный насос 多级离心泵
многофункциональный гидравлический насос【钻】多用液压泵
огнетушительный насос 灭火泵
отдельный насос 单泵
плунжерный насос【钻】柱塞泵
плунжерный вставной насос【采】插入式柱塞泵
плунжерный насос с электродвигателям 电动柱塞泵
пневматический глубинный насос【采】气动式深井泵
погруженный насос【采】潜水泵; 潜油泵
погруженный водяной насос 潜水泵
подающий насос【钻】供液泵
подпиточный насос 补给泵
подпорный насос【钻】灌注泵
пожарный насос【安】防火泵
поливочный насос【钻】喷淋泵
поршневой насос 柱塞泵
поршневой насос двойного или одинарного действия【钻】双作用或单作用活塞泵
ручной насос【钻】手摇泵
срезной центробежный насос【钻】剪切离心泵
топливной насос【钻】燃料油泵
трехплунжерный насос 三柱塞泵
трехтактный насос【钻】三冲(行)程泵
триплексный насос【钻】三缸泵
трубный насос【采】管式泵
утяжеленный насос【钻】加重泵
цементный насос【钻】水泥泵
центробежный насос【采】离心泵
центробежный насос для откачивания раствора【采】排污离心泵
циклический насос 往复泵

шламовый насос【钻】岩屑泵, 砂泵
штанговый насос【采】杆式泵
электроразбрызгивающий насос 电动喷淋泵
насос высокого давления【钻】高压泵
насос для обмывки штагов【钻】喷淋杆泵
насос для отлива ингибитора коррозии【采】缓蚀剂卸车泵
насос для отходов нефти 污油泵
насос для утяжеления【钻】加重泵
насос с пневматическим приводом 气动泵
насос с ручным приводом【采】手动控制泵
насос циркуляционной воды 循环水泵
насос-мешалка【钻】混浆泵
насос-трансформатор 输油泵
насосная【钻】泵房
насосный 泵的; 抽油的
насосный вертлюг 泵水龙头
насосная штанга【采】抽油杆
насосная штанга, направляющая【采】导向抽油杆
насосная станция【采】泵站
насосная станция, аккумуляторная 蓄能泵站
насосная эксплуатация, глубинная【采】深井泵采油法
настил【钻】铺板
настройка 调整
наступление 侵入
наступление воды【采】水侵入(油气藏)
наступление краевой воды【采】边水侵入(油气藏)
насыпной 回填的【地】堆积的
насыпной грунт 填土
насыпь 填方, 路基, 土堤
высокая насыпь 深填土, 深填方
противопожарная насыпь【安】防火堤
насыщаемость 饱和度
насыщение 饱和
насыщение пласта【地】地层流体饱和作用
насыщенность 饱和度
начальная насыщенность【地】原始饱和度
остаточная насыщенность【地】剩余饱和度
насыщенность жидкостей【地】液体饱和度
насыщенность нефтью【地】含油饱和度
насыщенность остаточной водой【地】剩余水饱和度
насыщенность пласта【地】地层饱和度
насыщенность пласта погребенной водой【地】地层封存水饱和度
насыщенность углеводородами【地】含烃饱和度
насыщенность флюидом【地】流体饱和度
натрий【化】钠(Na)
азотистокислый натрий【化】亚硝酸钠
бромистый (бромид натрия) натрий【化】溴化钠
едкий натрий【化】苛性钠
цианистый натрий【化】氰化钠
натуральный 天然的; 自然的
натяг резьбы 过盈(丝扣)【机】丝

扣公盈(盈量, 紧张)
натяжение 张力; 张紧
поверхностное натяжение 表面张力
натяжение ремня 张紧皮带
натяжитель【钻】张紧器
натяжка 拉动
наутлероживание 碳化作用
наука 科学
Наунакская свита【地】瑙纳克组(西西伯利亚, 卡洛夫—牛津阶)
научно-исследовательский 科研的
наушник 耳机
нафта 挥发油; 石脑油; 粗汽油
нафталин【化】萘
нафтен【化】环烷
нафтол【化】萘酚
начало 开始, 起始, 开端
начало бурения【钻】开钻时间
начало волны 波源
начало координат 坐标原点
начать бурение【钻】开钻
нашатырь【化】氯化铵, 硇砂
НБ направленное бурение【地】定向钻井, 定向钻探
НБ Национальный банк 国家银行; 国民银行
НГБ нефтегазоносный бассейн【地】含油气盆地
НГГК нейтронный гамма-гамма-каротаж【测】中子—伽马—伽马测井
НГД начальный градиент давления【地】原始压力梯度
НГДК нефтегазодобывающая компания【采】石油天然气开采公司
НГДП нефтегазодобывающее предприятие【采】油气开采企业
НГДР нефтегазодобывающий район【采】石油天然气开采区
НГДС начальный градиент давления сдвига 原始剪切压力梯度
НГДУ нефтегазодобывающее управление【采】采油(气)厂; 油气开采管理局; 油气作业区
НГЗ нефтегазовая залежь【地】油气藏
НГЗ начальные геологические запасы【地】原始地质储量
НГК нейтронный гамма-каротаж【测】中子—伽马测井
НГК нефтегазоконденсатная【地】凝析油气藏
НГК нефтегазоносный комплекс【地】含油气组合; 含油气地质体
НГМ нейтрон-гамма-метод【测】中子—伽马法
НГМ нефтегазовое месторождение【地】油气田
НГМП нефтегазоматеринские породы【地】油气母岩
НГО нефтегазоносная область【地】含油气区
НГОБ нефтегазоносный осадочный бассейн【地】含油气沉积盆地
НГП геохимический показатель нефтегазоносности【地】含油气地球化学标志
НГП нефтегазоносная провинция【地】含油气省
НГП нефтяная и газовая промышленность【采】石油与天然气工业
НГПК низкочастотный генератор периодических колебаний 低频周期振荡发生器
НГР нефтегазоносный район【地】含油气区带

Н

НГР нефтяная геологоразведка 【地】石油地质勘探

НГР район нефтегазонакопления 【地】油气聚集带

НГРИ Научно-исследовательский геологоразведочный институт 地质勘探科学研究院

НГРИ Нефтяной геологоразведочный институт 石油地质勘探研究院

НГРЭ нефтяная геологоразведочная экспедиция 石油地质勘探队

НГСБ нефтегазоносный суббассейн 【地】准含油气盆地

НГСбанк. Нефтегазстройбанк 石油天然气建设银行

НД наклонная дальность 倾斜距离

НД наружный диаметр 外径

НД нефтепромысловое дело【地】石油开采业

НД низкое давление 低压

небаланс 不平衡

Нева【地】涅瓦河

невозмущенный 无干扰的, 无扰动的

невосприимчивость 不感应, 不灵敏

негатив 负片, 底片; 原版

негерметичность 不密封, 渗漏

недвижимость 不动产

недействующий 无效的, 不起作用的, 不灵活的

недокомпенсированное 非补偿的

недонасыщенность 欠饱和

недоразвитый 发育不全的

недостаток 缺, 缺陷; 不足

недостаток масла 缺油

недостаток по работе 运行缺陷

недоуплотнение 欠压实, 未压实

недофинансирование 拨款不足

недра【地】矿产; 地球内部

недропользование 矿产利用

незаземленный 未接地的

незастопоривание 非制动位置

неискаженный 无畸变的, 不失真的

неисправность【钻】故障

нейтрализатор 中和剂; 中和器

нейтрализация【化】中和作用, 中性

нейтральность 中性

нейтральный 中性的, 中和的

нейтральная линия 中性线

нейтральная плоскость 中和面

нейтрон 中子

быстрый нейтрон【测】快中子

медленный нейтрон【测】慢中子

поляризованный нейтрон【测】极化中子

тепловой нейтрон【测】热中子

нейтронокаротаж【测】中子测井

некк【地】火山颈

неконсолидированная осадочная толща【地】未固结沉积层

неконтинентальный【地】非大陆型的

некоррелированный 不相关的

некристаллический【地】非结晶的, 非晶形的

некритический 非临界的

некропланктон【地】死浮游生物

нектон【地】自游生物

нелетучий 不挥发

нелинейный 非线性的

ненадежный 不可靠的

ненапластованный【地】不成层的

ненаправленный 非定向的

ненасыщенный 不饱和的

Н

ненесущий 非承载的
неоантропы 现代人种
необратимый 不可逆的
необходимость 必要性
Неогей【地】新元古代
Неоген (неогеновая система или период)【地】新近纪(系) [过去也用新第三纪(系)]
неограниченный 无限的
неодим (неодимий)【化】钕(Nd)
неоднородность【地】非均质性(各向异性)
неоднородность и анизотропия **ФЕС**【地】孔渗特征非均质性
неоднородный 不均匀的, 非均质的
Неоком【地】尼欧克姆阶
неолит【地】新石器时期
неомобилизм (гипотеза движения литосферных плит, глобальная тектоника, гипотеза тектоники плит)【地】板块构造学说
неон【化】氖(Ne)
неоплатформа【地】新地台
неоплейстоцен【地】新更新世
неорганический 无机的
неорганическое происхождение【地】无机成因说
неотектоника【地】新构造运动; 新构造学
неплатформенный【地】非地台的
неподвижный 不活动的, 不移动的
неполадка【机】故障, 毛病, 缺陷
неправильный 不规则的
непредельный 连续的
непредельный отражающий горизонт【震】连续反射层
непредельное соединение【化】不饱和化合物
непрерывный 连续的
непрерывное профилирование【地】连续剖面法
неприлагаемость частичная【机】局部不贴合度
непропорциональность 不成比例
нептуний【化】镎(Np)
нептунист【地】岩石水成论者
неравномерность 不均匀性
неравномерный 不同程度的
неразрушающий контроль 无损检测
нержавейка 不锈钢
неритовый【地】沿岸的; 浅海的
неритовая область【地】浅海区
неритовые осадки【地】浅海沉积
Нерпичье【地】涅尔皮亚河
несовершенный 不完善的
несовершенство скважин по степени вскрытия【钻】井揭露程度不完善性
несовмещение двухосей【钻】两轴不同轴
несогласие【地】不整合
азимутальное несогласие【地】倾斜不整合
географическое несогласие【地】地质图上角度不整合
дисгармоничное несогласие【地】不协调不整合(不协调褶皱层内形成的不整合)
незначительное угловое несогласие【地】低角度不整合
параллельное несогласие【地】平行不整合
скрытое несогласие【地】假整合
стратиграфическое несогласие【地】地层不整合

Н

структурное несогласие (дислокационное)【地】构造层不整合
трансгрессивное несогласие【地】超复不整合
угловое несогласие【地】角度不整合
эрозионное несогласие【地】侵蚀不整合
несогласный【地】不整合的
несогласование 不协调
нестабильность 不稳定性
нестационарный 非稳定的
нести ответственность за нарушение порядка【安】承担违反规定责任
несущий 承载的
нетто 净重
неттодавление 净压力
неувязка 误差, 残差, 闭合差
неуглеводородный【化】非烃的
неуплотняемый【地】未压实的, 未固结的
нефелометрия 浊度测定
нефтеаппаратура【炼】炼油设备
нефтебаза【储】油库, 石油基地
нефтебитум【地】石油沥青
нефтеводонасыщенность【采】油水饱和度
нефтевоз【储】油轮
нефтевытеснение【采】驱油
нефтегавань【储】油港
нефтегаз【地】油溶气
нефтегазоводоотделитель【采】油气水分离器
нефтегазовый【地】油气的
нефтегазодобывающий【采】油气开采的
нефтегазодобыча【采】油气开采
нефтегазокаротаж【测】油气测井
нефтегазоконденсатный【地】凝析油气的
нефтегазонакопление【地】油气聚集
нефтегазонасыщенность【采】油气饱和度
нефтегазоносность【地】含油气性
нефтегазоносность акваторий【地】海(水)域含油气性
нефтегазоносный【地】含气油的; 含油气的
нефтегазоносная мегапровинция (**НГМП**)【地】巨型含油气省
нефтегазоносная область (**НГО**)【地】含油气区
нефтегазоносная провинция (**НГП**)【地】含油气省
нефтегазоносная зона (**НГЗ**)【地】含油气带
нефтегазообразование【地】油气形成
нефте(газо)отдача【地】油气采收率
нефтегазопровод【储】石油天然气管道
нефтегазосбор【采】油气采集, 油气地面集输
нефтегиль【地】地蜡, 天然蜡
нефтеград 石油城
нефтегруз【储】石油货载, 油货
нефтедобывающий【采】采油的
нефтедобыча【采】采油
нефтеемкость【储】储油量; 储油罐
нефтезавод【炼】石油厂
нефтекип (нефтяной контрольно-измерительный прибор)【采】石油控制计量仪

Н

нефтеловушка 集油器
нефтемаслозавод【炼】石油润滑油工厂
нефтематеринский【地】生油(岩)的
нефтематеринская свита (формация)【地】生油岩系
нефтеналивное судно【储】运油轮, 注油轮
нефтенасыщенность【地】原油饱和度, 含油率
остаточная нефтенасыщенность【地】剩余油饱和度
нефтеносно-песчанистое тело【地】含油砂体
нефтеносность【地】含油性
нефтеносный【地】含油的
нефтеносная область (**НО**)【地】含油区
нефтеобразование【地】石油形成
нефтеотдача (коэффициент нефтеотдачи)【采】石油采收率
безводная нефтеотдача【采】无水石油采收率
конечная нефтеотдача【采】最终石油采收率
конечная нефтеотдача заводнения【采】最终注水石油采收率
нефтеотделитель【采】原油分离器
нефтеотстойник【采】原油澄清罐, 原油沉淀罐
нефтеочистка【炼】石油净化处理
нефтеперевозка【储】输油
нефтеперегонка【炼】炼油
нефтеперекачивающий【储】输油的, 加压输油的
нефтеперерабатывающая промышленность【炼】炼油工业
нефтепереработка【炼】石油加工
нефтепорт【储】油港
нефтепричал【储】油船码头, 石油码头
нефтепровод【储】输油管道
магистральный нефтепровод【储】原油长输管线
сборный нефтепровод【采】集油外输管线
нефтепродукт【炼】石油产品; 成品油
нефтепромысел【采】油矿, 油田
нефтепромысловый【采】油矿的, 油田的
нефтепромышленность 石油工业
нефтепроницаемость【采】油渗透率
нефтепроявления (признаки нефтеносности)【地】油苗; 含油显示
нефтеразведчик【地】石油勘探者
нефтерезервуар【储】储油池, 储油罐
нефтерудовоз【储】石油矿砂运输船
нефтесбор【采】石油采集系统
нефтесборник【采】小型集油站; 选油站
нефтесборщик【采】采油人
нефтесбыт 石油销售
нефтесклад【储】油库
нефтеснабжение【储】油料供应
нефтетара【储】石油桶
нефтетопливо 石油燃料
нефтетраст 石油托拉斯
нефтехимия【化】石油化学
нефтехиммашзавод 石化机械制造厂

нефтехранение【储】储油
нефтехранилище【储】油库
нефть (горное масло, каменное масло) 石油
ароматическая нефть【地】芳香族石油
асфальтовая нефть【地】沥青质石油
битумная нефть【地】沥青质原油
выветрелая нефть【地】风化石油
высоковязкая нефть【地】高黏度石油
высокосернистая нефть【地】高含硫石油
газированная нефть【地】气侵石油
дегазированная нефть【炼】脱气石油
желатинированная нефть 凝胶化石油
легкая нефть【地】轻质石油
летучая нефть【地】挥发性石油
малопарафиновая нефть【地】贫蜡石油
малосернистая нефть【地】贫硫石油
наличная нефть и газ (合同)可用油/气
низкозрелая нефть【地】低熟油
обводненная нефть【采】含水石油
обезвоженная нефть【炼】脱水石油
обессоленная нефть【炼】脱盐石油
остаточная нефть【地】剩余油
отбензиненная нефть【炼】脱轻组分石油
парафинистая нефть【地】含蜡石油
парафиновая нефть【地】蜡质石油
первичная нефть【地】原生石油
связанная нефть【地】束缚石油
сернистая нефть【地】含硫石油
синтетическая нефть【炼】合成石油
сырая нефть【地】原油
товарная нефть【炼】商品油
тяжелая нефть【地】重质石油
нефть асфальтового основания【地】沥青基石油
нефть в резервуаре【储】储罐内石油【地】油藏内石油
нефть и газ возмещения затрат (合同)费用回收油/气
нефть и газ прибыли (合同)利润油/气
нефть местного происхождения【地】原地生原油
нефть парафинового основания【地】石蜡基石油
нефть с высоким содержанием серы【地】高含硫石油
нефть с добавкой закупоривающихся материалов, вязкая загущенная【采】(选择性地层封堵处理时)添加黏稠状堵塞剂的石油
нефть смешанного основания【地】混合基石油
нефтяник 石油工作者
нефтяной 石油的
нефтяная ванна【采】油浴
нефтяной выброс【采】石油井喷
нефтяная пленка【地】油膜
нефтяная фракция【炼】石油馏分
нечетное число (нечет) 奇数
неэкранированный【地】未遮挡的, 未屏蔽的
НЗ нестандартное заводнение【采】非标准注水

НЗ нестационарное заводнение 【采】不稳定注水
нивальный климат 雪原气候, 雪域气候
нивелир 水准仪
нивелирный 水准的
нивелирный знак 水准点, 水准标志
нивелирный профиль 水准测量剖面
нивелирный пункт 水准点
нивелирная рейка 测量水准
нивелирный ход 水准测量导线
нивелирование 水准测量, 水平测量, 高程测量; 夷平作用
Нигерия【地】尼日利亚
нигрит【地】氮沥青
НИГЭИ Научно-исследовательский географо-экономический институт 经济地理(科学)研究所
нижний 下的, 下部的
Нижняя Тунгуска【地】下通古斯卡河
НИЗ начальные извлекаемые запасы【地】原始可采储量
низ【钻】钻柱底部
тяжелый низ【钻】加重钻柱底部
низкопористый плотный【地】低孔隙致密的
низкоскоростный 低速的
низкочастотный 低频的
низкочувствительный 低灵敏度的
низменность【地】低地, 低平原
низовье【地】下游, 下游地区
никелин 镍克林合金
никелирование 镀镍
никель【化】镍(Ni)
ниобий【化】铌(Nb)
ниппель 注油嘴; 管接头; 管子短节; 螺纹接套
контрольный ниппель【钻】自封公接头
посадочный ниппель【钻】座节
ниппель бурильной трубы【钻】钻杆公接头
ниппель **НКТ**【钻】油管短节
ниппель обсадных труб【钻】套管短节, 套管公接头
нитка 线, 细绳【炼】处理厂成列(装置), 生产线
нитон (радон)【化】氡(Rn)
нитрат【化】硝酸盐
нитрат ртути【化】硝酸汞
нитрат серебра【化】硝酸银
нитрация【化】硝化作用
нитрид【化】氮化物
нитрил【化】腈
нитрогаз【化】二氧化氮
нитроген【化】氮(N)
нитрохлорбензол【化】硝基氯苯
нитрохлорфенол【化】硝基氯苯酚
Н и ТУ нормы и технические условия 技术规范
нить 丝
НК нейтронный каротаж【测】中子测井
НК нефтяная компания 石油公司
НК нефтяной концерн 石油康采恩
НК нитрат кальция【化】硝酸钙
НКО ниппель клапана-отсекателя 截止阀短节
НКТ насосно-компрессорная труба【钻】油管
высаженная **НКТ**【钻】外加厚油管
НН низкое напряжение 低(电)压
ННК нейтрон-нейтронный каротаж【测】中子—中子测井
ННМ нейтрон-нейтронный метод

【测】中子—中子法
НО нелетучий остаток 不挥发残渣
НО нефтеносная область【地】含油区
НОВ нерастворимое органическое вещество 不溶有机质
Новая земля【地】新地岛
Новосибирские острова【地】新西伯利亚群岛
нога 腿
упорные ноги【钻】支腿
нога вышки【钻】井架大腿
нога для канатов【钻】大绳支腿
ножницы трубные 管钳
ножовка【钻】锯弓
ноздреватый 多孔的, 有气孔的
ноздря 气孔, 小孔
ноль 零
ноль положения【钻】零位
ноль-валентность【化】零价
номер 序号
заводской номер 出厂号
номер мотора 发动机号
номер плавки 炉号
номер упаковки 包装号
номер шасси【机】底盘号
номератор 打号机
номинальный 标称的, 额定的
номограмма【测】图版
нониус 测量游尺; 游标
НОП нижнее отверстие перфорации【钻】下部射孔孔眼
Норвегия【地】挪威
норма(ы) 规范; 定额
максимально эффективная норма 最大效益率(油气生产)
строительные нормы 建筑规范
нормы международного права 国际法准则
нормализация 数据标准化(归一化); 正规化
нормальность【化】当量浓度
нормальный 法向的
нормативность 规范; 标准
нос【地】构造鼻
антиклинальный нос【地】背斜构造鼻
моноклинальный нос【地】单斜鼻
структурный нос【地】构造鼻
носитель 载体
магнитный носитель【震】磁性储存器
носок 尖头
ноша 负荷物
НП непрерывное профилирование【地】连续剖面测量
НП нормальное поле 标准场
НПАВ неионогенные поверхностно-активные вещества 非离子化表面活性物质
НПГР начальные потенциальные геологические ресурсы углеводородов【地】潜在原始烃类地质资源量
НПЗ нефтеперерабатывающий завод【炼】石油炼制厂, 炼油厂
НПИР начальные потенциальные извлекаемые ресурсы【地】潜在原始可采资源量
НПО научно-производственное объединение 科学生产联合公司
НПР начальный потенциальный ресурс【地】潜在原始资源量
НПС нефтеперекачивающая станция【储】输油站, 压油站
НПУ нефтепромысловое управ-

ление【采】油矿作业区; 油矿管理局

НПФ низкополимерная гидрофильная фракция【炼】低聚合亲水馏分

НРБ Национальный резервный банк 国家储备银行

НС напряженное состояние【地】应力状态

н.с. начальная скорость 初始速度

НС начальное состояние 初始状态

НС насосная станция【采】泵站

НСКС нефтесернокислотная смесь【化】石油硫酸化合物

НСП невзрывные сейсмические методы преломленных волн【震】非爆炸折射波地震法

НСП непрерывное сейсмическое профилирование【震】连续地震剖面测量

НСП нефтесборный пункт【采】集油站

НСР начальная стадия разработки【采】开发初期

НСР начальные суммарные ресурсы【地】总原始资源量

НСР начальные сырьевые ресурсы【地】原始燃料资源量

НСУ нефтестабилизационная установка【炼】石油稳定装置

НСЭ нейтрализатор статического электричества 静电中和器

НТ напряжение текучести【地】屈服应力, 屈服点

НТ неотектоническое движение【地】新构造运动

НТА низкотемпературная абсорбция 低温吸收

НТК низкотемпературная конденсация 低温凝结, 低温浓缩

НТМО низкотемпературная термомеханическая обработка 低温热处理

НТО Научно-техническое общество 科学技术协会

НТФ нитрилотриметилфосфоновая кислота 次氮基三甲基磷酸

НУ непредельные углеводороды【地】不饱和烃

нужды местные 当地需求

нуклеарная стадия【地】陆核阶段

нулевой 零的

нуль 零

нумерация 编号

нутромер 内径规, 内卡钳, 内径千分尺

НХ нефтяное хозяйство 石油业

НЧ низкочастотный 低频的

НЧК нейтрализованный черный контакт 中性黑色接触剂

НЧС низкочастотная сейсморазведка【震】低频地震勘探

НЧСС низкочастотная сейсмическая станция【震】低频地震站

НЧУ низкочастотный усилитель 低频放大器

НЭГР нефтеэмульсионный глинистый раствор【钻】乳化油膨润土泥浆

НЭУ насосно-эжекторная установка【采】喷射泵装置

О

ОАР объект автоматического регулирования 自动调节对象
обвал 崩落, 崩塌
обвал лавины 雪崩
обвал стенок скважины【钻】井壁垮塌
обвалование 筑堤, 围堤, 堤防工程
противопожарное обвалование резервуара【储】储罐防火堤
обвалование буровой площадки【钻】井场筑堤
обводнение【采】水淹; 含水
смешанное обводнение【采】混合水淹
обводнение законтурной водой【采】被边水水淹
обводнение испытываемого пласта【采】测试地层水淹
обводнение пласта【采】地层水淹
обводнение пласта, полное【采】地层完全水淹
обводнение месторождения【采】油气田水淹
обводнение нефтеносного горизонта【采】含油层水淹
обводнение нефтяных скважин【采】油井水淹
обводнение продуктивного пласта【采】产层水淹
обводнение продукции скважины【采】井产液出水
обводненность【采】含水率, 含水量
обводненность месторождения【采】油气田含水率
обводненность скважин【采】油井含水率
обводненный【采】含水的, 水淹的
обвязка 连接(管汇, 管线)
трубопроводная обвязка【储】管道布置(连接)
устьевая обвязка【采】井口连接工艺
обвязка буровых насосов【钻】钻井泵连接管汇
обвязка манифольда【采】汇管连接
обвязка насоса【钻】钻井泵管线连接
обвязка резервуара【储】储罐连接管线
обвязка устья скважины для гидравлического разрыва【采】地层水力压裂井口连接管线
обгорание 烧毁, 焚烧, 烧焦
обдувать воздухом 空气吹扫
обдукция【地】(板块)仰冲作用
обезвоживание【炼】脱水
обезвоживание масел в вакуум-колоннах【炼】真空罐内石油脱水
обезвоживание масел отстаиванием【炼】油澄清脱水
обезвоживание масел продувкой воздухом【炼】油吹气脱水
обезвоживание нефти【炼】原油脱水
обезвоживание нефти с использованием электростатического поля【炼】原油静电场脱水
обезвоживание нефти, термохимическое【炼】原油热化学法脱水

обезвоживание отстоя【钻】污泥脱水
обезвреживание【炼】除杂质
обезгаживание【炼】除气
обезглавление【地】河流袭夺
обезжиривание【炼】脱脂
обезуглероживание【炼】脱碳
обеспечение 供应, 保障; 担保
коммуникационное программное обеспечение【钻】通讯程序保障
программное обеспечение (**ПО**) 软件保障
системное программное обеспечение【钻】系统程序保障
обеспечение безопасности【安】保证安全
обеспечение в виде банковской гарантии 银行担保
обеспечение в виде облигаций 契约担保
обеспечение кредита 贷款担保
обеспеченность запасами【采】储采比
обеспечить бесперебойную и стабильную работу установок с проектной мощностью【炼】保证装置稳定和不间断运行, 达到设计能力
обеспыливание 除尘
обессеривание (десульфуризация)【炼】脱硫
глубокое обессеривание природного газа【炼】天然气深度脱硫
обессеривание нефти【炼】原油脱硫
обессеривание природного газа【炼】天然气脱硫
обессеривание сжиженного нефтяного газа【炼】液化石油气脱硫
обессоливание【炼】脱盐
обессоливание нефти【炼】石油脱盐
обессоливание нефти с использованием электрического поля промышленной частоты【炼】石油工业频率电场脱盐
обессоливание нефти с использованием электростатического поля【炼】石油静电场脱盐
обесфеноливание【炼】脱酚
обесцвечивание【化】去色作用(脱色作用)
обечайка 外壳, 外壁, 外皮, 圆筒
обзор 概况
обкатка碾平, 压平
холостая обкатка 空辗
обкатка забоя【钻】井底造型
обладать преимуществами 有优势
область 区
аридная область【地】干旱区
артезианская область【地】自流水区
батиметрическая область【地】大洋深水区
геосинклинальная область【地】地槽区
гумидная область【地】潮湿区
законтурная область【地】边水区
материковая область【地】大陆地区
неритовая область【地】浅海区
неустойчивая область【地】活动区
нефтегазоносная область (**НГО**)【地】含油气区
платформенная область【地】地台区

складчатая область【地】褶皱区
солянокупольная область【地】盐丘区
Уральско-Новоземельская складчатая область【地】乌拉尔—新地岛褶皱区
фронтальная область【地】前沿地; 前陆区
область возмущения【采】扰动区
область гидродинамического влияния【采】流体动力波及区
область напора【地】承压区
область питания и разгрузки【地】(水)补给与排泄区
область сноса осадочного материала【地】沉积物供给区, 物源区
облекание【地】披覆, 覆盖
облекающий слой【地】披覆层
облик кристаллов【地】晶体形态
обломки【地】碎屑
обломки древесины【地】植物碎屑
обломки пород【地】岩屑(碎屑岩石内未分解的母岩颗粒)
обломки растений【地】植物碎屑
обломочный【地】碎屑的(同кластический, детритовый)
обманка роговая【地】角闪石
обматывать мертвым канатом желоб шкива【钻】死绳缠绕至滑轮槽
обмен 交换
ионный обмен【化】离子交换
катионный обмен【化】阳离子交换
технологический обмен【化】工艺交换
обмен валюты 换外汇
обмен лицензиями 交换许可证
обмен мнениями 交换意见
обмен научной информацией 交换科学信息
обменный 转换的
обмотать (обмотка)【钻】缠绕
обмотка 线圈
обмотка трансформатора【机】变压器绕组(线圈)
обмотка управления 控制线圈
обнажение【地】出露; 露头
обнажение горной породы【地】岩石露头
обнажение пласта【地】地层露头
обнажение трубопровода【储】管道暴露
обнаружение 发现; 探测; 显示
обнаружение выноса песка【采】探测出砂
обнаружение залежи нефти【地】发现油藏
обнаружение нефти【地】发现石油
обнаружение ошибки 发现错误
обнаружение повреждений 发现损伤
обнаружение пожара 发现火灾
обнаружение трещин 探测裂隙
обнаружитель 探测器
обновление 更新, 活化
обновление тектонических разрывов【地】构造断裂活化
обогащение 丰富, 浓缩【地】富集作用, 富化作用
гравитационное обогащение【采】重力法选矿
сухое обогащение【采】干法选矿
обогащение полезных ископаемых【采】选矿
обогрев 加热, 加温
наружный обогрев 外部加热

обогрев отдельных узлов 加热联结点
обод【机】轮缘
обозначение условное 图例
обои 壁纸
обойка【机】座圈
оболочка 外壳; 皮; 气囊; 外部表现形式; 表面现象
водонепроницаемая оболочка【地】不透水夹套
защитная оболочка 保护套
капиллярная оболочка【地】毛细带, 毛细作用带
многослойная оболочка 多层外壳
цементная оболочка 水泥外壳
оболочка кабеля 电缆外壳
оболочка керна при лабораторных исследованиях【地】实验室研究岩心封膜
оборот 周转; 转数; 旋转
оборудование 设备
аварийное оборудование 应急设备
автоматическое оборудование 自动设备
буксирное оборудование 拖船设备
буровое оборудование【钻】钻井设备
буровое оборудование, палубное【钻】海上平台上钻井设备
буровое оборудование, подводное【钻】水下钻井设备
взрывобезопасное оборудование 防爆设备
вскрытое оборудование 剥离设备
вспомогательное оборудование 辅助设备
высоковольтное оборудование【钻】高(电)压设备
вышечное оборудование【钻】井架设备
вышкомонтажное оборудование【钻】井架安装设备
газлифтное оборудование【采】气举设备
герметизирующее оборудование【钻】密封设备
генераторное оборудование 发电设备
гидроакустическое оборудование 水声设备
глубиннонасосное оборудование【采】深井泵设备
горное оборудование【采】矿山设备
горноспасательное оборудование【采】矿山救护设备
дистанциометрическое оборудование 测距装置; 在线测量设备
дозиметрическое оборудование 计量设备
дробильное оборудование【钻】碎岩设备, 破碎设备
забойное оборудование【钻】井底设备
защитное оборудование 防护设备
испарительное оборудование 蒸发设备
испытательное оборудование【钻】测试设备
карьерное оборудование【采】采矿场设备
комплектующее оборудование 生产组装硬件设备
компрессорное оборудование 压缩设备
компрессорное оборудование,

блочное【采】橇装压缩设备
компрессорное оборудование, стационарное 固定压缩设备
контрольное оборудование 控制设备
контрольное оборудование, измерительное 控制计量设备
лабораторное оборудование 实验室设备
ловильное оборудование 打捞设备
медицинское оборудование 医疗设施
металлообрабатывающее оборудование 金属加工设备
монтажное оборудование 安装设备
надводное оборудование 水面上设备
надежное оборудование 可靠设备
наземное оборудование 地面设备
насосное оборудование 泵设备
натяжное оборудование 拉紧装置
нестандартное оборудование 非标准设备, 非标设备
нефтегазодобывающее оборудование【采】采油采气设备
нефтепромысловое оборудование【采】石油矿场设备, 油田设备
нефтяное оборудование 石油设备
опорное оборудование 配套设备; 辅助设备
пакерирующее оборудование【采】封隔设备
переносное подъемное оборудование 可移动升降设备
погружное оборудование 下沉式设备
погрузочно-разгрузочное оборудование 装卸设备
подводное оборудование【采】水下设备
подземное оборудование【采】井下设备
подземное оборудование для эксплуатации【采】井下开采设备
подъемное оборудование 提升设备
подъемно-транспортное оборудование 起重运输设备
портовое погрузочно-разгрузочное оборудование【储】港口装卸设备
потребляющее оборудование 耗能设备
придонное оборудование【采】海底设备
противовыбросовое оборудование【钻】防喷设备
противопожарное оборудование【安】消防设备
резервное оборудование 备用设备
ремонтное оборудование 维修设备
сварочное оборудование 焊接设备
сепарационное оборудование (气液)分离设备
серийное оборудование 标准设备; 成套设备
силовое (динамическое) оборудование【炼】动设备
скважинное оборудование【采】单井设备
спусковое оборудование 安放设备, 投放设备
спускоподъемное оборудование【钻】起下钻设备, 提升设备
статическое оборудование 静设备
стационарное оборудование 固定设备
теплотехническое оборудование 供热设备

технологическое оборудование 工艺设备
транспортное оборудование 运输设备
управляющее оборудование【钻】(井)控制装置
устьевое оборудование【采】井口设备
устьевое оборудование, буровое【钻】钻井井口设备
устьевое оборудование, герметизирующее【钻】密封井口设备
устьевое оборудование для газлифтной эксплуатации【采】气举开发井口设备
устьевое оборудование для закрытия скважины【钻】关井井口设备
устьевое оборудование для обсадной колонны надставки【钻】套管加长井口设备
устьевое оборудование облегченного типа【钻】轻型简化井口设备
устьевое оборудование крестового типа【钻】四通型井口设备
устьевое оборудование, подводное【钻】水下井口设备
устьевое оборудование тройникового типа【钻】三通型井口设备
устьевое оборудование, фонтанное【采】自喷采油井口设备
цементировочное оборудование【钻】水泥固井设备
эксплуатационное оборудование【采】开采设备
электропитающее оборудование 供电设备
энергетическое оборудование 能源动力设备
оборудование буровой установки【钻】钻机设备
оборудование водоснабжения 供水设备
оборудование выкидной линии【钻】放喷管线设备
оборудование дезинфекции【安】消毒设备
оборудование для алмазного бурения【钻】金刚石钻井设备
оборудование для бетонных работ 混凝土工作设备
оборудование для бурения на море【钻】海上钻井设备
оборудование для взрывных работ 爆破作业设备
оборудование для возбуждения внутрипластового горения【采】层内火烧油层设备
оборудование для газовой сварки 气焊设备
оборудование для геофизической разведки【物】地球物理勘探设备
оборудование для гидравлического разрыва пласта【钻】地层水力压裂设备
оборудование для глубокого бурения【钻】深钻井设备
оборудование для дистанционного управления 遥控设备
оборудование для добавления химреагента 加药设备
оборудование для забивки сваи 打桩设备
оборудование для заканчивания в водной среде【钻】水下完井设备
оборудование для заканчивания многорядной скважины【钻】多

层套管井完井设备
оборудование для заканчивания одиночной скважины【钻】单井眼完井设备
оборудование для заканчивания скважины【钻】完井设备
оборудование для закачивания пара【采】注蒸汽设备
оборудование для закачивания поверхностно-активных веществ и полимеров【采】注表面活性物质与聚合物设备
оборудование для закачивания углекислоты【采】注二氧化碳设备
оборудование для закачивания щелочи【采】注碱设备
оборудование для измерения углов отклонения【钻】测量井斜角设备
оборудование для испытания【钻】测试设备
оборудование для кислородной резки 氢气切割设备
оборудование для комбинированного бурения【钻】联合钻井设备
оборудование для компенсации вертикальной качки【钻】垂直升降补偿设备
оборудования для контроля за скважиной【钻】井控设备
оборудование для крепления и герметизации【钻】加固密封设备
оборудование для ликвидации продукции скважины при пробной эксплуатации【采】试采井口产液处理(清除)设备
оборудование для монтажа и демонтажа водоотделяющей колонны 水分离塔安装与拆卸设备
оборудование для налива нефтепродуктов【采】油品加注设备
оборудование для направленного бурения【钻】定向钻井设备
оборудование для обработки бурового раствора【钻】钻井液处理设备
оборудование для обслуживания блока превентеров **BOP**【钻】井口防喷橇维护设备
оборудование для обслуживания и ремонта 维护设备
оборудования для очистки бурового раствора【钻】钻井液净化设备
оборудование для пайки 焊接设备
оборудование для переработки газа【炼】天然气加工设备
оборудование для повышения нефтеотдачи【采】提高采油回收率设备
оборудование для подвески обсадных колонн на устье скважины【钻】井口套管悬挂设备
оборудование для подготовки воды【炼】水预处理设备
оборудование для подготовки газа【炼】天然气处理设备
оборудование для подготовки нефти【炼】石油预处理设备
оборудование для поддержания пластового давления【采】地层压力保持设备
оборудование для последовательского цементирования【钻】分级水泥固井设备

оборудование для приготовления бурового раствора【钻】钻井液配制设备

оборудование для приготовления глинистых растворов【钻】泥浆配制设备

оборудование для приготовления сухих смесей【钻】干散料混合配制设备

оборудование для пробной эксплуатации【采】试采(生产)设备

оборудование для промывочных работ【钻】清洗设备, 钻井液循环设备

оборудование для работы с буровым раствором【钻】钻井液工作设备

оборудование для работы с обсадной колонной【钻】套管工作设备

оборудование для разгрузки нефтепродуктов【储】成品油卸载设备

оборудование для разделения и очистки пластовых флюидов【采】地层流体隔离与净化设备

оборудование для разобщения затрубного пространства【钻】套管环空隔离装置

оборудование для ремонта скважины【钻】修井设备

оборудование для слежения за местоположением 位置监控设备

оборудование для спуска【钻】下放设备

оборудование для спуска или подъема бурильных труб и подачи инструмента【钻】钻杆起下与钻具给进设备

оборудование для спуска трубопровода на воду【储】管道下水设备

оборудование для ступенчатого цементирования【钻】分级固井设备

оборудование для технического обслуживания в промысловых условиях【采】矿场技术维护设备

оборудование для транспортировки (хранения и приготовления) бурового раствора【钻】钻井液运输(储存与配制)设备

оборудование для удаления твердой фазы【钻】固控设备

оборудование для ударно-канатного бурения【钻】钢丝绳顿钻设备

оборудование для укладки трубопровода【储】铺管设备

оборудование для хранения нефтепродуктов【储】油品储存设备

оборудование для чистки резервуаров【储】清洁罐装设备

оборудование для чистки трубопроводов【储】清洁管道设备

оборудование для цементирования и гидроразрыва【钻】水泥固井与压裂设备

оборудование для цементирования скважин【钻】水泥固井设备

оборудование жизнеобеспечения 装置使用寿命维护设备

оборудование компенсации【钻】补偿设备

оборудование многократного пользования 多次使用设备

оборудование надставки【采】回接设备

оборудование нефтебазы【储】油

库设备
оборудование обсадной колонны【钻】套管设备
оборудование с обратным клапаном【采】带回压阀装置
оборудование трубопровода【储】管道设备
оборудование умягчения воды【炼】软化水设备
оборудования устья скважины【采】井口设备
оборудование фонтанирующей скважины【采】自喷井设备
оборудование циркуляционных систем【钻】循环系统设备
оборудование шахты скважины【钻】钻井井口装置
обоснование 根据, 证据, 理由; 论证
геолого-экономическое предплановое обоснование【地】地质经济规划根据
обработанный 加工过的; 业已处理的; 装卸了的
обработка (обрабатывание) 处理; 加工
абразивная обработка 研磨处理
автоматическая обработка данных 资料自动处理
автоматическая обработка результатов каротажа【测】测井资料自动处理
бактериологическая обработка 细菌处理
биологическая обработка 生物处理
внутрискважинная обработка【采】井下处理
гидропескоструйная обработка【采】水力喷砂处理

глинокислотная обработка (**ГКО**)【钻】土酸酸化处理
грубая обработка 粗加工
дробеструйная обработка 爆破处理
избирательная кислотная обработка пластов【采】选择性地层酸化处理
имплозивная обработка 内向爆炸处理
информационная обработка 信息处理
кислотная обработка【采】酸化
кислотная обработка высокотемпературных пластов【采】高温地层酸化
кислотная обработка нефтяных скважин【采】油井酸化
кислотная обработка призабойной зоны【采】近井底带酸化
когерентная обработка【震】相干处理
комбинированная обработка пласта【采】混合方法处理地层
нефтекислотная обработка пласта【采】原油和酸处理地层
обычная защитная обработка раствора【钻】正常维护钻井液
окончательная обработка 最终处理
пенокислотная обработка【采】泡沫酸化处理
пескоструйная обработка【采】喷砂处理
поинтервальная солянокислотная обработка【采】选择性(分段)酸化
последующая обработка 后处理
предварительная обработка 预处理
предупредительная обработка 防护(预防)处理

О

солянокислотная обработка (**СКО**) 【采】盐酸酸化
спиртопенокислотная обработка 【采】醇酸泡沫处理
термическая обработка 热处理
термическая обработка забоя скважин【采】井底热处理
термокислотная обработка【采】热酸处理
термохимическая обработка【采】热化学处理
химическая обработка бурового раствора【钻】钻井液化学处理
холодная обработка 冷加工, 冷处理
чистовая обработка 平滑处理; 精细加工
щелочная обработка 碱处理
электроискровая обработка 电火花加工
электрохимическая обработка 电化学处理
обработка амином【炼】胺处理, 胺化
обработка бурового раствора【钻】钻井液处理
обработка воды 处理水
обработка газа【炼】天然气加工(处理)
обработка горячей нефти (**ОГН**)【炼】原油热处理
обработка данных 资料处理, 数据处理
обработка данных в истинном масштабе времени【震】时间真比例尺处理资料
обработка забоя скважины【采】井底处理
обработка забоя скважины грязевой кислотой【采】井底泥酸处理
обработка изопропанолом【化】用异丙醇处理
обработка ингибитором 用抑制剂处理
обработка информации 信息加工
обработка керна【地】岩心处理
обработка котельной воды 锅炉水处理
обработка метанолом【化】用甲醇处理
обработка на промысле【采】在矿场处理
обработка нефти【炼】原油处理, 原油加工
обработка пласта глубинными огневыми нагревателями【采】井下火烧热源处理地层
обработка пласта глубинными огневыми нагревателями, тепловая【采】用井下火烧热源对地层热处理
обработка пласта глубинными электрическими нагревателями, тепловая【采】井下电加热处理地层
обработка пласта горячей нефтью【采】热原油油处理地层
обработка пласта, двухступенчатая【采】分(两)阶段处理地层
обработка пласта дегазированной нефтью【采】用已脱气的石油处理地层
обработка пласта жидкостью, нагреваемой в скважине【采】加热液体处理地层
обработка пласта, избирательная【采】选择性处理地层

обработка пласта, избирательная кислотная【采】选择性酸化地层
обработка пласта, комбинированная【采】联合(混合)处理地层
обработка пласта, паротепловая【采】蒸汽热处理地层
обработка пласта, пенокислотная【采】地层泡沫酸化
обработка пласта песчаноцементной смесью【采】用砂—水泥混合物处理地层
обработка пласта поверхностно-активными веществами【采】用表面活性物质处理地层
обработка пласта под давлением【采】带压处理地层
обработка пласта под давлением, кислотная【采】带压酸化地层
обработка пласта, сернокислая【采】硫酸酸化地层
обработка пласта, солянокислотная【采】盐酸酸化地层
обработка пласта, струйная кислотная【采】射流酸化地层
обработка пласта, тепловая【采】热法处理地层
обработка пласта углеводородными растворителями【采】用烃类溶剂处理地层
обработка паром (ОП)【采】蒸汽处理
обработка призабойной зоны скважины【采】井底处理
обработка призабойной зоны скважины с использованием пен【采】用泡沫剂处理井底
обработка поверхности 表面处理
обработка полости【钻】处理大肚子井段
обработка после сварки 焊后处理
обработка призабойной зоны【采】处理井底
обработка пристволъной зоны【钻】井壁处理
обработка проб 样品处理
обработка раствора【钻】处理钻井液
обработка результатов каротажа【测】测井最终资料(数据)处理
обработка результатов поисковых работ【地】勘探资料(数据)处理
обработка сейсмических материалов【震】地震资料处理
обработка экспериментальных данных【化】实验资料(数据)处理
образец 样品, 试样; 标本
взятый образец с забоя скважины【采】井下取出的样品
влажный образец【采】湿样品
газовый образец【采】气样品
грубый образец 粗样, 大样, 全样
геологический образец【地】地质样品
жидкий образец【采】液体样品
контрольный образец 控制样品
натуральный образец 天然样品
ориентированный образец 定向试样【地】定向标本
серийный опытный образец 成套试验样品
сухой образец породы【地】干岩样
твердый образец 固体样品
типичный образец 典型样品
образец выбуренной породы【钻】钻岩屑样品
образец горной породы【地】岩石试样

образец для анализа 分析样品
образец для испытания 测试样品
образец для шлифа【地】磨片样品
образец из желоба【钻】泥浆槽砂样
образец из маркирующего горизонта【地】标志地层样品
образец из скважины【采】井内样品
образец керна【地】岩心样品
образец керна, представительный【地】代表性岩心样品
образец смоченного бурового шлама【钻】湿的钻岩屑样品
образец с признаками нефтеносности【地】含油显示样品
образец флюидов【采】流体样品
образец шлама【钻】岩屑样品
образование 形成, 构成【地】建造
делювиальное образование【地】洪积层, 坡积层, 山麓堆积层
наносное образование【地】冲积建造; 冲积层
натечное образование【地】泉华
рифовое образование【地】礁建造
образование брекчий【地】角砾岩建造, 角砾岩化作用
образование вакуума насоса 泵抽真空
образование взбросов【地】逆断层形成
образование водного барьера【采】水堵(障)形成
образование водяного конуса в скважине【采】井内水锥形成
образование волн【震】波的形成
образование впадины【地】盆地形成
образование вязкого пенистого шлака【地】黏性泡沫状火山熔渣形成
образование газовых пробок【采】气塞形成; 气封形成
образование газовых пузырьков 气泡形成
образование газовых языков【采】气舌形成
образование геля 凝胶体形成
образование гидратов 水合物形成
образование глинистого сальника【钻】泥包形成
образование глинистой корки【钻】泥饼形成
образование горных пород【地】岩石形成
образование гумуса【地】腐殖质形成
образование донных осадков【地】底部沉积形成
образование желобов в стенках скважины【钻】井壁形成剑槽(钻具卡槽现象)
образование жилы【地】形成脉体
образование залежи【地】矿藏形成
образование каверн【地】溶洞形成【钻】井壁大肚子形成
образование камеры【钻】形成大肚子孔段
образование каналов или протоков в пласте【地】地层内形成通道(或窜流)
образование клинкера【地】熔结形成
образование конуса обводнения【采】水锥形成
образование месторождения【地】

油气田形成
образование микротрещин【地】微裂隙形成
образование микроэмульсии【钻】微乳化作用形成
образование накипи【化】水垢形成
образование нефти【地】石油形成
образование окалины 氧化皮形成
образование осадков【地】沉积作用
образование осадочного материала【地】沉积物的形成
образование отложений【地】形成沉积; 地层建造
образование отложений парафина【采】形成蜡层
образование пены 泡沫形成
образование перемежающейся нефтяной зоны перед фронтом наступающего агента【采】在注入的化学试剂前缘形成原油交替带
образование песчаных пробок【采】砂堵形成
образование петель каната 钢丝绳纽结
образование поверхностной пленки 表面膜形成
образование пробки в скважине【采】井堵形成
образование пустот【地】空隙空间形成
образование разрывов【地】断裂作用
образование сальника на долоте【钻】钻头泥包形成
образование сбросов【地】断层形成
образование свода【地】穹隆形成
образование складок【地】皱褶形成
образование слоистости【地】层理形成
образование статического электричества 静电形成
образование тепла 热能形成
образование трещин【地】裂隙形成
образование угла естественного откоса при растекании раствора【钻】钻井液溢流时摩擦角形成
образование хлопьев 絮凝作用; 形成絮块
образование эмульсии【钻】乳化作用形成
образование языков заводнения【采】注水舌形成
образование языков обводнения【采】水淹舌形成
обрамление 构架
обратимость 可逆性
обратимый 可逆的
обратный 反的, 反向的
обратная величина 倒数
обратный годограф【震】回转时距曲线, 反向时距曲线
обратная зависимость 反相关
обратный метод 反演法
обратная опрокинутая складчатость【地】倒转褶皱
обратная последовательность 逆序
обратное превращение (преобразование) 逆变换
обратная связь 反馈
обратная фильтрация 反滤波, 反演滤波
обратный уступ【地】逆向悬崖
обрез【地】(河岸)断面; 斜面

обременение 抵押
обрубка【钻】劈绳
обрушение 倒塌, 陷落
обрушение забоя【采】井底坍塌
обрушение стенок ствола скважины【钻】井壁坍塌
обрушение стенок траншей【地】沟壁坍塌
обрыв【钻】折断, 断裂
обрыв инструмента【钻】钻具折断
обрыв обсадной трубы【钻】套管断裂
обсадка【钻】下套管
обсадная труба【钻】套管
обсаженный【钻】下套管的
обследование 观测, 考察, 勘测
дозиметрическое обследование 计量检测鉴定
предварительное обследование【地】预先勘测
обследование местности【地】地形考察, 地形勘测
обследование трассы трубопровода【储】管道线路勘测
обслуживание 巡查, 考察; 检查(设备), 设备维护; 服务
гарантийное обслуживание 保障性维护
коммунальное обслуживание 公用服务事业
лизинговое обслуживание 租赁业务
периодическое обслуживание 定期检查维护设备
плановое обслуживание 计划内检查维护
профилактическое обслуживание 预防性检修
техническое обслуживание 技术维护, 技术保养
техническое обслуживание, внеплановое 计划外技术维护
техническое обслуживание перед эксплуатацией 生产前(投产前)技术维护
техническое обслуживание, периодическое 定期技术维护
техническое обслуживание, планово-предупредительное 计划内预保养
техническое обслуживание при хранении 库存内技术维护
техническое обслуживание скважины при эксплуатации【采】采油单井技术维护
техническое обслуживание трубопровода【储】管道技术维护
транспортное обслуживание【储】运输设备维护
обслуживание в процессе эксплуатации на промысле 矿场生产过程技术维护
обслуживание при эксплуатации 生产技术维护
обслуживание скважин【采】井维护
обстановка 环境; 局面; 情况
восстановительная обстановка【地】还原环境
восстановительная геохимическая обстановка осадконакопления【地】地球化学沉积还原环境
геологическая обстановка【地】地质环境
климатическая обстановка【地】气候环境
ледовая обстановка【地】冰川环境
метеорологическая обстановка

【地】气象环境

окислительная обстановка【地】氧化环境

тектоническая обстановка【地】构造环境

эоловая обстановка осадконакопления【地】风成沉积环境

обстановка осадконакопления【地】沉积环境

обтачивание 削磨作用, 磨蚀作用

обтекание 环流, 绕流

обтуратор【钻】封闭器, 阻塞器, 活塞环, 气密装置

обугливание【化】碳化, 煤化作用

обуривание 打眼, 钻孔

обустройство【采】(油气田)地面建设

обустройство промысла【采】矿场地面建设(内部采、集、输建设)

обустройство устья скважины【采】井口地面建设

обучение 培训

обход 巡查; 巡检

обход скважины【采】巡井

обходчик пожарный【安】消防巡视员

общество 公司; 学会; 社会

акционерное общество 股份公司

Американское Инженерное Нефтяное Общество 美国石油学会

дочернее общество 子公司

объект 项目; 目标; 开发层

выявленный объект【地】落实目标(构造)

вышележащий объект【地】上覆层

неподготовленный объект【地】未准备好的钻探目标

нефтепромысловый объект【采】油矿设施

нефтепромысловый объект, морской【采】海上油田矿场设施

нефтепромысловый объект, строящийся【采】油矿在建设施

подготовленный объект【地】准备好的钻探目标

проектируемый объект 设计项目

эксплуатационный объект【地】开发层, 采油层

объект геологоразведочных работ【地】地质勘探目的层

объект для возврата【地】(上部)回采层

объект испытания【钻】测试层位

объект обустройства нефтяного или газового промысла【采】油矿或气矿地面建设设施

объект перфорации【钻】射孔层位

объект поиска【地】普查目标

объект подсчета запасов 储量计算层

объект разработки【地】开发层

объект разработки, вышележащий【地】上覆开发层

объект разработки, многопластовый【地】多层开发

объект разработки, первоочередной【地】首先开发层

объем 体积; 总量

вытесняемый объем газа【采】被置换气体积, 被驱替气体积

вытесняемый объем газа в пласте【采】地层内被驱替的天然气体积

вытесняемый объем газа в хранилище【储】储气库内被置换的天然气体积

измеряемый объем 测量体积

общий объем 总体积; 总工作量
общий объем бурения 总钻井量
суммарный объем 累加体积
суммарный объем закачанной воды 【采】累计注水体积
суммарный объем расхода 累计流量
объем бурения 钻井工作量
объем бурового раствора в резервуарах【钻】池内钻井液体积
объем буферного газа 缓冲气体积
объем воды 水体积
объем выборки 样本容量
объем выручки от реализации продукции 产品销售总额
объем вытесняемой воды【采】被置换水体积, 被驱替水体积
объем газа в пласте【地】地层内天然气体积
объем газа в поверхностных условиях【采】地表条件下天然气体积
объем газа в хранилище【储】储气库内天然气体积
объем газа, приведенный к нормальным условиям【采】折算标准条件下天然气体积
объем геологоразведочных работ 【地】地质勘探工作量
объем горной породы【地】岩石体积
объем добываемого газа (нефти) 【地】采气(油)量
объем жидкости, закачанной при гидроразрыве пласта【钻】地层压裂注入液体体积
объем заказа 订购量
объем закупок 采购量
объем каверны【地】溶洞体积
объем коллектора【地】储层体积; 油藏体积
объем кольцевого пространства 【钻】环形空间体积, 环空体积
объем ловушки (залежи)【地】圈闭(气藏)体积
объем начальной газовой шапки 【地】原始气帽(顶)体积
объем нефти 石油体积
объем нефти в резервуаре【储】储罐内原油体积
объем переработки【炼】加工量
объем подаваемого в скважину бурового раствора【钻】向井下输进泥浆量
объем пор【地】孔隙体积
объем порового пространства 【地】孔隙空间体积
объем поровой воды【地】孔隙水体积
объем продуктивного пласта【地】产层体积
объем производства 生产能力; 生产量
объем пустот в продуктивном пласте【地】产层内空隙体积
объем работ 工作量
объем скелета породы【地】岩石骨架体积
объем ствола скважины【钻】井眼容积
объем твердой фазы 固相体积
объем трубного пространства 【钻】油管体积; 管内空间体积
объем утечки 泄漏量
объем хранилища【储】储库容量
объем эксплуатационного бурения 【钻】生产钻井量
объемный 体积的, 容量的

объемная дилатация 体积膨胀
объемная колба【化】容量瓶
объемная плотность 体积密度
объемное расширение 体积膨胀
объемное сжатие 体积压缩
Обь【地】鄂毕河
обязанность 义务
обязанность пользователя недр 矿产使用者义务
обязательность 责任
овальность 椭圆度
ОВ огнеопасное вещество 易燃品
ОВ органическое вещество【化】有机物质
ОВ отраженная волна【震】反射波
о-в. остров 岛
овершот【钻】打捞筒, 打捞母锥, 打捞工具, 取管器
канатный овершот【钻】绳式打捞筒
клиновой овершот【钻】卡瓦打捞筒
многоступенчатый овершот【钻】多级打捞筒
овраг【地】峡谷; 冲沟
ОВС область вулканических структур【地】火山构造区
ОВС окислительно-восстановительная среда【化】氧化还原介质, 氧化还原环境
огнегаситель жидкопенный 液体泡沫灭火器
огнеопасный 易燃的
огнестойкость 耐火性
огнетушитель (огнегаситель)【安】灭火器
воздушно-пенный огнетушитель【安】泡沫灭火器
жидкостный огнетушитель【安】液体灭火器
лафетный огнетушитель【安】带轮拖动式灭火器
пенный огнетушитель【安】泡沫灭火器
переносной огнетушитель【安】移动式灭火器
пескоструйный огнетушитель【安】喷砂灭火器
порошковый огнетушитель【安】粉末灭火器
углекислотный огнетушитель【安】二氧化碳灭火器
огнеупорный (огнестойкий) 耐火的
огнеупорная глина 耐火黏土
огнеупорный материал 耐火材料
огнеупорность 耐火性
ОГП общая глубинная площадка【地】共深度面
ОГП метод отношения градиентов потенциала【物】电位梯度比率法(电法勘探)
ограждение 围栏【钻】护栏, 护板, 安全栅, 围堰, 护罩
железное проволочное ограждение 铁丝网
защитное ограждение【钻】防护栏
сетчатое ограждение 保护网, 网栅
ограждение из стеклопласта 玻璃钢维护板
ограждение площадки【炼】厂区围墙
ограждение скважины【采】单井围栏
ограничение 限制; 规定
весовое ограничение 重量限制
нижнее ограничение【钻】下限位

О

ограничение в режиме работы 操作限制, 工作限度
ограничение высоты подъема 提升高度限制
ограничение давления 压力限制
ограничение дебита【采】限制单井流量
ограничение добычи【采】限制产量
ограничение добычи в принудительном порядке【采】强制限制开采量; 强制产量控制
ограничение отбора нефти【采】限制采油量
ограничение отбора нефти, принудительное【采】强制限制采油量
ограничение размера прибыли 限制利润规模
ограничение скорости 限速
ограничение суточного дебита【采】限制日产量
ограничитель 限制器
стопорный ограничитель【钻】挡座
ограничитель высоты【钻】高度限位器
ограничитель крутящего момента свинчивания 紧扣扭矩限制器
ограничитель мощности 功率限制器
ограничитель на роликах 滚珠限位器
ограничитель подъема талевого блока【钻】天车防撞装置, 游车上升限止器
ограничитель противовеса【钻】配重档板
ограничитель стрелки 指针挡
ограничитель сухарей ключа【钻】钳牙挡块
ограничитель хода лебедки【钻】绞车限位器
ОГТ общая глубинная точка【震】共深度点
ОГТ Отдел главной технологии 工艺处
ОД осмотическое давление【地】渗透压力
одевание валика-штифта【钻】穿销轴
одежда 服装
огнезащитная одежда【安】防火服
противопожарная одежда【安】消防服
одиночка 单个【钻】单根
одновременный 同时的
одноименный 同名的
одноклеточные【地】单细胞生物
однократный 单次的, 一次的
однонаправленный 单向的
одноокись【化】一氧化物
однородность 均质性
однородность коллектора【地】储层均质性
однородный 均匀的, 同类的, 均质的, 同样的
однородная система 均匀系统
однородная среда 均匀介质
однородная толщина【地】均质层
одноступенчатый 单级的
однотипный 同一类型的
однотрубка【钻】单管
однофазный 单相的
ожидание 等候
ожидание затвердения цемента (**ОЗЦ**)【钻】固井水泥候凝
озерный【地】湖泊的
озерный вал【地】湖堤
озерная впадина (бассейн)【地】

湖盆
озерный шельф【地】湖棚, 湖滩
озеро【地】湖
карстовое озеро【地】岩溶湖
пресное озеро【地】淡水湖
ОЗН оптимальная зона нефтеобразования【地】最佳生油带, 最有利生油带
озокерит【地】地蜡, 石蜡
озоление (обзоливание) 灰化, 灼烧, 烧尽
озон【化】臭氧
ОЗЦ ожидание затвердения цемента【钻】水泥候凝
ОИ область исследований 调查区域
ОК объемный коэффициент пласта【地】地层体积系数
ОК окисляющееся вещество 氧化剂
ОК олеиновая кислота【地】油酸
ОК относительный коэффициент 相对系数
Ока【地】奥卡河
окаменелость (ископаемые, фоссилия)【地】化石
руководящая окаменелость【地】标志化石, 主控化石
фациальная окаменелость【地】指相化石
окаменение (фоссилизация)【地】石化作用
окатанность 光滑度; 磨蚀程度【地】磨圆度
ОКБ Особое Конструкторское Бюро 专门设计局
океан【地】大洋
Атлантический океан【地】大西洋
Индийский океан【地】印度洋
мировой океан【地】海洋
Северный Ледовитый океан【地】北冰洋
Северный океан【地】北冰洋
Тихий океан【地】太平洋
океанизация【地】大洋化
океанит【地】大洋岩
океанический【地】大洋的
океаническая впадина【地】大洋盆地
океанический вулкан【地】大洋火山
океанический желоб【地】海沟
океаническая земная кора【地】大洋型地壳
океаническая котловина【地】洋盆
океаническая литосфера【地】大洋岩石圈
океаническая мантия【地】大洋型地幔
океаническая область【地】大洋区域
океанические острова【地】大洋岛屿
океаническое плато【地】海洋高原
океаническая пучина【地】海渊, 深渊
океанический рифт【地】大洋型裂谷断裂带
океаническая рифтовая зона【地】大洋裂谷带
океаническое течение【地】洋流
океаническая фация【地】大洋沉积相
океанический хребет【地】海岭, 洋脊
океаногенез【地】大洋成因
океанография【地】海洋学
океанология【地】成因海洋学

О

океанский【地】大洋的
океанский вал【地】洋隆
океанское дно【地】大洋底
океанский желоб【地】大洋海沟
океанский климат【地】大洋气候
океанская плита【地】大洋板块
океанский прилив【地】海洋潮汐
океанская соленость【地】大洋盐度
окисел (окисель, окись)【化】氧化物
окисление【化】氧化(作用)
быстрое окисление【化】快速氧化
медленное окисление【化】缓慢氧化
непосредственное окисление【化】直接氧化
фракционное окисление【化】选择性氧化,部分氧化作用
электрохимическое окисление【化】电化学氧化
окисление нефти【化】石油氧化
окисление углеводородов【化】烃类氧化
окисленостойкость【化】抗氧化性
окислитель【化】氧化剂
окислость【化】酸性,酸度
окисляемость【化】氧化度
окись【化】氧化物
окись углерода【化】一氧化碳
окись цинка【化】氧化锌
окись этилена【化】氧化乙烯
окклюзия【地】吸留(作用)
окно 窗
временное окно【震】地震时窗
нефтяное окно (НО)【地】生油窗
смотровое окно【钻】视孔窗,看窗
окно структуры【地】构造窗
окно частот 频率窗
Окобыкайская свита【地】奥科贝凯组(萨哈林,中新统)
оконтуривание【地】圈定边界,划定,绘轮廓
окончание бурения (заканчивание скважины)【钻】完井方法
окошко 小窗口
окраина 边缘
активная окраина континента【地】主动大陆边缘
континентальная окраина【地】大陆边缘
пассивная окраина【地】被动大陆边缘
окраина материка【地】陆地边缘
окраска 颜色; 涂料,油漆; 染料
интерференционная окраска 干涉色
оксиасфальты【地】富氧沥青
оксибитумы【地】氧化沥青,不溶有机溶剂沥青
оксид【化】氧化物
оксид алюминия【化】氧化铝
оксид железа【化】氧化铁
оксид калия【化】氧化钾
оксид кальция【化】氧化钙
оксид кремния【化】氧化硅
оксид магния【化】氧化镁
оксид натрия【化】氧化钠
оксид хрома【化】氧化铬
оксид цинка【化】氧化锌
Оксфордский ярус【地】牛津阶(上侏罗统)
октан【化】辛烷
октаэдр八面体
октен【化】辛烯
октил【化】辛基
окуляр 目镜
олеофильность【地】亲油(水)性

О

олеофильный【地】亲油(水)的
олеофобный【地】憎油(水)的, 疏油(水)的
олефин【化】烯族烃
олефиниты【化】烯烃沥青
оливин【地】橄榄石
олигомиктовый【地】单成分的
олигоцен【地】渐新世(统)
олистостромы【地】重力滑动堆积, 滑塌堆积
олово【化】锡(Sn)
сварочное олово 焊锡
ом 欧姆
ОМ органическая масса【化】有机质
ОММ оптимизационная математическая модель 优化数学模型
омметр 电阻计, 欧姆计
ОМО Отдел механической обработки 机械加工处
омоложение 回春; 返童作用
ОМПТ обсадные металлопластмассовые трубы 金属塑料管
омыление【化】皂化作用, 碱解作用
Онега【地】奥涅加
Онежское озеро【地】奥涅加湖
онтогенез【地】个体发生; 个体发生
ОО область отнесения 归属区
ОО остаточный объем【地】剩余量, 残余量
ООВ особые объемные (упругие) волны【震】特种(弹性)体波
ООД относительная остаточная дисперсия 相对剩余离差
ооиды (оолиты)【地】鲕粒
оолит【地】鲕粒
оолитовый【地】鲕粒的
ООН Организация Объединенных Наций 联合国
ООС отрицательная обратная связь 负反馈, 负回授
ООС охрана окружающей среды 环境保护
ООУ общий органический углерод【化】总有机碳
ОП океаническая плита【地】大洋板块
ОП окислительный потенциал【化】氧化势
ОП оперяющие трещины【地】羽毛状裂隙
ОП опорный пункт【测】控制点
ОП опробователь пластов【采】油层采样测试仪
ОП опытное производство【采】试生产
ОП ортогональное преобразование 正交变换
ОП осевая плоскость【地】轴面
ОП относительное перемещение 相对位移
опалесценция 蛋白光, 乳光
опасность 危险, 危害
повышенная опасность 高危险性(作业)
опасность аварии【安】事故危险性
опасность воспламенения【安】易燃危险性
опасность для жизни【安】危害生命
опасность для здоровья【安】危害健康
опасность загрязнения【安】污染危险性
опасность искрения【安】电火花

О

危险性
опасность повреждения трубопровода【储】管道损坏危险性
ОПВ общий пункт взрыва 总爆炸点
ОПЕК Организация стран экспортеров нефти 石油输出国组织
оператор 操作员
оператор на разведку и добычу 勘探开发作业者
оператор по добыче【采】采油(气)工
оператор установки【炼】装置操作工
оператор-технолог【炼】工艺操作工
операторская 操纵室
операция 作业; 工作
аварийная операция 应急操作
автоматизированная операция 自动化作业
контрольная операция 控制作业
ловильная операция【钻】打捞作业
механизированная операция 机械化作业
обменная операция 交换作业
однократная операция 单次作业
окончательная операция 最终作业
параллельная операция 平行作业
перекрывающаяся операция 交叉作业
погрузо-разгрузочная операция 装卸作业
подготовительная операция 预处理作业; 准备工作
поздняя операция (石油工业)下游
приемо-сдаточная операция 交接工作
раняя операция (石油工业)上游
сливо-наливная операция【采】加注—排放作业
спускоподъемная операция (СПО)【钻】起下钻作业, 提升作业, 吊升作业
операция бурения【钻】钻井作业
операция в скважине【钻】井内作业
операция глушения скважины【钻】压井作业
операция добычи【采】开采作业
операция наращивания【钻】接管(或立根)作业
операция по гидроразрыву пласта【钻】地层压裂作业
операция подъема【钻】提升作业
операция по капитальному ремонту скважин【钻】修井作业
операция по профилактическому ремонту скважины【钻】井检修作业
операция по уходу в сторону из главного ствола【钻】钻分支井眼作业, 侧钻分支井眼作业
операция по центровке труб【钻】管柱中心校正作业
операция развинчивания【钻】拆卸作业; 卸管作业
операция свинчивания【钻】安装作业; 接管作业
операция смазки 润滑作业
операция спуска трубопровода【储】安放管道作业
операция технического обслуживания 技术维护作业
оперяющий 羽状的
опескоструирование【钻】喷砂作业

ОПЗ обработка призабойной зоны 【采】井底处理

ОПЗ ориентировочное плановое задание 意向计划任务书

описание 描述

детальное (тонкое) описание 精细描述

короткое описание 简述

описание бурового шлама 【地】钻井岩屑描述

описание керна 【地】岩心描述

описание керна, литологическое 【地】岩心岩石学描述

описание коллектора, двухмерное 【地】储层二维描述

описание обнажения 【地】露头描述

описание образцов пород 【地】岩样描述

описание отобранных кернов 【钻】取心描述, 已取岩心描述

ОПК область предельных концентраций 极限浓度区

ОПК опробователь пластов на кабеле 【钻】电缆式地层测试仪

оплата за поставку 供货支付

оползание 滑移 【地】滑坡

оползень 【地】滑坡

оползневая зона 【地】滑坡带

опора 电线杆; 支撑; 支柱; 支座; 根基; 墩 【钻】(钻头)支座(含轴承)

вспомогательная опора 【机】辅助支座(轴承)

герметизированная опора бурового долота 【钻】钻头密封轴承

задняя опора 【钻】后撑

квадратная опора 【钻】方钻杆支座

монтажная опора 【钻】安装支座

неподвижная опора 【钻】不动基座

нижняя опора пакера 【钻】封隔器下基座

нижняя опора ротора 【钻】转盘下基座, 转盘下轴承

пневматическая опора 气动支撑

подвижная опора 移动基座

поперечная опора 横支撑

угловая опора 【钻】角撑

шинная опора 母线支架

опора балансира 【钻】游梁支承座

опора бурового долота 【钻】钻头支承结构; 钻头总成

опора бурового инструмента 【钻】钻具支承结构

опора для насосных штанг 泵杆支座

опора насоса 【钻】泵座

опора ноги вышки 【钻】井架大腿支座

опора ножа труборезки 管材切刀支座

опора основания 【钻】基柱

опора пальца кривошипа 【机】曲柄销支承座

опора подвески 【钻】悬挂支架

опора подшипника 【机】轴承座, 轴承托架

опора трубопровода 【储】管道支座

опора трубопровода, хомутовая скользящая 【储】管道滑动卡箍支座

опорный 控制的, 支承的

опорная конструкция 支承结构

опорный маршрут 基线

опорный пласт 【地】标准层

опорная плита 座板, 垫板, 底板

опорный пункт 测量控制点

опорная свая 支承桩

опорная сеть 基准网
опорная станция 基准台
опорная съемка 控制测量
опорная точка 控制点
ОПП общий пункт приема 总接收点
ОПР опытно-промышленная разработка【采】工业性试开发
оправка【钻】心轴, 型胎; 扩管器, 胀管器
оправка для исправления смятых труб【钻】校正挤压套管扩管器, 胀管器
оправка насосно-компрессорных труб【钻】校正油管扩管器, 胀管器
определение 确定; 测定; 定义(合同)
гравиметрическое определение【地】重力法测定
количественное определение 定量测定
спектральное определение【物】光谱法测定
спектрофотометрическое определение【物】分光光度法测定
электрометрическое определение【测】电测法测定
определение азимута ствола скважины【钻】测定井眼倾斜方位
определение азимутального отклонения【钻】测定倾斜方位
определение ареала【地】确定分布区
определение благоприятных площадей【地】确定有利区
определение величины пористости пласта【地】测定地层孔隙度
определение влажности 测定湿度
определение водонефтяного контакта【地】确定油水界面
определение водоотдачи【钻】测定失水率
определение водородного показателя бурового раствора【钻】测定钻井液氢指数
определение возраста радиоизотопными методами【地】放射性方法测定年龄
определение времени загустения【钻】测定凝固时间
определение высоты подъема цементного раствора【钻】测定水泥浆返高
определение вязкости【钻】测定黏度
определение газопроницаемости【地】测定气体渗透率
определение границ пласта【地】确定地层界线
определение гранулометрического состава【地】测定粒度成分
определение давления насыщения нефти газом【地】测定石油中天然气饱和压力
определение дебита при фонтанировании【采】测定自喷产量
определение запасов нефти【地】确定石油储量
определение зоны малых скоростей【震】确定低速带
определение капиллярного давления【地】测定毛细管压力
определение капиллярности【地】确定毛细管作用
определение качества цементирования【钻】测定水泥固井质量

определение количества и состава выносимой воды【采】测定采出水量与成分

определение концентрации ионов хлора【化】测定氯离子浓度

определение концентрации солей в нефти【化】测定石油中盐的浓度

определение координат точек【钻】确定井点坐标

определение коэффициента приемистости скважины【采】测定井注水接收系数

определение кривизны ствола скважины【钻】测定井眼弯曲程度

определение крутящего момента 测定扭力矩

определение масштаба 确定比例尺

определение места повреждения 测定损伤位置

определение места утечки【采】确定液漏位置

определение местоположения верха цементного кольца【钻】确定水泥环顶部位置

определение местоположения муфт обсадной колонны【钻】确定套管接箍位置

определение местоположения скважины【地】确定井位

определение мощности пласта【地】确定地层厚度

определение насыщенности керна【地】测定岩心饱和度

определение насыщенности пласта флюидами【地】测定地层流体饱和度

определение нефтенасыщенности【地】测定含油饱和度

определение нефтеносной структуры геофизическими методами【物】地球物理方法确定含油构造

определение объема 测定体积

определение объема нефтепродуктов в резервуаре【储】测定储罐内油品体积

определение основных характеристик продуктивных горизонтов【地】测定产层主要特征

определение относительной проницаемости【地】测定相对渗透率

определение падения пласта методом расчета【地】计算法确定地层压降

определение пластового давления【地】测定地层压力

определение пластовых условий【地】测定地层条件

определение плотности 测定密度

определение плотности бурового раствора【钻】测定钻井液密度

определение плотности и влажности грунта 测定土壤密度和湿度

определение погрешности 测定误差

определение положения 确定位置

определение пористости【地】测定孔隙度

определение предельного статического напряжения сдвига 测定极限剪切应力

определение продуктивности скважин【地】测定井含矿性, 测定井含油气性, 测定井产能

определение производительности газовой скважины【采】测定气井产能

определение производительности

нефтяной скважины【采】测定油井产能
определение проницаемости горных пород【地】测定岩石渗透率
определение проницаемости керна【地】测定岩心渗透率
определение размеров 测定规模(大小)
определение реологических свойств 测定流变特性
определение силы сцепления 测定内聚力(附着力)
определение содержания воды в нефти【采】测定原油含水量
определение содержания воды и нефти【采】测定油与水的含量
определение содержания механических примесей в нефти【采】测定原油中机械混合物含量
определение содержания свободной воды в нефти【采】测定石油中自由水含量
определение сопротивления 测定(电)阻力
определение срока службы 测定服务年限; 测定使用寿命
определение структуры горной породы【地】测定岩石结构
определение твердости 测定硬度
определение твердости вдавливанием шарика【钻】压球法测定硬度
определение текучести бурового раствора【钻】测定钻井液流动性
определение текущего дебита【采】测定目前产量
определение температуры застывания нефти【采】测定石油凝固温度
определение температуры конденсации【采】测定凝析温度
определение точки росы【采】测定露点
определение удельного сопротивления 测定电阻率
определение условий выпадения конденсата【采】测定凝析油析出条件
определение щелочности PH【化】测定pH值
опреснение【炼】脱盐(作用)
опреснитель【炼】脱盐剂
опрессованный 试压的
опрессовка 试压, 测试密封性, 压力密封试验
опрессовка водой 用水试压
опрессовка воздухом 用空气试压
опрессовка манифольда 汇管试压
опрессовка нефтью 用石油试压
опрессовка превентера【钻】防喷器试压
опрессовка труб воздухом【钻】给管子空气试压
опрессовка трубопровода【储】管道试压
опробование 试用; 试运转【钻】试井, 试油
нестационарное опробование【钻】不稳定试井
стационарное опробование【钻】稳定试井
опробование в необсаженной скважине (в открытом скважине)【钻】裸眼井试井
опробование испытателем пластов на бурильной колонне【钻】用钻柱地层测试仪测试

опробование испытателем пластов на кабеле【钻】用电缆地层测试仪测试

опробование на практике 试运转

опробование пластов【钻】地层测试, 地层试油

опробование скважин【钻】试井

опробование скважин снизу вверх, последовательное【钻】从下至上逐层试油

опробователь пластов【钻】地层测试器

опробовательские работы【钻】试油作业

опрокидывание 倒转

опрокидывание пласта【地】地层倒转

опрокидывание фазы【震】相位反转

опрокидывание циркуляции【钻】反循环, 反冲洗

опрокинутость 倒转现象

опрокинутый 倒转的

опрокинутая антиклиналь【地】倒转背斜

опрокинутый пласт【地】倒转地层

ОПТ общая глубинная точка【震】共深点

оптика 光学

оптимальный 最优化的, 最佳的; 合理的

оптимальная величина 最佳值

оптимальная влажность 最宜湿度

оптимальная высота 最佳高度

оптимальный дебит скважины【采】油井最佳产量

оптимальное затухание 最佳阻尼

оптимальный импеданс【震】最佳阻抗

оптимальная обработка сейсмограмм【震】地震图最优处理

оптимальная оценка 最优评价

оптимальный период 最佳期

оптимальный процесс бурения【钻】最优化钻井程序(过程)

оптимальное решение 最优解

оптимальная станция 最优台站

оптимальная температура 最佳温度

оптимальный шаг 最优步长

оптимизация 优化

оптимизация добычи нефти【采】优化采油

оптимизация нефтесборных систем【采】优化集油系统

оптимизация процесса бурения【钻】优化钻井程序

оптимизация размеров трубопровода【储】优化管道尺寸

оптимизация систем разработки【采】优化开发系统

оптимизация технических характеристик 优化技术参数

оптимизация управления 优化管理

ОПУ опытно-промышленная установка【采】工业试验装置

опускание 沉降, 沉陷; 下放

глыбовое опускание【地】断块式沉降

тектоническое опускание【地】构造沉降

опускание плит【地】板块沉降

опускание фундамента【地】基底沉降

опускать 放下; 垂下

опускать инструмент на забой【钻】工具下至井底

опускать обсадную колонну【钻】下放套管
опускать трубы в скважину【钻】向井内放套管
опыт 经验
лабораторный опыт 实验室经验
полевой опыт 野外经验
промысловый опыт【采】矿场经验
опытный 经验的; 试验的
ОР область регистрации 记录范围
орган 机关; 部件
государственный орган 国家机关
запорный орган【采】关闭部件
исполнительный орган (权力)执行机关
регулирующий орган 调节机关; 调节机构
орган госнадзора 国家监督检查机关
орган контроля безопасности котла-емкости 锅炉高压容器安全鉴定机关
организатор 组织者
организация 组织; 生产单位
международная организация 国际组织
строительно-монтажная организация 建筑安装组织
энергоснабжающая организация 动力能源供应企业
организм【地】生物有机体
бентонные (донные) организмы【地】底栖生物
колониальные организмы【地】群体生物
стенофациальные организмы【地】狭相生物, 窄相生物
эврибатные организмы【地】广深性生物
эвритермные организмы【地】广温性生物
органика【化】有机物质
органический 有机的
органический ил【地】有机泥
органический углерод【化】有机碳
органогенный【地】有机成因的
органолиты (органогенные породы)【地】有机岩, 生物岩
ордер 证; 传票; 凭单
ордината 纵坐标
Ордовик【地】奥陶纪(系)
Ордосский массив【地】鄂尔多斯台地
ореол 晕; 晕光, 光环
биогеохимический ореол【地】生物化学分布晕
вторичный ореол【地】次生晕
газовый ореол【地】天然气晕
геохимический ореол【地】地球化学晕
первичный ореол【地】原生晕
ореол рассеяния азота【地】氮气分散晕
ореол рассеяния газа【地】天然气分散晕
ореол рассеяния, первичный【地】原生分散晕
ореол рассеяния углеводородов【地】烃分散晕
оригинал 原件
оригинальная 原值
ориентация (ориентировка) 定位, 定向; 方向, 方位【地】定向排列
ориентация гальки【地】砾石定向排列
ориентация зерен горной породы【地】岩石颗粒定向排列

ориентир 参考点; 方位标, 定向标【钻】钻杆定向器
ориентирование 定向, 定位
ориентирование бурильной колонны【钻】钻杆定向
ориентирование керна, забойное【钻】井底取心定位, 岩心定向
ориентирование отклонителя, наземное【钻】造斜仪地面定向, 造斜仪地面定位
ориентировка 定向; 排列; 布置
линейная ориентировка【地】定向排列, 线状构造定向
пространственная ориентировка 空间排列
реликтовая ориентировка 残余排列
случайная ориентировка 或然排列, 无序排列
ориентировка трещин【地】裂隙定向排列, 裂隙方向性
ороген (орогенная зона)【地】造山带
орогенезис (орогенез, орогенические движения, орогенические процессы)【地】造山作用
Альпийский орогенезис【地】阿尔卑斯造山运动
альпийскотипный орогенезис【地】阿尔卑斯型造山运动
Герцинский орогенезис【地】海西造山运动
Каледонский орогенезис【地】加里东造山运动
орогенический【地】造山作用的
орогеническое движение【地】造山运动
орогеническая зона【地】造山带
орогенический период【地】造山期
орогеническая фаза【地】造山幕
орогенический цикл【地】造山旋回
орогенный【地】造山成因的
орогенный пояс【地】造山带
орогенный этап【地】造山阶段
орогидрография【地】水文地理; 山水志
ороговикование【地】角岩化作用
орографический【地】地形的
орт【采】(煤矿的)横巷, 煤门
ортис【地】腕足类
ортит【地】褐帘石
орто- 正, 原, 火成, 直
ортогенез 直线演化
ортофир【化】正磷酸盐
ортохемы【地】(碳酸盐岩)原生化学沉积, 正化颗粒, 正化组分(如灰泥, 方解石, 白云石, 氧化硅)
ОРЭ одновременно-раздельная эксплуатация【采】同时分层开采
ОС океанический сегмент【地】大洋扇形断块区
ОС отраслевой стандарт 部门标准; 行业标准
осадка 沉陷; 下沉; 沉积; 吃水量; 压缩量
осадка в режиме выживания 压缩后残留体积
осадка конуса【采】滑动沉陷
осадка кровли выработки【采】(坑道)冒顶
осадка платформы при бурении【钻】钻井时平台塌陷
осадки【地】(осадок的复数)沉积物(同осадочный материал); 下雨, 下雪; 降水量
абиссальные осадки【地】深海沉积物

алевритовые осадки【地】粉砂质沉积物
аллювиальные осадки【地】冲积层
атмосферные осадки【地】大气降水
бассейновые осадки【地】盆地沉积物
бентогенные осадки【地】底栖生物遗骸沉积
биогерные осадки【地】生物沉积
галогенные осадки【地】盐类沉积
глинистые осадки【地】泥质沉积物
глубоководные осадки【地】深水沉积
годовые осадки【地】年降水量
дельтовые осадки【地】三角州沉积
доломитовые осадки【地】白云质沉积物
донные осадки【地】底部沉积物
известковые осадки【地】灰质沉积物
илистые осадки【地】软泥质沉积物
карбонатные осадки【地】碳酸盐沉积物
кластические осадки【地】碎屑状沉积物
комковатые осадки【地】团块状沉积物
консолидированные осадки【地】团块固结沉积物
литоральные осадки【地】潮坪带沉积
массивные осадки【地】块状沉积物
мелководные осадки【地】浅水沉积物
механические осадки【地】机械沉积物
молодые осадки【地】年轻沉积物
морские осадки【地】海洋沉积
непроницаемые осадки【地】不渗透沉积物
неритовые осадки【地】浅海带沉积
обломочные осадки【地】碎屑沉积
обогащенные осадки органическим веществом【地】有机物质吸附沉积
озерные осадки【地】湖相沉积
океанические осадки【地】大洋沉积
отфильтрованный осадок 过滤物
пелагические осадки【地】远海(深海)沉积物
пелитовые осадки【地】泥质沉积物
речные осадки【地】河流沉积物
рыхлые осадки【地】松散沉积物
слоистые осадки【地】层状沉积物
смешанные осадки【地】混合沉积物
солифлюкционные осадки【地】泥流沉积物
субаквальные осадки【地】水下沉积物
терригенные осадки【地】陆源碎屑沉积物
уплотненные осадки【地】压实沉积物
химические осадки【地】化学沉积
осадки бурового шлама【钻】钻井岩屑沉淀物
осадки на дне резервуара, состоящие из эмульсии нефти【储】储罐底乳化油沉淀物
осадки открытого моря【地】开阔海沉积物
осадки, переносимые водой【地】水搬运沉积物
осадконакопление (седиментация)

【地】沉积作用
морское осадконакопление【地】海相沉积作用
озерное осадконакопление【地】湖相沉积作用
ритмическое осадконакопление【地】韵律性沉积
циклическое осадконакопление【地】旋回沉积
осадочный【地】沉积的
осадочный ритм【地】沉积韵律
осадочные террасы【地】沉积阶地
осадочная фация【地】沉积相
осадочный чехол【地】沉积盖层
осадочный цикл【地】沉积旋回
осаждение 沉淀(作用)
адсорбционное осаждение 吸附沉淀
вторичное осаждение 次生沉淀
дробное осаждение 分级沉淀
замедленное осаждение 缓慢沉淀
непрерывное осаждение 连续沉淀
осаждение бурового шлама из бурового раствора【钻】钻井液岩屑沉淀
осаждение из бурового раствора【钻】从钻井液中沉淀
ОСВ отражательная способность витринита【地】镜质组反射率
освещение 照明
взрывозащитное флуоресцентное освещение 防爆荧光灯
дорожное освещение 路灯
освещенность 照度, 光照度; 强度; 比照
освобождение 解除, 削除, 释放
освобождение блокировки【钻】解除保护, 解除连锁
освобождение инструмента с помощью яса【钻】震冲方式解卡工具
освобождение нефти из сланцев【地】从页岩内析出石油
освобождение оставшегося в скважине инструмента【钻】解卡井内掉落工具
освобождение от платежей при пользовании недрами 免除矿产使用支付
освобождение от уплаты таможенных пошлин 关税免除
освобождение пакера【钻】投放(松开)封隔器; 解卡封隔器
освобождение прихваченного инструмента【钻】卡住钻具解卡, 被卡钻具解卡
освобождение прихваченной колонны【钻】卡住管柱解卡, 解除被卡钻柱
освоение скважины【钻】完井测试(包括井口设备安装, 产层测试)
оседание 下沉; 落下
осернение【化】硫化作用
ОСК обращенный сейсмический каротаж【测】反向地震测井
ослабление 减弱; 松弛, 松动
ослабление коррозии 腐蚀减弱
ослабление резьбового соединения【钻】螺纹接头松开
осложнение 复杂化; 钻井复杂化
возможное осложнение【钻】可能(钻井)复化
осложнение в процессе бурения【钻】钻井过程复杂化(事故)
осложнение в процессе ловильной работы【钻】打捞作业复杂化(事故)
осложнение в стволе скважины

【钻】井眼内复杂化(事故)
осложнение, вызываемое газированием бурового раствора【钻】钻井液气侵引起事故
осложнение с буровым раствором【钻】与钻井液有关的事故
осложнение, связанное с отложением парафина【采】与结蜡有关事故
осложнение, связанное с притоком воды в скважину【钻】井内出水引起的复杂化, 水侵事故, 油井见水事故
осложнение скважины【钻】井身复杂化, 井内事故
осмий【化】锇(Os)
осмоление【化】树脂化, 焦油化
осмотр 查看, 检查
визуальный осмотр【钻】目测检查
ежегодный осмотр 年度检查
ежемесячный осмотр 月度检查
контрольный осмотр 控制
наружный осмотр 外部(观)检查
периодический осмотр 周期性检查
подробный осмотр 仔细检查
приемо-сдаточный осмотр 交接检查
профилактический осмотр 检修
регулярный осмотр 定期检查
технический осмотр 技术检查
оснастка 附属装置【钻】绳系
крестовая оснастка【钻】花穿大绳
прямая оснастка【钻】顺穿大绳
оснастка каната【钻】穿大绳
оснастка НКТ【采】油管附带件
оснастка обсадной колонны【钻】套管附属装置
оснастка талевой блока【钻】滑车装绳
оснастка талевой системы【钻】滑车系统配绳
оснащенность 装备程度
техническая оснащенность 技术装备
основа 基础
основа бурового раствора【钻】钻井液基质(如水基或油基钻井液)
основа начисления 征收依据
основание 根据; 基底【机】底座; 底盘(车)【钻】海洋钻井平台; 气测背景值【化】碱
бетонное основание 混凝土基础
грунтовое основание【地】基底层
морское основание башенного типа, буровое【钻】海上塔式钻井平台
морское основание, блочное【钻】海上橇装平台
морское основание, буровое【钻】海上钻井平台
морское основание, буровое вспомогательное【钻】海上辅助钻井平台
морское основание, буровое крупногабаритное【钻】大型海上钻井平台
морское основание, буровое обслуживаемое【钻】海上可维护钻井平台
морское основание, буровое опирающееся на дно【钻】海上海底桩式钻井平台
морское основание, буровое передвижное【钻】海上移动钻井平台
морское основание, буровое плавучее【钻】海上浮动式钻井平台
морское основание, буровое полупогружное【钻】海上半潜式钻井平台

морское основание, буровое самоподъемное【钻】海上自动升降式钻井平台
морское основание, буровое стационарное【钻】海上固定式钻井平台
морское основание, гидростабилизированное【钻】海上水力稳定式钻井平台
морское основание, глубоководное【钻】海上深水平台
морское основание гравитационного типа【钻】海上重力式平台
морское основание для газлифтной эксплуатации【钻】海上气举开发平台
морское основание для добычи нефти【钻】海上采油平台
морское основание для подземного ремонта скважин【钻】海上修井平台
морское основание, исследовательское【钻】海上科学研究平台
морское основание, плавучее【钻】海上浮动式平台
морское основание, погружное【钻】海上坐底式(下潜式)钻井平台
морское основание, полупогружное одноколонное【钻】海上单立柱半潜式平台
морское основание самоподъемной палубой【钻】海上带自动升降甲板平台
морское основание, самоустанавливающееся【钻】海上自动安装式平台
морское основание, самоходное【钻】海上自动行走式平台
морское основание, сборное крупногабаритное【钻】海上大型整装平台
морское основание, свайное【钻】海上桩式平台
морское основание с гравитационным фундаментом【钻】海上带重力基础平台
морское основание с донной опорной плитой【钻】海上水底基座平台
морское основание с затапливаемым опорным понтоном и свайным креплением【钻】海上沉箱与桩加固平台
морское основание с избыточной плавучестью, полупогружное【钻】海上冗余浮动半潜式平台
морское основание с колоннами решетчатого типа【钻】海上插桩式平台
морское основание с опорным матом【钻】海上带下沉垫支撑平台
морское основание с оттяжками【钻】海上张力腿固定平台
морское основание с подводным хранилищем【钻】带水下存储设备的海上平台
морское основание с поднимающейся палубой【钻】海上带升降甲板式平台
морское основание со стабилизирующими колоннами【钻】海上加固桩柱式平台
морское основание, стационарное【钻】海上固定平台
морское основание, стационарное ко-

лонное【钻】海上桩柱加固平台
морское основание с фиксированной палубой【钻】海上固定甲板平台
морское основание, факельное полупогружное【钻】海上半潜式火炬平台
морское основание, шарнирно крепящееся ко дну【钻】海上水底铰链加固平台
надводное основание【钻】水上平台
подводное основание【采】水下平台
подвышечное основание【钻】井架底座
портативное основание с приваренной рамой【采】带焊接架的底座
самоподъемное основание【钻】自动提升式平台
свайное основание 打桩的基础
сильное основание【化】强碱
слабое основание【化】弱碱
ступенчатое основание【钻】阶梯式底层结构
эстакадное основание【储】高架平台
основание автоподъемного типа【钻】自动升降型底座
основание вышки типа спирального подъема【钻】螺旋上升井架底座
основание горы【地】山麓
основание дизельной машины【钻】柴油机底座
основание для проектирования 设计根据
основание земной коры【地】地壳基底
основание и принцип проектирования 设计依据和原则
основание коробчатого типа【钻】箱式基础
основание колонны 柱体底座, 柱脚
основание надвига【地】基底逆掩面, 逆断层底面
основание насоса 泵基础
основание насосного блока【钻】钻井泵基座
основание нефти【化】油基
основание ноги вышки【钻】井架大腿基础
основание плотины 坝基
основание подшипника 轴承底座
основания получения права пользования участками недр 获得矿区使用权的依据
основания прекращения права пользования недрами 矿产使用权终止依据
основание проекта 设计依据
основание ротора【钻】转盘底座
основание сооружения 建筑物地基
основной 主要的, 基本的【地】基性的
особенность 特点
осолонцевание【化】碱化作用
ОСОУ общее содержание органического углерода【化】有机碳总含量
ОСП отношение сигнал-помеха【震】信噪比
ОСР опорный стратиграфический разрез【地】标准地层剖面
осреднение求平均值
ОСС океаническая сеть станции【地】海洋观测站网

останец 残余【地】古潜山; 地表残山（реликтовая гора)
остановка 停机【炼】停车
аварийная остановка【炼】事故停车
нормальная остановка【炼】正常停车
техническая остановка【炼】技术(故障)停车
остановка насоса (остановить насос) 停泵
остановка скважины【采】关井，停井
остаток 剩余物; 残渣; 残余物; (复数)遗迹, 遗体
битуминозные остатки【地】沥青残余物
нерастворимый остаток【化】不溶残余物
нефтяной остаток【炼】石油残余物, 残油
органические остатки【地】有机化石
сухой остаток【化】(水化学分析)干残渣
сухой остаток, расчетный【化】计算的干残渣
сухой остаток, экспериментальный【化】实验得出的干残渣
остаточный 剩余的, 残余的
остаточная аномалия【地】剩余异常
остаточная геосинклиналь【地】残余地槽
остаточная деформация【地】剩余变形
остаточная кора выветривания【地】剩余风化壳
остаточный морской бассейн【地】残余海盆地
остаточное поднятие【地】残余隆起
остракоды【地】介形虫
остраконит【地】放射虫灰岩
остров【地】岛
островные дуги【地】岛弧
острогубцы 尖口钳子
осушитель【化】干燥剂
осушка【炼】干燥, 脱水净化, 脱水作用
абсорбционная осушка природного газа【炼】吸收脱水净化天然气
глубокая осушка природного газа гликольамином【炼】乙二醇氨液脱水净化天然气
низкотемпературная осушка природного газа【炼】低温脱水净化天然气
осушка гликоля【炼】乙二醇脱水净化
осушка природного газа впрыскиванием гликоля【炼】喷射乙二醇脱水净化天然气
осушка природного газа жидким поглотителем【炼】液体吸收剂脱水净化天然气
осушка природного газа методом вымораживания【炼】冷却凝固法脱水净化天然气
осушка природного газа охлаждением【炼】冷却脱水净化天然气
осушка природного газа охлаждением в аммиачных абсорбционных установках【炼】氨液吸收冷却脱水净化天然气
осушка природного газа охлажде-

нием в механических холодильных установках【炼】机械冷却装置脱水净化天然气
осушка природного газа охлаждением за счет расширения【炼】膨胀法脱水净化天然气
осушка природного газа раствором хлористого кальция【炼】氯化钙溶液脱水净化天然气
осушка природного газа твердым поглотителем【炼】固体吸收剂脱水净化天然气
осушка природного газа твердым хлористым кальцием【炼】固体氯化钙脱水净化天然气
осциллограмма 示波图
осциллограф (осциллометр) 示波器; 波形图
вибраторный осциллограф【震】可控振源示波器
каротажный осциллограф【测】测井示波器
ось 轴
базисная ось 基准轴
поперечная ось 横轴
продольная ось 纵轴
структурная ось【地】构造轴
тектоническая ось【地】大地构造轴
ось балансира【钻】游梁轴
ось вращения 旋转轴
ось координат 坐标轴
ось симметрии【地】晶体对称轴
ось синклинали 向斜轴
ось синфазности【震】同相轴
ось скважины【钻】井眼中心线
ось складки【地】褶皱轴
осыпь【地】碎屑堆积【钻】掉块
галечниковая осыпь【地】砾石堆(锥)
ОТ основной толчок【地】主震
ОТ охрана труда 劳动保护
ОТБ Отдел техники безопасности 安全技术处
отбензинивание【炼】脱轻质油, 脱汽油, 轻质油回收
отбивка высоты подъема цемента (ОВПЦ)【钻】水泥返高
отбойник 挡板
отбор 取样; 选取, 提取; 采出
герметический отбор керна【钻】密闭取心
конкурсный отбор 竞争性交易
непрерывный отбор проб 连续取样
пробный отбор【采】试采
сплошной отбор керна【钻】连续取心
форсированный отбор (добыча)【采】强化开采
отбор бурового шлама【钻】取钻井岩屑
отбор воды【采】采水
отбор газа【采】采气
отбор газовых проб【采】气样采集
отбор грунтов【钻】取岩样
отбор грунтов со стенок скважины【钻】井壁取心
отбор жидкости【采】取液体
отбор керна【钻】取心
отбор керна в процессе бурения【钻】随钻取心
отбор керна с применением съемной грунтоноски【钻】使用绳束式取心筒取心
отбор нефти【采】采油
отбор образцов【钻】取样(固体样)
отбор образцов боковым грунтоносом【钻】井壁取心筒取样

отбор образцов из забоя【采】井底采样
отбор образцов породы【采】取岩样
отбор проб【采】取流体样(油, 气, 水)
отбор проб газа【采】取气样
отбор проб нефти【采】取油样
отбор флюида【采】取流体样
отбор шлама【钻】取砂样
ОТВ общая точка взрыва【震】总放炮点, 总激发点
ОТВ общая точка возбуждения【震】总激发点
отверстие 孔口【钻】射孔孔眼
боковое отверстие 侧孔
болтовое отверстие 螺栓孔
вентиляционное отверстие 通风孔
впускное отверстие 入口孔眼
всасывающее отверстие 吸入孔
входное отверстие 进气孔
выпускное отверстие 排泄口
высверленное отверстие 口径, 内径
газоотводное отверстие 排气孔
глухое отверстие 盲孔
дренажное отверстие 排泄孔
заливочное отверстие 加注孔
замерное отверстие 计量孔
зенковочное отверстие【钻】锪孔
инжекционное отверстие 喷射孔
коническое отверстие【钻】锥孔
коррозионное отверстие 腐蚀孔
маслоналивное отверстие 黄油加注孔, 加油孔
продувное отверстие 吹入孔
промывочное отверстие в долоте【钻】钻头循环孔, 喷嘴, 水眼
проходное отверстие【钻】通孔
сопловое отверстие【钻】喷口
спускное отверстие 释放孔
цементировочное отверстие【钻】注水泥孔
штуцерное отверстие 油嘴孔眼
отверстие для дросселирования【采】节流孔眼
отверстие для слива масла 放油孔
отверстие для смазки 润滑油孔
отверстие истечения 排出孔, 溢流孔
отвертка 螺钉旋具, 螺丝刀
плоская отвертка 一字型螺丝刀
фигурная отвертка 十字型螺丝刀
отвес 铅锤
ответ обоснованный 有根据的回答
ответвление【储】管道分支【地】支脉
отвечающий требованиям 符合要求的
отвинчивание【钻】旋开, 拧出, 拧下
отвинчивание бурового долота【钻】卸下钻头
отвинчивание насосной штанги【钻】拧下泵杆
отвод 弯管; 引线【钻】旁通管, 鹅颈管【采】支路, 分接头
отвод вертлюга 水龙头的鹅颈管
отвод воды 排水
отвод газа 放气
отвод длинного радиуса 长半径弯头
отвод короткого радиуса 短半径弯头
отвод трубопровода【储】管道弯接头
отвод универсального превентера【钻】万能防喷器侧出管
отвод центробежного компрессора【机】离心式压缩机散气管

отворот【钻】卸扣
отгрузка частичная 分批发货
отдача нефтяная【采】采收率
отдвиг【地】开断层
отдел处【地】统
отделение 科室; 分离
отделение песка от бурового раствора на вибросите【钻】在振动筛上从钻井液中分离出砂子
отделение под действием силы тяжести【采】重力作用下分离
отделитель【炼】分离器
отдельность 单独, 个别【地】节理, 劈理
брекчиевидная отдельность【地】角砾状节理
вертикальная отдельность【地】垂直节理
ОТИС отдел технических исследований и стандартов 技术审核与标准处
ОТК отдел технического контроля 技监处; 技术检验处
отказ 拒绝【机】(机器等)出故障
отказ в процессе эксплуатации【机】使用过程中出故障
отказ, вызванный изнашиванием【机】磨损故障
отказ двигателя【机】发动机出故障
откачивание【采】卸油
откачивать жидкость из скважины【采】从井内抽液
откачка 抽出, 抽水, 扬水, 排除(水, 气等)
интенсивная откачка【采】强抽
опытная откачка【采】抽水试验
откачка жидкости【采】抽出液体
откачка нефти【采】抽油
отклик【测】响应
отклонение 偏差, 误差【钻】偏斜
абсолютное отклонение 绝对偏差
азимутальное отклонение 方位偏差
допускаемое отклонение 公差; 允许误差
отклонение бурового долота по восстанию пласта【钻】钻头沿地层上倾方向偏斜
отклонение бурового долота по падению пласта【钻】钻头沿地层下降方向偏斜
отклонение выводного давления【钻】输出压力偏差
отклонение долота от оси скважины【钻】钻头偏离井眼中心
отклонение магнитной стрелки от географического меридиана 磁针偏离地理经线
отклонение от вертикали【钻】偏离垂直方向
отклонение от заданного направления 偏离指定方向
отклонение от заданной сетки при бурении【钻】实钻偏离规划井网
отклонение от правил 偏离原则
отклонение от стандарта 偏离标准
отклонение по горизонтали【钻】沿水平方向偏离
отклонение ствола【钻】井眼偏离
отклонение ствола скважины【钻】井斜, 井眼偏离
отклонение ствола скважины с помощью направляющего клина【钻】在造斜仪作用下井眼偏斜
отклонение стрелки прибора 仪表指针偏转
отклонитель 偏流器, 折流器【钻】

造斜工具
отключение 切断, 断开
отключение скважины【采】关井
откос 斜坡; 坡度, 斜率
откосное укрепление 护坡
открывание клапана, мгновенное 阀门起跳; 阀门瞬间打开
открытие 开; 打开; 发现
открытие залежи【地】发现油气藏
открытие месторождения【地】发现油气田
открытие месторождения скважиной, построенной без детальной предварительной разведки【地】初探井发现的油气田, 未进行详探而发现油气田
открытие промышленного месторождения【地】发现工业性油气田
открытие резервуара【储】开储罐
открытый 开的
открытый бассейн【地】露天煤田
открытое море【地】外海
открытая складка【地】开阔褶皱
открытый способ добычи【地】露天开采方法
открытый ствол【钻】裸眼井
отлив 退潮, 落潮
отложение 推迟; 延期【地】地层(沉积)(复数)
абиссальные отложения【地】深海沉积
аградационные отложения【地】堆积作用
аллювиальные отложения【地】冲积层
аэрогенные отложения【地】风成沉积
базальные отложения【地】基底层
батиальные отложения【地】半深海沉积
береговые отложения【地】滨岸沉积
биогенные отложения【地】生物成因沉积
болотные отложения【地】沼泽沉积
валунные отложения【地】漂砾沉积
верхнемеловые отложения【地】上白垩统沉积
водно-ледниковые отложения【地】冰水沉积
водные отложения【地】水成沉积
водоносные отложения【地】含水地层
вышележащие отложения【地】上覆地层
газоматеринские отложения【地】生气母岩层
гемипелагические отложения【地】半远洋沉积
гетеромезические отложения【地】异境沉积
гетеротаксальные отложения【地】异列沉积
гидротермальные отложения【地】热水沉积
гипосептальные отложения【地】壁后沉积
глинистые отложения【地】泥质沉积, 黏土质沉积
глубоководные отложения【地】深水沉积
грубообломочные отложения【地】粗碎屑沉积
глубоко погребенные отложения【地】深埋地层

гляциальные отложения【地】冰期沉积
дельтовые отложения【地】三角洲沉积
делювиальные отложения【地】坡积层
донные отложения【地】底流沉积
железистые отложения【地】铁质沉积
зарифовые осадочные отложения【地】礁后沉积
изомезические отложения【地】同环境沉积
изопические (изопичные) отложения【地】同相沉积, 同相沉积物
карбонатные отложения【地】碳酸盐岩地层
кировые отложения【地】油砂层, 沥青层
конгломератные отложения【地】砾岩地层
континентальные отложения【地】陆相沉积
красноцветные отложения【地】红色沉积
кремнисто-обломочные отложения【地】硅质碎屑沉积
кумулятивные отложения【地】堆积层
лагунные отложения【地】潟湖沉积
ледниковые отложения【地】冰川沉积
лессовидные отложения【地】黄土沉积
литоральные отложения【地】滨海沉积
мезозойские отложения【地】中生界沉积
мезотермальные отложения【地】中温热液沉积
мелководные отложения【地】浅水沉积
меловые отложения【地】白垩系沉积
многослойные отложения【地】多层沉积
механические отложения【地】机械沉积
молассовые отложения【地】磨拉石沉积
молодые отложения【地】年轻地层
морские отложения【地】海相沉积
надсолевые отложения【地】盐上地层
намывные отложения【地】加积沉积物
наносные отложения【地】冲积沉积
напластованные отложения【地】成层地层
натечные отложения 凝结物沉积
неотвердевшие отложения【地】未凝固沉积
неритические отложения【地】浅海沉积
нестратифицированные отложения【地】非层状沉积
нефтегазоносные отложения【地】含油气地层
нижнепалеозойские отложения【地】下古生界地层
обломочные отложения【地】碎屑沉积
одновозрастные отложения【地】同年代沉积

О

озерно-ледниковые отложения【地】湖泊冰川沉积
озерные отложения【地】湖相沉积
окаймляющие отложения【地】加大边沉积物, 环边沉积物
органические отложения【地】生物沉积
органогенные отложения【地】有机成因地层
осадочные отложения【地】沉积地层
паводковые отложения речного русла【地】河道泛滥沉积
пелагические отложение【地】深海沉积
пелитовые отложения【地】泥质沉积
перемежающиеся отложения【地】交互沉积
переходные отложения【地】海陆过渡沉积
пермские отложения【地】二叠系沉积
пирокластические отложения【地】火山碎屑沉积
поверхностные отложения【地】表面沉积
подсолевые отложения【地】盐下地层
подстилающие отложения【地】下伏地层
позднетретичные отложения【地】晚第三纪地层
пойменные отложения【地】泛滥平原沉积
покрывающие отложения【地】覆盖地层
послетретичные отложения【地】第三纪后沉积
прибрежные отложения【地】滨海沉积
ракушечные отложения【地】介壳沉积
речные отложения【地】河流沉积
русловые отложения【地】河道沉积
рыхлые отложения【地】松散沉积
сапропелевые отложения【地】腐泥沉积
сингенетические отложения【地】同生沉积
синхронные отложения【地】同期沉积
складчатые отложения【地】褶皱状地层
слоистые отложения【地】层状地层
смятые отложения【地】挤压揉皱地层
солевые отложения【地】盐类沉积
стратифицированные отложения【地】层状沉积
субаэральные (эоловые) отложения【地】风成沉积
сцементированные отложения【地】胶结地层
терригенно-карбонатные отложения【地】陆源碳酸盐岩沉积
терригенные отложения【地】陆源碎屑沉积
третичные отложения【地】第三系地层
туфогенные отложения【地】凝灰成因沉积
угленосные отложения【地】含煤沉积, 含煤地层
флювиогляциальные отложения【地】冰水(生成)沉积

хемогенные отложения【地】化学成因沉积
химические отложения【地】化学沉积
целевые отложения【地】目的层
чередующиеся отложения【地】互层
четвертичные отложения【地】第四系地层; 第四系沉积
шельфовые отложения【地】大陆架沉积
элювиальные отложения【地】淋溶(残积)沉积
эоловые отложения【地】风成沉积
эпигенетические отложения【地】后成沉积
отложения береговой зоны【地】滨岸带沉积
отложения гипсовых осадков【地】石膏沉积
отложения грязевых потоков【地】泥石流沉积
отложения конусов выноса【地】扇体沉积
отложения ледникового происхождения【地】冰川成因沉积
отложения лиманов (на дне озер)【地】湖底沉积
отложения накипи【化】水垢沉积
отложения на стенке ствола скважины【地】井壁沉积
отложения парафина в насосно-компрессорной колонне【采】油管内蜡沉积
отложения парафина в системе сбора нефти【采】集油系统内蜡沉积
отложения передового склона【地】前积层

отмель【地】沙坝, 砂滩, 砂堤, 浅滩
отмер 测量
отметка 记号, 标记; 标高, 标高
абсолютная отметка【地】绝对海拔高度
абсолютная отметка устья скважины【采】井口绝对海拔
высотная отметка 测量标高点
высотная отметка устья скважины【钻】井口标高
отметка воды 水位
отметка высоты【地】高程
отметка поверхности земли【地】地面标高
отмостка 墙角护坡, 铺石护坡
отмучивание 沉淀分离, 淘析, 洗涤法
отмыть 冲掉
относительный 相对的
относительная влажность 相对湿度
относительный возраст 相对年代
относительная высота 相对高度
относительное затухание 相对衰减
относительная отметка 相对高程,(标高、标记)
относительная погрешность 相对误差
отношение 比率, 系数; 关系(复数)
взаимовыгодные отношения 互利关系
внешнеэкономические отношения 对外经济关系
водонефтяное отношение【采】水油比
водоцементное отношение【钻】水灰比
газонефтяное отношение【采】油气比

О

передаточное отношение【机】传动比
отношение амплитуд【震】振幅比
отношение времени пробега【震】走时比
отношение вязкости 黏度比
отношение закачиваемого газа к добываемой нефти【采】注气量与采油量比
отношение крутящего момента【机】扭矩比
отношение поверхности к объему 比表面积, 表面积/体积比
отношение расходов флюидов в потоке 流比
отношение сигнала к помехе【震】信噪比
отношение скоростей волн【震】波速比
отношение фазовых проницаемостей 相渗系数
ОТО общая точка отражения【震】共反射点
отображение 映射
отопление 暖气设备
водяное отопление 水暖
паровое отопление 汽暖
оторочка 边缘
водяная оторочка【地】含水边缘, 水环
нефтяная оторочка【地】含油边缘, 油环
ОТП общая точка приема【震】总接收点, 总检波点
ОТП отношение термопроводностей 导热率
отпечатки 组合形式【地】遗迹化石(动植物印模化石), 印痕
отпор 弹力, 抗力; 推斥
отправка скребка【储】发清管器
отпрессовывание 压出
отпуск 休假; 回火, 退火
отработка 磨损【钻】放喷(放喷排除井底杂物)
отработка скважины на факел【钻】井向火炬放喷处理
отравление 中毒
отравление газом 气体中毒
отравление сероводородом 硫化氢中毒
отражатель 反射镜【钻】挡板
диффузный отражатель 漫反射器
отражатель бурового насоса【钻】泥浆泵挡板
отражающий 反射的
отражающая волна【震】反射波
отражающий горизонт【震】反射层
отражающая граница【震】反射界面
отражающая поверхность【震】反射面
отражающий предмет【震】反射物体
отражение 反射
ложное отражение【震】假反射
многократное отражение【震】多次反射
направленное отражение【震】正反射
однократное отражение【震】一次反射波, 一次反射
полное отражение【震】全反射
рассеянное отражение【震】分散反射
сгущенное отражение【震】会聚反射

О

селективное отражение【震】选择性反射
смешанное отражение【震】混合反射
отражение волны【震】波反射
отражение звука【震】声波反射
отражение на границе【震】界面反射
отражение от земной поверхности 地表反射
отражение от морской поверхности 海面反射
отражение ударной волны【震】冲击波反射
отражение упругой волны【震】弹性波反射
отрасль 部门; 领域
энергетическая отрасль 能源领域
отрезать лишнюю часть 切去多余部分
отрезок 间隔(时间); (剪切下来的)一段, 一块
отрезок времени【震】时间段
отрицательная 负值
отрицательный 负的
отрыв 断裂, 张裂, 张裂隙; 折断, 脱离
отряд 野外分队
отсадка 分开; 淘选, 筛选
отсеивание 过筛
отсекатель 切断阀, 截断阀
глубинный отсекатель【钻】井下切断阀
забойный отсекатель скважины【钻】井底截断阀
поверхностный отсекатель скважины, управляемый потоком【采】地面控制井口产液截断阀
отсекатель-клапан【钻】切断阀, 截止阀
отсепарированный 分离出的
отсечка 砍去, 砍掉; 切断, 截掉; 割取, 分割
отсечка газа【采】关断气流
отсечка огня【安】截断火源
отсечка пакера【钻】关闭封隔器
отсечка тока 截断电源
отсечка трубопровода【储】关断管道
отсеянный 筛分的
отсоединение 分离, 断开, 拆开
отсортированность【地】岩石颗粒分选性
отсос 吸收, 抽吸
отставка 辞职
отстаивание 沉淀
отстойник【钻】集油槽, 收油池, 沉淀槽; 沉砂池
отстойник для песка【钻】沉砂槽
отстойник перед вибреситом【钻】振动筛前沉砂槽
отсутствие 缺
отсутствие дефектов 无故障
отсутствие достаточных оснований 缺乏足够证据
отсутствие закономерности 缺乏规律性
отсутствие кислорода 缺氧
отсутствие притока на контуре пласта【采】油气藏边界带缺乏产能
отсутствие соединения 连接缺失
отсутствие старения 无老化
отсчет 计数, 读数
отсчет азимута 方位角读数
отсчет давления 压力读数
отсчет по компасу 罗盘读数

отталкивание 推斥; 斥力
оттартывание【采】提捞
оттенок 色调
оттитрование【化】反滴定
оттяжка【钻】拉条, 绷绳
буксирная оттяжка для буксировки 拖索
ветровая оттяжка 防风绷绳
тросовая оттяжка 拉索
оттяжка вышки【钻】井架绷绳
оттяжка мачты 天线杆拉线
оттяжка опоры 电杆拉线
оттяжка трос 拉放绳
отходы 垃圾, 废料
бытовые отходы 生活垃圾
металлические отходы 金属垃圾
промышленные отходы 工业垃圾, 工业废料
радиоактивные отходы 放射性废料
отходы производства 生产垃圾, 生产废料
отчет 报告
балансовый отчет 平衡表, 资产负债表
бухгалтерский отчет 会计报告, 财务报告
годовой отчет 年度报告
ежемесячный отчет по добыче【采】开采月报
ликвидационный отчет 事故排除报告
пожарный отчет 消防报告
отчет об оценке воздействия на окружающую среду (**ООВОС**)【安】环境评价报告
отчет об эксплуатации【采】生产报告
отчет о результатах разведочного бурения【钻】钻探结果总结报告
отчет о ходе работы 工作进程报告
отчетность 报表, 记账
годовая отчетность 年报
ежедневная отчетность 日报
квартальная отчетность 季报
месячная отчетность 月报
отчисление 开除, 提成, 扣除
отчистка от парафины【采】清蜡 (同депарафина)
отштамповка 冲击
отыскание 探寻
ОУ огнетушитель углекислотный【安】二氧化碳灭火器
ОУ отчетное устройство 读数装置
офиолитовые зоны (пояса) (гипербазитовые пояса)【地】蛇绿岩带
официальный 正式的
ОФН опытно-фильтрационное наблюдение【地】渗透性试验观测
ОФО опытно-фильтрационное опробование【地】渗透性试验测试
ОФП относительная фазовая проницаемость 相对相渗透率
ОФП относительная фазовая проницаемость【地】相对相渗透率
охват 波及范围
охват вытеснения нефти водой【采】水驱油波及范围
охват заводнения【采】注水波及范围
охват пласта воздействием вытесняющего агента【采】驱油剂波及油层范围
охват по мощности【采】波及厚度
охват по площади【采】波及面积
охлаждение 冷却

О

адиабатическое охлаждение 绝热冷却
вакуумное охлаждение 真空冷却
внешнее охлаждение 外部冷却
водяное охлаждение 水冷却
воздушное охлаждение 空气冷却
естественное охлаждение 自然冷却
конвекционное охлаждение 对流冷却
поверхностное охлаждение 表面冷却
предварительное охлаждение 预冷却
принудительное охлаждение 强制冷却
охлаждение бурового долота 冷却钻头
охлаждение водяной рубашкой 用水软管冷却
охлаждение испарением 蒸发式冷却
охлаждение обдувом 吹风冷
охлаждение природного газа 冷却天然气
охлаждение рассолом 盐水用冷却
охлаждение расширением 膨胀式冷却
Охотская нефтегазоносная провинция【地】鄂霍茨克含油气省
Охотское море【地】鄂霍茨克海
Охотско-Чукотский краевой вулканический пояс【地】鄂霍茨克—楚科奇边缘火山带
охрана 保护; 保卫; 保安
пожарная охрана【安】消防员
охрана водных ресурсов【安】水源保护
охрана запасов газа【采】保护天然气资源
охрана коллекторского свойства пласта【钻】保护产层储集性
охрана недр【安】矿产资源保护
охрана окружающей труды【安】保护环境
охрана природных богатств【安】保护自然资源
охрана труда (ОТ), техника безопасности (ТБ) и охрана окружающей среды (ООС)【安】劳动保护、技术安全与环境保护
ОЦ осадочный цикл【地】沉积旋回
оцементированность 胶结性
оценка 评价
визуальная оценка 目测评价
геолого-экономическая оценка【地】地质经济评价
граничная оценка【地】边界评价
инженерно-геологическая оценка【地】工程地质评价
количественная оценка 定量评价
комплексная оценка 综合评价
несмешанная оценка 无偏估计
перспективная оценка 前景评价
поинтервальная оценка【地】分层段评价
промысловая оценка【地】矿场工艺评价
промышленная оценка месторождения【地】油气田工业评价
стоимостная оценка 价值评估
экономическая оценка месторождения 油气田经济评价
экономическая оценка ресурсов 资源经济评价
оценка вероятных запасов【地】可能储量评价
оценка дебита скважины【采】井

产量评价
оценка запасов【地】储量评价
оценка затрат 费用评估
оценка зон нефтегазонакопления【地】油气聚集带评价
оценка износа бурового долота【钻】钻头磨损评价
оценка имущества предприятия 企业资产评估
оценка индивидуальной скважины【地】单井评价
оценка месторождений【地】油气田评价
оценка нефтеотдачи【采】原油采收率评价
оценка параметров продуктивного пласта【采】产层参数评价
оценка пласта【地】地层（油气藏）评价
оценка пластовых флюидов【地】评价地层流体
оценка пористости【地】孔隙度评价
оценка свойств нефти и газа【地】油气性质评价
оцинкование (оцинковывание) 镀锌
оцифрованный (数据)数字化的
ОЧ октановое число【地】辛烷值
очаг 炉灶【地】发源地【震】震源
сейсмический очаг【震】震源
очаг генерации УВ【地】生烃灶
очаг заводнения【采】注水源
очаг землетрясений【地】震源
очаговый 源的; 震源的
очередность 顺序
очередность ввода залежей в разработку【采】油气藏投入开发顺序
очередность ввода скважин в эксплуатацию【采】井投产顺序
очертание 轮廓, 外形, 略图; 素描
очиститель【化】净化器【钻】清洁器
гидроциклонный очиститель【钻】水力除砂器
очистка 净化; 冲洗; 除净; 冲刷
абсорбционная очистка газа【炼】吸收法净化天然气
аспирационная очистка 吸尘净化
биологическая очистка【化】生物净化
гидропескоструйная очистка【钻】水力冲砂清洗, 含砂射流清洗
гравитационная очистка【钻】重力法净化
грубая очистка【钻】初步净化
двухступенчатая очистка【钻】二级净化
кислотная очистка【采】酸化清理
механическая очистка 机械清除
мокрая очистка 湿法清洗
мокрая очистка от сернистых соединений【炼】湿法脱硫化物
обратная очистка ствола скважины【钻】回洗井眼, 反循环清洗井眼
пескоструйная очистка【采】喷砂清理
пневматическая очистка 气动清理
сернокислотная очистка сырой нефти【炼】硫酸净化原油
термохимическая очистка забоя【采】热化学法清洗井底
ультразвуковая очистка【采】超声波清理
химическая очистка【化】化学法净化
щелочная очистка【化】用碱净化

электролитическая очистка【化】电法净化
очистка бурового раствора вибро-ситом【钻】振动筛净化钻井液
очистка воды【钻】水净化
очистка воды отстаиванием【钻】沉淀法净化水
очистка воздуха【钻】净化空气
очистка газа【炼】天然气净化
очистка газа, адсорбционная【炼】吸收法天然气净化
очистка газа алканамином【炼】烷基氨液净化天然气
очистка газа в скруббере【炼】净化塔内天然气净化
очистка газа гликольамином【炼】乙二醇氨液净化天然气
очистка газа диэтаноламином【炼】二羟二乙胺净化天然气
очистка газа молекулярными ситами【炼】分子筛净化天然气
очистка газа моноэтаноламином【炼】单乙醇胺净化天然气
очистка газа от кислых компонентов до уровня требований его транспортирования по газопроводам【储】天然气脱酸性成分达到管道输送要求
очистка газа от сероводорода【炼】天然气脱硫(硫化氢)
очистка газа, тонкая【炼】天然气深度净化
очистка желонкой【采】用打捞筒清洗
очистка забойного фильтра промывкой【钻】冲洗井底筛管
очистка забоя【采】清洗井底
очистка забоя воздухом【采】用空气清洗井底
очистка забоя от песка【采】井底除砂
очистка забоя продувкой【采】吹扫井底
очистка морской воды для заводнения【采】净化海水用于注水
очистка от двуокиси углерода【炼】脱二氧化碳, 脱碳
очистка от окалины 除氧化皮
очистка от парафина【采】除蜡
очистка от песка【采】除砂
очистка от сероводорода【炼】脱硫化氢, 脱硫
очистка отходов 清理垃圾
очистка от шлама【钻】除岩屑
очистка парафина【采】清蜡
очистка песчаных пробок【采】清除砂堵
очистка поверхностных вод для заводнения【采】净化地表水用于注水
очистка подземных вод для заводнения【采】净化地下水用于注水
очистка раствором этаноламина【炼】用氨基乙醇液净化
очистка резервуара【采】清洗罐
очистка скважины【采】清洗井
очистка скважины горячей нефтью【采】热油洗井
очистка скважины желонкой【采】打捞筒洗井
очистка скважины скребками【钻】刮井器刮井
очистка солей【炼】脱盐
очистка ствола скважины【钻】清洁井眼
очистка ствола скважины от бурово-

го шлама【钻】清除井眼内岩屑
очистка ствола скважины скребками【钻】刮井器清洁井眼
очистка сточных вод 净化污水
очистка трубопровода скребками【储】清管器清理管道
очистка трубы без демонтажа【采】无拆卸式清理管子
очистка уложенных трубопроводов【储】净化已铺设管道
ОЧТ октановое число топлива【化】燃料辛烷值
ОШ общий шаг【震】总间距
ошибка 错误; 误差
вероятная ошибка 偶然误差
грубая ошибка 显著误差
допустимая ошибка 允许误差
истинная ошибка 实际误差
накопленная ошибка 累积误差
случайная ошибка 或然误差
ошибка в градуировке 刻度误差
ошибка в шаге 导程误差
ошлакование【地】火山渣化
ощелачивание【化】碱洗
ощутимый 有感的
ощущение 感觉; 触试; 灵敏度
ОЭ орогенный этап【地】造山阶段
ОЭ основные элементы 基本元件
ОЭСР Организация экономического сотрудничества и развития 经济合作与发展组织
ОЭЦ оксиэтилцеллюлоза 氧化乙基纤维素

П

ПАА полиакриламид 聚丙烯酰胺
ПАА-гидро полиакриламид-гидро 水解聚丙烯酰胺
ПАВ поверхностно-активное вещество 表面活性剂
ПАВ поверхностная акустическая волна【震】表面声波
павдит【地】细粒黑云闪长岩
паводок【地】洪水
падающий 入射的; 下降的
падающий импульс【震】入射脉冲
падающий луч【震】入射线
падающее тело 落体
падение 入射【地】倾斜, 倾向; 落差, 水位差; 坡降, 坡度
видимое падение【地】视倾斜, 视倾角
истинное падение【地】真倾斜, 真倾角
крутое падение【地】陡倾斜
куполообразное падение【地】穹窿状倾斜
ложное падение【地】假倾斜
моноклинальное падение【地】单斜状倾斜
наклонное падение【地】平缓倾斜
несогласное падение【地】不整合式倾斜
пологое падение【地】平缓倾斜
региональное падение【地】区域性倾斜
резкое падение 急速下降

свободное падение 自由降落
согласное падение【地】整合状倾斜
центроклинальное падение【地】向中心倾斜
падение бурильного инструмента【钻】掉钻具
падение бурильной колонны【钻】掉钻柱
падение давления 压力下降
падение давления в керне 岩心压力下降
падение давления в месте утечки【采】漏点压力下降
падение дебита【采】井产量下降
падение добычи【采】(开采量)产量下降
падение пласта【地】地层倾斜
падение пластового давления【采】地层压力下降
падение плоскости сброса【地】断层面倾斜
падение талевого блока【钻】游车坠落
падение температуры 降温
падение уровня жидкости 液面下降
падение частоты вращения 旋转频率下降
паз 槽, 沟
шпоночный паз【钻】键槽
паз с сечением прямоугольника【钻】矩形槽
пай 份额
пакер【钻】封隔器
верхний пакер【钻】上封隔器
взрывной пакер【钻】爆炸式封隔器
взрывной пакер, кольцевой【钻】环状爆炸式封隔器
внутриколонный пакер【钻】套管封隔器
внутриколонный пакер, винтовой【钻】螺旋式套管封隔器
внутриколонный пакер, дисковой【钻】套管盘形封隔器
внутриколонный пакер для насосной установки【钻】油泵开采套管封隔器
внутриколонный пакер, фиксируемый от движения вверх【钻】防止向上运动的固定式套管封隔器
гидравлический пакер【钻】水力封隔器
гидромеханический пакер【钻】水力机械封隔器
гидростатический пакер【钻】静水压力封隔器
глубиннонасосный пакер【钻】深井泵封隔器
двойной пакер【钻】双(管)封隔器
двухколонный пакер【钻】双套管封隔器
двухманжетный пакер【钻】双皮塞封隔器
двухпроходной пакер【钻】二通式封隔器
дисковый пакер на забое скважины【采】井底盘形封隔器
забойный пакер【钻】井底封隔器
закачиваемый пакер【钻】泵送下沉式封隔器
заколонный пакер【钻】管外封隔器
затрубный пакер【钻】套管外封隔器
зубчатый пакер【钻】棘轮型封隔器
испытательный пакер【钻】测试封隔器

П

коническийпакер【钻】锥形封隔器
манжетный пакер【钻】皮碗式封隔器
механический пакер, витовой【钻】螺旋式机械封隔器
механический пакер, приводимый в действие канатом【钻】钢绳输送机械封隔器
механический пакер, устанавливаемый под действием массы колонны【钻】在管柱重量作用下安装的机械封隔器
многоколонный пакер【钻】多套管封隔器
надувной пакер【钻】膨胀式封隔器
надувной пакер, конический【钻】锥型膨胀式封隔器
натяжной пакер【钻】张力封隔器
нижний пакер【钻】下封隔器
одинарный пакер【钻】单塞封隔器
одноколонный пакер【钻】单管柱封隔器
подвесной пакер для нагнетательных скважин【钻】注水井悬挂式封隔器
подвесной пакер для насосных скважины【钻】泵采油悬挂式封隔器
подвесной пакер, извлекаемый【钻】可上提悬挂式封隔器
предохранительный пакер【钻】紧急用封隔器
разбуриваемый пакер【钻】可钻开式封隔器
расширяющийся пакер【钻】膨胀式封隔器
резиновый пакер【钻】橡胶封隔器
самоуплотняющийся пакер【钻】自动密封式封隔器
скважинный пакер【钻】井下封隔器
спускаемый пакер【钻】电缆投放式封隔器
стационарный пакер【钻】固定式封隔器
ствольный пакер【钻】裸眼井封隔器, 井眼封隔器
съемный пакер【钻】可收回封隔器, 可卸式封隔器
трубный пакер【钻】管式封隔器
цементировочный пакер【钻】水泥固井封隔器
цилиндрический пакер【钻】圆柱型封隔器
шлипсовый пакер【钻】卡瓦封隔器
эксплуатационный извлекаемый пакер【钻】可上提式采油封隔器
эксплуатационный нагнетательный пакер【钻】注水生产封隔器
пакер винтового типа【钻】螺旋式封隔器, 旋转密封式封隔器
пакер в обсаженных скважинах【钻】套管井封隔器
пакер двойной фиксации【钻】双固定封隔器, 双卡式固定封隔器
пакер для заводнения【钻】注水封隔器
пакер для заканчивания многопластовых скважин【钻】多产层完井封隔器
пакер для многоступенчатого цементирования【钻】多级水泥固井封隔器
пакер для насосно-компрессорных труб【钻】油管封隔器
пакер для необсаженных трубами скважин【钻】裸眼井封隔器

П

пакер для обработки пласта【钻】地层处理封隔器
пакер для обсадной трубы【钻】套管封隔器
пакер для опрессовки【钻】试压封隔器
пакер для разобщения пласта【钻】地层隔离封隔器
пакер забойного фильтра【钻】井底筛管封隔器
пакер, извлекаемый для опробования, обработки призабойной зоны и цементирования под давлением【钻】(用于地层测试, 井底处理, 带压水泥固井)可提升式封隔器
пакер, используемый при термическом воздействии на пласты【钻】地层热处理封隔器
пакер надставки【钻】回接用封隔器
пакер надставки обсадной колонны-хвостовика【钻】尾管回接封隔器
пакер обсадной колонны【钻】套管封隔器
пакер одинарной фиксации【钻】单固定封隔器
пакер однократного пользования【钻】一次性封隔器
пакер подвески обсадной колонны-хвостовика【钻】尾管悬挂式封隔器
пакер подвески хвостовика, наружный трубный【钻】套管外尾管悬挂器封隔器
пакер сбрасываемого типа【钻】投放型(丢放式)封隔器
пакер с зажимным устройством【钻】夹套式(有夹紧装置)封隔器
пакер с кулачковыми захватами【钻】凸轮坐卡封隔器
пакер с печатью【钻】压痕式封隔器
пакер с уплотняющим башмаком【钻】带密封管鞋封隔器
пакер с циркуляционным переводником【钻】循环大小头封隔器
пакер со шлиповым упором【钻】滑移支称封隔器
пакер хвостовика【钻】尾管封隔器
пакет 包; 一组; 一串
пакет документов 文件包
пакет программы 软件包
пакет прокладок 垫片组
пакет противопожарных и изолированных средств 防火隔离包
пакование 包装(打包)
ПАЛ полиаклиламид【化】聚丙烯酰胺
палас【钻】地毯(双面)
палата верховая【钻】二层台
палео- 古
Палеоген (палеогеновая система или период)【地】古近系(纪)
палеогеограф【地】古地理学家
палеогеография【地】古地理学
палеогеоморфология【地】古地貌
палеогеохимия【地】古地球化学
палеоглубина【地】古埋藏深度
палеодинамический【地】古动力的
палеозой【地】古生界(代)
палеозойская эра【地】古生代
палеозойская эратема (группа)【地】古生界
палеоклиматология【地】古气候学

П

палеонапряжение【地】古地应力
палеонтология【地】古生物学
палеоплита【地】古板块
палеоподнятие【地】古隆起
палеорека【地】古河道
палеотектоника【地】古构造学
палеотемпература【地】古温度
палеотечение【地】古水流
палеофаунистика【地】古动物发展史
палеофит【地】古生代植物
палеофитология (палеоботаника)【地】古植物学
палеоцен【地】古新世(统)
палеоценоз【地】古生物群落
палеоэкология【地】古生态学
палетка 量板, 曲线板, 换算板; 标准曲线
палец【钻】销子, 曲柄销(定位导向)
палец безопасности【钻】安全销
палец для бурильных свечей【钻】立根夹持器
палец кривошипа【钻】曲柄销
палец штропа вертлюга【钻】大钩提环销子
палингезис 再生, 复活
палка горизонтальная【钻】宽翼椽
палладий【化】钯(Pd)
палуба【钻】甲板
вторая палуба【钻】底甲板
рабочая палуба【钻】工作甲板
палуба вибрационного сита【钻】振动筛平台(甲板)
палуба манифольда【钻】管汇平台
палуба штуцерного манифольда【钻】节流管汇平台
память 存储器; 存储容量
пангеа (пангея)【地】泛大陆, 联合古陆
пангеосинклиналь【地】泛地槽
пандажмер (пластовый наклономер)【测】地层倾角仪
панель 预制板, 控制面板; 控电板; 板件
главная панель управления 主控板
измерительная панель 测量仪表板
сигнальная панель 信号盘
соединительная панель【钻】连接板
управляющаяся панель бурильщика【钻】司钻控制台
центральная контрольная панель【钻】中央监控台
панель вышки【钻】井架控制板
панель диспетчера 调度控制盘
панель дистанционного управления 遥控板
панель контрольно-измерительных приборов 控制仪表盘
панель контроля параметров бурения【钻】钻井参数控制盘
панель контроля параметров бурового раствора【钻】钻井液参数控制室
панель управления 控制盘
панель управления высоким давлением【钻】高压控制板
панорама 全景, 全景图
пар 蒸汽
вторичный пар 二次蒸汽
насыщенный пар 饱和蒸汽
пар низкого давления 低压蒸汽
пар низко-низкого давления 低—低压蒸汽
пара 一对, 双; 力偶
зубчатая пара【机】齿轮副

П

пара сил 力偶
пара трения 摩擦力偶
парабола 抛物线
параболический 抛物线的
параболоид 抛物面
парагенез (парагенезис)【地】共生
парагенезис минералов【地】矿物共生
параграф 段节
парадоксальный 反常的
паралические образования【地】近海沉积
параллакс 视差
параллелизм 平行性, 平行
параллель 平行线; 纬线
параллельность оси【钻】轴对中
параллельный 平行的; 并联的
параллельное залегание【地】平行产状; 平行层理
параллельный сброс【地】平行断层
параллельные складки【地】平行褶皱
параллельное угасание【地】平行消光
паральдегид【化】三聚乙醛
парамагнетизм【物】顺磁性
параметр 参数
базовый параметр 基础参数
газовый параметр 气体参数
газодинамический параметр 气体动力学参数
геометрический параметр 几何参数
гидродинамический параметр пласта【地】地层流体动力学参数
гранулометрический параметр 粒度参数
идентификационный параметр 核定参数
кинематический параметр 运动学参数
определяющий параметр 固定参数
оптимизируемый параметр 优化参数
переменный параметр 变换参数
петрофизический параметр【测】岩石物理参数, 岩电参数
предельный параметр режима бурения【钻】钻井制度极限参数
проектный параметр циркуляционной воды 循环水设计参数
рабочий параметр 工作参数
расчетный параметр 计算参数
регулируемый параметр 调节参数
реологический параметр 流变参数
стабилизированный параметр 稳定参数
стохастический параметр 随机参数
термодинамический параметр 热动力学参数
удельный параметр 单位参数
параметр анизотропии【地】各向异性参数
параметр бурового раствора【钻】钻井液参数
параметр для подсчета запасов нефти【地】储量计算参数
параметр залежи【地】油气藏参数
параметр коды【震】尾波参数
параметр кристаллической решетки【地】晶格参数
параметр очага【震】震源参数
параметр пласта【地】地层参数
параметр по бурению【钻】钻井参数
параметр пористости【地】孔隙度参数
параметр пористого пласта【地】

П

孔隙型地层参数
параметр потока 流态参数
параметр промывки буровым раствором【钻】钻井液循环参数
параметр распределения 分布参数
параметр режима бурения【钻】钻井制度参数
параметр режима промывки и свойств бурового раствора【钻】钻井液循环制度与特性参数
параметр рефракции【震】折射参数
параметр сейсмических волн【震】地震波参数
параметр сопротивления 电阻参数
параметр состояния 状态参数
параметр трещиноватости【地】裂隙度参数
параметромер 参数仪
параморфизм【地】全变质作用;同质假象,矿物副象
параоксилифениламин【化】对羟基二苯胺
параположение【化】对位
парафин 石蜡
высокоплавкий парафин【化】高熔点石蜡
низкоплавкий парафин【化】低熔点石蜡
окисленный парафин【化】氧化石蜡
синтетический парафин【化】合成石蜡
сырой парафин【化】粗石蜡
твердый парафин【化】硬蜡
товарный парафин【化】商品蜡
парафинизация【采】结蜡
парафинирование【钻】岩心封蜡
парафиноотделитель【化】石蜡分离器
парафиноочистка (ПЧ)【采】清蜡
парахлоранилин【化】对氯苯胺
парахлорофенол【化】对氯苯酚
парение蒸发
Парижский бассейн【地】巴黎盆地
парк 库区【储】油库区
материальный парк 材料库
промысловый товарный парк【储】矿场成品油库
резервуарный парк (РП)【储】油罐(库)区
товарный парк【储】成品油库
парк нефтяных резервуаров【储】油罐区
парк обслуживания 维修区
парность 成对性
пароводонагреватель 蒸汽加热器
паровоздействие 热蒸汽处理
парогаз 蒸汽气体
парогенератор 蒸汽发生器
парокомпрессор【采】蒸汽压缩机
паромер 蒸汽表
парообразование 汽化
парообразователь 蒸汽发生器
пароотсекатель 停汽阀
пароперегреватель 蒸汽加热器
паропровод 蒸汽管线
паропрогрев 蒸汽加热
паропроизводительность 蒸发量
паросборник 集汽器
пароснабжение 供汽
пароспутник 蒸汽伴热
паротушение 蒸汽灭火
партия 队,野外队
геологическая партия【地】地质队
гравиметрическая партия【地】重

П

力队
изыскательная партия【地】勘察队
каротажная партия【测】测井队
магнитометрическая партия【地】磁力队
оценочная партия【地】评价队
перфораторная партия【钻】射孔队
пробная партия【钻】试油队
разведывательная партия【地】勘探队
сейсморазведочная партия【震】地震勘探队
топографическая партия【地】测量队
электрокаротажная партия【测】电测队
электроразведочная партия【物】电法勘探队
партия по структурному бурению【钻】构造钻井队
партия, производящая ловильные работы【钻】打捞作业队
партнер 伙伴
парусность 抗风力
парциальный 分部的, 单项的
парциальное затухание 分阻尼
парциальное колебание 分振动
парциальный период 分周期
парциальная частота 分频
паскаль 帕
паспорт 说明书, 卡片; 护照
заводской паспорт 工厂说明书
патентный паспорт 特许证书
технический паспорт 技术卡片
паспорт нефтепродукта【化】石油产品说明书
паспорт оборудования 设备说明书, 设备卡片
паспорт определения прочностных свойств грунтов 测定土壤强度特征说明书
пассат 贸易风, 信风
пассивный 被动的; 无源的
пассивный край континента【地】被动大陆边缘
паста 膏, 糊状物
герметизирующая паста 密封胶
глинистая паста【钻】膨润土浆
глиноцементная паста【钻】黏土水泥浆
нефтебитумная паста【地】石油沥青膏
специальная паста【钻】(套管丝扣)防松脱剂
уплотняющая паста 密封胶
паста для уплотнения резьбовых соединений【钻】丝扣密封剂
ПАТ песчаное аккумулятивное тело【地】砂质堆积体
патент 专利权
патент изобретения на что 发明专利
патрон 灯头(座)【钻】夹具; 卡盘
патрон фильтра воздуха【机】空气滤芯
патрон-пальник 点火器
патрубок 接管(与压力表连接用)【钻】短节(较长)
башмачный патрубок【钻】套管鞋短节
буферный патрубок 缓冲管
вентиляционный патрубок 通风管
впускной патрубок 入口接管; 入口连接头
всасывающий патрубок 进水管
выпускной патрубок 出水管

П

изогнутый патрубок【钻】弯曲短节(钻斜井用)
замерный патрубок 计量接头, 计量接管
коленчатый патрубок 折线状接管
нагнетательный патрубок 注入接头
наливной патрубок 加注管
подъемный патрубок【钻】提升短节
посадочный патрубок 座节
соединительный патрубок【钻】接管
патрубок для компенсации расширения【钻】膨胀补偿接管
патрубок для насосно-компрессорных труб【钻】油管短节
патрубок для обсадных колонн【钻】套管短节
патрубок-удлинитель【钻】加长短节
паук【钻】打捞器
магнитный паук【钻】磁力打捞器
сильномагнитный паук【钻】强磁打捞器
паук с двухсторонним вращением【钻】双向旋转打捞器
паук с крючками【钻】抓钩
пачка 包【地】段, 分层; 煤群
карбонатная пачка【地】碳酸盐岩段
нижняя пачка【地】下段
подстилающая пачка【地】下伏段
соленосная пачка【地】含盐段
пачка запчастей к пакеру【钻】封隔器配件包
пачка пласта【地】地层段
пачка пласта, верхняя【地】地层上段
пачка пласта, нижняя【地】地层下段
паяльник 电烙铁
ПБ пожарная безопасность【安】消防安全
ПБ природный битум【地】天然(地)沥青
ПБК пневматический буровой ключ【钻】气动大钳
ПБП плавучая буровая платформа【钻】浮动钻井平台
ПБС подводный буровой станок【钻】水下钻机
ПБУ передвижная буровая установка【钻】移动式钻机, 流动钻机
ПБУ плавучая буровая установка【钻】漂浮钻机, 水上钻机
ПБУ подводная буровая установка【钻】水下钻探设备
ПВ перекись водорода【化】过氧化氢
ПВ полярный воздух【地】极地空气, 极地气团
ПВ поперечная волна【震】横波
ПВ пункт взрыва【震】爆炸点
ПВО противовыбросовое оборудование【钻】防喷设备
ПВП полиэтилен высокой плотности【化】高密度聚乙烯
ПВС поливиниловый спирт【化】聚乙烯醇
ПВТ полная волновая теория【震】全波理论
ПВХ поливинилхлорид【化】聚氯乙烯
ПГ палеотермический градиент【地】古地热梯度, 古地温梯度
ПГ подпорный горизонт【地】壅水位, 回水位

ПГ природный газ【地】天然气

ПГ продуктивный горизонт【地】产层，含(油气)层位

ПГБ преимущественно газоносный бассейн【地】含气为主的盆地

ПГД порохой генератор давления【采】火药压力发生器(用于压裂地层)

ПГИ промыслово-геофизическое исследование【测】矿场地球物理测井

ПГК промыслово-геофизическая контора 矿场地球物理处

ПГС пневмогидросистема 气动液压系统

ПГТУ парогазотурбинная установка 蒸汽燃气涡轮装置，蒸汽燃气透平装置，燃气气轮机装置

ПГУ парогазовая установка 蒸汽燃气装置

ПГУ парогенераторная установка 蒸汽发生器装置

ПГУ подземная газификация угля【地】煤的地下气化

ПД пластическая деформация 塑性变形

ПДН повышение давления нагнетания【采】提高注水压力

ПДН проектная добыча нефти【采】石油开采方案

ПДНС предельное динамическое напряжение сдвига 极限动剪切应力

ПДП последовательная диагностическая процедура 连续诊断程序

ПДС пентадецилсульфонат【化】五烷磺酸钠

ПДС производственнодиспетчерская служба 生产调度处

педаль 踏板；脚蹬子

тормозная педаль【钻】刹车踏板

педаль управления 控制跳板

педимент【地】麓原，山前侵蚀平原

пек【地】沥青；地沥青

пекококс【化】沥青焦

пелагиаль【地】远洋带

пелагический【地】远洋的

пелагическая глина (красная глубоководная глина)【地】深水红色软泥

пелагические осадки【地】远洋沉积

пеленг 方位，方向，象限角

пеленгатор【钻】定向器(仪)

пеленгация【钻】定向

пеленгация забоя скважины【采】井底定向

пелит【地】变质泥岩；铝质岩；泥质岩

пелитизация【地】泥质化，长石泥质化作用；混浊作用

пелитолиты【地】泥质板岩，波质页岩

пелитоморфный【地】泥岩状的，泥状的

пелоид【地】(磷酸盐岩)似球粒，球状粒，团粒:包括пеллеты(团粒)和копролиты (粪粒体，粪化石)

пена 泡沫

двухфазная пена 双相泡沫

латексная пена 乳胶泡沫

огнетушительная пена【安】灭火泡沫

пожарная пена【安】消防泡沫

флотационная пена 浮游泡沫

пена на основе мылонафта【采】环烷皂泡沫(堵水剂)

пенеплен【地】准平原;侵蚀平原
вскрытый пенеплен【地】剥露准平原
погребенный пенеплен【地】埋藏准平原
усеченный пенеплен【地】已削蚀准平原
пенепленизация【地】准平原化作用
пенесейсмический【震】少震的,准地震的
пенетрация【地】贯入,贯穿,注入
пенистость 发泡性
пенистый 泡沫的,多孔的
пенный 起泡沫的
пенный огнетушитель【安】泡沫灭火器
пенобетон 泡沫水泥
пеногаситель【安】泡沫灭火器
пеногенератор 泡沫发生器
пеногипс 泡沫石膏
пенообразование 起泡沫
пенообразователь 起泡剂
пеноотделитель 泡沫分离器
пенотушение【安】泡沫灭火
пеноцемент 发泡水泥
Пенсильванский отдел【地】宾夕法尼亚统(上石炭统)
пентагондодекаэдр【地】五角十二面体
пентадекан【化】十五烷
пентадеканафтен【化】环十五烷
пентамер【化】五聚物
пентан【化】戊烷
пентаэритрит【化】季戊四醇
пентил【化】戊基
пепел烟灰【地】火山灰,喷屑
пептизатор 胶溶剂,胶化剂
пептизация 胶溶作用
первичный 初始的,原生的,原始的
первичная вода【地】原生水
первичное залегание【地】原始产状
первичная магма【地】原生岩浆
первоначальный 初始的
пергидроль (пергидрол)【化】双氧水
пердурен【化】聚硫橡胶
перебазировка (переезд) 转移基地【钻】钻机搬家
перебазировка буровой установки【钻】钻机转移(井场)
перебазировка морского бурового основания【钻】海上钻井平台转移(位置)
перебой 间断, 中断; 停歇; 运转不规律
переборка 翻修;隔板
водонепроницаемая переборка 不渗水舱壁
газонепроницаемая переборка 不漏气舱壁
нефтенепроницаемая переборка 不渗油舱壁
переброс 超过,跳过,越过
перевести буровой раствор в состояние эмульсии【钻】钻井液转化成乳浊状态
перевод 传输;转移;转换;翻译
перевод данных 数据传输
перевод капитала 资本转账
перевод на другие пласты【采】油层转采
перевод на другую работу 调换其他工作
перевод скважины на другой вид эксплуатации【采】把井转为其

他类型生产井
перевод со счета покупателя на счет поставщика 从买方账户转移至供货方账户上
перевод чеком 支票转让
переводина 横梁
переводник【钻】转换接头, 短接; 配合接头
выравнивающий переводник【钻】平衡接头
глухой переводник【钻】盲接头
двухмуфтовый переводник【钻】双母扣短节接头
двухпиковый переводник【钻】双公扣短节接头
защитный переводник【钻】保护接头
короткий переводник【钻】短接头
кривой переводник【钻】弯接头
муфтовый переводник【钻】母接头
наддолотный переводник【钻】钻头接头
направляющий переводник【钻】导向短接(固井)
ниппельный переводник【钻】螺纹接头, 公扣接头
отклоняющий переводник【钻】定向接头
пиковый переводник【钻】公接头
промывочный переводник【钻】循环接头
прямой переводник【钻】正规接头
удлинительный переводник【钻】加长接头
переводник ведущей трубы, верхний【钻】驱动(主)钻杆上接头
переводник ведущей трубы, нижний【钻】驱动(主)钻杆下接头
переводник для вращения обсадной колонны【钻】旋转套管接头
переводник для утяжеленных бурильных труб【钻】加重钻杆接头
переводник НКТ【采】油管接头
переводник тяжелого низа【钻】钻柱加重下部接头
перевозка 转动; 发运, 装运; 搬家
автомобильная перевозка нефтепродуктов 汽车运送油品
внешнеторговая перевозка 外贸运输
грузовая перевозка 货物运输
дальняя перевозка 远距离运输
железнодорожная перевозка 铁路运输
короткопробежная перевозка 近岸运输
международная перевозка 国际运输
морская перевозка 海洋运输
перевозка автотранспортом 汽车交通运输
перевозка воздухом 空运
перевозка грузов морем 海运货物
перевозка контейнерным способом 集装箱运输
перевозка на баржах 驳船运输
перевозка на дальние расстояния 长距离运输
перевозка нефтепродуктов баржей 驳船运输油品
перевозка по железной дороге 铁路运输
перевозка сухопутным транспортом 陆路运输
перевыполнение 超额完成
перегиб 扭折; 弯折
переговор 谈判
двухсторонний переговор 双方谈判

закрытый переговор 秘密谈判
многосторонний переговор 多方谈判
торговый переговор 贸易谈判
перегонка【炼】蒸馏; 精炼, 炼制
вторичная перегонка【炼】二次炼制
деструктивная перегонка【炼】干馏
молекулярная перегонка【化】分子蒸馏
непрерывная перегонка【炼】连续炼制
однократная перегонка【炼】一次性炼制
периодическая перегонка【炼】周期性炼制
равновесная перегонка【化】闪蒸; 闪蒸法
фракционная перегонка【炼】分馏作用; 分馏
экстрактивная перегонка【化】蒸馏
перегонка внутрипластовой нефти【地】地下原油分馏
перегонка нефти【化】炼油
перегонка под давлением【化】高压蒸馏
перегонка с водяным паром【化】带水蒸汽蒸馏
перегородка 间隔; 隔阂
водонепроницаемая перегородка【钻】隔水档板
вставная перегородка【钻】插板
межпоровая перегородка【地】孔隙间隔档
противопожарная перегородка【安】防火间隔
переградуировка 重新校正刻度
перегрев 过热
перегретый 过热的
перегрузка 超载; 超负荷
допускаемая перегрузка 容许超载
перегруппировка 重新配置, 重新布置, 重排列
передатчик 传感器
передача 传输, 发射, 传送; 移交, 转交【机】传动, 传动装置
бесступенчатая передача【钻】无级传动
высокоскоростная зубчатая передача【钻】高速齿轮传动
гидродинамическая передача 水动力传动
дифференциальная передача 差异传动
зубчатая передача【机】齿轮传动
клиноременная передача 三角形皮带传动
механическая передача 机械传动
многократная передача 多次传输
нереверсивная передача 不可逆传输
пневматическая передача 气体动力传动
реверсивная передача 可逆传动
ременная передача 皮带传动
силовая передача 动力传动
цепная передача【机】链条传动
шарнирная передача【机】铰链传动
передача данных 资料(数据)传输
передача объекта 项目转让
передача прав и обязательств 权利和义务的转移
передача разведочной скважины в эксплуатацию【采】探井转入开发
передача риска 风险转移
передача электроэнергии 传输电能

передвижной 流动的, 活动的

переезд【钻】搬家(钻井)

перезарядка перфоратора【钻】重装射孔器

перекатывание 滚动

перекачивание нефти【储】输油, 原油增压传输【采】抽油

перекачка【储】输送, 增压输送; 油气管输

перекачка газонефтяной смеси【储】油气混输

перекачка нефтепродуктов по подводному трубопроводу【储】沿水下管道输送成品油

перекачка нефтепродуктов по трубопроводу, последовательная【储】管道分级增压输送成品油

перекачка нефти【储】石油输送

перекачка нефти, внутрипарковая【储】库内石油输送

перекачка нефти, внутрипромысловая【储】油田内石油输送(内输)

перекашивание 翘曲

перекись【化】过氧化物

переклиналь складки【地】褶皱转折端

переключатель 转换开关

антидетонационный переключатель【钻】抗爆(震)的开关

взрывозащитный переключатель【钻】防爆开关

переключатель муфты ротора и тормоза【钻】转盘与刹车离合器开关

переключатель прямо-обратного вращения вертлюга【钻】水龙头正反转开关

переключатель пуска-стопа вертлюга【钻】水龙头启停开关

переключатель с 2 положениями【钻】二位选择开关

переключение【钻】转换, 换档; 切换

переключение скоростей【钻】换档

переконсервация 重新油封, 换涂防锈油; 重新封存

перекос 歪斜; 弯曲; 偏斜

перекрест 十字交叉

перекрестие 十字标线

перекристаллизация【地】重结晶

перекрытие 铺好, 盖过, 截断【地】推覆构造; 超覆【震】(地震采集)覆盖【钻】盖板; 封住【采】截断

замещающее перекрытие【地】相变超覆

несогласное перекрытие【地】不整合超覆

осадочное перекрытие【地】沉积超覆

регрессивное перекрытие【地】海退进积覆盖层; 退覆

тектоническое перекрытие【地】构造覆盖

трансгрессивное перекрытие【地】海进超覆

перекрытие выкидной линии【钻】关闭放喷管线

перекрытие перфорированного интервала【采】封堵射孔段

перекрытие пластов【地】地层超覆

перекрытие скважины【钻】(防喷器)全关井

перекрытие трубной лифтовой колонны【钻】关死气举管柱

перекрытие трубопровода【储】关闭管道

перелив 溢流, 外溢
перелом 折断; 破裂
перемежаемость【地】交替性; 地层互层性
переменить【钻】转换
переменная 变量
переменный 变化的
перемешивание 搅拌
механическое перемешивание【钻】机械搅拌
пневматическое перемешивание【钻】气动搅拌
перемешивание буровых растворов под давлением【钻】带压搅拌钻井液
перемешиватель【钻】搅拌器, 搅拌机
перемешиватель бурового раствора, лопастный【钻】叶片式钻井液搅拌器
перемешиватель бурового раствора с центробежным насосом【钻】带离心泵钻井液搅拌器
перемещение 位移, 移动, 迁移
боковое перемещение【地】侧向运(位)移
вертикальное перемещение【地】垂直位移
горизонтальное перемещение 水平位移
поперечное перемещение【地】横向移动
поступательное перемещение【地】平移, 直线位移
прямое перемещение【地】正向移动
тектоническое перемещение【地】构造变动
угловое перемещение【地】角位移
перемещение берега【地】海岸迁移
перемещение береговых линий【地】海岸线迁移
перемещение вмещающей горной породы【地】围岩位移
перемещение водонефтяного контакта【地】油水界面移动
перемещение водораздела【地】分水线(岭)移动
перемещение грунта【地】土体移动
перемещение из одного пласта в другой【地】跃层运移
перемещение контура нефтеносности【地】含油边界位移
перемещение литосферных плит【地】岩石圈板块运动
перемещение нефти【地】石油运移
перемещение пластов【地】地层位移
перемещение под действием собственной тяжести【地】自重作用下位移
перемещение по падению【地】沿倾向位移
перемещение по падению с разрывом【地】沿断裂倾向位移
перемещение по простиранию с разрывом【地】沿断裂走向位移
перемещение фронта заводнения【采】注水前缘位移
перемотка【钻】倒绳
перемычка структурная【地】构造转换带, 构造连接带
перенакладка 转换, 调换; 重新配置; 重新组合
переналаживание 重新调整

П

перенапряжение 过电压
перенасыщение 过饱和, 过饱和度
перенасыщение бурового раствора твердой фазой【钻】钻井液固相过饱和
перенасыщение бурового раствора химическим реагентом【钻】钻井液化学试剂过饱和
перенасыщенность 过饱和性
перенасыщенный 过饱和的
перенос 转移; 搬运
перенос вещества 物质转移
перенос дождевыми водами【地】雨水搬运
перенос материала【地】物质搬运
перенос обломочного материла【地】碎屑物质搬运
перенос обломочных горных пород【地】碎屑岩石搬运
перенос осадочного материала【地】沉积物搬运
перенос тепла 热量转移, 热量传递
перенос энергии 能量传递
переноситель 载体
переобработка【震】重新处理
переокисление【化】过氧化
переопределение 重新测定, 重新确定
переотложение (переосаждение)【地】再沉积
переоформление лицензий на пользование участками недр 重新办理矿区使用许可证
переохладитель【化】过冷器
переохлаждение【化】过度冷却
переоценка 重新评估
перепад 跌落, 落差
перепад высоты 高差, 高度下降
перепад давления【采】压力降
перепад давления в трубе【采】管内压力降(低)
перепад давления в турбине【炼】透平压力降低【钻】涡轮内压力降
перепад давления газов【采】气体压力降
перепад давления на буровом долоте【钻】钻头压力降
перепад давления, обусловливающий приток жидкости в скважину【采】控制井内产液的压差
перепад давления при ламинарном течении 层流压力降
перепад давления при турбулентном течении 紊流压力降
перепад напряжения 应力降低; 电压降低
перепад плотности 密度降低
перепад температуры 温度降低
переписка 转抄
переплавка (переплавление) 重熔
перепланировка 重新设计
перепроизводство 生产过剩
перепуск 放出, 通过
переработанный 加工过的
переработка【炼】加工
первичная переработка【炼】初加工
термическая переработка【炼】热加工
химическая переработка【炼】化学加工
электрическая переработка【炼】电气加工
переработка газа【炼】天然气加工
переработка нефти【炼】石油加工

переработка сланцев【炼】页岩加工
переработка угля【炼】煤加工
перераспределение 重新分布
перерасход 超支
перерасчет 重新结算
перерыв 休息; 暂停【地】沉积间断; 缺失
стратиграфический перерыв【地】地层间断
эрозионный перерыв【地】侵蚀间断
перерыв в бурении【钻】钻井中断
перерыв в напластовании【地】地层缺失; 地层间断
перерыв в обнажении【地】露头缺失
перерыв в осадконакоплении【地】沉积间断
перерыв в отложениях【地】地层间断
перерыв в слоистости【地】层理间断
перерыв циркуляции【钻】循环中断
пересброс【地】上冲断层(>45°); 超覆断层
пересечение 交错, 交叉; 穿越, 跨越
профильное пересечение【震】交叉测线
сейсмическое пересечение【震】地震交叉剖面
пересечение дорог【采】横穿道路
пересечение реки трубопроводом, подводное【储】管道水下穿越河流
пересечение реки трубопроводом путем прокладки двух линий【储】铺设双线管道穿越河流
пересечение складок【地】褶皱交错
переслаивание【地】互层
выклинивающееся переслаивание【地】尖灭夹层
переслаивание пачки【地】互层段
пересмотр 重新审查; 校订; 核对
перестройка (реконструкция) тектоническая【地】构造重建
пересушка 过干
пересчет 折算
пересыпь【地】沙洲
перетемпература 超温
переток 过电流; 窜流
межколонный переток【钻】管窜
межпластовый переток【钻】层间窜流, 窜层
переток газа из пласта в пласт【钻】从一个地层向另一个地层发生气窜
перетяжка【钻】绷大绳
перетяжка каната【钻】倒大绳
переустройство 改建
переучет (重新)清点
переформатирование【震】(地震数据)格式转换
перехват рек【地】河流袭夺
переход 穿越; 行程; 航程
структурный переход【地】构造转变; 构造过渡带
фазовый переход 相转变
переход координат 坐标变换
переход права пользования участками недр 转让矿区使用权
переходник 转接器【钻】(转换)接头; 大小接头
бесшовный переходник【钻】无缝大小头
быстросменяемый переходник

【钻】快换接头
конический переходник【钻】锥形同心大小头
кривой переходник【钻】弯接头
шейный переходник【钻】颈弯接头
эксцентрический переходник【钻】偏心大小头
переходник с переходной секцией【钻】带过渡段的接头
переходник трубной головки【钻】油管头异径接头
переходный 过渡的
перечень 一览表(清单)
комбинационный перечень 配备清单
перечисление 列举
перидот (перидотит)【地】橄榄石
периклиналь【地】围斜构造(向周围倾斜构造), 外倾构造
perикратон【地】克拉通边缘
перила【钻】栏杆
период 时期; 周期【地】纪
водный период【采】含水期
водный период разработки залежей【采】油藏含水开发期
Девонский период (девон)【地】泥盆纪
Докембрийский период【地】前寒武纪
Каменноугольный период (карбон)【地】石炭纪
Кембрийский период (кембрий)【地】寒武纪
ледниковый период【地】冰期
межледниковый период【地】间冰期
межремонтный период 免修期
Меловой период (мел)【地】白垩纪
начальный период разведки【地】初始勘探期
Неогеновый период【地】新近纪
Ордовикский период【地】奥陶纪
Палеогеновый период【地】古近纪
Пермо-карбонский период【地】二叠—石炭纪
Пермский период (пермь)【地】二叠纪
полевой период【地】野外工作时期
Силурийский период (силур)【地】志留纪
Синийский период【地】震旦纪
Третичный период【地】第三纪
Триасовый период (триас)【地】三叠纪
фонтанный период эксплуатации нефтяных скважин【采】油井生产的自喷阶段
Четвертичный (послетретичный) период【地】第四纪(人类纪, 灵生纪)
Юрский период【地】侏罗纪
период активной разработки【采】旺产期
период нарастающей добычи【采】产量增长期
период отставания 时间滞后; 时滞
период падающей добычи【采】产量下降期
период полураспада【化】半衰期
период постоянной добычи【采】产量稳定期
период продления разведки【地】勘探延长期
период разведки【地】勘探期
период смазки 润滑期
период стабильности【采】稳定期

период строительства скважины 【钻】建井周期
период увеличения закачки【采】增注期
периодизация 时代划分
периодический 周期的
периодичность 周期性
периодичность (ритмичность) осадконакопления【地】沉积周期性, 沉积旋回性
периокеанический【地】大洋边缘的
периферический 边缘的
периферический пояс【地】边缘带
периферический прогиб【地】边缘凹陷
периферический сброс【地】边缘断层
периферия 圆周; 周边
перколятор 渗滤器
перл 珍珠
перманганат【化】高锰酸盐
перманганат калия【化】高锰酸钾
перманетность 永久性, 持续性, 永恒性
Пермская нефтегазоносная провинция【地】彼尔姆含油气省
Пермь【地】二叠系(纪)
перпендикуляр 垂直线
перпендикулярность 垂直性
перпендикулярный 垂直正交的
персонал 人员(职员)
административно-технический персонал 技术管理人员
высококвалифицированный персонал 高技能人员; 熟练工人
дежурный персонал 值班人员
инженерно-технический персонал 技术管理人员, 工程技术队伍
младший обслуживающий персонал 勤杂人员
обслуживающий персонал 服务人员
сменный персонал 轮班人员
перспектива 远景
перспектива разведки【地】勘探远景
перспектива разработки【采】开发远景
пертиты【地】纹长石
перфоратор 打眼机【钻】射孔器(枪)
беспулевой перфоратор【钻】无弹射孔器
гидропескоструйный перфоратор【钻】水力喷砂射孔器
кумулятивный перфоратор【钻】聚能射孔器
пневматический перфоратор【钻】风钻; 气钻
пулеметный перфоратор【钻】连发式射孔枪
селективный перфоратор【钻】选择式射孔枪
стреляющий перфоратор【钻】喷射式射孔枪
торпедный перфоратор【钻】爆炸射孔枪
ударный перфоратор【钻】冲击式射孔器
перфоратор насоснокомпрессорных труб【钻】油管射孔枪
перфоратор обсадных труб【钻】套管射孔枪
перфоратор-пулемет【钻】子弹射孔器
перфорация【钻】射孔(作业)

П

абразивная перфорация【钻】腐蚀射孔
беспулевая перфорация【钻】无弹射孔
гидропескоструйная перфорация【钻】水力喷砂射孔
кумулятивная перфорация【钻】聚能射孔
поинтервальная перфорация【钻】分段射孔
пулевая перфорация【钻】射孔弹射孔
торпедная (снарядная) перфорация【钻】爆炸式射孔
перфорация в колонне【钻】油管内(管柱内)射孔
перфорация в обсадных трубах【钻】套管内射孔
перфорация на кабеле【钻】电缆射孔
перфорация на трубах 油管传输射孔
перфорация при герметизированном устье скважины (перфорация под давлением)【钻】井口密封射孔(带压射孔)
перфорация при спущенной НКТ【钻】过油管射孔
перфорация скважины【钻】裸眼井射孔
перфорирование【钻】射孔
перхлорвинил【化】过氯乙烯
перчатки 手套
пескозащита【采】防砂措施
песколовка【钻】捞砂器
песколовушка【钻】沉砂措施
пескомет 抛砂机
пескомешалка 混砂机
пескомойка【钻】洗砂机
песконоситель【钻】携砂液
пескоотвод【钻】排砂道
пескоотделитель【钻】除砂器
пескоотстойник【钻】沉砂池
пескоочистка【采】喷砂处理
пескопроявление【采】出砂
пескосборник【钻】集砂器
пескосмеситель【钻】砂子搅拌器
пескоструитель【钻】喷砂机
пескоструйка【钻】喷砂设备
пескосыпка【采】撒砂机
песок 砂子
золотоносный песок【地】含金砂
кварцевый песок 石英砂
крупнозернистый песок 粗砂
мелкозернистый песок 细砂
мытый песок 精砂
нефтяной песок【地】油砂
пожарный песок【安】消防砂
среднезернистый песок【地】中粒砂
сыпучий песок【地】散砂
эоловый песок【地】风成砂
песок-плывун 流砂
пестроцветы【地】杂色
песчаник【地】砂岩
алевритистый песчаник【地】含粉砂质砂岩
аркозовый песчаник (аркоз)【地】长石砂岩
асфальтовый песчаник【地】沥青砂岩
битуминозный песчаник【地】含沥青砂岩
глауконитовый песчаник【地】海绿石砂岩
глинисто-известковистый песчаник

【地】含钙泥质砂岩
глинисто-известковый песчаник 【地】泥质钙质砂岩
гравелитистый песчаник【地】含砾砂岩
гравелитовый песчаник【地】砂砾岩, 砾质砂岩
известковистый песчаник【地】含钙砂岩
известковый песчаник【地】钙质砂岩, 灰质砂岩
кварцевый песчаник【地】石英砂岩
кварцитовидный песчаник【地】石英质砂岩
красный глинистый песчаник 【地】红色泥质砂岩
крепкий песчаник【地】坚硬固结砂岩
консолидированный песчаник 【地】固结砂岩
крупнозернистый песчаник【地】粗粒砂岩
мелкозернистый песчаник【地】细粒砂岩
монолитный песчаник【地】单成分砂岩
мономиктовый песчаник【地】单组分砂岩
нефтеносный песчаник【地】含油砂岩
мономинеральный песчаник【地】单矿物砂岩(单矿物含量>95%)
однородный песчаник【地】均质砂岩
олигомиктовый песчаник【地】单岩屑组分砂岩(单矿物含量75%~95%)
оолитовый песчаник【地】鲕状砂岩
пестрый песчаник【地】杂色砂岩
плотный сцементированный песчаник【地】致密胶结砂岩
полимиктовый песчаник【地】复矿物砂岩, 复岩屑砂岩
пористый песчаник【地】孔隙砂岩
псефитовый песчаник【地】砾状砂岩, 砾屑砂岩
русловый песчаник【地】河道砂岩
слюдистый песчаник【地】云母砂岩
твердый песчаник【地】坚硬砂岩
тонкозернистый песчаник【地】细粒砂岩
хорошо (слабо) отсортированный песчаник【地】分选好(差)砂岩
песчаник с глинистым цементом 【地】黏土胶结砂岩
песчаник с карбонатным цементом 【地】碳酸盐质胶结砂岩
песчаник с примесью гравия【地】含砾砂岩
песчаниковый【地】砂岩的
песчанистость【地】含砂率
песчанистый【地】砂质的
петля【钻】(线、绳等)活套, 环扣
петля стального каната【钻】钢绳套
петр. петрография【地】岩石学, 岩相学
петр. эф. петролейный эфир【化】石油醚
петрогенез【地】岩石成因
петрогенетический【地】岩石成因的
петрогенетический минерал【地】造岩矿物
петрогенетическая серия【地】岩系

П

петрогенетический состав【地】岩石成分

петрогенетическая формация【地】岩石建造

петрогения【地】岩石成因学

петрограф【地】岩石学家

петрография【地】岩石学

петролен【地】软沥青

петрофабрика【地】岩组学, 岩石组构

петрофизика【地】岩石物理学

петрофизический【地】岩石物性的

петрохимия【地】岩石化学

петругия 铸造学

печечас 炉时

Печора【地】伯朝拉河

Печорское море【地】伯朝拉海

печь 炉

газовая печь 燃气炉

главная печь 主炉

лабораторная электрическая печь 实验室电炉

мартеновская печь 马丁炉

многокамерная печь 多室炉

муфельная печь【化】马弗炉

обжигательная печь 煅烧炉

однокамерная печь 单室加热炉

отжигательная печь 退火炉

плавильная печь 熔炉

регенерационная печь【炼】再生炉

сушильная печь 干燥炉

топливная печь 燃料炉

электроплавильная печь 电熔炉

печь дожигания хвостового газа【炼】尾气燃烧炉

ПЖ продавочная жидкость【钻】压裂前置液

ПЖ промывочная жидкость【钻】冲洗液; 钻井液, 循环液

ПЗ проектное задание 设计任务书

ПЗП призабойная зона пластов【采】近井底油层段

ПЗУ постоянное запоминающее устройство 永久存储器

ПИБ полиизобутилен【化】聚异丁稀

пик 山峰; 顶峰; 高峰, 最高潮; 峰值

пикет【地】测地形高度标准点【震】桩号

пикет взрыва (ПВ)【震】炮点

пикетаж 定标准点; 安设标桩

пикнометр 比重计

пила 锯

абразивная дисковая пила 砂轮锯

пила-ножовка 手锯

пилаоу-лава【地】枕状熔岩

пилообразный 锯齿形的

пилот-долото【钻】导向钻头, 领眼钻头

пинцет 镊子

пипетка【化】移液管, 吸量管

пипка для масленки 黄油嘴

пирамида 锥体; (埃及)金字塔

пирен【化】吡咻

пиридин【化】吡啶(氮苯)

пиро- 高温的, 热的

пиробензол【化】热解苯

пиробитум【化】焦沥青

пирокатехин【化】邻苯二酚

пироклаз【地】火成破裂

пирокластический【地】火山碎屑的

пирокластический (вулканический) материал【地】火山碎屑物质

пиролиз 高温分解

пиролюзит【地】软锰矿
пирометаморфизм【地】高热变质
пирометр 高温计
пиррол【化】吡咯
пирс【储】栈桥式码头
нефтяной пирс【储】石油码头
пистолет 枪
заправочный пистолет【储】灌油枪
сварочный пистолет 焊枪
пистолет для разбивки раствора【钻】钻井液搅拌枪
пистолет с пневматическим нажатием 气压焊枪
пистолет-распылитель 喷枪
питание 供给; 电源
централизованное питание 集中供电
питание и распределение 供配电
питание сварки 焊接电源
питание током 供电(送电)
питание электростанции током 电站供电
питание энергии 能源供应
питатель 加料器, 给油器
барабанный питатель 圆筒加料器
бункерный питатель 料仓加料器
вибрационный питатель 振动加料器
валковый питатель 辊式加料器
питтинг 麻(点)蚀
ПК пирокластические породы【地】火山碎屑岩
ПК предельная концентрация 极限浓度
ПК протокатагенез【地】早期变质后生作用
плавка (плавление) 熔化
плавкость 可熔性
плавность 均匀性; 平滑度, 平稳
плавун (плывун) 流砂, 浮砂; 溶化土
плавучесть 浮力
плавучий 浮动的
плагиоклазы【地】斜长石
плагиотропный 斜向的
плазма 等离子体
плакат предупредительный【钻】警告牌
плакоантиклиналь【地】平缓背斜
плакосинклиналь【地】平缓向斜
пламегаситель【安】阻火器, 灭火器
пламя 火焰
ацетилено-кислородное пламя 乙炔氧焰
водородно-кислородное пламя 氢氧焰
восстановительное пламя 还原焰
нейтральное пламя 中性焰
окислительное пламя 氧化焰
сварочное пламя 焊接火焰
план 平面图; 计划; 纲要
генеральный план 总平面图
годовой план 年度计划
годовой план с поквартальной разбивкой капитального ремонта 年度分季大修计划
директивный план 上级规定计划
исполнительный генеральный план 施工总图
кассовый план 现金出纳计划
квартальный план 季度计划
кредитовый план 信贷计划
монтажный план 安装平面图
перспективный план 远景计划
производственный план【采】生产计划
пятилетний план 五年计划
рабочий план 作业计划
разбивочный план【震】放线图

рельефный план【地】地形平面图
ситуационный план 形势平面图; 平面效果图
тектонический план【地】构造(格局)图
текущий план 近期计划
утвержденный план разведки【地】批准的勘探计划(规划)
финансовый план 财务计划
экспортно-импортный план 进出口计划
план благоустройства 公用设施图
план ликвидации 弃置方案; 弃置计划
план ликвидации аварии【安】事故处理预案(方案)
план накопления 积累计划
план озеления 绿化图
план организационно-технических мероприятий 技术组织措施方案
план осуществления строительства 施工实施计划
план оценки 评价计划
план по технике безопасности и охране здоровья (**ПТБОЗ**)【安】劳动保护与技术安全方案
план приобретения бурового оборудования【钻】钻井设备购置计划
план производства 生产计划
план разработки【采】开发规划
план расположения 分布平面图
план расположения скважин 井位分布图
план распределения 分配计划
план реализации 销售计划
план сдачи законченных объектов в эксплуатацию 竣工工程移交使用计划
план строительства 施工计划
план-график 计划进度表
план-диаграмма 平面图解
план-задание 计划任务书
план-шайба【钻】平面法兰; 卡盘
планация【地】夷平作用, 均夷作用
планиметр 求积仪
планиметрирование 面积测量
планирование 规划
всестороннее планирование 全面规划
перспективное планирование 远景规划
планирование бюджетных финансов 财政预算规划
планирование геологоразведочных работ【地】地质勘探规划
планирование добычи нефти【采】采油规划
планирование капвложений 基建投资规划
планирование науки и техники 科学技术规划
планировка 平面布置; 平整
вертикальная планировка 垂直面布置
горизонтальная планировка 平面布置
технологическая планировка【采】工艺布置
планировка площадки 平场地【钻】平整井场
планка【钻】板条, 档板, 夹板, 夹条
боковая планка【钻】侧板
нажимная планка боковой стенки【钻】侧墙内压板
нажимная планка бокового щита

【钻】钻台区侧墙压板
проверочная планка 检查用板
стеновая планка【钻】墙板
плановик 计划员
плановый (планируемый) 计划的
планшет топографический 测绘图板
пласт【地】(单一岩性的)地层; 矿层
аллювиальный пласт【地】冲积层
аномально-высокий пласт【地】异常高压层
битуминозный пласт【地】含沥青油砂层
включенный пласт【地】夹层, 间层
водонапорный пласт【地】承压水层
водонепроницаемый пласт【地】隔水层
водоносный пласт【地】含水层
водоупорный пласт【地】不透水层
выклинивающийся пласт вверх по восстанию【地】上倾尖灭岩层
вышележащий пласт【地】上覆地层
газовый пласт【地】气层
газонасыщенный пласт【地】饱含气层
газоносный пласт【地】含气层
глубокозалегающий пласт【地】深部地层
делювиальный пласт【地】洪积层
дислоцированный пласт【地】褶皱错位地层
заменяющий пласт【地】替代层, 接替层
изогнутый пласт【地】弯曲地层
интрузивный пласт【地】侵入岩层
истощенный нефтяной пласт【地】枯竭油层
каменноугольный пласт【地】煤层
коренной пласт【地】基底岩层
крепкий пласт【地】坚硬岩层
крутопадающий пласт【地】陡斜地层
многослойный пласт【地】多层油层
монолитный пласт【地】单一油层, 整装油层
мощный пласт【地】厚层
неоднородный пласт【地】非均质地层
непроницаемый пласт【地】不渗透层
нефтенасыщенный пласт【地】含油层
нефтеносный пласт【地】含油层
нефтяной пласт【地】油层
нижележащий пласт【地】下伏地层
низкоомный пласт【地】低电阻层
низкопроницаемый пласт【地】低渗透层
опорный пласт【地】标准层
опорный пласт, геоэлектрический【地】电测标准层
опрокинутый пласт【地】倒转地层
отдающий пласт【地】出水层
перекрытый пласт【地】超覆层
плановый (целевой) пласт【地】目的层
плоский пласт【地】平缓地层
поглощающий пласт【地】钻井液漏失性地层
подстилающий пласт【地】下伏地层
пологопадающий пласт【地】缓倾斜岩层
пористый пласт【地】孔隙性岩层
пригодный пласт для разработки【地】开发有利层
продуктивный пласт【地】产层

П

промежуточный пласт【地】中间层
промышленный нефтяной пласт【地】工业性油气层
проницаемый пласт【地】渗透性岩层
разобщенный пласт【地】隔离层
рудный пласт【地】(固体)矿层
срезанный денудационный пласт【地】切割剥蚀岩层
сцементированный пласт【地】胶结地层
трещиновато-пористый пласт【地】裂隙—孔隙性岩层
трещиноватый пласт【地】裂缝性油(地)层
угольный пласт【地】煤层
чередующийся пласт【地】交互层
целевой пласт【地】目的层
пласт, подвернутый гидроразрыву【钻】水力压裂层
пласт с горизонтальным залеганием【地】具有水平产状地层
пласт-коллектор【地】含油层
пластина 板块(同плита); 板; 极板
предохранительная пластина【钻】护板
приваренная установочная пластина【钻】焊接安装板
прокладочная пластина воздушной камеры【钻】空气囊(空气包)垫板
пластинка 薄板
срезающая пластинка【钻】剪销板
фрикционная пластинка 摩擦片
пластинка в долоте【钻】钻头镶嵌块
пластификатор 增塑剂, 增韧剂
пластический (пластичный) 塑性的, 可塑的
пластичность 塑性
пластмасса 塑料
пластовый【地】层状的, 层间的; 地层的
пластовая интрузия【地】顺层侵入
пластовый надвиг【地】顺层逆冲断层
пластовый сдвиг【地】顺层平移断层
пластоиспытатель【钻】地层测试仪
трубный пластоиспытатель【钻】管式地层测试仪
пласты-коллекторы【地】储集层; 储油层
плата 付; 支付; 费用
плата за получение геологической информации 获得地质信息资料费用
плата при пользовании недрами 矿产使用费
платеж 支付; 支付金额
валютный платеж 外汇支付
налоговый платеж 税收款
обязательный платеж 必要支付
платеж в бюджет 上缴预算
платеж за пользование недрами 矿产使用费
платеж по займам 偿还借款
платеж по кредиту 支付贷款
платеж по урегулированию расчетов 调整结算支付
платеж против документов 凭单付款
платеж против представления документов 凭提交单付款
платеж процентов 还息; 付息
платина【化】铂(Pt)

П

самородная платина【地】自然铂
плато【地】高原, 台地
вулканическое плато【地】火山高原
карбонатное плато【地】碳酸盐岩台地
платогения【地】造高原作用
Платоновская свита【地】普拉托诺夫组(西伯利亚地台, 文德—下寒武统)
платформа 平台【地】地台
Восточно-Европейская платформа【地】东欧地台(俄罗斯地台)
древняя платформа【地】古地台
Индийская (Индостанская) платформа【地】印度地台
континентальная платформа【地】大陆型地台
левая-правая платформа【钻】左右基座
молодая платформа【地】年轻地台
подвесная платформа для производства ремонтных работ【钻】修井悬挂平台
подъемная платформа 升降台
Русская платформа【地】俄罗斯地台(陆台)
самоподъемная буровая платформа【钻】自动升降式海上钻井平台
Сибирская платформа【钻】西伯利亚地台
стационарная платформа на 3-ых опорах【钻】三立柱固定式钻井平台
транспортная платформа 运输用平车; 移动平台
платформа безопасности【钻】安全平台
платформа **Гондванского** типа【地】冈瓦纳型地台
платформа кронблока【钻】天车台
платформа на море【钻】【采】海上平台
платформа-подъемник【钻】提升式平台
платформенный【地】地台的
платформенная область【地】地台区
платформенный режим【地】地台机制
платформенная формация【地】地台建造
платформенный чехол【地】地台型盖层
платформенный этап【地】地台阶段
плафон на вышке【钻】井架顶灯
плашка【钻】闸板
глухая плашка【钻】死闸板, (死密封)闸板
клипсовая плашка【钻】卡瓦
одинарная цилиндрическая плашка【钻】单缸闸板
полноуплотнительная плашка【钻】全封闸板
резиновая плашка для очистки бурильных труб от глинистого раствора【钻】钻杆刮浆板
срезающая плашка【钻】剪切闸板
трубная плашка【钻】管子板牙
плашка превентера【钻】防喷器闸板
плашкодержатель【钻】板牙架
плащ 覆盖层; 斗篷
плейстоцен【地】更新世
пленка нефти【地】油膜
плесень 长霉

П

плинт 接头座
плинтус【钻】护墙板，踢脚线
плиоцен【地】上新世
плита 炉灶，锅炉；方板，铁板【地】板块(同пластина)
жидкоприемная плита【钻】受液板
опорная плита【钻】支撑板
Западно-Сибирская плита【地】西西伯利板块
Скифская плита【地】斯基夫板块
Евразийская плита【地】欧亚板块
зажимная плита【钻】压板
защитная плита【钻】护板
монтажная плита【钻】安装板
нажимная плита【钻】压板
океаническая плита【地】大洋板块
пенокаучуковая плита【钻】橡胶泡沫板
передняя защитная плита【钻】前护板
Русская плита【地】俄罗斯板块
сдвиговая плита【钻】剪切板
стопорная плита【钻】制动板
Тихоокеанская плита【地】太平洋板块
Туранская плита【地】土兰板块
эпигерцинская плита【地】海西期后板块
плита для набивки【钻】填料夹板
пломба 铅封，铅印
плоский 平的；平面的
плоскогорье【地】高原
плоскогубцы 钳子
плоскостной 平面的
плоскостной смыв【地】面状冲刷流(面流)
плоскость 面，平面
плоскость деформации【地】应变面
плоскость зеркального отражения【震】镜象反射面
плоскость колебаний 振动面
плоскость меридианов【地】子午面
плоскость наибольшего скалывания【地】最大剪切面
плоскость напластования【地】层面
плоскость напряжений【地】应力面
плоскость прерывности【地】间断面
плоскость раздела【地】分界面
плоскость разлома (разрыва)【地】断裂面
плоскость сброса【地】断层面
плоскость сдвига【地】位移面；剪切面
плоскость сжатия 压缩面
плоскость симметрии кристалла【地】晶体对称面
плоскость сопряжения【地】共轭面
плоскость трения 摩擦面
плоскость фронта волны【震】波阵面
плоскость экватора【地】赤道面
плоскость эклиптики【地】黄道面
плотина 坝
плотнометрия【测】密度测井
плотность 密度
кажущаяся плотность 视密度
массовая плотность 质量密度
объемная плотность 体积密度
объемная плотность трещин【地】裂隙体积密度
относительная плотность 相对密度
переменная плотность 变密度

П

поверхностная плотность 表面密度
средняя плотность 平均密度
удельная плотность 单位密度
эквивалентная плотность 当量密度
плотность бурового раствора【钻】钻井液密度
плотность в воде 水中密度
плотность воды 水密度
плотность газа【地】天然气密度
плотность глинистого раствора【钻】泥浆密度
плотность глинистого сланца【地】页岩密度
плотность горной породы【地】岩石密度
плотность **Земли**【地】地球密度
плотность минерала【地】矿物密度
плотность нафтидов【化】萘基密度
плотность нефти в пластовых условиях【地】地层条件下石油密度
плотность перфорации【钻】射孔密度
плотность при 20 градусах【钻】20°C(条件下的)密度
плотность разлома (разрыва)【地】断裂密度
плотность распределений 分布密度
плотность сейсмических линий【震】地震测线密度
плотность сеток скважин【采】井网密度
плотность станционной сети【震】台网密度
плотность структур【地】构造密度(同一构造单元单位面积内构造数量)
плотность сухого грунта 干土密度
плотность трещин【地】裂隙密度
плотность цементного раствора【钻】水泥浆密度
плотность энергии 能量密度
плотностной 密度的
плотностная дифференциация 密度分异
плотностная компенсация 密度补偿
плотностная конвекция 密度对流
плотный 致密的
площадка 场子; 平台
буровая площадка【钻】井场
монтажная площадка 安装厂地
переходная площадка 进出区域
строительная площадка 工地
площадка для опробования【地】测试场地
площадка ротора【钻】转盘边的铺台, 钻盘下边的铺台
площадка скважины【钻】井场
площадка центратора【钻】扶正器台
площадь 面积, 区; 区块
изучаемая (рассматриваемая) площадь【地】研究区
нефтеносная площадь【地】含油区
нефтяная площадь【地】油区
перспективная площадь【地】有前景区
поисковая площадь【地】普查区
разведанная площадь【地】已勘探区
разведочная площадь【地】探区
эксплуатационная площадь【采】采油区
площадь влияния скважины【采】井影响面积, 井控制面积
площадь выходного отверстия 出口区

площадь дренирования скважины 【采】井的供油(水)面积, 井的泄油面积

площадь, дренируемая скважиной 井泄油区

площадь нефтегазосбора【地】集油气区

площадь нефтеносности【地】含油面积

площадь опоры 承压面积

площадь, охваченная заводнением 【采】注水波及区

площадь питания подземных вод 【地】地下水补给区

площадь, разбуренная по плотной сетке【采】加密井网完钻区

площадь разведки【地】勘探区

площадь сечения 横截面积

площадь структур, подготовленных к глубокому бурению【地】预深度钻探构造

площадь съемки 测量面积

плунжер【钻】柱塞

буферный плунжер【钻】缓冲柱塞

двойной плунжер【钻】双柱塞, 串联柱塞

манжетный плунжер【钻】皮碗式柱塞

плунжер с мягким уплотнением 【钻】软密封柱塞

Плутон 冥王星

плутоний【化】钚(Pu)

плывун 流沙; 溶化土

пляж【地】海滩; 席状砂滩

ПМ прибрежно-морской【地】滨海的

ПНБ преимущественно нефтеносный бассейн【地】含油为主的盆地

ПНГБ потенциально нефтегазоносный бассейн【地】潜在含油气盆地

ПНГО перспективная нефтегазоносная область【地】远景含油气区

ПНГО перспективная нефтегазоносная провинция【地】远景含油气省

пневматика 气体力学

пневматический 气动的, 风动的

пневмоиспытание【钻】气密性试验

пневмоключ【钻】气动大钳

пневмораскрепитель【钻】气动卸扣器

пневмосистема【钻】气路系统

пневмоспайдер【钻】气动卡盘

пневмотормоз【钻】气刹车

пневмоцилиндр【机】汽缸

компенсирующий пневмоцилиндр 【钻】补偿汽缸

ПНМП потенциально-нефтематеринская порода【地】潜在生油岩, 潜在石油母岩

побережье【地】沿岸地带, 海滨; 海岸

п-ов. полуостров 半岛

поведение 行为特性

фазовое поведение【震】相特性

поведение пласта【地】储油层特性

повеллит【地】钼钨钙矿

поверка 校验(对)

поверхность 面

абразионная поверхность【地】海蚀面

активная поверхность【化】活性表面

боковая поверхность 侧面
верхняя поверхность 上表面
вогнутая поверхность 凹面
водосборная поверхность【地】汇水面
волновая поверхность【震】波面
горизонтальная поверхность【地】水平面
граничная поверхность 界面
денутационно-аккумулятивная поверхность выравнивания【地】剥蚀堆积夷平面
депрессионная поверхность【采】压降面
дневная поверхность【地】地面, 地表
земная поверхность【地】地表面
излучающая поверхность【震】辐射面
измерительная поверхность【地】测量表面
испаряющая поверхность 蒸发面
контактная поверхность 接触面
наружная поверхность 外表面
нейтральная поверхность【地】中性面
несущая поверхность 承压面积
опорная поверхность 支承面
осевая поверхность【地】轴面
отделяющая поверхность 分界面
отражающая поверхность【震】反射面
посадочная поверхность 配合表面
первичная остаточная поверхность【地】原始残余面
преломляющая поверхность【震】折射面
пьезометрическая поверхность【地】水压面
равнопотенциальная поверхность 等位面; 等势面
равнофазная поверхность 等相面
развернутая поверхность 展开面
режущая поверхность 切削面
свободная поверхность 自由表面
сферическая поверхность 球面
торцевая поверхность【钻】端面
удельная поверхность【地】比表面
удельная поверхность горных пород【地】岩石比表面
фазовая поверхность волны【震】波的相位面
центральная поверхность 中心面
экранирующая поверхность 封隔面
эрозионная поверхность【地】侵蚀面
эрозионная размытая поверхность【地】侵蚀冲刷面
поверхность волны【震】波面
поверхность выравнивания【地】夷平面
поверхность дислокации【地】错动面
поверхность излома【地】断面
поверхность контакта сухарей【钻】钳牙接触面积
поверхность нагрева 受热面
поверхность надвига【地】逆掩断层面
поверхность напластования【地】地层面
поверхность несогласия【地】不整合面
поверхность отдельности【地】节理面
поверхность отложения【地】沉积面

поверхность равного потенциала 【地】等势面
поверхность равных напоров (давления)【地】等压面
поверхность раздела【地】分界面
поверхность раздела первого порядка【地】一级间断面
поверхность разделки 斜面
поверхность размыва (несогласия) 【地】冲刷面(不整合面)
поверхность раскалывания【地】解理面
поверхность сброса【地】断层面
поверхность скольжения【地】断层滑动面
поверхность сноса【地】剥蚀面, 侵蚀面
поверхность среза 剪断面
поверхность трения 摩擦面
поверхностный 表面的
поверхностная вода【地】地表水
поверхностный годограф【震】平面时距曲线
поверхностный горизонт 表层
поверхностная дислокация 表面错位
поверхностное натяжение【地】表面张力
поверхностный сток【地】地表径流
поворот 转动
повреждение 伤害, 损伤【采】储层伤害【钻】故障
механическое повреждение поверхности 机械表面伤害
телесное повреждение 人身伤害
повреждение в процессе эксплуатации 操作过程故障
повреждение продуктивного пласта 【钻】产层伤害

П

повторный 重复的
повторное землетрясение (толчок) 【震】余震
повторная калибровка 重校准, 重标定
повторный маршрут 重复测线
повторное наблюдение 重复观测
повторная нивелировка 重复水准测量
повторная съемка 重复测量(勘测)
повторяемость 重复率; 重复性
повышение 提高
повышение давления на насосе 【采】蹩泵; 提高泵压
повышение нефтеотдачи【采】提高原油采收率
повышение нефтеотдачи пласта 【采】提高油层采收率
повышение устойчивости 提高稳定性
ПОГ пульсационное охлаждение газа 气体脉动冷却
поглотитель 吸收率(性); 吸收剂
поглощение 吸收; 消耗
поверхностное поглощение 表面吸收
поглощение вибраций 振动吸收
поглощение глинистого раствора 【钻】泥浆漏失
поглощение жидкости из скважины пластом【钻】地层吸收井内液体, 地层漏失井内液体
поглощение сейсмических волн 【震】地震波吸收
поглощение удара 减震
пог. м. погонный метр 进尺(米); 直线米, 纵长米, 延米
погон【化】馏分

погонный 长度的; 直线的
погребение【地】沉陷
погребенный 沉没的, 沉陷的, 埋藏的
погребенная (реликтовая) вода【地】埋藏水
погребенная почва【地】古土壤
погребенный разлом【地】隐伏断裂
погребенная терраса【地】淹没阶地, 埋藏阶地
погрешность 误差
абсолютная погрешность 绝对误差
градуированная погрешность 分度误差
допустимая погрешность 允许误差
инструментальная погрешность 仪器误差
максимальная погрешность 最大误差
минимальная погрешность 最小误差
накопленная погрешность 累积误差
номинальная погрешность 公称误差
остаточная погрешность 剩余误差
относительная погрешность 相对误差
предельная погрешность 极限误差
приведенная основная погрешность 基本等效误差
систематическая погрешность 系统误差
случайная погрешность 偶然误差
средняя погрешность 平均误差
средняя погрешность, квадратичная 均方根误差
технологическая погрешность 工艺误差
угловая погрешность 角误差
погрешность анализа 分析误差
погрешность вычисления 计算误差
погрешность метода 方法误差
погрешность показания 指示误差
погрешность при наблюдении 观测误差
погружение 倾伏, 倾没, 下降
погруженный【地】埋藏的; 沉降的
погрузчик 装卸工(叉车工)【钻】抓管机
подавитель 抑制器; 抑制剂
подавление 压制, 抑制
подавление волны помех【震】压制干扰波
подавление помех【震】抑制干扰
подавление шумов【震】压制噪音
подать инструменты на забой【钻】钻具下到井底
подача 供给, 给进, 供应【钻】排量
автоматическая подача【钻】自动给进
гидравлическая подача【钻】液压给进
механическая подача【钻】机械给进
наибольшая подача【钻】(泥浆)最大排量
равномерная подача【钻】均匀给进
роликовая подача【钻】滚筒式给进
ручная подача【钻】手动给进
подача бурового инструмента【钻】钻具给进
подача воды 供水
подача глинистого раствора【钻】泥浆供给(排量)
подача долота【钻】钻头给进
подача масла 供油
подача насоса 泵输送; 泵排量
подача под давлением【钻】高压给

进, 高压输送
подача промывочной жидкости на забой скважины【钻】供钻井液至井底
подача промывочной жидкости при бурении【钻】钻井过程中供钻井液
подача снаряда под действием его тяжести【钻】在自身重力作用下钻具给进
подача сырого газа【炼】进原料气
подача топливного газа【炼】供燃料气
подбор (подобрать) 选配, 匹配, 配比
селективный подбор 优选
подброс【地】上冲断层
подвал 地下室
подвергать 遭到
подвергать действию коррозии 遭到腐蚀
подвергать специальной обработке 经过专门处理
подвергать старению 遭到老化
подвергать сухой перегонке【炼】进行干馏
подвес 悬挂, 悬吊
подвеска【钻】悬挂器; 固定架
гибкая подвеска【钻】挠性悬挂器
жесткая подвеска【钻】刚性悬挂器
канатная подвеска【钻】钢绳悬挂器
клиновая подвеска【钻】楔型悬挂器
подвеска НКТ【钻】油管挂
подвеска подъемных труб【采】举升管悬挂器
подвесной 悬挂的; 吊着的
подвзбросовый【地】逆断层下的
подвижной 移动的, 活动的
подвижная глыба【地】活动岩块, 活动板块
подвижная дислокация【地】活动性断错
подвижная зона【地】活动带
подвижная область【地】活动区
подвижная платформа【地】活动地台
подвижное равновесие 动态平衡
подвижной разрыв【地】活动断裂
подвижной шельф【地】活动陆棚
подвод【钻】引线
подводный 水下的, 海底的
подводная возвышенность【地】海底高地
подводный вулкан【地】海底火山
подводная геоморфология【地】海底地貌
подводная долина【地】海底谷
подводное землетрясение【地】海底地震
подводное извержение【地】海底喷发
подводное излияние【地】海底喷溢
подводный каньон【地】海底峡谷
подводное отложение【地】海底沉积
подводная равнина【地】海底平原
подводный рельеф【地】海底地形
подводная терраса【地】海底阶地
подводная топография【地】海底地形
подгоризонт【地】亚层
подготовка 预处理; 准备
материальная подготовка 物资准备
термохимическая подготовка 热化学预处理
подготовка воды【炼】水预处理

подготовка к монтажу【钻】安装准备
подготовка месторождений (залежей) к разработке【采】油气田(藏)开发准备
подготовка нефти【炼】石油预处理
подготовка объектов к поисковому бурению【钻】目标钻前准备
подготовка природного газа【炼】天然气净化, 天然气预处理
подготовка скважины к эксплуатации【采】准备投产井, 为生产准备井
подготовка структуры к бурению【钻】钻前构造准备
подготовленность месторождения (залежи) для промышленного освоения【采】油气田工业性开发准备程度
подгруппа【化】副族(元素周期表)
поддержание 保持
искусственное поддержание пластового давления【采】人工保持地层压力
поддержание вязкости【钻】保持黏度
поддержание давления【采】保持压力
поддержание пластового давления (ППД)【采】保持地层压力
поддержание стабилизованного свойства раствора【钻】保持钻井液性能稳定
поддержка 底座, 基架
поддержка при укладке трубопровода【储】吊管道下沟支架, 铺设管道支承架
поделочные камни 手工品石料
подземный 地下的
подземный взрыв 地下爆炸
подземная вода【地】地下水
подземное газохранилище【钻】地下储气库
подземная горная выработка【采】地下坑道
подземный горст【地】地下地垒
подземное сооружение 地下建筑
подземный сток【地】地下径流
подземный трубопровод【钻】地下管道
Подкаменная Тунгуска【地】石泉通古斯卡河
подклинка (подскакивание долота на забое, заклинивание долота)【钻】蹩钻
подключать к электросети 接入电网
подключение 接入(水电等), 接通
параллельное подключение дизеля【钻】柴油机并车
подкомплекс нефтегазоносный【地】局部含油气体(有局部盖层的含油气体)
подкос【钻】斜撑
подмазка 涂油
подмости (подмостки) 脚手架
поднос【钻】托盘
поднятие【地】隆起, 凸起
антиклинальное поднятие【地】背斜隆起
валообразное поднятие【地】堤状隆起, 长坦状隆起
краевое поднятие【地】边缘隆起
куполовидное поднятие【地】穹隆状隆起
платформенное поднятие【地】地台隆起

погребенное поднятие【地】隆潜伏隆起
центральное поднятие【地】中央隆起
поднятие облекания【地】披覆隆起
поднятие складки (оси складки)【地】褶曲隆起
подобстановка осадконакопления【地】沉积亚环境(亚相)
подошва 底, 底座
подошва залежи【地】油气藏底部
подошва нефтеносного горизонта【地】含油层底部
подошва пласта【地】地层底面
подписание 签署(订)
подписание договора 签订合同(条约)
подписание документа 签署文件
подпорка【钻】支架
подравнивать【钻】修平
подразделение【地】地层划分
подряд 承包
бригадный подряд 作业队承包
государственный подряд 国家承包
подрядчик 承包方, 合同者
генеральный подрядчик 总承包方, 总承包单位
подсвечник【钻】钻杆盒, 下立根盒
подставка【钻】支座(底下)
ведущая подставка【钻】主支架
грузоподъемная подставка【钻】天车起重架支架
подкрюкоблоковая подставка【钻】大钩支架
подставка лебедки【钻】绞车支架
подставка нижнего корпуса【钻】下壳体支架
подставка обсадной трубы【钻】套管(支)架
подставка электродвигателя【钻】电机架
подстанция 配(变)电站
подстилающий【地】下伏的
подстройка 调谐; 微调
подсчет 计算; 结算
подсчет активных запасов нефти【地】可采石油储量计算
подсчет запасов【地】储量计算
подтверждаемость структур【地】构造可靠性
подтягивание 收缩, 预紧; 从下向上穿进
подтягивание бурильных труб в вышку【钻】向井架立钻杆
подтягивание контурной воды【采】边水收缩
подтягивание конуса воды【采】水锥进
подтягивание конусов и языков обводнения к забою скважины【采】水锥与水舌凸进井底
подтягивать ослабевшие гайки, шпильки и пробки【钻】把松动的螺帽、销子和垫片上紧
подушка 座(垫)
амортизационная подушка【钻】缓冲垫
подход 进入
подход конуса обводнения к скважине【采】水锥向井内侵进
подход фронта рабочего агента【采】工作试剂前缘移近
подходящий 合适的
подцепь【钻】支路, 支链
подчиненное 次要的
подшипник 轴承

двухрядный конический подшипник【钻】双排圆锥轴承
игольчатый подшипник【钻】滚针轴承
радиально-упорный подшипник【钻】径向止推轴承
конусный роликовый подшипник【钻】滚柱锥度轴承
роликовый подшипник【钻】滚柱轴承
самоцентрирующий роликовый подшипник【钻】自动调心滚柱轴承
упорный подшипник【钻】止推轴承
шариковый подшипник с глубокой канавкой【钻】沉槽球轴承
подшипник винтового транспортера【钻】螺旋推进器轴承, 螺旋输送器轴承
подшипник дифференциала【钻】差速器轴承
подшипник скольжения【钻】滑动轴承
подшипник с самоцентровкой【钻】调心轴承
подъем【地】上升【钻】起钻; 提升, 竖起【采】(油气)升举
принудительный подъем【钻】强制起钻
подъем вышки【钻】竖井架
подъем газо-водяного контакта【地】气水界面上升
подъем инструмента (поднять инструмент)【钻】起钻
подъем кабеля【钻】提升电缆
подъем цемента【钻】水泥返高
подъемник 起重机; 通井机; 升举装置
газовый подъемник【钻】气举装置
гидравлический подъемник 液压起重机
тракторный подъемник 拖拉机式起重绞车【采】拖拉机式通井机
эксплуатационный подъемник【采】通井机
подъемник для ремонта скважины【钻】修井举升装置
пожар【安】火灾
пожарник【安】救火员
пожаротушение【安】灭火
поиск【地】普查
прямой поиск месторождения【地】油气田直接普查勘探
тщательный поиск【地】详细普查(详查)
поиск месторождения и залежи【地】油气田(藏)普查勘探
поиско-разведочный【地】勘探的, 预探的
пойма (заливная терраса)【地】河漫滩, 河漫平原
пойменное отложение【地】河漫滩泛滥沉积
показание 读数; 指标
показатель 指数(标)
водородный показатель【测】含氢指数, pH指数
технико-экономический показатель (ТЭП)经济技术指标
показатель нефтегазоносности【地】含油气性指数
показатель планов геологоразведочных работ【地】地质勘探工作指标
показатель преломления【震】折射率

показатель преломления микрокомпонентов **РОВ**【地】微量分散有机质折射率

показатель продуктивности скважин【采】油井采油指数

показатель скин-эффекта скважин【采】油井趋肤效应指数; 油井表皮效应指数

показатель трещиноватой интенсивности【地】裂缝强度指数

показатель цементирования【钻】固井参数

показатель эффективности геологоразведочных работ【地】地质勘探工作效率指标

поковка 锻形, 锻成品, 锻造, 锻件

прецизионная поковка 精密锻件

покой 静止

покров 覆盖层

осадочный покров (чехол платформы)【地】沉积盖层

растительный покров【地】植被覆盖

тектонический покров【地】构造覆盖

покров надвига【地】逆冲断层推覆体

покров шарьяжа【地】逆掩断层推覆体

покрытие 镀层; 涂层; 覆盖物

антикоррозийное покрытие【钻】防腐层

бетонное покрытие 混凝土层

защитное покрытие для труб на асфальтобитумной основе【钻】沥青质管子保管层

покрытосеменные【地】被子植物

покрышка【地】盖层

гидравлическая покрышка【地】水动力盖层

локальная покрышка【地】局部性盖层

региональная покрышка【地】区域性盖层

покупатель (покупщик) 购买者

покупка 购买

Покурская свита【地】波谷尔组(西西伯利亚地台, 阿普特—赛诺曼阶)

пол свечей【钻】立根台

полати【钻】二层平台

поле 场

акустическое поле 声场

векторное поле 矢量场

естественное электрическое поле【地】自然电场

колебательное поле 振动场

магнитное поле【地】磁场

магнитотеллурическое поле **Земли**【地】大地电磁场

наложенное поле 重叠场

нестационарное электромагнитное поле【地】非稳定电磁场

нормальное магнитное поле 标准磁场

нормальное поле напряжений【地】正常应力场

потенциальное поле 位场

сейсмическое волновое поле【震】地震波场

скоростное поле【震】速度场

температурное поле 温度场

тепловое поле 热场

термальное поле【地】地温场

ультразвуковое поле 超声波场

физическое поле 物理场

П

электрическое поле 电场
электромагнитное поле 电磁场
электростатическое поле 静电场
поле в ближней зоне 近源场
поле в дальней зоне 远源场
поле вектора скорости 速度向量场
поле волны【震】波场
поле волны помех【震】干扰波场
поле диполя 偶极电场
поле земного тяготения【地】地球引力场
поле индукции【测】感应场
поле инерции 惯性场
поле отраженных волн【震】反射波场
поле силы тяжести【地】重力场
поле упругих волн【震】弹性波场
полевой 野外的
полевое измерение【地】野外测量
полевое испытание【震】现场试验
полевое исследование【地】野外调查
полевая книжка (полевой дневник) 野外记录本
полевая работа 野外工作
полевой сейсмограф【震】野外地震仪
полезное ископаемое【地】矿产
полет инструмента【钻】钻具掉落
ползун 滑块, 滑筒, 滑板, 十字头, 滑杆
крестовидный ползун 十字滑头
ползучесть 蠕变
ползучесть пород【地】岩石流变性
полиакриламид【化】聚丙烯酰胺
полиакрилат【化】聚丙烯酸酯
полиакрилонитрил【化】聚丙烯腈
полиалкил【化】聚炔基化合物
полиалкилбензол【化】聚烷基苯
полиамид (ПА)【化】聚酰胺
полибитум【化】聚合沥青
поливалентный【化】多价的
поливектор 多向量
поливинилацетхлорид【化】聚(偏)二氯乙烯
поливинилхлорид (ПВХ)【化】聚氯乙烯
полигалит【地】杂卤石
полигексилметакрилат【化】聚乙基甲基丙烯酸酯
полигликол【化】聚乙二醇
полигон 试验场
полидисперсность 多散性
полиен【化】多烯烃
полиизобутилен【化】聚异丁烯
полиизопрен【化】聚异戊二烯
поликарбонат【化】聚碳酸酯
поликонденсация【化】聚合作用
полимер (полимеризат)【化】聚合物
полимергомолог【化】同系聚合物
полимеризация【化】聚合(作用)
полимерлипиды【化】聚脂类
полимиктовый【地】复矿物的, 岩屑的
полинафтены【化】聚环烷烃
полином【化】聚烯烃
полип【地】珊瑚虫; 水螅
полипняк【地】珊瑚树
полипропилен【化】聚丙烯
гранулированный полипропилен【化】颗粒化聚丙烯
полировальник【钻】抛光器
полиспаст кронблока【钻】天车滑轮组(复式滑车)
полистирол (полистирен)【化】聚苯乙烯

П

политен (политэн)【化】聚乙烯
политехника 综合技术
политика 政策(治)
политэкономия 政治经济学
полиуретан (ПУ)【化】聚氨酯; 聚氨基甲酸酯
полиформальдегид【化】聚甲醛
полифосфаты【化】多磷酸盐
полихлорвинил【化】聚氯化乙烯
полихромность 多色性
полициклан【化】多环环烷烃
полиэлектролит【化】聚合电解质
полиэтилен (ПЭ)【化】聚乙烯
полиэтилен низкого давления (ПЭНД)【化】低压聚乙烯
полиэтилентерефталат (ПЭТФ)【化】聚酯合成纤维
полнозаполненный【地】全充填的
пологий 平缓的
положение 位置
вертикальное положение 垂直位置
взаимное положение 相互位置
наклонное положение 倾斜状
низкое положение【钻】低位
согласованное положение 整合, 符合, 一致
общее положение 总则
общее положение объекта 项目概况
осевое положение 轴向位置
полное открытое положение【采】全开状态
положение газо-водяного контакта【地】气水界面位置
положение договора 合同条款
положение при бурении【钻】钻井状况
положение структуры【地】构造位置
положительный 正的【测】正电位
положительная аномалия 正异常
положительная валентность 正化合价
положительное движение 正向运动, 上升运动
положительный допуск【钻】正公差
положительное (отрицательное) колебание береговой линии【地】岸线上升(下降)运动
положительные формы рельефа【地】正地形
положительное угасание【地】正消光
полом 扭坏
полоний【化】钋(Po)
полоса 带状物
выклинивающаяся полоса【地】尖灭地带
глинистая полоса【地】泥质条带
полоса деформации【地】变形带
полоса заграждения【钻】污染带
полоса затухания【震】衰减带
полоса помех【震】干扰带
полоса размыва【地】冲蚀带
полосатый【地】条带状的
полосчатый【地】层状的
полузаполненный【地】半充填的
полукоксование【地】半焦化
полуось 半轴
полупериод 半周期
полуплоскость 半平面
полупроводник 半导体
полупродукт 半成品
полупрозрачный 半透明的
полупустыня【地】半沙漠带
полуциркульный 半圆形的

получение серы【炼】硫黄回收
подушка азотная газовая【采】氮气垫
полушток (надставка)【钻】连杆;中心拉杆
пользование 使用
рациональное пользование и охрана недр 矿产资源合理使用与保护
пользователь 使用者,用户
конечный пользователь【钻】最终用户
пользователь недр 矿产使用人
полюс 极
магнитный полюс 磁极
отрицательный полюс 负极
положительный полюс 正极
электрический полюс 电极
полюс возбуждения 励磁极
полюс одинаковых знаков 同极
полюс разных знаков 异极
поляризатор 偏光镜
поляризация【测】极化作用
самопроизвольная поляризация【测】自然电位;自然极化
поляризация диэлектриков【测】电介质极化
поляризация ионов【测】离子极化
поляризация электродов【测】电极极化
поляризуемость【测】极化率,极化性
поляриметр 旋光计,偏光镜
поляриметрия 旋光测定法
поляриском 旋光计
полярный 极的,极化的
полярная зона【地】寒带
полярный климат【地】极地气候
полярный круг【地】极圈
полярный ледник【地】极地冰川
полярная область【地】两极地区
полярные ось【地】极轴
полярный свет【地】极光
полярная связь 极键
полярность 极性
нормальная полярность 正常极性
отрицательная полярность 负极性
положительная полярность 正极性
полярность поля 场极性
полярность постоянного тока 直流电极性
поляроид 偏光体,偏光片
помбур по трубе【钻】井场管工,井场司钻操作工
помеха 干扰
высокочастотная помеха【震】高频干扰
гармоническая помеха【震】谐振干扰
индуктивная помеха【测】感应干扰
помеха окружающей среды【震】环境干扰
помеха от соседнего канала【震】相邻道干扰
помещение 安置;房子
электрическое помещение【钻】电源房
помещение насосной【钻】泵房
помощник 助手;助理,副手
помощник бурильщика【钻】副司钻
помощник директора 经理助理
помощник кладовщика 副库管员
понижение 降低
понижение давления 压力降低
понижение уровня в скважине【钻】井内液面降低

П

понизитель 倍减器, 降低器; 降压变压器【钻】减低剂, 软化剂
понизитель водоотдачи【钻】失水率降低剂
понизитель вязкости【钻】降黏剂
Понтический бассейн【地】蓬蒂盆地
попадание 落入
поперечник【钻】横梁
поперечный 横的
поперечная долина【地】横向谷
поперечный профиль【地】横剖面
поперечное сопротивление 横电阻
поплавок 浮子; (航路上的)浮标, 浮向; 浮箱, 浮囊; 浮船
поправка 校正
кинематическая поправка【震】动校正
статическая поправка【震】静校正
топографическая поправка【震】地形校正
поправка **Буге**【物】布格校正
поправка времени на глубину скважины【震】井深时间校正
поправка на высоту【地】高度校正
поправка на запаздывание 延迟校正
поправка на зону малых скоростей【震】低速带校正
поправка на нулевую точку【震】归零校正
поправка на рельеф【震】地形校正
поправка на силу тяжести【物】重力校正
поправка на счет отставания глинистого раствора【钻】泥浆迟到校正
поправка на фазу【震】相位校正
поправлять【钻】校直; 改正

пора(ы) 孔隙
внутренние поры【地】内孔
вторичные поры【地】次生孔隙
замкнутые поры【地】闭合孔隙
камерные поры【地】体腔孔
капиллярные поры【地】毛细管孔隙
кристаллическо-форматные поры【地】晶模孔
первичные поры【地】原生孔隙
сообщаемые поры【地】连通孔隙
поры растворения【地】溶蚀孔隙
пористость【地】孔隙(度)
абсолютная (физическая) пористость【地】绝对孔隙度
вторичная (эпигенетичная) пористость【地】次生孔隙度
гранулярная пористость【地】颗粒孔隙度
динамическая (эффективная) пористость【地】有效孔隙度, 流动孔隙度
закрытая пористость【地】闭合孔隙
кавернозная пористость【地】溶蚀孔隙度
каркасная пористость【地】骨架间孔隙
квадратная пористость【地】面孔率(岩心分析)
междукристаллическая пористость【地】晶间孔隙度
открытая пористость【地】开启(有效)孔隙度
первичная (сингенетичная) пористость【地】原生孔隙度
полная пористость【地】总孔隙度
средняя пористость【地】平均孔

П

隙度

теоретическая пористость【地】理论孔隙度

фенестральная пористость【地】蚀窗孔隙, 格状孔隙, 网格孔隙

эпигенетичная (вторичная) пористость【地】次生孔隙度

эффективная пористость【地】有效孔隙

пористость внутри частиц【地】粒内孔隙

пористость горной породы【地】岩石孔隙度

пористость между частицами【地】粒间孔隙

пористость, обусловленная растворением отдельных компонентов породы【地】溶蚀孔隙

пористый【地】孔隙的, 多孔的

порог 临近点; 阈, 极限

палеотемпературный порог【地】古地温门限

порода(ы)【地】岩(石)

автокластическая порода【地】自碎岩

аггрегированная порода (кластогенная порода накопления)【地】集合岩(碎屑聚成岩)

агностогенная порода (афаногенная порода)【地】成因不明岩石(起源不明岩石)

агрегированная порода (кластогенная порода накопления)【地】集合岩, 聚成岩

анизотропная порода【地】非均质岩石

асфальтовая порода【地】沥青岩

атмогенная порода (атмолит)【地】气成岩, 风成岩

афанитовая порода【地】陷晶质岩石

базальтовая порода【地】玄武岩

биогенетическая порода (биогенная горная порода, биолит)【地】生物岩

биогенная порода (органогенная порода, биолиты)【地】生物岩; 有机岩

биокластическая обломочная порода【地】生物碎屑岩

битуминозная горная порода【地】沥青质岩

брекчиевидная порода【地】角砾岩

вмещающая порода【地】围岩

водоносная порода【地】含水岩石

водопроницаемая порода【地】透水岩层

водопроницаемая порода, инертная【地】弱透水性岩石

вторичная горная порода【地】次生岩石

вулканическая порода【地】火山岩

вулканогенно-осадочная порода【地】火山沉积岩

вулкано-массивная порода【地】火山集块岩

выбуренная порода (шлам)【钻】岩屑

газо-нефтеносная порода【地】含油气岩石

газоносная порода【地】含天然气岩石

галогенная порода【地】盐岩

гидатогенная порода【地】水成岩

глинистая порода【地】泥质(黏土)岩

глубинная порода【地】深成岩
горная порода【地】岩石
гранулярная порода【地】颗粒状岩石
грубообломочная порода【地】极粗碎屑岩
детритовая порода【地】内碎屑沉积岩石
зернистая порода【地】粒状岩石
изверженная порода【地】火成岩，火山岩
излившаяся порода (эффузивная порода)【地】喷出岩，溢出岩
иловатая порода【地】淤泥岩
интрузивная порода【地】侵入岩
ирруптивная (интрузивная) порода【地】侵入岩
кавернозная порода【地】孔洞型岩石
карбонатная порода (карбонатиты)【地】碳酸盐岩
катогенная порода【地】水成岩
кислая порода【地】酸性岩
кластическая порода【地】碎屑状岩石
крепкая порода【地】坚硬固结岩石
криптокристаллическая порода【地】隐晶质岩
кристаллическая порода【地】结晶岩
крупнозернистая порода【地】粗粒岩石
магматическая порода【地】岩浆岩，火成岩
малопористая порода【地】低孔隙型岩石
массивная порода【地】块状岩
материнская порода【地】母岩(烃源岩)，原生岩
мергелистая порода (мергель)【地】泥灰岩
метаморфическая порода【地】变质岩
миндалекаменная порода【地】杏仁状岩石
мономинеральная порода【地】单矿物岩石
наклонная порода【地】倾斜岩层
нарушенная порода【地】破裂岩石
нейтральная порода【地】中性岩
нефтематеринская (нефтепроизводящая) порода【地】生油岩
нефтенасыщенная порода【地】含油岩石
нефтеносная порода【地】含油岩石
нефтесодержащая порода【地】含油岩层
обломочная порода【地】(不同成因)碎屑颗粒岩石
огнеупорная порода【地】耐火岩石
однородно-проницаемая порода【地】均质渗透性岩石
однородная порода【地】均质岩
органогенная порода (биолиты, органолиты)【地】生物岩，有机岩
органическая порода【地】有机岩
осадочная порода【地】沉积岩
основная порода【地】基性岩
пелитовая порода【地】泥岩
пестроцветная порода【地】杂色岩石
песчанная порода (псаммиты)【地】砂岩
пирогенная порода【地】火成岩
пирокластическая порода【地】火山碎屑岩

П

пластичная порода【地】塑性岩
подстилающая порода【地】下伏岩石
покрывающая горная порода【地】上覆岩层
полимиктовая порода【地】复矿物岩石
полнокристаллическая порода【地】全晶质岩
пористая порода【地】孔隙性岩石
проницаемая порода【地】渗透性岩石
пузырчатая порода【地】气孔状岩石
руководящая порода【地】标准岩石, 指示岩石
рыхлая порода【地】疏松岩石
рыхлая порода, нефтеносная【地】疏松含油岩层
сланцеватая порода【地】片理化岩石
смешанная порода【地】混杂沉积岩
средняя порода【地】中性岩
суперфузивная порода【地】喷出溢流岩
сцементированная порода【地】胶结岩石
талассическая порода【地】深海岩, 海成岩(大洋岩)
твердая порода【地】坚硬岩石
терригенная порода【地】陆源碎屑岩
трещиноватая порода【地】裂隙性岩石
туфогенная порода【地】凝灰岩
ультракислая порода【地】超酸性岩
ультраосновная порода【地】超基性岩
устойчивая порода【地】稳定岩石
флишевая порода【地】复理石
фундаментная порода【地】基底岩
хемогенная порода (химические осадки)【地】化学沉积岩
химическая (хемогенная) осадочная порода【地】化学沉积岩
хорошо отсортированная порода【地】分选较好岩石
щелочная порода【地】碱性岩
щелочноземельная порода【地】碱土岩
экзогенетическая (экзогенная) порода【地】外生岩
экструзивная порода【地】喷发岩
эруптивная порода【地】火成岩
эффузивная (излившаяся) порода【地】喷发岩
порода малого сопротивления【地】低电阻岩石
порода одного возраста【地】同年代岩石
порода средней твердости【地】中等硬度岩石
породообразующий【地】造岩的
породообразующие минералы【地】造岩矿物
породообразующие организмы【地】造岩生物
породоразрушение【钻】破岩
породы-коллекторы【地】储集岩层
поролон【化】氨纶; 聚氨脂泡沫塑料
портал【钻】龙门架(起重机); 大门(井架)
портативный 轻便式

портландцемент 硅酸盐水泥
порфирин【化】卟啉
порфировый【地】斑状的
поршень 活塞
двойной поршень【机】双活塞
трехцилиндровый поршень【机】三缸柱塞
поршень в сборе【机】活塞总成
поршень дизеля【机】柴油机活塞
поршень одинарного действия【机】单作用活塞
поршневание【机】拔活塞; 抽汲, 抽吸
поршневой 活塞的
порядок 顺序; 手续; 程序【地】构造级次
установленный порядок 规定程序
порядок остановки【炼】停车程序
порядок получения государственной лицензии 取得国家许可证程序
порядок пуска【炼】开车程序
порядок согласования 审批程序
порядок тектонических структур【地】构造级次
посад 装料
посадка 下钻遇阻; 坐放; 配合, 嵌合
свободная посадка 松配合, 自由配合
посадка инструмента【钻】钻具遇阻
посадка клапана【钻】封阀座
последействие 后果【钻】后效
последовательно 依次地
последовательность 顺序, 思路【地】层序
вертикальная последовательность【地】垂直沉积层序
гранулометрическая последовательность【地】粒序层序
латеральная последовательность【地】侧向沉积序列
наложенная последовательность【地】叠加层序
фациальная последовательность【地】沉积相序
последовательность выполнения работ 工作思路
последовательность нефтепоисковых работ【地】石油普查工作思路
последовательность операции【钻】作业顺序
последовательность осадконакопления【地】沉积序列(沉积层序)
последующее 后者
пост бурильщика【钻】司钻操纵台
поставить【钻】输送(管线)
поставка 供应
поставка в комплекте 成套供应
поставка газа 供天然气
поставка нефти 供石油
поставщик 供应者
постепенность 渐变性
посторонний 外来的
постоянная 常数
абсолютная постоянная 绝对常数
газовая постоянная【采】气体常数
постоянная времени 时间常数
постоянная крутящего момента【机】扭矩常数
постплатформенный【地】地台期后的
построение 建立; 构成【震】成图
построение сейсмических изображений【震】地震成图
построение структурных карт【震】构造成图

постройка【地】建造

органогенная постройка【地】生物建造

постройка черных курильщиков【地】海底黑烟囱建造

постседиментационный【地】沉积期后的

постседиментационная складчатость【地】沉积期后褶皱作用

постсейсмический【震】余震的

постулат 假设

постумный 后继的

постумное движение【地】后继运动

постумная складчатость【地】后继褶皱运动

поступление песка из пласта в скважину【采】地层向井内出砂

потенциал 电位, 电势; 潜力

генерационный потенциал【地】生(烃)潜力

естественный потенциал【测】自然电位

ионизационный потенциал 电离势

нормальный электродный потенциал【测】标准电极电位

нулевой потенциал【测】零电位

окислительно-восстановительный потенциал 氧化—还原电位

отрицательный потенциал 负电位

скважинный потенциал【采】井的前景, 单井生产能力

электрический потенциал【测】电位

электродный потенциал【测】电极电位

потенциал естественной поляризации【测】自然极化电位

потенциал **Земли**【物】大地电位

потенциал на заземлении【物】接地电位

потенциал нефте(газо)генерации【地】生油气潜力

потенциал поляризации【测】极化电位

потенциал притяжения **Земли**【地】地球引力势, 地球重力势

потенциал самопроизвольной поляризации【测】自然电位

потенциал электрода【测】电极电位

потенциал-зонд【测】电位电极系

потенциал-зондирование【测】电位测深

потенциальный 势的; 位的; 潜在的, 潜藏的; 可能的, 潜伏的

потенциальная опасность【安】潜在危险性

потенциальное падение 位势降

потенциальное поле 势场

потенциальная энергия 势能

потенциометр【测】电位计

потеря 失去; 损耗, 损失

значительная потеря расхода【钻】流量大损耗

рефлективная потеря 反射损失

потеря глинистого раствора【钻】泥浆损耗

потеря давления【钻】失去压力

потеря напора 落差, 损失水头

потеря работоспособности 机器失灵

потеря устойчивости 失去稳定性

потеря хода 失去行动能力

потеря (ухода) циркуляции【钻】循环失灵

поток 流

восходящий поток в стволе скважины【钻】井眼内上升流体
грунтовый поток【地】潜水流
двухфазный поток 两相流
диффузионный поток 扩散流
ламинарный поток 层流
многофазный поток 多相流
мутьевой (турбинный) поток【地】浊流
нисходящий поток 向下流动
обратный поток 逆向流
одножидкостный поток【采】单相流
плоскорадиальный поток【采】平面径向流
потенциальный поток 势流
радиальный поток【采】径向流
тепловой поток 热流
трехфазный поток 三相流
трехфазный поток нефти, воды и газа【采】油气水三相流
турбинный (мутьевой) поток【地】浊流
турбулентный поток 紊流; 涡流
циркуляционный поток 环流
поток воздуха 气流
потребление 需求
потребление нефти 石油需求
потребление природного газа 天然气需求
потребление энергии 能源需求
почка【地】结核
пошлины таможенные 关税
ПОЭ проект опытной эксплуатации【采】试采方案
пояс【地】地带; 时区; 地区【钻】井架横梁
безопасный пояс 安全带
вулканогенный пояс【地】火山带
орогенный пояс【地】造山带
подвижный пояс【地】活动带
угловой пояс【钻】人字架斜撑杆
Урало-Монгольский геосинклинальный складчатый пояс【地】乌拉尔—蒙古地槽褶皱带
пояс активного вулканизма【地】火山活动带
пояс внутриокеанических рифтовых структур (ПВРС)【地】洋内裂谷构造带
пояс выветривания【地】风化带
пояс глобального сжатия【地】全球挤压带
пояс глубинных разломов【地】深断裂带
пояс землетрясений【地】地震带
пояс нефтяной залежи【地】油藏带
пояс отрицательных аномалий【地】负异常带
пояс положительных аномалий【地】正异常带
пояс предгорий【地】山前地带
пояс производства【地】产油地区
пояс разлома【地】断裂带
пояс рифта【地】裂谷带
ПП полипропилен【化】聚丙烯
П/П по порядку 按顺序
ПП пункт приема【震】接收点
ППД пластовое полезное давление【地】地层有效压力
ППД поддержание пластового давления【采】保持地层压力, 地层压力保持
ППП потеря при прокаливании 烧失量
ППР планово-предупредительный

ремонт 计划预维修

ППТО прямопаровой теплообменник 直接蒸汽换热器

ППУ паро-производящая установка 蒸汽发生设备, 蒸汽发生装置

ППУ передвижная парогенераторная установка 移动式蒸汽发生装置

ППУ промышленная паровая установка 工业锅炉装置; 锅炉车

ППЭ проект пробной эксплуатации 【采】试采方案

ПР подготовка к разработке【采】准备投入开发

ПР преобразователь ржавчины 锈迹转换器

ПР проект разработки【采】开发方案

правило 规则, 定理; 规章, 条例; 准则, 惯例

противопожарное правило【安】防火条例

техническое правило 技术规范

эмпирическое правило 经验法则

правило безопасной эксплуатации【安】安全操作规程

правило безопасности 安全规范

правило движения по автомобильным дорогам 公路交通规则

правило по технике безопасности 技术安全规程

правило приема 验收规则

правила разработки【采】开发条例

правила разработки месторождения【采】油气田开发规范

право 权利

исключительное право 排它性权利

применимое право 适用法律

приоритетное право 优先权

право пользователя недр 矿产使用者权力

право собственности на активы 资产所有权

правопреемник 继承者

празеодим【化】镨(Pr)

праймер эпоксидный【化】环氧树脂涂料

практика международная нефтепромысловая 国际石油工业惯例

превентер【钻】防喷器, 封井器

вращающийся превентер【钻】旋转式防喷器

гидравлический плашечный противовыбросовый превентер【钻】液压控制闸板式防喷器

гидравлический универсальный противовыбросовый превентер【钻】液压控制万能防喷器

глухой превентер【钻】全封防喷器

кольцевой превентер【钻】环型防喷器

плашечный превентер【钻】闸板防喷器

плашечный превентер, одинарный【钻】单闸板防喷器

плашечный превентер, ремонтный【钻】修井闸板防喷器

плашечный превентер, спаренный【钻】双闸板防喷器

поршневой превентер с двухсторонним фланцевым【钻】双向法兰活塞式防喷器

срезающий превентер【钻】剪切闸板防喷器

стационарный превентер【钻】固定式防喷器

сферический превентер【钻】万能防喷器
тройной превентер【钻】三联防喷器
универсальный превентер【钻】万能防喷器
универсальный превентер, вращающийся【钻】通用旋转式防喷器
универсальный превентер, гидравлический (**ПУГ**)【钻】万能液压防喷器
превентер с двумя плашками【钻】双闸板防喷器
превентер с пневматическим управлением【钻】气(液)动防喷器, 气(液)动封井器
преграда (барьер, ограждение)【地】洲堤; 障碍物
предгорный【地】山前的; 前陆的
предел 界限; 范围; 极点
максимальный предел взрыва 爆炸极限
нижний предел показания уровня масла 油标指示器下限
регулирующий предел трансформатора 变压器调压范围
предел измерения 测量范围
предел пластичности 塑性极限
предел применимости 使用范围
предел прочности породы【地】岩石强度极限
предел расхода 流量范围
предел регулирования【钻】调节范围
предел текучести 屈服强度(极限)
предел упругости 弹性限度
предел усталости 疲劳强度极限
предельный 极限的, 最大的, 临界的
предельная влагоемкость 最大含水量
предельная влажность 饱和湿度
предельная глубина 临界深度
предельная зольность 最高灰分
предельный срок хранения 最大保藏期
предельный уклон 最大比降, 最大坡度
предисловие 前言, 绪言
Предкавказский краевой прогиб【地】前高加索边缘凹陷
Предкавказье【地】前高加索
предмет 课程; 科目; 物品; 对象
посторонний предмет【钻】不相干物体
предмет договора 合同标的
предмет охраны труда 劳动保护用品
предложение 建议; 提议; 合同报价
предоставление 提供; 给予
предоставление недр для разработки【地】供开发的矿产资源
предоставление права 授予权力
предотвращение【钻】防止
предотвращение загрязнения 预防污染
предохранитель 保护装置; 熔断器, 保险丝
плавкий предохранитель 可熔化保险丝
предохранитель резьбы 护丝
предохранитель фонтанной арматуры【采】采油(气)装置安全阀
предохранительный【安】安全的, 预防的
предохранительные ботинки【安】安全靴
предохранительная диафрагма【安】安全隔膜

П

предохранительный клапан【安】安全阀
предохранительный кожух【安】安全防护罩
предохранительная лампа【安】安全灯
предохранительный патрубок【安】安全接管,保护管
предохранительная сетка【安】安全网
предполагаемый 推测
предполагаемый запас【地】推测储量
предположительный 预定的
предпосылка 前提
предприятие 企业
нефтегазодобывающее предприятие【采】油气开采企业
предприятие по добыче нефти【采】采油企业
предсейсмический【震】震前的
представить бюджет на рассмотрение 上交预算审核
представление 提交,上报
предупреждение 警告;预先通知;防止
предупреждение выбросов【钻】井喷警告
предупреждение загрязнения окружающей среды【安】防止污染环境
Предуральский краевой прогиб【地】乌拉尔山前凹陷
Предуральская нефтегазоносная область【地】乌拉尔山前含油气区
предусмотрение (合同)规定
Постановление Президента 总统令
прекращение права пользования недрами 矿产使用权终止
преломление 折射
преломленный【震】折射的
преобладающие минералы【地】主要矿物,优势矿物
преобразование 变(转)换;切换
метасоматическое преобразование【地】交代改造作用
физико-химическое преобразование 物理化学变化
преобразование «время-глубина»【震】时深转换
преобразование сейсмических данных【震】地震资料转换
преобразование **Фурье**【震】付立叶变换
преобразователь【钻】转换器
гидравлический преобразователь крутящего момента【钻】液压变矩器
обратный преобразователь【钻】逆变器
частотный преобразователь 变频器
преобразователь непрерывных данных в дискретные или цифровые 连续数据向离散(或数字化)数据转换器
преобразователь с тиристором【钻】晶闸管变频器
преобразователь частоты 变频器
препарат【地】(供实验,研究用的动植物)标本;标本切片;光片,磨片
прерыватель 断续器
пресноводный【地】淡水的
пресный 淡的;淡水的;没有加盐的
пресс 压力机
дыропробивной пресс【钻】冲孔机

кабельный пресс【钻】压线钳
пакетировочный пресс 打包机
пресс-автомат 自动压力机
пресс-масленка 黄油枪
пресс-насос 注油器
пресспоршень (прессовый поршень) 压力活塞
прибавление 附录
приближенный 近似的
прибор 仪器(表)
глубинный прибор【钻】井下仪器
гравиметрический прибор【地】重力仪器
зубоизмерительный прибор【钻】测齿仪, 量齿仪
измерительный прибор【钻】测量仪表
измерительный прибор для бурения【钻】钻井测量仪表
изоляционный качающийся прибор【采】绝缘摇表
контрольно-измерительный прибор 控制测量仪表, 检测仪器
корректирующий прибор 标定仪表
нагнетательный прибор 增压仪
скважинный прибор【采】井下仪器
универсальный защитный прибор для измерения корректировки 综合保护校验仪
универсальный прибор измерения трансформатора【采】互感器综合测试仪
прибор для замера сероводорода【采】硫化氢检测仪
прибор для измерения поверхностного натяжения методом висячей капли【采】液珠悬挂法测表面张力仪
прибор для механического каротажа【测】机械测井仪(在钻井过程中测钻时、钻深)
прибор для обнаружения утечки 泄漏探测仪
прибор для определения газов【采】气体测量仪
прибор для определения содержания воды в нефти【采】石油含水量测量仪
прибор для определения содержания песка в буровых растворах【钻】钻井液含砂量测试仪
прибор для отмучивания 沉淀分离测量仪
прибор для электрокаротажа【测】电测井仪器
прибор измерения группы подключения для трансформатора 变压器接线组测试仪
прибор измерения заземленного сопротивления 接地电阻测试仪
прибор измерения искривления скважины【测】井斜仪
прибор измерения молниеприемника【安】避雷器测试仪
прибор измерения сопротивления постоянного тока 直流电阻测试仪
прибор измерения течения【采】液体流量计
прибор испытания изолированного сопротивления высокого напряжения【采】高压绝缘电阻测试仪
прибор испытания серийного резонанса 串联谐振试验仪
прибор на кабеле【钻】电缆(地层)测试仪
прибор по забойному ориентирова-

нию【钻】井底定向仪
прибор с набором сит 筛选器
приборчик 仪表工
прибрежный【地】滨岸的
прибрежный вал (бар)【地】沿岸坝
прибрежное (эпиконтинентальное) море【地】陆缘海
прибрежные отложения【地】滨岸沉积
прибрежная фация【地】滨岸相
прибыль 利润
приватизация 私有化
приведение данных съемок к общей системе координат 测量资料统一坐标化
приведенный 折算的, 换算的, 折合的
привнос【地】外来物质加入
привод 传动装置(同передача, трансмиссия)【钻】顶驱动装置
верхний привод переменного тока【钻】交流电顶驱
верхний силовой привод (**ВСП**)【钻】顶部驱动装置, 顶驱装置
дизельно-гидравлический привод【钻】柴油液压驱动装置
дизельный привод【钻】柴油机驱动
забойный привод【钻】井底驱动
индивидуальный привод к ротору (**ПИР**)【钻】转盘单独驱动装置
пневматический привод【钻】气动驱动
пневмогидравлический привод【钻】气液联合传动装置
ручной привод【钻】手动锁紧杆
силовой привод【钻】动力驱动
цепной привод【钻】链驱动
привод гибкой муфты【钻】柔性联轴器驱动
привод от взрывоопасного электродвигателя【钻】防爆电机驱动
привод от электродвигателя【钻】电机驱动
привязка 标测, 标定, 连结; 归属性
геологическая привязка【震】地质(层位)标定; 地质层位归位
нефтегазоносная привязка объекта【地】勘探目标含油气归属性(нефтегазоносная провинция, область, район)
тектоническая привязка объекта【地】勘探目标构造归属性(надпорядковая тектоническая структура, элемент 1-го порядка, элемент 2-го порядка, название структуры)
привязка сейсмических горизонтов【震】地震层位标定
приглашение для участия в тендере 邀请参加投标, 邀标
пригодность 可用性, 可行性
пригодный к эксплуатации 操作可行的
приготовление 配制
приготовление бентонитовой пасты【钻】配制膨润土泥浆
приготовление бентонитового раствора【钻】配制膨润土泥浆
приготовление бурового раствора【钻】配制钻井液
приготовление полимерного раствора【钻】配制胶液; 配制聚合物钻井液
придание хрупкости 致脆
придонный【地】水底的, 海底的
прием 接收

дальний прием【震】远距离接收
регулируемый направленный прием (РНП)【震】定向调节接收
регулируемый направленный прием сейсмических волн【震】地震波定向调节接收(检波)
прием и передача 交接
прием сигнала 信号接收
прием скребка【储】接收清管器;接收刮井器
приемистость 接收量,容量
приемистость нагнетательной скважины【采】注水井接收能力
приемник 接收器
приемник для бурового раствора【钻】(从井眼或钻杆返出的)泥浆接收槽
приемник скребка【储】收球筒;刮管器接收装置
Приенисейская антеклиза【地】叶尼塞地向斜
прижим кернов【钻】岩心夹持器
приземной【地】近地表的
призма 棱柱(体);棱镜
признак【地】标志,标志性特征
отличный признак【地】非常好的油气显示
характерный признак【地】特有的油气显示,典型的显示
признак наличия больших запасов нефти【地】富油显示
признак нефти【地】油苗
признак нефти и газа【地】油和气显示
признак нефтеносности (нефтепроявление)【地】含油标志
Прикаспийская нефтегазоносная провинция【地】滨里海含油气盆地
Прикаспийская синеклиза【地】滨里海地向斜
прикладный 应用的,实用的
прикосновение【地】接触
прилегание плотное 密集黏合
прилегать к чему 贴合
прилив (铸件)凸起部,凸耳【地】潮汐;涨潮
приливный【地】潮汐的
приложение 附件,备注
приложенный 附加的,外加的
приложить силу【钻】施力
применение 使用;采用;运用
практическое применение 实际应用
промышленное применение 工业运用
применение в промысловых условиях【采】矿场条件下使用
применение мер безопасности 采取安全措施
применение полимеров【采】采用聚合物
применять проект【采】采用方案
примесь (固相)杂质
приморский【地】滨海的
принадлежность 从属;归属
тектоническая принадлежность【地】构造属性
территориальная принадлежность【地】区域归属性
принадлежность для монтажа【钻】安装部件
принужденный 受迫的,强迫的
принцип 原则;法则
принцип **Гюйгенса**【震】惠更斯原理
приозерье【地】湖滨

приоритетность 优先权
приоритетный 优先的
приостановка 暂停
приоткрыть 稍开
припай береговой【地】沿岸冰
приплата 追加费
приподнятый【地】隆起的, 微凸起的
приподнять 微抬起【钻】短起
припой 焊锡膏, 焊剂, 焊锡
приработка 磨合试转
приразломный【地】断裂带的; 沿断裂的
приращение времени, нормальное【震】正常地震时差, 正常时差
прирост 增长, 增加
прирост запасов нефти и газа【地】油气储量增长
прирост запасов по категориям【地】储量升级
прирусловая пойма【地】河岸漫滩
присадка 加料, 添加剂, 漆, 涂布油
присоединение 联合, 结合
приспособление 适应; 装置; 设备
делительное приспособление 分度器
зажимное приспособление【钻】夹紧装置, 制动装置, 压紧装置
замыкающее приспособление【钻】闩合件
захватывающее приспособление【钻】捕捉器
конусное приспособление 锥形附件
опорное приспособление 传动装置; 支柱, 支承
улавливающее приспособление【钻】捕集器; 打捞设施
приспособляемость хорошая【钻】通用性强
приставка 附件; 附加器
пристан【化】2, 6, 10, 14—四甲基十五烷; 姥鲛烷
пристань нефтяная【储】栈桥式石油码头
приступ расточки【钻】孔台肩
притирка 研磨, 细磨
приток 入流量; 补给量; (测试液体)流
промышленный приток【采】工业性油气流
приток газа【地】气流
приток капитала 资金流
приток нефти【地】油流
приток пластовых вод【地】地层水流
приток поверхностных вод【地】地表水流
приток подземных вод【地】地下水流
притяжение 引力
взаимное притяжение 相互吸引
капиллярное притяжение 毛细管引力
магнитное притяжение 磁引力
молекулярное притяжение 分子引力
прихват (прихватка)【钻】卡钻, 遇卡
шлицевой прихват【钻】键槽卡钻
прихват инструмента, происходящий вследствие образования желобов на стенках скважины【钻】井壁形成卡槽而卡工具
прихватоопределитель【钻】卡钻测定器
прицеп【钻】拖车
причал сливо-наливной【储】沿岸装卸码头

П

проба【化】样(品), 试样
газовая проба【化】气样
глубинная проба【化】井下样品
забойная проба нефти【化】井底油样
колориметрическая проба【化】比色试样
контрольная проба【化】控制样品
лабораторная проба【化】实验室样品
осколочная проба【钻】钻屑样品
пластовая проба нефти【化】地层油样
рекомбинированная проба【化】复合样品; 再组合样品
сепараторная проба нефти【化】分离器油样
шламовая проба【钻】岩屑样品
проба благородных металлов 贵金属成色
проба воды【化】水样
проба для анализа【化】分析样品
проба для испытаний【化】测试样品
проба нефти【化】油样
проба **Фишера** 菲舍尔样
пробег 行程, 路径
пробел в данных наблюдений 观测资料中断, 观测资料空白
пробиваемость 击穿力
пробивание 击穿
пробирка【化】试管
пробит【钻】击穿
пробка 堵头, 丝堵; 堵塞
водяная пробка в скважине【采】井内水堵
гидратная пробка【采】水合物堵塞
глухая пробка【钻】盲堵
дизельная пробка【钻】柴油塞
забойная пробка【采】井底砂堵
направляющая башмачная пробка【钻】引鞋
парафиновая пробка【采】蜡堵
песчаная пробка【采】砂堵
песчано-глинистая пробка【采】泥砂堵
предохранительная пробка 插塞式保险丝; 熔线塞
противопожарная пробка 防火栓
резная пробка【采】剪切堵
спускная пробка【采】放空堵头
цементировочная пробка, извлекаемая【钻】可取出的水泥塞
цементная пробка (стакан)【钻】水泥塞
цементная пробка, направляющая【钻】水泥引鞋
четырехгранная пробка【钻】四方螺塞
пробка глинистого раствора【钻】泥浆堵
пробка для выхода грязи【钻】排污丝堵
пробка (заглушка) для труб【钻】管塞
пробка-болт【钻】丝堵
пробка-винт【采】旋塞, 丝堵
пробка-пакер【钻】塞式封隔器; 桥塞
пробка-пакер в скважине【钻】井下封塞
пробкообразование【采】形成砂堵【钻】砂堵
проблема фундаментальная 基础问题
пробный 试验的

пробные откачки воды【采】抽水试验
пробоотбиратель керна【钻】岩心采样器
пробоотборник【钻】【采】取样器
всасывающий пробоотборник【钻】吸入式取样器
всасывающий пробоотборник, глубинный【钻】吸入式井下取样器
газовый пробоотборник【钻】气样取样器
двухклапанный пробоотборник【钻】双阀取样器
пробоотборник для воды【采】水取样器
пробоотборник для жидкостей【采】液体取样器
пробоотборник для нефтепродуктов【采】石油产品取样器
ппробоотборник открытого типа【钻】开口采样器
пробуксовка 滑动, 打滑, 空转; 工作无进展, 停滞不前
пробуренный 已钻的
провар 焊透
проведение регулярное 定期举行
проверка капитальная 大检查
проветривание (вентиляция) 通风
провинция【地】省, 区
нефтегазоносная провинция【地】含油气省
нефтегазоносная провинция, **Аму-Дарьинская**【地】阿姆河含油气省
нефтегазоносная провинция, **Волго-Уральская**【地】伏尔加—乌拉尔含油气省
нефтегазоносная провинция, **Днепровско-Припятская**【地】第涅伯—普里皮亚含油气省
нефтегазоносная провинция, **Енисейско-Лаптевская**【地】叶尼塞—拉普捷夫含油气省
нефтегазоносная провинция, **Западно-Сибирская**【地】西西伯利亚含油气省
нефтегазоносная провинция, **Камчатская**【地】堪察加含油气省
нефтегазоносная провинция, **Лено-Вилюйская**【地】勒拿—维柳伊含油气省
нефтегазоносная провинция, **Лено-Тунгусская**【地】勒拿—通古斯含油气省
нефтегазоносная провинция, **Охотская**【地】鄂霍次克含油气省
нефтегазоносная провинция, **Прикаспийская**【地】滨里海含油气省
нефтегазоносная провинция, **Тимано-Печорская**【地】蒂曼—伯朝拉含油气省
нефтегазоносная провинция, **Северо-Кавказская**【地】北高加索含油气省
нефтегазоносная провинция, **Южно-Каспийская**【地】南里海含油气省
провод 导体, 导线【采】管线; 电线
вентиляционный провод 风筒
входной провод【钻】进线
голый провод 裸线
магистральный провод【储】长输管线
нефтегазовой провод【储】油气

П

管道
промысловый провод【储】内输管道, 矿场内部集输管道
провод с резиновой изоляцией 橡胶绝缘管道
проводимость 传导性
продольная проводимость 纵向传导率
проводимость глинистого раствора【钻】泥浆导电率
проводимость тепла【地】导热性
проводка 敷设电缆; 布线
проводник 导体; 导线
проволока 铁丝, 钢丝
оборванная проволока 断丝
сварочная проволока 焊锡丝
стальная проволока 钢丝
цинкованная стальная проволока 镀锌钢丝
прогиб 下垂; 下弯; 挠度【地】凹陷(狭长型)
геосинклинальный прогиб【地】地槽凹陷
грабенообразный прогиб【地】断陷
компенсированный прогиб【地】补偿型凹陷
краевой прогиб【地】边缘凹陷
орогенный прогиб【地】造山带凹陷(包括山前与山间凹陷)
передовой прогиб【地】前渊凹陷; 前缘凹陷
перикратонный прогиб【地】克拉通边缘凹陷
предгорный прогиб【地】山前(前陆)凹陷
унаследованный прогиб【地】继承性凹陷
прогибание【地】坳陷作用, 弯曲沉降, 地壳沉降
тектоническое прогибание【地】构造坳陷作用
прогноз 预测
прогноз динамики месторождения【采】油田动态预测
прогноз добычи нефти【采】原油产量预测
прогноз запаса【地】储量预测
прогноз землетрясения【震】地震预测
прогноз изменений окружающей среды【地】环境变化预测
прогноз коллекторских свойств【地】储层特征预测
прогноз нефтегазоносности【地】含油气性预测
прогноз нефтеотдачи【采】采收率预测
прогноз погоды 天气预测
прогноз ресурсов【地】资源预测
прогнозирование свойств геологического разреза по геофизическим данным【地】根据地球物理资料预测地质剖面特征
проградация【地】进积作用; 前积, 进积; 向海侵进
программа(ы) 程序; 规划
минимальная программа разведочных работ (合同)最低勘探义务工作量
прикладная программа 应用软件
программа ввода данных 资料输入(加载)软件
программа вывода 输出软件
программа по обучению 培训计划
программа работ 工作计划

программа утилизации газа (**ПУГ**) 天然气利用计划
прогресс техники 技术进步
прогул 缺勤
продавка (продавить) 驱替, 压挤, 挤入, 冲压, 挤压
продавка глинистого раствора【钻】替泥浆
продавка кислоты в пласт【采】向地层注酸
продавка трубопровода【储】管道清管作业; 疏通管道作业
продавка цемента【钻】挤水泥浆
продавливание 挤压, 压碎, 压弯
продвижение 移动; 前进
продвижение контура【采】(油气藏)边界移动
продвижение контурных вод【采】边水推进
продвижение пластовой воды (нефти)【采】地层水活动
продвижение фронта нагнетаемого в пласт агента【采】向地层注入化学试剂前缘移动
продельта【地】前三角洲
продолжительность эксплутационная 使用期限
продольный 纵向的
продувка 鼓风, 吹扫, 吹除; 排除
обратная продувка 反吹
прямая продувка 正吹
продувка азотом 氮气吹扫, 氮气置换
продувка отработанных газов 吹掉废气
продувка провода【储】吹扫管道
продувка сжатым воздухом 用压缩空气吹扫; 喷气清洗法; 鼓风
продукт【地】产物【化】产品(物)
летучий продукт【炼】挥发性油品
побочный продукт【炼】副产品
промежуточный продукт【炼】中间产品
целевой продукт【炼】主要产品
продукт замещения【化】取代产物
продукт конденсации【炼】凝析产品
продукт присоединения【化】加成产物
продукт разложения【化】降解产物
продукт углефикации【地】煤化产物, 炭化产物
продуктивность 生产率, 产出率; 含矿性
бесперспективная продуктивность【地】无前景含矿性
перспективная продуктивность【地】有前景含矿性
промышленная продуктивность нефти и газа【地】工业含油气性
продуктивность пласта【地】地层含矿性; 地层产油气能力
продуктивность скважины【地】井生产能力; 井含油气性, 井含矿性
продуктивность с невыясненными перспективами【地】前景未落实的含矿性
продуктивный【地】产层的, 含油气性的
продуктопровод【储】成品油管线
продукция 产品; 产量; 产品总额
оригинальная продукция 原装产品
продукция машиностроения 机加工产品
продукция скважины【采】井口产出流体; 产液

проект 设计
геологический проект【地】地质设计
инженерный проект 工程设计
полный проект 总体设计
рабочий проект (**РП**) 施工设计
социальный проект 社会贡献(帮助)
технический проект 技术设计
технологический проект 工艺设计
утвержденный проект 批准的设计
эскизный проект 草图设计; 概念设计; 起草的方案
проект бюджета 预算案
проект на производство работ【采】施工设计
проект опытно-промышленной разработки【采】工业化试采设计
проект организации строительных работ 施工组织设计
проект разработки нефтяной залежи【采】油藏开发设计
проект строительства скважины【钻】建井设计
проектирование 设计(工作)
оптимальное проектирование 优化设计
предварительное проектирование 初步设计
строительное проектирование 施工设计
проектирование глинистого раствора【钻】泥浆设计
проектирование испытания на приток нефти【采】试油设计
проектировщик генеральный 总设计单位
проекция 投影, 投影图
горизонтальная проекция скважины【钻】井身水平投影图
проекция кривизны ствола【钻】井眼曲线投影
прожектор【钻】探照灯
прожировка 浸油, 浸透油脂
прозрачность 透明度
производительность 生产量; 生产率【钻】排量
производительность компрессора 压缩机压风量
производительность насоса【钻】泵量
производительность нефтяной скважины【采】油井产能
производительность установки【采】装置生产能力
производительный 有生产能力的
производная 导数
производный 派生的
производные соединения 衍生物
производство 生产
зарубежное производство 国外生产
отечественное производство 国产
происхождение 起源; 成因
вторичное происхождение нефти【地】次生油
континентальное происхождение нефти【地】陆相生油
неорганическое происхождение нефти【地】无机石油成因说
органическое происхождение нефти【地】有机石油成因说
смешанное происхождение【地】混合成因
происхождение материков【地】大陆成因
происхождение нефти【地】石油成因

происхождение подземных вод【地】地下水成因
происшествие【安】事故
прокладка【储】敷设(管道)【钻】护垫,基板,垫片
асбестовая прокладка 石棉垫圈
бестраншейная прокладка трубопровода【储】无沟铺设管道
бумажная прокладка【钻】纸垫
буферная прокладка【钻】缓冲垫
верхняя герметическая прокладка【钻】上密封垫(座)
кольцевая прокладка 环形密封垫
кольцевая прокладка, всасывающая 自吸式环形垫
нижняя герметическая прокладка 下密封座
паронитовая прокладка 石棉橡胶垫
регулирующая прокладка 调整垫
резиновая прокладка 橡皮垫(垫圈,衬垫); 橡胶密封件
уплотнительная прокладка【钻】密封垫
прокладка головки цилиндра【机】汽缸盖衬垫(缸垫子)
прокладка для фланцев【钻】法兰垫
прокладка из латуни 紫铜垫
прокладка крышки цилиндра 汽缸垫
прокладка магистралей【储】敷设主干线
прокладка маршрута【震】测线布设,放线
прокладка масляной ванны 油槽(池)垫子
прокладка по фланцу【采】法兰垫环
прокладка трубопроводов【储】管道敷设; 管道穿越(河道或道路等障碍物)
пролювий【地】洪积物
промежуток 间隔; 间隙; 底跨, 跨距
промежуток вентиля【钻】气门间隙
промежуток времени【震】时间间隔
промежуточный 中间的, 过渡的
прометий【化】钷(Pm)
промилле 千分之一
промоина 凹处, 切沟
промотор【化】助催化剂, 促进剂
промыв 洗净, 冲洗, 冲刷
промывка【钻】清洗; 循环
непрерывная промывка【钻】连续循环
обратная промывка【钻】反循环【采】反循环洗井
полужидкая промывка при бурении【钻】钻进时半液体循环
прямая промывка【钻】正循环钻井液; 正循环洗井
промывка водой【钻】清水循环; 清水洗井
промывка глинистым раствором【钻】泥浆循环
промывка густым глинистым раствором【钻】稠泥浆循环
промывка забоя скважины【采】清洗井底
промывка нефтью【采】原油洗井
промывка песчаных пробок【采】油井冲砂; 冲洗砂堵
промывка скважины горячей нефтью【采】热油洗井
промывка скважины от парафина【采】清蜡
промывка струей жидкости【采】

喷射液体冲洗

промывка трубопровода【采】冲洗管路

промывка фильтра【采】过滤器清洗

промысел нефтяной【采】油矿, 采油场

промысловый 油气田的; 矿场的

промышленность 工业

газоперерабатывающая промышленность【炼】天然气加工工业

нефтедобывающая промышленность【采】采油工业

нефтяная промышленность 石油工业

строительная промышленность 建筑业

топливоперерабатывающая промышленность 燃料加工工业

промышленный 有工业价值的

проникновение【钻】钻井液渗入

повышающее проникновение【钻】提高钻井液渗入

понижающее проникновение【钻】降低钻井液渗入

проникновение раствора【钻】钻井液渗入, 钻井液侵入

проницаемость【地】渗透率(性)

абсолютная (физическая) проницаемость【地】绝对渗透率

диэлектрическая проницаемость горных пород【地】岩石介电渗透性

общая проницаемость【地】总渗透率

относительная проницаемость【地】相对渗透率

удельная проницаемость【采】单位渗透率

фазовая относительная проницаемость【地】相对相渗透率

эффективная проницаемость【地】有效渗透率

проницаемый 可渗透的

ПРООН Программа Развития ООН 联合国开发计划署

пропан【化】丙烷

пропанол【化】丙醇

пропанон【化】丙酮

пропаривание【采】用蒸汽喷洗

пропарка【采】蒸汽吹扫

пропеллер【钻】推进器

пропилен (пропен)【化】丙烯

пропил【化】丙基

пропилбензол【化】丙苯

пропин【化】丙炔

пропионамид【化】丙胺

пропласток (прослой)【地】(开发)小(夹)层

водоносный пропласток【地】含水小层

выклинивающий пропласток【地】尖灭性小层

нефтяной пропласток【地】含油小层

обводненный пропласток【地】水淹小层

чередующийся пропласток【地】互层小层

пропуск 放行; 通行证; (气体)泄漏

проработка 修整【钻】划眼

проработка ствола скважины【钻】划眼

проработка стенки скважины【钻】修整井壁

прорезинивание 涂漆, 浸胶, 贴胶

прорыв 突进; 突破, 决口; 破裂, 断裂
опережающий прорыв воды【采】水超前突进
прорыв воды【采】水突进; 冒水(矿井)
прорыв газа【采】气体漏出
просадка 下陷, 下沉【地】湿陷
просадочность нормативная относительная 标准相对沉降度, 沉降性
просачивание (фильтрация)【钻】渗透, 渗出
просвет при бурении【钻】钻井时产生的间隙
просветность【地】薄片孔隙度
просев цемента【钻】水泥过筛
прослеживание 追踪
непрерывное прослеживание【震】连续追踪
сплошное прослеживание отражений【震】连续追踪反射层
прослеживание горизонтов【震】层位追踪
прослой【地】夹层
прослойка непроницаемая【地】不渗透(隔)夹层
просмоленный 涂焦油的
простирание【地】走向
простой【钻】停机
пространственно-временный 时空的
пространственный 空间的, 立体的
пространство 空间
затрубное (кольцевое) пространство【钻】管外空间, 环空
коллекторское пространство【地】储集空间
кольцевое пространство【钻】环形空间
кольцевое пространство, межколонное【钻】管柱间环空
межтрубное пространство【钻】套间
поровое пространство【地】孔隙空间
проективное пространство 投影空间
пустотное пространство【地】空隙空间
прострелка скважины【钻】形成大肚子井段
протактиний【化】镤(Pa)
проталкивание нефти【采】排油
протеин【化】简朊, 蛋白质, 朊
протектор【钻】护箍; 防护器, 保护箍
протерозой (протерозойская эонотема или эон)【地】元古宙(宇)
протечка бурового раствора【钻】钻井液漏失
противный 反向的
противовес 配重, 平衡(重量)
главный противовес【机】主配重
дополнительный противовес【机】附加配重
противовыброс【钻】防喷
противовыбросовый【钻】防喷的
противовыбросовая задвижка【钻】防喷闸
противовязкий 抗黏的
противогаз【安】防毒面具
противодавление 回压; 负压; 反向压力
противодействие 反作用
противокоррозионный 防腐蚀的
противопожарный 消防的, 防火的
противоток 反向电流, 逆向电流
протий【化】氕(^1H)

П

протогенный【地】原生的
проток【地】(岩石颗粒间连接孔隙)孔喉(同канал); 支流
протокатагенез【地】早后生变质作用
протокол 记录; 协议书
протон【化】质子
протонефть【地】原生石油, 初级石油
протонефть из нефтематеринских пород【地】从源岩析出的初级石油
протяженность 长度, 延伸距离
проушина【地】针孔
профилактика【钻】设备检修, 预检
профилактический ремонт 设备预检修
профилеметрия【震】剖面测量
профилеметрия (кавернометрия) скважины【测】井径测量
профилирование 探测
вертикальное сейсмическое профилирование (ВСП)【测】垂直地震测井【震】垂直地震探测
комбинированное магнитотеллурическое профилирование【物】联合大地电磁探测
профилограф 表面光度计, 轮廓仪, 面型显示仪
профиль 剖面, 剖面图; 测线
сейсмический профиль【震】地震测线; (沿测线方向)地震剖面
профиль притока【采】产液剖面
профиль притока жидкости【采】产液剖面
профиль реки【地】河流剖面
профиль скважины【钻】井身剖面, 井眼轨迹, 井眼类型
профиль ствола наклонно-направленных скважин【钻】定向井身剖面
профильмер 断面仪
проход 通过
условный проход【钻】通径
проходимость 通透性【钻】畅通
проходка【钻】进尺
сплошная проходка【钻】连续进尺
суммарная проходка (сумма проходки)【钻】累计进尺
чистая проходка бурения【钻】钻井纯进尺
проходка в месяц (месячная проходка)【钻】月进尺
проходка в сутки【钻】日进尺
проходка отбора керна【钻】取心进尺
прохождение пласта【钻】钻穿(地层)
процент 百分之; 百分比
установленный процент 规定费率
эквивалентный процент 当量百分比
процент амортизации 折旧率
процент выноса керна【钻】岩心收获率
процесс 作用, 过程
геологический процесс【地】地质过程
гипергенный процесс【地】表生过程
горообразовательный (горообразующий) процесс【地】造山过程
изобарный процесс【地】等压过程
изотермический процесс【地】等温过程
изохорный процесс【地】等容的过程, 等体积的过程

П

каталитический процесс【化】催化过程
криогенный процесс 环境降温过程; 低温处理过程
магматический процесс【地】岩浆作用
окислительно-восстановительный процесс【化】氧化—还原过程
пневматолитовый процесс【地】(成矿)气化过程, 气成作用
поверхностный процесс【地】地表面作用
поствулканический процесс【地】火山期后作用
постмагматический процесс【地】岩浆期后作用
приватизационный процесс 私有化过程
ретроградный процесс【地】逆反过程
технологический процесс 工艺流程
экзогенный процесс【地】外生作用
экзокинетический процесс【地】外动力作用
эндогенный процесс【地】内生作用
эндотермический процесс 吸热过程
эффузивный процесс【地】喷发作用
процесс абсорбции 吸附过程
процесс бурения【钻】钻井过程
процесс вытеснения нефти【采】驱油过程
процесс деформации 变形过程
процесс диагенезиса【地】成岩作用
процесс дробления и деструкции【地】(板块)离散过程
процесс закачки в пласт газа под высоким давлением【采】地层高压注气过程
процесс запуска【采】投产过程
процесс исчезновения коры【地】地壳消减过程
процесс коррозии 腐蚀过程
процесс подготовки разрыва【地】断裂孕育过程
процесс расширения дна【地】洋底扩张过程
процесс рифтинга (рифтогенеза)【地】深大断裂形成过程
процесс рудообразования【地】成矿过程
прочность 强度
прочность гелеобразования【钻】胶凝强度
прочность на изгиб【钻】弯曲强度
прочность на излом 抗断强度
прочность на разрыв 抗拉强度
прочность на сжатие 抗压强度
прочность на скручивание и растяжение 扭转和拉伸强度
прочность породы【地】岩石强度
прочность против давления 抗压强度
проявление 显示; 矿苗
проявление в скважине【地】井内显示
проявление нефти и газа【地】油气显示
проявление упруговодонапорного режима【采】表现弹性水驱机制
ПРПВ прогнозные ресурсы подземных вод【地】地下水预测资源
ПРС подземный ремонт скважин 油井小修
ПРС пояс рифовых структур【地】礁块构造带

П

пруд【钻】池
зажигательный пруд【钻】燃烧池
запасный пруд【钻】备用钻井液池
отстойный пруд【钻】沉淀池
приемный пруд【钻】钻井液池
пружина 弹簧
внутренняя пружина【钻】内弹簧
возвратная пружина【钻】复位弹簧
замковая пружина【钻】锁簧
стопорная пружина【钻】锁紧弹簧
тарельчатая пружина【采】盘簧
пружинение 回弹量
пружинность 弹性
пружинчатка 弹簧片
прядь【钻】股(绳)
пряжа хлопчатобумажная 棉纱
прямая 直线
прямой 直接的; 直达的; 直的; 正的; 顺向的
прямой годограф【震】正时距曲线
прямая промывка【钻】正循环
прямой угол 直角
прямой ход 正行程; 前测
прямолинейный 直线的, 线性的
прямо-пропорциональный 正比的
прямоугольник 长方形
прямоугольный 长方形的, 直角的
ПС метод потенциалов самопроизвольной поляризации【测】自然电位测井法
ПС перекачивающая станция【采】输油站, 压油站
ПС полистирол【化】聚苯乙烯
ПС полиэфирная смола【化】聚酯树脂
псаммиты (песчанные породы)【地】砂岩
ПСД проектно-сметная документация 设计预算书, 设计预算资料
псевдо- 假, 准, 伪
псевдокумол【化】似异丙基苯, 似异丙苯
псевдоморфизм 假象
психрометр 干湿仪
Псковско-Чудское озеро【地】普斯科夫—楚德湖
ПСС плотность сетки скважин【采】井网密度
ПТ продуктивная толща【地】含油气层位, 产矿地层
ПТ производительность труда 劳动生产率
ПТВ паротепловое воздействие 蒸汽热处理
ПТК производственно-технологическая комплектация【炼】生产工艺配套
ПТФХЭ политрифторхлорэтилен【化】聚三氟氯乙烯
ПТФЭ политетрафторэтилен【化】聚四氟乙烯
ПТЦ промышленно-торговый центр 工业贸易中心
ПТЭ правила технической эксплуатации 技术操作规程
ПУ предельный углеводород【化】饱和烃
ПУ программное управление 程序控制
пузырение 起泡沫
пузырек 小气泡
пузырковый 有气泡的
пузырчатый 气泡状的
пузырь 气泡
пульсация 脉动
пульсация давления насоса глини-

стого раствора【钻】泥浆泵压力波动
пульсация скорости【震】速度波动
пульсация температуры 温度波动
пульт 控制台; 操纵台
главный пульт управления превентерами【钻】防喷器远控房
дистанционный пульт управления【钻】远程控制台
средний пульт【钻】中间控制台
центральный пульт управления (ЦПУ)【炼】中央控制室
пульт индикации нагрузки【采】指示仪控制台
пульт превентера【钻】防喷器控制台
пульт управления【钻】控制室, 控制器
пульт управления на посту бурильщика【钻】司钻控制室
пумициты (пемзовые отложения)【地】浮岩层
пункт 站点; (文件)条, 点
диспетчерский пункт 调度站(室)
контрольно-пропускной пункт (КПП)【安】安全通道
контрольный пункт (КП) 控制点
наливной пункт 加注站
населенный пункт 居民点
нефтесборный пункт【采】集油站
опорный пункт 控制点
погрузочный пункт 装货站
промежуточный нефтесборный пункт【采】中间集油站
распределительный пункт 分配站
сборный пункт (СП)【采】集油(气)站
центральный диспетчерский пункт 中央调度站
центральный нефтесборный пункт【采】集油总站
экспортный пункт 出口点
пункт взрыва (ПВ)【震】爆炸点
пункт высотной опоры 高程控制点
пункт доставки 交油点
пункт измерения 测量点
пункт наблюдения 观测点
пункт назначения 目的站
пункт приема (ПП)【震】接收点, 检波点
пункт сдачи нефти【采】交油站
пункт скважины в эксплуатацию【采】油气井投产
пункт триангуляции 三角点
пункт ухода【机】保养点
пуск 开动, 起动
пробный пуск 试启动
электрический пуск от генератора 发电机电启动方式
пуск в работу буровой установки【钻】钻机投产
пуск в эксплутацию 投产, 设备投入使用
пуск завода【化】工厂投产
пуск и стоп гидропитания【钻】液压源启停
пуск и стоп насоса для добавки【钻】加压泵起停
пуск и стоп подпорного насоса【钻】灌注泵启停
пускатель 启动器
магнитный пускатель 磁启动器
электромагнитный пускатель 电磁启动器
пускать 启动; 投产
пусковой 开工(动)的

пустота 空隙
вторичная пустота【地】次生空隙
заполняемая пустота【地】充填空隙
первичная пустота【地】原生空隙
пустотность внутренная контракционная【地】(岩体)收缩空隙度
путепровод【采】跨线桥, 高架桥
путь фильтрации【地】渗透路径
пучок 管束
пушка бурового раствора【钻】钻井液枪
ПФ полифенилен【化】聚苯
ПХВ полихлорвинил【化】聚氯乙烯
ПХГ подземное хранилище газа【储】地下储气库
ПХКБР полимерный хлоркальциевый буровой раствор【钻】聚二氯化钙钻井液
ПЦ портландцемент 波特兰水泥, 硅酸盐水泥
пьезо- 压, 压力; 压电
пьезодатчик 压电传感器
пьезозонд 压电式探头
пьезоизогипсы【地】等压线
пьезокварц 压电石英
пьезометр 压力计
пьезометрический 压力的
пьезометрическая поверхность 压力面
пьезометрический уклон 压力坡度
пьезометрический уровень воды 受压水头
пьезопроводимость 导压性
пьезопроводимость пласта【采】油层导压性
пьезосопротивление 压敏电阻
пьезохимия 高压化学
пылевлагоотделитель【化】脱尘脱水器
пылеочиститель 除尘器
пылесборник 聚尘器
пылесодержание 含尘量
пылеулавливание 集尘, 除尘
пыльник 防尘圈
пыль неорганическая 无机粉尘
пыльца 花粉
ПЭ полиэтилен【化】聚乙烯
ПЭВД полиэтилен высокого давления【化】高压聚乙烯
ПЭВП полиэтилен высокой плотности【化】高密度聚乙烯
ПЭГ полиэтиленгликоль【化】聚乙烯二醇
ПЭК полиэлектролитные комплексы 聚合电解质合成物
ПЭМ просвечивающая электронная микроскопия 放射电子显微镜学
ПЭН полиэтиленамин【化】聚乙烯亚胺
ПЭНД полиэтилен низкого давления【化】低压聚乙烯
ПЭНП полиэтилен низкой плотности【化】低密度聚乙烯
ПЭО подэкранные отраженные (волны)【震】屏蔽层下反射(波)
ПЭСД полиэтилен среднего давления【化】中压聚乙烯
ПЭТ полиэтиленовые трубы【化】聚乙烯管
ПЭТФ полиэтилентерефталат【化】聚乙烯苯二酸盐, 聚酯合成纤维
Пяндж【地】喷赤河(阿姆河上游)
Пяозеро【地】皮亚奥泽罗湖

П

Пясино【地】皮亚西诺湖
пята 安装盘, 后座, 轴头, 枢轴颈, 止推轴颈
пятилетка 五年计划
пятнистый 斑点状的
пятно 斑点

Р

работа 操作, 工作; 著作; 功; 作业
безаварийная работа 无事故工作
безопасная работа 安全工作
бесперебойная работа 无间断工作
бесшумная работа【机】无噪声运转
буровая работа【钻】钻井工作
взрывная работа 爆破工作
водолазная работа 潜水工作
геологоразведочные работы (ГРР)【地】地质勘探作业
геолого-промысловая работа【地】矿场地质工作
демонтажная работа 拆卸工作
дорожно-строительная работа 筑路工作
земляная работа 土方工作, 动土作业
изоляционная работа【采】封堵工作
инклинометрическая работа【钻】测斜工作
круглосуточная работа 昼夜工作
ловильная работа【钻】打捞工作
механическая работа 机械工作
монтажная работа 安装工作
наладочная работа 调试工作
научно-исследовательская работа 科学研究工作
нефтяные работы【采】石油作业
опытно-конструкторская работа 试设计工作; 试验开发工作
опытная работа 试验工作
параллельная работа 平行工作
плановая работа 计划工作
погрузочно-разгрузочная работа 装卸工作
подрывные работы 起爆作业
поиско-разведочная работа【地】普查与勘探工作
полевая работа 野外工作
полевая работа по капитальному ремонту【钻】野外修井工作
полевая работа по очистке скважины【采】野外洗井工作
полевая работа по размыву песчаных пробок【采】野外清砂堵工作
полевая работа по спуску хвостовика【钻】野外下尾管作业
полевая работа по цементированию【钻】野外水泥固井作业
пуско-наладочная работа【炼】启动调试阶段
разведочная работа【地】勘探工作
ремонтно-изоляционная работа【钻】修井堵水作业
сихронная работа 同步操作, 同步工作
сложная ловильная работа【钻】复杂打捞作业
топографическая работа【地】地形测量作业

трубоизоляционная работа【储】管道绝缘作业
трубоочищающая работа【储】管道除锈作业
эксцентрическая работа долота【钻】钻头偏心校正工作
электрометрическая работа (ЭМР)【测】电测工作
эхометрическая работа 回声测量
работа в полевых условий【地】野外条件下工作
работа в скважине【钻】井下作业
работа на высоте 高空作业
работа на холостом ходу【机】机械空转
работа по вызову притока из скважины【钻】井内诱喷作业
работа по глушению скважины【钻】压井工作
работа по добыче нефти【采】采油工作
работа по капитальному ремонту скважин【钻】井大修作业
работа по кислотной обработке【钻】酸化作业
работа по отбору керна【钻】取心工作
работа по очистке скважины【采】洗井作业
работа по размыву песчаных пробок【采】冲砂作业
работа по спуску хвостовика【钻】下尾管作业
работа по цементированию【钻】水泥固井作业
работоспособность 工作能力
рабочий 普通工人; 工作的
рабочая катушка 工作线圈
рабочая точка 工作点
рабочий фон 工作背景
рабочая частота 工作频率
PAB радиоактивное вещество 放射性物质
равенство 平衡, 均衡
равенство добычи нефти【采】均衡采油
равнина【地】平原
аллювиальная равнина (наносная равнина)【地】冲积平原
береговая равнина【地】滨岸平原
денудационная равнина【地】剥蚀平原
насыпная равнина【地】堆积平原
равнинообразование【地】平原化作用, 造平原作用
равновероятность 等概率
равновесие 平衡
динамическое равновесие 动平衡
неустойчивое равновесие 不稳定平衡
статическое равновесие 静平衡
тепловое равновесие 热平衡
термодинамическое равновесие 热动力学平衡
устойчивое равновесие 稳定平衡
фазовое равновесие 相平衡
фазовое равновесие в нефтяной залежи【地】油藏相平衡
химическое равновесие 化学平衡
экологическое равновесие【地】生态平衡
равновесие давления 压力平衡
равновесие сил 力平衡
равноденствие【地】二分点(春分, 秋分)
равномерность 均匀性

равномерный 均匀的
радар 雷达
радиальный 径向的; 放射状的
радиальная деформация 径向应变
радиан 弧度
радиатор【钻】散热器
радиационный 辐射的
радиация 放射, 辐射
радий【化】镭(Ra)
радикал 根式, 根号【化】基
радиоактивность 放射性
радиоактивный 放射性的
радиоактивный изотоп【测】放射性同位素
радиоактивный источник【测】放射性源
радиоактивный каротаж【测】放射性测井
радиоактивный металл 放射性金属
радиоактивный минерал【地】放射性矿物
радиоактивный распад【测】放射性衰变
радиогеология【地】放射性地质学
радиогидрогеология【地】放射性水文地质学
радиограф X射线照相
радиоизотоп【地】放射性同位素
радиоляриевый ил (радиоляриевая глина, радиоляриевая глина)【地】放射虫软泥
радиолуч 放射线
радиолярит【地】放射虫岩
радиометрия 无线电测量学
радиопеленгатор 无线电定向器
радиохимия 放射化学
радиус 半径
гидравлический радиус【采】水力半径
кривизной радиус 曲率半径
меридиональный радиус【储】子午线半径(球形油罐)
экваториальный радиус【储】赤道线半径(球形油罐)
эффективный радиус 有效半径
эффективный радиус пор【地】有效孔隙半径
эффективный радиус скважины 井有效半径
радиус влияния скважин【采】油井影响半径
радиус внешнего контура 外边界半径
радиус вращения 旋转半径
радиус действия 作用半径, 影响半径
радиус дренирования【采】泄油半径
радиус зоны дренирования【采】排泄区半径
радиус искривления ствола【钻】井斜半径
радиус кривизны ствола скважины【钻】井眼曲率半径
радиус области питания【采】供给区半径
радиус пор【地】孔隙半径
радиус промытой зоны【钻】冲洗带半径
радиус разгазирования【采】脱气半径
радиус размыва【地】剥蚀半径
радиус скважины【钻】井半径
радиус ствола скважины【钻】井眼半径
радиус теплового влияния【采】热

Р

影响半径
радиус тепловых возмущений【采】热影响半径
радиус фронта вытеснения【采】驱替前缘半径
радон【化】氡(Rn)
разбавитель【钻】稀释剂
разбавление 稀释, 冲淡
разбавление водой【钻】用水稀释
разбавление нефти【钻】稀释石油
разбалансировка 不平衡度
разбивка 分开, 划分
разбивка колышками 打桩定界
разбивка линии 定线
разбивка точек 布点, 定线
разбивка трассы 划分线路; 定线测量
разборка (демонтаж)【钻】拆卸, 卸开
разборка буровой вышки【钻】拆井架
разборка цепей【钻】拆链条
разбуривание (разбурение)【钻】钻开; 扩孔; 钻穿; 钻水泥塞
разбуривание башмака обсадной колонны【钻】钻开套管鞋
разбуривание месторождения【钻】油田开发钻井
разбуривание месторождения одиночными скважинами【采】单一井型开发油田
разбуривание месторождения от периферии к центру【采】从油田边缘向中部开发钻井
разбуривание породы【钻】钻开(钻碎)岩石
разбуривание продуктивного пласта【钻】钻开产层
разбуривание цементного моста【钻】钻水泥桥
разбуривание цементного столба (стакана, пробок)【钻】钻开水泥塞
разбухание【钻】膨胀
развальцовка【钻】扩管器, 胀管器
развевание 吹扬作用, 吹蚀作用
разведанность【地】勘探程度
разведка 勘探, 勘测, 勘查
геологическая разведка【地】地质勘探
геофизическая разведка【物】地球物理勘探
гидрологическая разведка【地】水文勘探
гравимагнитная разведка【物】重磁勘探
гравиметрическая разведка【物】重力测量勘探
гравитационная разведка【物】重力勘探
детальная разведка【地】详探
магнитная разведка【物】磁法勘探
морская разведка【地】海洋勘探
перспективная разведка【地】远景勘探
подробная (детальная) разведка【地】详探
предварительная разведка【地】初步勘探, 预探; 勘测
профильная оконтуривающая разведка【地】横向探边
радиоактивная разведка【地】放射性勘探
региональная разведка【地】区域性勘探
сейсмометрическая разведка【震】地震勘探

Р

сейсмическая разведка методом малых взрывов【震】小能量爆炸法地震勘探
сейсмическая разведка методом отраженных волн【震】反射波法地震勘探
сейсмическая разведка с попутной добычей【地】滚动地震勘探, 边勘探边开发
электрическая разведка【物】电法勘探
разведка геофизическими методами【物】地球物理方法勘探
разведка мелководных участков【地】浅水区勘探
разведка месторождений (залежей)【地】油气田(藏)勘探
разведка на газ【地】天然气勘探
разведка на нефть【地】石油勘探
разведка на шельфе【地】大陆架勘探
разведка полезных ископаемых【地】矿产勘探
разведка с попутной добычей【地】边探边采, 滚动勘探
разведочный【地】勘探的
разведочная геофизика【物】勘探地球物理
разведочный горизонт【地】勘探层位
разведочный магнитный профиль【物】磁法勘探剖面
разведочная партия【地】勘探队
разведочная сейсмика【震】勘探地震学
разведочная сеть【地】勘探网
разведочная скважина-открывательница【地】勘探发现井
разведочная съемка【地】勘探测量
разведочный шурф【地】探坑
разведчик【地】勘探者
развертка【钻】扩眼器; 扩孔器, 扩眼钻头
разветвление 分叉, 分枝
развинчивание【钻】旋开, 拆卸; 旋松
развинчивание бурильных труб【钻】旋开钻杆
развинчивание инструмента【钻】工具倒扣; 已落钻柱解开松动
развинчивание труб【钻】拆卸管柱
развинчиватель【钻】卸扣器
развитие 发展; 发育; 演化
восходящее развитие рельефа【地】地形抬升运动
нисходящее развитие рельефа【地】地形下降(侵蚀)演化
развитие разрыва【地】断裂发育
развитие трещины【地】裂隙发育
разгазирование【炼】脱气(同дегазирование)【钻】气侵
контактное разгазирование 接触脱气
однократное разгазирование 一次脱气
ступенчатое разгазирование 逐级脱气
разгазирование нефти【炼】石油脱气
разгерметизация【钻】解密封, 解封
разгонка【炼】蒸馏作用, 分馏法
разграничение 界定, 分界, 划分
разгружатель 卸货机
разгрузка 卸货【钻】卸载, 减压
разгрузчик 卸货工人

раздавливание горной породы 【地】岩石应力释放

раздвиг【地】张性断层; (大陆或板块)分离

раздвигание 分开, 张开; 漂移

раздвиго-взброс【地】张性逆掩断层

раздвиго-надвиго-сдвиг【地】张性逆掩—平移断层

раздвиго-сброс【地】张性正断层

раздвиго-сдвиг【地】张性平移断层

раздел 分界; 界面

водогазовый раздел【地】水气分界面

водонефтяной раздел【地】油水分界面

разделение 分隔, 分离; 区分, 划分; 间隔

тектоническое разделение【地】构造划分

разделение путем использования разности плотностей【采】利用密度差异进行分离

разделитель 隔离器

воздухо-водяной разделитель【钻】气水分离器

магнитный разделитель 磁性分离器

раздробление 破碎, 打碎

разжижение 稀释(钻井液)

разжижитель 稀释剂

разлив 溢流

разлив бурового раствора【钻】钻井液溢流

разлив нефти 石油溢流

разлинзования (будинаж)【地】布丁构造; 香肠构造

разлистование【地】页理

различение 差别, 差异

разложение【化】分解, 裂解; 蜕变

анаэробное разложение【化】厌氧分解

бактериологическое разложение【地】细菌分解

гнилостное разложение【地】腐泥化分解

механическое разложение【地】机械分解

термическое разложение 热分解

химическое разложение【化】化学分解

разложение гидрата 水合物分解

разложение органических веществ【地】有机物质分解

разложение поверхностно-активных веществ в пласте【地】地层内表面活性物质分解

разложение пород【地】岩石分解

разложение растений【地】植物分解

разложение эмульсий【钻】乳浊液分解

разлом【地】(区域性)断裂; 断层

глубинный разлом【地】(不同地块结合部位)深大断裂

магистральный разлом【地】区域性大断裂

трансформный разлом【地】转换断层

разлом второго порядка【地】二级断裂

разлом доплатформенной стадии【地】前地台阶段断裂

разлом океанического типа【地】大洋型断裂

разлом первого порядка【地】一级断裂

Р

разлом растяжения【地】张性断裂
разлом сжатия【地】挤压断裂
разлом складки【地】褶皱断层
разломообразование【地】断裂作用
размагничивание 消磁, 退磁
разматывание【钻】退绳
размельчение 粉磨, 破碎
размер 尺寸(大小); 规模
габаритный размер 外形尺寸
максимальный размер 最大尺寸
минимальный размер 最小尺寸
присоединительный размер【钻】连接尺寸
размер в транспортном положении【钻】运输时的尺寸
размер залежи【地】油气藏规模
размер зерна【地】颗粒尺寸
размер месторождения【地】油气田规模
размер отверстия ситы 筛孔尺寸
размер поперечного сечения 横截面尺寸
размер пор【地】孔隙尺寸
размер складки【地】褶皱规模
размер ячейки сита 筛眼尺寸
размещение 布置; 分布
размещение месторождений нефти и газа【地】油气田分布
размещение оборудования 设备放置
размещение (расположение) скважин【采】井分布
размещение скважин по сетке【采】按井网布井
размещение средств【钻】分放物资
размещение труб по трассе【储】按线路布置管道
размыв 冲刷, 侵蚀, 冲毁【地】冲刷作用, 冲蚀作用(同 денутация)
гидравлический размыв【地】水力冲刷
размыв записи на сейсмограмме【震】地震波图滤波
размыв паром【采】蒸汽冲刷
размыв песчаной пробки【采】冲刷砂堵
размыв противотоком【钻】逆流冲刷
размыв прямотоком【钻】顺流(前进流)冲刷
размыв ступенчатым противотоком【钻】分级逆流冲刷
размыв устья【钻】冲(塌)刷井口
размывание 冲刷; 侵蚀
размывание керна буровым раствором【钻】钻井液冲刷岩心
размыкатель【钻】切断器
размытие【地】冲蚀
размягчение (размягчить) 水软化
разница 差别
разница давления 压力差
разница фаз 相位差
разновес 砝码
разнос 分送【钻】飞车现象(转速太高)
разнос двигателя 发动机空转
разнос машины 汽车超速
разность 差别; 差值
разность времени пробега【震】传播时间差, 旅行时间差
разность давлений 压力差
разность плотностей 密度差
разность потенциалов 电位差
разность силы тяжести 重力差
разность температур 温度差
разность уровней 液面差

разность фаз 相位差别
разность хода двух волн 两列光波行程差
разноцентренность 偏心度
разобщение 断绝; 隔离; 断开, 脱开
разобщение многопластовых объектов【采】多开发层系划分
разобщение пластов【地】地层划分
разогрев 加热
разорванный 撕裂状的
разорение 破产
разработка 深入研究【采】开发
водо-нагнетательная разработка【采】注水开发
вторичная разработка месторождения【采】油田二次开发
изыскательная разработка【采】勘探开发, 边勘探边开发, 滚动开发
конструкторская разработка【采】工程技术开发
кустовая разработка месторождения【采】丛式钻井开发油气田
объединенная разработка месторождений【采】统一开发油气田
опытно-промышленная разработка месторождения【采】油气田工业性试开发
первичная разработка месторождения【采】油田一次开发
пробная разработка залежи【采】油气藏试验开发, 试采
промышленная разработка месторождения【采】油气田工业性开发
рациональная разработка【采】合理开发
совместная разработка несколькими фирмами одной нефтеносной площади【采】几个公司共同开发同一个含油区块
третичная разработка месторождения【采】油田三次开发
разрабатка в режиме растворенного газа【采】溶解气驱动开发
разрабатка в режиме расширения жидкости【采】液体膨胀驱动开发
разработка залежи нефти и газа【采】油气藏开发
разработка залежи нефти методом закачки газа в пласт【采】地层注气开发油气田
разработка залежи нефти с применением заводнения【采】利用地层注水开发油气藏
разработка месторождения【采】油气田开发
разработка месторождения на истощение без поддержания пластового давления【采】不保持地层压力进行油气田枯竭式开发
разработка месторождения от периферии к центру【采】从边缘向中心开发油气田
разработка месторождения от центра к периферии【采】从中心向边缘开发油气田
разработка месторождения полезных ископаемых【地】开发矿床
разработка месторождения по ползущей сетке【采】探边井网开发油气田
разработка месторождения при повышенном давлении нагнетания【采】高压注水开发油气田
разработка месторождения развет-

вленным скважинами【采】分支状井(多分支井)开发油气田
разработка месторождения с поддержанием пластового давления【采】保持地层压力开发油气田
разработка многопластовой залежи нефти【采】多层位油气藏开发
разработка многопластовой залежи нефти сверху вниз【采】从上至下多层位开发油气藏
разработка многопластовой залежи нефти снизу вверх【采】从下至上多层位开发油气藏
разработка морского месторождения нефти【采】海洋油田开发
разработка нефтяного (газового) пласта【采】油气层开发
разработка низкопродуктивного месторождения нефти и газа【采】低产油气田开发
разработка рецептуры【钻】研究配方
разработка технологического процесса【炼】研究工艺流程
разработчик 开发者, 开发工程师
разреженность 真空度
разрез 剖面
вертикальный разрез【地】垂直剖面
временной разрез【震】时间剖面
геологический разрез【地】地质剖面
геологический разрез скважины【地】油井地质剖面
геоэлектрический разрез【物】大地电测剖面
гидрогеологический разрез【地】水文地质剖面
гидрохимический разрез【地】水文化学剖面
глубинный геологический разрез【地】深部地质剖面
литологический разрез【地】岩性剖面
литологический разрез скважины【地】井岩性剖面
опорный разрез【地】基准剖面
поперечный разрез 横断面
продольный разрез 纵断面
разведочный разрез【地】勘探剖面
репрезентативный вертикальный разрез【地】代表性垂直剖面
сводный геологический разрез【地】标准地质剖面
сейсмологический разрез【震】(任意方向)地震剖面
стратиграфический разрез【地】地层剖面
схематический разрез【地】示意性剖面
электрический разрез【测】电测剖面
разрез нефтегазоносного бассейна【地】含油气盆地剖面
разрез скважины【钻】井剖面
разрезание 切开, 截开
разрезание залежи рядами нагнетательных скважин【采】多注水井列切割油气藏
разрезание месторождения рядами нагнетательных скважин【采】多注水井列分隔油气田
разрезающий 切割的
разрешение 许可, 许可证; 解决; 允许
разрешение на начало строительных работ 开工许可

разрешение на проведение огневых работ 动火票, 动火许可
разрешение спора 解决纠纷
разрешимость 可解性; 精度; 分辨率
разрушение 破坏
коррозионное разрушение 腐蚀破坏
механическое разрушение 机械(性)破坏
пластическое разрушение 塑性破坏
упругое разрушение 弹性破坏
усталостное разрушение 疲劳破坏
хрупкое разрушение 脆性破坏
разрушение горной породы【钻】岩石破碎
разрушение горной породы действием долота【钻】钻头破碎岩石
разрушение горной породы, механическое【钻】岩石机械破碎
разрушение горной породы, пластическое【地】岩石塑性破坏
разрушение горной породы под атмосферным влиянием【地】大气条件下岩石破坏
разрушение горной породы под действием воды【地】水作用下岩石破坏
разрушение горной породы при сжатии【钻】岩石挤压破碎
разрушение залежей【地】破坏油气藏
разрушение керна【钻】岩心破碎
разрушение колонны (или трубы) от разрыва под действием внутреннего давления【钻】在内部压力作用下管柱破坏
разрушение колонны (или трубы) от растяжения【钻】管柱拉伸破坏
разрушение колонны (или трубы) от смятия под действием внешнего давления【钻】在外部挤压作用下管柱破坏
разрушение ловушек【地】圈闭破坏
разрушение металла от усталости 金属疲劳破坏
разрушение обсадной колонны от растяжения【钻】套管柱拉伸破坏
разрушение обсадной колонны от сжатия【钻】套管柱挤压破坏
разрушение обсадной колонны от смятия【钻】套管柱挤压缩径破坏
разрушение обсадной колонны от среза【钻】套管柱剪切破坏
разрушение органического вещества【地】破坏有机物质
разрушение эмульсии【钻】破坏乳浊液
разрыв 拉断; 破裂; 中断【地】断裂作用(同 нарушение, дизъюнктивная дислокация)
гидравлический разрыв【钻】水力压裂
разрыв пласта【钻】地层破(压)裂
разрыв пласта, гидравлический избирательный【钻】选择性地层水力压裂
разрыв пласта, гидравлический многократный【钻】多次地层水力压裂
разрыв пласта, гидравлический направленный【钻】定向地层水力压裂
разрыв пласта, гидравлический однократный【钻】一次地层水力压裂

разрыв пласта, гидравлический поинтервальный【钻】分段地层水力压裂

разрыв пласта, гидравлический солянокислотный поинтервальный【钻】分段地层酸化压裂，分段酸压

разрыв пласта, гидравлический ступенчатый【钻】多级(多次)地层水力压裂

разрыв пласта, гидрокислотный【钻】地层酸化压裂

разрыв пласта нефтью без применения расклинивающего агента【钻】无支撑剂石油压裂地层

разрыв пласта при помощи жидкого взрывчатого вещества【钻】液态爆炸物压裂地层

разрыв пласта с применением жидкого газа【钻】用液化气压裂地层

разрыв пласта с расклинивающим песком【钻】用砂作支撑剂压裂地层

разрыв трубопровода【储】管道破裂

разрыв трубы【钻】管柱破裂

разрывной【钻】分体的，破裂的

разрывообразование【地】断裂作用

разряд 放电；等级；种类

разрядка 释放电能

разрядка скважины【采】油井泄压放气

разрядник【钻】放气阀

разряжение【钻】放电

разубоживание【采】(固体矿产开采)变贫，贫化

разукрупнение эксплутационных объектов【采】开发层系细分

разуплотнение【地】释压作用，应力释放

разупрочнение пород【钻】使岩石变软，使岩石软化

разъединение 分开，拆开

полное разъединение бурильных труб【钻】全部拆开钻杆

частичное разъединение бурильных труб【钻】部分拆开钻杆

разъединение насосно-компрессорной трубы【钻】拆开油管

разъединение обсадной колонны【钻】拆开套管

разъединитель 断路器，隔离开关

разъединитель с малой емкостью【钻】小容量断路器

разъем【钻】插头，接头，连接装置

однополюсный разъем【钻】单极插头

штепсельный разъем【钻】插接件

РАИ радиоактивное излучение【地】放射性辐射，放射性照射

РАИ радиоактивный изотоп【地】放射性同位素

район 区域，地区，区带(大于 участок，小于 блок 和 область)

газодобывающий район【采】采气区

газоносный район【地】含气区

малоизученный район【地】低研究区域

нефтегазодобывающий район【采】油气产区

нефтегазоносный район【地】含油气区带

нефтедобывающий район【采】采油区

нефтеносный район【地】含油区
нефтяной район【采】油区
прибрежный район【地】滨海区
разведочный район【地】探区
рассматриваемый район【地】研究区
район вечной мерзлоты【地】永久性冻土区
район нефтегазонакопления【地】油气聚集带
район обводнения【采】(油气藏)水淹区
район соляных куполов【地】盐丘区
районирование 区划, 分区
геологическое районирование【地】地质区划
гидрогеологическое районирование【地】水文地质区划
нефтегазогеологическое районирование【地】油气地质分区
палеобиогеографическое районирование【地】古生物地理分区
тектоническое районирование【地】构造分区(区划)
районирование нефтегазоносных территорий【地】含油气区划
раковина【地】贝壳, 介壳, 外壳
ракуша (ракушка)【地】贝壳(沉积)
ракушечник【地】介壳石灰岩
ракушечные【地】介壳的
ракушняк【地】介壳石灰岩
рама 机架, 框架, 构架, 机座
двухэтажная рама 双层机架
дизельная рама【钻】柴油机支架
направляющая рама нижней части блока превентеров【钻】防喷器下部导向架
направляющая рама низа водоотделяющей колонны【采】水分离塔底部导向架
направляющая рама, сборная【钻】组装导向架
направляющая рама, телескопическая【钻】可伸缩的导向架
направляющая рама, универсальная【钻】通用的导向架
подводная манипуляторная рама【钻】水下操纵机架
поддерживающая рама【钻】支承框
подкронблочная рама【钻】井架天车台
соединительная рама【钻】连装附件框架
фундаментная рама【钻】基座
рама буровой лебедки【钻】钻井绞车架
рама для спуска коллектора【采】下放管线支架
рама для успокоителя талевого каната【钻】快绳稳定器构架
рама кронблока【钻】天车架
рама сетки виброситы【钻】振动筛网框架
рама фундамента для машины 机器底座
рамп【地】对冲断层
рампа【钻】钻杆架, 装料台, 斜台
рапа (рассол)【地】高压古盐水
рапорт 报告, 呈批件
вахтенный рапорт 值班日志
сменный рапорт бурильщика【钻】司钻倒班报
суточный рапорт 日报
рапорт об увольнении 辞职报告

раскисление【化】去氧, 脱氧
раскисленность 脱氧度, 还原程度
раскислитель【化】还原剂, 去氧剂
расклинивание трещины【钻】(地层压裂)裂隙支撑
расконсервация【钻】解封
раскрепитель【钻】卸扣器
раскрытие океана【地】大洋开启
раскрытость【地】开启度
раскрытость канала【地】孔道(孔喉)开启度
раскрытость пор【地】孔隙开启度
распад 分裂; 分解
естественный распад【地】自然分解
механический распад【地】机械分解
радиоактивный распад【地】放射性裂变
самопроизвольный распад【地】自然(自发)分解
распадение 分解
распайка 焊开
распалубить 拆除模板
расписка 收条
расплавление 熔化
распланировка【钻】平整
расположение 分布, 排列, (安放)位置
взаимное расположение рядов скважин【采】井列相对排列
линейное расположение 线状排列
одноосное расположение 单轴排列
последовательное расположение 按顺序依次排列
расположение алмазов на рабочей поверхности долота【钻】金刚石在钻头工作面上排列
расположение в воздухе 露天存放
расположение в один ряд 排列成一列
расположение крест-накрест 十字排列, 十字交叉排列
расположение пор в породе【地】岩石中孔隙排列
расположение приборов 仪器排列
расположение резервуаров【储】储罐排列
расположение скважин【钻】井网排列
расположение скважин, зигзагообразное【采】之字形井网排列
расположение скважин, линейное【采】线形井网排列
расположение скважин, равномерное【采】等距井网排列
расположение трещин【地】裂隙分布
расположение устья скважины 井口分布位置
расположение эксплуатационного оборудования 生产设备排列
расположение эксплуатационного оборудования на палубе【钻】甲板上生产设备排列
распорка 撑杆, 撑板, 横柱, 支柱
диагональная распорка 对角线撑杆
наклонная распорка【钻】斜拉板, 斜撑
продольная распорка 纵向撑杆
распорная балка【钻】拉筋
распоряжение 命令
распределение 分布; 分配, 配置
бимодальное распределение 双峰分布, 双众数分布
биномиальное распределение 二项

式分布
географическое распределение нефти【地】石油地理分布
геологическое распределение нефти【地】石油地质分布
гравитационное распределение нефти и воды【地】油水重力分布
дискретное распределение 离散分布
доверительное распределение 可信分布
линейное распределение 线性分布
логнормальное распределение 对数分布
начальное распределение температуры 初始温度分布
неоднородное распределение 不等同分布, 不均匀分布
неравномерное распределение 不均匀分布
нормальное распределение 正态分布
оптимальное распределение 合理配置; 优化分布
приближенное распределение 近似分布
пропорциональное распределение 比例分布
равновесное распределение 平衡分布
равномерное распределение 均匀分布
случайное распределение 或然分布
стратиграфическое распределение (размещение) месторождений нефти【地】油气田地层分布
унимодальное распределение 单众数分布, 单峰分布
уравнительное распределение 平均分配
условное распределение 条件分布
распределение аномалий 异常分布
распределение вероятностей 概率分布
распределение во времени 按时间分布
распределение **Гаусса** 高斯分布
распределение горных пород【地】岩石分布
распределение давления 压力分布
распределение дебитов【采】产量配置
распределение жидкостей【采】液体分布
распределение залежей нефти【地】油藏分布
распределение запасов【地】储量分布
распределение запасов по площади【地】储量平面分布
распределение литофаций【地】岩相分布
распределение массы 质量分布
распределение нагрузки 负荷分布
распределение напряжений 应力分布
распределение насыщенности по продуктивному пласту【地】产层饱和度分布
распределение насыщенности фаз【地】相饱和度分布
распределение нефти, газа и воды【地】油气水分布
распределение пластового давления【地】地层压力分布
распределение платежей за пользование недрами 矿产使用费分配
распределение плотности 密度分布

распределение по зонам 成带分布
распределение по мощности【地】按厚度分布
распределение пористости【地】孔隙分布
распределение пор по размерам【地】孔隙按大小分布распределение продуктов 产品分配
распределение **Пуассона** 泊松分布
распределение сейсмофации【震】地震相分布
распределение скоростей 速度分布
распределение суши и моря【地】海陆分布
распределение температуры 温度分布
распределение теплового потока 热流分布
распределение фазы 相分布
распределение фазы в порах【地】孔隙内相态分布
распределение электрических потенциалов 电势分布
распределитель 分配器, 配电器, 配电盘, 分流器
распределительный пункт【钻】配电室配给站
распространение 传播, 扩散, 传布, 扩展
распространение взрывной волны【震】爆炸波扩散(传播)
распространение волнового фронта【震】波前传播
распространение газа в нефти【地】天然气向石油扩散
распространение деформации 应变扩展
распространение дислокации 错位扩展
распространение очагов【震】震源扩散
распространение ползучести【地】蠕动扩散
распространение прилива【地】潮汐扩散
распространенность 普及性; 分布范围
распространенность элементов【化】元素分布
распылитель ингибитора коррозии【采】缓蚀剂雾化器
рассеивание 消散, 耗散, 漫射, 散射; 散播
неупругое рассеивание нейтрона【测】中子非弹性散射
упругое рассеяние нейтрона【测】中子弹性散射
рассеяние сейсмических волн【震】地震波散射
рассеянный 分散的, 扩散的
рассеянное **ОВ**【地】分散有机质
расслаивание 离析, 分离; 成层, 分层现象
расслаивание бетона 混凝土碎解
расслаивание горных пород【地】岩石页理
расслаивание песчаника【地】砂岩成层
расслаивание по плотности 按密度分层
расслаивание флюидов, гравитационное 流体重力分层
рассмотрение 审查
рассогласование 失调, 不匹配
рассол【地】盐水; 盐溶液
расставлять бурильные трубы в

Р

вышке【钻】井架上排列钻杆
расстановка 配置次序, 排列次序; 布置; 摆好
расстановка вагонов 排列车厢
расстановка сейсмографов по прямой【震】线性排列检波器
расстановка сейсмографов по радиусам окружности【震】按圆半径排列检波器
расстановка (расположение) скважин【采】井网布置, 井排, 井组
расстояние 距离, 间隔
безопасное расстояние 安全距离
вертикальное расстояние 垂直距离
горизонтальное расстояние 水平距离
действительное расстояние 有效距离
межатомное расстояние【化】原子间距离
межцентровое расстояние 中心间距
огнеопасное расстояние 火险距离
фокусное расстояние 焦距
расстояние до предмета 离目标距离, 物距
расстояние между взрывами【震】爆炸点间距
расстояние между линиями возбуждения【震】激发线距
расстояние между линиями приема【震】接收线距
расстояние между профилями【震】剖面(测线)间距 расстояние между скважинами【采】井间距
расстояние между строками【震】行距
расстояние между центрами【震】中心间距
расстояние между электродами【测】电极间距
расстояние от интервала перфорации【钻】至射孔段距离
расстояние от источника до счетчика【测】放射源与探测器间距
расстояние от осей координат 离座标轴距离
расстояние от скважины до контура【地】井至油气藏边界距离
расстояние перевозок 搬运距离【储】运输距离
расстояние скважин【采】井距
расстояние фильтрации【采】渗透距离
раствор 溶液
агрессивный раствор【化】腐蚀性溶液
аммиачный раствор【化】氨溶液
амфотерно-полимерный раствор【钻】两性离子聚合物钻井液
амфотерно-сульфатный (соленасыщенный) раствор【钻】两性离子聚磺(饱和)盐水钻井液
аэрированный раствор【钻】充气泥浆
аэрированный цементный раствор【钻】充气水泥浆
бедный раствор 贫液
безглинистый буровой раствор【钻】无膨润土钻井液
безглинистый буровой раствор, недиспергирующий【钻】非分散的无膨润土泥浆
белитовый раствор【钻】硅灰石泥浆
белито-песчанистый раствор【钻】硅灰石砂质泥浆

P

битумно-асбестовый раствор【钻】沥青石棉钻井液

богатый раствор 富液

буровой раствор (буровая промывочная жидкость)【钻】钻井液

буровой раствор, аэрированный【钻】充气钻井液

буровой раствор, аэрированный с помощью вспенивающих агентов【钻】添加起泡剂充气钻井液

буровой раствор, безглинистый【钻】无膨润土钻井液

буровой раствор без добавок【钻】无添加剂钻井液

буровой раствор, бентонитовый【钻】膨润土钻井液

буровой раствор, биополимерный【钻】生物聚合物钻井液

буровой раствор, выдержанный【钻】充分水化的钻井液, 反应完全的钻井液, 稳定钻井液

буровой раствор, высоковязкий【钻】高黏性钻井液

буровой раствор, высокоизвестковистый【钻】高灰分钻井液

буровой раствор, высококоррозийный【钻】高腐蚀性钻井液

буровой раствор, высокоминерализованный【钻】高矿化度钻井液

буровой раствор, выходящий из скважины【钻】井内返出钻井液

буровой раствор, газированный【钻】气侵钻井液

буровой раствор, газонасыщенный【钻】充气钻井液

буровой раствор, гипсовый【钻】石膏钻井液

буровой раствор, глинист-алюминатный【钻】膨润土铝酸盐钻井液

буровой раствор, гуматно-силикатный【钻】腐殖硅酸盐钻井液

буровой раствор, густой【钻】稠钻井液

буровой раствор, дегазированный【钻】脱气钻井液

буровой раствор для глушения скважин【钻】压井钻井液

буровой раствор для забуривания ствола скважины【钻】侧钻开窗钻井液

буровой раствор, загрязненный【钻】污染的钻井液

буровой раствор, загущенный【钻】稠化钻井液

буровой раствор, известково-битумный【钻】沥青灰基钻井液

буровой раствор, известково-крахмальный【钻】灰基淀粉钻井液

буровой раствор, известковый【钻】灰基钻井液

буровой раствор, инвертно-эмульсионный【钻】逆乳化钻井液; 油包水乳化钻井液

буровой раствор, ингибированный【钻】抑制性钻井液

буровой раствор, инертный к кальцию【钻】抗钙钻井液

буровой раствор, инертный к солям【钻】抗盐钻井液

буровой раствор, исходный глинистый【钻】原始粘土钻井液

буровой раствор, кальциевый【钻】钙基钻井液

буровой раствор, коллоидный【钻】胶体状钻井液

буровой раствор, коррозионный 【钻】腐蚀性钻井液
буровой раствор, крахмальный 【钻】淀粉钻井液
буровой раствор, легкий 【钻】轻钻井液
буровой раствор, лигнитовый 【钻】木质素(褐煤)钻井液
буровой раствор, лигносульфонатный 【钻】磺化木质素钻井液
буровой раствор, малоглинистый 【钻】低黏土钻井液
буровой раствор, малоизвестковистый 【钻】低灰分钻井液
буровой раствор, малощелочной 【钻】低碱性钻井液
буровой раствор, меченный 【钻】示踪钻井液
буровой раствор на водной основе 【钻】水基钻井液
буровой раствор на водной основе, нефтеэмульсионный 【钻】水基乳化油钻井液
буровой раствор на газовой основе 【钻】气基钻井液
буровой раствор на морской воде 【钻】海水基钻井液
буровой раствор на насыщенной солью воде 【钻】饱和盐水基钻井液
буровой раствор на нефтяной основе (углеводородной основе) 【钻】油基钻井液
буровой раствор на основе дизельного топлива 【钻】柴油基钻井液
буровой раствор на основе пресной воды 【钻】淡水基钻井液
буровой раствор на основе соленой воды 【钻】盐水基钻井液
буровой раствор на синтетической основе 【钻】合成基钻井液
буровой раствор на солоноватой воде 【钻】微咸水基钻井液
буровой раствор, насыщенный солью крахмальный 【钻】饱和盐水淀粉钻井液
буровой раствор на углеводородной основе 【钻】油基钻井液
буровой раствор, невосприимчивый к действию соли 【钻】对盐不敏感钻井液, 抗盐钻井液
буровой раствор, необработанный 【钻】未处理钻井液
буровой раствор, не содержащий твердой фазы 【钻】不含固相钻井液
буровой раствор, несоленый 【钻】不含盐钻井液
буровой раствор, низковязкий 【钻】低黏性钻井液
буровой раствор, облегченный 【钻】轻化钻井液, 轻质钻井液
буровой раствор, обработанный 【钻】已处理钻井液
буровой раствор, обработанный известью 【钻】用石灰处理的钻井液
буровой раствор, обработанный кальцием 【钻】用钙处理的钻井液
буровой раствор, обработанный химическими реагентами 【钻】用化学试剂处理的钻井液
буровой раствор, отработанный 【钻】废弃钻井液
буровой раствор, охлажденный 【钻】冷却钻井液

буровой раствор, очищенный【钻】净化钻井液

буровой раствор, перемешанный【钻】已搅拌钻井液

буровой раствор, переутяжеленный【钻】超重钻井液

буровой раствор, полимерный【钻】聚合物钻井液

буровой раствор, полифосфатный【钻】多磷酸盐钻井液

буровой раствор, продавочный【钻】驱替(前置)钻井液

буровой раствор, разжиженный【钻】稀释钻井液

буровой раствор, регенерированный【钻】再生钻井液

буровой раствор, сверхтяжелый【钻】超重钻井液

буровой раствор с выбуренной породой【钻】混有钻出岩屑钻井液

буровой раствор с высоким PH【钻】高pH钻井液

буровой раствор с добавкой поверхностно-активного вещества【钻】添加表面活性剂钻井液

буровой раствор, силикатный【钻】硅基钻井液

буровой раствор, силикатонатриевый【钻】硅酸盐碳酸钠钻井液

буровой раствор, силикатосодовый【钻】硅酸盐碳酸钠钻井液

буровой раствор, слабоминерализованный【钻】低矿化度钻井液

буровой раствор с низким (малым) содержанием твердой фазы【钻】低固相含量钻井液

буровой раствор с низким PH【钻】低pH钻井液

буровой раствор с низкой водоотдачей【钻】低失水率钻井液

буровой раствор, солестойкий【钻】抗盐钻井液

буровой раствор средней плотности【钻】中等密度钻井液

буровой раствор, стабилизированный【钻】稳定的钻井液

буровой раствор, термостойкий【钻】耐温钻井液

буровой раствор, токсичный【钻】毒性钻井液

буровой раствор, тонкодисперсный【钻】细分散钻井液

буровой раствор, устойчивый против действия бактерий【钻】抗细菌稳定钻井液

буровой раствор, утяжеленный【钻】加重钻井液

буровой раствор, утяжеленный баритом【钻】重晶石加重钻井液

буровой раствор, химически обработанный【钻】化学处理钻井液

буровой раствор, хроматный【钻】铬酸盐钻井液

буровой раствор, хромлигнитовый【钻】铬酸盐木质素钻井液

буровой раствор, хромлигносульфонатный【钻】铬酸盐木质素磺酸盐钻井液

буровой раствор, циркулирующий【钻】循环的钻井液

буровой раствор, щелочной【钻】碱性钻井液

буровой раствор, щелочной лигнитовый【钻】碱性木质素钻井液

буровой раствор, эмульсионный【钻】乳化钻井液

буферный раствор【钻】缓冲液

водно-щелочной раствор【化】碱水溶液

водный раствор полиакриламида【化】聚丙烯酰胺水溶液

водный раствор полимеров【钻】聚合物水溶液

газообразный раствор【钻】气体钻井液

гельцементный раствор【钻】胶质水泥浆

глинистый раствор【钻】膨润土泥浆

глинистый раствор, ацетаткалиевый【钻】醋酸钾基膨润土泥浆

глинистый раствор, баритизированный【钻】重晶石膨润土泥浆

глинистый раствор, водонефтяной эмульсионный【钻】乳化油水膨润土泥浆

глинистый раствор, водяной【钻】水基膨润土泥浆

глинистый раствор, высоковязкий【钻】高黏度膨润土泥浆

глинистый раствор высокого давления【钻】高压膨润土泥浆

глинистый раствор, высокоминерализованный насыщенный【钻】高矿化度饱和膨润土泥浆

глинистый раствор, газированный【钻】气侵膨润土泥浆

глинистый раствор, гипсовый【钻】石膏膨润土泥浆

глинистый раствор, глицериновый【钻】甘油膨润土泥浆

глинистый раствор, естественный пресный нестабилизированный【钻】自然淡水不稳定膨润土泥浆

глинистый раствор, заготовленный【钻】备用膨润土泥浆

глинистый раствор, известковый【钻】石灰膨润土泥浆

глинистый раствор, ингибированный【钻】抑制性膨润土泥浆

глинистый раствор, исходный【钻】原始膨润土泥浆(处理前的泥浆)

глинистый раствор, калиево-известковый【钻】钾基石灰膨润土泥浆

глинистый раствор, калиевый【钻】钾基膨润土泥浆

глинистый раствор, карбонатный【钻】碳酸盐膨润土泥浆

глинистый раствор, легкий【钻】轻膨润土泥浆

глинистый раствор, маловязкий【钻】低黏度膨润土泥浆

глинистый раствор, малосиликатный【钻】低硅酸盐膨润土泥浆

глинистый раствор, минерализованный【钻】矿化膨润土泥浆

глинистый раствор на водной основе【钻】普通膨润土泥浆(水基泥浆)

глинистый раствор на морской воде【钻】海水基膨润土泥浆

глинистый раствор на пресной воде【钻】淡水基膨润土泥浆

глинистый раствор на углеводородной основе【钻】油基膨润土泥浆

глинистый раствор, нефтеэмульсионный【钻】乳化油膨润土泥浆

глинистый раствор, обработанный ПАВ【钻】表面活性剂处理的膨润土泥浆

Р

глинистый раствор, пресный【钻】淡水膨润土泥浆
глинистый раствор, разгазированный【钻】脱氧的膨润土泥浆
глинистый раствор, силикатный【钻】硅酸盐膨润土泥浆
глинистый раствор, слабоминерализованный【钻】微矿化度膨润土泥浆
глинистый раствор, соленый【钻】盐水膨润土泥浆
глинистый раствор, среднеминерализованный【钻】中矿化度膨润土泥浆
глинистый раствор с солей【钻】含盐膨润土泥浆
глинистый раствор, утяжеленный【钻】加重膨润土泥浆
глинистый раствор, хлоркальциевый【钻】氯化钙膨润土泥浆
густой раствор【钻】稠泥浆
дезинфицирующий раствор【化】消毒液
диатомоцементный раствор【钻】硅藻土水泥浆
диспергирующий раствор【钻】配置液,分散液
жирный раствор 富液
засоленный цементный раствор【钻】盐化水泥浆
известковистый раствор【钻】含钙泥浆
известково-битумный раствор【钻】石灰沥青泥浆
индикаторный раствор【化】指示溶液
истинный раствор【化】真溶液
карбонатный раствор【钻】碳酸盐泥浆
керосино-цементный раствор【钻】煤油水泥灰浆
коллоидный раствор【化】胶体溶液
концентрированный соляной раствор【化】浓盐溶液
латекс-цементный раствор【钻】乳胶状水泥浆
малоглинистый раствор【钻】低膨润土泥浆
малоглинистый раствор, недиспергирующий【钻】非分散的低膨润土泥浆
мицеллярный раствор【化】微泡溶液
моллярный раствор (мольный раствор)【化】克分子(摩尔)浓度溶液
насыщенный раствор【化】饱和溶液
насыщенный раствор, минеральный【化】饱和矿物溶液
недиспергирующий раствор【化】不分散溶液
незамерзающий раствор 不冻液
нефтецементный раствор【钻】油基水泥浆
низковязкий раствор【钻】低黏泥浆
нормальный раствор【化】标准溶液
обезжиривающий раствор【化】脱脂溶液
обращенный эмульсионный раствор【钻】逆乳化泥浆
пеноцементный раствор【钻】发泡水泥溶液
перенасыщенный раствор【化】过

饱和溶液

перлитоглиноцементный раствор 【钻】珍珠岩黏土水泥浆

полимерный раствор【钻】聚合物泥浆

полимерцементный раствор【钻】聚合物水泥浆

полубедный раствор【化】半贫液

промывочный раствор【钻】洗井液

рудоносные (гидротермальные) растворы【地】含矿热液

тампонажный раствор (ТР)【钻】封堵液; 固井液

термостойкий цементный раствор 【钻】耐热水泥浆

титрованный раствор【化】被滴定完溶液

титруемый раствор【化】被滴定溶液

титрующий раствор【化】滴定溶液

углеводородный раствор【化】烃类溶液

цементный раствор【钻】水泥浆

цементный раствор, аэрированный 【钻】充气水泥浆

цементный раствор, засоленный 【钻】含盐水泥浆

цементный раствор, известково-песчаный【钻】灰砂质水泥浆

цементный раствор на основе дизельного топлива【钻】柴油基水泥浆

цементный раствор, облегченный 【钻】轻质水泥浆

цементный раствор, термостойкий 【钻】耐热水泥浆

шлакоцементный раствор【钻】火山灰水泥浆

штукатурный раствор【钻】抹灰泥浆

щелочной раствор【化】碱性溶液

раствор, входящий (поступающий) в скважину【钻】进井钻井液

раствор, выходящий из скважины 【钻】出井钻井液

раствор глушения【采】压井液

раствор диэтиленгликоля【化】二甘醇酯型表面活性剂溶液

раствор для многолетнемерзлых пород【钻】(适用于)多年冻土钻井液

раствор для очистки【化】净化溶液

раствор каустической соды【化】苛性苏达溶液

раствор метанола【化】甲醇溶液

раствор моноэтаноламина【化】单乙醇胺溶液

раствор на базе соленой воды 【钻】盐水基钻井液

раствор на карбонатной основе 【钻】碳酸盐基钻井液

раствор поверхностно-активных веществ【钻】表面活性剂溶液

раствор, работающий в скважине 【钻】井内工作液

раствор триэтиленгликоля【化】三乙二醇溶液, 三甘醇溶液

раствор электролитов【化】电解液 【钻】电解质钻井液

раствор этиленгликоля【化】乙二醇溶液

раствор-вода【钻】清水钻井液

раствор-воздух【钻】空气钻井液

раствор-пены【钻】泡沫钻井液

растворение 溶解【地】溶解作用

избирательное растворение【化】选择性溶解

Р

обратное растворение【化】反溶解
приповерхностное растворение【化】表面反溶解
химическое растворение【化】化学溶解
растворенный【化】被溶解的
растворимость【化】溶解度, 溶解性, 可溶性
растворимость газов в нефти 天然气在油中溶解度
растворимость природного газа 天然气溶解度
растворимый【化】可溶解的
растворитель【化】溶剂
органический растворитель【化】有机溶剂
растворомешалка【钻】灰浆搅拌机
растекаемость 流动性
расторжение 解除, 废弃, 终止(合同)
досрочное расторжение договора 提前终止合同
расточительство 浪费
расточка【机】镗孔
растрескивание 裂纹; 开裂, 破裂, 胀裂【化】裂化, 裂解【地】龟裂
коррозионно-усталостное растрескивание 腐蚀疲劳破裂
термическое растрескивание 热破裂
растрескивание цементного кольца【钻】水泥环碎裂(破裂)
раструб 喇叭口, 漏斗口
растяжение 拉伸作用, 伸长【地】拉张作用
расфрезерование 铣削
расхаживание【钻】活动钻具
расхаживание бурильной колонны【钻】活动钻杆(柱)
расхаживание захваченного (прихваченного) инструмента【钻】活动被卡钻具
расхаживание обсадной колонны【钻】活动套管
расход 消耗; 流量
номинальный расход воздуха 额定耗气量
расчетный расход 理论排量
суточный расход【采】日流量
транспортный расход 运输费用
удельный расход газа【采】单位气体流量; 单位气体消耗量
расход буровых долот【钻】钻头消耗量
расход бурового раствора【钻】钻井液流量
расход в данный момент【采】瞬时流量
расход воды【采】排水量; 水流量
расход воды при нагнетании【采】注水排量
расход воздуха на входе в компрессор 压缩机进口空气流量
расход воздуха на охлаждение【钻】冷风消耗
расход газа【采】气体流量
расход газа при нагнетании【采】注气量
расход глинистого раствора【钻】泥浆流量
расход долот【钻】钻头消耗量
расход за час【采】小时流量
расход ингибитора коррозии【采】防腐缓蚀剂消耗量
расход на разведку【地】勘探费用
расход на разработку【采】开发费用

расход подземного потока【地】地下水流量
расход солярки【钻】油料耗量
расход тепла 热消耗量
расход тока 电消耗量
расход химических реагентов【钻】化学试剂消耗量
расход цемента【钻】水泥消耗量
расход цементного раствора【钻】水泥浆流量
расходомер【采】流量计
вибрационный массовый расходомер 振动式质量流量计
глубинный расходомер【采】深井流量计
диафрагмальный расходомер【采】孔板流量计
дистанционный расходомер 遥控流量计
дифференциальный расходомер 压差式流量表
дроссельный расходомер【采】节流式流量表
забойный расходомер【采】井底流量计
записывающий расходомер 记录式流量计
индукционный расходомер 感应流量计
массовый расходомер 质量流量计
наземный расходомер【采】地面流量计
объемный расходомер 容积式流量计
объемный расходомер с температурной компенсацией【采】温度补偿容积式流量计
поплавковый расходомер 浮式流量计
промысловый расходомер【采】矿场流量计
пропеллерный расходомер 螺旋式流量计
регистрирующий расходомер 记录式流量计
сильфонный расходомер 传压式流量计
скважинный расходомер 单井流量计
турбинный расходомер 涡轮流量计
ультразвуковой расходомер 超声波流量计
электромагнитный расходомер 电磁流量计
расходомер для бурового раствора【钻】钻井液流量计
расходомер для воздуха 空气流量计
расходомер для газа 气体流量计
расходомер для жидкости 液体流量计
расходомер для нефти【采】石油流量计
расходомер поршневого типа 活塞式流量计
расходометрия скважины【采】单井产液计量
расхождение 偏差
геометрическое расхождение сейсмической волны【震】地震波几何发散(衰减)
расценка 定价; 估价; 评价
расцепление 卸扣
расчет 计算
объемный расчет 工程量计算
сводный сметно-финансовый расчет на капитальное строительство 基建财务概算书

сводный сметный расчет 综合概算书
расчет бурильной колонны【钻】计算钻柱量
расчет в форме аккредитива 信用证方式结算
расчет давления 压力计算
расчет даты 计算日期
расчет емкости резервуара【储】计算罐容积
расчет конструкции 结构计算
расчет молниезащиты и контуров заземления 避雷和接地回路计算
расчет на прочность 强度校核
расчет производительности 计算产能
расчет устойчивости конструкции 计算结构稳定性
расчистка 清理, 平整
расчистка площадки 场地清理
расчистка рабочей полосы 作业带清扫
расчистка трассы【震】清理地震测线
расчлененность рельефа【地】地形切割性, 地形切割作用
расшататься 松动
расширение 膨胀, 扩大【钻】扩孔
адиабатическое расширение 绝热膨胀
изотермическое расширение 等温膨胀
линейное расширение 线性膨胀
остаточное расширение 剩余膨胀
относительное расширение 相对膨胀
тепловое расширение нефти 石油热膨胀
термическое (теплое) расширение 热膨胀
упругое расширение 弹性膨胀
расширение газа 气体膨胀
расширение газовой шапки【地】气帽膨胀
расширение горной породы【地】岩石膨胀
расширение нефти 石油膨胀
расширение пласта【地】地层膨胀
расширение пластового флюида【地】地层流体膨胀
расширение природного газа【采】天然气膨胀
расширение растворенного газа【采】溶解气体膨胀
расширение сечения 扩大横截面
расширение ствола скважины【钻】扩井眼
расширение ствола скважины расширителем【钻】用扩孔器扩井眼
расширитель【钻】扩眼器, 扩孔器
буровой расширитель【钻】钻井扩眼器
буровой расширитель, алмазный【钻】金刚石钻井扩眼器
буровой расширитель, конусный【钻】锥形钻井扩眼器
буровой расширитель, лопатный【钻】刮刀式钻井扩眼器
буровой расширитель, механический【钻】机械钻井扩眼器
буровой расширитель, раздвижной【钻】可伸缩钻井扩眼器
буровой расширитель, трехшарошечный【钻】三牙轮钻井扩眼器
буровой расширитель, шарошечный【钻】钻井牙轮式扩眼器
гидравлический расширитель

Р

【钻】水力扩眼器
калибровочный расширитель, мелкоалмазный【钻】细粒金刚石扩孔器
калибрующий расширитель【钻】校准的扩孔器
расширитель укороченного типа【钻】超短扩眼器
рационализация 合理化
рациональность 合理性
рациональный 合理的
рациональное использование и охрана недр 合理利用与保护矿产资源
рация 无线对讲机
РБ разведочное бурение【地】勘探钻井
рватель【钻】岩心抓
клипсовый рватель【钻】卡瓦式岩心抓
клипсо-пружинный рватель【钻】卡簧岩心抓
пружинный рватель【钻】弹簧式岩心抓
рычажной рватель【钻】杆式岩心抓
рватель комбинированного типа【钻】复合式岩心抓
РВД регулятор высокого давления 高压调节器
РГП радиоизотопный гамма-плотномер【测】放射性同位素伽马密度计
РД регулятор давления 调压器, 调压阀
РДВ регулятор давления воздуха 空气压力调节器
РДП регулятор давления пара 蒸汽压力调节器
реагент 化学试剂; 反应剂
антислипающий реагент 防黏剂
водоадсорбирующий реагент【化】吸水试剂
водоизолирующий реагент【化】水绝缘试剂
временно изоляционный реагент【钻】暂堵剂
высаживающий реагент【化】沉淀剂
деасфальтирующий реагент【化】脱沥青剂
дегидратирующий реагент【采】防水合物试剂
дефлокулирующий реагент 反絮凝试剂
деэмульгирующий реагент 脱乳剂
коагулирующий реагент【化】絮凝试剂
комплексообразующий реагент【化】络合物形成试剂
модифицированный гуматный реагент【钻】改性腐殖酸盐(钾)(一种钻井液降滤失剂)
нетоксичный реагент【化】无毒试剂
пенообразующий реагент【化】起泡剂
пеноразрушающий реагент【化】消泡剂
регулировочный реагент【钻】调节液
сульфитно-щелочной реагент【化】亚硫酸盐碱性试剂
торфщелочной реагент (ТЩР)【钻】泥炭碱剂
углещелочной реагент【钻】煤碱剂
химический реагент【化】化学试剂

эмульгирующий реагент【化】乳化试剂
реагент для разрушения эмульсии【化】破乳剂
реагент на основе эфиров целлюлозы【钻】羟乙基纤维素降滤失剂
реагент-деэмульгатор【化】脱乳剂
реагирование 反应
реактивность 活性
реактивы химические【化】化学试剂
реактор【化】反应器
реакция【化】反应
восстановительная реакция【化】还原反应
вторичная реакция【化】二次反应, 副反应
геохимическая реакция【地】地球化学反应
изотермическая реакция【化】等温反应
каталитическая реакция【化】催化反应
качественная реакция【化】质的反应
кислая реакция【化】酸性反应
кислотно-щелочная реакция【化】酸碱反应
количественная реакция【化】量的反应
нейтральная реакция【化】中和反应
необратимая реакция【化】不可逆反应
обратимая реакция【化】可逆反应
обратная реакция【化】逆反应
окислительная реакция【化】氧化反应
окислительно-восстановительная реакция【化】氧化—还原反应
параллельная реакция【化】平行反应
побочная реакция【化】副反应
поверхностная реакция【化】表面反应
прямая реакция【化】正反应
селективная реакция【化】选择反应
управляемая реакция【化】可控反应
физическая реакция 物理反应
химическая реакция【化】化学反应
щелочная реакция【化】碱性反应
экзотермическая реакция【化】放热反应
эндотермическая реакция【化】吸热反应
реакция абсорбции【化】吸收反应
реакция агглютинации【化】胶结反应
реакция вытеснения【化】置换反应
реакция гидратации【化】水合反应
реакция замещения【化】交代反应
реакция **Клауса**【化】克劳斯反应
реакция на медленных нейтронах【测】慢中子反应
реакция на тепловых нейтронах【测】热中子反应
реакция нейтрализации【化】中和反应
реакция обмена【化】交换反应
реакция обрыва цепи【化】断链反应
реакция осаждения【化】沉淀反应
реакция присоединения【化】加成反应

реакция разложения【化】分解反应
реакция распада【化】衰变反应
реакция соединения【化】化合反应
реакция уплотнения【化】缩合反应
реализация 实现; 实施; 销售
ребойлер 重沸器
ребро 边缘; 侧面; 斜脊
реверсия 换向, 逆转, 反向
ревизия 校对
ревун 警报器
регенерат 再生品
регенератор【炼】再生器; 再生塔; 再生釜
регенерация 再生作用
регенерация жидкой фазы бурового раствора【钻】钻井液液相再生
регенерация кислотного газа【化】酸性气再生
регенерация метанола【化】甲醇再生
регенерация утяжелителя【钻】加重剂再生
регенерирование 再生
регион 区域
региональный 区域的
региональная аномалия【地】区域异常
региональная геотектоника【地】区域性大地构造
региональная деформация【地】区域变形
региональная дислокация【地】区域位错, 区域错动
региональная мегатрещиноватость【地】区域性大断裂
региональное несогласие【地】区域不整合
региональный перерыв【地】区域间断
региональная стратиграфическая шкала【地】区域地层表
региональное тектоническое движение【地】区域性构造运动
регистратор 记录器【钻】记录仪
автоматический регистратор【钻】自动记录仪
графический регистратор【测】曲线式记录仪
цифровой регистратор【测】数字记录仪
регистратор параметров бурения【钻】钻井参数测录仪
регистрация 记录; 登记; 注册
государственная регистрация 国家注册
цифровая регистрация 数字记录
регистрация времени【震】时间记录
регистрация данных 资料登记; 资料录取
регистрация землетрясений【震】地震记录
регистрация колебании【震】浮动式记录
регистрация лицензий 许可证注册
регистрация процесса бурения【钻】钻井过程记录
регистрация процесса добычи【采】记录采气过程
регистрация сейсмических волн【震】地震波记录
регистрация сосуда под давлением【采】压力容器注册
регламент 规章制度
безопасный регламент【安】安全规程
технический регламент буровых

растворов【钻】钻井液技术规程
регрессивный【地】退覆的(与超覆相反)
регрессионный 归的
регрессия【地】海退, 水退
регрессия моря【地】海退
регулирование 调节, 控制
грубое регулирование【钻】粗调
дистанционное регулирование 遥控调节
дроссельное регулирование 节流调节
пневматическое регулирование 气动调节
тонкое регулирование【钻】精调
регулирование байпасом【采】旁通(放空)调节
регулирование внутрискважинного давления【采】调节井内压力
регулирование вручную 手动调节
регулирование газового фактора【采】气油比调节
регулирование давления в большом диапазоне【钻】在大范围内调节压力
регулирование движения 交通管制
регулирование дроссельной заслонки【采】调节节流板
регулирование зазора 调节间隙
регулирование закачки воды【采】控制注水
регулирование клапана 调节阀门
регулирование ключа на горизонтальность 调整大钳水平度
регулирование нагрузки на буровое долото【钻】调节钻头压力
регулирование напора воды【采】调节水压
регулирование отклонения 调节偏差
регулирование плотности бурового раствора【钻】调整钻井液密度
регулирование подачи【钻】控制钻头给进; 钻头加压控制; 进料控制
регулирование прибора 调节仪器
регулирование процесса эксплуатации【采】调节开发生产过程
регулирование работы скважины【采】调节井生产制度
регулирование расхода【采】调节流量
регулирование свойств бурового раствора【钻】调节钻井液性能
регулирование темпа отбора【采】调节采油(气)速度
регулирование температуры 调节温度
регулирование уровня【采】调节液面
регулирование физико-химического взаимодействия скважины с окружающими горными породами【钻】调节井眼与围岩间物理化学作用
регулирование фильтрации 过滤控制; 滤失控制
регулятор 调节器, 控制器
автоматический регулятор 自动调节器
автоматический регулятор амплитуд (**АРА**)【震】自动振幅调节器
автоматический регулятор громкости【震】噪音自动调节器
автоматический регулятор нагрузки【钻】钻压自动调节器
автоматический регулятор осевой

нагрузки【钻】轴向钻压自动调节器

автоматический регулятор расхода нефти【采】石油流量自动调节器

автоматический регулятор тормоза лебедки【钻】绞车刹车自动调节器

автоматический регулятор усиления 强度自动调节器

барометрический регулятор 气压调节器

вакуумный регулятор 真空调节器

воздушный регулятор 空气调节器

газовый регулятор【采】气量调节器

гидравлический регулятор 液压调节器

гидравлический регулятор для поддержания постоянного уровня 保持常液面液压调节器

гидравлический регулятор осевой нагрузки【钻】轴向钻压液压调节器

гидравлический регулятор подачи【钻】液压给进调节器

дифференциальный регулятор давления【采】差压调节器

дроссельный регулятор【采】节流调节器

забойный регулятор давления【采】井底压力调节器

индукционный регулятор 电感调节器

пневматический регулятор 气动调节器

позиционный регулятор 位式调节器

поплавковый регулятор уровня жидкости【采】浮式液面调节器

центробежный регулятор скорости【钻】离心式速度调节器

электрогидравлический регулятор【钻】电动液压调节器

электропневматический регулятор 电气动调节器

регулятор амплитуд【震】振幅调节器

регулятор вакуума 真空调节器

регулятор влажности 湿度调节器

регулятор времени 时间控制器

регулятор высоты 高度调节器

регулятор газового давления 气压调节器

регулятор глубины 深度调节器

регулятор давления【钻】调压器

регулятор давления «до себя»【采】“阀前”压力调节器

регулятор давления «после себя»【采】“阀后”压力调节器

регулятор дебита【采】流量调节器

регулятор максимального давления 最大压力调节器

регулятор минимального давления 最低压力调节器

регулятор наддува 进气压力调节器

регулятор ноля (нуля) 零位调节器

регулятор оборотов【钻】转速调节器

регулятор плотности【钻】密度调节器

регулятор подачи воды【钻】给水量调节器

регулятор подачи газа при периодическом газлифте【采】周期气举给气调节器

регулятор подачи долота на забой

【钻】井底钻头给进调节器
регулятор подачи рабочего агента в скважину【采】井内工作试剂调节器
регулятор потока【采】流体流量调节器
регулятор расхода【采】流量调节器
регулятор скорости【钻】调速器(装置)
регулятор состава потока【采】流体成分调节器
регулятор температуры 温度调节器
регулятор уровня【采】液面调节器
регулятор уровня раздела фаз нефти-воды【炼】油水相界面调节器
регулятор-клапан【采】调节阀
редкий 稀有的
редкие земли (редкоземельные элементы)【化】稀土元素
редуктор 还原剂; 减压阀; 减速器, 减压器
ацетиленовый редуктор 乙炔调压器
блокирующий цепной редуктор【钻】连锁链条减速装置
газовый редуктор【采】天然气调节器; 气体调节器
двух-трехступенчатый редуктор с зубчатыми передачами【钻】二三级齿轮传动减速器
дизельный редуктор【钻】柴油机减速器
зубчатый редуктор【钻】齿轮减速器
кислородный редуктор 氧气调节器
циклоидальный редуктор【钻】摆线减速器
редуктор баллона 减压阀
редуктор гидравлического винтового забойного двигателя【钻】井下水力螺杆钻具减速器
редуктор гидротурбинного забойного двигателя【钻】井下涡轮钻具减速器
редуктор малых габаритов【钻】小型减速器
редуктор пропана 乙炔表
редуктор с 2 передачами【钻】两档减速器
редуктор-автомат 自动减压器
редукция【化】还原【钻】减速
редукция силы тяжести 重力校正, 重力还原
редуцирование 减速, 减压
реестр 清单
режим 动态, 工况; 机制; 方式; 单井生产制度(指井口油嘴直径); 规章, 制度, 措施
аварийный режим 应急制度
автономный режим 自治制度
артезианский режим 自流方式
быстроходный режим откачки【采】快速抽油(水)方式
вихревой режим 涡流制度
водонапорный режим【采】水驱
водонапорный режим, активный【采】活跃水驱
водонапорный режим, жесткий【采】刚性水驱
водонапорный режим, искусственный【采】人工水驱
водонапорный режим, ограниченный【采】有限水驱
волновой режим【地】波浪状况
волюметрический режим【采】体

Р

积驱动

газонапорный режим залежи нефти【采】气驱油藏

газонапорный режим залежи нефти с конденсацией【采】气驱凝析油藏

геодинамический режим【地】地球动力学机制

гидравлический режим【采】水力驱动机制

гравитационно-водонапорный режим залежи нефти【采】重力—弹性水驱油藏

гравитационный режим【采】重力驱动

капиллярный режим【采】毛细管力驱动

квазистационарный режим течения【采】准稳定流状态

критический режим 临界状态

ламинарный режим движения 层流状态

напряженный режим 应力状态

нестационарный режим фильтрации【采】不稳定渗流方式

нестационарный режим【采】非稳定制度

нефтеводоупругий режим【采】油水弹性驱动

оптимальный режим бурения【钻】优化钻井制度

переходный режим【采】不稳定流动阶段; 瞬变条件

поршневой режим движения жидкости【采】段塞式流动; 段塞流

правильный режим бурения【钻】正常钻井制度

пузырчатый режим движения жидкости【钻】液体气泡状流动方式, 液体泡流

пусковой режим【采】启动方式

смешанный режим【采】混合式驱动

смешанный режим, газо-водонапорный【采】气水混合驱动

тектонический режим【地】构造机制

тектонический режим, орогенный【地】造山构造机制

тектонический режим, платформенный【地】地台构造机制

тектонический режим, рифтогенный【地】深大断裂构造机制

температурный режим 温度状况

технологический режим работы скважины【采】井的工艺制度, 采油气工艺方法

типовой режим 标准工作条件

турбулентный режим движения 紊流状态, 紊流运动方式

упругий режим【采】弹性驱动

упруговодонапорный режим【采】弹性水驱

упруго-замкнутый режим【采】弹性—塑性驱动方式

форсированный режим эксплуатации скважины【采】强制开发井; 井的强采方式

эксплуатационный режим 运行情况

режим бурения【钻】钻井制度

режим водоносных горизонтов【采】含水层动态

режим вытеснения нефти【采】驱油方式

режим вытеснения нефти краевой водой【采】边水驱油方式

режим вытеснения нефти подошвенной водой【采】底水驱油方式
режим газовой шапки【采】气顶驱动
режим давления 压力机制
режим движения жидкости и газа в пласте【地】地层气液流动机制
режим дренирования【采】驱动方式, 排泄方式
режим дренирования нефтяной залежи【采】油藏泄油方式
режим естественного истощения【采】自然枯竭方式开采
режим залежи【采】油气藏驱动方式
режим истощения【采】枯竭式开采
режим истощенной пластовой энергии【采】地层能量衰竭式开采
режим магматической активизации【地】岩浆活动状态
режим нагрузки 负载状况
режим напряжений 应力状态
режим нефтяной залежи【采】油藏动态; 油藏驱动方式
режим нефтяного пласта【采】油层动态
режим остановки【炼】机械(设备)停车方式
режим откачки【采】抽水(油)制度
режим пластовых вод【采】地层水动态
режим подземных вод【采】地下水动态
режим постоянного градиента давления【采】定压力梯度开采方式
режим постоянного давления на головке скважины【采】定井口压力开采方式
режим постоянного дебита【采】定流量开采方式
режим постоянной депрессии【采】定压降开采方式
режим постоянной скорости фильтрации【采】定流速开采方式
режим потока 流动特性
режим прогрева 加热方式
режим продувки 吹扫方式
режим промывки【钻】循环方式; 冲洗方式
режим процесса【化】工艺操作条件
режим работы 工作制度
режим работы нефтяной залежи【采】油藏驱动方式
режим работы скважины【采】油气井工作制度(井口油嘴直径、压力、产量等)
режим растворенного газа【采】溶解气驱动
режим скважины【采】井况; 井工作制度(压力, 油嘴大小等)
режим с неподвижными контурами【采】(油气藏)边界不动驱动方式
режим с перемещающимися контурами【采】(油气藏)边界移动的驱动方式
режим струи【采】喷射方式
режим фильтрации【采】渗流机制
режим фронтального вытеснения нефти【采】前缘注水驱油
режим холостого хода 空转方式
режим эксплуатации (разработки) нефтяных и газовых залежей【地】油气藏开发方式(驱动方式)
резерв 储备; 备用
аварийный резерв 紧急备用

Р

резервный 备用的
резервуар 储集池【地】储集空间【储】油罐(比емкость小)
аварийный резервуар【储】紧急贮罐
атмосферный резервуар【储】常压油罐
бетонный резервуар【储】混凝土油罐
буферный резервуар【钻】缓冲水池【储】缓冲油罐
вакуумный резервуар【储】真空罐
вертикальный резервуар【储】立式油罐
водонасыщенный резервуар【地】含水储层
воздушный резервуар【钻】空气包
газосборный резервуар【储】集气罐
горизонтальный резервуар【储】卧式储罐
гуммированный резервуар【储】涂橡胶层罐
дегазированный резервуар【储】已除气罐
дозировочный резервуар【钻】配料罐
дренажный резервуар【采】排污罐
железобетонный резервуар【储】钢筋混凝土油罐
заглубленный резервуар【储】深埋罐
замерный резервуар【钻】计量罐
зональный резервуар【地】带状储层
измерительный резервуар【采】测量罐
изолированный резервуар【储】绝热油罐
клепанный резервуар【储】铆合罐
локальный резервуар【地】局部储层
масляный резервуар【储】油罐
массивный резервуар【地】块状储层
многокамерный разделительный резервуар【钻】多室分离(沉淀)罐
многокупольный сфероидальный резервуар【储】多顶式球形储存罐
надземный резервуар【储】地上油罐
наземный резервуар【储】地面油罐
напорный резервуар【储】压力罐
нефтесборный резервуар【储】集油罐
обвалованный резервуар【储】围有土堤的油罐
обычный стандартный резервуар【储】普通标准油罐
однокамерный разделительный резервуар【钻】单室分离(沉淀)罐
окислительный резервуар【炼】氧化罐
оперативный резервуар【储】作业油罐
питающий резервуар【钻】供给罐
пластовый резервуар【地】层状储层
подводный резервуар【储】水下罐
подземный резервуар【储】地下油罐
подобный резервуар【地】类储集体
полуподземный резервуар【储】半地下油罐

полусферический резервуар【储】半球形罐
полусфероидальный резервуар【储】半扁球形罐
приемный резервуар для бурового раствора【钻】钻井液接收罐
промысловый резервуар【储】矿场用的罐
радиальный резервуар【储】辐射式油罐
разделительный резервуар【采】分离(沉淀)罐
расходный резервуар【采】计量罐
региональный резервуар【地】区域性储层
рулонный резервуар【储】卷焊油罐
сборный резервуар для нефти【储】集油罐, 储油罐
сливной резервуар【储】放油(水)罐
стальной резервуар【储】钢质油罐
сферический резервуар【储】球形油罐
цилиндрический резервуар【储】圆柱形油罐
шаровой резервуар【储】球形油罐
резервуар воды пожаротушения【安】消防水罐
резервуар в эксплуатации【储】正在使用的罐
резервуар высокого давления【储】高压罐
резервуар газа【储】气罐
резервуар для бурового раствора【钻】钻井液罐
резервуар для бурового раствора, запасной【钻】钻井液备用罐
резервуар для бурового раствора, отстойный【钻】钻井液沉淀池
резервуар для бурового раствора, приемный【钻】钻井液接收池
резервуар для бурового раствора, рабочий【钻】使用的钻井液储存罐
резервуар для бурового раствора, резервный【钻】钻井液备用罐
резервуар для бурового раствора, стальной【钻】钻井液钢罐
резервуар для водосодержащей нефти【储】含水石油罐
резервуар для добавок【钻】添加罐
резервуар для долива【钻】钻井液补给罐
резервуар для залива в скважины【钻】向井加注罐
резервуар для измерения дебита скважины【采】单井产量计量罐
резервуар для масла【储】油罐
резервуар для отделения свободной воды от нефти【炼】石油脱水罐
резервуар для отделения солей от нефти【炼】石油脱盐罐
резервуар для приготовления бурового раствора【钻】钻井液配制罐
резервуар для приготовления цементного раствора【钻】水泥浆配制罐
резервуар для рассола【钻】盐水罐
резервуар для сбора конденсата【储】集凝析油罐
резервуар для сброса давления【采】泄压罐
резервуар для слива бурового раствора【钻】钻井液收集罐
резервуар для смешивания【钻】混合罐

резервуар для сточных вод【采】污水罐
резервуар для химической обработки【钻】化学处理罐
резервуар для хранения нефтепродуктов【储】成品油储存罐
резервуар для хранения сырой нефти【储】原油储存罐
резервуар для чистой воды【储】清水罐
резервуар для шлама【钻】岩屑罐
резервуар на трубопроводе【钻】管道上的油罐
резервуар нефти【钻】油罐
резервуар с вентиляцией 通风罐
резервуар сжатого воздуха 压缩空气罐
резервуар с коническим днищем【钻】圆锥底储罐
резервуар с конической крышей【钻】圆锥顶储罐
резервуар смягчения воды【钻】软化水池
резервуар с неподвижной крышей【钻】带不可移动顶储罐
резервуар с плавающей крышей【钻】浮动顶储罐
резервуар с понтоном【钻】内浮顶罐
резервуар со сферической крышей【钻】球形顶储罐
резервуар холодной воды【钻】冷水池
резервуар-газометр【采】气体计量罐
резервуар-мерник【采】计量油罐
резина 橡胶; 橡皮
каучуковая резина 橡胶皮
клапанная резина【钻】阀胶皮
резистивиметр 电阻计
индукционный резистивиметр 感应电阻计
скважинный резистивиметр【采】井内流体电阻计
резистивиметрия【采】流体电阻测量【测】电阻率测井
резистивность【测】电阻率
резка 气割
резолюция 决议
резонанс 谐振, 共振
паразитный резонанс 寄生谐振
полный резонанс 全谐振
электронный парамагнитный резонанс (ЭПР)【测】电顺磁共振
ядерный магнитный резонанс (ЯМР)【测】核磁共振
резонанс напряжений 电压谐振
резонанс токов 电流谐振
резонанс фаз 相位谐振
резонатор 谐(共)振器
результат 结果
ожидаемый результат 预期成果
ожидаемый результат эксплуатации【采】开发预期指标
результаты испытаний【采】测试结果
результаты опробования【采】试油结果
резцедержатель 刀架
резьба (丝)扣; 螺纹
внутренняя резьба 内丝扣
дюймовая резьба 英制丝扣
замковая резьба 接头丝扣, 接头螺纹
квадратная резьба 方丝扣
коническая трубная резьба 圆锥管式丝扣

конусная резьба 锥形丝扣
короткая резьба 短丝扣
круглая резьба 圆弧型螺纹
крупная резьба 粗扣
левая резьба 反扣丝扣; 左旋丝扣
ловильная резьба【钻】打捞丝扣
метрическая резьба 公制丝扣, 米制丝扣
многозаходная резьба 多头丝扣
муфтовая резьба 母扣, 内扣
наружная резьба 公丝扣, 外螺纹
нормальная трубная резьба【钻】正常套管丝扣
одноходовая резьба 单头丝扣, 单线丝扣
поврежденная замковая резьба 已损坏丝扣
полезная резьба 有效丝扣
правая резьба 正扣, 右扣, 右旋丝扣
присоединительная резьба долота【钻】钻头连接扣
прямоугольная резьба 直角丝扣, 方丝扣
соединительная резьба 连接丝扣
сорванная резьба 拉断丝扣; 滑脱丝扣
специальная резьба 特种丝扣
трапецеидальная резьба 梯形丝扣
трубная резьба 管式丝扣
упорная резьба 梯形螺纹丝扣
цилиндрическая резьба 圆柱状丝扣
резьба муфты【钻】套筒丝扣; 母接头丝扣
резьба насосно-компрессорных труб【钻】油管丝扣
резьба обсадной трубы【钻】套管丝扣
резьба полного профиля 全丝扣; 完整螺纹
резьба треугольного профиля 三角形丝扣
резьбомер 丝扣规
рейка【钻】条形板
замерная рейка【采】量油杆
зубчатая рейка【钻】链板; 齿板; 齿条
рейс 测线; 航线【钻】钻具起下次数
замкнутый рейс【地】闭合测线
опорный рейс 基线
спускоподъемный рейс бурового инструмента【钻】起下钻作业次数
холостой рейс【钻】无进尺回次
рейтер (гусар) (天秤)游码
рейтинг 级别; 分等级
река【地】河流
консеквентная река【地】顺向河
меандрирующая река【地】曲流河
разветвленная река【地】分支河, 辫状河
рекогносцировка【地】勘察, 踏勘
рекомбинация 复合
реконденсация 再冷凝
реконсервация 解封
реконструкция 改造【地】再造, 地质恢复
техническая реконструкция【炼】技术改造
рекордер PH значения【钻】pH值记录仪
ректификатор 精馏器, 整流器
ректификация 精馏; 整流
двухступенчатая ректификация【炼】二级精馏
непрерывная ректификация【炼】连续精馏

одноступенчатая ректификация 【炼】一级精馏
периодическая ректификация 【炼】间歇精馏
ректификация бинарной смеси 【炼】二元混合物精馏
ректификация в вакууме 【炼】真空精馏
рекультивация 【钻】地貌恢复
рекуперация 复原
рекуррентный 归的
рекурренция 【地】重现
рекурсия 递归
релаксация 松弛, 张弛, 弛豫
парамагнитная релаксация 顺磁弛豫
реле 继电器
аварийное реле 【钻】应急继电器
воздушное реле 【钻】继气器; 空气继电器
воздушное реле для регулирования давления 【钻】调压继电器
контактное реле 【钻】接触式继电器
манометрическое реле 压力继电器
среднее реле 【钻】中间继电器
термическое реле 【钻】热继电器
реликтовый 【地】残余的
рельеф 【地】地形
вулканический рельеф 【地】火山地形
карстовый рельеф 【地】岩溶地形, 卡斯特地形
ледниковый рельеф 【地】冰川地形
структурный рельеф 【地】构造地形
рельефообразование 【地】地形形成作用
рельс 轨道
железнодорожный рельс 铁轨
направляющий рельс электродвигателя 【钻】电机导轨
ремень 皮带
безопасный ремень 【安】安全带
клиновой ремень 【机】三角皮带
приводной ремень клиновидного сечения 【机】三角形传动皮带
ремень вентилятора 风机皮带
ремобилизация 重新活动, 复活
ремонт 修理
аварийный ремонт 紧急修理
внеплановый ремонт 计划外修理
восстановительный ремонт 恢复修理
капитальный ремонт 【钻】大修
капитальный ремонт скважин (КРС) 【钻】油气井大修
мелкий ремонт 小修
периодический ремонт 定期检修
планово-предупредительный ремонт 计划预检修
плановый ремонт 计划检修
подземный ремонт скважин 【采】井下修理
профилактический ремонт 预检修
реконструктивный ремонт 改装修理
ремонт дорожного покрытия 修理路面
ремонт трубопровода 【储】修管道
ремотник 维修工
рений 【化】铼(Re)
рентабельность 利润率
рентген 伦琴(X)射线
рентгено-аппарат X光机
рентгенограмма 伦琴(X)射线谱
рентгенология 伦琴(X)射线学
рентгенорадиотерапия X光放射疗法

рентгеноскопия 射线检查
рентгенофотография 伦琴(X)射线照相术
реограмма 流变图
реодинамика 流变动力学
реологическое свойство 流变特性
реология 流变学
реострикция 电收缩效应
реотропизм 向流性(流动方向性)
репарация 赔偿
репер 水准基点; 标志层
каротажный репер【测】测井标志层
реперная линия 参考线, 基准线
реплика 复制品
репликация 重复实验, 平行实验
репрезентативный 代表性的, 典型的
репрезентативная величина 代表性值, 典型值
репрезентативное значение 代表性值, 典型值
репрезентативное наблюдение 代表性观测
репрезентативный разрез 代表性剖面
репрессия 抑制, 制止
воздушная репрессия 空气驱动
репродуктор 扬声器
репутация 名声; 名誉; 声望
респиратор 防毒面具; 口罩, 面罩
рессора 弹簧, 发条
реставрация 恢复
ресурсы【地】资源(概称)
газовые ресурсы【地】天然气资源
гипотетические ресурсы【地】假定资源
начальные ресурсы【地】原始资源
нефтяные ресурсы【地】石油资源
перспективные ресурсы【地】有前景(远景)资源
потенциальные ресурсы【地】潜在资源
прогнозные ресурсы【地】预测资源
разведанные и извлекаемые ресурсы нефти и газа【地】探明可采油气资源
субрентабельные ресурсы【地】准经济可行性资源
текущие ресурсы【地】现有资源
умозрительные теоретические ресурсы【地】理论上抽象资源
энергетические ресурсы【地】能源
ресурсы нефти и газа【地】油气资源
ресурсы подземных вод【地】地下水资源
ретроградация 次序颠倒
реферат 文摘
референц-поверхность 参考面
референц-расстояние 参考距离
референц-сфера 参考球
референц-точка 参考点
референция 参考, 参考资料
рефлекс 反射作用
рефлексия 反射
рефлюкс 回流; 回流液【采】回注法
реформа 改革
рефрактòметр 折射计
рефракция【震】折射
удельная рефракция 折射率
рефракция сейсмических волн【震】地震波折射
рефрижерация 冷却
рецензия 研究报告评议书
рецепт 处方; 制法

P

рецептура【钻】配方
рецептура бурового раствора【钻】钻井液配方
рецептура глиноцементной пасты【钻】黏土水泥浆配方
рецептура цементного раствора【钻】水泥浆配方
рециркулят 循环物
рециркулятор 循环鼓风机
рециркуляция 再循环
речной【地】河的
речной бассейн【地】流域
речная долина усыхания【地】干河谷
речные отложения【地】河流相地层; 河流沉积
речная сеть【地】河道网
речная система【地】河流沉积体系
речная терраса【地】河成阶地
речная эрозия【地】河流侵蚀
решающий 决定性的
решение 决定
решение комиссии 委员会决议
решетка 格栅; 晶格, 点阵
решето 筛网
решетчатый 筛状的
РЖ реферативный журнал 文摘杂志
ржавление 生锈
ржавчина 锈; 锈迹
РИР ремонтно-изоляционные работы【钻】修井封堵作业
риск 风险
риск ошибок 出错机率
рисунок 图片
ритм【地】地层韵律
ритм осадконакопления【地】沉积韵律
ритмическое строение【地】韵律结构
ритмичность【地】韵律性
ритмичность осадконакопления【地】沉积韵律性
ритмостратиграфия【地】韵律地层
РИТС районная инженерно-техническая служба 地区工程技术部门
риф【地】礁
береговой риф【地】裙(岸)礁
барьерный риф【地】堡(堤)礁
биогенный риф【地】生物礁
водорослевый риф【地】藻礁
ископаемый риф【地】大型埋藏礁块
коралловый риф【地】珊瑚礁
одиночный риф【地】点礁
подводный риф【地】海底礁
покровный риф【地】覆盖礁
столбчатый риф【地】塔礁
Рифей【地】里菲(晚元古代, 距今16.5亿~6.5亿年)
рифля 槽, 凹槽; 沟纹
рифовый【地】礁的
рифовые брекчии【地】礁型角砾岩
рифовые осадки【地】礁沉积
рифовые фации【地】礁相
рифогенный【地】礁成的
рифогенная ловушка【地】礁成圈闭
рифообразующие организмы【地】造礁生物
рифт【地】深大断裂(带); 裂谷
внутриконтинентальный рифт【地】陆内断裂
перикратонный рифт【地】克拉通边缘断裂
рифтинг【地】裂谷作用, 断裂作用
рифтовый【地】裂谷的

рифтовая впадина【地】裂谷盆地
рифтовая долина【地】断裂型河谷
рифтовая зона【地】裂谷带
рифтовое озеро【地】裂谷湖
рифтовый океан【地】裂谷型大洋
рифтовый пояс【地】裂谷带
рифтовая система【地】裂谷系
рифтогенез【地】深大断裂成因
рифтообразование【地】裂谷作用,裂谷形成
Риштанский ярус【地】里什坦阶(费尔干纳盆地,始新统)
РК радиоактивный каротаж【测】放射性测井
РК радиометр каротажный【测】放射性测井仪
РЛ рентгенолюминесценция X荧光现象
РЛС радиолокационный снимок 放射性信号
РММ ремонтно-механическая мастерская 机修厂
РНБ режим наибольшего благоприятствования 最惠国待遇
РНГС «Роснефтегазстрой» (акционерное общество) "俄罗斯石油天然气建设"(股份公司)
РНП регулируемый направленный прием 可调定向接收
РНП регулируемый направленный прием сейсмических волн【震】地震波调节定向接收
РНПУ районное нефтепроводное управление【储】地区石油管道局
РНЦ Российский Научный Центр 俄罗斯科学中心
РОВ рассеянное органическое вещество 分散有机质

ровность 平度
ровный 平坦的
род 种类
родий【化】铑(Rh)
родство 同属性,同源;亲和力
рожок【钻】爪座
роза 玫瑰图,玫瑰形;灯线盒
роза-диаграмма【地】玫瑰花图
розетка插座
розетка зажима【钻】端子座
розетка с однофазой и двумя полюсами 单相二极插座
розетка с однофазой и тремя полюсами 单相三极插座
розетка с трехфазой 三相插座
розница 零售
ролик【钻】滚子、滑轮,滚珠
роль запаздывания 滞后作用
ромб 菱形;斜方形;菱形物
ромбический 菱形的
ромбоэдрический 斜方体的
роса 露
Россия【地】俄罗斯
Российская Федерация (РФ)【地】俄罗斯联邦
рост 增加,增大;增长,加强;发展
рост глинистой корки【钻】泥饼增大
рост давления 压力增加
ротация 转动
ротор【钻】(井架上)转盘,转子
многозаходный ротор【钻】多头转盘
однозаходный ротор【钻】单头转盘
ротор буровой установки【钻】钻机转盘
ротор буровой установки для мно-

гоствольного бурения【钻】多分支井钻机转盘
ротор буровой установки с гидравлическим приводом【钻】液压驱动钻机转盘
ротор буровой установки с индивидуальным приводом【钻】单驱动钻机转盘
ротор буровой установки с карданным приводом【钻】万向轴钻机转盘
ротор закрытого типа【钻】闭式转盘
ротор открытого типа【钻】开式转盘
роялти (合同)矿费, 矿区使用费
РП распределительный пункт 配电所, 配电室
РП Республика Польша【地】波兰共和国
РП решающее правило 主要规则
РПС Российский Промышленный Союз 俄罗斯工业联盟
РС рабочая станция 工作站
РС реакционная скважина【采】反应井
РСЗ разность сопротивления заземления 接地电阻差法
РСО рабочая станция оператора 操作员工作站
РТ рынок труда 劳动力市场
РТПБ Русский торгово-промышленный банк 俄罗斯工商银行
рт.ст. ртутный столб 汞柱, 水银柱
ртуть【化】汞, 水银(Hg)
самородная ртуть【地】自然汞
РУ размагничивающее устройство 消磁装置

рубанок【钻】刨子
рубашка 衬套
водяная рубашка 水套
масляная рубашка 油套; 油夹套
расширительная рубашка【钻】涨套
цилиндровая рубашка【钻】(泥浆泵上的)缸套衬套
рубашка насоса 泵缸套
рубероид【钻】油毛毡
рубидий【化】铷(Rb)
рубильник 闸刀
рубильник-выключатель【钻】刀闸开关
рубка 砍
руда【地】矿石
рудисты【地】厚壳蛤类
рудный【地】矿(石)的
рудные минералы【地】含矿矿物
рудный столб【地】富矿柱
рудное тело【地】矿体
рукав 软管【地】三角洲分流河道
армированный рукав 铠装软管; 钢丝加强的软管
брезентовый рукав 防水布管, 粗帆布管
воздушный рукав 输送压缩空气的胶皮管
всасывающий рукав【钻】吸料袋
гибкий рукав 软管
гофрированный рукав 皱管
дельтовый рукав【地】三角洲分流河道
металлический рукав 金属软管
наливной рукав【采】加注管
направляющий рукав【钻】导向套
пожарный рукав【安】消防水带
резиновый рукав 橡胶管

термосжимаемый рукав 热塑管
рукав дельты【地】三角洲分支河道
рукав реки【地】河支流
рукавицы 手套
руководитель ответственный 负责领导
руководство 领导; 手册; 指南
газовое руководство 天然气指南, 天然气手册
пользовательское руководство по эксплуатации 用户操作指南
руководство по стальной конструкции 钢结构手册
руководящий 标准的, 主导的, 主控的
руководящий горизонт【地】标准层, 标志层
руководящий минерал【地】标准矿物
руководящий пласт【地】标准层, 指示层
руководящая фауна【地】标准动物群
рукоятка 手柄
подъемная рукоятка【钻】提升手柄
пусковая рукоятка【钻】(开动)启动手柄
регулировочная рукоятка【钻】调节手柄
тормозная рукоятка【钻】刹车杆
фиксирующая рукоятка【钻】定位手柄
рукоятка рабочего тормоза【钻】工作刹车杆
рукоятка тормоза【钻】刹把
рулетка 小卷尺
барабанная рулетка 盘尺
стальная рулетка 钢卷尺
рулон 卷材; 成卷钢材
руль 方向盘; 手柄
русло【地】河道, 河床
отмершее русло【地】废弃河道
разветвленное русло【地】分支河道
русло канала【地】运河床
русло реки【地】河床
Русская платформа (**Восточно-Европейская**)【地】俄罗斯地台, 东欧地台
Русская плита【地】俄罗斯板块
рутений【化】钌(Ru)
ручка【钻】手柄
РЦ расчетный центр 结算中心
РЦБ рынок ценных бумаг 有价证券市场
рывок【钻】溜钻
рынок 市场
рынок энергоносителей 能源市场
рытвина радиальная【地】(火山口)放射状细沟
рыть (копать) шахту【钻】挖方坑
рытье котлована 挖基坑
рыхлость 松散
рыхлый 松散的
рычаг 杠杆; 手柄【钻】拉杆
двуплечий рычаг【钻】双臂卧杆
натяжной рычаг【钻】拉杆
подвесной рычаг【钻】吊杆
угловой рычаг【钻】曲柄
удлиненный рычаг【钻】加长杆
упорный рычаг【钻】止动杆
рычаг включения【钻】开动柄
рычаг переключения【钻】开关柄
рычаг регулирования скорости【钻】调速杆
рычаг управления【钻】控制柄
рычажок【钻】手柄

Р

РЭ радиоактивный элемент【化】放射性元素
РЭ раздельная эксплуатация【采】分层开采
РЭ редкий элемент【化】稀有元素
РЭП разведочное эксплуатационное предприятие 勘探开采企业
рябь【地】波痕，波纹
волнообразная рябь (рябь волнения)【地】浪成波痕
извилистая рябь【地】弯曲状波痕
прямая рябь【地】直线型波痕
серповидная рябь【地】镰刀形(新月)波痕
эоловая рябь【地】侵蚀波痕
языковидная рябь【地】舌形波痕
рябь течений【地】流水波痕
ряд 排，列，行
алифатический ряд【化】脂肪族
ароматический ряд【化】芳香族
бензольный ряд【化】苯族
гомологический ряд【化】同系物
диагональный ряд (ряд **Ферсмана**)【化】(门捷列夫元素周期表)推测元素族，费尔斯曼元素系列
дополнительный ряд скважин【采】补充井列
изоморфный ряд【化】同构元素系列
парафиновый ряд【化】石蜡族
разрезающий ряд нагнетательных скважин【采】注水切割井列
соседний ряд скважин【采】邻井列
стягивающий ряд скважин【采】加密井列
формационный ряд【地】建造系列
ряд волн 波列
ряд диаграмм, снятых одновременно【测】同时测出的一组曲线图
ряд насосно-компрессорных труб【钻】一套油管排
ряд скважин【采】井列

С

С

СА системно-структурный анализ 系统—结构分析
СА системный анализ 系统分析
САДУ система автоматизированного диспетчерского управления 自动化调度管理系统
сажа【化】碳黑，煤烟
Сакмарский ярус【地】萨克马尔阶(俄罗斯地台，乌拉尔地区及中亚，石炭—二叠系)
салазки【钻】滑板，溜板，滑轨，滑架
направляющие салазки【钻】导轨
салазки для перемещения блока превентеров ВОР【钻】防喷器移动滑板(滑橇)
салит【地】次透辉石
салицилат натрия (салициловый натрий)【化】水杨酸钠
сало【化】油脂
саломас【化】氢化脂肪
сальдо 差额
сальник【钻】填料盒；盘根座；油封，水封；泥包
башмачный сальник【钻】井底堵

塞器; 鞋式封隔器
гидравлический сальник【钻】液压防喷盒; 液压填料盒
глинистый сальник【钻】泥包
двухрядный сальник【钻】双层密封, 双层堵塞
квадратный сальник【钻】孔用方形密封圈
масляный сальник【钻】油封
набивной сальник【钻】填料盒
предохранительный сальник【钻】防溅器, 防喷罩
противовыбросовый сальник【钻】防喷盒
самосмазывающийся сальник【钻】自润滑盘根
сальник барабана【钻】滚筒油封
сальник высокого давления【钻】高压盒
сальник дифференциала【钻】差速器油封
сальник для обратной промывки【钻】返循环用的填料盒
сальник на долоте【钻】钻头泥包
сальникообразование【钻】钻头泥包形成
самарий【化】钐(Sm)
самобаланс 自平衡
самоблокировка【钻】自动联锁装置
самовентиляция 自动通风
самовозбуждение 自激
самовозврат 自动复原, 自动返回
самовозгорание 自燃, 自动发火
самовоспламенение 自燃
самовоспламеняемость 自燃性
самовосстановление 自动还原
самовыравнивание 自均衡
самодействующий 自动产生作用的
самозамыкающийся 自动闭合的
самозапуск 自启动
самозарождение 自生
самозатаскиватель【钻】(钻杆导入鼠洞)拉进装置, 把方钻杆自动导入鼠洞的导进装置
самозатормаживание 自动制动
самоиндукция 自感应
самоиспарение 自动蒸发
самоит【地】蒙脱石; 拉长石
самокомпенсация 自动补偿
самокомпенсирующийся 自动补偿的
самоконтроль 自动控制
самокоррекция 自动校正
самолет 飞机
самонастройка 自动调整
самоокисление【化】自动氧化
самоориентирование 自动定向
самоотвинчивание резьбы【钻】(自动松脱)脱扣
самоохлаждение 自动冷却
самоподаватель 自动加料器
самоподача 自动供给
самопроверка【钻】自检
саморазвинчивание【钻】自动拧开
саморазвитие 自力更生
саморазложение【化】自动分解
самораспад【化】自动分解
самородный 天然的, 自然的
самородные металлы【地】自然金属
самосвал 自卸汽车
самосинхронизирующий 自动同步的
самостоятельность 独立
самотек 自流

самоторможение【钻】自行刹车
самоуплотнение【钻】自动密封
самоустановка вышки【钻】井架自动安装
самоход 自动行走
санаторий 疗养院
сани 雪橇; 爬犁
санидин【地】透长石
санкция 批准
сантехника 卫生设施(包括供水、排水、取暖、供热、煤气供应、通风等)
сантехнический 卫生工程的
сантиметр 厘米
САП сейсмоакустическое профилирование【震】地震声波剖面测量
сапер 工兵
сапролит【地】腐泥土
сапропелевый【地】腐泥质的
сапропелевый торф【地】腐泥质煤
сапропелит【地】腐泥岩, 腐藻煤岩, 腐泥煤
сапропель【地】腐泥(煤)
сарай 棚子; 板棚
насосный сарай【钻】泵房
редукторный сарай【钻】减速器房
Саратовский тип【地】萨拉托夫型(俄罗斯地台褶皱类型之一)
Саратовский ярус【地】萨拉托夫阶(古近系)
Саргаевский горизонт【地】萨尔加耶夫层(俄罗斯地台, 乌拉尔地区, 上泥盆统)
сардоникс【地】缠丝玛瑙, 多色玛瑙
Сарматский ярус【地】萨尔马特阶(中亚地区, 中新统)
Сарыдиирменская свита【地】萨雷吉伊尔门组(中亚, 中侏罗统)
Сарысу【地】萨雷苏河
САС система автоматического сопровождения 自动发生系统, 自动跟踪系统
САС система автоматической стабилизации 自动稳定系统
сателлиты【地】小型次要侵入体; 附属物; 伴生矿物; 外围岩体; 外围矿体
САУ система автоматического управления 自动控制系统
САУ стандартные атмосферные условия 标准大气条件, 标准大气状况
САУР система автоматического управления и регулирования 自动管理和调节系统
Сахалин【地】萨哈林岛(库页岛)
Хребет Черского【地】切尔斯基山脉
сахар 糖
сахаризация 糖化
СБ сберегательный банк 储蓄银行
СБ спирто-бензольный【化】酒精苯的
сбалансированность 平衡性
сбалансированный 平衡的
сбережения 储蓄
сбор 收集; 采集
самотечный сбор нефти【采】自流式集油
смешанный сбор газа【采】混合集气
сбор нефти и газа【采】矿场集油气
сбор нефти с поверхностных вод【采】从水面集油
сбор сточных вод【采】收集污水
сборка 装配, 组装

С

общая сборка 总装
сборка буровой колонны【钻】组装钻柱
сборка буровой установки【钻】钻机总装
сборка вышки сверху вниз【钻】从上至下安装井架
сборка на промысле【采】矿场内装配(工艺设备)
сборка резервуара【储】竖立储罐
сборка скважинного инструмента【钻】井下工具组装
сборка трубопровода участками【储】分段安装管道
сборник【采】捕集器，收集器【储】集油罐
сборник воздуха【储】储气罐
СБР Сберегательный Банк России 俄罗斯储蓄银行
сбрасыватель 喷射器；抛掷器
сброс 排放，排水；泄水道【地】断层；正断层
вертикальный сброс【地】垂直断层
второстепенный сброс【地】次要断层
глыбовый сброс【地】断块式断层
горизонтальный сброс【地】水平断层
диагональный сброс【地】斜断层
закрытый сброс【地】封闭断层
косой сброс【地】斜断层
наклонный сброс【地】倾斜断层
несогласно падающий сброс【地】倾向不一致断层
нормальный сброс【地】正断层
обратный сброс【地】逆断层
открытый сброс (зияющий сброс)【地】开启断层
параллельный сброс【地】平行断层
поперечный сброс【地】横断层
продольный сброс【地】纵断层
сейсмический сброс【地】地震断层
секущий сброс【地】交错断层
сопряженный сброс【地】共轭断层
ступенчатый сброс【地】阶状断层
экранированный сброс【地】封闭性断层
сброс вкрест простирания【地】正交断层，横向断层
сброс газа 排放气体(放空)
сброс горизонтального смещения【地】走向滑动断层
сброс давления 释放压力
сброс жидкости 释放液体
сброс напряжения 应力降
сброс по залеганию【地】顺层断层
сброс по падению【地】倾向断层
сброс по простиранию【地】走向断层
сброс при скручивании【地】旋转断层
сброс промывочной жидкости с выбуренной породой【钻】排放带岩屑的钻井液
сброс растяжения【地】伸展断层
сброс скручивания【地】旋转断层
сброс спутника【地】伴生断层
сброс сточных вод 污水排放
сбросовый 断层的
сбросовая брекчия【地】断层角砾
сбросовая впадина【地】断陷谷，断陷盆地
сбросовый выступ【地】地垒
сбросовая глыба (сбросовая масса)【地】断块
сбросовая гора【地】断层山

сбросовая долина【地】断层谷
сбросовая зона【地】断裂带
сбросовая линия【地】断层线
сбросовая мульда【地】断层向斜, 断槽
сбросовый обрыв【地】断层崖
сбросовое озеро【地】断层湖
сбросовая поверхность【地】断层面
сбросовый уступ【地】断层阶地
сбрособразование【地】断层形成作用
сбросо-сдвиг【地】张性平移断层
СБС спиртобензольный смол【化】酒精苯树脂
сбыт 销售, 推销
сваб (свабирование) 抽汲, 抽吸
сварка 焊接, 电焊
автогенная сварка 气焊
автоматическая сварка 自动焊
аргоно-дуговая сварка 氩弧焊
ацетиленовая сварка 乙炔焊
ацетилено-кислородная сварка 氧乙炔焊
газовая сварка 气焊
газоэлектрическая сварка 电气焊
горизонтальная сварка 横焊
горячая сварка 热焊
двухсторонняя сварка 双面焊
дуговая сварка 电弧焊
дуговая сварка, электрическая 电弧焊
кислородно-ацетиленовая сварка 氧乙炔焰焊
контактная сварка 接触焊
многопроходная сварка 多道焊
односторонняя сварка 单面焊接
опытная сварка 试焊
пакетная сварка 多层焊接
поворотная сварка 转动焊接
подводная сварка 水底焊接
поперечная сварка 横焊
потолочная сварка 组焊, 仰焊
пробочная сварка 塞焊
продольная сварка 纵焊
рельефная сварка 凸焊
роликовая сварка 滚焊
ручная сварка 手焊
стыковая сварка 对接焊
точечная сварка 点焊
ультразвуковая сварка 超声波焊
холодная сварка 冷焊
шланговая сварка 软管焊
шовная сварка 缝焊
электрическая сварка 电焊
электродуговая сварка 电弧焊
сварка внахлестку 重叠焊
сварка в промысловых условиях 野外现场条件焊接
сварка встык 两头对焊
сварка изнутри 从外向里焊
сварка круговым швом 圆缝焊
сварка непрерывным швом 连续缝焊
сварка плавлением 熔焊
сварка плетей труб в нитку 管子对接焊(管子对接焊成线)
сварка прерывистым швом 断续缝焊
сварка при монтаже 在线安装焊接
сварка прихваточными швами 定位焊缝; 定位点焊
сварка прямолинейным швом 直缝焊接
сварка трубопровода 焊管道
сварочный 焊接的
сварочная проволока **Линь Кэнь** 林肯焊丝
сварочная проволока **Цзинь Тай** 锦

泰焊丝
сварщик 焊工
сварщик-автогенщик 切割工
свая 桩子; 木桩
анкерная свая 锚桩
бетонная свая 混凝土桩
залитая свая 灌注桩
СВБ сульфатвосстанавливающая бактерия【地】硫酸盐还原菌
СВД сверхвысокое давление 超高压
СВДЗК современное вертикальное движение земной коры【地】现代地壳垂直运动
сведения 报道; 情报; 资料
сведения о квалификации кадров и укомплектованности штатов 员工技术综合信息
сверкать【钻】闪烁
сверло магнитное【钻】磁力台钻
свертывание 凝结作用
сверх- 超
сверх сферы применения 超范围使用
сверхвысокочастотный 超高频的, 特高频的
сверхгидростатический 超静水压力学的
сверхглубокий 超深的
сверхглубокое зондирование【地】超深探测
сверхдавление 超压
сверхзвуковой 超音速的
сверхплановый 超计划的
сверхприбыль 超额利润
сверхпроводимость 超导电性
свет 光
поляризованный свет 偏振光
светимость 照度
светильник【钻】照明灯
взрывозащитный светильник【钻】防爆灯
переносной светильник【钻】手提灯
потолочный светильник【钻】吸顶灯
светлость 亮度
светлота 发光度
световод 光导
светочувствительность 感光性
свеча【钻】钻杆立根
свеча бурильных труб【钻】钻杆立根
свеча бурильных труб, двухтрубная【钻】双根钻杆立根
свеча бурильных труб, однотрубная【钻】单根钻杆立根
свеча бурильных труб, трехтрубная【钻】三根钻杆立根
свеча бурильных труб, установленная за палец【钻】已安放在卡柄上钻杆立根
свеча бурильных труб, четырехтрубная【钻】四根钻杆立根
свечеприемник【钻】钻杆架, 钻杆立根接收架
свидетель 证人
свидетельство 证据
свинец【化】铅(Pb)
свинчивание【钻】拧, 紧, 上扣
свип 扫描
линейный свип【震】线性扫描
свип вверх (апсвип) 升频扫描
свип вниз (даунсвип) 降频扫描
свип-сигнал 信号扫描
свита【地】组(岩性地层单元); 岩系, 层组

вторичная нефтеносная свита【地】次生含油岩系
газоматеринская свита【地】气源岩系
газонефтеносная свита【地】含油气岩系
газоносная свита【地】含气岩系
геологическая свита【地】组; 地质体
материнская свита【地】生油母岩系
мощная свита【地】厚层岩系
непродуктивная свита【地】非含矿岩系
нефтематеринская (нефтепроизводящая) свита【地】生油气岩系
нефтенематеринская (нефтенепроизводящая) свита【地】非生油气岩系
нефтеносная свита【地】含油岩系
продуктивная свита【地】产油气岩系
соляная свита【地】盐层
свита алевролитов【地】粉砂岩系
свита горных пород【地】岩组
свита песчаников【地】砂岩系
свита пластов【地】岩系
свита угольных пластов【地】含煤岩系
свита фаций【地】相系, 岩相组
свобода【化】游离
свободный 自由的; 游离的
свободная валентность【化】自由价
свободный заряд 游离电荷
свободная кислота【化】游离酸
свободная поверхность【地】自由(水)面
свободный углерод【地】游离碳
свод 拱顶【地】背斜顶部, 穹隆构造; 构造高点; 鞍部(同 антиклиналь, седло, седловина)
свод залежи【地】油气藏高点(顶部)
свод структуры【地】构造高点(顶部)
сводка 报表
ежесуточная сводка 日报
сводка по добыче продукции【采】采油(气)日报
сводный 综合的, 全面的; 标准的
сводная геологическая карта【地】综合地质图
сводная геологическая колонка【地】综合地质剖面图
сводный годограф【震】综合时距曲线
сводный годограф преломленных волн【震】折射波时距曲线综合图
сводная каротажная диаграмма【震】标准测井曲线图, 综合测井曲线图
сводный спектр 综合谱
сводовый 背斜的, 穹形的
свойство(а) 性质, 性能, 特性
адгезионное свойство 附着性
аддитивное свойство 加成性
адсорбционное свойство 吸附性能
аномальное свойство воды【化】水的异常特性
антикоррозионное свойство 抗腐蚀性
антиокислительное свойство 抗氧化性
аэродинамическое свойство 空气动力学性能

вязкостное свойство 黏度, 黏性
вязкостно-температурное свойство 黏温性质
вязкоупругое свойство 黏弹性
газодинамическое свойство 气体动力学特性
гелеобразующее свойство бурового раствора【钻】钻井液胶化性能
гидрофильное свойство【地】亲水性
гидрофобное свойство【地】疏水性, 憎水性
диэлектрическое свойство 介电性能
закупоривающее свойство【钻】堵塞性能
изоляционное свойство 绝缘性
кислое свойство【化】酸性
коллекторское свойство【地】储集性
коллекторское свойство горных пород【地】岩石储集性
коллекторское физическое свойство горных пород【地】岩石储集物性
коллоидальное свойство 胶体性
коркообразующее свойство бурового раствора【钻】钻井液造饼性能
коррозионное свойство 腐蚀性
литологическое свойство【地】岩石学特性
магнитное свойство горных пород【地】岩石的磁性
механическое свойство 机械性能
механическое свойство пород【地】岩石力学性质
молекулярно-поверхностное свойство 分子表面性能
нефтевытесняющее свойство【采】驱油性能
оптическое свойство минералов【地】矿物光学特性
основное свойство кристаллов【地】晶体特性
пенообразующее свойство 成泡性能
перфорационное свойство 穿孔性能
пластическое свойство 塑性
прочностное свойство 强度性能
реологическое свойство 流变性
седиментационное свойство 沉积特性
смазывающее свойство 润滑特征; 润湿性
сорбционное свойство 吸附性质
структурно-механическое свойство глинистого раствора【钻】泥浆结构机械性能
структурно-чувствительное свойство 结构敏感性
тепловое свойство 热性能
тиксотропное свойство【钻】触变性
тиксотропное свойство бурового раствора【钻】钻井液触变性能
упругое свойство горных пород【地】岩石弹性
физико-механическое свойство грунтов【地】土壤机械物理特性
физическое свойство 物理性质
физическое свойство горных пород【地】岩石物理特性
физическое свойство коллекторов (пористость, проницаемость)【地】储层物性(孔隙度、渗透率等)

фильтрационное свойство бурового раствора【钻】钻井液渗透性能
химическое свойство【化】化学性质
штукатурное свойство бурового раствора【钻】钻井液造壁性能
экранирующее свойство глинистых пород【地】泥岩遮挡性能
свойство адгезионности 黏附性
свойство бурового раствора【钻】钻井液性能
свойство включения【地】包裹体性质
свойство глинистой корки【钻】泥饼特性
свойство горных пород【钻】岩石特性
свойство нефти и газа 油气特性
свойство тампонажных материалов【钻】固井(封堵)材料性能
свойство флюида 流体特性
свойство цементного раствора【钻】水泥浆性能
СВЧ сверхвысокая частота 超高频，特高频
связанный 联系的，连接的，吸附的，固定的，化合的，耦合的；与...有关的
связность 黏合性
связь 关系；连接【化】键
атомная связь【化】原子键
валентная связь【化】价键
водородная связь【化】氢键
генетическая связь【地】成因关系
гидродинамическая связь между скважинами【采】井间水力关系
двойная связь 双键
емкостная связь 电容耦合
индуктивная связь 电感耦合
ионная связь【化】离子键
ковалентная связь【化】共价键
межмолекулярная связь【化】分子键
металлическая связь【化】金属键
механическая связь 机械连接
молекулярная связь【化】分子键
непосредственная связь 直接关系
обратная связь 负相关
полярная связь【化】极性键
тройная связь【化】三键
шарнирная связь【钻】绞合连接
СГ сжимаемость газа【采】天然气压缩率，天然气压缩系数
СГ сигнал-генератор 信号发生器
СГ синтез-газ【化】合成气体
СГГК селективный гамма-гамма-каротаж【测】选择伽马—伽马测井
сгибание 弯曲
сгорание 燃烧
неполное сгорание 不完全燃烧
полное сгорание 完全燃烧
сгуститель 凝结剂
сгущение 使变稠；使变浓；使密集
сгущение бурового раствора 钻井液变稠
сгущение сетки скважин【采】加密井网
СД сигнализатор давления 压力信号器
СД синхронный датчик 同步传感器
сдавливание 压缩，压榨
сдача 移交
комплектная сдача 成套移交
сдача и приема вахты (смены)【钻】交接班

сдача скважины в эксплуатацию 【采】井移交生产
сдвиг【地】平移断层
сдвигание 剪切作用; 平移, 位移
сдвигающий【地】剪切的
сдвиго-взброс【地】平移—逆断层
сделка 交易
сдерживание 限制; 顶住; 克制, 保持
СДС соляная диапировая структура【地】盐丘底辟构造
СДУ система диспетчерского управления 调度系统
СДУ система дистанционного управления 遥控系统; 远距离操纵系统
себацинат【化】癸二酸盐
себестоимость 成本
расчетная себестоимость 计算成本
себестоимость добычи нефти и газа 【采】采油气成本
Северная Двина【地】北德维纳河
Северная Земля【地】北地群岛
Северо-Кавказская нефтегазоносная провинция【地】北高加索含油气省
Северо-Кавказская орогеническая фаза【地】北高加索造山期
Северо-Китайская нефтегазоносная область【地】华北含油气区
Северо-Сибирская низменность 【地】北西伯利亚低地
Северо-Устюртская нефтегазоносная провинция【地】北乌斯丘尔特含油气省
северный【地】北的
северное сияние【地】北极光
Северный ледовитый океан【地】北冰洋
Северный полярный круг【地】北极圈
сегмент (石油工业)板块【地】段(平面); 剖面; 地震切片
перерабатывающий сегмент 炼化板块
сегмент деятельности 业务板块
сегнетоэлектрик【化】铁电体, 酒石酸钾钠电解质
Сегозеро【地】谢戈泽罗湖
сегрегация【地】(岩浆)分结作用
седимент【地】沉积物
седиментационный【地】沉积作用的, 沉积学的
седиментация【地】沉积作用
седиментогенез (накопление осадка)【地】沉积物聚集
седиментология【地】沉积学; 沉积岩石学
седло 座; 鞍子, 马鞍【地】鞍部(同 седловина)
гладкое седло 平座
плоское седло【采】平式阀座
седло для посадки цементировочной пробки【钻】坐水泥塞托架
седло задвижки【钻】闸阀座
седло клапана【钻】阀座, 板阀座
седловина【地】鞍部构造
сезон【地】季节
сезонный【地】季候的, 季节(性)的, 时令的
сейсмика【震】地震学
сейсмический【震】地震的
сейсмическая аномалия【震】地震异常
сейсмический атрибут【震】地震属性
сейсмический годограф【震】地震

时距曲线
сейсмическое зондирование【震】地震探测
сейсмический импульс【震】地震冲击波
сейсмическая лента【震】地震记录带
сейсмическая лилия【震】地震线
сейсмическая магистраль【震】地震主测线
сейсмический метод разведки【震】地震勘探方法
сейсмическое наблюдение【震】地震观测
сейсмическая партия【震】地震队
сейсмическое поле【震】地震场
сейсмическая помеха【震】地震干扰
сейсмический пояс【震】地震带
сейсмическая проводимость【震】地震波传导性
сейсмичность【震】地震活动性; 地震强度
расчетная сейсмичность площадки строительства【震】施工现场计算地震强度
сейсмоакустика【震】地震声学
сейсмоакустический【震】地震声学的
сейсмовозбуждение【震】地震激发
сейсмогеология【震】地震地质学
сейсмограмма【震】地震波图, 地震曲线图
синтетическая сейсмограмма【震】地震合成记录
сейсмограмма отраженных волн【震】地震反射波图
сейсмограмма с перекрытием【震】叠加地震记录
сейсмограф【震】检波器
вертикальный сейсмограф【震】垂直地震检波器
горизонтальный сейсмограф【震】水平地震检波器
короткопериодический сейсмограф【震】短周期地震检波器
полевой сейсмограф【震】野外地震仪
рефракционный сейсмограф【震】折射波地震检波器
электромагнитный сейсмограф【震】电磁地震检波器
сейсмозапись【震】地震记录
сейсмозондирование【震】地震探测
крестовое сейсмозондирование【震】十字形倾向爆破地震探测
линейное сейсмозондирование【震】线性倾向爆破地震探测
сейсмокаротаж【测】地震测井
интегральный сейсмокаротаж (ИСК)【测】联合地震测井
обращенный сейсмокаротаж【测】井下接收地震测井
прямой сейсмокаротаж【测】地面接收地震测井
сейсмологический【震】地震学的
сейсмология【震】地震学
сейсмолокация【震】地震定位
сейсмометр【震】地震仪
сейсмометрия【震】地震测量学
сейсмоприемник【震】地震接收器, 地震检波器
индукционный сейсмоприемник【震】感应式地震检波器

полевой сейсмоприемник【震】野外地震检波器
скважинный сейсмоприемник【震】井中检波器
скважинный сейсмоприемник, индукционный【震】感应式井下地震检波器
сейсмопрофилирование【震】地震剖面测量
вертикальное сейсмопрофилирование【震】垂直地震剖面测量
сейсморазведка【震】地震勘探
вибрационная сейсморазведка【震】可控震源地震勘探
двухмерная сейсморазведка (2Д)【震】二维地震勘探
детальная сейсморазведка【震】详细地震勘探
морская сейсморазведка【震】海洋地震勘探
рекогносцировочная сейсморазведка【震】试验炮; 普查性地震勘测
трехмерная сейсморазведка (3Д)【震】三维地震勘探
сейсморазведка на непрерывных волнах【震】连续波地震勘探
сейсморазведка по методу отраженных вол【震】反射波法地震勘探
сейсморазведка по методу преломленных волн【震】折射波法地震勘探
сейсморазведка при расположении сейсмографов по дуге окружности【震】半圆弧形排列检波器地震勘探
сейсморазведка с веерной расстановкой сейсмографов【震】扇形排列检波器地震勘探
сейсмостойкий【震】抗震的
сейсмостанция【震】地震站
сейсмостратиграфия【地】地震地层学
сейсмофация【震】地震相
сейсмохронограф【物】地震记录仪
Секванский ярус (секван)【地】谢克凡阶(侏罗系)
секреция【地】分泌, 分泌作用
сектор нефтегазосбора【地】油气聚集区【采】集油气区
секунда 秒
секундомер 秒表
секция 截口, 截面, 截线, 截点【地】段; 地层段
секция основания【钻】底座一段
секция трубопровода【储】管节, 一段管道
селект 精选; 精选材料
селективность 选择性
селективный 选择性的
селективная адсорбция 选择性吸收
селективный метаморфизм 选择性变质
селектор 选择器
селекция 选择
селен【化】硒(Se)
селенит【化】亚硒酸盐
селеопасность【地】泥石流危险性
селитры【化】钾硝; 硝酸钾; 硝石
Семилукский горизонт【地】谢米卢克层(俄罗斯地台, 下泥盆统)
семинар 研讨会
Сеноманский (ценоманский) ярус【地】赛诺曼阶(白垩系)
Сенонский ярус【地】赛诺(谢农)阶(上白垩统)
сенсибилизация 敏化作用

сепаратор 分离器

вертикальный сепаратор【采】立式分离器

воздушный сепаратор【采】空气分离器

вращающийся сепаратор【采】旋转分离器

газовый сепаратор【采】气体分离器

газонефтяной сепаратор【采】油气分离器

гидроциклонный сепаратор【采】旋流式油气分离器

горизонтальный сепаратор【采】卧式分离器

гравитационный сепаратор【采】重力分离器

групповой сепаратор【采】组合式分离器

двухступенчатый сепаратор【采】二级分离器

двухтрубный горизонтальный сепаратор【采】双管卧式分离器

двухфазный сепаратор【采】双相分离器

забойный сепаратор【采】井底分离器

замерной (замерный) сепаратор【采】计量分离器

инерционный сепаратор【采】惯性分离器

комбинированный сепаратор【采】混合式分离器

магнитный сепаратор【采】磁分离器

нефтяной сепаратор【采】石油分离器

низкотемпературный сепаратор【采】低温分离器

передвижной сепаратор【采】移动式分离器

придонный сепаратор【采】海底分离器

резервный сепаратор【采】备用分离器

самовращающийся сепаратор【采】自旋转式分离器

скважинный сепаратор【采】井场分离器

сферический сепаратор【采】球形分离器

тонкослойный сепаратор【采】匣式薄层分离器

трехфазный сепаратор【采】三相分离器

фильтрованный сепаратор【采】过滤分离器

центробежный сепаратор【采】离心分离器

центробежный сепаратор для бурового раствора【采】钻井液离心式分离器

циклонный сепаратор【采】旋风分离器

эксплуатационный сепаратор【采】生产分离器

сепаратор высокого давления【采】高压分离器

сепаратор газо-жидкости【采】气液分离器

сепаратор глинистого раствора【钻】泥浆分离器

сепаратор для испытания скважин【采】测试分离器

сепаратор для обводненной продукции【采】含水产液分离器

сепаратор для отделения воды от нефти【采】油脱水分离器
сепаратор для отделения газа от нефти【采】油脱气分离器
сепаратор для пенистой нефти【采】泡沫油分离器
сепаратор для пробной эксплуатации【采】试生产分离器
сепаратор для спуска жидкости из газопровода【采】天然气管道排液分离器
сепаратор жидкости【采】液体分离器
сепаратор закрытого типа【采】闭式分离器
сепаратор масла-воды【采】油水分离器
сепаратор низкого давления【采】低压分离器
сепаратор продукции【采】产液分离器
сепаратор шлама【钻】泥浆岩屑分离器
сепарация 分离
горячая сепарация нефти【炼】原油热分离
двухступенчатая сепарация【炼】二级分离
двухфазная сепарация【炼】两相分离
многоступенчатая сепарация【炼】多级分离
одноступенчатая сепарация【炼】单级分离
сепарация нефтяного газа【采】石油气分离
сера【化】硫(S)
активная сера【化】活性硫
жидкая сера【炼】液硫
комковая сера【炼】块状硫
неорганическая сера【化】无机硫
общая сера【化】总硫
органическая сера【化】有机硫
самородная сера【地】天然硫
товарная сера【炼】商品硫
серводействие【钻】伺服作用, 助力作用
сервомотор【钻】伺服电动机
сервонасос【钻】伺服油泵
сервоуправление 分段控制
сердечник 芯子; 钢芯
каучуковый сердечник【钻】胶芯
шаровой резиновый сердечник【钻】球型橡胶芯
сердечник трансформатора 变压器铁芯
сердцевина 中心; 核心
сердцевина задвижки 阀芯
сердцевина фильтра 滤芯
серебро【化】银(Ag)
самородное серебро【地】自然银
серебряный【地】银的
середина 中间点
серийный 成批的
серин【化】丝氨酸
серицит【地】绢云母
серицитизация【地】绢云母化(作用)
серия 系列, 序列【地】岩系
серия волн【震】波组
серия наблюдений【震】观测系列
серия параллельных карт 平行图系
серия пластов【地】层系
серия свиты【地】岩系
сернисто-кислый【化】亚硫酸的
сернистый 含硫的

C

сернокислотный【化】硫酸的
серобактерия【地】硫菌(硫化氢细菌)
сероводород【化】硫化氢
сероводородсодержащий 含硫化氢的
сероочистка【炼】脱硫
серосодержащий【化】含硫的
сероуглерод【化】二硫化碳
серпентиниты【地】蛇纹岩
Серпуховский ярус【地】谢尔普霍夫阶(俄罗斯地台和中亚地区,下石炭统)
сертификат 证书
сертификат **API** API 证书
сертификат безопасности 安全证书
сертификат качества 质量证书
сертификат собственности 产权证书
серьга【钻】大环, 吊钩, 拉钩, U形环
подъемная серьга【钻】提环
сетевой 网的, 线路的
сетка 网; 网状物; 滤网; 光栅
географическая градусная сетка【地】地理经纬网
защитная сетка 防护网
разбуренная сетка скважин 已钻井网
фильтрационная сетка【钻】滤网
эксплуатационная сетка скважин【采】开发井网
сетка безопасности【安】安全网
сетка буровых скважин【钻】钻井井网
сетка вибрационного сита【钻】振动筛网
сетка вискозиметра 黏度计网
сетка координат【地】坐标网
сетка мелких трещин【地】微裂隙网
сетка планетарных разломов【地】全球断裂网
сетка размещения скважин【采】井网
сетка размещения скважин, квадратная【采】正方形井网
сетка размещения скважин, плотная【采】加密井网
сетка размещения скважин, пятиточечная【采】五点式井网
сетка размещения скважин, редкая【采】稀井网
сетка размещения скважин, типовая【采】标准井网
сетка размещения скважин, треугольная【采】三角形井网
сетка размещения скважин, четырехточечная【采】四点式井网
сетчатый 网状的
сеть 管线网, 管网
газопроводная сеть【储】天然气管道网
газораспределительная сеть【采】配气管网
газосборная сеть【采】集气管网
нефтесборная сеть【采】集油管网
опорная сеть【震】主控测线网
полигонометрическая сеть【采】多角网
распределительная сеть【采】分配管网
сборная сеть【采】集油气网
силовая сеть 动力网
силовая сеть, промысловая【采】油气田动力网
сеть газоснабжения【采】供气管网
сеть наблюдений【震】观测网

сеть опорных точек【地】基点网
сеть противопожарного водопровода【安】消防水管网
сеть профилей【地】剖面(测线)网
сеть станций 台网
сеть трещин【地】裂隙网
сеть триангуляции【地】三角测量网
сеть трубопроводов【储】管道网
сеть электрических линий (проводов) 电网
сечение 截面
живое сечение потока【地】水流有效横截面积
поперечное сечение 横截面
проходное сечение【采】通路截面
сечение кабеля 电缆截面
сжатие 压缩, 挤压; 扁率, 扁度
боковое сжатие【地】侧向挤压
напряженное сжатие【地】应力挤压
поперечное сжатие 横向压缩
продольное сжатие 纵向压缩
ступенчатое сжатие 分级压缩
трехосное сжатие 三轴压缩
сжигание 燃烧
сжигание попутного газа 伴生气燃烧
сжижение【炼】液化
сжижение нефтяного газа【炼】液化石油气
сжиженный【采】液化的
сжим 夹子, 线夹
сжимаемость【地】压缩性; 压缩率; 压缩系数
сжимаемость газа【地】气体压缩性
сжимаемость горных пород【地】岩石压缩性
сжимаемость жидкостей【地】液体压缩性
сжимаемость насыщенной пластовой нефти【地】饱和地层内石油压缩性
сжимаемость нефти【地】石油压缩性
сжимаемость пласта【地】地层压缩性
сжимаемость пластового флюида【地】地层流体压缩性
сжимаемость порового объема【地】孔隙空间压缩性
сжимаемость породы коллектора【地】储层岩石压缩性
сжимание 压缩
СЖК синтетическая жирная кислота【化】合成脂肪酸
СЖТ синтетическое жидкое топливо【化】合成液体燃料
СЗ стратосферный зондировщик 平流层探测器
СЗА сверлильно-зенковальный агрегат【钻】扩孔钻具
СИ система измерений【地】测量系统
СИ средство измерений 测量工具
Сибирский【地】西伯利亚的
сигиллярия 封印木属, 封印木
сигнал 信号【钻】报警信号
воздушный сигнал 气喇叭
звуковой сигнал 声音信号
ложный сигнал 假信号
отраженный сигнал【震】反射信号
сигнал времени【震】时间信号
сигнал источника【震】源信号
сигнал низкой частоты 低频信号
сигнал/помеха【震】信噪比
сигнал понижения уровня воды в

котле【炼】锅炉液面下降信号
сигнал тревоги【安】演练信号; 报警信号
сигнализатор 信号器, 报警仪
сигнализация 信号装置; 信号系统
аварийная сигнализация【安】事故信号装置, 报警信号装置
дистанционная сигнализация 遥控信号系统, 远距离信号系统
охранная сигнализация【安】警卫信号装置
пожарная сигнализация【安】火警信号装置
технологическая сигнализация【炼】工艺信号装置
сигнальная 信号灯
Сиговская свита【地】西戈夫组(西西伯利亚, 牛津—基末利阶)
сидячий бентос【地】固着底栖生物
сиенит【地】正长岩
сиккатив 干燥剂
сила 力
внецентренная сила 偏心力
внешняя сила 外力
внутренняя сила 内力
выталкивающая сила 浮力
движущая сила 推动力
действующая сила 作用力
демпфирующая сила 阻尼力
ионная сила 离子力
инерционная сила 惯性力
капиллярная сила 毛细管力
касательная сила 切向力
критическая сила 临界力
лошадиная сила 马力
максимальная сила натяжения талевого каната【钻】最大快绳拉力
максимальная подъемная сила【钻】最大提升力
молекулярная сила【化】分子力
молекулярная сила, поверхностная 表面分子力
молекулярная сила сцепления【化】分子内聚力
направляющая сила 导向力
нормальная сила 法向力
осевая сила 轴向力
отталкивающая сила 排斥力
перерезывающая сила 剪力
пластовая сила【采】地层力
подъемная сила【采】举升力
поперечная сила 横向力
противодействующая сила (сила противодействия) 反作用力
разрушительная сила 破坏力
растягивающая сила 拉张力
связующая сила 黏合力
сдвигающая сила 滑移力
срезывающая сила 剪力
тангенциальная сила 切向刀
тектоническая сила【地】构造运动力
центробежная сила 离心力
центробежная сила инерции 惯性离心力
центростремительная сила 向心力
сила адгезии 附着力
сила **Ван-Дер-Ваальса**【物】范德华力
сила взвешивания (всплывания) 浮力
сила взрыва 爆炸力
сила вибрации【钻】振动力
сила внутреннего трения 内摩擦力
сила воздействия волны【震】波作

С

用力
сила всемирного тяготения【地】万有引力
сила гидростатического сжатия【采】静水压力
сила двупреломления 重屈折力
сила землетрясения【震】地震强度
сила земного магнетизма【地】地磁力
сила земного тяготения【地】地球引力
сила инерции 惯性力
сила испарения 蒸发力
сила кинетического трения 动摩擦力
сила когезии 内聚力
сила крепления 坚固力
сила кристаллизации 结晶力
сила кручения 扭力
сила магнита 磁力
сила на ключе 搬手上的力
сила натяжения 拉力
сила ньютоновского тяготения 牛顿引力
сила плавучести 浮力
сила поверхности 表面张力
сила прилипания 内聚力,附着力
сила приложения 附着力
сила притяжения 吸引力
сила пружины 弹力
сила расширения 膨胀力
сила реакции 反应力
сила связи 键力
сила сдвига 剪力
сила сжатия 挤压力
сила сопротивления 阻力
сила сцепления 粘结力,内聚力
сила тока【钻】电流强度
сила трения 摩擦力
сила тяготения【地】万有引力
сила тяжести 重力
сила удара 撞击力
сила упругости 弹力
силан【化】硅烷
силикагель【化】硅冻,二氧化硅凝胶
силикат【地】硅酸盐
кальциевый силикат【地】钙硅酸盐
магнезиальный силикат【地】镁硅酸盐
силикат алюминия【地】硅酸铝
силикат железа【地】硅酸铁
силикат калия【地】硅酸钾
силикат кальция【地】硅酸钙
силикат натрия【地】硅酸钠
силикатизация【地】硅酸盐化(作用)
силикатный 硅酸盐的
силикатная кора【地】硅酸盐型地壳
силикатная масса【地】硅酸盐物质
силикатный минерал【地】硅酸盐矿物
силикатный слой【地】硅酸盐层
силикатный цемент【钻】硅酸盐水泥
силикон【化】硅树脂
силификация (силицитизация)【地】硅化(作用)
силицид【化】硅化物
силиций【化】硅(Si)
силовой 动力的; 强烈的
силовое движение 强烈运动
силовая часть 动力部件
силовая энергия 动能
силомер 测力计

силумин 硅铝合金
Силур【地】志留系(纪)
сильвин【地】钾盐, 钾石盐
симбиоз 共生现象
симбионт 共生物
символ 象征
симметричность 对称性
симметричный (симметрический) 对称的
симметрия 对称, 均称
симптом 迹象, 征兆
симфратизм (региональный метаморфизм, динамометаморфизм)【地】区域变质作用, 区域动力变质作用
синантроп【地】中国猿人, 北京猿人
Сингапур【地】新加坡
сингенез 共生, 同生, 共成
сингенетический 同生的
сингенетическая деформация【地】同生变形
сингенетические минералы【地】同生矿物
сингенетическая пористость【地】同生孔隙
сингония【地】晶系
синеклиза【地】台向斜
краевая синеклиза【地】边缘台向斜
наложенная синеклиза【地】叠加台向斜
Печорская синеклиза【地】伯朝拉台向斜
унаследованная синеклиза【地】继承性台向斜
синерезис 脱水收缩; 离浆, 胶凝收缩(作用)
синерод【化】氰
Синиан (Синийский период)【地】震旦纪
синклиналь【地】向斜
синклинорий【地】复向斜
синорогенез【地】同造山运动
синорогенический【地】与造山运动同期的, 同造山的
синсоматический (протосоматический)【地】同生沉积的
синтез【化】合成
органический синтез【化】有机合成
синтез аммиака【化】氨合成
синтексис【地】同熔作用
синтектонический【地】同构造运动的
синтетический 综合的; 合成的
синтетические кристаллы【地】合成晶体
синтетическая сейсмограмма【震】合成地震图
синтоп【化】合成燃料, 合醇
синус 正弦
синусоида 正弦曲线
синфазный 同相的
синхронизание【钻】同步
синхронизация 同步作用, 同步现象
синхронизм 同步
синхроскоп 同步指示器
синхротрон 同步加速器
СИР система измерения расхода【采】流量计量系统
сирена 警报器
сирена от дыма【安】烟雾报警器
Сирийский【地】叙利亚的
система 系统, 方法【地】系
аварийная система закрытия 紧急关断系统

автоматическая система регулирования нагрузки на долото【钻】钻头压力自动调节系统
блочная система 模块化系统
всасывающая система 吸入系统
выпускная система 排出系统
высоконапорная система промыслового сбора нефти и газа【采】矿场高压集油气系统
газонефтеконденсатная система【炼】油气凝析系统
газораспределительная система【采】配气系统
газосборная система【采】集气系统
газотранспортная система【储】输气系统
газоуравнительная система 气体平衡系统
геосинклинальная система【地】地槽系
геосинклинально-складчатая система【地】地槽褶皱带
гидравлическая система 液压系统
гидроподъемная система【钻】液压升降系统
горная система【地】山系
государственная система лицензирования 国家许可证制度
двухфазная система【采】两相系统
Девонская система【地】尼盆系
детекторная система【震】检波系统
динамическая система 动态系统
дисперсная система 分散体系
Докембрийская система【地】前寒武系
дренажная система【采】排污系统
желобная система【钻】泥浆槽系统
желобная система, двухрядная【钻】双排泥浆槽系统
желобная система, однорядная【钻】单排泥浆槽系统
заземленная защитная система【钻】接地保护系统
закрытая система 密闭系统
закрытая система добычи нефти【采】封闭采油系统
замедленная система разработки【采】逐步开采系统
замкнутая система【采】封闭系统
излучающая система 辐射系统
интенсивная система разработки【采】强化开发(工艺)系统
информационно-справочная система 信息查询系统
Каменноугольная система【地】石炭系
карбонатная система【地】碳酸盐岩系
Кембрийская система【地】寒武系
колебательная система 振荡系统
коллоидная система 胶体系统
комбинированная система 联合系统
коммутационная система整 流系统
компьютерная система 计算机系统
контрольная система【钻】监控系统
краевая система【地】边缘系
кристаллическая система【地】晶系
кубическая система【地】等轴晶系
линейная система с двухстороннего заводнения【采】双向线性注水系统
лиофильная система【采】亲液系统
Меловая система【地】白垩系
многорядная система скважин

【采】多排井系统
многофазная система【采】多相系统
моноклиническая система【地】单斜晶系
направляющая система для морских скважин【钻】海洋钻井导向系统
неньютоновская система 非牛顿系统
Неогеновая система【地】新近系
нефтесборная система【采】集油系统
одноклиномерная система【地】单斜晶系
однофазная система 单相系统
Ордовикская система【地】奥陶系
островодуговая система【地】岛弧系
Палеогеновая система【地】古近系
пенная система 泡沫系统
Пермская система【地】二叠系
пластовая водонапорная система【地】地层承压水系统
площадная система нагнетания газа【采】面积注气系统
пневматическая система управления【钻】气动控制系统
погружная балластная система 沉降式打压水舱系统
погрузно-разгрузочная система 装卸系统
подвесная система【钻】悬挂系统
подъемная система【钻】提升系统
ползущая система разработки【采】渐进开发系统
ползущая система расстановки скважин【钻】渐进布井法
правильная система【地】等轴晶系
приемная система【钻】接收系统
промысловая система сбора【采】矿场集油(气)系统
противопожарная система 消防系统
прямоугольная система координат 直角坐标系统
пусковая система скребка【采】清管器发送(投放)系统
пятиточечная система【采】五点系统, 五点法
равновесная трехфазная система 三相平衡系统
разрывная система【地】断裂系统
рациональная система разработки нефтяных залежей【采】油藏合理开发系统
решетчатая система 格栅系统
сгущающаяся система разработки【采】加密开发系统
семиточечная система【采】七点系统, 七点法
Силурийская система【地】志留系
складчатая система【地】褶皱系
складчатая система **Большого Кавказа**【地】大高加索褶皱系
складчатая система **Копетдага** и **Большого Балхана**【地】科佩特—大巴尔罕褶皱系
складчатая система **Малого Кавказа**【地】小高加索褶皱系
складчатая система **Памира**【地】帕米尔褶皱系
следящая система【钻】伺服系统; 跟踪系统
смесительная система【钻】混浆系统, 钻井液搅拌系统
солнечная система【地】太阳系
сплошная система разработки

【采】全面开发系统
талевая система【钻】游动系统, 提升系统, 滑车系统
телеметрическая система электробура (ТСЭ)【钻】电钻遥测系统
топливная система 燃料系统
тормозная система【钻】刹车系统
Третичная система【地】第三系
трехфазная система【采】三相系统
трехфазная четырехлинейная система【钻】三相四线制
Триасовая система【地】三叠系
триклиномерная система【地】三斜晶系
управляющая система установки【钻】钻机操控系统
уравновешенная система 平衡系统
факельная сбросная система (ФСС)【炼】处理厂放喷系统【采】矿场放喷系统
циркуляционная система【钻】循环系统
Четвертичная система【地】第四系
четырехточечная система【采】四点系统, 四点法
электроприводная система【钻】电传动系统
Юрская система【地】侏罗系
система аварийной защиты 安全系统
система автоматического регулирования 自动调节系统
система блоков 连锁系统; 橇装系统
система бурового раствора【钻】钻井液系统
система валютных клирингов 外汇清算制度
система весов и мер 度量衡制
система вентиляции 通风系统
система внутриконтурного заводнения【采】(油气藏)边界内注水系统
система водоснабжения и канализации (**СВ** и **К**) 给排水系统
система воздухоснабжения【钻】供气系统, 气控系统(装置)
система воздушного управления【钻】气控装置
система в резервуарах с плавающими крышами, дренажная【采】(带浮动盖)罐内排污系统
система газораспределения【采】配气系统
система гибких трубопроводов【采】弯管道系统
система диспетчерской службы【采】调度系统
система диспетчерского телеуправления【采】在线调度管理系统
система дистанционного управления【采】遥控管理系统, 远程控制系统
система для морских скважин, направляющая【钻】水下钻井导向系统
система для работы с буровым раствором【钻】钻井液运行系统
система для работы с трубами【钻】管柱运行系统
система заводнения【采】注水系统
система зажигания 点火系统
система заканчивания скважин【钻】完井系统
система заканчивания скважин на дне океана【钻】洋底完井系统
система запуска 投产系统
система защиты от ветра и песка 防

风砂系统
система звуковой сигнализации 声音信号报警系统
система измерения мутности 浊度测量系统
система измерения остатка хлора 余氯测量系统
система измерения расхода 流量计量系统
система измерения щелочности и кислотности【化】酸碱度(pH值)测量系统
система измерения электропроводимости【测】电导率测量系统
система индикации работы противовыбросового оборудования【钻】防喷器工作状态指示系统
система каналов в пласте【地】地层(储层)连通系统
система канализации 排放系统; 下水管道系统
система катодной защиты【采】阴极保护系统
система компенсации 补偿系统
система контроля жидких добавок 液体添加剂控制系统
система контроля и регулирования вращающего момента 扭矩控制与调节系统
система координат 坐标系统
система крепления скважины【钻】固井系统
система материально-технического обеспечения 技术保障与材料供应系统
система моделирования и анализа данных 资料模拟与分析系统
система морских бонов【采】海上拦油系统, 海上收油围栏系统
система наблюдения【震】观测系统
система нагнетания газа, площадная【采】平面注气系统
система натяжения болтов сита【钻】筛网螺栓松紧装置
система натяжения водоотделяющей колонны【采】水分离塔拉紧系统; 水分离塔张紧装置
система непрерывного подъема и спуска【钻】连续起下钻系统
система «нефть-вода-газ»【采】油—水—气系统
система обнаружения утечка【采】泄漏检测系统
система обозначений 符号系统
система оборотного водоснабжения (СОВ)【炼】供水循环系统
система обработки сточных вод【炼】污水处理系统
система огнетушения【安】灭火系统
система оповещения【安】警报系统
система опорных скважин【采】基准井井网
система опробования скважин【采】试井系统, 测试井网
система ориентации 定位系统
система ответвлений трубопроводов【储】分支管道系统
система отгрузки в танкеры【储】向油轮卸油系统
система отопления 供暖系统
система отпуска нефтепродуктов【储】发油系统
система охлаждения 冷却系统
система очистки, приготовления и

C

хранения【钻】钻井液净化、配制和储存系统
система очистки скважины【采】洗井系统
система пассивной компенсации 被动补偿系统
система пеногашения пожаров 泡沫灭火系统
система передачи информации 信息传输系统
система питания на площадке【钻】井场供电系统
система «пласт-скважина»【采】“油层—油井”系统
система платежей при пользовании недрами 矿产有偿使用制度
система площадного заводнения【采】面积注水系统
система пневматического управления【采】气动控制系统
система подачи воздуха【钻】供气系统
система подвески обсадных колонн【钻】套管悬挂系统
система подводного хранения нефти【采】水下储油系统
система подготовки воды【化】水处理系统
система подъема【钻】提升系统
система пожарной сигнализации【安】消防信号系统
система пожаротушения (СПТ)【安】灭火系统
система поиска и разведки залежей【地】油气藏普查与勘探系统
система получения легких фракции【炼】轻馏分回收系统
система премирования и наказания 奖惩办法
система приготовления бурового раствора【钻】钻井液配制系统
система проводящих каналов в породе【地】岩石疏导连通孔道系统
система противопожарной безопасности【安】消防安全系统
система пустот【地】空隙体系
система размещения скважин【采】井网分布系统
система разработки【采】开发方法(系统)
система разработки месторождения【采】油气田开发系统
система разработки «сверху вниз»【采】“自上而下”开发方法
система разработки «снизу вверх»【采】“自下而上”开发方法
система регулирования 调节系统
система сбора и внутрипромыслового транспорта【采】矿场内部集输系统
система сбора информации о бурении【钻】钻井信息接收系统
система сбора нефти и газа【采】集油气系统
система сбора нефти и газа, герметизированная【采】封闭式集油气系统
система сбора нефти и газа, двухтрубная【采】双管线集油气系统
система сбора нефти и газа, напорная【采】高压集油气系统
система сбора нефти и газа, самотечная【采】自流式集油气系统
система сбора нефти и газа, централизованная【采】中心式集油气系统

система сбросов【地】断层系
система связи 通信系统
система сигнализации пожара 消防报警系统
система складчатости【地】褶皱系
система смазки 润滑系统
система соленого раствора 盐溶液体系
система телеметрической связи 遥测系统
система топливного газа (СТГ)【炼】燃料气系统
система трещин【地】裂隙系统; 裂隙组合
система трубопроводов【储】管道系统
система трубы 管网
система тушения пожара инертным газом【安】惰性气体灭火系统
система управления 控制系统
система управления буровой установкой【钻】钻机控制系统
система управления подводным противовыбросовым оборудованием【钻】水下防喷设备控制系统
система управления противовыбросовым превентером【钻】防喷器控制系统
система управления PLC【炼】PLC离散控制系统
система условных знаков 符号系统
система утяжеления глинистого раствора【钻】泥浆加重系统
система циркуляции бурового раствора【钻】钻井液循环系统
система цифрового преобразования частоты【钻】数字变频系统
система электропередачи【钻】电传动系统
система электропитания 电源系统
система электроснабжения высокого напряжения 高压供电系统
система электроснабжения низкого напряжения 低压供电系统
система энергии 动力系统
система якорного крепления морского бурового основания【钻】海洋钻井平台锚固系统
систематизация 系统化
систематика 分类学
систематический 系统的, 分类的
систематическое отклонение 系统偏差
систематические признаки 分类标志
системный 系统的
системное программное обеспечение 系统程序
сито 筛子; 过滤器
вибрационное сито【钻】振动筛
вибрационное сито для бурового раствора【钻】钻井液振动筛
вибрационное сито для бурового раствора, одинарное【钻】单钻井液振动筛
вибрационное сито для бурового раствора, однопалубное【钻】单甲板钻井液振动筛
вибрационное сито для бурового раствора, сдвоенное【钻】双钻井液振动筛
вращающееся сито 旋转筛
крупное сито【钻】粗号筛
мелкое сито【钻】细号筛
пирамидное сито【钻】目校锥筛布
плоское сито【钻】振动筛平筛布

проволочное сито【钻】金属丝筛网
стандартное сито【钻】标准筛
шламоочистительное сито【钻】钻井液筛, 岩屑过滤筛
сито для илоотделителя【钻】除泥器筛布
сито с крупными отверстиями 大眼筛
сито с мелкими отверстиями 小眼筛
ситуация 形势
чрезвычайная ситуация (ЧС)【安】紧急情况
сифон 虹吸作用, 拔活塞
сифон-рекордер 虹吸管记录仪
Сихотэ-Алинь【地】锡霍特山脉
СК сейсмический каротаж【测】地震测井
СК сейсмокаротаж【测】地震测井
СК синтетический каучук 合成橡胶
СК система канализации 下水管道系统
скандий【化】钪(Sc)
сканер 扫描仪
сканирование ультразвуковое 超声波扫描
скачивание 汲出, 抽出
скачок углефикационный【地】煤化作用突变
СКВ солено-кислотная ванна【采】盐酸酸洗
скв. скважина 井
скважина 井; 井孔, 井眼
аварийная скважина【钻】事故井
автоматизированная скважина【钻】自动化井
автоматизированная скважина, телемеханизированная【采】自动化遥控生产井
артезианская скважина【采】自流井
безводная скважина【采】无水井
бездействующая скважина【采】停产井
боковая скважина【钻】侧钻井
буровая скважина【钻】钻井
бурящаяся скважина【钻】在钻井
вертикальная скважина【钻】直井
взрывная скважина【震】爆炸井
внутриконтурная скважина【采】油气藏边界内部井
водонагнетательная скважина【采】注水井
водяная скважина【采】水井
возмущающая скважина【采】干扰井
вспомогательная скважина【采】辅助井
высокодебитная скважина【采】高产量井
газлифтная скважина【采】气举井
газовая скважина【采】气井
газодобывающая скважина【采】采气井
газоконденсатная скважина【采】凝析气井
газонагнетательная скважина【采】注气井
геотермическая скважина【地】地热井
гидродинамически несовершенная скважина【钻】水动力不完善井(产层不完全揭开)
гидродинамически совершенная скважина【钻】水动力完善井(产层完全揭开)
глубиннонасосная скважина (глу-

боконасосная скважина)【采】深井泵抽油井
глубокая скважина【钻】深井
горизонтальная скважина【钻】水平井
граничная скважина【钻】边界井, 边缘井
двухколонная скважина【钻】双管柱井
двухпластовая скважина【钻】双目的层井; 双层完井
двухрядная скважина【钻】双层套管井
двухствольная скважина【钻】双井眼井
действующая скважина【采】工作井, 生产井
детальная разведочная скважина【钻】详探井
добавочная скважина【采】补充井
добывающая (эксплуатационная) скважина【采】开发井, 生产井
дублирующая скважина (дублетная скважина)【钻】更新井
заглохшая скважина【采】枯井; 不能自喷的井; 停产井
заглушенная скважина【钻】已压井
загущающая скважина【采】(开发井网)加密井, 插入井, 补充井, 插补井
зажигательная скважина【采】热采燃烧井
законсервированная скважина【采】暂停井, 暂时封存井
законтурная скважина【钻】油气藏边界之外的井
законченная скважина бурением с открытым забоем【钻】井底裸眼完钻井
закупоренная скважина песком【采】砂堵井
закрытая скважина【采】关井
захваченная скважина【钻】卡钻井
индивидуальная насосная скважина【采】抽油井
инжекционная скважина【采】注水井
инженерная скважина【钻】工程钻井
искривившаяся скважина【钻】井眼弯斜井
искривленная скважина【钻】(歪)斜井眼
истощенная скважина【采】枯竭井
колонковая скважина【钻】取心井
Кольская сверхглубокая скважина【地】科拉超深井
компрессорная скважина【采】气举井
конденсатная скважина【采】凝析油井
консервированная скважина【钻】封存井
контрольная скважина【采】检验井
крепленная скважина【钻】已固井
кустовая скважина【钻】丛式井
ликвидированная скважина по категории【钻】分级报废井
малодебитная скважина【采】低产井
малообводненная скважина【采】低水淹井; 低含水井
мелкая скважина【钻】浅井
многопластовая скважина【采】多目的层井

многорядная (многоколонная) скважина【钻】多层套管井
многоствольная (кустоствольная, многозабойная) скважина【钻】丛式井, 多分支井, 多底井
многоярусная скважина【采】多层位井
морская скважина【采】海上井
наблюдательная скважина【采】观察井(观察油压变化井)
нагнетательная скважина【采】注水井
наклонная скважина【钻】斜井
наклонная скважина в одном направлении【钻】单向斜井
наклонная скважина в различных направлениях【钻】多向斜井
наклонно-направленная скважина【钻】定向斜井
направленная скважина【钻】定向井
направленно-искривленная скважина【钻】定向弯斜井
насосная скважина【采】抽油井
некрепленная скважина【钻】未固井
необсаженная скважина【钻】未下套管的井, 裸眼井(同открытый ствол)
неперфорированная скважина【钻】未射孔井
непродуктивная скважина【地】不含油气井, 不含矿井
нерентабельная скважина【采】没有利润井
несовершенная скважина【钻】不完善井
неудачная скважина【钻】未成功钻井
неуправляемая скважина【钻】失控井
нефтяная скважина【采】油井
нисходящая скважина【采】下向井; 水眼
обводненная скважина【采】含水井
обсаженная скважина【钻】非裸眼井, 下套管井
одиночная скважина【采】单井(单独的一口井); 单孔
однорядная (одноколонная) скважина【钻】单套管井
оконтуривающая скважина【地】探边井
опорная скважина【地】基准井, 控制井
остановленная скважина【采】被关停井
оценочная скважина【钻】评价井
параметрическая скважина【地】参数井
паронагнетательная скважина【采】注蒸汽井
периферийная скважина【地】边缘井
перфорированная скважина【采】射孔井
песчаная скважина【采】出砂井
подводная скважина【钻】水下井
поисковая скважина【钻】预探井; 普查井
приконтурная скважина【采】油气藏边界井
пробкообразующая скважина【采】形成砂堵井
пробуренная скважина【钻】已钻的井

C

продуктивная скважина【地】产油(气)井, 含油气井

проектная скважина【钻】设计井

промсточная (специальная) скважина【采】污水回注井

простаивающая скважина【采】临时停产井

пульсирующая скважина【采】间歇自喷井

пьезометрическая скважина【采】地层压力监测井(只射开含水层)

пьезометрическая скважина, непереливающая【采】非出油压力监测井

разведочная скважина【钻】探井

разветвленная скважина【钻】树枝状井, 多分支井

разветвленно-горизонтальная скважина【钻】多分支水平井

реагирующая скважина【采】受干扰井, 受影响井

резервная скважина【采】预备井, 备用井

рентабельная скважина【采】有利润井

самоизливающая скважина【采】自流井

сверхглубокая скважина【钻】超深井

сейсмовзрывная скважина【震】地震放炮井

среднеглубокая скважина【钻】中深井

соляная скважина【采】盐水井

соседняя скважина【采】邻井

специальная (промсточная) скважина【钻】污水回注井

старая скважина【采】老井

структурная скважина【钻】构造井

структурная скважина, мелкая【钻】浅构造探井

структурно-картировочная скважина【钻】构造圈定井

структурно-разведочная скважина【钻】构造勘探井

сухая скважина【钻】干井

тартающая скважина【采】捞油井

теплонагнетательная скважина【采】注热(水、蒸汽)井

трехрядная скважина【钻】三层套管井

уплотняющая скважина【采】加密井

учебно-исследовательско-метрологическая скважина【地】科学研究探测井, 科探井

фонтанирующая скважина【采】自喷井

фонтанная скважина в начальном периоде【采】初始阶段自喷井

эксплуатационная скважина (добывающая, резервная, наблюдательная, пьезометрическая, нагнетательная, промсточная скважины)【采】开发井(包括生产井, 备用井, 观察井, 压力监测井, 注水井, 污水回注井等)

эксплуатационно-разведочная скважина【采】勘探开发井

скважина в бездействующем эксплуатационном фонде【采】无效的开发井

скважина в бурении【钻】在钻井

скважина, введенная в эксплуатацию【采】已投产井

скважина в действующем эксплуа-

тационном фонде【采】有效开发井
скважина в испытании (опробовании)【钻】在测试井
скважина в исследованиях в стволе скважины【测】井眼内进行作业的井
скважина в исследовании методами ГИС【测】进行地球物理测井作业的井
скважина в консервации【钻】处于封存的井
скважина, в которую поступает песок【采】出砂井
скважина в процессе ликвидации【钻】处于报废弃置井
скважина в монтаже【采】在安装设备井
скважина в ожидании ремонта【钻】待大修井
скважина в опытно-промышленной эксплуатации【采】工业试生产井
скважина в простое【钻】停工(钻或修等)井
скважина в ремонте【钻】在修的井
скважина высокого давления【采】高压井
скважина, давшая воды【采】出水井
скважина, давшая газ【采】出气井
скважина, давшая нефть【采】出油井
скважина «дикая кошка»【钻】“野猫”井
скважина для нагнетания воды【采】注水井
скважина для одновременной раздельной насосной эксплуатации двух горизонтов【采】双产层分隔同时泵采井
скважина для сбора промысловых сточных вод【采】油气田废水回注井
скважина завершена бурением【钻】结束钻进井
скважина завершена строительством【钻】完成建设井
скважина, законченная бурением【钻】完钻井
скважина, законченная в нескольких пластах【钻】多层位完钻井
скважина, законченная в одном пласте【钻】单层位完钻井
скважина, закупоренная песком【采】砂堵井
скважина, к которой подошел фронт рабочего агента【采】工作试剂前缘已进入井
скважина малого диаметра【钻】小直径井
скважина, находящаяся в капитальном ремонте【钻】处于大修井
скважина, несовершенная по способу заканчивания【钻】完井方法不完善井
скважина, несовершенная по степени вскрытия【钻】揭露程度不完善井
скважина, обсаженная до забоя【采】套管下至井底的井
скважина, открывшая месторождение【钻】发现油气田井
скважина под давлением【采】带压井
скважина, расположенная по редкой сетке【采】稀井网内井

скважина с агрессивной средой 【钻】带腐蚀性介质的井
скважина с большим смещением 【钻】大位移井
скважина с верхней и нижней секциями эксплуатационной колонны 【采】带上下二层生产套管的井
скважина с водоотделяющим кожухом для устьевого оборудования 【钻】带有隔水外套井口设备井
скважина с высоким пластовым давлением【采】高地层压力井
скважина с гравийным фильтром 【钻】带砾石衬管井
скважина с нарушенным цементным кольцом【钻】水泥环已破坏井
скважина с необсаженным забоем 【钻】井底未下管柱井
скважина с низким пластовым давлением【采】低地层压力井
скважина, совершенная по степени вскрытия【钻】揭露程度完善井
скважина, содержащая песок【采】含砂井
скважина с открытым фонтаном 【采】敞喷井
скважина с подошвенной водой 【钻】(油气藏)底水发育井
скважина средней глубины【钻】中深井
скважина с резко искривившимся стволом【钻】井眼强烈偏斜井
скважина-первооткрывательница 【钻】发现井
скелет骨架
скелет пласта【地】地层格架
скелет породы【地】岩石骨架
скин-эффект【采】趋肤效应, 表皮效应
Скифская плита【地】斯基夫板块
склад库房【采】储油库
материальный склад【采】材料库
промежуточный склад【采】半成品库
склад материалов для приготовления бурового раствора【钻】配制钻井液材料库
склад нефтепродуктов【采】成品油库
складка【地】褶皱
антиклинальная складка (антиклиналь, свод, седло, седловина)【地】背斜褶皱, 背斜
антиклинальная складка, вытянутая【地】纵长背斜, 扁长背斜
антиклинальная складка, повторенная【地】复背斜; 复杂背斜构造
асимметричная складка【地】非对称褶皱
бескорневая складка【地】无根褶皱
брахиформная складка【地】窿隆状褶皱
веерообразная складка【地】扇状褶皱
веерообразная складка, косая【地】斜歪扇状褶皱
веерообразная складка, стоячая 【地】直立扇状褶皱
вертикальная складка【地】直立褶皱
волоченная складка【地】拖褶皱
вторичная складка【地】次级褶皱
гармоничная складка【地】协调褶皱
главная складка【地】主褶皱
глыбовая складка【地】断块褶皱

гравитационная складка【地】重力褶皱
гребневидная складка【地】梳状褶皱
диапировая складка【地】底辟褶皱
дисгармоничная складка【地】不谐调褶皱, 不谐和褶皱
закрытая складка【地】闭合褶皱
изоклинальная складка【地】等斜褶皱, 同斜褶皱
килевидная складка【地】脊状褶皱
коленообразная складка【地】膝折褶皱
концентрическая складка【地】同心褶皱
косая складка (несимметричная складка)【地】斜褶皱, 不对称褶皱
криптодиапировая складка【地】隐底辟褶皱
крутая складка【地】陡倾褶皱
кулисообразная складка【地】雁列状褶皱
куполообразная складка【地】穹隆状褶皱
линейная складка【地】线性褶皱
надвинутая складка【地】逆掩褶皱
наклонная складка【地】歪斜褶皱
нормальная складка【地】正褶皱, 直立褶皱, 对称褶皱
опрокинутая (перевернутая) складка【地】倒转褶皱
открытая складка【地】开褶曲
перевернутая (опрокинутая) складка【地】倒转褶皱
пережатая складка【地】压缩褶皱
погружающая складка【地】倾伏褶皱
подобная складка【地】相似褶皱
полная складка【地】完全褶皱(上下层系全部发生褶皱作用)
поперечная складка【地】横向褶皱
простая складка【地】单褶皱
прямая складка【地】正褶皱, 直立褶皱
псевдодиапировая складка【地】假底辟褶皱
седлообразная складка【地】鞍状褶皱
симметричная складка【地】对称褶皱
сложная складка【地】复合褶皱; 复杂褶皱
сундучная складка (коробчатая складка)【地】箱状构造
ундулирующая складка【地】波状褶皱
экзогенная складка【地】非内动力构造作用褶皱
складка волочения【地】拖褶皱
складка гравитационного скольжения【地】重力滑动褶皱
складка облекания【地】披覆褶皱
складка оперения【地】羽(毛)状褶皱
складка покрова【地】盖层褶皱
складка скалывания【地】剪切褶皱, 扭褶皱

складкообразование【地】褶皱作用

складчатость【地】褶皱作用

Альпийская складчатость【地】阿尔卑斯褶皱作用

Байкальская складчатость【地】贝加尔褶皱作用

Варисцийская складчатость【地】

华力西褶皱作用
внутриформационная складчатость【地】建造内部褶皱作用
гармоничная складчатость【地】协调褶皱作用
германотипная складчатость【地】协调型褶皱作用
Герцинская складчатость【地】海西褶皱作用
Гималайская складчатость【地】喜马拉雅褶皱作用
глубинная складчатость【地】深部褶皱作用
глыбовая складчатость【地】断块褶皱作用
гравитационная складчатость【地】重力褶皱作用
дисгармоничная складчатость【地】不协调褶皱作用
Дорифейская складчатость【地】前里菲期褶皱作用
древняя платформенная складчатость【地】古地台褶皱作用
инконгруентная складчатость【地】异斜褶皱, 不协调褶皱
Каледонская складчатость【地】加里东褶皱作用
Киммерийская складчатость【地】基末利褶皱作用
мезозойская складчатость【地】中生代褶皱作用
полная складчатость【地】完全褶皱作用
Салаирская складчатость【地】萨拉伊尔褶皱作用
Тихоокеанская складчатость【地】太平洋褶皱作用
складчатость волочения【地】拖拽褶皱作用
складчатость срыва【地】断裂褶皱作用
складчатость течения【地】流褶皱作用
складчатый【地】褶皱的
складчатый горст【地】褶皱垒
складчатое движение【地】褶皱运动
складчатый комплекс【地】褶皱体
складчатое основание【地】褶皱基底
складчатый пояс【地】褶皱带
склерометр 硬度计
склон【地】斜坡
склонение 偏角, 偏差; 赤纬
склянка 烧瓶
СКО соляно-кислотная обработка【采】盐酸酸化
СКО среднеквадратическое отклонение 均方根偏差, 均方根误差
скоба【钻】卡规; 外径规; 卡板
вертлюжная скоба【钻】水龙头吊环
зажимная скоба【钻】固紧夹箍; 接线夹
измерительная скоба【钻】量规
монтажная скоба【钻】安装吊环
трубная скоба【钻】管卡子
скоба для извлечения【钻】起管卡; 起管夹
скоба для опускания трубопровода в траншею【储】向沟内下管道管卡
скоба для подвешивания трубопровода【储】悬提管道管卡
скоба для прикрепления трубы【钻】加固管柱管卡
скобель 刮刀

скольжение 滑移, 滑动
скольжение крыльев【地】断层两盘滑动
скольжение поверхности разрыва【地】断裂面滑动
скольжение по простиранию【地】走向滑动
скольжение по разлому【地】沿断层滑动
скольжение резьбы【钻】滑扣
скольжение с трением【地】摩擦滑动
скопление 积聚, 堆积; 分凝作用, 分泌作用【地】(矿藏)聚集
вторичное скопление【地】二次聚集
первичное скопление【地】初次聚集
скопление нефти и газа【地】油气聚集
скопление углеводорода【地】烃类聚集
скопление шлама【钻】岩屑堆积
скорлупа 壳, 硬壳, 外皮
скородит【地】臭葱石
скоростемер 速度计, 测速表
скоростной 速度的
скоростная аномалия【震】速度异常
скоростной градиент【震】速度梯度
скоростная граница【震】速度界面
скоростное зондирование【震】速度探测
скоростное поле【震】速度场
скоростной разрез【震】速度剖面
скоростной спектр【震】速度谱
скоростное строение земной коры【地】地壳的波速结构
скоростная характеристика【震】速度特征
скорость 速度; 排挡
абсолютная скорость 绝对速度
аварийная скорость подъема【钻】危险提升速度
безопасная скорость подъема бурильной колонны【钻】安全提升钻柱速度
граничная скорость【震】界面速度
групповая скорость 群速度
допустимая скорость 允许速度
звуковая скорость 音速
интервальная скорость【震】层速度
квадратичная скорость【震】均方根速度
кажущаяся скорость【震】视速度
коммерческая скорость бурения【钻】商业钻井速度
критическая скорость 临界速度
критическая скорость потока 临界流速
максимальная скорость ветра 最大风速
максимальная скорость каната【钻】最大绳速(钢丝绳最大速度)
малая скорость буровой лебедки【钻】绞车低速度
мгновенная скорость【震】瞬时速度
механическая скорость бурения【钻】机械钻速
нейтральная скорость【钻】空档
объемная скорость движения флюида 流体体积流速
окружная скорость бурового долота【钻】钻头旋转速度

С

относительная скорость 相对速度
пластовая скорость【震】层速度
пластовая скорость, переменная 【震】变化层速度
постоянная скорость 恒速
предельная скорость 极限速度
рейсовая скорость【钻】钻头行程(回次)速度; 起下钻速度
синхронная скорость 同步速度
средняя скорость【震】平均速度
угловая скорость 角速度
фазовая скорость【震】相速度
скорость бурения【钻】钻进速度, 钻速
скорость бурового долота, окружная【钻】钻头旋转速度
скорость бурового или цементного раствора в кольцевом пространстве【钻】钻井液或水泥浆环空流速
скорость ветра 风速
скорость волны【震】波速
скорость восходящего потока глинистого раствора【钻】泥浆上返速度
скорость восходящего потока глинистого раствора в кольцевом пространстве【钻】环空泥浆上返速度
скорость вращения【钻】旋转速度
скорость движения подземных вод 【地】地下水运动速度
скорость движения трещины 裂隙扩展速度
скорость движения флюида 流体流速
скорость детонации【震】爆炸速度, 爆破速度
скорость деформации 变形速率
скорость диффузии 扩散速率
скорость дрейфа【地】漂移速度
скорость закачивания воды【采】注水速度
скорость затухания 衰减速度
скорость звука【震】声波速度, 音速
скорость истечения 流动速度
скорость истечения из насадки 射流速度【钻】(钻头喷射速度)
скорость крипа【地】蠕动速度
скорость миграции【地】运移速度【震】偏移速度
скорость на входе (泵或压缩机)入口速度, 输入速度
скорость на выходе (泵或压缩机)出口速度, 输出速度
скорость нагнетания воды【采】注水速度
скорость нагнетания газа【采】注气速度
скорость нагнетания пара【采】注蒸汽速度
скорость накопления осадочного материала【地】沉积物沉积速度
скорость нисходящего потока 【采】下渗速度
скорость нормального приращения времени【震】正常时差速度
скорость осадконакопления【地】沉积速度
скорость осаждения 沉淀速度
скорость осаждения шлама в буровом растворе【钻】钻井液内岩屑沉淀速度
скорость отбора из залежи【采】油藏内抽油速度, 开采速度
скорость падения давления【采】压力下降速度

скорость первых волн【震】初至波速
скорость перемещения ВНК【采】油水界面移动速度
скорость подачи глинистого раствора【钻】泥浆流速, 送浆速度
скорость подачи инструмента【钻】钻具给进速度
скорость подъема бурового инструмента【钻】钻具提升速度
скорость подъема крюка【钻】大钩提升速度
скорость ползучести【地】蠕变速度
скорость потока 流速
скорость продвижения контурной воды【采】边水推进速度, 边水移动速度
скорость прокладки трубопровода【储】铺设管道速度
скорость проходки【钻】钻进速度
скорость раздвижения плит【地】板块分离速度
скорость распада эмульсии【采】乳化分解速度
скорость распространения волн【震】波传播速度
скорость распространения звука【震】声波扩散速度
скорость распространения фронта волны【震】波前扩散速度
скорость растворения【化】溶解速度
скорость расширения дна【地】洋底扩张速度
скорость реакции【化】反应速度
скорость ротора【钻】转盘转速
скорость сдвиговых деформаций【地】平移变形速度
скорость сейсмических волн【震】地震波速度
скорость скользящей волны【震】滑行波速
скорость смещения твердой фазы【钻】固相混合速度
скорость спуска бурового инструмента【钻】下钻具速度
скорость срабатывания 磨损速度
скорость суммирования【震】叠加速度
скорость течения 流速
скорость тектонических движений【地】构造运动速度
скорость турбулентного потока 涡流流速
скорость улетучивания 挥发速度
скорость упругой волны 弹性波速
скорость фильтрации【采】渗流速度
скос 倾斜, 斜面, 斜度; 斜切
скотч【钻】胶带
скребок 泥工用的刮刀【采】刮蜡器【储】清管器
автоматический скребок【采】自动刮蜡器
вращающийся скребок【储】【钻】旋转清管器, 旋转刮削器
вращающийся скребок для открытого ствола【钻】裸眼井井壁旋转刮削器
гидравлический скребок【采】水力清管器
движущийся возвратно-поступательный скребок【钻】往复运动刮削器
летающий скребок【采】自动上下刮蜡器

многолезвийный скребок【采】多刃刮蜡器
обрезиненный скребок【采】涂上橡胶清管器
парафиновый скребок【采】刮蜡器
пластинчатый скребок【采】叶片式刮蜡器
поворотный скребок【储】回转清管器; 回转刮刀
раздвижной скребок【采】伸缩刮蜡器
фигурный скребок【采】波状刮蜡器
штанговый скребок【采】圆盘刮蜡器
скребок вращающего действия【采】旋转刮蜡器
скребок для обсадных труб【钻】套管刮削器
скребок для очистки необсаженного ствола скважины【钻】裸眼井刮削器
скребок для очистки обсадных труб【钻】套管刮削器
скребок для очистки стенок скважины【钻】井壁刮削器
скребок для очистки стенок скважины от фильтрационной корки【钻】井壁除泥饼刮削器
скребок для удаления парафина【采】刮蜡器
скребок для чистки трубопроводов【储】管道清管器
скребок для чистки трубопровода, механический【储】机械式管道清管器
скребок для чистки трубопровода, цилиндрический【储】圆柱形管道清管器
скребок переменного сечения【采】变截面刮蜡器
скребок постоянного сечения【采】定截面刮蜡器
скребок поступательно-возвратного действия【采】往复式刮蜡器
скребок с проволочными петлями【钻】钢绳提拉式刮削器
скребок, спускаемый на канате【钻】钢丝绳投放式刮削器
скребок-завихритель【采】旋转式刮蜡刀
скрепление 加固; 连接; 连接件
скрещение 交错, 交叉
скрутка 绞接头
скручивание 扭转
скрытый 隐蔽的, 潜藏的, 暗的
скрытый выход【地】潜伏露头
скрытое несогласие【地】假整合
скрытая проводка 暗线
скрытый разлом【地】隐伏断层(裂)
скрытое тепло 潜热
скрытый шов 暗接缝
скрытая энергия 潜能
скульптура 雕刻【地】刻蚀地形
скульптурный【地】刻蚀的
скульптурная терраса【地】刻蚀阶地
скульптурные формы рельефа【地】刻蚀地形
слабо-заполненный【地】弱充填的
слабокислотный 弱酸的
слабопроницаемый 低渗透率的
сланец【地】页岩, 板岩
аспидный сланец【地】板岩
битуминозный сланец【地】沥青

质油页岩
газовый сланец【地】含气油页岩
глинисто-слюдяной сланец【地】千枚岩
глинистый сланец【地】泥质页岩
горючий сланец【地】油页岩
зеленый сланец【地】绿片岩
известковый сланец【地】灰质页岩
кровельный сланец【地】屋顶瓦板岩
липкий сланец【地】黏泥页岩
нефтеносный сланец【地】含油页岩
пелитовый сланец【地】泥页岩
песчанистый сланец【地】砂质页岩
пустой сланец【地】无油页岩, 非可燃页岩
слюдистый сланец【地】含云母页岩
угленосный сланец【地】含煤页岩
хлоритовый сланцец【地】绿泥石板岩
черный сланец【地】黑色页岩
шиферный сланец【地】石棉瓦板岩
сланцеватость【地】片理
сланцевый【地】片状的; 页岩的
след 迹迹; 痕量【地】遗迹化石
след волн【地】波痕
след жизнедеятельности【地】生命活动痕迹
след капели【地】雨痕
след миграции пластовых флюидов【地】流体运移痕迹
след нефте-газосодержания【地】含油气痕迹
след обжатия 压痕
след плоскости разрыва【地】断层擦痕
след струйчатости【地】溜痕, 涟痕, 波痕
слепой 盲的
слепое месторождение【地】盲矿床
слепок【地】印痕
слесарь 钳工
слесарь-верстак 钳工台, 钳工作台
слесарь-монтажник 安装钳工
слесарь-сборщик 装配钳工
слив 放出, 倒出
слив брачного раствора【钻】排放废液
слив нефти 卸油, 放油
сливание 排出
слипание 粘合
слиток (болванка, чушка) 钢锭; 锭
стальной слиток 钢锭
слияние 合并, 结合; 合流, 汇合
слоеватость【地】叶理, 片理, 纹理
слоение【地】成层
сложение 结构, 构造, 格架; 加法, 相加; 合成; 堆放, 叠放
сложение векторов 矢量合成
сложение волн【震】波叠加
сложение грунта 土体结构
сложение импульсов【震】脉冲叠加
сложение сигналов【震】信号叠加
сложение сил 力的合成
сложность 复杂性
сложно-экранированный【地】复杂遮挡的, 复合遮挡的
сложный 复杂的; 复合的
сложная деформация 复杂变形
сложный сброс【地】复合断层
сложное тело【地】复合体, 复杂物体
сложная функция 复合函数
слоистость【地】分层; 成层性; 层理
волнистая слоистость【地】波纹层理

горизонтальная слоистость【地】水平层理
диагональная (косая) слоистость【地】斜层理
конволютная слоистость【地】变形层理, 卷曲变形层理, 包卷层理
корытообразная слоистость【地】槽状斜层理
косая слоистость【地】斜层理, 交错层理
косая слоистость, мелкомасштабная【地】小型斜层理
косая слоистость, плоскопараллельная【地】平行斜层理, 陡直板状层理
линзовидная слоистость【地】透镜状层理
обратная градационная слоистость【地】逆粒序层理
перекрещенная (перекрестная) слоистость【地】交错层理
холмистая слоистость【地】丘状层理
шевронная слоистость【地】人字形层理, 鱼骨状层理
слоистый【地】薄层状的
слоистое отложение【地】层状地层
слоистая среда【地】层状介质
слоистое течение 层流
слой 层
базальтовый слой земной коры【地】地壳玄武质层
гранитный слой земной коры【地】地壳花岗质层
деятельный слой【地】活动冻土层
запирающий слой【采】封闭层; 阻挡层
защитный слой 保护层
изоляционный слой 绝缘层
коррелированный слой по радиоактивному каротажу【测】放射性测井对比层, 放射性测井标准层
лаковый слой 油漆层
наварной слой 焊缝, 焊道, 溶敷焊道
наружный слой 外层
неподвижный слой 固定层
нижний слой【地】下部层, 底层
ограничивающий слой 隔挡层
осадочный слой земной коры【地】地壳沉积岩层
плотный слой【地】致密层
поверхностный слой【地】表层
покрывающий слой 覆盖层
почвенный слой【地】土壤层
тонкий слой【地】薄层
фильтрующий слой【地】过滤层
экранирующий слой【地】隔离层, 屏蔽层
эмульсионный слой 乳化层
слой атмосферы【地】大气层
слой возмущения 扰动层
слой волн【震】波层
слой габбро【地】辉长岩层
слой земной коры【地】地壳层
слой изоляции 绝缘层
слой инверсии 逆转层
слой компенсации 补偿层
слой малой скорости【震】低速层
слой окраски 涂层
слой покрытия【地】覆盖层
слой скачка плотности【地】密度突变层
слой скорости【震】速度层
слои с постоянной температурой【地】恒温层
слои с фауной (флорой)【地】动物(植物)层

С

слой термоплавкого клея 热熔胶涂层
слойчатость【地】成层性
слом【钻】断裂, 折断, 破坏; 破坏处, 断裂处
служба 服务; 职责; 服务地点, 办公地点; 处; 站; 所
газоспасательная служба 气防
служебный 服务的
случай 情况
случайность 偶然性
случайный 偶然的, 随机的
случайная величина 随机值
случайная компонента 随机分量
случайная погрешность 随机误差
случайная помеха 随机干扰
случайная последовательность 随机序列
случайная функция 随机函数
слюда【地】云母
слюдяной【地】云母的
слюдяной сланец【地】云母片岩
слюдяной шифер【地】云母板岩
сляб 扁坯; 板坯
СМ сверлильная машина【钻】钻孔机
смазка 润滑油; 油灰, 涂料
густая смазка (солидол) 黄油
консистентная смазка 粗黄油
огнеупорная смазка 防火油
уплотняющая резьбовая смазка для трубы【钻】管子密封丝扣润滑油
центральная смазка 中心润滑油
смазка для обсадных труб【钻】套管润滑脂
смазка для предохранения соединительной резьбы от повреждения при свинчивании【钻】预防连接丝扣上扣损坏润滑油
смазка для приводных ремней 驱动皮带润滑油
смазка для снижения трения 降低摩擦润滑油
смазка для тормозов 刹车润滑油
смазка для труб, уплотняющая резьбовая【钻】管子丝扣密封油
смазка разбрызгивания【钻】喷淋式润滑
смазчик 润滑工
смазывание 涂上; 擦上; 润滑, 预膜
принудительное смазывание 强制润滑
смазывание ингибитора 防腐预膜
смазывание разбрыгиванием【钻】喷淋式润滑
смачиваемость 润湿性, 润湿度; 润滑性
смачиваемость пород【地】岩石润湿性
смачиватель 增湿剂
смежный 相邻的
смежный район【地】邻区
смена 换班, 工作班组
вахтовая смена【钻】换班
дневная смена 白班
ночная смена 晚班
смена вахты 换班
смена долота【钻】换钻头
сменяемость 可更换性; 互换性
смерч 龙卷风; 旋风
смеситель 混合器; 搅拌机
вихревой смеситель【钻】涡流混合器
гидравлический смеситель【采】水力搅拌混合器
диафрагмовый смеситель【采】孔板式混合器

дисперсионный смеситель【采】分散式混合器

инжекторный смеситель 喷射式混合器

механический смеситель 机械混合器

спиральный смеситель【钻】螺旋搅拌器

трубопроводный смеситель【储】管线混合器

цилиндрический смеситель датчиком уровня【钻】带液位仪滚筒搅拌机

смесь 混合物; 混合体; 混合剂; 混合气

изоморфная смесь【地】异质同晶物

твердая смесь【钻】固相物

транспортная газожидкая смесь【采】气液混合物

смесь акриловых мономеров, жидкая【化】液态丙烯酸树脂混合物

смесь акриловых мономеров, порошкообразная【化】粉末状丙烯酸树脂混合物

смесь бентонита с дизельным топливом【钻】膨润土柴油混合物

смесь битумов, диспергирующихся в воде 水分散沥青混合物

смесь для изоляции зон поглощения бурового раствора, глиноцементная【钻】封堵钻井液漏失的黏土水泥混合物

смесь лигносульфоната【钻】磺化木质素混合物

смесь нефтяных битумов【钻】石油沥青混合物

смесь органических биополимеров【钻】有机生物聚合物混合物

смесь пленкообразующих аминов【化】成膜胺类混合物

смесь поверхностно-активных веществ【化】表面活性剂混合物

смесь порошкообразного битума с дизельным топливом【钻】粉末状沥青与燃料油混合物

смесь реагентов, способствующих ускорению отделения свободной жидкости из бурового раствора【钻】促进钻井液液相分离试剂混合物

сместитель【地】断层面, 断层裂缝

смета 评价; 预算, 估算; 计算账单

смешанный 混合的; 复合的

смешанный вулкан【地】复合火山

смешанные осадки【地】混合沉积

смешанный прилив【地】混合潮

смешение 混合, 拌合

смешиваемость 混合性

смешивание 混合

смешивание нефтепродуктов при перекачке по трубопроводу【储】成品油管道混输

смещение 移动, 位移; 角移, 偏压

горизонтальное смещение 水平位移

горизонтальное смещение забоя скважин【钻】井底水平位移

допустимое смещение【钻】允许移动范围

смещение во времени 时滞; 滞后

смещение в падающей волне【震】入射波位移

смещение в пространстве 偏置; 平移; 错开

смещение гипоцентра【震】震源迁移

смещение глыб【地】断块错动
смещение земляных масс【地】土体移动
смещение основания 基础移动
смещение плит【地】板块移动
смещение по горизонтали【地】水平位移
смещение по падению【地】倾向位移
смещение по простиранию【地】走向位移
смещение по разрыву【地】断层移动
смещение фазы 相移, 相差
смола【化】树脂
алкидная смола【化】醇酸树脂
вспененная смола【化】泡沫树脂
карбамидная смола【化】碳酰胺树脂
поливиниловая смола【化】聚乙烯树脂
синтетическая смола【化】合成树脂
сульфинированная фенолоформальдегидная смола【化】磺化酚醛树脂
фактическая смола【炼】实际焦油
фенолоформальдегидная смола【化】酚醛树脂
эпоксидная смола【化】环氧树脂
смонтирование 安装好, 装配好
СМР сейсмическое микрорайонирование【震】地震小区划分, 地震详细区划
СМР строительно-монтажная работа 建筑安装工作
СМТО служба материально-технического обеспечения 物资技术保障(服务)部门
СМУИР строительно-монтажное управление инженерных работ 工程作业建筑安装管理局
СМЭ система местного энергоснабжения 地方供电系统
смыв【地】片蚀, 冲刷
смывка 洗涤剂
смык 闭合处
смягчение воды【化】软化水
смятие 挤压【地】揉皱
смятие колонны【钻】井下套管变形, 井下套管挤压变形
смятие трубы【钻】套管压扁
СН санитарные нормы 卫生标准
СН сжимаемость нефти【地】石油压缩率, 石油压缩系数
СН сульфат натрия【化】硫酸钠
снабжение 供应; 配备
складское снабжение 仓库供应
снаряд 设备; 仪器; 器具
буровой снаряд【钻】钻具
колонковый снаряд【钻】取心筒, 取心工具
скважинный снаряд【采】井内仪器
снаряд для отбора керна【钻】取心钻具
снаряжение полевое 野外装备
снашивание 磨损
СНГ сжиженный нефтяной газ【地】液化石油气
СНГ Содружество Независимых Государств【地】独联体
СНГК спектральный нейтронный гамма-каротаж【测】能谱中子—伽马测井
СНГК спектрометрический нейтронный гамма-каротаж【测】能谱中子—伽马测井

снег 雪
снижение 降低, 下降
снижение давления【采】降低压力
снижение давления в затрубном пространстве【采】降低套间压力; 降低管外空间压力; 降低套压
снижение давления в пласте【采】降低地层压力
снижение добычи【采】降低产量
снижение темпа отбора【采】降低抽汲速度; 降低开采速度
снимок 照片, 相片
СНИП строительные нормы и правила 建筑标准与规范
СНН сверхнормативная нагрузка 超额工作量; 超额定负载
СНС статическое напряжение сдвига【钻】静切力
СНЧ сверхнизкая частота 超低频
снятие 记录, 量取; 去除, 解除, 析出
совпадение 符合, 一致; 重合, 对准
СО система обеспечения 保障系统
СОБ система обеспечения безопасности【安】安全保障系统
соблюдать 遵守; 保持; 维持; 维护
соблюдать пожарную безопасность【安】遵守消防安全
соблюдать порядок оборудования и рабочего места【钻】保持设备和岗位工作秩序
соблюдать технику безопасности【安】遵守技术安全
соблюдать чистоту оборудования и рабочего места【钻】保持设备和工作岗位整洁
соблюдение условий конфиденциальности 遵守保密条款
собрание акционерное 股东会议
собственник 私有者
собственность 所有权
собственность на недра 矿产所有权
совершенный 完善的
совершенствование технологии переработки【炼】完善加工(处理)工艺
советник 顾问
совещание 会议
научно-техническое совещание (НТС) 科学技术会议
производственное совещание 生产会议
совместимость 配伍; 相容性
электромагнитная совместимость 电磁一致性(兼容性)
совместитель 兼职人员
совместный 联合的
совмещение 结合
совмещение этапов разведки и проектирования разработки【采】勘探阶段与开发设计相结合
совокупность 总体组合
совол【化】索伏尔油, 联苯的多氯化物溶剂
совпадение 符合
современный 现代的
согласие 约定; 协议; 一致
согласный 整合的
согласное залегание【地】整合产状
согласный надвиг【地】整合逆掩断层
согласный разлом【地】顺向断裂
согласный разрыв【地】顺向断层
согласование 配合, 协商; 符合; 调和; 匹配
согласование импеданса (сопротивления)【震】阻抗匹配

согласование усилителя 放大器匹配
согласованность 一致性, 协调性
согласованный 一致的
согласующий 匹配的
соглашение 协议
двухстороннее соглашение 双边协议
дополнительное соглашение 补充协议
международное соглашение 国际协议
межправительственное товарное соглашение 政府间商贸协议
пятилетнее соглашение 五年协议
торговое соглашение 贸易协议
соглашение о разделе продукции 产品分成协议
СОД система обработки данных 数据处理系统
сода【化】碳酸钠(苏达)
безводная сода, кальцинированная【化】无水碱灰
безводная сода, каустическая【化】无水烧碱
кальцинированная сода【化】纯碱【钻】碱灰泥浆加重剂
каустическая сода【化】苛性钠, 烧碱
углекислая сода 纯碱
сода-каустик【化】苛性钠, 烧碱
сода-хромпик【化】重铬酸钠
содалит【地】方钠石
содержание 含量
бортовое содержание【地】边际品位
квадратное содержание каверн【地】面洞率(岩心分析)
мольное содержание【化】摩尔含量
объемное содержание【化】体积含量
относительное содержание【化】相对含量
процентное содержание【化】百分率含量
среднее содержание 平均含量
суммарное содержание 总含量
содержание азота【化】氮含量
содержание аргона【化】氩含量
содержание бензола【化】苯含量
содержание битумов【化】沥青含量
содержание бутана【化】丁烷含量
содержание бутилена【化】丁烯含量
содержание водорода【化】氢含量
содержание воды 含水量
содержание гексана【化】己烷含量
содержание гелия【化】氦含量
содержание гуминовых кислот【化】腐殖酸含量
содержание гумуса【化】腐殖质含量
содержание изотопа ^{15}N в азоте【化】氮气中^{15}N同位素含量
содержание изотопа ^{15}N в аммиаке【化】氨中^{15}N同位素含量
содержание изотопа ^{13}C в карбонатах【化】碳酸盐中^{13}C同位素含量
содержание изотопа ^{13}C в метане【化】甲烷中^{13}C同位素含量
содержание изотопа ^{34}S в сероводороде【化】硫化氢中^{34}S同位素含量
содержание изотопа ^{13}C в тяжелых углеводородах【化】重烃中^{13}C同位素含量
содержание изотопа ^{13}C в углекислом газе【化】二氧化碳中^{13}C同位素含量

содержание изотопа ^{18}O【化】^{18}O同位素含量
содержание изотопа ^{34}S【化】^{34}S同位素含量
содержание ксенона【化】氙含量
содержание метана【化】甲烷含量
содержание лицензии на пользование недрами 矿产使用许可证内容
содержание нафтеновых кислот【化】环烷酸含量
содержание нефтяных углеводородов【地】石油烃含量
содержание общего органического углерода【化】总有机炭含量
содержание органического азота【化】有机氮含量
содержание органических кислот【化】有机酸含量
содержание осадка【地】沉积物含量
содержание пентана【化】戊烷含量
содержание пропана【化】丙烷含量
содержание пропилена【化】丙烯含量
содержание песка 含砂量
содержание песка в буровом раствором【钻】钻井液含砂量
содержание растворенного газа【采】溶解气含量
содержание серы【化】含硫量
содержание соли【化】含盐量
содержание твердых веществ【钻】固相物质含量
содержание твердой фазы в буровом раствором【钻】钻井液固相含量
содержание толуола【化】甲苯含量
содержание тяжелых углеводородов【地】重质烃含量
содержание углерода【地】碳含量
содержание фенолов【化】石碳酸(酚)含量
содержание хлороформенного органического углерода【化】氯仿处理有机炭含量
содержание щелочи и водорастворимых кислот【化】碱和可溶性酸含量
содержание этана【化】乙烷含量
содержание этилена【化】乙烯含量
содержание NH_4^+【化】NH_4^+含量
содержание Na^+【化】Na^+含量
содержание K^+【化】K^+含量
содержание Cl^-【化】Cl^-含量
содержание HCO_3^-【化】HCO_3^-含量
содоклад 补充报告
соединение 连接【化】化合物
аддитивное соединение【化】加成化合物
алифатическое соединение【化】脂肪族化合物
алициклическое соединение【化】脂环族化合物
ароматическое соединение【化】芳香族化合物
белковое соединение【化】蛋白质化合物
бесфланцевое соединение【钻】无法兰连接
боковое соединение 侧部连接
болтовое соединение 螺栓连接
быстроразъемное внешнее соединение【钻】外部快拆接头
быстроустанавливаемое соединение【钻】快速安装接头
вспомогательное соединение обвязки превентеров【钻】防喷器辅

助设备连接

высокомолекулярное соединение【化】高分子化合物

высокополимерное соединение【化】高聚物, 高分子聚合物

газонепроницаемое соединение不透气连接

галоидное соединение【化】卤化物

гетерополярное соединение【化】杂链化合物

гетероцепное соединение【化】杂环化合物

гибкое соединение 柔性连接

жесткое соединение 刚性连接

жирное соединение【化】脂肪族化合物

закисное соединение железа【化】亚铁化合物

изомерное соединение【化】异构物

ионное соединение【化】离子化合物

карбонильное соединение【化】羰基化合物

келатное (хелатное) соединение【化】内络合物, 螯合物

кислородное соединение【化】含氧化合物

клиновое соединение 楔形连接

кольцевое соединение【化】环状化合物

комплексное соединение【化】络合物

конусное соединение 锥形连接

координационное соединение【化】配位化合物

кремнеорганическое соединение【化】有机硅化合物

маловязкое соединение【化】低黏度化合物

металлоорганическое соединение【化】金属有机化合物

многобромистое соединение【化】多溴化合物

многосернистое соединение【化】多硫化合物

многохлористое соединение【化】多氯化合物

молекулярное соединение【化】分子化合物

муфтовое соединение【钻】连轴器连接

насыщенное соединение【化】饱和化合物

ненасыщенное соединение【化】不饱和化合物

неорганическое соединение【化】无机化合物

неплотное соединение 有漏洞连接

нестандартное соединение 非标准连接

ниппельное соединение 公接头连接

окисное соединение【化】氧化物

органическое гетероатомное соединение【地】有机杂原子化合物

параллельное соединение 并联

плотное соединение 密封连接

поверхностное соединение 表面化合物

полимерное соединение【化】聚合物

полифункциональное соединение【化】多官能化合物

полициклическое органическое соединение【化】多环有机化合物

полярное соединение【化】极性化合物

C

последовательное соединение【钻】串联
самогерметическое соединение【钻】自封接头
сварное соединение 焊接
свободноскользящее соединение 自由滑动式连接
связывающее соединение【化】螯合剂
сернистое соединение【化】硫化合物
смолистое соединение【化】胶质化合物
тавровое соединение 丁字形连接
углеводородное соединение【化】碳氢化合物; 烃类化合物
устойчивое соединение【化】稳定化合物
фланцевое соединение【钻】法兰连接
хелатное соединение【化】螯合物
химическое соединение【化】化合物
хомутное соединение【采】枷锁式连接, 卡箍式连接
циклическое соединение【化】环状化合物
шарнирное соединение【钻】油壬连接(接头)
штепсельное соединение【钻】插接件
эпоксидное соединение【化】环氧化合物
соединение ароматического ряда【化】芳香族化合物
соединение без заедания 无卡槽连接
соединение внахлестку 叠拼连接
соединение встык 两头对接
соединение для обсадных труб【钻】套管接头
соединение жирного ряда【化】脂肪族化合物
соединение "муфта в муфту"【钻】母—母接头; 双母接头
соединение "ниппель в ниппель"【钻】"公—公" 接头; 双公接头
соединение нормального строения【化】正构化合物
соединение с водой【化】水合作用
соединение с заземлением 接地, 与地连接
соединение треугольником 三角形连接
соединенный 连接的
соединитель 接头, 连接器
безопасный соединитель【采】安全接头
быстросменный уплотнительный соединитель【钻】快换密封接头
крестошпоночный фланцевый соединитель【钻】十字法兰接头
соединитель ловильных труб【钻】打捞筒接头
соединитель манометра【钻】压力表接头
соединитель с наружной резьбой【钻】外螺纹活接头
соединитель-терминал【钻】接线端子
создание филиала 设立分支机构
создатель 创始人
созревание 成熟
созревание ОВ【地】有机物质成熟度
соколиный глаз【地】鹰眼石
сокращение 收缩, 缩短
сокращение поверхности【地】表

面收缩
сокращение срока разведки【地】缩短勘探期
соленость 盐度
соленость воды【化】水的盐度
солеотложение【化】盐垢
солесодержание【化】盐含量
солестойкость 抗盐性
солидол 黄油, 索里多尔润滑油
литьевой солидол【化】锂基脂
низкотемпературный солидол【化】低温脂
синтетический литьевой солидол【化】锂基合成脂
Соловецкие острова【地】索洛韦茨基群岛
солончак【地】盐沼地
соль【化】盐
азотно-кислотная соль【化】硝酸盐
аммиачная соль【化】铵盐
антисептическая соль【化】防腐盐
горькая соль【化】泻利盐
двойная соль【化】复盐
двухромовокислая соль【化】重铬酸盐
железная соль【化】铁盐
калийная соль【化】钾盐
каменная соль【地】石盐, 岩盐
кислая соль【化】酸式盐
комплексная соль【化】络盐
неорганическая соль【化】无机盐
нормальная соль【化】正盐
основная соль【化】食盐
сернокислая соль【化】硫酸盐
труднорастворимая соль【化】难溶盐
углекислая соль【化】碳酸盐
солянокислотный【化】盐酸的
солянокупол【地】盐丘
солянокупольный【地】盐丘的
солярка【化】粗柴油; 太阳油
сонар 声纳, 声波定位器, 声波导航与测距系统
соображение 见解, 设想, 观点
сообщаемость【地】连通性
сообщающий 连通的
сообщение 连通; 报导; 信息
сообщение пластов в затрубном пространстве【钻】管外空间地层串通
сообщество биоценоза【地】生物群落
сооружение 建筑物, 结构物
наземные сооружения 地面建筑设施
промысловые сооружения【采】矿场地面建筑设施
сооружения резервуара【储】储油罐设施
сооружения трубопровода【储】管道设施
соотношение 关系; 比
контактное соотношение пластов【地】岩层接触关系
моделированное соотношение 模拟关系
фазовое соотношение 相态关系
соотношение амплитуд 振幅比
соотношение вязкостей нефти и воды【采】油水黏度比
соотношение закачки【采】抽汲比
соотношение запасов нефти и газа【地】油气储量比
соотношение между газом, нефтью и водой 油—气—水关系
соотношение между спросом и

предложением 供求关系
соотношение напряжения-деформации 应力—应变关系
соотношение плотностей 密度关系
соотношение сигналов\помех 【震】信噪比
соотношение фаз 相位关系
СОП совокупный общественный продукт 社会总产值, 社会生产总值; 社会总产品
соперничество 竞争
сопло 喷嘴; 喷油嘴
высоконапорное сопло【钻】高压喷嘴
кольцевое мерное сопло【钻】环形流量喷嘴
сопло долота【钻】钻头喷嘴
сопло циклонной воронки【钻】循环漏斗嘴子
сополимеризация【化】共聚作用
сопоставление (корреляция) 对比
сопоставление материалов 资料对比
сопоставление разрезов скважин 【地】钻井剖面对比
соприкосновение 接触, 吻合; 毗连
сопровождающие минералы 【地】伴生矿物
сопротивление 阻力, 电阻
внешнее фильтрационное сопротивление【采】外渗滤阻力
внутреннее фильтрационное сопротивление【采】内渗滤阻力
волновое сопротивление【震】波阻
гидравлическое сопротивление 水力阻力
дополнительное сопротивление 附加阻力
индуктивное сопротивление 感应阻抗
пластовое электрическое относительное сопротивление【测】地层相对电阻率
тепловое сопротивление 热电阻
удельное сопротивление 电阻率
удельное электрическое сопротивление горных пород (УЭС)【测】岩石电阻率
удельное электрическое сопротивление горных пород, кажущееся 【测】岩石视电阻率
фильтрационное сопротивление 【物】渗滤阻力
электрическое квадратичное сопротивление 平方电阻
электрическое поперечное сопротивление 横向电阻
электрическое продольное сопротивление 纵向电阻
сопротивление движению 移动电阻; 移动阻力
сопротивление заземления 接地电阻
сопротивление растрескиванию 抗裂强度
сопротивление растяжению 抗拉强度
сопротивление резанию 切削阻力
сопротивление сдвигу 抗剪强度
сопротивление сжатию 抗压强度
сопротивление скалыванию 抗崩断强度
сопротивление скручиванию 抗扭强度
сопротивление смятию 抗压扭强度
сопротивление срезу 抗剪强度
сопротивление трения 摩擦阻力;

С

摩阻
сопряжение 共轭, 结合, 接合, 联结
сопряженный 共轭的; 相配合的
сопряженные годографы【震】共轭时距曲线
сопряженная ось【地】共轭轴
сопряженная плоскость сдвига【地】共轭剪切面
сопряженная поверхность 共轭面
сопряженные сбросы【地】共轭断层
сорбент 吸附剂
природный сорбент 自然吸附剂
сорбомикстинит【地】吸附分散物质, 吸附分散有机质
сорбция 吸着作用
сорт 品级
сорт стали 钢种类
сортировка 分选【地】岩石颗粒分选
сортированность 分选程度
соскальзывание 滑脱
сосредоточение 集中
состав 组(成)分
битуминозный состав【地】沥青组分
герметизирующий состав 密封成分
гранулометрический состав【地】颗粒组成
гранулярный состав【地】粒度成分
групповой состав【化】族分(组成)
зерновой состав【地】(岩石粒度分级, 如砾、砂、粉砂、泥)粒度成分
изотопный состав【测】放射性组分
исходный состав【化】原始成分
литологический состав【地】岩性组成
механический состав【地】固体颗粒成分
минералогический состав【地】矿物成分
пенный состав【化】泡沫成分
петрографический состав【地】岩石成分
противозамерзающий состав 防冻成分
солевой состав【化】盐组分
спектральный состав 光谱组成
структурно-групповой состав【地】结构族分
углеводородный состав нефти【化】石油烃类成分
фракционный состав нефти【地】石油馏分
фракционный состав породы【地】岩石筛分组成
химический состав【化】化学成分
элементарный состав【化】元素组成
состав газированной нефти【化】气侵石油成分
состав заполнителя【地】颗粒间充填物成分
состав нефти【采】石油成分
состав подземных вод【地】地下水组分
состав полевого оборудования【钻】井场设备组成
составление 编制
составление инженерно-геологического заключения 编写工程地质结论
составление карт【震】编图
составление моделей【震】编模型
составление проекта разработки 编制开发方案

состояние 状态
агрегатное состояние 聚集状态
взвешенное состояние 悬浮状态
водорастворенное состояние 水溶状态
возбужденное состояние 激发状态
газовое состояние 气态
дебалластированное состояние 舱体卸载状态, 卸压状态
динамическое состояние 动态
дисперсное состояние 分散状态
естественное состояние 自然状态
жидкое состояние 液态
замерзшее состояние 冻结状态
капиллярносвязанное состояние 毛细吸附束缚状态
коллоидное состояние 胶体状态
критическое состояние вещества 物质临界状态
ламинарное состояние 层流状态
метастабильное состояние 介稳状态, 亚稳状态
надкритическое состояние вещества 物质超临界状态
напряженно-деформированное состояние【地】应力变形状态
напряженное состояние【地】应力状态
нестационарное состояние 不稳定状态
нетекучее состояние 非流动状态
нормальное состояние 正常状态
объемное напряженное состояние 三向应力状态
однофазное состояние 单相状态
пластическое состояние 塑性状态
плоское напряженное состояние 平面应力状态
предельное состояние 极限状态
равновесное состояние 平衡状态
свободное состояние 游离状态
спокойное состояние 静止状态
стабильное состояние 稳定状态
твердое состояние 固态
турбулентное состояние 紊流状态
установившееся состояние 稳定状态
фазовое состояние 相态
состояние вакуума 真空状态
состояние газа 气态
состояние газовой шапки【地】气帽状态
состояние изоляции 绝缘状态
состояние контакта 接触情况
состояние насыщения 饱和状态
состояние объектов 目标构造状态
состояние скважины【采】井状态, 井的形势
состояние скважины в аварии【钻】处于事故中的井
состояние ствола скважины【钻】井眼状态
сосуд 压力容器(罐)
сосуд под давлением【采】高压容器(罐)
сотрудник 同事
штатный сотрудник 在编制人员
сотрудничество 合作
СОХ Срединно-океанический хребет【地】大洋中脊
сохранение 保存
сохранение залежей нефти и газа【地】油气藏保存
сохранение угла наклона ствола скважины【钻】保持井眼倾斜角
сохранение устойчивости 保持稳定性

сохранность (сохраняемость) 完整性
социализация 社会化
соцстрах (социальное страхование) 社会保险
сочетание 结合, 组合【钻】匹配
сочетание коллекторов с покрышками【地】储盖组合
сочетание температуры и давления【地】温度和压力组合
сочленение 接合
СП сейсмическая платформа【震】地震台
СП сейсмоприемник【震】地震检波器
СП Сибирская платформа【地】西伯利亚地台
СП собственная поляризация 自然电位
СПАД синтетическая поверхностно-активная добавка【化】合成表面活性添加剂
спад 下降, 落下
спадение 下降, 衰落, 减退
спай 接头, 接缝; 结合点, 焊接处
спайдер【钻】卡盘
автоматический спайдер【钻】自动卡盘
пневматический спайдер 气动卡般; 气动辅助梁; 蜘蛛形架
спайдер для НКТ【钻】油管卡盘
спайдер с боковым входом【钻】侧开式卡盘
спайдер с одиночным соединением【钻】单接头卡盘
спайдер с седлом под квадратом【钻】带方钻杆座的卡盘
спайдер-элеватор【钻】卡盘式吊卡
спайдер-элеватор с пневматическим приводом【钻】气动控制吊卡
спайность (кливаж)【地】解理
СПАК скважинный прибор акустического каротажа【测】声波测井仪
спаренный 成对的
СПГ сжиженные природные газы【采】液化天然气
СПД сеть передачи данных 数据传输网
СПД система передачи данных 数据传输系统
спектр 光谱; 谱
массовый спектр 质谱
сплошной спектр 连续光谱
спорово-пыльцевой спектр【地】孢粉谱
частотный спектр сейсмических волн 地震波频谱
спектр абсорбции 吸收谱
спектр амплитуд【震】振幅谱
спектр волн【震】波谱
спектр изохрон【震】等时线谱
спектр испускания 辐射光谱
спектр поглощения 吸收光谱
спектр проницаемости【地】渗透率谱
спектр рассеяния 散射光谱
спектр флюоресценции 荧光光谱
спектр частот 频谱
спектральный 光谱的
спектроанализатор 光谱分析仪
спектрограф 摄谱仪
спектрометр 分光计
спектрометрия 光谱测定法
инфракрасная спектрометрия 红外线光谱测定法

ультрафиолетовая спектрометрия 紫外线光谱测定法
спектроскопия 光谱学
инфракрасная спектроскопия 红外光谱学
спектрофотометр 分光光度计
спектрофотометрия 分光光度测定
спекуляция 投机
спецбитум【化】特种沥青
специализация 专业化
специализированный 专业(化)的
специальность专业
специнструмент 专用工具
специфика 特性
спецификация 明细表, 规格表, 一览表, 说明书
специфический 特殊的
спецключ 专用扳手
спецключ для гаек колеса 叶轮螺母专用扳手
спецоборудование 特种设备
спецобувь【安】工鞋
спецовка【安】工作服
спецодежда (спецовка)【安】工作服
спецтехника 特种装备; 特种技术
спираль 螺旋线; 电阻丝
спиральный 螺旋形的
спирт【化】酒精(醇)
абсолютный спирт【化】无水酒精
бутиловый спирт【化】丁醇
виниловый спирт【化】乙烯醇
гексиловый спирт【化】己基醇
денатурированный спирт【化】变性酒精
древесный спирт【化】甲醇(木精)
изоамиловый спирт【化】异戊醇
изобутиловый спирт【化】异丁醇
изопропиловый спирт【化】异丙醇
метиловый спирт【化】甲醇
октиловый спирт【化】辛醇
пентиловый спирт【化】戊醇
первичный спирт【化】伯醇
поливиниловый спирт【化】聚乙烯醇
пропиловый спирт【化】丙醇
спиртовой спирт【化】酒精的, 乙醇的; 醇的
стандартный спирт【化】标准酒精
фенилэлиловый спирт【化】苯基乙醇
этиловый спирт【化】乙醇(酒精)
этиловый спирт, денатурированный【化】变性酒精
спиртобензол【化】酒精苯
спиртокетон【化】醇酮
спиртокислота【化】醇酸
спиртометр 酒精比重计
список 清单, 名册, 目录, 统计表
сплав 合金
антифрикционный сплав 耐磨合金
вольфрамовый сплав【钻】钨合金
высоколегированный сплав【钻】高纯度合金
металлический сплав【钻】合金
твердый сплав【钻】硬合金
сплав карбида вольфрама【钻】碳钨合金
сплавка 熔炼
сплавление 重熔, 再熔; 同熔作用
сплавочный 合金的
сплошной 接连不断的; 严密的; 致密的
сплошная линия 连接线, 实线
сплошное профилирование 连续剖面测量

сплошная среда 连续介质
сплюснутость 扁率
СПО система программного обеспечения 软件系统
СПО спускоподъемная операция 【钻】起下钻作业
сползание【地】滑坡
спора【地】孢子
способ (方)法
вращательный способ бурения【钻】旋转钻井法
газлифтный способ【采】气举采油法
гидравлический способ бурения【钻】水力钻井方法
гидродинамический способ бурения【钻】液压动力钻井法
гидроударный способ бурения【钻】水力冲击顿钻井法
гидроэрозионный способ бурения【钻】水力喷射钻井法
глубоконасосный способ【采】深井泵抽油法
графический способ 作图法
каталитический способ【化】催化法
компрессорный способ【采】空压机采油气法
пневмоударный способ бурения【钻】气动冲击钻井法
роторный способ【钻】转盘钻井法
теплохимический способ обезвоживания нефти【炼】石油热化学脱水法
турбинный способ бурения【钻】涡轮钻井法
ударный способ бурения【钻】顿钻法
ультразвуковой способ 超声波法
фонтанный способ【采】自喷采油法
химический способ закрытия воды в скважине【采】井内化学法堵水
способ бурения【钻】钻井方法
способ возбуждения поперечных сейсмических волн【震】地震横波激发方法
способ воздействия на пласт【采】改造油层法
способ вызова притока【采】诱喷方法
способ глубинно-насосной эксплуатации【采】深井泵采油法
способ добычи нефти【采】采油方法
способ засечек 交会法
способ наименьших квадратов 最小二乘法
способ общей глубинной точки【震】共深度点法
способ определения 测定方法
способ отбора 取样方法; 开采方法
способ отбора, вакуумный 真空取样法
способ отбора, механический 机械取样法
способ отбора, термовакуумный 热真空取样法
способ отбора, химический 化学取样法
способ отраженных волн【震】反射波法
способ оттартывания【采】提捞法
способ первых вступлений преломленных волн【震】初至波折射法
способ плоского фронта (СПФ)

С

【震】平面爆破波前法
способ пространственной фильтрации【震】空间滤波法
способ разгазирования【钻】脱气方法
способ смены глинистого раствора на воду【采】清水替喷法
способ снижения уровня воды【采】降低水液面诱喷法
способ установки гравийного фильтра【采】砾石衬管安装方法
способ уточнения коэффициента открытой пористости【地】确定连通孔隙度方法
способ эксплуатации【采】采油方法
способность 能力; 性能
абсорбирующая способность 吸收能力
адгезионная способность 附着力
адсорбционная способность 吸附能力
восстановительная способность 还原能力
всасывающая способность 抽吸能力
герметизирующая способность 密封性
когезионная способность 内聚力
напорная способность 增压能力
несущая способность давления 承压能力
обесцвечивающая способность 脱色能力
отбеливающая способность 漂白能力
отмывающая способность 清洗能力
отражательная способность 反射率, 反射能力
отражательная способность витринита (**Ro**)【地】镜质体反射率
отражательная способность микрокомпонентов **РОВ**【地】分散有机质微量成分反射率
очистная (очистительная) способность【炼】净化能力
поглотительная способность 吸收能力
пропускная способность газопровода【采】天然气管道输送能力
разрешающая способность 分辨率
смачивающая способность 润湿力
теплопроводная способность 导热能力
теплотворная способность 燃烧热值
способность глинизации【钻】造浆能力
способность к деэмульгированию【钻】脱乳能力
способность к заводнению【采】注水能力
способность к расширению 膨胀能力
способность к сцеплению 内聚力; 结合能力
способность намагничивания 磁化率
способность насыщения 饱和能力
способность отражения 反射率
способность преломления 折射率
справка 证明文件
справочник 手册, 指南
спрейер масла【钻】燃油喷雾器
спрос (市场)需求
СПС слой с пониженной скоростью【震】低速层
спуск 斜坡; 下坡道; 下(放); 放出

аварийный спуск【钻】逃生滑道
ориентированный спуск инструмента【钻】定向下钻具
спуск в скважину под давлением【钻】带压向井内下放(钻具)
спуск жидкости 放出液体
спуск инструмента (спустить инструмент)【钻】下钻具
спуск и подъем труб【钻】起下管柱(钻具)
спуск кабеля【钻】下放电缆
спуск кондуктора【钻】下导管
спуск пакера【钻】下封隔器
спуск промысловой воды【采】矿场水排放
спуск труб по мере углубления скважины【钻】根据钻井深度下放管柱
спуск эксплуатационной колонны【钻】下放生产管柱
спусковой 触发的
СР сдвиго-раздвиг【地】平移—开断层
СР сейсмическое районирование【震】地震区划
СР селективное растворение 选择性溶解
СР средний ремонт【钻】中修
сработка 降低水位, 放水; 抽真空
сравнение 比较
сравнительный 比较的
сравнить 比较
сращиваемость 接合性
сращивание 联接
СРВ система расхода воды 水流量系统
среда 介质; 环境
агрессивная среда 侵蚀环境(介质)
биотическая среда【地】生物环境
восстановительная среда【化】还原介质, 还原环境
газообразная среда【化】气体介质
естественная пористая среда【地】天然孔隙介质
жидкая среда 液体介质
защитная среда 保护介质
изотропная среда 各向同性介质
кислотная среда【化】酸性介质
неньютоновская среда 非牛顿介质
несущая среда 承载介质; 载体
обычная среда 普通介质
окружающая среда 环境
охлаждающая среда 冷却介质
пористая среда【地】孔隙介质
проводящая среда 导电介质
прокачанная пористая среда【地】流动孔隙介质
рабочая технологическая среда【采】生产运行工艺介质
рабочая среда【采】工作介质
смачивающая среда 润湿剂
сплошная среда【采】连续介质
субаквальная среда【地】水下环境
субаэральная среда【地】水上环境, 陆上环境
упругая среда 弹性介质
упругопластическая среда 弹塑性介质
фильтрующая среда 过滤介质
щелочная среда 碱性介质
Средиземноморье【地】地中海
срединный 中间的
срединный грабен【地】中央地堑
срединная масса【地】中间岩块
срединный массив【地】中间地块
среднеарифметический 算术平均的

средневзвешенный 加权平均的
среднегодовой 年平均的
среднее 平均数
среднезернистый 中粒的
среднеквадратический 均方根的
Среднесибирское плоскогорье【地】中西伯利亚高原
средний 平均的; 中间的; 中性的
средство 资金; 器材; 手段【化】剂
адсорбирующее средство【化】吸收剂
восстановительное средство【化】还原剂
вспомогательное средство 辅助手段
вяжущее средство 收敛剂
денатурирующее средство 变性剂
денежное средство 现金
зажигательное средство 燃烧物
защитное средство 保护手段
изолирующее средство 绝缘剂
обезвоживающее средство【炼】脱水剂
огнегасительное средство 灭火剂
окислительное средство【化】氧化剂
осушительное средство 干燥剂
охлаждающее средство 冷却剂
перевозочное средство 运送工具
транспортное средство 交通工具
химическое средство 化学手段
средство взрыва 爆炸器材
средство индивидуальной и коллективной защиты【安】个人与集体防护器材
средство передвижения 移动工具, 交通工具
средство телекоммуникации 电信设施
срез 切片; 剪切
горизонтальный срез【震】水平切片
начальный срез【钻】初切力
статический срез【钻】静切力
срезающее усилие 剪切力
СРК синхронный радиоактивный каротаж【测】同步放射性测井
срок期限
срок безотказной службы【钻】无故障运行期限
срок ввода 开工期限
срок выполнения работы 完工期限
срок действия 有效期限
срок действия договора 合同有效期
срок окупаемости капвложений 投资回收期限
срок пользования участками недр 矿区使用期限
срок поставки (отгрузки) 交货(发货)期限
срок разработки【采】开发期限
срок службы【机】服役期, 设备寿命
срок службы машины 机器使用寿命
срок схватывания【钻】(水泥的)凝固时间
срок эксплуатации 使用期限
сростки кристаллические【地】晶体连生(体)
срочный 紧急的; 定期的
срыв 破裂, 断裂; 脱扣
срыв инструмента【钻】钻杆脱扣; 钻杆脱扣折断
срыв резьбы【钻】脱扣, 滑扣
СС сейсмическая станция (сейсмостанция)【震】地震仪器车; 地震测站

СС сейсмоакустическая станция 【震】地震声测站
СС синтетическая сейсмограмма 【震】合成地震记录
СС скважинный снаряд【钻】井下工具
СС спутник связи 通信卫星
СС средства синхронизации 同步设备
СС станция снабжения 供给站, 供应站
ССБ сульфитная спиртовая барда 亚硫酸盐酒精废液
ССП система сигнализации пожара 【安】火灾信号系统
ССР средняя стадия разработки 【采】开发中期
ССС сейсмостатистический способ 【震】地震统计法
ССС система спутниковой связи 卫星通信系统
ССС спутниковая система связи 通信卫星系统
ССС статическая сейсмическая сила 【震】静地震力
стабилизатор 稳定剂, 安定剂【钻】稳定器; 平衡器; 扶正器
трехшарошечный спиральный стабилизатор【钻】三牙轮螺旋稳定器
стабилизатор бурового растворов на углеводородной основе【钻】油基钻井液稳定剂
стабилизатор глины【钻】黏土稳定剂
стабилизатор для обсадных труб 【钻】套管稳定器(扶正器)
стабилизатор инверсных эмульсий 【钻】转化乳化液稳定剂
стабилизатор мертвого каната 【钻】死绳稳定器
стабилизатор напряжения 稳压器
стабилизатор раствора 溶液稳定剂
стабилизационный 稳定的
стабилизация【炼】稳定(装置)
стабилизация бурового раствора 【钻】稳定钻井液
стабилизация нефти【炼】石油稳定
стабилизирование 稳定
стабилитрон (стабилотрон) 稳压管
стабильность 稳定性【钻】泥浆稳定性
стабильный 稳固的
ставка (税)利率, 比率; 定额
ставролит【地】十字石
стадийность 阶段性
стадийность геологоразведочных работ【地】地质勘探阶段性
стадийность проектирования 设计阶段性
стадия 阶段; 时期, 期
поздняя стадия разработки (эксплуатации)【采】开发晚期
эволюционная стадия【地】演化阶段
стадия восстановления【采】恢复阶断
стадия геологоразведочных работ 【地】地质勘探工作阶段性
стадия геотектонического цикла 【地】构造旋回阶段
стадия закрытия океана【地】大洋关闭阶段
стадия затухания【地】休止阶断
стадия зрелости【地】成熟阶断
стадия литогенеза【地】成岩阶段

С

(包括 седиментогенез 同生沉积作用, диагенез成岩作用, катагенез 变质作用)
стадия неустойчивости【地】不稳定阶段
стадия пенепленизации【地】准平原化阶段
стадия подготовки землетрясения【震】地震孕育阶段
стадия предразрушения【震】预断裂阶段
стадия развития геосинклинали【地】地槽发展阶段
стадия развития платформы【地】地台发展阶段
стадия разрушения【地】断裂阶段
стадия разрядки напряжения【地】应力释放阶段
стадия топографической зрелости【地】成年地形阶断
стадия углефикации【地】炭化作用阶段; 成煤作用阶段
стадия упругой деформации【地】弹性变形阶段
стадия формирования осадочного ритма【地】沉积旋回(韵律)形成阶段
стаж 工龄
стаж работы 工龄
стакан 杯, 烧杯; 套筒, 杯状机件
ловильный стакан при бурении【钻】随钻打捞杯
мерный стакан【化】量杯
предохранительный стакан【钻】安全筒
химический стакан【化】烧杯
цементный стакан【钻】水泥塞
стакан подшипника【机】轴承套
сталагмиты【地】石笋
сталактит【地】钟乳石
сталинит 钢化玻璃
сталь 钢
арматурная сталь периодического профиля (арматура) 螺纹钢筋
волнистая сталь 瓦垄钢板
высококачественная сталь 优质钢
высоколегированная сталь 高合金钢
высокопрочная легированная сталь 高强度合金钢
высокосортная сталь 高级钢
горячекатанная сталь в рулоне 热轧卷板
двутавровая сталь 工字钢
кованная термообработанная сталь 热处理锻钢
коррозионностойкая сталь 不锈钢, 防腐钢
кровельная сталь 屋面薄钢板
литая сталь 铸钢
марганцево-углеродистая сталь 锰碳钢
нержавеющая сталь (нержавейка) 不锈钢
низкоуглеродистая сталь 低碳钢
никелевая сталь 镍钢
никель-молибденовая сталь 镍钼钢
особая сталь 特殊钢
оцинкованная сталь 镀锌钢板
полосовая сталь 扁钢; 带钢
профильная сталь 型钢
прутковая сталь 条钢
рельсовая сталь 钢轨钢
рифленая сталь 网纹钢; 波纹钢
среднелистовая сталь 中板钢
толстолистовая сталь 厚板钢
тонколистовая сталь 薄板钢

С

трубная сталь 管钢
углеродистая сталь 碳钢
угловая неравнобокая сталь 不等边角钢
угловая равнобокая сталь 等边角钢
угольная сталь 角钢
фасонная сталь 异型钢
холоднокатанная сталь 冷轧钢
хромистая сталь 铬钢
хромистая сталь, нержавеющая 不锈铬钢
хромо-молибденовая сталь 铬钼钢
швеллерная сталь 槽钢
шестигранная сталь 六角棱钢
стандарт 标准
временный стандарт 试行标准
государственный стандарт 国家标准
действующий стандарт 现行标准
стандарт строительства 建筑标准
стандартизация 标准化, 规格化
стандартизация каротажных диаграмм【测】测井资料标准化
стандартный 标准的
стандартное время 标准时间
стандартное время пробега【震】标准走时
стандартный годограф【震】标准时距曲线
стандартный горизонт【地】标准层
стандартное отклонение 标准偏差
стандартная ошибка (погрешность) 标准误差
стандартная программа 标准程序
станина 架, 座, 台【钻】机座
приводная станина 传动机座
станкостроение 机床制造业
Становой хребет【地】斯塔诺夫山脉
станок 机床
режущий станок 切割(切削)机床
шлифовальный станок (точилка) 砂轮机; 磨床
станок-качалка【采】抽油机
балансирный станок-качалка【采】游梁平衡式抽油机
обычный станок-качалка с задним креплением шатуна【采】连杆后置式普通抽油机
станок-качалка с балансирным кривошипом【采】游梁平衡式抽油机
станок-труборез 切管机
станция 站; 厂; 台
азотная воздушная компрессорная станция (**АВКС**)【炼】空氮压缩站
водонасосная станция 抽水泵站
водопроводная станция 供水站
газогенераторная станция【炼】气体发生站
газоинжекционная станция【采】注气站
газонаполнительная станция【采】压气站
газораспределительная станция【采】配气站
гидравлическая станция【钻】液压动力站
дожимная компрессорная станция (ДКС)【采】外输增压站
каротажная станция【测】测井仪器车, 测井站
насосная станция【采】泵站
насосно-аккумуляторная станция【采】蓄能泵站
начальная станция【采】起点站

нефтеперекачивающая станция 【采】石油外输增压站, 输油站
перекачивающая станция 【采】输油气站
перфораторная станция 【采】射孔车
промежуточная насосная станция 中间泵站
рабочая станция 工作站
регистрирующая электроразведочная станция 【测】电测记录站
сейсмическая станция 【震】地震车
силовая станция 【采】动力站
технологическая станция 【采】工艺站场
филиальная станция 【钻】分站
станция воздуха и азота 【炼】空氮站
станция для перекачки многофазных смесей 【采】多相混合外输站
станция оборотной насосной воды 循环水泵站
станция радиоактивного каротажа 【测】放射性测井站
станция треугольника 三角站
станция управления 操纵站 【采】控制站
станция управления фонтанной арматуры 【采】井口装置控制站
старение 老化
естественное старение 自然老化
искусственное старение 人工老化
термическое старение 热老化
старение коллоидов 胶体老化
старица 【地】牛轭湖
староречье 【地】古河流
старость реки 【地】河流老年期
старт 启动, 开动, 触发
стартер 镇流器, 启动器
статика 静止; 静力学
статистика 统计学
статический 静止的, 静力学的, 静态的
статическая деформация 静应变
статический напор воды 静水压力
статический способ 静力法
статор 【钻】定子
стационарный 固定式的; 经常的; 不动的, 固定的, 稳定的; 常规的
стационарная временная последовательность 稳定时序
стационарный естественный потенциал 【测】稳定自然电位
стационарное магнитное поле 【地】稳定磁场
стационарное наблюдение 【震】常规观测
стационарный режим 稳定状态; 稳定制度
стационарная сейсмическая станция 【震】固定地震站
стационарная сеть 【震】固定台网
стационарный фон 稳定背景
стационарное электрическое поле 【物】稳定电场
ствол 【钻】井眼(筒)
большой зенитный ствол 【钻】大斜度井眼
искривленный ствол скважины 【钻】弯曲井眼
наклонно направленный ствол скважины 【钻】定向斜井眼
необсаженный ствол скважины 【钻】未下套管井眼
открытый ствол скважины 【钻】裸眼井段

резко искривившийся ствол скважины【钻】形成狗腿弯曲井段
ствол скважины【钻】钻孔, 井眼
ствол скважины с хвостовиком【钻】带尾管井眼
створка【钻】门框
стеарат кальция (стеаринокислый кальций)【化】硬脂酸钙
стекло жидкое【钻】水玻璃(水泥速凝剂)
стекловатый (витропорфировый, витрофировый, гиалиновый)【地】玻璃质的(富玻质的, 全玻质的)
стеклоочиститель【钻】雨刮器
стеклянный 玻璃的
стеллаж【钻】管架台; 摆放架
автоматический трубный стеллаж【钻】钻杆自动排放架; 套管自动摆放架
стеллаж для вышки【钻】井架管架台
стеллаж для труб【钻】(钻杆或套管)管架
стеллаж для химреагентов 化学试剂台
стена 墙
противопожарная стена【安】防火墙
стенобиониты【地】狭适性生物, 狭栖性生物
стенок скважины【钻】井壁
степень 程度; 次; 率, 比值; 等级; 阶段
степень асимметрии тектонической структуры【地】构造不对称程度
степень влажности 湿度
степень волнения 波级
степень выработки【采】动用程度
степень герметичности【采】密封程度
степень густоты 稠密程度
степень деформации 变形程度
степень дисперсности 分散程度
степень загрязнения жидкости водой【采】液体掺水程度
степень извлечения нефти【采】原油采出程度
степень износа 磨损程度
степень изоляции 绝缘等级
степень ионизации 电离程度
степень искажения 失真度
степень катагенетического преобразованного исходного **ОВ**【地】原始有机质变质改造程度
степень кислотности【化】酸度
степень метаморфизма **РОВ**【地】分散有机质变质程度
степень наклона 倾斜度
степень наполнения 充满程度
степень насыщения коллекторов【地】储层含油程度
степень обводнения【采】水淹程度; 含水程度
степень обуглероживания【地】碳化程度
степень окатанности зерен【地】颗粒磨圆度
степень охлаждения 冷却度
степень парафинистости【地】含蜡程度
степень переохлаждения 过冷度
степень разведанности【地】勘探程度
степень развития микротрещин【地】微裂缝发育程度
степень расширения 膨胀程度

степень смачиваемости породы 【地】岩石润湿程度
степень твердости 硬度
степень точности 准确程度
степень трещиноватости 【地】裂缝度, 裂隙率, 裂隙指数; 破裂程度
степень трещиноватости, неравномерная 【地】不同程度的破裂
степень трещиноватости, сильная 【地】强裂缝度
степень трещиноватости, слабая 【地】弱裂缝度
степень углефикации 【地】煤化作用程度
степень уравнения 方程次数
степень цементации породы 【地】岩石胶结程度
степень чувствительности 灵敏度
стераны 【化】甾烷, 环戊稠全氢化菲
стереографическая проекция 【地】极射赤平投影
стереопара 立体像片对
стереоскопичный 立体的
стереоскопия 立体学; 立体投影; 体视
стержень 杆; 棒; 轴
крестовый натяжной стержень 【钻】十字拉杆
маслоизмерительный стержень 油位指示器
медный стержень 铜棒
наклонный натягивающий стержень 【钻】斜拉杆
удлиненный стержень 【钻】加长杆
направляющий стержень клапана 【钻】阀杆导向器
стержень для восстановления исходного положения 【钻】复位杆
стержень клапана 【钻】阀杆
стероиды 【地】类固醇, 甾族化合物
стечение 汇合, 聚集; 合流
стибнит 【地】辉锑矿
стилолит (стилолитовые швы) 【地】碳酸盐岩内的缝合线, 缝合面; 缝合线构造; 柱状构造
стимулирование 刺激
стирен 【化】苯乙烯
стирол 【化】苯乙烯
стойка 支柱, 支杆, 撑杆 【钻】支座
левая задняя стойка 【钻】左后立柱
опорная стойка 【钻】支架
стоимость 价值; 成本
первоначальная стоимость 初始成本
сметная стоимость скважины 建设井预算成本
статистическая стоимость 统计价格(成本)
фактическая стоимость скважины 实际建井成本
чистая приведенная стоимость 净现值
стоимость бурения 【钻】钻井成本
стоимость на текущий момент 现行价值
стоимость одного фута проходки 【钻】每英尺钻进成本
стоимость перевозки 运输成本
стоимость пробуренной скважины 【钻】已钻井成本
стоимость работы 工作价值
стоимость разработки в целом 【采】整体开发成本
стоимость ремонта 维修成本
стоимость со скидкой 折扣后总价
стоимость строительства 建筑造价
стоимость технического обслужи-

вания 技术维护成本
стоимость услуга 服务费用
стоимость эксплуатации 生产成本
сток 斜流, 流下; 径流, 径流量; 水量; .排水沟; 泄水沟
промышленный сток 工业废水
сток воды【地】径流
стоковый 对接的
стол【钻】(转盘的)转台
роторный стол【钻】转盘台
стол ротора【钻】转盘台
столб 柱
водяной столб 水柱
жидкий столб 液柱
нефтяной столб 油柱
ртутный столб 水银柱, 泵柱
столб глинистого раствора【钻】泥浆柱
столб жидкости 液柱
столб ртути 水银柱, 泵柱
столбообразный 柱状的
столик плавучий 浮台
столкновение 碰撞
столкновение литосферных плит【地】岩石圈板块碰撞
столовый 桌状的
столяр 细木工
стоп【钻】停车
срочный стоп системы【钻】系统急停
стоп-сигнал 停车信号
стопор【钻】制动器(销), 止动块
сторона 方向(面); 双方(合同谈判等)
лицевая (боковая) сторона【钻】正(侧)面
набегающая сторона【钻】张紧侧
обегающая сторона 松弛
стохастический 随机的
стохастическая величина 随机值
стохастическая модель 随机模型
стохастическая последовательность 随机序列
стохастический процесс 随机过程
стохастическая теория 随机理论
стояк【钻】立管
дегазационный стояк【钻】除气立管
СТР система терморегулирования 温度调节系统
стравить давление 卸压
страна 国家
нефтеэкспортирующие страны 石油输出国
стратиграфический【地】地层的
стратиграфическая классификация【地】地层分类
стратиграфический кодекс【地】地层代码
стратиграфическая колонка【地】地层柱状图
стратиграфический контакт【地】地层接触
стратиграфическое несогласие【地】地层不整合
стратиграфическое подразделение (единица)【地】地层单元划分
стратиграфическая последовательность пластов【地】地层序列
стратиграфическая таблица【地】地层时序表
стратиграфическая шкала【地】地层序列表
стратиграфия【地】地层学; 区域地层
палеомагнитная стратиграфия【地】

古地磁地层学
сейсмическая стратиграфия【地】地震地层学
сиквентная стратиграфия【地】层序地层学 (тракт осадочной системы высокого уровня моря 高位体系域, тракт трансгрессивного этапа 水进体系域, тракт низкого уровня моря 低位体系域 или тракт окраины шельфа陆架边缘体系域)
событийная стратиграфия【地】事件地层学
стратилогия【地】沉积岩层学
стратисфера【地】成层岩石圈
стратификация 成层, 分层
гидрогеологическая стратификация【地】水文地质分层性
стратификация по температуре 按温度分层
стратоизогипсы【地】构造等高线; 地层等厚线
страхование 保险
страховка 保险

C

стрейн 应变
стрела 起重臂
стрелка 指针
противочасовая стрелка 逆时针
указательная стрелка【钻】指针
часовая стрелка 顺时针
стрелка манометра 压力表指针
стрелка прибора 仪表指针
стремянка【钻】竖梯
стресс (усилие) 应力
строгание воздушное 气刨
строение 结构
блоковое строение【地】断块结构
коллоидальное строение【地】胶体结构
тектоническое строение района【地】区域大地结构
химическое строение【化】化学结构
строение глинистого раствора【钻】泥浆结构
строение грунта【地】土体结构
строение литосферы【地】岩石圈结构
строение металлов 金属结构
строение пород【地】岩石结构
строитель рифа【地】造礁生物
строительный 建筑的
строительная конструкция 建筑结构
строительная механика 建筑力学
строительный материал 建筑材料
строительство 建设, 施工
гражданское строительство 民用建筑
капитальное строительство 基本建设
промышленное строительство 工业建筑
строительство “под ключ” 施工交钥匙
строительство скважины【钻】建井
стройка 工地
строматолиты【地】叠层灰岩; 叠层石构造(同 структура роста 生长构造)
строматопоры【地】层孔虫纲
стронций【化】锶(Sr)
строп【钻】吊索
стропальщик 起重工
струйка 流束, 细流; 射流
структура 构造; 结构
авталлотриоморфная структура【地】原生他形结构

автоморфная структура (панидиоморфная структура)【地】全自形结构

алевропелитовая структура【地】泥质粉砂结构

амигдалоидная структура【地】杏仁状结构

антиклинальная скрытая структура【地】隐伏背斜构造

Атлантическая структура【地】大西洋型构造

афанитовая структура【地】隐晶质结构

базальная структура【地】基底结构

биоморфная структура【地】生物骨架结构

блоковая структура【地】断块构造

вмещающая структура【地】包裹结构

внутренняя структура цемента【地】胶结物内部结构

внутренняя структура цемента, крупнокристаллическая【地】胶结物内部粗晶状结构

внутренняя структура цемента, мелкокристаллическая【地】胶结物内部细晶状结构

внутренняя структура цемента, микрокристаллическая【地】胶结物内部微晶状结构

внутренняя структура цемента, пелитоморфная【地】胶结物内部泥晶状结构

внутренняя структура цемента, разнозернистая【地】不等粒状胶结物内部结构

внутренняя структура цемента, среднекристаллическая【地】胶结物内部中等晶粒状结构

внутренняя структура цемента, тонкокристаллическая【地】胶结物内部细晶粒状结构

возрожденная структура【地】再生结构

вторичная структура【地】次生结构

выявленная структура【地】落实构造

геологическая структура【地】地质构造

геолого-экономическая структура ресурсов【地】地质资源经济结构

глазковая структура (оцеллярная структура, очковая структура)【地】眼球状结构

глобулярная структура【地】球状构造

глыбовая структура【地】断块构造

грубозернистая структура【地】极粗粒结构

диапировая структура【地】底辟(刺穿)构造

директивная структура【测】定向结构

диспергентная структура 分散结构

замкнутая структура【地】封闭结构

инкрустационная структура【地】镶嵌结构

инъекционная структура【地】贯入构造

коррозионная структура【地】溶蚀结构

крупнопесчаная структура【地】粗砂质结构

куполовидная структура【地】穹

隆构造; 盐丘状构造
линзовидная структура【地】透镜状构造
листоватая структура【地】页状构造
локальная тектоническая структура【地】局部构造
лунная структура【地】月球结构
массивная структура【地】块状构造
микрозернистая структура【地】细粒结构
моноклинальная структура【地】单斜构造
надсолевая тектоническая структура【地】盐(丘)上构造
неполнокристаллическая структура【地】非显晶质结构
неравномернозернистая структура【地】不等粒结构
обращенная тектоническая структура【地】(凹陷和凸起)反转构造
оползневая структура【地】滑动构造
осадочная структура породы【地】岩石沉积构造
пелитовая структура【地】泥质结构
перекрестная (крестообразная) структура【地】交错构造
письменная (пегматитовая) структура【地】文象结构
плотная структура【地】致密构造; 紧密结构
погребенная нефтегазоносная структура【地】隐蔽含油气构造; 深部埋藏含油气构造
погребенная тектоническая структура【地】隐蔽构造, 深部埋藏
подготовленная структура к глубокому бурению【地】准备深部钻探构造
подсолевая тектоническая структура【地】盐(丘)下构造
покровная тектоническая структура【地】逆掩披覆构造
поровая структура【地】孔隙结构
протосоматическая структура【地】原生结构
псаммитовая структура【地】砂质结构
равномернозернистая структура【地】等粒结构
радиолитовая структура【地】放射扇状构造
реликтовая структура【地】残余构造
рифтовая структура【地】裂谷构造
сгустковая структура【地】凝块结构
синклинальная структура【地】向斜构造
складчато-глыбовая структура【地】褶皱断块构造
скрытокристаллическая структура【地】隐晶质结构
слоистая структура【地】层状构造
солянокупольная структура【地】盐丘构造
соляная тектоническая структура【地】盐构造
среднепесчаная структура【地】中砂质结构
сферическая структура【地】球状结构
тонкопесчаная структура【地】极细砂质结构

трахитовая структура【地】粗面结构
унаследованная тектоническая структура【地】继承性构造
чечевичная структура【地】扁豆状构造
чешуйчатая структура【地】鳞片状结构
структура внедрения【地】侵入构造
структура глинистого раствора【地】泥浆结构
структура затрат на геологоразведочные работы【地】地质勘探费用结构
структура нагрузки【地】重荷模构造
структура облекания【地】披覆构造
структура оперения【地】羽状构造
структура осадочной горной породы【地】沉积岩石结构
структура порового пространства горной породы【地】岩石孔隙空间结构
структура растяжения【地】张性构造
структура роста (строматолиты)【地】叠层石构造, 生长构造
структура руд【地】矿石结构
структура сжатия【地】压性构造
структура соляного штока【地】盐株构造
структура террасы【地】阶地构造
структура течения【地】流动构造
структура третьего порядка【地】三级构造
структура-ловушка нефти и газа【地】油气(背斜)构造圈闭
структурно-тектонический【地】构造的
структурно-тектонический фактор【地】构造因素
структурно-тектонический элемент【地】构造单元
структурно-фациальный【地】构造—沉积相的
структурно-формационный【地】构造—建造的
структурный【地】结构的; 构造的
структурная долина【地】构造谷
структурная карта【地】(地质层位)构造图
структурное несогласие【地】构造不整合
структурный нос【地】构造鼻
структурная петрология【地】构造岩组学
структурный профиль【地】构造剖面
структурный режим【地】构造机制
структурная ступень【地】构造断阶, 构造坡折
структурная съемка【地】构造地质测量
структурная терраса【地】构造阶地
структурная эволюция【地】构造演化
структурный элемент【地】构造单元
структурный этаж (ярус)【地】构造层
струя 流束; 射流; 水舌; 气流【钻】喷水流
студень【钻】凝胶
ступенчатый【地】阶状的; 分级的

ступень 台阶; 程度【地】梯阶; 断阶
геотермическая ступень【地】地温坡度
тектоническая ступень【地】构造断阶
ступень метаморфизма【地】变质程度
ступень сброса【地】断阶
ступица 轮毂
стучать 敲击
стык 连接点; 接口
сварной стык 焊缝
стыковка 对头接合
стягивание 集中, 集结, 集聚
стягивание контуров нефтеносности【采】含油边界收缩
стяжение основной трубы на место【钻】回拖主管
стяжка 粘合层; 拉杆; 加固层, 抹平层
СУ сигнальное устройство 信号装置, 信号设备
СУ силовая установка 动力装置
СУ система управления 操纵系统; 控制系统; 管理系统; 指挥系统
СУ строительное управление 建设局, 建筑局
суб- 半, 次, 亚, 准
субаквалый 水下的; 水下进行的; 适合水下的
субалеврит【地】次粉砂
субалевролит【地】次粉砂岩
субвертикальный 近垂直的
субгармонический 准谐波的
субгоризонтальный 近水平的
субдукция【地】(板块)俯冲作用
субкапилляры【地】次毛细孔隙
сублимация (возгонка)【化】升华
сублитаренит【地】亚岩屑砂岩, 类岩屑砂岩
сублиторальные отложения【地】浅海沉积
субметаморфический【地】次变质的
субподряд и **передача** 分包和转让
субподрядчик 分包商
субфация【地】亚相
субширотный【地】近东西向的
Субъект Российской Федерации【地】俄罗斯联邦主体
СУВВ система управления вводом-выводом 输入输出控制系统
суверенитет【地】主权
суглинок【地】亚黏土, 砂质黏土
СУД система управления данными 数据控制系统
судно 船
буксировочное судно 拖船
буровое судно ледокольного типа 破冰钻井船
изыскательное судно【地】普查勘探船
исследовательское судно【地】普查船
нефтеналивное судно【储】加油船
однокорпусное буровое судно【钻】单体钻井船
разведочное буровое судно【地】勘探钻井船
сейсморазведочное судно【震】地震勘探船
трубопрокладочное судно【储】敷管船
судно для геологических изысканий【地】地质勘察船
судно для поискового бурения

【钻】预探钻井船
судно-трубовоз【储】运管船
судно-трубоукладчик【储】敷管船
сужение 缩小; 收缩【钻】井眼收缩变形, 井眼挤压
сужение скважины【钻】井眼挤压缩径
сужение ствола【钻】井眼缩径
Сузакский ярус【地】苏扎克阶(中亚地区, 始新统)
сукцессия【地】生物演替; 生物世系; 层序
сульфат【化】硫酸盐
натриевый сульфат【化】硫酸钠
сульфат аммония【化】硫酸铵
сульфат железа【化】硫酸铁
сульфат калия【化】硫酸钾
сульфат кальция【化】硫酸钙
сульфат магния【化】硫酸镁
сульфат свинца【化】硫酸铅
сульфатация【化】硫酸化作用
сульфатизатор【化】硫酸化剂
сульфатизация【化】硫酸盐化
сульфатность подземных вод【地】地下水硫酸根离子含量
сульфгидрат【化】硫氢化合物
сульфгидрил【化】氢硫基
сульфид【地】硫化物
природный сульфид【地】天然硫化物
сульфирование【化】硫化
сульфированный【化】硫化的
сульфит【化】亚硫酸盐
сульфитный【化】硫化物的
сульфокислота【化】硫酸
сульфосоединение【化】磺基化合物
сульфур (сера)【化】硫(S)
сульфуризация【化】磺化作用
сумма 总计
суммарный 总和的; 合成的; 总计的
суммарная амплитуда【震】总振幅
суммарная величина 总数, 总量
суммарный вектор 合向量
суммарный график 累积曲线图
суммарное затухание 总阻尼
суммарное количество 累计量
суммарная кривая 累计曲线
суммарный момент 总力矩
суммарная мощность【地】总厚度
суммарная погрешность 总误差
суммарный эффект 总效应
суммирование (накапливание)【震】叠加; 求和
до суммирования【震】叠前
после суммирования【震】叠后
суммирование волны【震】波的叠加
суммирование сигналов в сейсморазведке【震】地震勘探信号叠加
суммировать【钻】汇集
Сумсарский ярус【地】苏姆萨尔阶(中亚地区, 中新统)
Сунтарская свита【地】松塔尔组(西伯利亚地台, 中侏罗统)
СУП система углекислотного пожаротушения 二氧化碳灭火系统
супервайзер 施工监督员
суперкапилляры【地】超毛细管
суперклаус【炼】超级克劳斯法
суперконтинент【地】超大陆
суперплита【地】超级板块
суперструктура【地】超结构; 上层构造, 浅层构造, 上覆构造
супралитораль【地】滨岸碎浪带, 潮上带
сурьма【化】锑(Sb)

самородная сурьма【地】自然锑
суспензия 悬浮液(物), 悬浮体
суспензия-взвесь 黏土悬浊液
сутки【地】昼夜
сутура (сутурные швы)【地】缝合线(构造)
суффозия【地】潜蚀, 地下淋滤
сухарь【钻】钳牙
сухари на ключе【钻】牙板, 大钳钳牙
сухари на универсальном машинном ключе (**УМК**)【钻】吊钳板牙
сухари трубных ключей【钻】管钳牙
суходол【地】干谷
Суходудинская свита【地】苏霍杜金组(西西伯利亚, 欧特里夫—凡兰吟阶)
сухой 干的
сухой газ 干气
сухость 干旱性, 干度, 硬脆; 干燥
суша【地】陆地
сушилка 干燥室, 干燥机; 消毒柜
регенеративная сушилка【钻】再生干燥机
регенеративная сушилка, слабоэкзотермическая【钻】微热再生干燥机
сушилка типа охлаждения【钻】冷冻式干燥器
сушильник 干燥箱
сушильный 干燥的
сушильная башня 干燥塔
сушильная камера 干燥室
сушильная колонна 干燥塔
сушильная печь 干燥炉
сушильный шкаф 干燥箱
сушильня 干燥室
сушитель 干燥剂
сушка (сушение) 干燥
сушняк【地】灰质黏土
сущность 本质
СФ сейсмическая фация【震】地震相
сфера 球体; 圈层; 范围
сфера гарантийного ремонта【钻】保修范围
сфера применения 适用范围
сферический 球状的; 球形的
сферическая аберрация 球面像差
сферическая диффузия 球面扩散
сферический луч 球状射线
сферическая система координат 球面坐标
сферичность【地】(岩石颗粒)球度
сферичный 球形的
сфероидический 椭球面的
сферокристалл【地】球晶
сферолит【地】球粒
сферометр 球径仪
СФЗ сейсмофокальная зона【震】地震反射亮点
СФЗ структурно-фациальная зона【地】构造岩相带
СФК сейсмофациальный комплекс【震】地震沉积相组合, 地震沉积相地质体
СФЭ спектрометрия фотоэлектронов 光电子能谱测定法
схватывание 凝固
мгновенное схватывание【钻】瞬间凝固
нормальное схватывание【钻】正常凝固
преждевременное схватывание【钻】第一时间凝固

схватывание цементного раствора 【钻】水泥浆凝固

схема 流程; 示意图

кинематическая схема 传动系统图, 液压原理

консолидировано-дренированная схема 固结排水图

конструктивная схема 结构示意图

монтажная схема 安装示意图

общая схема расположения залежей нефти 【采】油藏总分布图

однофазная схема сбора 【采】单相集油流程

пересчетная схема 计数线路图

прилагаемая схема 附图

принципиальная схема 原理图

принципиальная схема внутрипанельного подключения 内部接线原理图

принципиальная схема контроля и автоматики 控制及自动化原理图

принципиальная схема, электрическая 电路原理图

проектная схема 设计图

разностная схема 差分图

сборочная схема 组装图

сетевая схема 网络图

скелетная схема 骨架图

стратиграфическая схема 【地】地层划分方案

техническая схема сбора нефти 【采】集油工艺流程图

технологическая схема изоляционных работ 【采】堵水工艺流程

установочная схема 安装图

электрическая схема 电路图

эскизная схема 蓝图

схема движения материала 物流示意图

схема материальных потоков 物流平衡示意图

схема обвязки устья скважины 【采】井口工艺连接图

схема однотрубного сбора 【采】单管集油系统

схема операции 作业流程图

схема пневмоуправления 气动操纵系统示意图

схема подключения 【钻】接线图

схема расположения 布置图, 分布图

схема распределения нагрузки 负荷分布图

схема соединения с модулями ввода/вывода 输入/输出模块连接示意图

схема цементирования 【钻】水泥固井流程图

схема-модель неоднородных пластов 【地】非均质油层模型

схематизация 提纲化; 图式化

сходимость 收敛; 会聚, 会聚度

сходство 相似性

схождение 会合; 会聚, 聚敛

схождение в одной точке 同一个点上会合

схождение пластов 【地】地层交汇(在一起)

сцементированность 【地】胶结程度

сцементированный 【地】胶结的

сцепление 耦合; 联结; 附着力; 内聚力

удельное сцепление 单位内聚力

сцинтилляция 闪烁(现象)

счет расчетный 结算账户

счет-фактура 发票; 开发票

окончательная счет-фактура 最终发票账单; 最终发货账单
счетный 计算的
счетная схема 计算电路; 计算图
счетное устройство 计算装置; 计算器
счетчик 计算器; 计量器; 计算员
счетчик излучения в радиокаротаже【测】放射性测井计数器
счетчик числа оборотов 转数计数器
счетчик-расходомер 流量表
СШН скважинный штанговый насос【采】井下抽油杆泵
съемка【地】测量; 勘测【钻】拆卸
аэромагнитная съемка【地】航空磁测
биогеохимическая съемка【地】生物地球化学测量
газовая съемка【地】天然气勘测(地表地球化学直接找气方法), 气测
геофизическая съемка【地】地球物理勘测
геохимическая съемка【地】地球化学测量
гидрогеологическая съемка【地】水文地质测量
структурно-геологическая съемка【地】构造地质测量
топографическая съемка【地】地形测量
съемник 拾音器, 拾振器; 拆卸工具
съемник для подшипников【钻】轴承拆卸工具
съемный 分离的, 可取下的; 可更换的
СЭЗ свободная экономическая зона 自由经济区
СЭЗ стратиграфически экранированная залежь【地】地层遮挡油气藏
СЭП симметричное электропрофилирование【地】对称电测剖面(法)
СЭР сейсмоэлектроразведка【震】地震电法勘探
СЭС система энергоснабжения 供电系统
сыпучий 散体的【地】松散颗粒状的
Сырдарья【地】锡尔河(中亚)
сырой 生的; 初始的
сырой бензол【化】粗苯
сырая нефть【采】原油
сырье 原料
минеральное сырье 矿物原料
огнеупорное сырье 耐火原料
химическое сырье 化学原料
цементное сырье【钻】水泥原料

Т

ТАА триалкиламин【化】三烷基胺
ТАБ триалкилбензол【化】三烷基苯
табель 图表, 一览表
табель учета рабочего времени 考勤表
таблица 表, 表格
геохронологическая таблица【地】

Т

地质年代表
корреляционная таблица 对比表
стратиграфическая таблица【地】地层表
табличка 标牌
заводская табличка【钻】铭牌
паспортная табличка【钻】标示牌
табличка скважины 井标示牌
табло 显示屏幕; 显示板; 信号板; 信息显示屏; 信号盘
табуляты【地】床板珊瑚
тавот 润滑脂(黄油)
тавотница【钻】黄油枪
Таганджинская свита【地】塔甘吉组(西伯利亚地台, 三叠系)
Таджикский 塔吉克的
Таз【地】塔兹河
таймер 定时器
Таймыр【地】泰梅尔湖
таксон (таксонические единицы)【地】(动植物的)分类单位, 分类, 归类, 分类单元
таксономические признаки【地】分类标志
таксономия【地】(动、植物)分类学, 分类法
такт 冲程
такт взрыва 爆发冲程
такт впуска 吸气冲程
такт расширения 膨胀冲程
такт сжатия 压缩冲程
талассогенез (океаногенез)【地】大洋成因, 造洋运动
талассогеосинклиналь【地】深海地槽
талассократон (океанская плита)【地】大洋板块; 海洋稳定地块; 洋壳克拉通
таллий【化】铊(Tl)
талон 票; 证; 副券; 信用证券
таль【钻】倒链(起重机)
моторная таль (тельфер)【钻】电动葫芦
пневматическая цепная таль 气动单轨小车
тальковый【地】滑石的
тальковый камень【地】滑石岩
таможня 海关
тампон 棉塞【钻】堵漏浆
тампонаж (注水泥)固井; 封堵(堵水)
избирательный тампонаж【钻】选择性封堵, 选择性固井
исправимый тампонаж【钻】补注水泥
химический тампонаж【钻】化学固井
тампонаж воды【采】堵水
тампонаж скважин【钻】固井, 注水泥
тампонажник【钻】注水泥工作者
тампонажный【钻】固井用的, 注水泥用的; 止水用的
тампонирование【钻】固井(工作); 止水; 注水泥
ликвидационное тампонирование【钻】弃置回填固井
тампонирование зоны поглощения【钻】封堵泥浆漏失带(层)
тампонирование скважины【钻】固井; 回堵井
тампонирование цементом【钻】水泥固井
тангенциальный 切向的
Танетский ярус【地】坦尼特阶(古近系)
танк【储】油槽; 油罐

танкер【储】油轮
танкер снабжения【储】供油船
танкер-бензовоз【储】汽油轮
танкер-бункеровщик【储】供油船, 装燃料船
танкер-нефтевоз【储】油轮
Танопчинская свита【地】塔诺普琴组(西西伯利亚, 巴雷姆—阿普特阶)
тантал【化】钽(Ta)
тара【储】油桶【机】包装
таргол 抗爆剂
тарелка 托盘; 座; 圆盘; 塔盘
буферная тарелка 缓冲盘
глухая тарелка 盲盘; 固定塔盘
тарелка клапана 阀盘
Таримская впадина【地】塔里木盆地
Таримский массив【地】塔里木地块
Таримская нефтегазоносная провинция【地】塔里木含油气省
Таримская платформа【地】塔里木地台
тарирование 校准, 检定,
тариф 税率
грузовой тариф 货物税率
общий таможенный тариф 总关贸税率
тарификация 税率表
тарифный 税率的
Тарская свита【地】塔尔组(西西伯利亚, 凡兰吟阶)
Тарханский ярус【地】塔尔罕阶(东欧—中亚地区, 渐新统)
тартание нефти【采】捞油
Татарский ярус【地】鞑靼阶(俄罗斯地台, 三叠系)
таутохрон 等时降落轨迹; 等时曲线
таутохронность【震】等时性
тахеометрия 视距测量, 视距法
тахилит【地】玄武玻璃
тахогенератор【钻】测速发电机; 转速表传感器, 转速传感器
тахограничитель【钻】转速限制器
тахометр【钻】转速表
тахометрия 转速测量
тачка 手推车
таяние 融化
ТБ таможенный барьер 关税壁垒
ТБ техника безопасности 技术安全; 安全设备
ТБК трехэлектродный боковой зонд【测】三电极侧向电极系
ТБ, ОТ и ООС техника безопасности, охрана труды и охрана окружающей среды (**HSE**)【安】安全(技术安全)、健康(劳动保护)、环保(环境保护)
ТБСВКА таможенно-банковская система валютного контроля 外汇管制海关银行系统
ТБФ трибутилфосфат【化】三丁基磷酸盐, 磷酸三丁酯
ТБТ тяжелые бурильные трубы【钻】加重钻杆
ТВ термовысвечивание 热发光
твердение 变硬, 凝固
твердомер 硬度表
твердость 硬度; 刚度
средняя твердость 中等硬度
твердость алмаза【地】金刚石硬度
твердость вдавливания 压入硬度
твердость горной породы【地】岩石硬度
твердость минералов【地】矿物

硬度

твердость на истирание 磨碎硬度

твердость по шкале **Мооса**【地】莫氏硬度

твердый 硬的, 固体的

твердая среда 固体介质

твердая фаза 固相

ТВН ток высокого напряжения 高压电流

ТВС телевизионный снимок 电视照相

ТВЧ ток высокой частоты 高频电流

ТТГ термогазовый генератор 热气发电机

текстура【地】岩石或矿物(内部)构造

алевролитовая текстура【地】粉砂质构造

брекчиевидная текстура【地】角砾状构造

диагенетическая текстура【地】成岩构造

крупнослоистая текстура【地】大型层状构造

массивная текстура【地】块状构造

мелкослоистая текстура【地】小型层状构造

миндалекаменная текстура【地】杏仁状构造

пузыристая текстура【地】气孔状构造

среднеслоистая текстура【地】中型层状构造

слоистая текстура【地】层状构造

тонкослоистая текстура【地】薄层状构造

текстура осадочной породы, беспорядочная【地】沉积岩无序构造

текстура осадочной породы взмучивания и взламывания осадка【地】沉积岩扰动构造

текстура осадочной породы, волнисто-слоистая【地】沉积岩波状—层状构造

текстура осадочной породы втекания осадков под нагрузкой【地】沉积岩重荷模构造

текстура осадочной породы, глазковая (птичий глаз)【地】沉积岩鸟眼构造

текстура осадочной породы, горизонтально-слоистая【地】沉积岩水平层状构造

текстура осадочной породы зарывания животных【地】沉积岩动物钻穴构造

текстура осадочной породы капель дождя【地】沉积岩雨痕构造

текстура осадочной породы, косоволнисто-слоистая【地】沉积岩斜波状—层状构造

текстура осадочной породы кристаллов【地】沉积岩晶痕构造

текстура осадочной породы, линзовидно-полосчатая【地】沉积岩透镜状—条带状构造

текстура осадочной породы, линзовидно-слоистая【地】沉积岩透镜状—层状构造

текстура осадочной породы, неоднородная【地】沉积岩非均质构造

текстура осадочной породы, неотчетливая (неясная) волнисто-линзовидно-слоистая【地】沉积岩弱波状—透镜状—层构造

текстура осадочной породы, неотчетливая (неясная) волнисто-слоистая【地】沉积岩弱波状—层状构造

текстура осадочной породы, неотчетливая (неясная) горизонтально-слоистая【地】沉积岩弱水平层状构造

текстура осадочной породы, однородная (массивная)【地】沉积岩均质(块状)构造

текстура осадочной породы отпечатки【地】沉积岩印痕构造

текстура осадочной породы, полосчатая【地】沉积岩条带状构造

текстура осадочной породы раковин【地】沉积岩介壳痕构造

текстура осадочной породы, слоистая【地】沉积岩层状构造

текстура осадочной породы, стилолитовая с ватерпасами【地】沉积岩指向缝合线构造

текстура осадочной породы, узловато-линзовидная【地】沉积岩瘤状—透镜状构造

текстура поверхности слоя (пласта)【地】层面构造

текстура руд【地】矿石构造

текстура течения【地】流动构造

тектогенез【地】构造成因

альпинотипный тектогенез【地】阿尔卑斯型构造成因

тектоклазы【地】构造裂缝

тектоника【地】构造地质学; 大地构造

новая глобальная тектоника【地】新的全球大地构造

новейшая тектоника (неотектоника)【地】新构造(新近纪以来的构造运动)

плитовая тектоника【地】板块构造

разрывная тектоника【地】断裂构造

региональная тектоника【地】区域构造

складчатая тектоника【地】褶皱构造

соляная тектоника【地】盐构造

тектоника литосферных плит【地】岩石圈板块构造

тектоника плит【地】板块构造

тектоника скольжения【地】滑动构造

тектонист【地】大地构造学家

тектонический【地】构造的, 大地构造的

тектоническая брекчия【地】构造角砾

тектоническая гора【地】构造山

тектоническая дислокация【地】构造错动

тектоническая долина【地】构造谷

тектоническая котловина【地】构造洼地

тектоническая линия【地】构造线

тектонический механизм【地】构造机制

тектоническое окно【地】构造窗

тектоническое осложнение【地】构造复化

тектонический останец【地】构造残留

тектонический прогиб【地】构造凹陷

тектонический разлом【地】构造断裂

тектонический рельеф【地】构造

地形
тектоническая фаза【地】构造幕
тектонический цикл (этап)【地】构造旋回
тектонокластит【地】构造碎屑岩
тектонокластический【地】构造碎裂的
тектонопластит【地】构造揉变岩
тектонотип【地】构造类型
тектонофизика【地】构造物理学
тектосфера【地】构造圈
текучесть 流动性; 屈服点; 屈从
текучесть бурового раствора【钻】钻井液流动性
текучесть грунтов【地】土体流动性
тележка 转向架; 迁车台; 小车
буксирная тележка 拖车
грузоподъемная тележка 货物起重车
гусеничная тележка 履带车
двухколесная тележка 双轮车
двухосная тележка 双轴车
контейнерная тележка 集装箱车
опрокидывающаяся тележка 手推翻斗车
подъемно-транспортная тележка 起重运输车
ручная тележка 手推车
ручная тележка для подвозки к скважине【钻】向井场送货手推车
транспортная тележка 运输车
шлаковая тележка【钻】矿渣车
телеизмерение 遥测, 远距离测量; 在线分析测量, 在线测量
телескоп 望远镜
телинит【地】结构镜质体, 结构凝胶体
теллур 碲(Te)
тело 物体
геологическое тело【地】地质体
осадочное тело【地】沉积体
песчаное тело【地】砂体
песчаное тело бара【地】沙坝砂体
песчаное тело русла【地】河道砂体
тельфер 可移动式电动吊车【钻】电动葫芦, 天车(моторная таль)
темп 速度
темп ввода скважин в эксплуатацию【采】油井投产速度
темп внедрения вод【采】水侵速度
темп износа【机】磨损速度
темп искусственного набора кривизны【钻】人工造斜速度
темп нагревания【采】加热速度
темп отбора【采】采出速度
темп отбора жидкости【采】采液速度
темп отбора из коллектора【采】从储层内采出速度
темп охлаждения 冷却速度
темп падения дебита【采】产量递减速度
темп падения добычи【采】开采量递减速度
темп потока 流速
темп развития 发展速度
темп разработки【采】开发速度
темп роста 增长速度
темп углубления скважины【钻】井钻进速度, 井加深速度
температура 温度
абсолютная температура 绝对温度
абсолютно максимальная температура воздуха 空气最高绝对温度
абсолютно минимальная температура воздуха 空气最低绝对温度
атмосферная температура 大气温度

Т

безразмерная температура 无量纲温度
допустимая температура 容许温度
забойная температура【采】井底温度
забойная температура, динамическая【采】井底流动温度
забойная температура, статическая【采】井底静态温度
кажущаяся температура 视温度
комнатная температура 室温
критическая температура 临界温度
критическая температура, средневзвешенная 加权平均临界温度
минусовая температура 零下温度
начальная температура 初始温度
неустановившаяся температура 未稳定温度
нормальная температура 标准温度
нулевая температура 零位温度
относительная температура 相对温度
переменная температура 可变温度
пластовая температура【地】地层温度
плюсовая температура 零上温度
поверхностная температура 表面温度
постоянная температура 恒定温度
предельная температура 极限温度
приведенная температура 折算温度
рабочая температура 运行温度
расчетная температура 计算温度
средняя температура 平均温度
стандартная температура 标准温度
устьевая температура【采】井口温度
чувствительная температура 温度灵敏度, 热敏度
температура воздуха 空气温度
температура воспламенения 燃点
температура воспламенения нефти 石油燃点
температура вспышки 闪点温度
температура в стволе скважины【钻】井眼温度
температура газа залежи【地】气藏内天然气温度
температура гидратообразования【地】水合物形成温度
температура горения 燃烧温度
температура зажжения 燃点
температура замерзания 冻结温度(冰点)
температура застывания 凝结温度(凝固点)
температура затвердевания 凝固温度(凝固点)
температура земной коры【地】地壳温度
температура инверсии 转化点
температура инвертирования 转化温度
температура испарения 汽化点, 汽化温度
температура **Кельвина** 开尔文温度, 开氏温度
температура кипения 沸点
температура кипения жидкости【地】液体沸点温度
температура конденсации 凝析温度
температура конца кипения 终沸点(终馏点)
температура кристаллизации【地】结晶温度
температура **Кюри** 居里点(温度)

температура льдообразования 结冰温度
температура люминесценции 发光点
температура на входе 进口温度
температура на выходе 出口温度
температура на глубине отбора 取样深度点温度
температура насыщения 饱和温度
температура на устье скважины 井口温度
температура начала кипения 初沸点(初馏点)
температура начала кристаллизации 开始结晶温度
температура нефти 石油温度
температура окружающей среды 环境温度
температура отвердения 硬化温度
температура отпуска 回火温度
температура парообразования 蒸汽形成温度
температура перегрева 过热温度
температура плавления 熔点
температура пласта 【地】地层温度
температура поднимается 温度升高
температура помутнения 【钻】混蚀温度
температура по **Реомюру** 列氏温度
температура при стандартных условиях 标准条件下温度
температура разложения 分解温度
температура размягчения 软化点
температура реакции 反应温度
температура рудообразования 【地】成矿温度
температура самовоспламенения 自燃温度
температура сварки 焊接温度
температура среды 介质温度
температура схватывания 凝固温度
температура таяния 融化温度
температура факела 【采】火炬温度
температура хранения 保存温度
температура **Цельсия** 摄氏温度
температура циркуляции бурового раствора 【钻】钻井液循环温度
температуропроводимость 导热性
температуроустойчивость 温度稳定性
температурный 温度的
температурочувствительный 热敏的
тенденция 趋势
тензиметр 气体压力计
тензиметрия 饱和蒸汽压力测定法
тензиометрия 张力学
тензодатчик 应变传感器
тензометрирование 应变测量
тензор 张量
теодолит 经纬仪
теорема 定理, 原理, 原则
теоретически 理论上
теория 理论
антиклинальная теория 【地】背斜理论
вулканическая теория происхождения нефти 【地】石油火山生成说(理论)
газодинамическая теория 气体动力学理论
гидродинамическая теория 流体动力学理论
дилатансионная теория 【地】膨胀理论
карбидная теория происхождения нефти 【地】碳化物成油说(理论)

квантовая теория 量子论
кинетическая теория 动能理论
количественная теория диффузии 扩散定量理论
конденсационная теория 凝缩理论
сапропелевая теория【地】腐泥生油说(理论)
ударная теория разрушения горных пород【钻】岩石破坏撞击理论
эволюционная теория 进化论
энергетическая теория 能量理论
теория адсорбции 吸收理论
теория вероятностей 概率论
теория возраста нейтронов【地】中子测年理论
теория волн упругости в твердых телах【震】固体弹性波理论
теория вытеснения【采】排替理论
теория геомагнитных бурь【地】地磁爆论
теория геосинклиналей【地】地槽说(理论)
теория горизонтальных перемещений материков【地】大陆水平漂移说(理论)
теория двухфазного потока жидкости 两相液流理论
теория детонации 爆炸理论
теория идеальной жидкости 理想液体理论
теория изоляции 绝缘论
теория изостазии【地】地壳均衡说(理论)
теория информации 信息论
теория капиллярного осмоса 毛细渗透理论
теория катастроф 灾变论
теория магнетизма 磁学
теория максимальных деформаций 最大变形理论
теория максимальных напряжений сдвига【地】最大剪应力理论
теория максимальной энергии 最大能量理论
теория метода подбора 选择法理论
теория неорганического происхождения нефти【地】无机生油说(理论)
теория нестационарной фильтрации жидкости 液体不稳定渗流理论
теория органического происхождения нефти【地】有机生油说(理论)
теория относительности 相对论
теория отражения плоских волн【震】平面波反射理论
теория первичного образования нефти【地】原地生油说
теория пластических деформаций 塑性变形理论
теория подобия 相似论
теория поля 场论
теория «предельной полезности»【采】“边际效益”论
теория «предельной производительности»【采】“边际生产率”论
теория происхождения нефти【地】石油成因论
теория прочности 强度理论
теория разработки нефтяных месторождений【采】油田开发理论
теория сейсмических волн【震】地震波理论
теория теплопередачи 热传导理论
теория течения вязкой жидкости 黏性液体流动理论

теория управления 控制论
теория упругости 弹性理论
теория уравновешивания масс земной коры【地】地壳质量均衡理论
теория формирования подземных вод【地】地下水形成理论
тепло 热量
радиогенное тепло【地】放射性(物质)形成的热, 放射热
тепловложение 供热; 热量输入
тепловоз 内燃机车
тепловоздуходувка 热风机
тепловой 热的
тепловая конвекция 热对流
тепловая радиация 热辐射
тепловое расширение 热膨胀
тепловой режим 热状况
тепловая энергия 热能
тепловосприятие 热交换, 换热
тепловыделение 散热, 热释放
теплоемкость 热容量
молярная теплоемкость 摩尔热容
удельная теплоемкость нефти【采】原油比热容
теплозащита 保暖, 热防护, 保温层
теплоизбыток 余热
теплоизлучение 热辐射
теплоизолированный 隔热的, 绝热的
теплоизолятор 热绝缘体
теплоизоляция 绝热
теплоиспользование 用热量; 热利用
теплоконвекция 热对流
теплокровные 温血(或恒温)动物
теплолокатор 红外线雷达
тепломеханика 热力学
тепломощность 热功
теплонагрузка 热负荷, 热荷载
теплонапряжение 热强度
теплоноситель 热载体
теплообмен 热交换
теплообменник【采】热交换器, 换热器
змеевиковый теплообменник【采】蛇管式热交换器
кожухотрубчатый теплообменник【采】壳管式热交换器
неподвижный пластинчатый теплообменник【采】固定板式热交换器
обсадный теплообменник【采】管柱式热交换器
параллельный теплообменник【采】列管式热交换器
пластинчатый теплообменник【采】板式热交换器
U-образный теплообменник【采】U形管式热交换器
спиральный теплообменник【采】螺旋式热交换器
стационарный трубчатый теплообменник【钻】固定管式换热器
теплообменник с подвижной головкой【采】浮头热交换器
теплообработка热处理
теплоотвод 导热
теплоотдача 传热, 散热
теплопадение 热落差
теплопередача 传热
теплоперенос 热传导
теплоперепад 热降, 热落差
теплопереход 热传导
теплопитатель 供热装置, 热源
теплопоглотитель 吸热器
теплопотеря 热量损耗
теплопоток 热流

теплоприемник 受热器, 热接收器
теплоприход 受热, 吸热
теплопровод 热管道
теплопроводимость 导热性, 导热率
теплопроводник 热导体
теплопроводность 导热性
теплопрозрачность 透热性
теплопроизводительность 发热量, 热值
теплопрочность 耐热强度
теплород 发热体
теплосеть 热力网
теплосиловой 热动力的, 热力的
теплоснабжение 供热
теплосодержание (энтальпия) 热焓
теплостойкость 耐热性
теплосушилка 热干燥器
теплосъем 吸热器
теплота 热量
удельная теплота 比热
теплота ассоциации【化】结合热
теплота возгонки【化】升华热
теплота диссоциации【化】离解热
теплота нейтрализации【化】中和热
теплота парообразования【化】汽化热
теплота превращения【化】转化热
теплота распада【化】裂解热
теплота растворения【化】溶解热
теплота реакции【化】反应热
теплота связи【化】键合热
теплота сгорания【化】燃烧热
теплота смещения【化】混合热
теплота соединения【化】化合热
теплотворность 发热量, 热值
теплотехника 热力工程
теплофикация 暖汽设备
теплоэлектроцентраль 热电中心
теплоэнергетика 热动力学
тералит【地】霞斜岩
тераса (терраса)【地】阶地; 梯田
тербий【化】铽(Tb)
теребратулиды【地】穿孔贝型
Терек【地】捷列克河(高加索地区)
термальный【地】热液的; 地温的
термальный дифференциал【地】热力分异
термальный метаморфизм【地】热液变质
термика【地】地表(大气、海洋)温度状况
термин 术语
терминал 终点, 终点站; 终端, 终端设备
экспортный терминал【储】输出终点; 终点站
терминал по приему СПГ【储】液化天然气接收终端
терминология 术语体系
термион 热离子
термистор 热敏电阻
термический 热的, 温度的
термическая аномалия 热异常
термический градиент【地】温度梯度
термическое зондирование【地】热探测, 地热探测
термическая инерция 热惯性
термический каротаж【测】温度测井, 热测井
термический метод разведки【地】地热勘探法
термическая обработка 热处理
термический скачок 温度突变
термическое старение 热时效

Т

термическая устойчивость 热稳定
термоабразия 热力磨蚀
термобарический【地】温压的
термобарическое поле【地】温压场
термобарический режим【地】温压状况; 温压条件
термобатиграф 水温记录器
термогенератор 热偶发电机
термоградиент【测】地温梯度测井
термограмма 差热曲线, 热谱图
термограф 温度纪录器
термодатчик 热传感器, 热敏传感器
термодебитометрия【测】井温流量测量
термодепарафинизация【采】热力清蜡
термодетектор【震】热检波器
термодинамика 热力学
термодинамический 热力学的
термодиффузия 热扩散, 热弥漫
термозаводнение【采】热注水
термозащита 绝热
термоизвещатель 感温器, 热量表
термоизоляция 热绝缘
термоинтенсификация добычи нефти【采】热法强化采油
термокамера 保温箱, 人工控温室
термокаротаж【测】井温测井, 热测井
дифференциальный термокаротаж【测】微差井温测井
термоклапан 温度调节活门
термокомпенсация 温度补偿
термоманометр 温度压力计
термометр 温度计, 温度表
вакуумный термометр 真空温度计
воздушный термометр 空气温度计
газовый термометр 充气温度计
геологический термометр【地】地质温度计
глубинный термометр【采】井下温度计
дилатометрический термометр 膨胀式温度计
дистанционный термометр 遥控温度计
дифференциальный термометр 差热温度计
жидкостный термометр 液体温度计
забойный термометр【采】井底温度计
инфракрасный термометр 红外温度计
контактный термометр 接触式温度计
манометрический термометр 压力表式温度计
медный термометр сопротивления 铜电阻温度计
одинарный термометр сопротивления 单电阻温度计
ртутный термометр 水银温度计
самопишущий термометр 自动记录式温度计
скважинный термометр【采】井下温度计
скважинный термометр, высокочувствительный【采】高灵敏性井下温度计
скважинный термометр, дистанционный【采】井下遥控温度计
скважинный термометр, регистрирующий【采】井下记录式温度计
скважинный термометр, термоэлектрический【采】井下电热式温度计

Т

спиртовой термометр 酒精温度计
технический термометр 工业用温度计
электрический термометр 电阻温度计
термометр абсолютной температуры 绝对温度计
термометр выходящего масла 回油温度计
термометр магнитной восприимчивости 磁化温度计
термометр расширения 膨胀式温度计
термометр скважины【采】井用温度计
термометр сопротивления 电阻温度计
термометр с термопарой 热电偶式温度计
термометр **Фаренгейта** 华氏温度计
термометр **Цельсия** 摄氏温度计
термометрия 温度测量; 测温法; 测温学
высокочувствительная термометрия (ВТ) 高灵敏温度测量
термометрия скважины【钻】测井温
термообработка 热处理
термопара 热电偶
термопарный диполь 热偶极子
термопарозащита 热电偶保护器
термопатрон 温度计筒, 温包
термополимеризация 热聚合作用
термоприемник 受热器, 感温器
терморазведка【地】地热勘探
терморегулятор 温度调节器
термореле 温度继电器
термос 暖水瓶; 保温车; 保温设备
термосигнализатор 温度信号器
термосифон 冷却装置, 吸热管
термоскоп 温度表
термостабильность 热稳定性
термостат 恒温器
водяной термостат 水恒温器
термостатика 热静力学
термостерилизация 热消毒, 热灭菌(作用)
термостойкость 耐热性
термотанк 调温器, 高温柜, 调温箱
термоупругость 热弹性
термоусадка 热收缩
термофизика 热物理学
термофиксация 稳定热处理
термохимия 热化学
термочувствительность 热敏
термоцистерна【储】保温油槽车
термоэлектрогенератор 温差发电器
термоэлектрод【测】热电极
термоэлектрон 热电子
термоэлектроцентраль 热电厂, 热电(火力发电)站
термоэлемент 热电偶
термоэрозия 热力侵蚀
термоэффект 热效应
термы【地】地热泉
терпан【化】萜烷
терпен【化】萜烯
терпентин【化】松节油
терраса【地】阶地
абразионная терраса【地】海蚀阶地
аккумулятивная терраса【地】堆积阶地
аллювиальная терраса【地】冲积阶地
морская терраса【地】海岸阶地

погребенная терраса【地】埋藏阶地
пойменная терраса (пойма)【地】河漫阶地(平原)
речная терраса【地】河流阶地
скульптурная терраса【地】刻蚀阶地
структурная терраса【地】构造阶地
тектоническая терраса【地】构造阶地
цокольная терраса【地】基座阶地
эрозионная терраса【地】侵蚀阶地
терраса отлива【地】退潮阶地
террасообразный【地】阶地状的
терригенный【地】陆源的, 陆源碎屑的, 碎屑岩的
территория 区域
договорная территория 合同区域
смежная территория【地】邻区
территория съемки【地】测量区域
тест 试验, 校验
тест после суммирования【震】叠后校验
тестер 地层试验器【钻】万用表
тестирование【震】检测
тетаграмма 位温高度图解
тетралин【化】萘满, 四氢化萘
тетрагон 四角形, 四边形(矿物)
тетрагональная сингония【地】四方晶系
тетракораллы【地】四射珊瑚
тетрамер【化】四聚物
тетрафторметан【化】氟代甲烷
тетрахлорметан【化】四氯甲烷
тетрахлорэтан【化】四氯乙烷
тетрациклин【化】四环素
тетраэдр【地】四面体
тетраэтиламин【化】四乙胺
тетраэтилсвинец【化】四乙基铅
тетрод 四极管
технадзор 技术监督
технеций【化】锝(Tc)
технизация 机械化, 技术装备
техник старший по бурению【钻】钻井技师
техника 技术
буровая техника【钻】钻井技术
бытовая техника 炊具及生活用品
дорожная техника 交通技术
заимствованная техника 外来技术
пожарная техника【安】防火技术
техника безопасности (ТБ)【安】技术安全
техника добычи【采】采油(气)技术
техника исследования скважин【采】研究井技术; 试井技术
техника моделирования эксплуатационных условий 生产条件模拟技术
техника монтажи 安装技术
техника нефтедобычи【采】采油技术
техника охраны труда【安】劳动保护技术; 生产安全规则
техника руководства 管理技术
технический 技术的, 工程的
техническая нивелировка 工程水准测量
технический проект 技术设计
техническая реология 工程流变学
техническая сейсмика【震】工程地震学
техническая характеристика 技术特征; 技术规格; 技术鉴定
техногенный 人为的, 人工的
техногенный процесс 人为过程
техногенный фактор 人为因素
техноемкость 技术密集性

технолог 工艺师
технологичность ресурсов углеводородов【地】烃类资源可加工性, 烃类资源工艺上可转化性
технология 工艺技术; 工艺过程
геоинформационная технология【地】地质信息工艺技术
телекоммуникационная технология 电视通信设备
технология вскрытия продуктивного пласта【钻】产层揭露工艺
технология добычи газа【采】采气工艺
технология добычи нефти【采】采油工艺
технология заканчивания скважин【钻】完井工艺
технология испытания скважин【钻】井测试工艺
технология капитального ремонта скважин【钻】井大修工艺
технология кернового бурения【钻】取心钻进工艺
технология машиностроения 机械制造工艺
технология переработки нефти【炼】石油炼制工艺
технология по бурению【钻】钻井工艺
технология по бурению глубоких скважин【钻】钻深井工艺
технология подземного ремонта скважин【钻】井下维修工艺
технология разработки нефтяного пласта【采】油层开发工艺
технология ремонта 修理工艺
технология сварки 焊接工艺
технология строительства скважин【钻】建井工艺
технология строительства трубопровода【储】管道施工工艺
технология укладки морского трубопровода【储】海底管道铺设工艺
технология цементировочных работ【钻】水泥固井工艺
технорма 技术规范; 技术标准
технорук 技术领导(指工程师、技术员)
техобслуживание 技术服务; 技术维护
техперсонал 技术人员
техпомощь 技术援助
техпропаганда 技术宣传
техсклад 器材库
техслужба 技术服务
техусловия 技术条件
течеискатель 检漏器, 渗漏探测器
течение 液流, 气流; 流动; 过程
безнапорное течение 无压力流
быстрое течение 快速流
вдольбереговое течение【地】沿岸流
верхнее течение【地】上游
вихревое течение 涡流
встречное течение 逆流
вязкое течение 摩擦流
глубоководное течение【地】深水流
двухфазное течение 两相流
кольцевое течение 环流
ламинарное течение 层流
многофазовое течение 多相流动
морское течение【地】洋流
неустановившееся течение 不稳定流
нижнее течение【地】下游
обратное течение 逆流
одномерное течение 单向流

Т

переходное течение 瞬变流动
пластическое течение 塑性流
плоское течение 平面流
подводное течение 暗流
поршневое течение 段塞流
приливно-отливное течение【地】潮流
пуазейлевское течение 黏滞流; 泊肃叶流动
пузырьковое течение 泡沫流
равномерное течение 定量流动
радиальное течение 辐射流; 径向流
свободное течение 自由流动
среднее течение【地】中游
струйное течение 喷射流
трехфазное течение 三相流
турбулентное течение 紊流
установившееся течение 稳定流动
течение в капилляре 毛细流
течение воды 水流
течение в пограничном слое 层面流
течение в пористой среде【地】孔隙介质流
течение вязкой жидкости 黏性液体流
течение газа 气流
течение газожидкостной смеси 气液混合流
течение жидкости через пористые среды【地】孔隙介质液体流
течение идеальной жидкости 理想液体流动
течение неньютоновской жидкости 非牛顿液体流动
течение нефти【采】石油流动
течение плазмы 等离子体流
течение по восстанию пласта【地】沿地层上倾方向流动
течение под действием силы тяжести【地】重力作用下流动
течение по падению пласта【地】沿地层下降方向流动
течение с линейным распределением скоростей 线性速度流动
тигель 坩埚
ТИЗ текущие извлекаемые запасы (нефти)【地】现有可采(石油)储量
тиксотропия бурового раствора【钻】钻井液触变性
Тиманская Гряда【地】蒂曼岭
тина【地】厚层绿苔, 水藻; 泥沼, 泥潭
тинкал【地】粗硼砂
т. инф. теория информации 信息论
тиоальдегид【化】硫醛
тиол【化】硫醇
тионил【化】亚硫酰基
тиосоединение【化】硫代化合物
тиосоль【化】硫代酸盐
тиоспирты【化】硫醇
тиосульфат【化】硫代硫酸盐
тиосульфат натрия【化】硫代硫酸钠
тиофенол【化】硫酚
тип 类型, 种类; 型式
аридный тип литогенеза【地】干旱型成岩作用
вулканогенно-осадочный тип литогенеза【地】火山沉积型成岩作用
генетический тип【地】成因类型
диапировый тип【地】底辟类型
тип аномалии 异常类型
тип бурового долота【钻】钻头类型
тип бурового раствора【钻】钻井液类型

тип взаимодействия 相互作用类型
тип воды【地】水类型
тип возмущений 干扰类型
тип волнения 波动类型
тип волны 波型
тип вулканов【地】火山类型
тип залежей【地】油气藏类型
тип коды 尾波类型
тип коллекторов【地】储层类型
тип колонны 管柱类型;塔装置类型
тип контактов между зернами【地】颗粒接触类型
тип литогенеза【地】岩石成因类型
тип ловушки【地】圈闭类型
тип месторождения по УВ-составу【地】根据烃类成分划分油气田类型
тип нефтяных залежей【地】油藏类型
тип пластовой энергии【地】地层能量类型
тип прибора 仪器类型
тип привода【机】驱动类型
тип притока (для поисковоразведочных скважин)【钻】探井产液类型(测试出油流、水流或气流)
тип пробоотборника【钻】取样器类型
тип резьбы【机】丝扣类型
тип рельефа【地】地形类型
тип руд【地】矿石类型
тип скважин【钻】井类型, 井别
тип структур кристаллов【地】晶体结构类型
тип цемента【钻】水泥类型(同марка цемента水泥牌号)【地】胶结类型
тип цементного раствора【钻】水泥浆类型
типизация 典型化
типичный 典型的
типоморфизм минералов【地】矿物标型
типоразмер【机】尺寸型号
тиски【钻】虎钳
титан【化】钛(Ti)
титр【化】滴定溶液; 滴定量; 滴定率
титриметр【化】滴定计
титрование【化】滴定
Тихий океан【地】太平洋
Тихоокеанский【地】太平洋的
Тихоокеанский геосинклинальный складчатый пояс【地】太平洋地槽褶皱带
Тихоокеанский кольцевой пояс【地】环太平洋带
Тихоокеанская пластина (плита)【地】太平洋板块
ткань водонепроницаемая 防水布
ТКВ температурный коэффициент вязкости【地】温度黏滞系数
ТКГ термокавернограмма【测】井温—井径曲线图
т. кип температура кипения 沸点
т. конд. температура конденсации【地】凝聚温度, 冷凝点
ТН тектонически нарушенная залежь【地】构造断层破坏油气藏
ТНБ транснациональный банк 跨国银行
ТНК транснациональная корпорация 跨国公司
ТНК Тюменская нефтяная компания 秋明石油公司
ТНМ транснациональная монопо-

Т

лия 跨国垄断组织
ТННК транснациональная нефтяная компания 跨国石油公司
ТНЭ температура начала экзоэффекта 外效原始温度
Тоарский ярус【地】土阿辛阶(侏罗系)
Тобол【地】托博尔河
товар 商品
товарищество 公司, 合作社
товарность 商品率
товарняк 运货列车
товароведение 商品学
товарообмен 商品交换, 物资交流
товарооборот 商品流通
товароотправитель 发货人
товарополучатель 收货人
товаропроводящий 商品运销的
товаропроизводитель 商品生产者
тождество 恒等
ток 流, 水流; 电流
активный ток 有功电流
анодный ток 阳极电流
безопасный ток 安全电流
индуктированный ток 感应电流
катодный ток 阴极电流
максимальный ток 最大电流
многофазный ток 多相电流
несущий ток 载波电流
номинальный ток трансформатора 变压器额定电流
однофазный ток 单相电流
переменный ток 交流电
постоянный ток 直流电
потребляемый ток 输入电流
теллурический ток【地】大地(电磁)流
трехфазный ток 三相电流
электрический ток 电流
ток анода 阳极电流
ток базы 基极电流
ток в земле 地电流
ток высокой частоты 高频电流
ток насыщения 饱和电流
ток питания 供电
ток покоя 静电流
ток поляризации 极化电流
токодробитель 分流器
токоограничитель 限流器
токоприемник 集电器
токопровод 电线
токопроводимость 导电性
токораспределение 电流分配
токсичность 毒性
тол【化】三硝基甲苯
Толбинская свита【地】托尔宾组(西伯利亚, 寒武系)
толейиты срединно-океанических хребтовых островов【地】大洋中脊拉斑玄武岩
толил【化】甲苯基
толит (тол)【化】三硝基甲苯, 徒里特
толкование 解释(合同)
толуидин【化】甲苯胺
толуол【化】甲苯
толчок 颤动, 振动; 跳动【震】地震振动【钻】跳钻
толща【地】层系
асфальтовая толща【地】沥青岩系
вышележащая толща【地】上覆地层
нефтематеринская глинистая толща【地】泥岩生油岩系
подстилающая толща【地】下伏层
угленосная толща【地】含煤岩系
толщина 厚度

толщина глинистой корки【钻】泥饼厚度
толщина стенок трубы【钻】管壁厚
толщина шва 缝厚
толщинометрия ультразвуковая (УЗТ)【采】超声波厚度测量
тон 音; 纯音; 音调; 谐波
тонкодисперсный【地】细粉碎的, 细分散的
тонкозернистый【地】细粒的
тонкопереслаивающийся【地】薄互层的
тонкослоистый【地】薄层的
тонкостенный【钻】薄壁的
тонна 吨
тонна брутто 总吨; 船舶吨
тонна вместимости 负载吨
тоннаж 吨位
тоннель 隧道
тонометрия 张力测量法
топаз【地】黄玉
топка 炉膛
топливо 燃料
бензольное компаундированное топливо【炼】苯复合燃料
газовое топливо【炼】天然气燃料
газовое топливо, моторное【炼】发动机天然气燃料
горючее топливо【炼】燃料
дизельное топливо【炼】柴油, 发动机燃料
жидкое топливо【炼】液体燃料
местное топливо【化】地方燃料
моторное топливо【炼】发动机燃料
нефтяное топливо【炼】石油燃料
пожаробезопасное топливо【炼】消防安全燃料
тяжелое топливо【炼】重质燃料
условное топливо【炼】标准燃料
топливо коммунального назначения【炼】民用燃料
топливозаправщик【储】加油车
топливомер 油量表
топливоснабжение 燃料供应
топобаза【地】地形测量基地
топограф【地】地形测量员
топографический【地】地形的, 地势的
топография【地】地形测量学
топознак【地】地形控制点, 地形标志
топокарта【地】地形图
тополог 拓扑学家
топология 拓扑学
топосъемка【地】地形测量, 地形测绘
торговля 贸易
торгпред 商务代表
торгсоветник 商务参赞
торец【钻】端面
торий【化】钍(Th)
торможение 刹车
тормоз 制动装置
аварийный тормоз【钻】紧急刹车
автоматический тормоз【钻】自动刹车
воздушный тормоз【钻】气动刹车
вспомогательный тормоз【钻】辅助刹车
гидравлический тормоз【钻】水刹车
гидродинамический тормоз【钻】液压制动刹车
дисковой тормоз【钻】盘式刹车
конический тормоз 锥刹车
механический тормоз【钻】机械刹车

Т

пневматический тормоз【钻】气动刹车
пневмогидравлический тормоз【钻】气动液压刹车
электродинамический тормоз【钻】电动刹车
тормоз буровой лебедки【钻】绞车刹车
тормоз воздушного охлаждения с электромагнитным вихревым током【钻】风冷式电磁涡流刹车
торпеда【钻】井下射孔爆破器; 打捞用松扣炸药包
кумулятивная торпеда【钻】聚能射孔弹
фугасная торпеда【钻】孔内爆炸器
шнурковая торпеда【钻】解卡倒扣用炸药包
торпедирование 爆炸【钻】爆炸射孔
направленное торпедирование【钻】定向爆炸射孔
направленное торпедирование забоя скважины【钻】井底爆炸射孔
направленное торпедирование скважины кумулятивным зарядом【钻】井内聚能射孔弹射孔
торпедирование скважин【钻】油井爆炸射孔
торпедирование скважин кумулятивным зарядом【钻】油井聚能爆炸射孔弹射孔
торсиометр 扭力试验器, 扭力计
торф【地】泥炭
торфообразование【地】泥炭形成
точило наждачное 砂轮机
точка 点
верхняя мертвая точка 上死点
геологическая точка【地】地质点
глубинная точка【震】深度点
конечная точка 终点
конечная точка выброса【采】停喷点
критическая точка 临界点
морская точка бурения【钻】海上钻井点
наивысшая точка 最高点
нулевая точка 零点
общая глубинная точка (**ОГТ**)【震】共深度点, 共深点
общая средняя точка (**ОСТ**)【震】共中心点
опорная точка 基准点
отделенная точка бурения【钻】井场隔离点
параметрическая точка 参数点
перевальная точка 翻越点
раздаточная точка【采】发油点
реперная точка 标示点
седловая точка【地】鞍点
сливная точка【储】卸油点
фокальная точка 焦点
точка бурения【钻】钻井点
точка вспышки 闪点
точка выпадения парафина【采】蜡脱落点
точка высасывания 溢出点
точка зажигания 起火点
точка заложения скважины【钻】定井位
точка записи **ПС**【测】自然电位记录点
точка инверсии 转化点
точка касания 接触点
точка конденсации 冷凝点
точка контакта 接触点

точка наводки 校正点
точка насыщения 饱和点
точка начала выброса【采】起喷点
точка основания 基点
точка ответвления 分支点
точка отсечки 切断点
точка перегиба 弯折点
точка пересечения 交叉点, 交点, 截点
точка перехода 转变点
точка плавления 熔化点
точка подвески колонны【钻】管柱悬挂点
точка подвески насосных штанг【钻】泵杆悬挂点
точка прикосновения 切点
точка прихвата колонны【钻】管柱卡点
точка размягчения 软化点
точка росы 露点
точка росы по влаге 水露点
точка росы по углеводородам 烃露点
точка самовозгорания 自燃点
точка скважины【钻】井位
точка смазки 润滑点
точка схода трубопровода【储】管道出发点; 管道开端
точка текучести 流动点
точность 精度
точность балансировки 平衡精度
точность измерения 测量精度
точность калибровки 校准精度
точность отсчета 读数精度
точность подсчета запасов【地】储量计算准确性
точность прогноза нефтегазоносности【地】含油气预测准确性
точность расчета 计算精度
точность регулировки 调节精度
ТП тепловой поток 暖流
ТП технические правила 技术规则, 技术规程
ТП технический проект 技术设计
ТП технологический процесс 工艺过程, 工艺流程
ТП трудовой потенциал 劳动潜力
ТПИ техническо-промышленная инспекция 工业技术检查局
ТПП Трест производственных предприятий 生产企业托拉斯
ТПФН триполифосфата натрия 三聚磷酸钠
травертин (известковый тур)【地】钙华
травитель 刻蚀
травма 工伤
травматизм 伤病人身事故
траектория 轨迹, 路径
наклонная траектория 倾斜轨迹
прямолинейная траектория 直线轨迹
траектория движения 运动轨迹
траектория ствола скважины【钻】井眼轨迹
трактор 拖拉机
тракторподъемник【钻】拖拉机式通井机; 拖拉机式起重机
трамбование 捣实, 夯实
транзистор 晶体管
транзит【储】长距离运输, 长输
транзит газа【储】天然气(长输)运输
транзит нефти【储】石油运输(长输)
трансверсальный 横向的, 横切的,

Т

横断的

трансгрессивный【地】海侵的, 超覆的

трансгрессивное залегание【地】海进超覆产状

трансгрессивное несогласие【地】海进不整合

трансгрессия【地】海侵(进), 水进

трансгрессия моря【地】海进, 海侵(进), 水进

трансдуктор 换能器, 变换器

трансляция 滑移, 平移, 平动; 转播, 中转, 中继

трансмиссия 传递, 发送, 传输【机】传动, 传动装置

бесступенчатая трансмиссия【机】无级变速传动

гидравлическая трансмиссия【机】液压传动

главная трансмиссия 主传动

силовая трансмиссия【机】动力传输装置

трансмиттер давления 压力变送器

транспорт 运输, 运输业; 交通工具, 运输工具

автомобильный транспорт 汽车运输

безрельсовый транспорт 无轨运输

внутрипромысловый транспорт【采】矿场内部运输, 油气田内输, 油气田内部集输

водный транспорт【储】水路运输

газопроводный транспорт【储】天然气管道运输

дальний транспорт【储】长输

железнодорожный транспорт【储】铁路运输

совместный транспорт нефти и газа【储】油气混输

трубопроводный транспорт【储】管道输送

транспорт газа【储】输送气

транспорт нефтепродуктов【储】运输成品油

транспорт нефтепродуктов водой【储】水路运输成品油

транспорт нефти【储】运输石油

транспорт нефти с морских промыслов【储】海洋油田石油外输

транспорт по трубопроводу【储】管道输送

транспорт природного газа【储】天然气输送

транспорт провода【储】管道运输

транспорт рек【地】河流搬运

транспортабельность по шоссе 公路运输轻便性

транспортер 运输机; 传送装置

винтовой транспортер【钻】螺旋推进器

гравитационный транспортер 重力传送装置

червячный транспортер【钻】蜗杆传送装置

транспортер блока противовыбросовых превентеров【钻】防喷器橇装传送装置

транспортирование 输送

транспортирование низкого напорного газа【采】输送低压天然气【储】输送低压气体

транспортировка 输油(气), 油(气)运输

транспортировка нефти и газа【储】输油气

транспортировка по трубопроводу【储】管道运输

трансформатор 变压器【钻】传压器
диафрагмальный трансформатор давления【钻】薄膜式传压器
камерный трансформатор давления【钻】箱式传压器
трансформатор давления【钻】(指重表)传压器
трансформатор проходки【钻】绞车上的进尺传感器
трансформация (трансформирование) 变换作用, 转换作用
трансформация **РОВ** в **УВ** нефтяного ряда【地】分散有机质向油类烃转变
траншея 壕沟
дренажная траншея 排污沟
засыпанная траншея 已回填沟
незасыпанная траншея 未回填沟
подводная траншея 水下沟
траншея для кабеля 电缆沟
траншея для трубопровода【采】管道沟
трап 梯, 船梯; 踏板; 油气分离器
газовый трап【采】气体收集器
спасательный трап【钻】救生梯
трап для отбора проб 岩粉收集器
трасс【震】浮石凝灰岩; 火山灰
трасса 路线; 测线【震】道线
сейсмическая трасса【震】(二维)地震测线
суммированная трасса【震】叠加地震道
трасса записи 记录道线
трасса ствола скважины【钻】井眼曲线
трасса трубопровода【储】管道路线
трассировка【震】测量放线
требование 要求
антимонопольные требования при пользовании недрами 矿产使用反垄断规则
основные требования по рациональному пользованию и охране недр 矿产资源合理使用与保护
технические требования 技术要求
эксплуатационные требования 生产要求
требования к архитектурному облику здания 对建筑外貌要求
требования к насосному оборудованию 对泵设备要求
требования к подъемному оборудованию 对提升设备要求
требования нормы и правила безопасности【安】安全规范要求
требования по внешнему благоустройству 外部公用设施要求
требования санитарных нормы и правила 健康规范要求
тревога【安】警报; 警报演练
ложная тревога【安】假警报, 误报警
пожарная тревога【安】火灾报警
противопожарная тревога【安】消防报警
учебная тревога выброса【钻】防喷演练
трейлер 拖车
трение 摩擦
внешнее трение 外摩擦
внутреннее трение 内摩擦
граничное трение 边界摩擦
жидкостное трение 液体摩擦
межфазное трение 相间摩擦
поверхностное трение 表面摩擦

сухое трение 干摩擦
трение без смазки 无润滑摩擦
трение в скважине【采】井内摩擦
трение движения 运动摩擦
трение жидкости 液体摩擦
трение качения 滚动摩擦
трение о стенку【钻】对井壁摩擦
трение покоя 静摩擦
трение прилипания 黏附摩擦
трение скольжения 滑动摩擦
трение снаряда о стенки скважины【钻】仪器对井壁摩擦阻力
тренога 测量三角架【钻】三脚井架
треск 炫耀, 显摆; 吵嚷, 吵闹; 喧嚣
трест 托拉斯
трест-компания 信托公司
третичный【地】第三纪(系)的
треугольник 三角形
треугольный 三角形的
трехвалентный【化】三价的
трехгранник 三面体
трехкратный 三次的
трехмерный 三维的
трехокись【化】三氧化物
трещина 裂隙
вертикальная (перпендикулярная) трещина【地】垂直裂隙
ветвящиеся трещины【地】分叉裂隙
внутренняя трещина【地】内部裂隙
главная вертикальная трещина【地】主垂直裂隙
глубокая трещина【地】深部裂隙
глубоко проникающая трещина【地】深部延伸裂隙
горизонтальная трещина【地】水平裂隙
горизонтальные параллельные трещины【地】水平平行状裂隙组
гравитационная трещина【地】重力裂隙
деформационная трещина【地】变形裂隙
диагенетическая трещина【地】成岩裂隙
диагональная трещина【地】斜交状裂隙组
единичные трещины【地】单组裂隙
закалочная трещина 淬火裂隙
залеченная трещина【地】闭合裂隙
зарождающаяся трещина【地】生长裂隙
изогнутая непрерывная трещина【地】连续弯曲裂隙
изогнутая прерывистая трещина【地】断续弯曲形裂隙
искусственная трещина【采】人造裂隙
кольцевая трещина скалывания【地】环形剪切裂隙
контракционная трещина【地】收缩裂隙
коррозионно-усталостная трещина 腐蚀疲劳裂隙
крестообразная трещина【地】十字裂隙, 交叉裂隙
крутонаклонная трещина【地】陡倾斜裂隙
литогенетическая трещина【地】成岩裂隙
литотектоническая трещина【采】岩石构造裂隙
межзерновая трещина【地】颗粒间裂隙
межкристаллитная трещина【采】

晶间裂隙
мельчайшая трещина 微裂隙
наклонная трещина【地】倾斜裂隙
наружная трещина 外部裂隙
нетектоническая трещина【地】非构造裂隙
открытая трещина【地】开启裂隙
относительно прямолинейная и выдержанная трещина【地】相对平直稳定裂隙
относительно прямолинейная прерывистая трещина【地】相对平直断续分布的裂隙
первичная трещина【地】原始裂隙, 成岩裂隙
перпендикулярные трещины【地】垂直正交裂隙
продольная трещина【地】纵裂隙
сбросовая трещина【地】断层裂隙
сквозная трещина【地】穿透裂隙
слабоизвилистая трещина【地】弱弯曲状裂隙
сопряженные трещины【地】共轭裂隙
структурная трещина【地】构造裂隙
субвертикальная трещина【地】亚垂直裂隙
тектоническая трещина【地】构造裂隙
эпигенетическая трещина【地】成岩期后裂隙
тепловая трещина 热裂隙
трещина бортового отпора (трещина разгрузки)【地】应力释放裂隙
трещина выветривания【地】风化裂隙
трещина высыхания【地】泥裂; 干裂
трещина горных пород【地】岩石裂隙
трещина, заполненная【地】充填裂隙
трещина кливажа【地】(劈理)裂隙
трещина несогласно плоскости напластования【地】与层面相交裂隙, 与层面不整合裂隙
трещина оползней, обвалов и провалов【地】滑坡—崩塌—垮塌裂隙
трещина отдельности【地】节理裂隙
трещина отрыва【地】张裂隙
трещина по простиранию【地】走向裂隙
трещина, рассекающая зерна【地】横切岩石颗粒的裂隙
трещина растяжения【地】张裂隙
трещина расширения 膨胀裂隙
трещина сжатия【地】挤压裂隙
трещина синерезиса 脱水收缩裂隙
трещина скалывания【地】剪裂隙
трещина складок【地】褶皱裂隙
трещина скола【地】剪切裂隙
трещина скручивания【地】扭裂隙
трещина согласно плоскости напластования【地】顺层裂隙, 与层面整合裂隙
трещина спайности【地】解理裂隙
трещина усыхания【地】收缩裂隙
трещиновато-пористый【地】裂隙—孔隙型的
трещиноватость【地】裂隙度
планетарная трещиноватость【地】全球性裂隙作用
трещиноватость коллекторов【地】储层裂隙度

трещиноватый【地】裂隙的
триангуляция 三角测量
Триас【地】三叠系(纪)
триацетат【化】三乙酸酯
триацетин【化】三醋精, 甘油三醋酸酯
триб 小齿轮
триггер 触发器
триггерный 触发的
триггерный механизм 触发机制
триггерное событие 触发事件
триггерная цепь 触发电路
тригидрат【化】三水合物
триглицерид【化】甘油三酸酯
триер 筛选机
трижды 三次, 三倍
тример【化】三聚物
триметил-бензол【化】三甲基苯
триметилкарбинол【化】三甲基甲醇
тринитротолуол【化】梯恩梯炸药, 三硝基甲苯
трином 三项式
триод 三极管
триоза【化】丙醣
триокись【化】三氧化物
трипод【钻】三柱式海洋平台
трисульфид【化】三硫化物
тритий (сверхтяжелый водород)【化】氚
трифенилкарбинол【化】三苯基甲醇
трихлорметан (хлороформ)【化】三氯甲烷(氯仿)
трихлорпропан【化】三氯丙烷
трихлорэтилен【化】三氯乙烯
триэлиленгликоль【化】三甘醇
тройник【钻】三通
нержавеющий тройник【钻】不锈钢三通
прямоугольный тройник с покрышкой【钻】带盖板直角三通
равнодиаметральный тройник【钻】等径三通
разнодиаметральный тройник【钻】异径三通
тройник с наружной резьбой【钻】外丝三通
тройник-опора 三角柱, 三角架
тройник-сопло【钻】三向喷嘴, 三通喷管
трона【化】天然碱
тропик【地】回归线; 热带
тропик **Козерога**【地】南回归线
тропик **Рака**【地】北回归线
тропический【地】热带的
тропосфера【地】对流层
трос 钢索, 缆
защитный трос【钻】安全绳
направляющий трос【钻】导向绳
натяжной трос【钻】拉绳
оттяжной трос【钻】绷绳
подъемный трос【钻】提拉绳
стальной трос【钻】钢丝绳; 钢缆
тартальный трос【钻】提捞绳
трос для измерения глубины скважины【钻】测量井深用的缆绳
трос для реверсирования【钻】倒绳
тросодержатель【钻】钢丝绳夹子
тротил【化】三硝基甲苯
труба 管
алюминиевая труба 铝管
асбоцементная труба 石棉水泥管
аэродинамическая труба 空气动力管
башмачная труба【钻】管鞋
безнапорная труба 无压力管

Т

бесшовная труба 无缝钢管
бурильная труба (БТ)【钻】钻杆
бурильная труба, беззамковая【钻】无接头钻杆
бурильная труба, гибкая【钻】柔性钻杆
бурильная труба, изогнутая【钻】弯钻杆
бурильная труба, короткая【钻】短钻杆
бурильная труба, сверхутяжеленная【钻】超重钻杆
бурильная труба с высаженными внутрь концами【钻】端部内加厚端钻杆
бурильная труба с высаженными концами【钻】端部加厚端钻杆
бурильная труба с высаженными наружу концами【钻】端部外加厚端钻杆
бурильная труба с муфтовыми концами【钻】两端母扣钻杆
бурильная труба с перепускными клапанами для бурового раствора, утяжеленная【钻】带钻井液连通阀加重钻杆
бурильная труба с приваренными концами【钻】两端焊接钻杆
быстросвинчиваемая труба【钻】快速松拧管子
ведущая труба【钻】主钻杆
ведущая труба квадратного сечения【钻】方钻杆
ведущая труба шестигранного сечения【钻】六方钻杆
вентиляционная труба 通风管
вертикальная труба 垂直管
винтошовная труба 螺旋焊缝钢管
водопроводная труба 水管
водосточная труба 污水管
возвратная масляная труба【机】回油管
воздухоподводящая труба 进气管
воздушная труба 空气管; 玻璃钢风筒【机】导气管
волосная труба 毛细管
впускная труба 进气(水)管
всасывающая труба 吸入管
вторично используемая труба 二次利用管
входная труба【钻】进口管
выдавленная труба 挤压法制出的管子
выкидная труба【钻】排出管; 放喷管; 排放管
выпускная труба 排出管, 出水管; 放油管
высоконапорная труба 高压管
высокопрочная многослойная труба 高强度多层管
вытяжная труба 通风管
выхлопная труба【钻】排气管(排出的, 排气的)
выходная труба 出口管, 引出管
газовая труба 气管
газоотводящая труба【采】排气管
газосбрасывающая труба 气体排放管
гибкая труба 弯(软)管
гидравлическая гладкая труба 水力光滑管
гидравлическая шероховатая труба 水力粗糙管
главная труба【钻】主管
гладкая труба 光滑管
горячекатанная труба 热轧管

грязевая труба вертлюга【钻】水龙头泥浆冲管
двойная колонковая труба【钻】双层岩心管
дренажная труба 排泄管; 排污管
дымовая труба 烟囱
забивная труба【钻】打入套管; 打入地层的管子
забитая песком труба 塞满砂子的管子
заглушенная труба 已封堵管子
загрузочная труба 装卸管
зажимная труба【钻】夹管
заливочная труба【钻】浇注管
захватывающая труба【钻】打捞杆, 打捞抓杆
защитная труба 保护管
извлеченная труба【采】抽出的管, 被拔出管
изоляционная труба 绝缘管(道)
калиброванная труба 校准管
канализационная труба 生活水管
квадратная труба 方管
керноприемная труба【钻】岩心筒
кислородная труба 氧气导管
коленчатая труба 多节管
коллекторская труба【采】集油气管
колонковая труба【钻】取心筒
колонковая труба, одинарная【钻】单节取心筒
конвекционная труба 对流管; 蒸汽提升管
коническая труба【采】锥筒
кривая труба 弯管【钻】弯钻杆
лифтовая труба【采】气举管
ловильная труба клиньев【钻】卡瓦打捞筒
ловильная труба противоциркуляции【钻】反循环打捞筒
лопнувшая труба 破裂管
люминесцентная труба【钻】单脚灯光
магистральная труба【储】长输管道
многослойная труба【钻】多层管
нагнетающая труба 增压管, 注入管
напорная труба 承压管
направляющая труба【钻】导管
насосная труба【采】抽油管
насосно-компрессорная труба (НКТ)【钻】油管
насосно-компрессорная труба малого диаметра【钻】小直径油管
насосно-компрессорная труба, остеклованная【钻】玻璃衬里油管
насосно-компрессорная труба, покрытая эпоксидной смолой【钻】涂环氧树脂油管
насосно-компрессорная труба с внутренним пластмассовым покрытием【钻】内涂塑料层油管
неперфорированная труба 未穿孔管
несущая труба 支承管
нефтепроводная труба【采】输油管
нижняя утяжеленная труба【钻】下部加重管
обрабатывающая труба 加工管
обратная труба【钻】回流管/单向管
обрезиненная труба 涂上橡胶管
обсадная труба【钻】套管
обсадная труба, безмуфтовая【钻】无接箍套管
обсадная труба, бесшовная【钻】无缝套管
обсадная труба, наращивающая【钻】加长套管

Т

обсадная труба, прихваченная【钻】井内卡住套管
обсадная труба, рифленая【钻】波纹套管
обсадная труба с резьбой на концах【钻】端部带丝扣套管
обсадная труба с трапециевидной резьбой【钻】带梯形丝扣套管
обсадная труба с электрорегулированием【钻】电动调节套管
ориентирующая труба【钻】定向管
U-образная труба U形管
отбракованная труба 被剔出管
отводная труба 排出管
отходящая труба 排污管
переводная труба 旁通管
переливная труба 溢流管
перепускная труба 回油管
перфорированная труба【钻】带眼管子, 穿孔管
питательная труба【钻】冲管
пластмассовая труба 塑料管
погнутая труба 屈服管
подъемная труба【采】抽油管
пожарная труба 灭火管
приемно-выкидная труба【储】收发管
промежуточная труба【钻】中间技术套管
промывочная труба【采】冲洗管
рабочая труба (квадрат)【钻】方钻杆
раструбная труба【采】大口管
сварная труба 焊管
сварная труба, спирально-шовная 螺旋焊管
сварная труба, стальная 焊缝钢管
сливная труба 溢流管
смятая труба【钻】被挤毁套管
соединительная труба 连接管
сообщающая труба 连通管
сопловая труба 喷管
специальная труба 专用管【钻】防喷单根
спускная труба 排泄管
стальная труба 钢管
стальная труба с электродуговой сваркой под флюсом, прямошовная 直缝埋弧焊钢管
сточная труба 污水管
ступенчатая труба【钻】多级管
сужающаяся труба 收缩管
телескопическая труба 伸缩管
толстостенная труба 厚壁管
тонкостенная труба【钻】薄壁管
удлинительная труба【钻】加长筒
усилительная труба【钻】加强管
утяжеленная бурильная труба (УБТ)【钻】加重钻杆
утяжеленная бурильная труба, немагнитная【钻】非磁性加重钻杆
утяжеленная бурильная труба, ребристая【钻】棱形加重钻杆
утяжеленная бурильная труба со спиральной канавкой【钻】螺旋槽加重钻杆
утяжеленная бурильная труба, стабилизированная (УБТС)【钻】钻铤
утяжеленная бурильная труба, с увеличенным диаметром【钻】加大直径加重钻杆
утяжеленная промежуточная труба【钻】中间加重钻杆
ферромагнитная труба【钻】强磁体管
фонтанная труба【采】喷油管

форсуночная труба【钻】喷油管
холоднотянутая труба 冷拔管
целая бесшовная толстостенная труба 整体无缝厚壁钢管
цельнокатаная труба 无缝管, 整轧管
цельнотянутая труба (бесшовная стальная труба) 整体拉制无缝管; 无缝钢管
центральная труба вертлюга 水龙头中心管
шурфовая труба【钻】鼠管
эксплуатационная труба【钻】开发套管
электросварная труба 电焊管
якорная труба 锚管
труба большого диаметра 大直径管
труба взрыва【地】火山爆破筒
труба выпуска 排气管
труба высокого давления 高压管
труба для промывки【采】冲洗管
труба кронштейна для трубопровода распределения воды 配水管道支撑管
труба малого диаметра 小直径管
труба с большой нагрузкой 大负荷管
труба, сварённая встык 对焊管
труба с высаженными концами【钻】端部加厚管
труба с заглушкой【钻】带盲板管
труба с левой резьбой【钻】反丝扣管
труба с муфтой на одном конце и ниппелем на другом【钻】一端带母接头另一端带接头的管
труба с фланцем【钻】带法兰管
трубка 小管, 小筒
ацетиленовая трубка 乙炔管
выпускная трубка для бассейна 水池通气管
капиллярная трубка 毛细管
кислородная трубка 氧气管
трубка-сифон 虹吸管
трубовозка【钻】管子车
трубогиб【钻】弯管机
гидравлический трубогиб【钻】液压弯管机
трубодержатель【采】管柱悬挂器
труболовка【钻】打捞筒
гидравлическая труболовка【钻】水力打捞筒
левая труболовка【钻】反扣打捞筒
магнитная труболовка【钻】磁打捞筒
механическая труболовка【钻】机械打捞筒
освобождаемая труболовка для **НКТ**【钻】油管打捞器
торцовая труболовка【钻】螺纹打捞筒
универсальная труболовка【钻】万能打捞筒
труболовка для бурильных труб【钻】钻杆打捞筒
труболовка для насосно-компрессорных труб【钻】油管打捞筒
труболовка для утяжеленных бурильных труб【钻】加重钻杆打捞筒
трубомонтажник 管工
трубоочиститель【储】清管机
трубопровод 管线; 管道
водосбросный трубопровод 泄水管道
возвратный трубопровод【钻】循环管线
впускной трубопровод 输入管线

высоконапорный трубопровод【储】高压管道
гидравлический трубопровод【钻】液压管线
главный трубопровод【储】主管道
двухниточный трубопровод【储】双线管道
действующий трубопровод【储】运行管道
дренажный трубопровод【采】排污管线
заглубленный трубопровод【储】深埋管线
загрузочный трубопровод【储】装油管线, 装灌管线, 灌注管线
затопленный трубопровод【储】水下管线
изолированный трубопровод【储】绝缘管线
кольцевой трубопровод【储】环状管线
магистральный трубопровод【储】长输管道
навесной трубопровод【储】挂吊管线
нагнетательный трубопровод【采】注入管道
наземный трубопровод【钻】地面管线
напорный трубопровод【储】带压管线
неизолированный трубопровод【储】未绝缘管线
низконапорный трубопровод【储】低压管线
отводной трубопровод【采】排水管线
перепускной трубопровод【采】溢流管
питающий трубопровод【采】供给管线
планируемый трубопровод【储】规划的管道
подающий трубопровод, воздушный【采】供空气管线
подвесной трубопровод【采】挂起管线, 支撑管线
подводный трубопровод【储】水下管线
подземный трубопровод【储】地下管线
промысловый трубопровод【采】矿场管线; 矿场内部输送管线
разводящий трубопровод【储】支管线
раздаточный трубопровод【储】发油管线
самотечный трубопровод【采】自流式管线
сточный трубопровод【采】污水管线
существующий трубопровод【储】现存的管道
технологический трубопровод【采】工艺管线; 作业管线
трубопровод глинистого раствора【钻】泥浆管线
трубопровод для отопления【钻】取暖管线
трубопровод распределения воды 配水管道
трубопроводчик【储】管道工
трубрасширитель【钻】扩管器
труборез (труборезка)【钻】切管机
труборемонтная【储】管道修理部
трубосварочный 焊管的

трубоукладчик【储】管道敷设机; 管道安装工

бестраншейный трубоукладчик【储】无沟管道敷设机

труд 劳动

трудноизвлекаемый【采】难开采的

трудодень 劳动日

трудоемкость 劳动量; 劳动密集程度

физическая трудоемкость буровиков【钻】钻工劳动强度

трудоспособность 劳动能力

трясение 震动

ТС телекоммуникационная система 远程通信系统

ТС телеметрическая система 遥控系统

ТС технические средства 技术设备, 技术器材

ТС транспортная система 运输系统

т. сж. температура сжижения 液化温度, 液化点

ТСЗ точечное сейсмическое зондирование【震】点源地震探测

ТСК тампонажный состав, комбинированный【钻】固井水泥化合组分

ТСМ тампонажный состав, метильный【钻】固井水泥的甲基组分

ТССТНГ технологическая система сбора, транспорта нефти и газа【采】油气集输工艺系统

ТСФ тампонажный состав, фенильный【钻】固井水泥的苯基组分

ТСХ тонкослойная хроматография 薄层色谱法, 薄层色谱分离法

ТСЭ тампонажный состав, этильный【钻】固井水泥的乙基组分

ТТ теллурический ток【地】大地电流

ТТ трехфазный ток 三相电流

ТУ технические условия 技术条件, 技术规格

ТУ тяжелый углеводород【化】重烃, 重碳氢化合物

тугоплавкость 难熔性

тулий【化】铥(Tu)

туман масляный 油雾

тумба【采】(井口水泥)台礅【钻】托架, 台基, 底座

Тунгусская синеклиза【地】通古斯地向斜

тундра【地】苔原, 冻土带

туннель 隧道, 地道, 涵洞

Туранская низменнасть【地】土兰低地

Туранская плита【地】土兰板块

турбидиметр 浊度计

переносной турбидиметр 便携式浊度仪

турбидиты【地】浊积岩; 浊积物, 浊流沉积

турбина【机】涡轮(透平); 涡轮机

аксиальная турбина 轴向式涡轮

активная турбина 冲动式涡轮

венечная турбина 冠状涡轮

высокомоментная турбина 高力矩涡轮

высоконапорная турбина 高压涡轮

высокооборотная турбина 高速旋转涡轮(透平)

газовая турбина 燃气涡轮

гидравлическая турбина 水力涡轮

ковшовая турбина 瓢状涡轮

комбинированная турбина 复合式涡轮

многоступенчатая турбина 多级涡轮
низкомоментная турбина 低力矩涡轮(透平)
низконапорная турбина 低压涡轮
одноступенчатая турбина 单级涡轮
осевая турбина 轴向涡轮
паровая турбина 蒸汽涡轮
пневматическая турбина 风动涡轮
реактивная турбина 反作用式涡轮
центробежная турбина 离心式涡轮
турбинка 小涡轮, 小透平机
турбинщик 涡轮工; 涡轮制造者
турбоагрегат 涡轮机装置
турбоальтернатор 涡轮交流发电机组
турбобур【钻】带钻头的涡轮钻具
турбобурение【钻】涡轮钻进
турбогенератор 涡轮发电机
турбодолото【钻】涡轮钻具
турбокомпрессор 涡轮压缩机
турбоконвертер 涡轮变流机
турбомашина 涡轮机
турбомешалка【钻】涡轮搅拌器
турбомуфта 涡轮耦合器
турбонасос 涡轮泵
турбопривод 涡轮传动装置
турбоскребок 涡轮式刮蜡器
турбосмеситель 涡轮混合器
турбулентность 紊动性
турбулентный 紊流的, 湍流的
турбулизация 湍流
Тургай【地】图尔盖河
Турнейский ярус【地】杜内阶(下石炭统)
Туронский ярус【地】土仑阶(白垩系)
Турфанский нефтеносный район【地】吐鲁番含油区
турьит【地】水赤铁矿
т. у. т. тонна условного топлива【地】标准燃料吨
Тутлеймская свита【地】图特莱姆组(西西伯利亚, 欧特里夫阶)
туф【地】凝灰岩
агломератный туф【地】集块凝灰岩
диабазовый туф【地】辉绿凝灰岩
кремнистый туф【地】硅华质凝灰岩
кристаллический туф【地】结晶凝灰岩
пепельный (пепловый) туф【地】灰质凝灰岩
туфобрекчия【地】凝灰角砾岩
туфоид【地】似凝灰岩, 假凝灰岩
туффиты (туфит, туфогенные отложения)【地】层凝灰岩
тушение 灭火
тушитель 消火器, 灭火器
ТФ трифосфат【化】三磷酸盐, 三磷酸酯(磷肥)
ТФМ трифенилметил【化】三苯甲基, 三苯甲
ТХЭ трихлорэтан【化】三氯乙烷
ТЩР торфщелочной реагент【钻】泥炭碱剂, 煤碱剂
ТЭА триэтаноламин【化】三羟基乙胺
тэббиит【地】硬沥青
ТЭДС термоэлектродвижущая сила【地】热电动势, 温差电动势
ТЭЗ тектонически экранированная залежь【地】断裂构造遮挡油气藏
ТЭК топливно-энергетический комплекс 燃料动力综合体

ТЭО технико-экономическое обоснование 技术经济根据，经济技术论证
ТЭП технико-экономическое планирование 经济技术计划
ТЭП технико-экономические показатели 技术经济指标
ТЭР темп экономического роста 经济增长速度
ТЭР технико-экономический расчет 技术经济核算
ТЭР топливо-энергетические ресурсы 燃料动力资源
ТЭС торгово-экономическая связь 经济贸易联系
ТЭС транспортируемая электростанция 可输送发电站
ТЭС турбоэксгаустерная система 涡轮排气系统
ТЭУ топливно-энергетическое управление 燃料和动力管理局
ТЭФ теплоэнергетический факультет 热力工程系，热工系
ТЭЦ теплоэлектроцентраль (тепловая электрическая централь) 热电中心，热电站
ТЭЦ топливно-энергетический цикл 动力燃油循环
тюк 包；捆
Тюменская свита【地】秋明组(西西伯利亚，中下侏罗统)
тяга наклонная【钻】斜拉杆
тягач 牵引车
тягометр 风压计；吸力计
тяготение всемирное【地】万有引力
тягучесть 延展性
тягучий 有延展性的
тяжеловоз 重拖车
тяжелый 重的
тяжелый шпат (барит)【地】重晶石
тяжесть 重力；重量；荷重
тянутый 拉伸的；拔出的
Тяньшань【地】天山山脉(中国、中亚)
тяпка【钻】切刀，切碎机

У

убавка 缩减
УБР управление буровых работ【钻】钻井局
УБТ утяжеленная бурильная труба【钻】加重钻杆
витая **УБТ**【钻】螺旋加重钻杆
спиральная короткая **УБТ**【钻】螺旋短加重钻杆
УБТ с выемками для клиньев【钻】带螺旋槽的加重钻杆
УБТС утяжеленная бурильная труба, стабилизированная【钻】钻铤
убывание 减少
убывание амплитуд 振幅减小，振幅衰减
убыль 减少；缺额；亏损额
убыток 亏损；损失
УВ углеводород【化】烃，碳氢化合物
УВ указатель восстановления 还原

指示器
УВ указатель высоты 高度指示器
УВА углеводородная аномалия 【地】烃异常, 碳氢化合物异常
Уватская свита【地】乌瓦特组(西西伯利亚, 赛诺阶)
УВБ уровень верхнего бьефа【地】上游段水位
УВВ уровень высокой воды【地】高水位, 高潮位
УВВ устройство ввода-вывода 输入输出装置
уведомление 通知书, 确认函
письменное уведомление 书面通知
увеличение 放大率, 倍数; 增加
увеличение вязкости 增加黏度
увеличение диаметра скважины【钻】增大井径
увеличение минерализации воды 水矿化度增加
увеличение напора 压力增加
увеличение объема 体积增加
увеличение плотности сетки размещения скважин【采】井网密度加大
увеличение проницаемости 渗透率增加
увеличение скорости бурения【钻】钻速增加
увеличение скорости деформации 变形速度增加
увеличение тяги 拉张力增加
увеличение угла наклона ствола скважины【钻】加大井眼倾斜角
увечье персональное 人员重伤
увлажнение 增湿
увлажнитель 加湿器
увод【钻】偏移, 偏歪, 偏离
увод стрелки измерительного прибора【钻】计量仪表指针偏离
УВС углеводородные сырья 碳氢原料
увязка (资料间标定)连结对比
увязка сейсмических данных с каротажными материалами【震】测井与地震资料标定
угар 煤气; 煤气中毒; 烧损
УГБ установка горизонтального бурения【钻】水平钻井设备
углевод【化】碳水化合物
углеводород【化】烃, 碳氢化合物
алифатические углеводороды【化】脂肪族烃
ареновые углеводороды【化】芳烃
ароматические углеводороды【化】芳香族烃
ацетиленовые углеводороды【化】炔族烃
бензольные углеводороды【化】苯族烃
бициклические углеводороды【化】双环烃
высококипящие углеводороды【化】高沸点烃
газообразные легкие углеводороды【化】轻气态烃
газообразные тяжелые углеводороды【化】重气态烃
гибридные углеводороды【化】混合烃
жидкие углеводороды【化】液态烃
изомерные углеводороды【化】异构造烃
изопреноидные углеводороды【化】异戊间二烯烃
конденсированные углеводороды

【化】凝缩烃
легкие углеводороды【化】轻烃
летучие углеводороды【化】挥发烃
метановые углеводороды【化】甲烷烃
моноциклические углеводороды【化】单环烃
насыщенные углеводороды【化】饱和烃
нафтеновые углеводороды (нафтены)【化】环烷烃
нелетучие углеводороды【化】不挥发烃
ненасыщенные углеводороды【化】未饱和烃
непредельные углеводороды【化】不饱和烃
низкомолекулярные углеводороды【化】低分子烃
нормальные углеводороды【化】正构烃
общие углеводороды【化】全烃
парафиновые углеводороды【化】烷烃(石蜡族烃)
предельные углеводороды【化】饱和烃
природные углеводороды【化】自然烃
твердые углеводороды【化】固态烃
тяжелые углеводороды【化】重烃
циклические углеводороды【化】环烃
шестичленные углеводороды【化】六碳烃
этиленовые углеводороды【化】乙烯烃
углеводороды бензольного ряда【化】苯族烃
углеводороды в пласте【地】地层内烃类
углеводороды нафтенового ряда【化】环烷族烃
угледробилка 碎煤机
углекислота (углекислый газ)【化】碳酸; 二氧化碳
углекислотный【化】二氧化碳的
углекислый【化】碳酸的
угленосный【地】含煤的
углеобразование【地】成煤作用
углерод【化】碳(C)
свободный углерод【化】自由碳
связанный углерод【化】固定碳
углерод земной коры【地】地壳内的碳
углерод нефти【地】石油中的碳
углеродистый 碳质的
углеродистая цепь【化】碳链
углеродистый цикл【化】碳环
углистый【地】含炭的, 煤状的, 碳质的
углистый сланец【地】碳质页岩
угловатость【地】(岩石颗粒)棱角度
угловатый【地】棱角的
угловой 角的; 角形的
угломер 量角器
углубление 加深(钻井)
углубление ствола【钻】加深井眼(钻井)
УГМС управление гидрометеорологической службы 水文气象局
угол 角
азимутальный угол【地】方位角
зенитный угол【钻】天顶角; 井斜角(钻定向井)
кажущийся угол наклона【地】视倾角

краевой угол смачивания【地】润湿接触角
критический угол 临界角
монтажный угол от вертикальности 与垂直面安装角
острый угол 锐角
отрицательный угол 负角
прямой угол 直角
тупой угол 钝角
фазный угол 相角
угол атаки 冲角, 接近角, 前悬角
угол бурения от вертикальности【钻】与垂直方向钻井角度
угол визирования【震】观测角
угол внутреннего трения【地】内摩擦角
угол вращения【钻】偏转角度
угол входа 入射角
угол выхода сейсмических волн【震】地震波出射角
угол забуривания【钻】开钻角
угол заднего конуса шарошки 牙轮后锥角
угол заострения зуба 牙轮齿削尖角
угол изгиба 弯角
угол искривления ствола【钻】井眼斜度
угол контакта 接触角
угол конуса 圆锥角
угол конусности 锥角
угол магнитного склонения 磁偏角
угол наклона 倾角
угол наклона лопаток【钻】刮刀倾角
угол наклона пластов【地】地层倾角
угол наклона сброса【地】断层倾角
угол наклона ствола скважины【钻】井眼倾角
угол несогласия【地】不整合角
угол опережения 超前角; 提前角
угол отбортовки 边缘角
угол отклонения от вертикали 垂直偏角
угол отклонения ствола скважины【钻】井眼偏斜角, 井斜角
угол отклонения талевого каната【钻】游动大绳偏角
угол откоса【地】斜坡角
угол отражения【震】反射角
угол отставания 滞后角
угол падения волны【震】波入射角
угол падения залежи【地】油藏倾角
угол падения пласта【地】地层倾角
угол падения сброса【地】断层倾角
угол перекоса (方位)误差角
угол пересечения 交角
угол плоскости напластования【地】层面倾角
угол поворота 旋转角, 转动角
угол подъема 上升角, 爬升角
угол полного отражения【震】全反射角
угол преломления【震】折射角
угол простирания【地】地层走向方位角
угол равновесия 平衡角
угол рассеивания 散射角
угол сброса【地】断层角
угол сдвига 位移角
угол складки【地】褶皱角
угол склонения 赤纬圈; 偏角; 俯仰角
угол скольжения【地】滑坡角
угол скоса кромки【地】坡口面角度
угол смачивания 润湿角

угол смещения 位移角
угол смещения второго ствола скважины【钻】第二井眼位移角
угол спайности【地】解理角
угол уклона【地】坡度角
угол установки алмаза【钻】金刚石安装角
угол установки лезвия долота【钻】钻头刀片安装角
уголек 炭精棒
уголок 角落; 角
уголь【地】煤(炭)
активированный уголь【地】活性炭
бурый уголь【地】褐煤
высокозольный уголь【地】高灰分煤
высококалорийный уголь【地】高热量煤
гумусовый уголь【地】腐殖煤
дымный уголь【地】烟煤
каменный уголь【地】硬煤
лимнический уголь【地】湖沼煤
малозольный уголь【地】低灰分煤
паралический уголь【地】近海煤; 海陆交互煤
паровично-спекающийся уголь (ПС)【地】瘦煤
сапропелевый уголь【地】藻煤, 腐泥煤
сапропелитовый уголь【地】腐泥煤
тощий уголь【地】贫煤
угольник 角钢, 角尺【钻】弯头
прямой угольник【钻】直角弯头
стальной угольник 角钢
угольник для анкерных болтов 底座板; 锚定板
угольник из листового материала 角板
угольник манифольда【钻】汇管直角弯管, 汇管弯头
угольник с внутренней резьбой【钻】内丝扣弯管
угольник с наружной резьбой【钻】外丝扣弯管
угольный【地】煤的
угольное месторождение【地】煤田, 煤矿
угроза жизни и здоровья【安】威胁生命与健康
удаление 移开, 离开; 清除; 井源距【震】源接收器距
удаление бурового шлама【钻】除钻井岩屑
удаление воды 脱水, 除水
удаление газа (дегазирование)【采】除气, 脱气
удаление гидратов из нефтяных газов【炼】石油气中脱水合物
удаление керосиновых фракций【炼】脱煤油馏分
удаление конденсата【炼】脱凝析油
удаление минеральных сточных вод 脱矿化污水
удаление парафина【采】清蜡
удаление песчаных пробок【采】解除砂堵
удаление серы【炼】除硫
удаление сточных вод 排污水
удаление шлака 除掉炉渣
удар 打击, 冲击, 撞击
акустический удар 声波冲击; 声震
гидравлический удар 水力冲击
горный удар 矿山爆炸冲击
обратный удар 回击
тепловой удар 热冲击
упругий удар 弹性冲击
ударный 冲击的

удвоение 加倍
удвоенный 双程的, 双重的, 加倍的
удвоитель 倍增器
удельный 比的, 单位的
удерживание раствора【炼】拦液
удесятеренный 增加到十倍的; 增加许多倍的
удешевление 减价
удлинение жизни скважин【采】延长井寿命
удлинитель【钻】延伸杆; 延长器; 加长短节
удлинитель обсадной трубы【钻】套管短管, 套管延伸短节
удлинитель с замковыми муфтами на обоих концах【钻】两端带接头的短节
удлинитель шарового соединения【钻】球形连接短节
Удмуртский 乌德穆尔特(人)的
удобрение 肥料
удовлетворение 满足; 满意
удорожание 提高(价格)
удочка ловильная【钻】钢丝绳打捞钩
удушение 窒息
УДШ укладчик детонирующего шнура 导爆线铺设者
УЗВЧ ультразвук высоких частот 高频超声波
УЗГ ультразвуковой генератор 超声波发生器
узел 波节; 交点; 结点; 部件; 中心站, 枢纽; 连接点; 部件
железнодорожный узел 铁路联轨站; 铁路枢纽
замковый узел 锁定连接
клапанный узел【采】阀总成
коммутационный узел 交换节点; 开关点; 交换系统; 切换键
крановый узел【储】阀室
насосный узел【储】泵站
однорейсовый узел【储】单轨站点
структурный узел【钻】结构件
стыковочный узел 对接点
суммирующий узел 加法器
тормозной узел【钻】刹车总成
уплотнительный узел【钻】密封总成; 密封胶芯, 防喷器密封胶芯
уплотнительный узел подвески обсадной колонны【钻】套管悬挂器密封总成
шарнирный узел 柔性接头; 挠性连接
узел бурового насоса【钻】泵机组
узел бурового установки【钻】钻机设备部件
узел волны【震】波节
узел замера давления【采】压力测试部件
узел запорной арматуры (или клапана-отсекателя) 阀室, 截断阀室
узел кардана【钻】万向轴(十字轴)总成
узел концевой плиты【钻】端板组件
узел нажимной плиты【钻】压紧盘组件
узел подвески обсадной колонны【钻】套管悬挂总成
узел промежуточной плиты【钻】中间盘组件
узел пуска и приема очистных устройств (**УППОУ**)【储】发送与接收清管器的清管站
узел связи 通信站点
узел управления 控制点

У

узел фрикционного диска【钻】摩擦盘组件
узел штока бурового насоса【钻】钻井泵拉杆总成
УЗК ультразвуковой каротаж【测】超声波测井
УЗК ультразвуковые колебания【测】超声波振荡
Уйнинская свита【地】乌伊宁组(北萨哈林, 渐新统)
указание 指示
общее указание 概述
указание вышестоящего органа 上级指示
указатель 指示器; 指示剂; 指南, (参考)手册
поплавковый указатель 浮动式指示器
ртутный указатель 水银指示器
сигнальный указатель 信号指示器
температурный указатель 温度指示器
эталонный указатель 标准指示器
указатель выброса【钻】井喷指示器
указатель глубины 深度指示器
указатель давления 压力指示器
указатель крутящего момента 扭矩指示器
указатель места 位置指示器
указатель нагрузки на долото【钻】钻压指示器
указатель перелива 溢流指示器
указатель положения «открыто-закрыто» 开关状态指示
указатель производительности насоса 泵排量指示器
указатель уровня 液面指示器
указатель уровня воды 水面指示器
указатель уровня масла 油面指示器
указатель уровня топлива 燃料指示器
указатель числа оборотов двигателя 发动机转数指示器
указка 指针
укладка 放下; 敷设; 排列
кубическая укладка【地】立方体排列
орторомбическая укладка【地】斜方体排列
ромбоэдрическая укладка【地】菱面体排列
триклиническая укладка【地】三斜排列
укладка бетона 铺混凝土
укладка в штабель【储】打桩
укладка кабеля 铺电缆
укладка насосно-компрессорных труб на мостках【钻】油管排放在架上
укладка трубопровода на трассе【采】管道铺放在管线位置上
укладчик 铺设工
уклон坡度, 比降; 斜坡, 下坡
гидравлический уклон【地】水力坡度
нормированный уклон 允许坡度
пьезометрический уклон 压力坡度
региональный уклон【地】区域性坡度
уклон вверх 上坡
уклон вниз 下坡
уклон желобов【钻】泥浆槽坡度
уклон материков【地】大陆坡
уклон поверхности воды 水面坡度
уклон потока【地】水流坡度
уклономер【钻】倾斜仪
укомплектовка 配套

УКПГ установка комплексной подготовки газа【采】天然气预处理装置

УКПН узел комплексной подготовки нефти【采】石油预处理站

УКПН установка комплексной подготовки нефти【采】石油预处理装置

укрепитель мертного каната【钻】死绳固定器

укрепительное мероприятие 加固措施

укрепление 加固

укрепление контакта 加固接触面

укрепление стенок скважины【钻】加固井壁

укрупнение эксплуатационных объектов【采】扩大开发层系

укрытие 遮盖, 掩盖

ветровое укрытие【钻】遮风棚

тепло-ветрозащитное укрытие【钻】防风保暖棚

укрытие бурильщика【钻】司钻防护室

укрытие для двигателей 发动机棚

укрытие для насосов 泵棚

укрытие насосного блока【钻】泵房防砂棚

укрытие от песка【钻】防砂棚

укс. к. уксусная кислота【化】醋酸, 乙酸

укупорка 包装, 装箱

улавливание 回收

улавливание газа【采】捕集气

улавливание нефти【采】捕集油

улавливание углеводородов【炼】烃类回收, 烃类捕集

улетучиваемость 挥发性

улетучивание 挥发, 汽化

уловитель 捕捉器; 捕集器

уловитель жидкой серы【炼】液硫捕集器

улучшение 改善

ультра 超

ультраакустика【物】超声学

ультраакустический【物】超音速的

ультразвук 超声波

ультразвуковой 超声波的

ультразвуковой датчик 超声传感器

ультразвуковое измерение 超声波测量

ультразвуковой каротаж【测】超声波测井

ультразвуковое колебание 超声振动

ультракрасный 红外的

ультрафильтр 超级滤网

ультрафиолетовый 紫外线的

умбо (макушка)【地】(生物)头肩; 突起; 肩刺; 鳞脐; 质顶

уменьшение 减少

уменьшения кривизны ствола【钻】降斜

умеренный 中等的

УМК универсальный машинный ключ【钻】吊钳

УМН управления магистральных нефтепроводов【储】输油干线管理

умножение амплитуд【震】振幅增益

умножитель 乘数

УМТС управление материально-технического снабжения 物资技术供应局

умягчение 软化

умягчитель 软化剂

унаследованность тектоническая【地】构造继承性

унаследованный 继承的

унаследованное движение【地】继承性构造运动

унаследованное поднятие【地】继承性隆起

унаследованное развитие【地】继承性发展

унаследованная складчатость【地】后续褶皱作用, 继承性褶皱作用

УНГ уранилнитратгексагидрат【化】双氧铀硝酸盐六水合物

ундуляция【地】波动; 波状地形; 地壳波浪状起伏

ундуляция геоида【地】大地水准面波状起伏

универсальный 万能的, 综合的, 多方面的, 通用的

уникальный【地】超大型的

унификация 规一化; 统一, 一致

униформизация 均匀化

униформизм 均变说

уничтожение 毁灭, 破坏, 消除

УНХУ управление народнохозяйственного учета 国民经济统计局

упаковка【地】(岩石颗粒)镶边, (岩石颗粒)加大边

упаковщик 包装工

УПВ уровень подземных вод【地】地下水位

уплотнение固结, 填塞【地】压实作用【钻】密封; 分隔

асбестовое уплотнение【钻】石棉密封

бессальниковое уплотнение【钻】无填料密封

верхнее уплотнение【钻】上密封圈

вторичное уплотнение【采】二次密封

герметизирующее уплотнение【钻】密封

герметичное уплотнение【钻】密封

гидравлическое уплотнение【钻】水力密封

гравитационное уплотнение【地】重力压实作用

двухстороннее уплотнение【钻】双唇密封

кольцевое уплотнение【钻】环空密封

лабиринтное уплотнение【钻】曲径密封; 迷宫式密封

масляное уплотнение【钻】油封

плавающее уплотнение【钻】浮动式密封

резиновое уплотнение【钻】橡胶密封

сальниковое уплотнение【钻】填料密封

усиленное уплотнение【钻】加强密封

фланцевое уплотнение【钻】法兰密封

эластичное уплотнение【钻】弹性密封, 挠性密封

уплотнение глин【地】泥岩压实

уплотнение горных пород【地】岩石压实

уплотнение грунтов 土压实

уплотнение затвора «металл-металл»【钻】金属对金属闸板密封

уплотнение каркаса【钻】骨架油封

уплотнение клапана【钻】密封阀

уплотнение обсадной колонны【钻】密封套管
уплотнение осадочных пород【地】沉积岩压实作用
уплотнение первой ступени【钻】一级密封
уплотнение поршня【钻】密封活塞
уплотнение по штоку【钻】光杆密封
уплотнение устья скважины【钻】密封井口
уплотнение шва【钻】密封缝
уплотнитель【钻】密封件
кольцевой уплотнитель【钻】环形密封物
механический уплотнитель【钻】密封机; 机械密封器
уплотнитель превентера【钻】防喷器密封胶芯
уплощение 变平坦, 削平
УПН установка подготовки нефти【采】原油预处理装置
УПНП управление повышения нефтеотдачи пластов【采】提高油层采收率管理局
УПО устройство предварительного отбора 预选装置
упор 支点; 支架, 支板, 挡板【钻】挡销(管架)(同упорный штифт)
упорядочение 整理
упорядоченность 顺序性
употребление 使用
УПП устройство постоянной памяти (**ЭВМ**) (电子计算机中的)永久存储器(装置)
управление 管理(局); 控制; 管理
аварийное управление 紧急控制
автоматическое управление 自动控制
газопромысловое управление【采】天然气采气区; 气田管理局
гидравлическое управление 液压控制
гидротехническое управление 水利工程局
двойное управление 双重管理; 双重控制
диспетчерское управление 调度管理
дистанционное управление 遥控
дроссельное управление【采】节流控制
клавишное управление 键盘控制
кнопочное управление 按钮控制
местное управление 局部控制
монопольное управление 垄断管理
нефтегазодобывающее управление (**НГДУ**)【采】油气生产管理局; 油气生产作业区; 采油(气)厂
оперативное управление 实时控制
оптимальное управление 最优控制
педальное управление 踏板控制
пневматическое управление 气动控制
последовательное управление 顺序控制
программное управление 程序控制
прямое управление 直接控制; 接管管理
региональное управление 区块控制
релейное управление 继电控制
ручное управление 手动控制
рычажное управление 手柄控制
ступенчатое управление 分级控制
централизованное управление 集中管理
электронное управление 电子控制

управление буровых работ【钻】钻井局
управление вводом-выводом данных 资料输入—输出管理
управление громкостей【钻】声音控制
управление данными 资料管理
управление движением 交通管理
управление задвижками 闸阀操纵
управление инвестиций и государственной экспертизы проектов 投资和设计国家审批管理局
управление материально-технического снабжения 物质—技术供应局
управление противовыбросовыми превентерами【钻】防喷器操作
управление скважиной【采】管理井, 油井操作
управление скоростью 控制速度
управление тормозами【钻】刹车操作(控制)
управление штуцером 油嘴操作
управляющий 管理的
упрочнение 强化
упрочнение континентальной литосферы【地】大陆岩石圈固结
упрощение 简化
упругий 弹性的
упругая деформация 弹性变形
упругая модель 弹性模型
упругая подвеска 弹性悬挂
упругая система 弹性系统
упруговодонапорный【采】弹性水驱的
упруго-вязкий 黏弹性的
упругоемкость 弹性容量
упруго-пластичный 弹塑性的
упругость 弹性
статическая объемная упругость【地】静弹性模量
упругость газовых компонентов【采】气体组分弹性
упругость горных пород【地】岩石弹性
упругость минералов【地】矿物弹性
УПС удельная площадь скважины【地】单井控制面积
УПСВ установка предварительного сброса воды 预脱水装置
УПСМ Управление промышленности строительных материалов 建筑材料工业局
УПЦЭН установка погружного центробежного электронасоса 离心电潜泵装置
уравнение 方程(式)
уравнение **Бернулли** 伯努利方程
уравнение **Бингхэма** 宾汉方程
уравнение **Ван-дер-Ваальса** 范德华方程
уравнение вытеснения【采】驱替方程
уравнение газового состояния【采】气态方程
уравнение **Дарси** 达西方程
уравнение движения 运动方程
уравнение **Оствальда** 奥斯特瓦尔德方程
уравнение продуктивности газовой скважины【采】气井产能方程
уравнение продуктивности нефтяной скважины【采】油井产能方程
уравнение среднего времени 平均时间公式
уравнение фильтрации【采】渗流

方程
уравнивание 拉平; 平差
уравнитель 平衡器, 调整器, 均压器
уравнительный 平均的; 平均主义的
уравновешивание 调平衡
уравновешивать 使平衡; 使均等
ураган【地】台(飓)风
Урал【地】乌拉尔河
Уральские горы【地】乌拉尔山脉
Уральский кряж【地】乌拉尔山系
Урало-Монгольский геосинклинальный складчатый пояс【地】乌拉尔—蒙古地槽褶皱带
Уральская фаза складчатости【地】乌拉尔褶皱期
Уральско-Новоземельская складчатая область【地】乌拉尔—新地岛褶皱区
уран【化】铀(U)
УРБ управление разведочного бурения【钻】钻探局
урезка заработной платы 削减工资
уровень 水平, 水位; 水准面; 水平线
геодезический уровень【地】大地测量面
геоморфологический уровень【地】地貌水准面
гидростатический уровень【地】静水位; 流体静力水准仪, 静水压面
динамический уровень【采】动液面(井内液面高度)
исходный уровень 原始液面
нулевой уровень 零液面
статический (пьезометрический) уровень【采】静液面(静水位)
средний уровень 平均水面
технологический и технический уровень 工艺和技术水平
уровень бурового раствора【钻】钻井液面
уровень водного зеркала 静水面
уровень воды 水面
уровень грунтовых вод【地】潜水面
уровень добычи【采】开采水平
уровень жидкости 液面
уровень масла 油面
уровень моря【地】海面
уровень океана【地】大洋表面
уровнемер 液面计, 液位仪
акустический уровнемер жидкости【采】声波液位计
дистанционный уровнемер【采】遥控式液位仪
манометрический уровнемер【采】压力液位仪
пневматический уровнемер【采】气动液位仪
поплавковый уровнемер【采】浮动液位仪
пьезометрический уровнемер【采】压力液位仪
ультразвуковой уровнемер【采】超声波液位计
штоковый уровнемер【采】水位指示器
электрический уровнемер【采】电子液位仪
уровнемер резервуара【采】罐液位仪
уровнемер резервуара для бурового раствора【钻】钻井液储罐液位仪
уровнемерный 水位的; 液位的
уровненный 水平的
УРЭ устройство разрушения эмульсии 破乳装置

ус 尖端; 突边; 斜口, 斜面
усадка收缩, 收缩量, 收缩率【地】泥裂
контракционная усадка【地】收缩作用
контракционная усадка остывания【地】冷凝收缩作用
объемная усадка 体积收缩
тепловая усадка 热收缩
усадка бетона 混凝土收缩
усадка в процессе затвердевания 凝固过程中收缩
усадка нефти 石油收缩率
усадка пакера【钻】封隔器收缩
усадка пород【地】岩石收缩
усадка при высыхании 干燥过程收缩
усадка при затвердевании 硬化过程收缩
усадка при схватывании 凝固收缩
усадка цементного раствора【钻】水泥浆收缩
усиление 放大, 增益; 放大率, 加强
автоматическая регулировка усиления 增益自动调节
усиление затухания 阻尼放大, 衰减加快
усиление мощности 功率放大
усиление ног вышки【钻】加固井架大腿
усиление сейсмических сигналов【震】地震信号增益
усилие 加强; 努力; 力, 作用力, 应力
ветровое усилие 风力
внешнее усилие 外力
наибольшее подъемное усилие【钻】最大提升力
осевое усилие 轴向力
продольное усилие 纵向力
толкающее усилие 推力
тяговое усилие 拉力
ударное усилие 冲击力
усилие пружины 弹簧力
усилие торможения【钻】刹车力
усилитель 放大器, 增强器
усилитель вязкости【钻】增黏剂
усилитель звуковой частоты 音频放大器
ускорение 加速; 加速度
ускорение разведки【地】加速勘探进程
ускоритель【钻】加速器
ускоритель времени схватывания【钻】催凝剂
ускоритель схватывания цементного раствора【钻】水泥浆凝固催凝剂
условие 条件; 合同条款; 情况
аварийные условия【钻】应急状态
аналогичные условия 相似条件
атмосферные условия 大气条件
аэробные условия 有氧条件
благоприятные условия 有利条件
временные технические условия (**ВТУ**)【采】时间技术条件
геологические условия【地】地质条件
геолого-технические условия【地】地质技术条件
геотермические условия【地】地热条件
геофизические условия【地】地球物理条件
гидрологические условия【地】水文条件
граничные условия скважин【采】井边界条件
естественные условия【地】自然条件

У

забойные условия【采】井底条件
инженерно-геологические условия 工程地质条件
инженерно-сейсмологические условия【震】工程地震条件
климатические условия【地】气候条件
комнатные условия 室内条件
контурные условия залежи【地】油气藏边界条件
коррозионные условия 腐蚀条件
краевые условия 边界条件
моделирующие пластовые условия【地】模拟地层条件
начальные условия 初始条件
нормальные эксплуатационные условия【采】正常开发条件
ограничивающие условия 限制条件
оптимальные условия 最佳条件, 合理条件
палеогеографические условия【地】古地理条件
пластовые условия【地】地层条件
поверхностные условия【震】地表条件
погодные условия 天气条件
пограничные условия【地】边界条件
подземные условия 地下条件
полевые условия【地】野外条件
предельные условия 极限条件
приемочные условия 验收条件
природно-климатические условия местности【地】当地自然气候条件
природные условия【地】自然条件
производственные условия【采】生产条件
промысловые условия【采】现场开采条件; 矿场条件
рабочие условия 工作条件
равновесные условия 平衡条件
скважинные условия【采】井况
сложные условия 复杂条件
статические условия 静止条件
структурные условия【地】构造条件
тектонические условия【地】构造背景条件
технические условия 技术条件
топографические условия【地】地形条件
фациальные условия【地】沉积条件, 沉积相条件
условия бурения【钻】钻井条件
условия бурения, сложные【钻】复杂钻井条件
условия в нефтяной залежи【地】油藏条件
условия возбуждения【震】激发条件
условия вскрытия пласта【钻】地层(产层)揭露条件
условия выветривания【地】风化条件
условия движения 运动条件
условия залегания【地】产出条件, 埋藏条件
условия залегания природного газа【地】天然气产出条件, 天然气埋藏条件
условия образования скопления нефти【地】形成石油聚集条件
условия образования скопления нефти, фациальные【地】形成石油聚集的沉积相条件

У

условия образования трещин【地】裂隙形成条件
условия окружающей среды【地】环境条件
условия осадконакопления【地】沉积条件
условия отбора проб【采】取样条件
условия отложения【地】沉积条件
условия прекращения фонтанирования【钻】止喷条件
условия приема 接收条件
условия притока【采】产液条件
условия работы 工作条件
условия равновесия 平衡条件
условия распространения 传播(扩散)条件
условия рудообразования【地】成矿条件
условия седиментации【地】沉积条件
условия смачивания 润湿条件; 润滑条件
условия совпадения по фазе 同相条件
условия существования 存在条件; 生长环境
условия эксплуатации скважины【采】井生产状况
условность 条件性
условный 规定的; 假定的; 假设的
условная величина 假定值
условные обозначения (легенда) (地图、图表等)图例, 说明
условный предел 假定范围; 假定限度
условное топливо 标准燃料
услуга 服务
сервисные услуги【采】维修服务
усовершенствование 完善
Усольская свита【地】乌索利组(西伯利亚地台, 下寒武统)
успех 成绩
успешность 成功率
успешность поисков месторождений【地】油气田勘探成功率
успокоитель 阻尼器; 制动器
усреднение 求平均值; 平均; 调和, 中和
устав 章程
усталостный 疲劳的
усталость 疲倦; 疲劳; 软化, 老化
коррозионная усталость 腐蚀老化
механическая усталость 机械老化
тепловая усталость 热疲劳
усталость металла 金属疲劳强度
усталость при кручении 旋转疲劳, 扭曲疲劳
усталость при растяжении 拉张疲劳
устанавливать (установить, установка) 设置; 安设; 安装
устанавливать в скважине пробку【钻】井内打塞
устанавливать глубинный насос【采】安放深井泵
устанавливать кронблок【钻】安装天车
устанавливать морское буровое основание【钻】安装海上钻井平台
устанавливать свечу бурильных труб за палец【钻】向卡柄安放钻杆立根
устанавливать цементный мост【钻】打水泥桥
установившийся 稳定的
установившееся колебание 稳定振动
установившееся напряжение 稳定电压, 额定电压

установившийся режим 稳定状态；稳定机制

установившееся состояние 稳定状态

установка 装置，设备

абсорбционная установка 吸收装置

аварийная установка 应急装置

автоматизированная установка по замеру продукции скважины 单井产液自动化计量装置

автоматическая установка 自动装置

адсорбционная установка 吸附装置

буровая установка【钻】钻机

буровая установка, автоматическая【钻】自动化钻机

буровая установка, действующая【钻】运行钻机设备

буровая установка, дизель-электрическая【钻】柴油—电混合驱动式钻机

буровая установка для обслуживания【钻】服务钻机

буровая установка для среднего бурения【钻】中深井钻机

буровая установка крупноблочная【钻】大型橇装钻机

буровая установка легкого типа【钻】轻型钻机设备

буровая установка, морская【钻】海上钻机

буровая установка, морская заякоренная【钻】海上锚固式钻机

буровая установка, морская полупогружная【钻】海上半潜式钻机

буровая установка, наземная【钻】陆地上钻机

буровая установка на свайном основании【钻】桩基钻机

буровая установка, передвижная【钻】活动钻机，移动式钻机

буровая установка, передвижная смонтированная на автошассе【钻】安装于汽车底盘上的移动式钻机

буровая установка, плавучая【钻】浮动式钻机

буровая установка, погружная【钻】下潜式钻机

буровая установка, роторная【钻】转盘式钻机

буровая установка самоподъемного типа, морская【钻】自升式海洋钻机

буровая установка, самоходная【钻】自动移动式钻机

буровая установка с дизельным приводом для бурения на суше【钻】陆上柴油机驱动的钻机

буровая установка с мачтовой вышкой【钻】桅式井架钻机

буровая установка, смонтированная на автомашине【钻】车载钻机

буровая установка, смонтированная на прицепе【钻】拖车钻机

буровая установка с пневмоуправлением【钻】气动控制钻机

буровая установка с питанием от электросети【钻】利用电网电源电动钻机

буровая установка, стационарная【钻】固定式钻机

буровая установка с электроприводом на суше【钻】陆上电驱动钻机

буровая установка, шнековая【钻】螺旋推进钻机

буровая установка, электрическая【钻】电动钻机

вакуумная установка 真空装置
вентиляционная установка 通风装置
взрывобезопасная установка 防爆装置
водонагревательная установка【采】注水装置
водоочистительная установка【炼】水处理装置
воздухоохладительная установка【钻】空气冷却机
воздухоочистительная установка【炼】空气净化装置
вспомогательная технологическая установка【炼】辅助工艺装置
высокочастотная установка 高频装置
газогенераторная установка【炼】气体生成装置
газокомпрессорная установка【储】天然气压缩装置
газоочистительная установка【炼】天然气净化装置
газо-промывочная установка【炼】气体冲洗装置
газотурбинная установка 气涡轮装置
генераторная установка 发电装置
гидроакустическая установка 水声设备
гидроприводная установка 液压传动装置
гидроциклонная установка 水力旋流设备
глубинно-насосная установка【采】深井泵装置
глубинно-насосная установка, беструбная【采】无杆深井泵装置
глубинно-насосная установка, длинноходовая【采】长冲程深井泵装置
градирная установка 冷水装置
групповая установка 成套设备
дегазационная установка【采】脱气装置
дегидратирующая установка【采】除水合物装置
депарафинизационная автоматическая установка【采】自动清蜡车
десорбционная установка 解吸装置
деэмульсионная установка 解乳化物装置
дизельная установка【钻】柴油装置
дипольная установка 偶极装置
дробеструйная установка【钻】喷砂装置
замерная установка для скважины【采】井口计量装置
испытательная установка【采】测试设备
компрессорная установка【采】增压设备
котельная установка (КУ) 锅炉设备
криогенная установка【化】低温装置
лабораторная установка【化】实验室装置
моделирующая установка 模拟设备
монтажная установка устьевого оборудования【钻】井口设备安装装置
морская передвижная установка для разведочного бурения【钻】海洋移动式钻探设备
морская установка для разведочного бурения【钻】海洋钻探设备
нагнетательная установка【采】加

У

压注入设备
насосная установка 泵设备
насосная установка, групповая 成套泵设备
насосная установка для кислотной обработки скважины【钻】用于井酸化的泵设备
насосная установка, передвижная 移动式泵设备
насосная установка, скважинная штанговая (**СШНУ**)【采】杆式深井泵
нефтегазосборная установка【采】集油气装置
нефтезамерная установка【采】石油计量装置
нефтеналивная установка【采】加注石油装置
нефтепромысловая установка【采】油田设备
нефтестабилизационная установка【炼】原油稳定装置
обезвоживающая термохимическая установка【炼】热化学脱水装置
обеспыливающая установка 除尘装置
одоризационная установка【炼】加味装置
опреснительная установка【炼】除盐装置
опытная установка 试验装置
осветительная установка 照明设备
отопительная установка 取暖装置
парогенераторная установка【采】蒸汽生成装置
передвижная паровая установка (**ППУ**)【采】移动式蒸汽装置(清蜡车)
пескоструйная установка【采】喷砂装置
подъемная установка【钻】提升设备
промывочная установка【采】洗井循环装置
промысловая установка【采】矿场设备
промышленная установка 工业设备
противопожарная установка 消防设备
пусковая установка【炼】(点火)启动装置
радиолокационная установка 雷达塔设备
рентгеновская установка X射线装置
самоходная установка 自动行走设备
самоходная установка для капитального ремонта скважин【钻】自行修井机
сборная установка, групповая【采】多井集油装置
сборная установка, индивидуальная【采】单井集油装置
сварочная установка 焊接设备
силовая установка 动(力)设备
силовая установка, дизель-электрическая 柴油电动设备
силовая установка, комбинированная 复合式动设备
ситогидроциклонная установка 水力旋流筛设备
смесительная установка【钻】搅拌装置
телевизионная установка для исследования ствола скважины【测】井眼研究可视(成像)设备
теплофикационная установка 供热

系统
турбокомпрессорная установка 涡轮压缩装置
холодильная установка 冷冻装置
штангово-насосная установка【采】有杆泵设备
электродепарафинизационная установка【采】电除蜡装置
электродеэмульгирующая установка【钻】电除乳化装置
электрообезвоживающая установка【炼】电脱水装置
электрообессоливающая установка【炼】电脱盐装置
установка абсорбционной (гликолевой) осушки【炼】乙二醇吸收脱水装置
установка акустического каротажа【测】声波测井设备
установка блочного типа 橇装设备
установка водоочистки【炼】水净化装置
установка водоподготовки【炼】水预处理装置
установка водяного пожаротушения 水灭火设备
установка газового пожаротушения【安】气防设备
установка гранурирования серы【炼】硫黄成型装置
установка для аэрирования жидкости【炼】液体充气装置
установка для вращательного бурения【钻】旋转钻井设备
установка для гидравлического разрыва пласта【钻】地层水力压裂设备
установка для гидроиспытания обсадных и бурильных труб【钻】套管与钻杆液压试验装置
установка для дезинфицирования【安】消毒设备
установка для изменения параметров работы скважины【采】改变井工作参数装置
установка для капитального ремонта морских скважин【钻】海上井大修设备
установка для комплексной подготовки газа【炼】天然气预处理装置
установка для обессеривания нефти【炼】石油脱硫装置
установка для одоризации газа【炼】气体增味装置
установка для очистки высокосернистых природных газов【炼】净化高含硫天然气装置
установка для очистки от песка【采】除(清)砂设备
установка для очистки сточных вод【炼】污水净化装置
установка для подземного ремонта【钻】井下修井设备
установка для приготовления бурового раствора【钻】钻井液配制设备
установка для придания запаха газу【炼】气体添味设备
установка для разведочного бурения【钻】钻探设备
установка для регенерации бурового раствора【钻】钻井液再生装置
установка для регенерации утяжелителя【钻】加重剂再生装置
установка для свабирования скважин【采】井抽汲设备

установка для сейсмической разведки【震】地震勘探设备
установка для смазки обсадных труб【钻】套管润滑设备
установка для ударного бурения【钻】顿钻设备
установка для ударно-канатного бурения【钻】钢绳顿钻设备
установка для ударно-штангового бурения【钻】有杆顿钻设备
установка для частотного анализа 频率分析仪
установка для цементирования【钻】水泥固井设备
установка для шнекового бурения【钻】螺旋推进钻井设备
установка кислотной ванны【采】酸浴设备
установка комплексной подготовки газа (УКПГ)【采】天然气综合(预)处理装置
установка морского основания【钻】海洋平台设备
установка нефтяной ванны【采】油浴设备
установка нивелира 水准仪
установка низкотемпературной сепарации【炼】低温分离装置
установка обессоливания【炼】脱盐装置
установка обсадной колонны【钻】套管设备
установка осушки газа (УОГ)【炼】天然气脱水装置
установка отбензинивания【炼】脱轻质油装置, 脱汽油装置
установка охлаждения газа【炼】天然气冷却装置
установка очистки аммиачного раствора (УОАР)【炼】氨液净化装置
установка очистки сточных вод (УОСВ)【炼】污水净化装置
установка пенного пожаротушения【安】泡沫灭火设备
установка пожарной сигнализации【安】消防信号装置
установка пожаротушения【安】灭火设备
установка получения легких углеводородов (УПЛУ)【炼】轻烃回收装置
установка получения серы (УПС)【炼】硫黄回收装置
установка порошкового пожаротушения【安】粉末灭火设备
установка предварительного сброса воды (УПСВ)【采】污水预排放装置
установка разбрызгивания【钻】喷溅装置
установка сбора газа (УСГ)【采】集气装置
установка с вымораживателями 带防冻剂装置
установка сероочистки газа (УСОГ)【炼】天然气脱硫装置
установка стабилизации конденсата (УСК)【炼】凝析油稳定装置
установка столбов【储】埋桩装置
установка трансляций 中继器
установка усилия натяжения 拉紧设备
установка устранения воды 收水器(阻燃)
установка экспорта товарного газа

【储】商品气外输装置
установка электрохимической защиты 电化学保护装置
установление 规定; 安装; 建立; 确立
установочный 安装的; 调整的; 装置的; 规定的
устой 底座, 墩子; 桥墩
устойчивость 稳定性
гидродинамическая устойчивость 流体动力学稳定性
термическая устойчивость【钻】热稳定性
химическая устойчивость бурового раствора【钻】钻井液化学稳定性
устойчивость башенной вышки【钻】塔式井架稳定性
устойчивость бурового раствора【钻】钻井液稳定性
устойчивость к коррозии 抗腐蚀性
устойчивость к тепловому старению 抗热老化能力
устойчивый 稳定的
устранение 消除, 排除
устранение аварии 事故排除
устранение дефектов【钻】消除故障; 消除缺陷
устранение недостатки 消除缺陷
устранение неполадок【钻】排除故障
устройство 小型装置, 设施; 机构; 安排, 布置, 设立
балансировочное устройство 平衡装置
блокировочное устройство 联动装置
буферное устройство【钻】缓冲装置
воздухоочистительное устройство【钻】空气源净化装置
вольтодобавочное устройство 电压补给装置
вспомогательное устройство 辅助装置
выпрямительное устройство【钻】整流装置
гидробуферное устройство【钻】液压缓冲装置
гидроприводное устройство【钻】液压驱动装置
грузоподъемное устройство 起重设备, 起重装置
двуполостное смесительное устройство 双膛混合装置
демпфирующее устройство 减振装置
дозировочное устройство 配料装置; 计量装置
дренажное устройство 排泄装置
дроссельное устройство【采】节流装置
загрузочное устройство 装载设备
зажигательное устройство 燃烧装置
зажимное устройство 夹紧装置
заземляющее устройство 接地装置
запоминающее устройство 存储器
запорное устройство 关闭装置
запорное устройство с гидроуправлением 液控闸板
защитное устройство 保护装置
измерительное устройство【采】计量装置
испытательное устройство【采】测试装置
кодирующее устройство 编码器
комбинированное устройство, содержащее центратор и скребок【钻】具有扶正器与刮削器的联合装置

нагревательное скважинное устройство【采】井口加热装置

нагревательное электрическое устройство 电加热装置

направляющее устройство【钻】导向装置; 导轨装置

направляющее устройство, двуплечее【钻】双翼定向装置

натяжное устройство【钻】张紧箍装置

освобождающее устройство【钻】活动(松动)装置

отводное устройство 疏导装置

отводное устройство телескопической секции 遥测疏导装置

отклоняющее устройство【钻】造斜装置

пакерирующее устройство【钻】封隔设备

передаточное устройство ротора【钻】转盘传动装置

переключающее устройство【采】开关装置

перемешивающее устройство высокого давления для бурового раствора, струйное【钻】钻井液高压喷射搅拌装置

перемешивающее устройство для бурового раствора【钻】钻井液搅拌装置

перепускное устройство 旁通装置

пересчетное устройство 计算设备

переходное устройство 转换装置

печатающее устройство 打印设备

пневмозащитное устройство 气动保护设备

погрузочно-разгрузочное устройство 装卸设备

поддерживающее устройство 支撑设备

подъемно-транспортное устройство 起重运输设备

предохранительное устройство 防护设备

приводное устройство 传动装置

причальное устройство 停泊设备, 码头设备

противовибрационное устройство 防振装置

противопожарное устройство【安】消防设备

пусковое устройство 启动装置

разбрызгивающее сопловое устройство в сборе【钻】喷淋管总成

разгрузочное устройство 卸载设备

раздаточное устройство【采】发油设备

разливочное устройство【采】卸油装置

распределительное устройство 配送装置

регистрирующее устройство 记录装置

регистрирующее устройство, гидравлическое 水力记录装置

регулирующее устройство 调节装置

регулирующее устройство, автоматическое 自动调节装置

свечеприемное устройство【钻】立根接收装置

селективно-переключающее устройство 选择性开关装置

сепарирующее устройство【采】分离设备

сигнальное устройство 信号装置

следящее устройство【钻】随动跟

踪设备
сливное устройство【钻】汇流器; 排放设备
сливо-наливное устройство【采】装卸油设备
соединительное устройство 连接装置
спасательное устройство 救援设备
спускное устройство 排放装置; 投放设备
стопорное устройство【钻】锁紧装置
тормозное устройство 刹车装置
трубозажимное устройство【钻】卡管机, 卡管器
уплотнительное устройство【钻】密封设备
уплотнительное устройство, вращающееся【钻】旋转密封装置
уплотняющее устройство【钻】密封装置
управляющее устройство 控制装置
факельное устройство 放空火炬装置
цементировочное устройство【钻】注水泥装置
централизующее устройство【钻】对中装置
якорное устройство 锚固设备
устройство безопасности【安】安全装置
устройство блокировки【钻】联锁装置
устройство восстановления【钻】复位机构
устройство для ввода ведущей трубы в шурф【钻】主钻杆投放鼠洞设备
устройство для вытаскивания【钻】抽出设备
устройство для двухступенчатого цементирования【钻】二级固井设备
устройство для дегазирования бурового раствора【钻】钻井液脱气装置
устройство для забуривания шурфа【钻】钻鼠洞设备
устройство для засыпки траншей 填沟设备
устройство для изменения 改变装置
устройство для измерения дебита【采】流量计量装置
устройство для контроля уровня жидкости【采】液面控制装置
устройство для крепления 加固装置
устройство для крепления неподвижного конца талевого каната【钻】死绳端固定设备
устройство для крепления оттяжки【钻】绷绳固定设施
устройство для налива танкеров【储】油轮加注设备
устройство для намотки каната【钻】钢丝绳缠绕设备
устройство для натяжки приводных ремней 传动皮带张紧设备
устройство для обнаружения утечек в обсадных колоннах【钻】检测套管漏失设备
устройство для отклонения струи 改变射流方向设备
устройство для отмывки шлама【钻】岩屑冲刷装置
устройство для очистки бурового раствора【钻】钻井液净化装置
устройство для очистки бурового раствора от песка【钻】钻井液净

化除砂装置

устройство для очистки внутренней поверхности трубопровода【储】管道内表面清理设备

устройство для очистки стенок скважины【钻】井壁清理设备

устройство для перемотки талевого каната【钻】倒绳机

устройство для подачи воздуха【钻】供气装置

устройство для подачи труб в скважину под давлением【钻】带压向井内下套管装置

устройство для подвески【钻】悬挂装置

устройство для подогрева пласта【采】地层预热装置

устройство для предотвращения загрязнения подводной среды【钻】水下介质预防污染设备

устройство для промывки шлама【钻】岩屑冲洗设备

устройство для регулирования расхода 流量调节装置

устройство для рентгеновского контроля труб изнутри 管子内表面伦琴射线检测设备

устройство для свинчивания и развинчивания【钻】管子上卸扣设备

устройство для сигнализации о повышении давления 压力升高报警仪器

устройство для смены задвижек под давлением【采】带压闸阀更换装置

устройство для соединения цепи【钻】接链器, 接链装置

устройство механизации【钻】机械化设施

устройство отвода дыма 排烟罩

устройство перемещения с переноса свечи【钻】立根移运装置

устройство противостолкновения стропы【钻】水龙头吊环防碰器

устройство регулирования уровня【钻】液面调节装置

устройство с гидроприводом от гидростанции【采】从液压站获得驱动的装置

устройство сигнализации 信号装置

устройство снабжения-подачи электричества 配供电设施

устройство спуска и подъема【钻】升降装置, 升降设备

устройство с ручным приводом 手动驱动装置

устройство централизации【钻】对中(扶正)设施

устройство якорного каната【钻】钢丝绳锚固装置

уступ 台阶, 坡折; 阶段边坡; 坡面

уступ в стволе скважины【钻】井眼台阶, 井眼轨迹阶段

уступ в стенке ствола【钻】井壁台肩

уступ в точке искривления скважины【钻】井眼造斜点台肩

уступ для башмака обсадной колонны【钻】套管鞋的台肩

устье【钻】井口【地】河口

устье канала в породе【地】岩石孔喉

устье реки【地】河口

устье скважины【钻】井口

устьевый 井口的【地】河口的

усушка 干缩

утверждение 批准

утверждение бюджета 审批预算

утверждение запасов【地】储量审核

утечка (液体)漏失, 渗漏; 泄漏

утечка в клапане【采】阀门漏失

утечка воды 漏水

утечка из скважины【采】井泄漏

утечка масла 漏油

утечка нефти【采】漏油

утечка тока 漏电

утилизация 有效利用

утилизация отходов производства 生产废料综合利用

утилизация энергии 能源有效利用

УТК урегулирователь (успокоитель) талевого каната【钻】快绳排绳器

утолщение 加厚, 加粗; 较厚部分

утонение 薄, 变薄

уточнение 校核; 精确化; 修正

уточнение структуры【地】落实构造

утрамбовка 夯实, 捣固

утрата 使丧失

УТЭХ Управление топливно-энергетического хозяйства 动力燃料工业局

утяжеление 加重

утяжеление бурового раствора【钻】加重钻井液

утяжелитель【钻】加重剂, 加重材料

баритовый утяжелитель【钻】硫酸钡(重晶石)加重剂

сидеритовый утяжелитель【钻】菱铁矿加重剂

утяжеленный【钻】加重的

утяжеленный низ【钻】加重的钻柱下部(底部)

Уфимский ярус【地】乌法阶(俄罗斯地台, 上二叠统)

уход 离开, 走开; 脱离; 保养【钻】开钻新井眼

профилактический уход 检修保养

уход в сторону боковым стволом【钻】侧钻井眼

уход за бетоном 混凝土养护

уход забоя от вертикали【钻】井底偏离垂直方向

уход за смазочной системой 润滑系统维护

ухудшение 恶化

ухудшение коллекторских свойств пласта【地】地层储集性变差

ухудшение свойства бурового раствора【钻】钻井液性能变差, 钻井液变性

ухудшение эксплуатационных показателей【采】开发指标变差

УЦЛ указатель цитированной литературы 参考文献索引

УЦЭН установка центробежного электронасоса 电动离心泵装置

участие в конкурсе 参加竞标

участок 区; 段【地】区块

тампонажный участок【钻】固井队

эталонный участок【地】成熟区块

участок недр 矿区

участок ствола скважины【钻】井段

участок ствола скважины, обсаженный колонной【钻】下套管井段

участок ствола скважины, уменьшенный диаметр【钻】缩径井段

участок трубопровода【储】管道区段

учет 核算; 登记; 统计; 核算

ежедневный учет 日核算

текущий учет 现今核算

учетный 统计的

учреждение 机关
уширение 加宽, 横展, 放宽, 展宽; 放宽
ушко【钻】吊耳
подвесное ушко【钻】吊耳; 吊环
ушко серьги【钻】吊耳
ущелье【地】峡谷, 嶂谷; 隘口
ущерб 损失
УЩР уголе-щелочной реагент【钻】煤碱剂
УЭП удельная электрическая проводимость 电导率
УЭС удельное электрическое сопротивление 电阻率
уязвимость 易损性, 薄弱性, 致命性, 伤害性

Ф

фабрика масляных красок 油漆厂
фаза 相; 阶段, 时期【地】构造期(幕)
Альпийская фаза складчатости【地】阿尔卑斯褶皱期
благоприятная фаза【地】有利时期
временная фаза 时间相位; 时间阶段
вытесняемая фаза【采】被驱替相
вытесняющая фаза【采】驱替相
газовая фаза 气相
газожидкая фаза 气液相
газообразная фаза 气态
Герцинская фаза складчатости【地】海西褶皱期
гетерогенная фаза 多相; 非均匀相
Гималайская фаза складчатости【地】喜马拉雅褶皱期
главная фаза нефтеобразования【地】石油形成主期
граничная фаза 边界相
деструктивная фаза 破坏相, 分解相
дисперсная фаза 分散相
дифференциальная фаза 微分相位
жидкая фаза 液相
заключительная фаза【地】最后一幕, 终幕
исполнительная фаза 执行阶段
Каледонская фаза складчатости【地】加里东褶皱期
Киммерийская фаза складчатости【地】基末利褶皱期
конденсированная фаза 液化相
мгновенная фаза【震】瞬时相位
метастабильная фаза 亚稳相
минеральная фаза【地】矿物相
многокомпонентная фаза 多组分相
начальная фаза【震】初相位
нейтральная фаза 中立期
несмачиваемая фаза 不可润湿相
несмачивающая фаза 非润湿相
нефтяная фаза【采】油相
однородная фаза 单相
органическая фаза 有机相
орогеническая фаза【地】造山期(幕)
паровая фаза 蒸汽相
переходная фаза【地】过渡期
подвижная фаза 流动相
постоянная фаза 固定相, 稳态相
пострудная фаза【地】成矿期后

промежуточная фаза 中间相
смачиваемая фаза 可润湿相
смачивающая фаза 润湿相
твердая фаза 固相
твердая фаза бурового раствора 【钻】泥浆固相
твердая фаза, измельченная 细粒固相
твердая фаза малой плотности 低密度固相
Уральская фаза складчатости【地】乌拉尔褶皱期
фаза активности 活动期, 活跃期
фаза возмущения 干扰期, 扰动期
фаза волны【震】波相位
фаза восстановления 恢复期
фаза высвобождения деформаций 应变释放期
фаза землетрясения【震】地震期
фаза кристаллизации【地】结晶期
фаза напряжения 电压相位
фаза орогенезиса【地】造山期
фаза отраженных волн【震】反射波相位
фаза преломленных волн【震】折射波相位
фаза растворенного газа 溶解气相
фаза расширения 膨胀期
фаза рифта【地】断裂期
фаза свободного газа 游离气相
фаза складкообразования【地】褶皱形成期
фаза складчатости【地】褶皱期
фаза тектогенеза【地】构造(褶皱)期, 构造运动幕
фаза увеличения 增加期
фаза уменьшения 减少期
фазировка 定相, 相位调整
фазовый 相的, 相位的
фазовый годограф【震】相位时距曲线
фазовая голограмма 相位全息图
фазовый закон【地】相律
фазовое изменение【震】相变
фазовое искажение【震】相位失真, 相位畸变
фазовое превращение【震】相转变
фазовое различие【震】相差
фазовое смещение【震】相移
фазовый спектр 相位谱
фазовый угол 相位角
фазокомпенсатор 相位补偿器
фазоуказатель 相序表
файл 文件; 数据文件存储器
файялит【地】铁橄榄石
ФАК функция автокорреляции 自相关函数
факел【采】火炬【钻】喷柱, 喷流
высокотемпературный факел【采】高温火炬
горящий факел【采】紧急放喷火炬
факел для сжигания неиспользуемого попутного газа【采】燃烧未利用的伴生气火炬
факел нефтяного газа【采】石油气火炬
факельный【采】火炬的, 火炬放喷的
факельная система【采】火炬系统
факельное хозяйство【采】火炬设施, 火炬装置
фактически 实际上
фактический 实际的
фактор 因素; 因子; 系数
биологический фактор обстановки осадконакопления【地】沉积环

境生物因素
ведущий фактор 主要因素
водонефтяной фактор【采】油水比
водонефтяной фактор добываемой продукции【采】产液油水比
водоцементный фактор【钻】水泥(水灰)比(因数)
газоводяной фактор【采】气水比
газовый фактор【采】气油比; 油气比
газовый фактор на устье скважины【采】井口气油比
газовый фактор, объемный【采】体积气油比
газовый фактор, пластовый【采】地层条件下气油比
газовый фактор, приведенный к атмосферным условиям【采】换算成大气条件下气油比
газовый фактор при нагнетании【采】注水条件下气油比
газовый фактор при фонтанировании【采】自喷条件下气油比
газовый фактор, рабочий【采】生产条件下气油比
газовый фактор, расчетный【采】计算的气油比
газовый фактор, средний【采】平均气油比
газовый фактор, суммарный【采】累积气油比
газоконденсатный фактор【采】气一凝析油比
геометрический фактор 几何因素
геоструктурный фактор【地】地质构造因素
гидрогеологический фактор【地】水文地质因素
гранулометрический фактор【地】粒度因素
литологический фактор【地】岩性因素
литолого-фациальный фактор【地】岩相因素
стратиграфический фактор【地】地层因素
структурный фактор【地】结构因素
тектонический фактор【地】构造因素
температурный фактор 温度因素
термобарический фактор【地】温度与压力因素
физический фактор обстановки осадконакопления【地】沉积环境物理因素
химический фактор обстановки осадконакопления【地】沉积环境化学因素
человеческий фактор 人为因素
фактор интенсивности 强度因素
фактор корреляции 相关因素, 相关系数
фактор мутности 浊度因素
фактор нефтегазоносности【地】含油气性因素
фактор осадочного процесса【地】沉积过程因素
фактор поглощения 吸收因子, 吸收系数
фактор распределения 分配系数
фактор среды 介质因素
фактор стабилизации 稳定因素
фактор увеличения 放大因素; 放大系数
фактор эффективности геологоразФ

ведочных работ【地】地质勘探工作效率因素

фактура 发票; 发货单

коммерческая фактура 商务发票, 正式签证的贸易发票

консульская фактура 领事发票

Фаменский ярус【地】法门阶(尼盆系)

фанера 胶合板

Фанерозой【地】显生宙(宇)

Фанерозойский эон (эонотема)【地】显生宙(宇)

фасад 正面, 正面图

фаска 倒棱; 斜棱, 斜面

фасовка серы【炼】硫黄分装

фасонный 特形的, 异形的, 不规则曲线的

фауна【地】动物群; 动物区系; 动物化石

фация【地】沉积相; 相

абиссальная фация【地】深海沉积相

батиальная фация【地】次深海沉积相

береговая фация【地】滨岸相

изопичная фация【地】同相, 同沉积环境

континентальная фация【地】陆相

лагунная фация【地】潟湖相

литологическая фация【地】岩相

литоральная фация【地】滨海相

морская фация【地】海相

океаническая фация【地】大洋相

осадочная фация【地】沉积相

петрографическая фация【地】岩相(岩石学成因相)

прибрежная фация【地】滨岸相

промежуточная фация【地】过渡相

сублиторальная фация【地】浅海相

типичная фация【地】典型沉积相, 标准沉积相

фация метаморфизма【地】变质相

фация осадконакопления【地】沉积相

фациально-палеогеографический【地】岩相古地理的

фациальный【地】沉积相的

фациальное замещение【地】相变

фациальная изменчивость【地】相变化性

фаялит【地】铁橄榄石

ФБУ финансово-бухгалтерский управленец 银行财务工作人员

фенантрен【地】菲

фенилбутилен【化】苯基丁烯

фенилгликоль【化】苯基乙二醇

фенол【化】酚, 石碳酸

фенолоспирт【化】酚醇

фенопласт【化】酚醛塑料

Ферганская впадина【地】费尔干纳盆地

Ферганская нефтегазоносная область【地】费尔干纳含油气区

ферма 桁架, 构架

фермент【化】酶, 酵母

ферро-【化】亚铁, 铁

феррохромлигносульфонат (ФЕЛС)【钻】铁铬木质素磺酸盐降黏剂

ФЕС фильтрационно-емкостные свойства【地】孔渗特征

фигура 形状

фигура травления 蚀像

физика 物理学

физика нефтяного пласта【采】油层物理学

физика пласта 油层物理

физикохимия 物理化学
физиография【地】地文学
физический 物理的
физические весы 物理天秤
физическое выветривание 物理风化
физический параметр 物理参数
физическая химия 物理化学
фиксатор 定位器【钻】定位销
фиксация 固定; 定位, 测位; 定影
фиксация основных параметров 记录主要参数
фиксация перемены давления 记录压力变化
фиктивный 虚拟的, 虚的
филиал 分支机构
фильтр 滤网, 过滤器; 滤波器【钻】筛管
абсорбционный фильтр 吸收过滤器
активный угольный фильтр 活性炭过滤器
биологический фильтр 生物过滤器
бумажный фильтр 滤纸
водяной фильтр 水过滤器
воздушный фильтр【钻】空气滤子
всасывающий фильтр【钻】吸入式过滤器
высасывающий фильтр【钻】排放(放油)滤清器
высокоэффективный фильтр【钻】高效空气过滤器
газовый фильтр 气体过滤器
гравийный фильтр【钻】砾石过滤层; 砾石过滤器
гравийный фильтр, набивной【钻】充填砾石筛管
гравийный фильтр ствола многопластовой скважины【钻】多层位井眼砾石充填筛管
гравийный фильтр, съемный【钻】可拆砾石筛管
гравитационный фильтр【采】重力过滤器
двойной фильтр【钻】双层滤网
диатомовый фильтр 硅藻土过滤器
дисковый фильтр 盘式过滤器
дырчатый фильтр【钻】孔眼式衬管
забойный фильтр【钻】井底筛管
засоренный фильтр 被堵塞过滤器
игольчатый фильтр 针状过滤器
керамический фильтр 陶瓷过滤器
клинообразный фильтр 楔状过滤器
кольцевой фильтр 环状过滤器
ленточный фильтр 带状过滤器
маслоотделяющий фильтр【钻】除油过滤器
масляный фильтр (фильтр для смазочного масла)【机】机油滤子, 滤油器
мелкопористый фильтр 小孔过滤器
механический фильтр 机械过滤器
минимально-фазовый фильтр 最低相位滤波器
напорный фильтр 高压过滤器
однослойный фильтр 单层过滤器
песочный фильтр【采】砂石过滤器
пластинчатый фильтр 板状过滤器
плотный фильтр 致密滤纸
поглощающий фильтр 吸收过滤器
полосовой фильтр 带状过滤器
пористый фильтр 孔隙过滤器
предварительный фильтр топлива【钻】燃油初滤
проволочный фильтр【钻】绕线式衬管
противопесочный фильтр 防砂滤管
разделительный фильтр 分离过滤器

режущий фильтр верхних (нижних) частот 高(低)频滤波器
самоочищающийся фильтр【采】自清洗过滤器
сетчатый фильтр 网眼过滤器【钻】网眼状筛管
скважинный фильтр 井内过滤器【钻】井内筛管
топливной фильтр【钻】燃油滤子
угольный фильтр 活性炭过滤器
ультразвуковой фильтр 超声波过滤器
щелевидный фильтр【钻】带缝衬管
фильтр водозаборных скважин【钻】水井衬管
фильтр высокой частоты (**ФВЧ**)【震】高频滤波器
фильтр глинистого раствора【钻】泥浆过滤器
фильтр для дизельного топлива【钻】柴油滤子
фильтр для смазочного масла【钻】机油滤子
фильтр класса Т【钻】T级过滤器
фильтр масляной ванны 油底壳滤子
фильтр насоса【钻】泵过滤器
фильтр насосно-компрессорной трубы【钻】油管衬管
фильтр нефтяной скважины【钻】油井筛管
фильтр низкой частоты (**ФНЧ**)【震】低频滤波器
фильтр с вертикальными щелями【钻】直缝筛管
фильтр с горизонтальными щелями【钻】水平缝筛管
фильтр с гравийно-кварцевой подушкой【钻】带砂砾层筛管
фильтр с крупной сеткой 大网眼过滤器
фильтр с щелевидными отверстиями【钻】割缝衬管
фильтр-воронка 过滤漏斗
фильтр-газопоглотитель 气体吸收过滤器
фильтр-пресс 压滤机
фильтр-сепаратор 过滤—分离器
фильтрапакет 滤芯
фильтрат 滤液, 滤出液
фильтрат бурового раствора【钻】钻井液滤出物; (泥浆漏失残留在地层中)滤渣
фильтрационный 过滤的; 渗透的; 渗流的
фильтрационная активность 过滤作用
фильтрационный потенциал 渗透电位
фильтрация 过滤, 滤波, 渗透, 渗漏, 渗流
вакуумная фильтрация 真空过滤
гравитационная фильтрация【地】重力渗流
грубая фильтрация 粗过滤
двухфазная фильтрация 二相渗流
изотермическая фильтрация 等温渗流
капиллярная фильтрация【地】毛细管渗流
линейная фильтрация【地】线性渗流
неустановившаяся фильтрация【地】非稳定渗流
одномерная фильтрация 单向渗流
плоско-параллельная стационарная фильтрация【地】层状稳定渗流

пространственная фильтрация【震】空间滤波
радиальная фильтрация【地】径向渗流
релаксационная фильтрация 张弛渗流
стационарная фильтрация【地】稳定渗流
турбулентная фильтрация 紊(渗)流
установившаяся фильтрация【地】稳定渗流
фильтрация бурового раствора【钻】钻井液渗流
фильтрация газа 气体渗流
фильтрация глинистого раствора【钻】泥浆渗透作用, 泥浆漏失
фильтрация жидкости 液体渗流
фильтрация многокомпонентных потоков 多组分渗流
фильтрация многофазных потоков 多相渗流
фильтрация под давлением 带压渗流
фильтрация под разрежением 负压, 渗流
фильтрация при высоких температурах 高温下渗流
фильтрование 过滤
фильтруемость 过滤性, 过滤率, 可滤性
фильц 毡垫圈
ФИМ фазово-импульсная модуляция 脉冲相位调制
ФИМ фазоимпульсный модулятор 脉冲相位调制器
финансы 财政, 财务; 金融
финансирование 拨款
финансист 金融家
финансовый 财政的, 财务的; 金融的
фирма 公司; 商行
фирн【地】冰川雪; 万年雪, 粒状雪, 雪冰
фитиль 引火嘴; 引火线, 导火索
фитинг 管接头零件
фитологический【地】植物学的
фитопалеонтология【地】植物化石学
ФК финансовая компания 金融公司
ФК финансовый концерн 金融康采恩
ФКП функция комплексного показателя 综合指数函数
фланг 侧面, 侧翼
фланец 法兰
вращающийся фланец 旋转法兰
глухой фланец 无孔法兰, 盲法兰
двойной фланец 双法兰
закрытый фланец 关闭法兰
квадратный фланец 方形法兰
колонный фланец【钻】套管头法兰
крепежный фланец 固定法兰
круглый фланец 圆形法兰
нижний фланец 下法兰盘
обратный фланец 单向法兰
опорный фланец 支撑法兰
ответный фланец 回流法兰
открытый фланец 开口法兰
переходный фланец 变径法兰, 过渡法兰
приваренный фланец 焊接法兰
приемный фланец 接收法兰
уплотнительный фланец 密封法兰
установочный фланец 可安装法兰
устьевой фланец 井口法兰
фланец для продувки【钻】吹气法兰
фланец резьбы 线扣法兰

Ф

фланец сальника 盘根盒法兰
фланец трубы【钻】管柱法兰
флегма 黏液; 回流液, 分凝液; 回流
флексура【地】挠褶, 挠曲; 单褶; 挠褶弯曲
горизонтальная флексура【地】水平挠曲褶皱
флеш-испаритель【炼】闪蒸器
флинт【地】燧石
флиш【地】复理石, 复理层
флотация 浮选法
флотореагент 浮选剂
флуктуация (флюктуация) 起伏, 涨落, 变化, 波动【测】测井曲线响应幅度
флуометр 荧光计
флуометрия (флюорометрия) 荧光测定
флуорен【化】芴
флуоресценция (флюоресценция) 荧光, 荧光作用
флуорид (флюорид)【化】氟化物
флуорит【地】萤石, 氟石
флюгер【钻】风向标
флюид 流体
агрессивный флюид 侵蚀性(腐蚀性)流体
двухфазный флюид 两相流体
добываемый флюид【采】采出流体
закачиваемый флюид【采】被注流体
минерализованный флюид【采】矿化流体
многофазный флюид 多相流体
однофазный флюид 单相流体
откачиваемый флюид【采】抽出流体
пластовый флюид【地】地层流体
рудоносный флюид【地】含矿流体
термальный флюид【地】地热流体
углеводородный флюид【地】烃类流体
эндогенный флюид【地】内生流体
флюидный 流体的
флюидонасыщенность【地】流体饱和度
флюксогранит【地】流状花岗岩
флюктуация (флуктуация) 起伏, 涨落, 变化, 波动
флюоресценция 荧光; 照射发光
флюориметр 荧光计
флюорит【地】萤石
флюс 焊剂, 焊药
ФМ фазовая модуляция 调相, 相位调整
фокальный【震】震源的
фокус 焦点; 中心; 核心; 变焦
фокус землетрясения【震】震源
фокусирование 聚焦
фольга 薄片, 箔
фон 基值; 背景(值); 环境
акустический фон 噪声背景
геохимический фон【地】地球化学背景
естественный фон【地】自然背景值
региональный фон【地】区域背景
слабый фон【地】低背景, 低背景值
фон подготовки землетрясения【震】地震孕育背景
фон помех 干扰背景
фонарь 灯; 灯笼; 信号灯【钻】扶正器(同центратор)
аварийный фонарь 信号灯
клапанный фонарь【采】阀室, 活门室
контактный фонарь【钻】接触扶

正器
направляющий фонарь【钻】定向扶正器
проекционный фонарь 投影仪
пружинный фонарь【钻】弹簧扶正器(套管用)
сигнальный фонарь【钻】信号灯
центрирующий фонарь【钻】对中扶正器
центрирующий фонарь обсадной колонны【钻】套管对中扶正器
фонд 基金; 储备; 总额, 总量
государственный фонд недр 国家矿产储备
действующий фонд скважины【采】有效生产井数
оборотный фонд 周转基金, 备用资金
осваиваемый фонд скважин【采】开发测试总井数
простаивающий фонд скважин【采】停产井数
резервный фонд 储备金
эксплуатационный фонд скважин【采】生产井数
фонд ликвидации 弃置基金
фонд подготовленных структур【地】准备钻探构造总数
фонд скважин【采】总井数
фонд старых скважин【采】老井数
фонд строящихся скважин【采】在建井数
фондком 基金委员会
фонтан 自喷; 井喷
естественный фонтан【采】自然井喷
закрытый фонтан【采】人工引喷, 受制井喷
затрубный фонтан【采】环空井喷【钻】套管外井喷
нефтяной фонтан【采】油井自喷
открытый фонтан【采】敞喷
периодический фонтан【采】间歇式井喷
фонтанирование 井喷
открытое фонтанирование【钻】敞喷
пульсирующее фонтанирование【钻】脉动式井喷
установившееся фонтанирование【钻】停止井喷; 稳定井喷
фонтанирование буровой скважины【钻】在钻井井喷
фонтанирование скважины【钻】井喷
фонтанный【采】自喷的
фонтанная елка【采】采油树
фонтанная эксплуатация【采】自喷法开采油
форамен【地】生物体上的散孔; 隔壁孔
фораминифера【地】有孔虫类
фораминиферовые слои【地】有孔虫地层
форланд【地】前陆(盆地); 前沿地
форма 形状; 形式
аккумулятивные формы рельефа【地】沉积堆积地形
бетонная форма 混凝土形状
квадратичная форма 方形
криогенные формы рельефа【地】冰冻地形
кристаллическая форма【地】晶形
линзовидная форма【地】透镜状
неправильная форма 非规则形状
округлая форма 圆形

Ф

правильная форма 规则形状
разборная форма 活动模板
стратиграфическая форма【地】地层产状
эквивалентная форма выражения результатов анализа воды【地】水分析结果当量表示形式
эоловые формы рельефа【地】风成地形, 风蚀地形
эрозионные формы рельефа【地】侵蚀地形
форма антиклинали【地】背斜形状
форма волн 波形
форма газовой залежи【地】气藏形状
форма для изготовления алмазного бурового долота【钻】金刚石钻头制造模具
форма залегания【地】产状
форма ловушек【地】圈闭形状
форма кристалла【地】晶型
форма оплаты 付款方式
формы рельефа【地】地形
форма синклинали【地】向斜形状
форма факела【采】火炬形状
форма частиц бурового шлама【钻】钻井岩屑形状
формалин【化】福尔马林; 甲醛水(溶)液
формальдегид【化】甲醛
формация【地】建造
аллювиальная формация【地】冲积建造
битуминозная формация【地】含沥青建造
вулканогенная формация【地】火山成因建造
водоносная формация【地】含水建造
геосинклинальная формация【地】地槽型建造
глинистая формация【地】泥岩建造
известковая формация【地】灰岩建造
магматическая формация【地】岩浆岩建造
молассовая формация【地】磨拉石建造
морская формация【地】海相建造
нефтегазоносная формация【地】含油气建造
нефтяная формация【地】石油建造
осадочная формация【地】沉积建造
песчанистая формация【地】砂岩建造
платформенная формация【地】地台型建造
погребенная формация【地】埋藏建造
соленосная формация【地】含盐建造
стратиграфическая формация【地】地层建造
терригенная формация【地】陆源碎屑岩建造
флишевая формация【地】复理石建造
формация аридных равнин【地】干旱平原建造
формация глинистого флиша【地】泥质复理石建造
формация коры выветривания【地】风化壳建造
формация предгорных впадин

【地】山前盆地建造
формирование 形成
первичное формирование залежей 【地】初次成藏
формуемость 塑造性，成型性能
формула 公式；方程式
асимптотическая формула 渐近公式
молекулярная формула 【化】分子式
переходная формула 换算公式
расчетная формула дебитов жидкости 【采】产液量计算公式
теоретическая формула 理论公式
формула **Гаусса** 高斯公式
формула **Дарси** 达西定律
формула **Лапласа** 拉普拉斯公式
формула **Пуассона** 泊松公式
форогенез 【地】漂移作用(地壳相对于地幔的滑移作用)
форс-мажор (合同)不可抗力
форсунка 喷油嘴
форсунка топливной системы 燃油系统油嘴
фортран 公式变换；公式翻译语言
форшок 【震】前震
фоссилизация 【地】化石作用
фосфатация 【化】磷化处理
фосфатизация 【化】磷酸盐化
фосфаты 【化】磷酸盐；磷酸酯
фосфит 【化】亚磷酸盐
фосфокислота 【化】膦酸
фосфор 【化】磷(P)
органический фосфор 【化】有机磷
фосфоресценция 磷光(现象)
фотоаппарат 照相机
фотобумага 照相纸
фотоввод 光电导入
фотовспышка 爆光管，闪光(灯)管
фотогеология 【地】摄影地质学，航摄地质学
фотографирование 照相
фотодатчик 光电发送器，光电传感器
фотозапись 照相记录
фотоинклинометр 【测】成像测斜仪
многоточечный фотоинклинометр 【测】多点接触式成像测量测斜仪
одноточечный фотоинклинометр 【测】单点接触式成像测斜仪
одноточечный фотоинклинометр, высокотемпературный 【测】高温单点成像测斜仪
поинтервальный фотоинклинометр 【测】分段成像测斜仪
фотоколориметрия 光比色测定法
фотолиз 光解作用
фотоматериал 感光材料
фотометр 光度计
фотон 光子
фотонефелометр 光电浊度计
фотообработка 洗相，照相处理
фотопленка 胶卷
фотопоглощение 光吸收
фотополимеризация 光聚合作用
фотопротон 光质子
фоторегистратор 照相记录仪
фотосинтез 光合作用
фотосинхронизация 光同步
фотоснимок 照片
фототок 光电流
фотоэффект 光电效应
ФП фазовый переход 【震】相变
ФПК финансово-промышленная компания 金融工业公司
ФР фазорегулятор 调相器，相位调整器
фрагмент 碎块；碎片；断片【地】破

碎地块
скелетные фрагменты (биокласты) 【地】生物碎屑
фракционирование 分馏作用
фракционировка 分级, 分馏, 分馏作用
фракция 筛分; 馏分
алевритовая фракция【地】粉砂质成分
высокодисперсная фракция 高分散组分
глинистая фракция【地】筛分泥质成分
грубая фракция【炼】粗馏分【地】粗粒部分
коллоидная фракция 胶体成分
крупнозернистая фракция【地】粗粒成分
легкая фракция【炼】轻馏分
мелкая фракция【地】细粒成分
пелитовая фракция【地】泥质成分
песчаная фракция【地】砂质成分
тонкая фракция【地】细粒级
тяжелая фракция【炼】重馏分
узкая фракция【炼】窄馏分
хвостовая фракция нефтепродукта【炼】石油产品尾馏分
широкая фракция【炼】宽馏分
франко 交货价格
франко-берег 到岸交货价格
франко-борт 离岸交货价格
франко-вагон 车上交货价格
франко-граница 国境交货价格
франко-завод 工厂交货价格
франко-комиссия 免费代理
франко-порт 港口交货价格
франко-склад 仓库交货价格
франко-таможня 海关交货价格
франций【化】钫(Fr)
Франция【地】法国
ФРБ Федеральный резервный банк 联邦储备银行
ФРГ Федеративная Республика Германии 德意志联邦共和国
фрез-колокол【钻】铣鞋—母锥
фрезер【钻】铣刀(鞋)
башмачный фрезер【钻】管鞋铣刀
гидравлический фрезер【钻】水力铣鞋
грушевидный фрезер【钻】梨形铣刀
грушеобразный фрезер【钻】梨形铣鞋(整形器)
забойный фрезер【钻】井底铣鞋, 井底铣刀
забойный фрезер режуще-истирающего типа, торцевой【钻】井底端部磨铣鞋
кольцевой фрезер【钻】环状铣鞋
комбинированный фрезер【钻】复合式铣鞋
конический фрезер【钻】锥形铣鞋
магнитный фрезер【钻】磁力打捞器
многоступенчатый фрезер【钻】多级铣鞋
ступенчатый фрезер【钻】阶状铣刀
торцевой фрезер【钻】端面铣
торцевой фрезер, сплошной【钻】平头铣鞋
фрезер для бурильных труб【钻】钻杆铣刀
фрезер для вырезания секции в обсадных трубах【钻】套管开口铣刀
фрезер для **НКТ**【钻】油管铣刀
фрезер для обработки оставшегося

в скважине инструмента【钻】处理落井工具铣刀
фрезер для прорезывания окон【钻】割开窗口铣刀,开窗铣刀
фрезер для разбуривания пакеров【钻】钻开封隔器铣刀
фрезер для разбуривания цементных пробок【钻】钻开水泥桥塞铣刀
фрезер для утяжеленных бурильных труб【钻】加重钻杆铣刀
фрезерование【钻】铣切
фреон【化】氟利昂,氟氯烷,氟冷剂
фретинг-коррозия 摩擦腐蚀
фрикционный 摩擦的
фрикция 摩擦
ФРМ фазоразностная модуляция 相位差调制
Фроловская свита【地】弗洛罗夫组(西西伯利亚,阿普特阶)
фронт 前(沿, 缘); 锋; 前锋, 前面, 前沿
атмосферный фронт【地】大气锋面
задний фронт волны【震】波后
ложный фронт【震】假波前
передний фронт волны【震】波阵面,波前
сферический фронт волны【震】球形波阵面
фронт воды【采】水前缘
фронт волны【震】波前;波阵面
фронт воспламенения 火焰前缘; 火焰前锋
фронт вытеснения【采】驱替前缘
фронт вытеснения нефти водой【采】水驱油前缘
фронт горения【采】燃烧前缘
фронт дельты【地】三角洲前缘
фронт детонационной волны【震】爆炸波前;爆炸前沿
фронт диффузии 扩散前锋
фронт дренирования【采】泄油前缘
фронт заводнения【采】注水前缘
фронт нагнетания【采】压前
фронт надвига【地】冲断层前缘;逆掩带前缘
фронт пламени【采】火焰前缘
фронт продвижения воды【采】驱替水前缘
фронт сейсмической волны【震】地震波震面
фронтальный 前缘的
фронтальная впадина【地】前缘盆地
фронтальная депрессия【地】前缘洼地
фронтальное поднятие【地】前缘隆起
ФРЦ финансово-расчетный центр 金融结算中心
ФС фотосинтез 光合作用
фтаниты【地】致密硅化页岩
фтор【化】氟(F)
фторид【化】氟化物
фтороводород【化】氟化氢
фторопласт 氟层,氟塑料
ФУ финансовое управление 财政局
ФУ форсированный уровень (водохранилища) (水库)超高水位,(水位)强制水位
фузулиниды【地】纺锤虫类,䗴科
фузулиновые【地】䗴的
фукоиды【地】树枝状形态; 通道状构造; 可疑迹, 虫迹
фульвокислоты【化】富里酸; 黄

腐酸

фумель【钻】锉刀

фундамент (建筑)基础, 地基; 基座【地】基底

бетонный фундамент 混凝土基础

гравитационный фундамент 重力测量基点

кристаллический фундамент【地】结晶基底

свайный фундамент 桥桩基

сейсмостойкий фундамент【震】抗震基底

фундамент вышки【钻】井架基础

фундамент глубокого заложения 深地基

фундамент двигателя 发动机座

фундамент насоса 泵基座

фундамент платформы【地】地台基底

фундамент резервуара 罐基础

фундаментный 基底的; 基础的

фундаментная опора 基座

фундаментная плита 基础板【地】主要板块

фундаментная свая 基桩

функция 函数; 功能

алгебраическая функция 代数公式

аналитическая функция 分析函数

аналоговая функция 模拟函数

вероятностная функция 概率函数

исполнительная функция противовыбросового превентера【钻】防喷器功能

квадратичная функция 平方函数

функция государства 国家职能

функция посредников 代理人职能

функция управления 管理职能

фунт 磅

фуран【化】呋喃, 氧茂

фурфурол【化】糠醛

Фурье преобразования 傅里叶变换

фуст 柱身

фут 英尺

футерка【钻】护丝, 丝套, 螺套, 接管头座

футляр теплозащитный 保温套

ФФП фонд финансовой поддержки 财政支持基金

ФФР фонд финансовых ресурсов 财政资源,财政总额

ФХЗ финансовое и хозяйственное законодательство 财政经济法令

ФЦ фондовый центр 证券中心

ФЧ фазовая частота 相(位)频率

фьямме (туфолавы, игнимбриты)【地】凝灰熔岩

ФЭБ финансово-экономическое бюро 财政经济局

ФЭК финансово-экономический комитет 财政经济委员会

ФЭСР фонд экономического и социального развития 经济和社会发展基金

фюзинизация【地】丝炭化作用

Х

хадаль【地】海沟; 超深渊(>6500 m)
Хадумская свита【地】哈杜姆组(克里木与高加索地区, 渐新统)
хаммада (гамада)【地】石漠, 岩漠
Ханабадский ярус【地】哈那巴特阶(费尔干纳盆地, 始新统)
Ханка【地】兴凯湖
Хантайское озеро【地】汉泰湖
Ханты-Мансийская свита【地】汉特一曼西斯克组(西西伯利亚, 阿尔普阶)
хаотический 混乱的; 毫无秩序的; 乱七八糟的
хаотическая ориентация 无定向
хаотический шум 不规则噪声
хаотичность 不规则性
характер 特征, 特点
гидродинамический характер 流体动力学特征
закономерный характер 规律性特征
литологический характер【地】岩性特征
характер залегания【地】产状特征
характер излома 断口特征
характер износа 磨损特征
характер искривления ствола скважины【钻】井斜特征
характер коррозии 腐蚀特征
характер передачи 传输特征
характер пламени 火焰特征
характер поведения продуктивного пласта【地】产层动态, 产层特性
характер поверхности зерна【地】颗粒表面特征
характер разрушения 破坏特征
характер расположения зерен【地】颗粒分布特征
характер течения 流动特征
характеристика 特性(征)
аналитическая характеристика 分析特征
аэродинамическая характеристика 空气动力学特征
безразмерная характеристика 无因次
буксировочная характеристика 牵引特征
вибрационная характеристика 振动特征
внешняя характеристика 外部特征
временная характеристика 时间特性
вязкостная характеристика【地】黏度特性
геологическая характеристика【地】地质特性
геоморфологическая характеристика【地】地形特征
гидравлическая характеристика 流体力学特性
гидрогеологическая характеристика【地】水文地质特性
гидрохимическая характеристика【地】水化学特性
графическая характеристика 曲线特性
детонационная характеристика 抗爆性
динамическая характеристика 运动特性; 动力特性; 动态特征
каротажная характеристика【测】测井特征
кинетическая характеристика 动力

Х

学特性

коллекторская характеристика【地】储层特性

линейная характеристика 线性特性

литологическая характеристика【地】岩石特性

литолого-петрографическая характеристика【地】岩石学特征

литолого-фациальная характеристика【地】岩石学—沉积相特征

логарифмическая характеристика 对数特征

макроскопическая характеристика 宏观特性

механическая характеристика 机械特性

микроскопическая характеристика 微观特性

петрофизическая характеристика【地】岩石物理特性

прочностная характеристика 强度特征

пусковая характеристика【机】启动特征

расходная характеристика 流量特性

резервуарная характеристика 储集特性

реологическая характеристика 流变特性

сейсмостратиграфическая характеристика【震】地震地层学特性

скоростная характеристика 速度特性

спектральная характеристика【物】频谱特性

теплофизическая характеристика【物】热物理学特征

термическая характеристика 温度特征

техническая характеристика 技术特点

универсальная характеристика 通用特性

фазовая характеристика 相位特性

физико-химическая характеристика 物化特征

физическая характеристика коллектора【地】储层物性特征

фильтрационная характеристика 渗流特征

химическая характеристика нефти【化】石油化学特性

частотная характеристика 频率特征

эксплуатационная характеристика коллектора【地】储层开发特征

эксплуатационная характеристика скважины【采】井生产特性

энергическая характеристика 能源特征

характеристика вытеснения【采】驱替特征

характеристика горных пород【地】岩石特征

характеристика заполнения【地】充填特征

характеристика коллектора【地】储层特征

характеристика месторождения【地】油气田特征

характеристика насыщения 饱和特征

характеристика обводнения【采】水淹特征; 含水特征

характеристика пласта【地】地层特征

характеристика порового пространства【地】孔隙空间特征

X

характеристика потока 流动特征

характеристика продуктивных горизонтов (мощность, физические свойства коллекторов)【采】产层参数(厚度, 储层物性)

характеристика процесса добычи нефти【采】采油生产特征

характеристика разработки месторождения【采】油气田开发特征

характеристика разрушения горных пород【地】岩石破碎特性

характеристика скважины【钻】井眼特性; 井眼动态

Характеристика слоистости【地】层理特征

Характеристика структур осадочных отложений【地】沉积地层结构特征

Характеристика текстур осадочных отложений【地】沉积地层构造特征

характеристика холостого хода 空载特性

характеристика циркуляционной системы 循环系统特性

Харьковский ярус【地】哈尔科夫阶(中新统)

Хатанга【地】哈坦加河

Хатангский прогиб【地】哈坦加凹陷(西伯利亚)

Хатангско-Вилюйская нефтегазоносная провиция【地】哈坦加—维柳伊含油气省

ХБ хлороформенобензольный битумид【地】可溶于三氯甲烷苯溶液的沥青类物质

ХБН хлороформенный битумоид, несвязанный【地】可溶于三氯甲烷的游离沥青类物质

хвойные【地】针叶林

хвост зоны смешения【采】混油区尾部

хвостик ключа 大钳尾柄

хвостовик 末端【钻】尾管(同хвост)

хвостовик из бурильных труб для центрирования【钻】钻杆对心校正尾管

хвостовик лопатки【钻】叶片末端

хвостовик обсадной колонны【钻】套管尾管

хвостовик обсадной колонны с гравийным фильтром【钻】带充填砾石衬管的套管尾管

хвостовик обсадной колонны со щелевидными отверстиями【钻】割缝套管尾管

хвостовик с пакером【钻】带封隔器尾管

хвостовой щит (пигидий)【地】尾节; 臀板

хемометаморфизм【地】化学变质作用

хемосорбент【化】化学吸附剂

хемосорбция【化】化学吸附作用

химизм【化】化学机理; 化学亲合力

химик 化学工作者

химикалии (химикат)【化】化学药品; 化学剂, 化学制品

химикат 化学品

нефтепромысловые химикаты【采】油田化学品

химико-токсический 化学有害的, 化学有毒的

химический【化】化学的

химическая природа【化】化学性质

химическая реакция【化】化学反应

Х

химический символ【化】化学符号
химическое соединение【化】化合物
химический состав горных пород【地】岩石化学成分
химическое уравнение【化】化学反应式
химический эквивалент【化】化学当量
химическая энергия【化】化学能
химическая эрозия【化】化学侵蚀
химия【化】化学
аналитическая химия【化】分析化学
геологическая химия【地】地质化学
коллоидная химия【化】胶体化学
неорганическая химия【化】无机化学
общая химия【化】普通化学
органическая химия【化】有机化学
прикладная химия【化】应用化学
физическая химия【化】物理化学
химпоглотитель【化】化学吸收剂
химпродукты【化】化学产品
химпромывка【化】化学清洗
химпромышленность【化】化学工业
химреагент 化学试剂
химреагенты, применяемые для закрытия водопритоков в скважинах【采】井内堵水化学试剂
химсорбент【化】化学吸附剂
химсорбция【化】化学吸收
химсостав【化】化学组成
химстойкость【化】化学稳定性
химсырье【化】化学原料, 化工原料
химцех【化】化学车间
хинолин【地】喹啉, 氮萘
хитин【地】角质
хитинит【地】几丁质
ХК хемосорбированный кислород【化】化学吸附氧
ХК хлорид кальция【化】氯化钙
ХКР хлоркальциевый раствор【钻】氯化钾泥浆
ХКЭ хлоркалий-электролит【化】氯化钾电解液, 氯化钾电解质
хладагент 冷却剂
аммиачный хладагент【化】氨冷却剂
газообразный хладагент【化】气体冷却剂
жидкий хладагент【化】液体冷却剂
хладноломкость 冷脆性
хладностойкость 耐寒性
хладоноситель 冷载体
хлестание 捆扎, 捆扎物, 抖动
хлопушка резервуара【储】储罐单向阀瓣
хлопьеобразование 絮凝作用
хлор【化】氯(C^{l})
жидкий хлор【化】液氯
хлоралгидрат【化】水合氯醛
хлорат【化】氯酸盐
хлоратор【化】加氯器
хлорбензин【化】氯化汽油
хлорбензол【化】氯苯
хлорвинил (винилхлорид)【化】氯乙烯
хлорид【化】氯化物
хлорид калия【化】氯化钾
хлорид натрия【化】氯化钠
хлоридный (хлористый)【化】氯化的
хлоринация【化】氯化作用, 加氯作用

хлорион【化】氯离子
хлорирование【化】氯化作用
хлорит【化】亚氯酸盐【地】绿泥石
хлоритизация【地】绿泥石化作用
хлоритовый【地】绿泥石的
хлоритоид【地】硬绿泥石
хлорка【化】漂白粉, 氯化石灰
хлоркальциевый тип воды【地】氯化钙型水
хлормагниевый тип воды【地】氯化镁型水
хлорметан【化】氯甲烷, 氯代甲烷
хлорнафталин【化】氯萘
хлорный【化】氯的
хлорная вода【化】加氯水
хлорная известь【化】漂白粉
хлорная кислота【化】氯酸
хлороводород (хлористый водород)【化】氯化氢
хлоропласт【地】叶绿体
хлорофилл【地】叶绿素
хлороформ【化】三氯甲烷, 氯仿
хлорэтил【化】氯乙烷
ХМ хлористый магний【化】氯化镁
ХН хлорид натрия【化】氯化钠
ХО хлорорганический【地】有机氯的
хобот【钻】横臂; 悬臂; 装料杆
ход 进程; 导线; 路径; 行程; 进程; 冲程
бесшумный ход 无噪声冲程
быстрый ход 快冲程
возвратно-поступающий ход 往复式冲程
выпускной ход【钻】排出冲程
двойной ход【钻】双作用, 双行程, 往复冲程
действительный ход 有效冲程
задний (обратный) ход【钻】倒档
малый ход 小冲程
мертвый ход 无效冲程
насосный ход 抽吸冲程
неравномерный ход 不均匀冲程
обратный ход 返冲程
полный ход 全冲程
тихий ход【钻】低速, 慢速
ударный ход【钻】顿冲冲程
ускоренный ход 快速冲程
холостой ход【钻】空转, 空载
эффективный ход 有效冲程
ход бурения【钻】钻井过程
ход буровых работ【钻】钻井进程
ход вверх 上行冲程
ход вниз 下行冲程
ход всасывания 吸气(入)冲程
ход выполнения 工作执行进程; 执行进度
ход дела 业务进程
ход задвижки 闸阀行程
ход клапана 阀行程
ход машины 机械冲程
ход нагнетания 加压冲程
ход насоса 泵冲程
ход плунжера 柱塞冲程
ход полированного штока【采】光杆冲程
ход поршня 活塞冲程
ход поршня вниз 活塞向下冲程
ход предстоящей встречи (即将来临的)会晤议程
ход проведения испытания 试验进程
ход работы на строительной площадке 施工场地的工作进度
ход расширения 膨胀冲程

X

ход сжатия【机】压缩冲程
ход цилиндра【机】气缸冲程
ходоуменьшитель 减程器
хозяйство 业务经济
коммунальное хозяйство 公用事业
холдинг 控股公司; 持股公司
холестаны【化】胆甾烷
холестерин【化】胆固醇, 胆甾醇
холм【地】丘陵
холм-останец【地】残山; 丘陵残山
холмик【地】丘陵, 小土丘
холмогорье【地】丘陵山地
холодильник 冰箱; 冷凝器
башенный холодильник【炼】冷却塔
воздуховодяной холодильник【炼】空气—水冷却器
впрыскивающий холодильник【炼】喷淋式冷却器
холодильник регулирования температуры【钻】调温冷却器
холодообменник 换冷器
холодопроизводительность 冷冻率
хомут 轭, 管卡; 箍筋; 钢箍【钻】卡箍
бандажный хомут【钻】管箍(卡管箍)
давильный хомут 万向节叉
затяжной хомут【采】卡圈, 箍圈
лафетный хомут (спайдер)【钻】卡盘
направляющий хомут【钻】定向卡圈
предохранительный хомут【钻】安全预防卡箍
предохранительный хомут для утяжеленных бурильных труб【钻】加重钻杆安全卡箍
предохранительный хомут, шарнирный【钻】铰链式安全卡箍
соединительный хомут для рукавов【钻】软管连接卡箍
трубный хомут【钻】管子卡箍
уплотняющий хомут【钻】密封卡箍
хомут для ликвидации утечки труб【钻】消除管漏卡箍
хомут для насосно-компрессорных труб【钻】油管卡箍
хомут для обсадных труб【钻】套管卡箍
хомут для труб【钻】管子卡箍
хомут для центровки труб【钻】管柱对心校正卡箍
хомут стального каната【钻】钢绳绳卡
хомут штока【钻】(活塞连杆)卡箍
хомут штока в сборе【钻】卡箍总成
хорда 弦, 弦长
хордовые【地】脊索动物
хорология【地】生物地理学
хранение 储存
безрезервуарное хранение【储】无罐储存
длительное хранение【储】长期储存
длительное хранение нефтепродуктов【储】长期储存石油产品
закрытое хранение【储】封闭式储存
изотермическое хранение【储】恒温储存
навалочное хранение【储】散装储存
наземное хранение【储】地面储存
подводное хранение【储】水下储存

подземное хранение【储】地下储存
подземное хранение в водоносных пластах【储】地下含水层内储存
подземное хранение в искусственных кавернах【储】地下人工洞穴内储存
подземное хранение в истощенных коллекторах газа【储】地下枯竭气层内储存
подземное безрезервуарное хранение【储】地下无罐储存
хранение бурового раствора【钻】钻井液储存
хранение в законсервированном состоянии【储】密封储存
хранение в подземных горных выработках【储】地下矿洞储存
хранение в резервуарах【储】罐内储存
хранение газа【储】储存天然气
хранение данных 保存资料
хранение жидких нефтепродуктов【储】液态石油产品储存
хранение информации 保存信息
хранение на открытом воздухе 露天堆放
хранение нефтепродуктов【储】成品油储存
хранение нефти【储】石油储存
хранилище【储】储罐(库)
подземное хранилище【储】地下储存库
подземное хранилище газа (ПХГ)【储】地下储气库
хранилище серы【炼】硫黄池
храпок 粗滤器, 滤网
хребет【地】山脉
антиклинальный хребет【地】背斜式山脊
горный хребет【地】山脊
океанический хребет【地】大洋海岭
соляной хребет【地】盐脊, 岩盐岭
срединно-океанический хребет【地】大洋中脊
хребет **Срединно-Атлантического** типа【地】大西洋型洋中脊
хром【化】铬(Cr)
хромат【化】铬酸盐
хроматограмма 色层分离谱
хроматограф 色谱仪
хроматография 色谱法, 色层分离法
хроматоплазма 色素质
хроматофор 载色体, 色素细胞
хромель 克罗梅尔铬镍合金, 镍铬合金
хромил【化】双氧铬根, 双氧铬基
хромирование внутренней поверхности 内表面镀铬
хромофор 色素
хромофотометр【化】比色计
хромпик【化】重铬酸盐, 重铬酸钾
хрон【地】地质年代
хронозона【地】年代地层带, 时间地层带
хронологический【地】年代的
хронологический график расходов【采】历年流量曲线图
хронологическая шкала【地】地层时序表
хронология【地】年代学; 地质年代
абсолютная хронология【地】绝对地质年代
относительная хронология【地】相对地质年代
хроностратиграфия【地】年代地层学

хрупкий 脆的
хрупкость 脆性
водородная хрупкость【化】氢脆
графитная хрупкость 石墨脆性
коррозионная хрупкость 腐蚀脆性
низкотемпературная хрупкость 低温脆性
отпускная хрупкость 回火脆性
травильная хрупкость 腐蚀电极
хрупкость алмазных долот【钻】金刚石钻头脆性
хрупкость минералов【地】矿物脆性
хрупкость от внутренних напряжений 来自内应力致脆性
хрупкость отпуска 回火脆性
хрупкость при надрезе 切口脆性
художник-конструктор 设计者, 设计师
ХФ хлороформ【化】三氯甲烷, 氯仿

Ц

ЦА цементировочный агрегат【钻】水泥车
цанга【钻】夹簧, 弹性夹头, 弹簧, 钳
цапина 划痕; 擦伤
царапание 划, 刻, 擦, 蹭, 划痕, 擦伤
царапина 抓伤; 擦伤; 伤痕; 划痕
царская водка【化】王水
царство【地】生物学分界(裂殖植物界, 菌类, 植物界, 动物界)
ЦБ ценные бумаги 有价证券
ЦБ центральное бюро 中央局
ЦБН центральное бюро нормализации 中央标准化局
ЦБНТ центральное бюро нефтяной техники 中央石油技术局
ЦБПО центральная база производственного обслуживания 生产服务中心站
ЦБТЭИ центральное бюро технико-экономической информации 中央技术经济情报局
цвет 颜色
цветной 带色的; 彩色的【地】有色的
цветной камень【地】宝石
цветные металлы【地】有色金属
цветное число 色值
цветность 色度
цветоотделитель 颜色分离器
цветометр 比色计
ЦГГК цементометрический гамма-гамма-каротаж【钻】检测水泥固井质量伽马—伽马测井, 水泥固井伽马—伽马测井
ЦД центральная диспетчерская【采】中央调度室
ЦДН и Г Цех добычи нефти и газа【采】采油(气)车间
ЦДП центральный диспетчерский пункт【采】总调度所
ЦДС центральная диспетчерская служба【采】总调度室, 中央调度室
ЦДУ центральное диспетчерское управление【采】中央调度, 中央调配

цезий【化】铯(Cs)
целесообразность экономическая 经济合理性
целлюлоза【化】纤维素
целость 完整性
цель 目的
цель бурения 钻井目的
цельность 整体性
цемент 水泥【地】胶结物
алебастровый цемент 雪花石膏水泥
ангидритовый цемент 硬石膏水泥
асбестовый цемент 石棉水泥
асфальтовый цемент【地】沥青胶结
базально-поровый цемент【地】孔隙—基底式胶结
базальный цемент【地】基底式胶结
безусадочный цемент 不收缩水泥
белитовый цемент 硅钙石水泥
белито-диатомовый цемент 硅钙石硅藻水泥
белито-кремнеземистый цемент 氧化硅水泥
белито-трепельный цемент 硅钙石硅藻土水泥
бокситовый (глиноземистый) цемент 矾土水泥
быстросхватывающийся цемент 快速凝固水泥
быстротвердеющий цемент 快速硬化水泥
водонепроницаемый цемент 不透水水泥
волокнистый цемент 含纤维水泥
высокосортный цемент 高标号水泥
высокотемпературный цемент 高温水泥
вяжущий цемент 收敛性水泥
галитовый цемент【地】盐矿物胶结物
гидратированный цемент 水化水泥
гидрофобный цемент 憎水性水泥
гильсонитовый цемент【地】硬沥青胶结,天然沥青胶结
гипсовый цемент 石膏水泥
гипсоглиноземистый цемент 石膏氧化铝水泥
гипсошлаковый цемент 石膏火山渣水泥
глинисто-доломитовый цемент【地】白云质—泥质胶结物
глинисто-известковый цемент【地】灰质—泥质胶结物
глинисто-карбонатный цемент【地】碳酸盐—泥质胶结物
глинистый цемент【地】泥质胶结物
глинистый слабо известковый цемент【地】弱钙质—泥质胶结物
глиноземистый цемент 矾土水泥
доломитово-глинистый цемент【地】泥质—白云质胶结物
доломитово-известковый цемент【地】灰质—白云质胶结物
доломитовый цемент【地】白云质胶结物
замедленный цемент 缓慢固结水泥
известково-глинистый цемент【地】泥质—灰质胶结物
известково-доломитовый цемент【地】白云质—灰质胶结物
известково-песчаный цемент 石灰砂质水泥
известково-пуццолановый цемент 石灰—火山灰水泥
известково-шлаковый цемент 石灰火山渣水泥
известковый (кальцитовый) це-

Ц

мент【地】灰质(钙质)胶结物; 石灰水泥
кальциево-алюминатный цемент 含钙铝化物水泥
кальцитовый цемент【地】钙质胶结物
карбонатный цемент【地】碳酸盐胶结物
кислотнорастворимый цемент 酸溶性水泥
кислотоупорный цемент 耐酸水泥
контурный цемент 接触式胶结
коррозионно-стойкий тампонажный цемент【钻】防腐固井水泥
кремнеземистый цемент【地】硅质胶结
крустификационный цемент【地】栉壳状胶结
магнезиальный цемент 菱镁土水泥
медленносхватывающийся цемент 慢速凝固水泥
модифицированный цемент 改性(型)水泥
мономинеральный цемент【地】单矿物胶结
незатаренный цемент 散装水泥
не полностью затвердевший цемент 未完全固结水泥
нефелиново-песчаный цемент 霞石砂质水泥
нефтеэмульсионный цемент 石油乳化水泥
низкотемпературный цемент 低温水泥
облегченный цемент 轻化水泥
огнеупорный цемент 耐火水泥
окисно-марганцовистый цемент【地】氧化锰胶结物
основной цемент【地】基底式胶结
перлитовый цемент 珍珠岩水泥
перлито-глинистый цемент 珍珠岩黏土水泥
песчанистый цемент 砂质水泥
полимиктовый цемент【地】复矿物胶结
поровый цемент【地】孔隙式胶结
порошкообразный цемент 粉末状水泥
портланд цемент для «горячих» скважин 用于高温井(地层温度)波特兰水泥(硅酸盐水泥)
портланд цемент для «холодных» скважин 用于低温井(地层温度)波特兰水泥(硅酸盐水泥)
пропитанный цемент 饱和水泥
противопожарный цемент 消防水泥
пуццолановый цемент 火山灰水泥
расширяющийся цемент 膨胀水泥
регенерационный цемент【地】次生胶结
сидеритовый цемент【地】菱铁矿胶结物
силикатный цемент 硅酸盐水泥
сульфатостойкий цемент 抗硫酸盐水泥
сухой цемент 干水泥
тампонажный цемент【钻】固井水泥
термостойкий цемент 抗高温水泥
утяжеленный цемент 重水泥
ферромарганцево-шлаковый цемент 锰铁火山渣水泥
чистый цемент 纯水泥
шлаковый цемент 矿渣水泥
шлакопесчаный цемент 火山灰渣水泥

цемент без примеси 无混合物水泥
цемент горных пород【地】岩石胶结物
цемент обломочных пород【地】碎屑岩胶结物
цемент обрастания【地】次生孔隙胶结
цемент осадочных пород【地】沉积岩胶结物
цемент пор【地】孔隙胶结
цемент с добавками 添加剂水泥
цемент с добавкой зольной пыли 添加灰渣水泥
цемент с низкой экзотермией 低放热性水泥
цемент со смолами 带树脂水泥
цемент-пушка【钻】水泥喷射器
цементаж【钻】水泥固井, 注水泥
цементация 灌浆; 注浆; 胶结(作用); 渗碳法
цементирование (цементировка) 注水泥【钻】水泥固井
вторичное цементирование【钻】二次水泥固井
двухступенчатое цементирование【钻】双级固井
исправимое цементирование【钻】补注水泥固井
многоступенчатое цементирование【钻】多级水泥固井
обратное цементирование【钻】反向水泥固井
одноступенчатое цементирование【钻】一级固井, 一级注水泥法
первичное цементирование【钻】一次水泥固井
повторное цементирование【钻】重新水泥固井
ремонтное цементирование【钻】修井固井, 修井注水泥
сплошное цементирование【钻】连续水泥固井
ступенчатое цементирование【钻】分级固井
трехступенчатое цементирование【钻】三级水泥固井
цементирование без давления【钻】不带压水泥固井
цементирование без применения цементировочных пробок【钻】无水泥塞固井
цементирование забоя под давлением【钻】带压井底水泥固井
цементирование обсадной колонны【钻】套管注水泥固井
цементирование обсадной колонны до устья【钻】水泥固套管至井口
цементирование обсадной колонны-хвостовика【钻】尾管水泥固井
цементирование под высоким давлением с применением пакера【钻】封隔器高压水泥固井
цементирование под давлением【钻】带压水泥固井
цементирование под давлением с закачиванием жидкости непосредственно в колонну【钻】向管柱内直接注水泥浆带压固井
цементирование сваи 桩基础水泥浇固
цементирование с верхней цементировочной пробкой【钻】带上水泥塞水泥固井
цементирование с двумя пробками【钻】带双桥塞水泥固井
цементирование с забоя【钻】从井

底水泥固井
цементирование с использованием инжектора【钻】喷射器水泥固井
цементирование скважины【钻】水泥固井
цементирование скважины методом сплошной заливки【钻】连续灌注法水泥固井
цементирование трещин【钻】水泥固裂隙
цементирование через заколонное пространство【钻】通过管外环空注水泥固井
цементирование эксплуатационной колонны【钻】开发套管固井
цементовоз【钻】水泥车
цементомер【钻】水泥测定器
скважинный цементомер【钻】井下水泥厚度测定器
цементометрия【测】水泥胶结测量
акустическая цементометрия【测】声幅水泥胶结测井
радиоактивная цементометрия【测】放射性水泥胶结测井
цементомешалка【钻】水泥搅拌器, 硬水泥搅拌器
цементохранилище 水泥库
цемзавод 水泥厂
цена 价格
отпускная цена на товары 商品出厂价
рыночная цена 市场价
средневзвешенная цена 加权平均价
средняя рыночная цена 市场平均价
чистая цена 净回价
ценник 价目表, 定价表
ценность 价值
практическая ценность 实际意义
теоретическая ценность 理论意义
ценоз【地】生物群落
ценозона【地】化石组合带; 群集带
центр 中心
информационный центр стандартов 标准信息中心
надзорный и испытательный центр по качеству 质量控制与检验中心
устьевой центр【采】井口中心
центр аномалии 异常中心
центр вращения 旋转中心
центр масс 质量中心; 质心
центр очага【震】震源中心
центр симметрии кристалла【地】晶体对称中心
центр удара 撞击中心
центр фугаса 爆炸中心
центр циклона【地】气旋中心
центр-сервис 维修中心
централизатор【钻】扶正器, 定中心装置
централизация 集中
Центрально-Европейская нефтегазоносная мегапровинция【地】中部欧洲巨型含油气省
Центрально-Иранская нефтегазоносная провинция【地】伊朗中部含油气省
центратор【钻】扶正器, 定中心装置
внутренний центратор【钻】内扶正器
жесткий центратор обсадной колонны【钻】刚性套管扶正器
сменный центратор【钻】可更换式扶正器
центратор для обсадной трубы【钻】

套管扶正器

центратор ловителя насосно-компрессорной колонны【钻】油管打捞器扶正器

центратор неразборной обсадной колонны【钻】不可拆卸套管扶正器

центратор разборной обсадной колонны【钻】可拆卸套管扶正器

центратор со спиральными пружинами для обсадной колонны【钻】螺旋弹簧套管扶正器

центратор с пружинами для обсадной колонны【钻】弹簧套管扶正器

центратор-калибратор【钻】扶正标准器

центратор-манипулятор【钻】管子对准器; 管子对扣器

центрирование【钻】定中心, 校准

центрирование бурового долота【钻】校准钻头

центрирование валов【钻】校准轴

центрирование обсадной колонны【钻】校准套管

центрирование ротора【钻】校准转盘

центрирование труб【钻】校准管柱

центрирование утяжеленных бурильных труб【钻】校准加重钻杆

центрированность【钻】对中性

центрифуга【钻】离心机

вертикальная центрифуга 立式离心机

горизонтальная центрифуга 卧式离心机

осадительная центрифуга 沉降式离心机

саморазгружающаяся центрифуга 自卸式离心机

центрифуга для бурового раствора【钻】钻井液离心机

центрифуга для очистки бурового раствора и регенерации【钻】钻井液净化与再生离心机

центрифугирование 离心

центрический 同心状的

центробежный 离心的

центровка вышки【钻】井架对中

центроискатель【钻】定心器

центурий【化】钲(Ct)

цепной【化】链式的

цепная реакция【化】连锁反应

цепочка 铁链; 串珠; 电路; 产业链

защитная цепочка 保护链, 安全链

цепочка впадин【地】串珠状盆地

цепочка изолированных прогибов【地】串珠状凹陷

цепочка эпицентров【震】串珠状震中

цепь 链; 电路; 回路; 系列【地】山脉, 山链

вертлюжная цепь 活节链

гидравлическая цепь 液压回路

двухрядная цепь 双排链

однорядная цепь 单排链

полимерная цепь【化】聚合链

приводная цепь【钻】传动链条

разорванная цепь 断链

силовая цепь【钻】动力电路

трансляционная цепь 中继电路

трехрядная цепь 三排链

цепь волн【震】波列

цепь вулканов【地】火山链

цепь действующих вулканов【地】活火山链

цепь **Маркова**【地】马尔科夫岛链

цепь островов【地】岛链
цепь переменного тока 交流电路
цепь постоянного тока 直流电路
цепь рабочей обмотки 工作线圈电路
цепь регулирования 调节电路
цепь управления 控制电路
цератиты【地】齿菊石属; 菊面石属
церезин【地】地蜡
церезин-сырец【地】地蜡原料
церий【化】铈(Ce)
цетан【化】十六烷
цех 车间
автокомплексно-автоматизированный цех по добыче нефти【采】综合自动化采油车间
вспомогательный цех 辅助车间
вышкомонтажный цех【钻】井架组装车间
инструментальный цех 工具车间
испытательный цех 试验车间
кузнечный цех 锻造车间
металлообрабатывающий цех 金属加工车间
механический цех 机械车间
монтажно-ремонтный цех 修配车间
опытный цех 试车车间
производственный цех 生产车间
прокатно-ремонтный цех 校准维修车间
прокатно-ремонтный цех бурового оборудования【钻】钻井设备校准维修车间
прокатно-ремонтный цех турбобуров【钻】涡轮钻具校准维修车间
прокатно-ремонтный цех эксплуатационного оборудования 生产设备校准维修车间
прокатно-ремонтный цех электробуров【钻】电钻校准维修车间
прокатно-ремонтный цех электрооборудования 电气设备校准维修车间
ремонтно-механический цех (**РМЦ**) 机修车间
ремонтный цех 维修车间
сборочный цех 装配车间
сварочный цех 焊接车间
тампонажный цех【钻】固井队, 固井车间
термический цех 热(处理)车间
экспериментальный цех 试验车间
электромонтажный цех 电工车间
цех подготовки нефти и газа【炼】油气处理车间
цех поддержания пластового давления【采】地层压力保持车间
цех приготовления бурового раствора【钻】钻井液配制车间
цех по добыче нефти и газа【采】采油气车间
цех по подготовке нефти и газа【炼】油气预处理车间
цианирование【化】氰化
цикл 循环; 旋回; 周期
Альпийский тектонический цикл【地】阿尔卑斯构造旋回
Байкальский тектонический цикл【地】贝加尔构造旋回
Варисцийский цикл орогенеза【地】华力西造山旋回
газлифтный цикл【采】气举周期
геологический цикл【地】地质旋回
геотектонический цикл【地】构造旋回
Герцинский тектонический цикл

Ц

【地】海西构造旋回
гидрогеологический цикл【地】水文地质旋回
замкнутый цикл【钻】闭路, 循环
Каледонский тектонический цикл【地】加里东构造旋回
Мезозойский тектонический цикл【地】中生代构造旋回
незамкнутый цикл 开式循环【化】开环
непрерывный цикл【地】完整侵蚀旋回
основной цикл 基本循环
производственный цикл 生产周期
ремонтный цикл 维修周期
седиментационный цикл【地】沉积旋回
тепловой цикл 热循环
термодинамический цикл 热动力循环
Яньшаньский цикл орогенеза【地】燕山造山旋回
цикл бурения【钻】钻井周期
цикл горообразования【地】造山旋回
цикл дислокаций【地】地壳变动旋回
цикл испытания【采】测试周期
цикл напряжений 应力旋回
цикл обезвоживания【化】脱水周期
цикл обработки 处理周期
цикл осаживания 沉淀周期
цикл охлаждения 冷却周期
цикл промывки 冲洗周期; 循环周期
цикл седиментации осадков【地】沉积旋回
цикл складчатости【地】褶皱旋回
цикл строительства скважины【钻】建井周期
цикл тектогенеза【地】构造运动旋回
цикл технического обслуживания 技术维护周期
цикл циркуляции 循环周期
цикл эволюции【地】演化旋回
цикл эрозии【地】侵蚀旋回
цикланы【化】环烷烃
циклизация【化】环化作用
цикличность【地】循环性; 周期性
циклобутан【化】环丁烷
циклогексан【化】环己烷
циклограмма 循环流水作业图
циклометр 转数表
циклон【地】气旋, 低气压
циклон-золоуловитель【储】旋风式除尘器
циклононан【化】环壬烷
циклооктан【化】环辛烷
циклопарафины【化】环烷烃
циклопентадиен【化】环戊二烯
циклопентан【化】环戊烷
циклопропан【化】环丙烷
циклотемы【地】旋回层, 韵律层; 旋回沉积
цилиндр 柱体; 汽缸; 圆筒
амортизационный цилиндр 缓冲缸
вертикальный цилиндр 直立式汽缸
внешний цилиндр【钻】外筒
внутренний цилиндр【钻】内筒
горизонтальный цилиндр 水平汽缸
инженерский гидравлический цилиндр 工程液压缸
мерный цилиндр 量筒
плунжерный цилиндр 柱塞缸筒
пневматический цилиндр 气动汽缸
распределительный цилиндр【采】

Ц

活塞阀体
силовой цилиндр 动力缸
толстостенный цилиндр насоса 厚壁泵缸
тормозной цилиндр 刹车汽缸
фрикционный цилиндр 摩擦汽缸
цилиндр высокого давления 高压汽缸
цилиндр дизеля【机】柴油机汽缸
цилиндр насоса 泵缸套
цилиндр низкого давления 低压汽缸
цилиндр передвижения 移动油缸
цилиндр регулировки 调节液缸
цилиндр сервомеханизма 随动机械汽缸
цилиндр скважинного нефтяного насоса【采】深井油泵缸套
цилиндрический 圆柱状的, 圆筒状的
цинк【化】锌(Zn)
цинковый 锌的
цирконий【化】锆(Zr)
циркуль【钻】卡钳, 圆规
циркуль-измеритель 量规
циркулятор 循环器
циркуляционный 循环的
циркуляция【钻】循环
естественная циркуляция 自然循环
затрубная циркуляция【钻】环空循环
конвективная циркуляция 对流循环
обратная циркуляция【钻】反循环
обратная циркуляция бурового раствора【钻】钻井液反循环
призабойная циркуляция【钻】井底循环
принудительная циркуляция【钻】强制循环
прямая циркуляция【钻】正循环
самотечная циркуляция 自流式循环
тепловая (термическая) циркуляция 热循环
циркуляция бурового раствора【钻】钻井液循环
циркуляция в замкнутой системе 封闭系统循环
циркуляция воды【地】水循环
циркуляция воздуха【地】大气循环
циркуляция газа 天然气循环
циркуляция пены 泡沫循环
цистерна【储】油槽车; 石油罐车
автомобильная цистерна【储】汽车油罐车
балластная цистерна 压载罐
большегрузная цистерна【储】大型油槽车
вертикальная цистерна【储】大圆柱罐
железнодорожная цистерна【储】铁路油槽车
малогрузная цистерна【储】小型油槽车
нефтеналивная цистерна【储】加油槽车
палубная цистерна【储】板槽车
передвижная цистерна【储】移动式油槽车
стационарная цистерна【储】固定式存储槽; 储罐; 收集罐; 暂存罐
уравнительная цистерна【储】平衡罐
успокоительная цистерна【钻】海洋钻井平台防侧滚罐
цистерна для воды 水槽车
цистерна для топлива【储】燃料槽车
цистерна-термос【储】保温油槽车

цистерна-цементовоз【钻】水泥槽罐车
цитата 引文
циферблат 表盘(仪表)
цифра 数字
арабская цифра 阿拉伯数字
двоичная цифра 二进制数字
римская цифра 罗马数字
ЦИЭИ Центральный институт экономических исследований 中央经济研究所
ЦКРС цех капитального ремонта скважины【钻】修井车间, 大修车间
ЦЛ центр люминесценции 荧光源
ЦМ цветной металл 有色金属
ЦММ цифровая модель местности 地区数字模型
ЦНГД центр нефтегазовой добычи【采】油气开采中心
ЦНС центральная насосная станция 中央泵站
ЦНС центробежный насос 离心泵
ЦНС циркуляционная насосная станция 循环泵站
ЦНТИ Центр научно-технической информации 科技信息中心
цоколь 勒脚; 柱脚; 底座, 管底, 管脚
ЦОС цифровая обработка сигналов 数字信号处理
ЦППН центр подготовки и перекачки нефти 石油处理与外输中心
ЦПС центральный пункт сбора 中心选(集)油站
ЦРТБ центральная ремонтно-техническая база 技术维修总站
ЦРУ центральное распределительное устройство 中央配电装置
ЦРЯ центральный распределительный ящик 中央配电箱
ЦС центр свечения 发光光源
ЦС циркуляционная система【钻】循环系统
ЦС цифровая система 数字化系统
ЦСГП центральный склад готовой продукции【储】成品油总库
ЦСО центральная система отопления 中心供暖系统, 总供暖系统
ЦСП центральный сборный пункт【采】集油总站
ЦСТО централизованная система теплоотвода 统一散热系统, 集中导热系统
ЦСУ центральная система управления【炼】中央管理系统; 中央控制系统, 中央操纵系统
ЦТ центр тяжести【地】重心
ЦТП центральный тепловой пункт【炼】中央加热站
ЦТП центральный товарный парк【储】中央商品油库, 中央商品油罐区, 成品油总库
ЦТУ центральное техническое управление 中央技术部
цуг 列; 系列; 波列
цуг волн【震】波列
цуг колебаний 振动系列
цуг поперечных волн【震】横波列
цуг продольных волн【震】纵波列
ЦУМ центральный универсальный магазин 中央百货商店
ЦУМВ центральное управление мер и весов 中央度量衡管理局
ЦУНП центральное управление нефтяной промышленности 中央石油工业管理局
ЦУНХУ центральное управление

народнохозяйственного учета 中央国民经济核算局

ЦУП центр управления перевозками 运输管理中心, 运输指挥中心

ЦФ центрифуга 离心机

ЦФУ центральное финансовое управление 中央财政局

ЦЧ цетановое число【化】十六烷值

ЦЩУ центральный щит управления【钻】中央控制板, 中央操纵盘

Ч

чан 大桶

Чаны【地】恰内湖

чартер 特许状; 凭照; 执照, 许可证

частица 微粒, 颗粒

взвешенные частицы 悬浮颗粒

взвешенные частицы, твердые【钻】固体悬浮颗粒

гидрофобные глинистые частицы【钻】憎水黏土颗粒

глинистые частицы【地】泥质颗粒

илистые частицы продуктивной толщи【地】产层泥质颗粒

коллоидные частицы【化】胶体颗粒

мельчайшие частицы 细小颗粒

минеральные частицы【地】矿物颗粒

наносные частицы【地】冲刷颗粒

несцементированные частицы【地】未胶结颗粒

обломочные частицы【地】碎屑颗粒

пластинчатые частицы【地】片状颗粒

посторонние частицы【地】外来颗粒

твердые частицы【钻】固相颗粒

тонкие частицы 微小颗粒

угловатые частицы【地】棱角状颗粒

частицы глинистого раствора【钻】泥浆颗粒

частицы горной породы【地】岩石颗粒

частицы коллоидного размера 胶体级颗粒

частицы обвалившихся горных пород【地】坍塌岩石颗粒

частицы обломочных горных пород【地】碎屑岩石颗粒

частицы песка 砂粒

частицы разбуренной горной породы【钻】钻碎岩屑颗粒

частичный 部分的

частный 局部的

частота 频率

высокая частота 高频

звуковая частота 音频

комплексная частота 复合频率

критическая частота 临界频率

максимальная частота 最大频率

мгновенная частота【震】瞬时频率

низкая частота 低频

номинальная частота 额定频率

нулевая частота 零频率

осевая резонирующая частота 轴向

谐振频率
основная частота 主频
периодическая частота 周率
предельная частота 极限频率
резонансная частота 谐振频率
форматная частота 共振频率
характеристическая частота 特征频率
эталонная частота 标准频率
частота возбуждения 激发频率
частота волн 波频率
частота вращения бурового долота【钻】钻头旋转频率
частота излучения мазера 微波频率
частота качаний 摆动频率
частота колебаний 振动频率
частота наблюдений 观测频率
частота **Найквиста** 折叠频率; 尼奎斯特频率
частота поперечных колебаний 横摆频率
частота прерывания 间断频率
частота продольных колебаний 纵向摆动频率
частота ремонта 维修频率
частота сигнала 信号频率
частота спускоподъемных операций【钻】起下作业频次
частота ударов 撞击频率
частотно-модулированный 频率调制的, 调频的
частотомер 频率计
часть 部分; 零件
большая часть 大部分
быстроизнашиваемая часть 易损件
верхняя часть пласта【地】地层上部
взаимозаменяемая часть 可互换件
внешняя часть складки【地】褶皱外部
внутренняя часть мульды【地】向斜内部
внутренняя часть складки【地】褶皱内部
водоплавающая часть залежи【地】底水油气藏部分
высокая часть складки【地】褶皱高部位
выступающая часть 突出部分
газонасыщенная часть пласта【地】地层含气饱和部分
гидравлическая часть насоса 泵液压部分
дробная часть числа 分数部分
заводненная часть месторождения【采】油气田注水部分
закрепленная часть ствола скважины【钻】井眼加固部分
запасная часть 备品备件
изогнутая часть трубы 管弯曲部分
истощенная часть пласта【地】地层枯竭部分
коммунальная часть 公用部分
конусная часть 锥形部分
краевая часть 边部
линейная часть трубопровода【储】管道线路部分
механическая часть насоса 泵机械部分
наземная часть циркуляционной системы【钻】循环系统地面部分
напорная часть насоса【采】泵增压部分
направляющая часть ствола скважины【钻】井眼导向部分
незакрепленная часть 未加固部分

Ч

ненарезанная часть 未切开部分
неподвижная часть 不动部分
неразведанная часть пласта【地】地层未勘探部分
нерастворимая часть 不溶部分
несущая часть 承载件
нефтенасыщенная часть пласта【地】地层含油饱和部分
нижняя часть 下部
нижняя часть пласта【地】地层下部
ниппельная часть【机】公接头部分
обводненная часть месторождения【地】油气田含水部分
обнаженная часть пласта【地】地层出路部分
опорная часть 支承部分
отмытая часть залежи【地】油气藏被波及部分
перфорированная часть колонны【钻】套管射孔部分
поворотная часть крана 阀转动部分
подвзбросовая часть【地】逆断层下部
подвижная часть 移动部分
приводная часть【钻】传动部分
приконтурная часть залежи【地】油气藏边缘部分
пробуренная часть пласта скважины【地】已钻穿地层，井内钻开地层
продуктивная часть пласта【地】地层含油气部分
разведанная часть пласта【地】油层探明部分
раззенкованная часть замков бурильных труб【钻】钻杆接箍锪(扩)孔部分
расширенная часть раструба【钻】锥形管扩大部分
режущая часть 切削件
сводовая часть залежи【地】油气藏顶部
сводовая часть складки【地】褶皱高部位，褶皱拱形部位
сменная часть 可替换件
соединительная часть 连接件
составная часть 组成部分
утолщенная часть трубы【钻】钻杆加厚部分
хвостовая часть 尾部
ходовая часть 底盘，底架，机架，起落架
целая часть числа 数的整数部分
центральная часть месторождения【地】油气田中心部位
шарнирная часть крюка 大钩绞接部分
эксплуатационная часть ствола скважины【采】井眼生产部分
энергетическая часть 动力部分
часть инструмента, оставленная в скважину【钻】已落井下钻具部件
чаша【化】蒸发皿
чек 支票
чека 销栓
стопорная чека 止动销
Челекенская свита【地】切列肯组(西土库曼斯坦，上新统)
человеко-час 工时
челюсть【钻】钳头，齿板(颚板)
большая челюсть【钻】大颚板
малая челюсть【钻】小颚板
сменная челюсть ключа【钻】大钳可替换颚板
удерживающая челюсть ключа【钻】大钳卡板
червяк 蜗杆

чередование【地】交互
чередование пластов【地】互层
чередующийся【地】互层的, 交互的
черенок 柄; 把
чернил 墨粉; 墨水
Черное море【地】黑海
чертеж (技术)图纸
габаритный чертеж 轮廓图
детальный чертеж 详细图纸
монтажный чертеж 安装图纸
рабочий чертеж 施工图纸
сборочный чертеж 组装图纸
строительный чертеж 建筑施工图纸
схематический чертеж 示意图
эскизный чертеж 草图
эталонный чертеж 校准图
чертеж катодной защиты (чертеж КЗ)【采】阴极保护图, 阴保图
чертилка 划线针
четверник косой【钻】斜眼四通管
четвероногие【地】四足动物
четвертичный【地】第四纪(系)的
четвертичные оледнения【地】第四纪冰川作用
четверть 四分之一
четкость 清晰度
четырехкратный 四倍的【钻】四冲程的
четырехлопастный【地】四叶片的
четырехсторонник параллельный 平行四边形
четырехходовой【钻】四通的
Чехия【地】捷克
чехол【地】盖层
защитный чехол【钻】护套
осадочный чехол【地】沉积盖层
платформенный чехол【地】地台沉积盖层
протоплатформенный чехол【地】原地台盖层
чехол трубы【钻】管套
ЧЗ метод частичного зондирования【地】局部探测方法
ЧЗ частотное зондирование【地】频率探测
Чилийский【地】智利的
ЧИМ частотно-импульсная модуляция 频率脉冲调制
ЧИП частное индивидуальное предприятие 私营个体企业
численность 人数
число 数
арифметическое число 算术值
атомное число 原子数
бромное число 溴值
водородное число 氢值
двоичное число 二进制数
десятичное число 十进制数
дробное число 分数
иррациональное число 无理数
кислотное число 酸值
коксовое число【地】残炭值
кратное число 次数
массовое число 质量数
октановое число【地】辛烷值
отрицательное число 负数
передаточное число【钻】传动比, 转数比
порядковое число 序数
простое число 素数
среднее число 平均数
целое число 整数
число витков 捻数
число кислотности【地】酸度, 含酸量, 酸值

Ч

число оборотов 转数
число оборотов в минуту 每分钟转数
число оборотов двигателя 发动机转数
число оборотов двигателя на холостом ходу 发动机空转转数
число отсчета 读数
число простаивающих скважин【采】停井数
число скоростей【钻】档数
число твердости 硬度指数
число хода насоса【机】泵冲次
чистка 清扫
чистка забоя скважины от металла【采】井底清除金属掉块
чистка забоя скважины от пробки【采】井底解堵
чистка скважины от парафин【采】油井除蜡
чистка скважины от песчаной пробки желонкой【采】抽砂泵除井内砂堵
чистота 光洁度; 卫生
член 成员
членение технологическое 工艺划分
членистоногие【地】节肢动物
ЧМ частотная модуляция【物】频率调制, 调频
ЧМС человеко-машинная система 人机系统
Чокракский ярус【地】乔克拉克阶(中亚及高加索地区, 中新统)
ЧС чрезвычайная ситуация 紧急状态, 紧急事态
ЧС Чрезвычайная служба 紧急状态委员会
ЧСЗ частотное сейсмическое зондирование【震】地震频率探测
Чу【地】楚河
Чу-Сарысуйская нефтегазоносная область【地】楚—萨雷苏含油气区
чувствительность 灵敏度
пороговая чувствительность 临界灵敏度
чувствительность измерительного прибора 测量仪表灵敏度
чувствительность к надрезу 缺口灵敏度
чувствительность к облучению 辐射灵敏度
чувствительность показания 读数灵敏度
чувствительность системы гидроуправления 液压操纵系统灵敏度
чувствительность указателя веса 指重表灵敏度
чугун 生铁; 铸铁
высокопрочный чугун 高强度生铁
легированный чугун 加入合金成分生铁
машиностроительный чугун 机械制造用生铁
серый чугун 含硫生铁
Чукотский хребет【地】楚科奇山脉
чулок кабельный 电缆夹
Чулым【地】丘雷姆河
чурбан 一段原木; 一块木头
ЧЭМЗ частотное электромагнитное зондирование【物】电磁频率探测

Ч

Ш

ш. широта【地】纬度
шабер 刮刀
шабер глиномешалки【钻】泥浆搅拌器刮刀
шаблон 模板, 样板【钻】通径规
комбинированный шаблон 组合样板
монтажный шаблон 安装样板
монтажно-фиксирующий шаблон【钻】安装定位样板
проверочный шаблон 量规
проводной шаблон【钻】通径规
резьбовой шаблон 螺纹规
резьбовой шаблон для насосно-компрессорных труб【钻】油管螺纹规
резьбовой шаблон для обсадных труб【钻】套管螺纹规
сборочный шаблон 装配样板
трубный шаблон【钻】管径规
трубный проходной шаблон【钻】套管通径规
фасонный шаблон 定型样板
эталонный шаблон 标准样板
шаблон для долота【钻】钻头规
шаблон для проверки внутреннего диаметра обсадных труб【钻】检测套管内径通径规
шаблон заготовки 毛坯样板
шаблонирование【钻】通井
шаблонирование интервала перфорирования【钻】射孔段通井
шаблонирование обсадных труб【钻】套管内通井
шаблонирование скважины【采】通井
шаблонирование ствола скважины【钻】通井眼
шаблон-оправка【钻】内径规
шаблон-скребок【钻】通井刮板
шабот 底座, 铁砧, 砧座
шаг 节, 节距
большой шаг зубьев 大牙距
большой шаг резьбы 大螺距
крупный шаг 粗螺距
малый шаг 小节距
мелкий шаг 精密螺距
одинаковый шаг 等距
шаг в венце шарошки【钻】牙轮齿距
шаг винта (ход винта, винтовой ход)【钻】螺纹距
шаг зубьев【钻】牙距
шаг измерений 测量间距
шаг между каналами【震】道距
шаг между пикетами возбуждения【震】激发点距, 炮距
шаг обмотки 线圈距
шаг резьбы 螺距
шаг резьбы сварных точек 焊点螺纹距
шагомер 计步器; 螺距规
шайба 垫圈【钻】计量孔板
войлочная шайба【钻】毡圈
граверная шайба【钻】弹簧垫圈
замковая шайба【钻】锁紧垫圈
зубчатая шайба【钻】齿套
изоляционная шайба 绝缘垫圈
кулачковая шайба 凸轮垫圈
нажимная шайба сальника【钻】盘根压紧圈, 密封垫圈
предохранительная шайба 保护垫圈
прижимающаяся шайба поршня 活

塞密封垫圈
пружинная шайба【钻】弹簧垫圈
регулировочная шайба 调节垫圈
стопорная шайба 固定垫圈
уплотнительная шайба 密封垫圈
упорная шайба 止推环
установочная шайба 定位垫圈
Шаимская свита【地】沙伊姆组(西西伯利亚, 卡洛夫—欧特里夫阶)
шамот 熟料; 熟耐火黏土
Шантарские острова【地】尚塔尔群岛
шапка 帽子
газовая шапка【地】气顶, 气帽
газовая шапка большой площади【地】大面积气顶
газовая шапка, вторичная【地】次生气顶
газовая шапка, искусственная【地】人工气顶
газовая шапка, неретроградная【地】非反凝析气顶
газовая шапка, ретроградная【地】反凝析气顶
шар 球
разделительный шар для трубопроводов【储】管道分隔球, 管道隔离球
сбрасываемый шар 坐封球
сбрасываемый шар клапана 阀坐球封
эластичный шар 弹性球体
шар клапана 球型阀
шарик 珠, 球
шарикоподшипник 滚珠轴承
шарнир 绞链【地】褶皱转折端【钻】活动接头, 接合铰链
вертикальный шарнир 垂直铰链
горизонтальный шарнир 水平铰链
жесткий шарнир 固定式联接
карданный шарнир 万向联轴节; 万向接头
шарнир складки【地】褶皱脊线转折端
шарнирный 铰链的
шаровой 球状的
шаровая (подушечная) лава【地】球状熔岩
шаровая отдельность【地】球状节理
шаровая (сферическая) проекция【地】球面投影
шарошка【钻】钻头牙轮
взаимозаменяемые шарошки с зубьями【钻】带齿可换式牙轮
высокая шарошка【钻】高牙轮
двухконусная шарошка【钻】双锥牙轮
дисковая шарошка【钻】圆盘状牙轮
заклиненная шарошка бурового долота【钻】钻头镶上牙轮
калибрующая шарошка【钻】纠正牙轮
коническая шарошка【钻】锥形牙轮
коническая шарошка бурового долота【钻】钻头锥形牙轮
крестообразно расположенные шарошки【钻】十字形牙轮
низкая шарошка【钻】低牙轮
самоочищающаяся шарошка【钻】自洗牙轮, 自洁牙轮
сменная шарошка с фрезерными зубьями【钻】镶有铣齿的可换牙轮
средняя шарошка【钻】中牙轮

III

трехконусная шарошка【钻】三锥面牙轮
цилиндрическая шарошка【钻】柱状牙轮
шарошка бурового долота【钻】钻头牙轮
шарьяж【地】逆掩断层; 仰冲断层
шасси 底盘
вездеходное шасси 通行底盘
самоходное шасси 自动底盘
самоходное шасси, тракторное 拖拉机自行底盘
шатун【钻】拉杆, 连杆
вильчатый шатун【钻】叉状连杆
внутренний шатун【钻】内连杆
главный шатун【钻】主连杆
наружный шатун【钻】外连杆
трубчатый шатун【钻】管状连杆
шахта【采】矿井
шахточка 孔, 孔道
швеллер【钻】槽型材, 槽钢
ШГН штанговые глубинные насосы【采】杆式深井泵
ШГНУ штанговая глубинно-насосная установка【采】杆式深井泵设备
шейка (нэк) 狭窄部分; 颈部【地】岩颈
ловильная шейка【钻】打捞颈
шейкер 震荡器, 摇动器
шелуха 皮; 荚; 壳; 鳞
шельф (континентальная ступень)【地】陆棚(架)
континентальный шельф【地】大陆架
шероховатость 粗糙度
абсолютная шероховатость 绝对粗糙度
кажущаяся шероховатость стенки трубы【钻】管壁视粗糙度
относительная шероховатость 相对粗糙度
шестерня 小齿轮
ведущая шестерня【机】主动齿轮
выходная шестерня【机】输出齿轮
двойная цепная шестерня【机】双排链轮
передаточная шестерня【机】传动轮
шестиугольный 六角形
шея【地】岩颈
шибер 阻流器; 挡板, 闸阀, 闸板
мотыльковый шибер【钻】蝶阀
мотыльковый шибер с фланцами【钻】法兰蝶阀
шибер мягкой герметизации【钻】软密封闸阀
шило 锥子
треугольное шило【钻】三角锥子
ШИМ широтно-импульсная модуляция 宽脉冲调制
шип 暗销, 针榫
ширина 宽度
габаритная ширина 外形宽度
ширина зуба 牙宽度
ширина калана 阀宽度
ширина колеи 轮辐宽度
ширина надвига【地】逆断层宽度
ширина обода 环箍宽度
ширина пролета 翼展
ширина протектора 保护器宽度
ширина судна 船宽度
широкополосовой 宽频带的
широта 纬度
высокая широта【地】高纬度
географическая широта【地】地理纬度
магнитная широта【地】磁纬线

низкая широта【地】低纬度
северная широта【地】北纬
южная широта【地】南纬
широтный【地】东西向的, 纬向的
шифер【地】板岩; 石棉瓦
шифр 代码, 密码; 暗号
шифратор 编码器
шифрование 编码
шихта 炉料, 配料, 混合料
шкала 刻度, 标度; 等级; 比率
абсолютная шкала 绝对刻度
геохронологическая шкала【地】地质年代序列
двухсторонняя шкала 双面刻度
калибровочная шкала 供校准用刻度
круговая шкала 刻度盘
круговая шкала, верньерная 游标刻度盘
линейная шкала 线性刻度
логарифмическая шкала 对数刻度
логарифмическая шкала, двойная 双对数刻度
магнитостратиграфическая шкала【地】磁性地层表
магнитохронологическая шкала【地】磁性地层年代序列
мелкая шкала 精密刻度
метрическая шкала 量程
нелинейная шкала 非线性刻度
односторонняя шкала 单面刻度
процентная шкала 百分刻度
прямолинейная шкала 线刻度
равномерная шкала 均等刻度
регулировочная шкала 可调刻度
стоградусная шкала 百分刻度
стратиграфическая шкала【地】地层序列
температурная шкала 温度刻度
хронологическая шкала【地】地层年代表
энергетическая шкала 能量标度
шкала абсолютных температур 绝对温度刻度
шкала буримости горных пород【钻】岩石可钻性级别
шкала времени 时间刻度
шкала вязкости 黏度等级
шкала геологического времени【地】地质年代表
шкала давления 压力等级(刻度)
шкала землетрясений【震】地震等级
шкала кислотности【化】酸度等级
шкала коррозионной стойкости【化】腐蚀等级
шкала на измерительных приборах 测量仪器刻度
шкала сит 筛分刻度
шкала счетчика 计算器刻度
шкала твердости【地】硬度等级
шкала твердости **Мооса** (твердость минералов)【地】莫氏矿物硬度等级
шкаф 柜; 橱; 箱
батарейный шкаф 电池组柜
главный шкаф управления 主控制柜
комбинированный шкаф【钻】综合柜
контрольный шкаф 控制柜
несгораемый шкаф 不燃箱
питающий шкаф 供电柜
распределительный шкаф 分配箱
сушильный шкаф 干燥箱
тормозной шкаф【钻】制动柜
частотно-преобразовательный шкаф【钻】变频柜

шкаф переключателей【钻】开关柜
шкаф управления 控制柜
шкаф электрооборудования【钻】电器柜
шкив 滑轮; 皮带轮
быстросменный шкив 快速更换皮带轮
ведомый шкив 从动轮
ведущий шкив 主动轮
верхний шкив 上滑轮
гладкий шкив 平皮带轮
двуручной шкив 双排手轮
дизельный шкив 柴油机皮带轮
кабельный шкив 缆绳滑轮
канатный шкив 钢绳滑轮
клиноременный шкив 三角形皮带轮
копровый шкив【钻】井架滑轮
маленький шкив【钻】小皮带轮
многоручьевой шкив 多排手动滑轮
направляющий шкив 导向滑轮
направляющий шкив, канатный 钢绳导向轮
направляющий шкив, устьевой【钻】井口导向滑轮
натяжной шкив 拉紧滑轮
одиночный шкив【钻】单滑轮
отводящий шкив 扣绳滑轮
ременный шкив 皮带轮
тартальный шкив 捞砂滑轮
тормозной шкив【钻】刹车鼓
тормозной шкив с ручным приводом【钻】手动刹车轮
цепной шкив【钻】链轮
шкив большого диаметра【钻】大直径滑轮
шкив ведущего мотора【钻】主机皮带轮
шкив вспомогательного мотора【钻】辅机皮带轮
шкив для талевого каната【钻】游车钢丝绳滑轮
шкив кронблока【钻】滑车轮
шкив кронблока для талевого каната【钻】天车缆绳滑轮
шкив кронблока для тартального каната【钻】天车捞砂钢丝绳滑轮
шкив-маховик 飞轮, 滑轮
шлагбаум【钻】拦路杆, 栏木, 卡木
шлак 渣, 灰渣, 炉渣【地】火山熔渣
густой шлак 浓渣, 干渣
доменный шлак 高炉渣
кислый шлак 酸性熔渣
котельный шлак 锅炉渣
пористый шлак 孔隙性熔渣
сварочный шлак 焊渣
стекловидный шлак 玻璃熔渣
твердый шлак 固化熔渣
топливный шлак 煤渣, 锅炉渣
шлакобетон 矿渣混凝土
шлакование【钻】造渣, 结块
шлаковата【地】矿渣棉
шлаковина 夹渣
шлаковоз 运渣车
шлаковый【地】渣状(矿渣状)
шлакозола 灰渣
шлакообразование 灰渣的形成
шлакообразователь【钻】造渣剂
шлакоотвал 堆渣场, 废渣堆
шлакоотстойник【钻】沉渣池
шлакопортландцемент 波特兰矿渣水泥
шлакопровод 输渣管道
шлакоудаление 除灰, 出渣
гидравлическое шлакоудаление 水力除渣

шлакоцемент 矿渣水泥
шлам【钻】岩屑
буровой шлам【钻】钻井岩屑
забитый шлам【钻】沉淀岩屑
затвердевший шлам【钻】固结岩屑
легкий шлам【钻】轻岩屑
шлам-бассейн【钻】(岩屑沉淀)废泥浆池
шламообразование【钻】造屑作用
шламоотборник【钻】岩屑分选器
шламоотделитель【钻】泥渣分离器; 岩屑分离器
шламоотстойник【钻】岩屑沉淀池
шламопровод【钻】岩屑输送管
шламопромыватель【钻】岩屑清洗器
шламосборник【钻】岩屑聚集器, 淤泥槽
шламосепаратор【钻】岩屑分离器
шламоуловитель【钻】岩屑捕集器; 打捞杯
шланг 软管; 水龙带, 气带
армированный шланг 加固软管
ацетиленовый шланг 乙炔软管
бронированный шланг 金属线铠装软管
буровой шланг【钻】钻井液管线, 水龙带
водоприемный шланг вакуума-насоса【钻】真空泵进水软管
воздушный шланг 空气软管
всасывающий шланг【钻】吸水管, 吸入胶管
газовый шланг 气体软管
гибкий шланг 软弯管
гидравлический шланг 水软管
грузовой шланг 装载软管
дюритовый шланг 夹布胶皮软管
каркасный резиновый шланг【钻】钢丝骨架橡胶管
металлический шланг【钻】金属软管
многоканальный гидравлический шланг 多线头水软管
нагнетательный шланг 加压软管, 加注软管
неармированный шланг 未加固软管
пожарный шланг 消防软管(水龙带)
прорезиненный шланг 涂橡胶软管
резиновый шланг 胶管
сварочный шланг 焊接用软管
соединительный многоканальный шланг 多路连接软管
шланг входного раствора【钻】进液胶管
шланг высокого давления【钻】高压软管
шланг глинистого раствора【钻】泥浆软管线
шланкокабель (шлейф) от скважины до сборного пункта【采】井口至集油气站管线
шлейф 回线, 环路【地】冲积扇【采】(井口)采油气管线
шлем 面罩
герметический шлем 密封面罩
защитный шлем для сварщика 电焊工面罩
шлиф【地】薄片, 切片, 截片
шлифовка 研磨, 磨光
шлиц【钻】键槽
шлюз【采】间隔, 室段, 闸门, 闸板
шляпка 帽状物, 帽儿
ШМУ шламоуловитель【钻】岩屑捕集器
ШН штанговый насос【采】杆式泵

шнек 螺旋输送机, 螺旋推进杆, 燕翅杆, 螺旋推进器, 搅龙, 蛇形管
шнур (шнурок) 连接线, 线绳
шнурообразный 串珠状的
шов (шовная линия) 接缝, 焊缝; 缝合处【地】缝合线
вертикальный шов 直缝
внутренний шов 内缝
герметичный шов 密封缝
горизонтальный шов 水平缝
дефектный шов 漏缝
заклепочный шов 铆接缝
кольцевой шов 环状缝
краевой шов【地】(不同构造单元)缝合线
монтажный шов 安装缝, 安装接点
нахлесточный шов 搭接焊缝
неплотный шов 不密实缝
подварочный шов 焊缝
подчеканенный шов 敛缝, 堵缝
прихваточный шов 定位焊缝
сварочный шов 焊缝
стилолитовый шов【地】缝合线
стыковой шов 接缝
угловой шов 角焊缝
узкий шов 窄缝
усиленный шов 加固缝
шов без дефектов 无漏缝
шов без усиления 未加固缝
шов расширения 膨胀缝
шов контакта 接合缝
шов с трещинами 带裂隙缝
шов трубопровода【储】管道缝
шовный 缝合的
шовная линия【地】缝合线
шовный прогиб【地】缝状凹陷
шоссе 公路
шофер 传动器
шпала 枕木
шпат【地】晶石
известковый шпат【地】方解石
исландский шпат【地】冰洲石
калиевый полевой шпат【地】钾长石
полевой шпат【地】长石
тяжелый шпат【地】重晶石
шпатель 抹子, 刮刀
шпиль 尖顶, 尖端
шпилька【钻】双头螺栓, 螺柱, 销
укрепляющая шпилька【采】管道固定螺栓
шпилька квадратного фланца【钻】方法兰螺栓
шпиндель【钻】丝杆; 主轴, 心轴
шпиндель бурового станка【钻】钻机主轴
шпиндель внутренней труборезки【机】内切管机主轴
шпиндель гидротурбинного забойного двигателя【机】井下水力涡轮钻具传动轴
шпиндель забойного двигателя【机】井下钻具传动轴
шпиндель задвижки【采】闸阀杆
шпиндель клапана【采】阀杆
шпиндель электробура【钻】井下电动钻具传动轴
шпинель【地】尖晶石
шплинт【钻】开口销
шпонка【钻】键
шприц 油枪; 注射器; 润滑枪
смазывающий шприц 黄油枪
шприц-насос (пресс) 注油器(枪), 黄油枪
шпур (爆破孔)钻眼, 浅孔, 炮孔
шрифт 钢印

штамп 压模
штампование 冲压
штанга 杆
бурильная штанга【钻】钻杆
глубинно-насосная штанга【采】抽油杆
квадратная штанга【钻】方钻杆
легированная штанга【钻】合金钻杆
насосная штанга【采】抽油杆
насосная штанга, направляющая【采】导向抽油杆
насосная штанга с высаженными концами【采】端部加厚抽油杆
насосная штанга с ниппельными концами【采】公接头抽油杆
отклоняющая штанга【钻】造斜杆
распорная штанга【钻】支撑杆
ступенчатая штанга【采】多级抽油杆
термостойкая несгораемая штанга【采】耐高温的耐燃抽油杆
трубчатая штанга【采】管式抽油杆
ударная штанга【钻】(顿钻)钻杆
укороченная штанга【采】短抽油杆
утолщенная штанга【钻】加厚钻杆
штангенглубиномер 深度卡尺, 深度尺, 游标卡尺
штанген-инструмент 游标式量具(卡尺)
штангенциркуль 游标卡尺, 内卡尺
штангенциркуль для измерения сварочных швов 焊缝检尺
штангенциркуль с нониусом 游尺, 游标
штанговращатель【采】抽油杆旋转器
штангодержатель【采】抽油杆悬挂器
штангоизвлекатель【钻】(抽油杆)钻杆拔出器
штапик【钻】压条, 镶条
штат 编制, 定员
основной буровой штат【钻】井队基本编制
штатив 折叠三脚架
штемпель 冲模, 图章; 戳子; 印
штепсель (штепсельная вилка)【钻】插头; 插销
штифт销子
двухконусный штифт【钻】双锥销
замковый штифт【钻】锁销
конический штифт 锥形销
направляющий штифт【钻】导向销
соединительный штифт【钻】连接销
срезной штифт【钻】剪切销
срезной штифт, предохранительный【钻】保险剪切销
стопорный штифт【钻】固定销
установочный штифт【钻】安装销
штифт вилки【钻】插针
штифт муфты【钻】接箍销
штифт с заплечиками【钻】轴肩销
штифт-фиксатор【钻】定位销
штихмасс 内径规
шток【地】岩株; 矿株【钻】拉杆
захватный шток【钻】卡杆, 捞杆
захватный шток, подъемный【钻】悬吊卡杆
направляющий шток【钻】导向杆
приводной шток【钻】传动拨杆, 驱动杆
соединительный шток【钻】连接杆
сальниковый шток【钻】光杆
соляной шток【地】盐株

шатунный шток【钻】连杆
шток задвижки【钻】闸阀杆
шток насоса【钻】泵杆, 气阀杆
шток поршня【机】活塞杆
шток цилиндра【机】油缸活塞杆
штокверк【地】网状矿脉, 矿楼
штольня【采】水平坑道, 平硐, 平窿
штопор для извлечения каната из скважины【钻】井内倒钢绳螺旋拔塞器
шторм【地】风暴, 烈风
штраф 罚款
штрек【采】平巷; 巷道
строп 连杆, 链接【钻】吊环
бесшовный строп【钻】无缝吊环
строп крюка【钻】大钩吊环
строп элеватора【钻】吊卡吊环
штурвал【钻】旋扭; 闸阀手轮
штурвал задвижки【采】闸阀旋轮
штурвал управления 控制轮
штуф【地】矿块体
штуцер【采】油嘴【钻】管接头
быстросменный штуцер【采】速换式油嘴
быстросъемный штуцер【采】快速拆卸油嘴
втулочный штуцер【采】衬套油嘴
выпускной штуцер【采】排放接管
выходной штуцер【采】出口接管
диафрагменный штуцер【采】孔板节流器
дисковый штуцер【采】孔板(口)节流器
забойный штуцер【采】井底油嘴
забойный штуцер, нерегулируемый【采】不可调节井底油嘴
забойный штуцер, нерегулируемый стационарный【采】不可调节井底固定油嘴
забойный штуцер, нерегулируемый съемный【采】不可调节井底可拆卸油嘴
игольчатый штуцер【采】针形油嘴
многоступенчатый штуцер【采】多级油嘴
наземный штуцер【采】地面油嘴
наземный штуцер, приводной игольчатый【采】地面针形油嘴
нерегулируемый штуцер【采】不可调节油嘴
постоянный штуцер ручного управления【采】手动式固定油嘴
пробковый штуцер【采】旋塞
регулируемый штуцер【采】可调节油嘴
съемный штуцер【采】可拆油嘴
ударопрочный штуцер【钻】防震活接头
устьевой штуцер【采】井口油嘴
устьевой штуцер, автоматический【采】井口自动油嘴
устьевой штуцер, регулирующий【采】井口可调油嘴
шарнирный штуцер со сферической поверхностью【钻】球面活接头
штуцер возврата масла【钻】回油接头
штуцер для манометра【采】压力表接口
штуцер для присоединения труб【采】管接头
штуцер замыкания【钻】闭锁接头
штуцер под высоким давлением【钻】高压管接头
штуцер с механическим ручным управлением【采】机械式手动

油嘴
штуцер с пневматическим управлением【采】气动控制油嘴
штуцер тройникового типа【采】三通型油嘴
штуцер-дроссель устьевой【采】井口节流油嘴
штуцер-угольник【采】弯接头
шум 噪声
шумоглушитель 消声器
шумоподавление 噪声抑制
шунт 分路, 分流; 分流器
шунтирование 分接, 桥接, 加分路, 分路, 并联
шунтовой 分接的, 分流的
шуруп【钻】木螺钉, 螺纹道钉
шурф (采矿或爆破用的)浅井【钻】鼠洞
взрывной шурф【震】爆炸井
шурфование【地】槽探, 勘测

Щ

щебень 建筑石子【地】碎砾
щелочение 碱化
щелочноземельный【地】碱土的
щелочной 碱的, 碱性的
щелочной базальт【地】碱性玄武岩
щелочной гранит【地】碱性花岗岩
щелочные земли【地】碱土, 碱土金属
щелочной металл【地】碱金属
щелочность 碱性, 碱度
щелочность воды【地】水的碱度
щелочноупорный 耐碱的
щелочь 碱类
щель 裂隙, 缝隙, 裂口; 孔, 槽
щечка【钻】颚板
щит 配电盘; 动物甲壳【钻】挡板【地】地盾
Балтийский щит【地】波罗的地盾
водоотбойный щит【钻】挡流板
выключательный щит【钻】开关板
головной щит【地】头甲; 头部
комбинированный щит【钻】组合板
крестовый щит【钻】十字挡板
Канадский щит【地】加拿大地盾
пожарный щит 防火栓
распределительный щит【钻】配电箱, 配电盘, 开关板
силовой щит для освещения 照明配电箱
Украинский щит【地】乌克兰地盾
электрический щит【钻】配电板
щит преобразования частоты【钻】变频板
щит управления 控制屏
щит-ящик【钻】电气柜
щитовидный 盾形的
щиток 护板; 挡板; 模板, 拼合板
щиток гидромотора【钻】液压马达板
щиток клапана с пневматическим управлением【钻】气控阀板
щуп 塞尺, 量隙规, 塞尺, 厚度规
проволочный щуп 针状塞尺
щупик 探土钻, 取样器; 探针, 探棒

Э

эвакуация 疏散, 撤离; 抽成真空, 抽空
эвапоратор 蒸发装置, 蒸发器
эвапорация 蒸发作用, 汽化作用
эвапориты【地】蒸发岩
эвгеосинклиналь【地】优地槽
эвдиометр 容积变化测定管; 气体燃化计; 量气管
ЭВМ электронная вычислительная машина 电子计算机
эволюционизм【地】进化论
эволюция 演化
биологическая эволюция【地】生物演化
эволюция литосферы【地】岩石圈演化
эволюция осадконакопления【地】沉积演化
эволюция тектоносферы【地】构造圈演化
эволюция фаций【地】沉积相演化(变化)
эвропий (европий)【化】铕(Eu)
эвстазия【地】海面变化
эвтектика【地】低共溶混合物
ЭВЦ электронный вычислительный центр 电子计算机中心
ЭГВ электрогидравлическое воздействие 电液效应
ЭГДА электрогидродинамическая аналогия 液动电子流量模拟
ЭДГ электродегидратор【炼】电脱水器
ЭДС электродвижущая сила 电动势
эжектор 喷射器
ЭИ эмпирическое исследование 实验性研究
ЭИБ Экспортно-импортный банк 进出口银行
эйсберг (айсберг)【地】冰山, 海洋中的冰山
ЭК электрический каротаж【测】电测井
ЭК электролитический каротаж【测】电解质测井
ЭК электромагнитные колебания【物】电磁振荡
ЭК энергетический коэффициент 能量因子
Эквадор【地】厄瓜多尔
экватор【地】赤道
эквивалент 当量, 等值
механический эквивалент тепла 热功当量
тепловой эквивалент 热当量
химический эквивалент【化】化学当量
электрохимический эквивалент【化】电化学当量
энергетический эквивалент 能源当量
эквивалент влажности 湿度当量
эквивалентность 等价
эквивалентный 当量的, 等效的, 等价的
эквидистантность 等距
эквидистантомер 等距测量仪
эквидистанция 等距离, 等距
эквипартиция 均分
эквипотенциальный 等电位的, 等势的
эквифазный 等相的; 同相位的

экземплификация 举例说明, 用实际例证解说
экземпляр 份数
экзогенетический【地】表生的; 外动力的
экзогенный【地】外生的, 外成的; 外力的; 外来的
экзогенные процессы (внешние процессы)【地】外生作用, 外动力作用
экзокинетический【地】外成的, 外动力的
экзокливаж【地】外劈理(岩石受造山作用形成裂缝)
экзоконтакт【地】外接触带
экзоморфизм【地】外变质作用
экзосмос 外渗
экзотермический 外热的
эклиптика【地】黄道
эклогит【地】榴辉岩
экогенез【地】生态史
экогения【地】生态发生学
экологический【地】生态的
экологическая география растения【地】植物生态地理学
экологическая сукцессия【地】生态变化顺序, 生态演替次序
экология【地】生态学
экономика 经济, 经济学
экономбюро 经济局
эконометрия 计量经济学
экономист 经济学家, 经济工作者
экономичность 经济性
экономия 节约, 节省, 经济
экономный 节约的, 经济的
экосистема 生态系统
экостратиграфия【地】生态地层学
экран 屏, 幕, 障板; 护板【钻】屏蔽
контрольный экран【钻】监视屏
экран показания параметров бурения【钻】钻井参数显示屏
экранирование【地】遮挡【钻】屏蔽(隔离)
стратиграфическое экранирование【地】地层遮挡
экранирование сейсмической волны【震】地震波屏蔽
эксгаляция 喷发; 喷气; 蒸发
эксикатор 干燥器
экскаватор【钻】挖掘机, 挖沟机
экскаватор на гусеничном ходу 履带式挖掘机
экскаватор на пневматическом ходу 轮胎式挖掘机
экспансия 膨胀; 扩张
экспедиция【地】探险, 考察; 考察队, 探险队, 勘探队
эксперт независимый 独立鉴定专家, 鉴定人
экспертиза 技术鉴定
государственная экспертиза запасов полезных ископаемых 矿产储量国家审核
отраслевая государственная экспертиза 国家行业审批
экспертиза шлифа【地】薄片鉴定
эксперимент 实验
экспериментальный 实验的; 经验的
экспериментальный годограф【震】经验时距曲线
экспериментальный коэффициент поглощения 经验吸收系数
экспериментальная проверка 实验检验
эксплозия【地】火山爆破, 火山喷发
эксплуатационный【采】开采(发)的

эксплуатация 运营【采】开采
безводная эксплуатация【采】无水开采
глубоконасосная (глубиннонасосная) эксплуатация【采】深井泵开采
компрессорная эксплуатация【采】气举开采
механизированная эксплуатация【采】机械开采
механизированная эксплуатация скважин【采】油井机械开采
одновременная раздельная эксплуатация【采】同时分层开采
опытная эксплуатация【采】试采
опытно-промышленная эксплуатация【采】工业性试采
периодическая эксплуатация【采】间歇式开采
пробная эксплуатация【采】试采
эксплуатация многорядных скважин【采】多排井开采
эксплуатация на глубокой глубине【采】深井开采
эксплуатация недр земли【采】开采矿藏
эксплуатация нефтяных месторождений【采】油田开采
эксплуатация нефтяных пластов【采】油藏开采
эксплуатация трубопровода【储】管道运营
экспонат 陈列品, 展览品
экспонента 指数; 指数曲线
экспоненциальный 指数的
экспонометр 曝光计, 露光计
экспорт 出口; 输出
экспортер 出口商
экспортный 出口的; 输出的
экспресс-анализ【化】快速分析
экспресс-диагностика 快速诊断
экспресс-лаборатория【化】快速化验室
экспресс-метод【化】快速分析法
экстрагирование【化】萃取
экстракласты【地】外来碎屑
экстракт【化】萃取物
экстракция【化】萃取(法); 提取, 抽出
экстраполирование 外推法
экстраполяция 外推法
экстремум 极值
экструзия【地】火山喷出, 迸流
эксфолиация【地】剥离
эксцентриситет 偏心距
эксцентричность 偏心率
эксцентрометр 偏心仪
элайометр 验油比重计
элатериты【地】弹性沥青
элеватор【钻】升运机, 吊卡
загруженный элеватор【钻】负荷吊卡, 实吊卡
порожний элеватор【钻】空吊卡
трубный элеватор【采】油管吊卡
штанговый элеватор【采】抽油杆吊卡
элеватор бокового открытия【钻】侧开式吊卡
элеватор для **НКТ** клиновидного типа【钻】楔形油管吊卡
элеватор для насосной штанги【采】抽油杆吊卡
электрик 电工
электрификация 电气化
электрический 电的
электрический заряд 电荷
электрический измеритель【测】电

测计
электрический канал 电路
электрический контур 电路
электрическое напряжение 电压
электрический поток 电通量
электрическое профилирование (профильная съемка)【测】电测剖面
электрический разряд 电荷
электрический сейсмоприемник【震】电子地震检波器
электрический термометр 电阻温度计
электроакустика 电声学
электроанализ 电分析
электроаппарат【钻】电器
электробур【钻】井下电动钻具, 电钻
электроводоотделитель【炼】电脱水器
электровоз 电力机车
электрогазосварщик 电动气焊机; 气焊工
электрогайковерт 电动扳手, 电动螺帽扳手
электрогенератор 发电机
электрограф【震】示波器
электрогрунтонос【钻】电动取心器
боковой электрогрунтонос【钻】电动井壁取心器
электрод 电极; 电焊条
непарный электрод【测】不成对电极
парный электрод【测】成对电极
электрод для сварки **Бо Лэ** 伯乐焊条
электрод нержавеющей стали 不锈钢焊条
электрод сварки 焊条
электрод-заземлитель 接地电极
электродвигатель 电动机
аварийный электродвигатель 应急电动机
двухстопорно-регулирующий электродвигатель 双制动调节电动机
трехфазный асинхронный электродвигатель 三相异步电动机
электродвигатель постоянного тока 直流电动机
электродепарафинизатор【采】电除蜡装置
электродепарафинизация【采】电除蜡
электродержатель 电焊条夹钳, 电极夹, 电极支持器, 电极支座
электродинамометр 电功率表, 电测力计
электрододержатель 电焊钳
электродрель【钻】电钻
электродуга 电弧
электроемкость 电容
электрозабор 电网
электрозакалка 电淬火
элекрозаклепка 电铆接, 电铆钉
электрозал 电机房
электроиндукция 电感应
электрокабель 电缆
контрольный электрокабель 控制电缆
электрокаротаж【测】电测(井)
электрокинетика 电动力学
электроключ 压线钳
электрокомплекс【测】电测地质体
электрокомпрессор【钻】电动空压机
электролебедка【钻】电动绞车

Э

электролиз【化】电解
электролит【化】电解液, 电解质
электромагнетизм 电磁, 电磁学
электромагнитный 电磁的
электромагнитная индукция 电磁感应
электромагнитный преобразователь 电磁转换器
электромагнитная разведка【物】电磁勘探
электромагнитный сейсмоприемник【震】电磁地震检波器
электромагнитный успокоитель 电磁阻尼器
электромашина 电气机械
электромашиностроение 电机制造
электромолот 电锤
электромонтажник 电气安装工
электрон 电子
электронагреватель трубчатый 管状电加热器
электронасос (электропомпа) 电动泵
вакуумный электронасос 真空电动泵
электроника 电子学
электронномикроскопический 电子显微镜的
электронный 电子的
электронный микроскоп 电子显微镜
электрооборудование 电气设备
электроосмос 电渗(现象)
электроотопление из нержавеющей стали 不锈钢电暖器
электроочистка 电净化
электроперфоратор【钻】井底电射孔器
электропила 电锯
электропитание 电源
промышленное электропитание 工业电源
стабильное постоянное электропитание 直流稳压电源
электроподстанция 配电站, 变电所
электропокрытие 电镀
электропривод【钻】电传动, 电驱动
электропривод преобразования частоты【钻】变频电驱动装置
электропровод 电线
электропроводность 导电性
электропрофилирование【物】电法剖面测量
электропрофиль【地】电测剖面
электропункт 供电站, 配电站
электроразведка【地】电法勘探
электрораспределение 配电
электросварка 电焊
электросварка переменного тока 交流电焊机
электросверло 电钻
электросистема 电气系统; 电路系统
электроснабжение 供电, 电力供应
электросопротивление 电阻
электростанция 发电站
электросхема 电路图
электросчетчик 电表, 电力计
электро-техспецификация 电力技术说明书
электротрансмиссия 电传动装置
электротранспорт 电力运输, 电力交通工具
электрофация【测】测井相, 电测相
гладкая электрофация【测】平滑型测井相
зубчатая электрофация【测】齿型

测井相
постепенная электрофация【测】渐变型测井相
резкая электрофация【测】突变型测井相
типичная электрофация【测】典型测井相,标准测井相
электрофация вогнутой формы【测】内凹型测井相
электрофация выпуклой формы【测】外凸型测井相
электрофация линейной формы【测】线型测井相
электрофация формы воронки【测】漏斗型测井相
электрофация формы колокола【测】钟型测井相
электрофация формы цилиндра【测】箱(筒)型测井相
электрофация яйцевидной формы【测】舌型测井相
электрофорез【物】电泳; 电离子透入法
электрохимия【化】电化学
электроцентраль 发电厂
тепловая электроцентраль 热电厂
электроцепь 电路
стандартная взрывостойкая электроцепь на буровой площадке【钻】井场标准防爆电路
электрощит【钻】配电盘,配电板
электрощит бурильщика【钻】司钻电控盘
электроэнергия 电能
силовая электроэнергия【钻】动力电能
электрум 金银合金【地】银金矿
элемент 元件,单元;要素【化】元素
геоморфологический элемент【地】地貌单元
геоструктурный элемент【地】在地构造单元
дросселирующий элемент【采】节流元件,节流单元
запоминающий элемент 存储单元
измерительный элемент【采】计量元件
инертный элемент【化】惰性元素
нагнетательный элемент【采】增压单元
предварительно изготовленный элемент 预制构件
радиоактивный элемент【化】放射性元素
рассеянный элемент 分散元素
редкий элемент【化】稀有元素
редкоземельный элемент【化】稀土元素
самородный элемент【化】自然元素,单质元素
сидерофильный элемент【化】亲铁元素
силовой элемент 动力元件
структурный элемент【地】构造单元
тектонический элемент 1- го порядка【地】一级构造单元
тектонический элемент 2 - го порядка【地】二级构造单元
фильтрующий элемент【钻】过滤单元
фрикционный элемент【钻】摩擦件
халькофильный элемент【化】亲铜元素
химический элемент【化】化学元素
элемент блоков основания 基础部

件; 基础单元构成
элемент волн【物】波元, 波素
элемент дислокаций【地】错断地质单元
элемент залегания【地】产状要素
элемент конструкции 结构单元
элемент масс 质量单元
элемент обращенной 7-точечной системы【采】反七点法单元
элемент симметрии кристалла【地】晶体对称要素
элемент складки【地】褶皱要素
элементарный 元的, 单元的; 基本的; 初等的
элементарная геодезия 初等测量学
элементарное отражение【震】元反射, 单元反射
элементарная площадь(площадка)【震】面元
элементарное преобразование【震】初等变换
элементарный фронт【震】元波前
элементарная частица 基本粒子
элемент-индикатор 元素指示剂
эллипс 椭圆
эллипс деформации 应变椭圆
эллипс инерции 惯性椭圆
эллипс напряжений 应力椭圆
эллипс ошибок 误差椭圆
эллипс поляризации 极化椭圆
эллипсоид 椭圆体, 椭球体
ЭЛОУ электрообессоливающая установка【炼】电脱盐装置
Эльбурганская свита【地】埃利布尔甘组(北高加索, 下古新统)
элювиальный【地】残积的
элювий【地】残积层
эманация【地】射气, 喷气【化】氡
Эмба【地】恩巴河
эмбарго 禁运
эмиграция【地】向外运移
эмиссия 辐射, 发射, 放射
акустическая эмиссия пород【地】岩石声发射
ЭМК электромагнитный каротаж【测】电磁测井
ЭМКЗ электромагнитное каротажное зондирование【测】电磁测井探测
эмпирический 经验的
ЭМР электрометрическая работа【测】电测作业
ЭМУ электромеханическая установка (船上)电机装置
эмульгатор 乳化剂, 乳化器
эмульгация (эмульсация) 乳化作用
эмульсионный 乳化的
эмульсификатор 乳化剂
эмульсия 乳化液
водонефтяная эмульсия 油水乳化液
гидрофильная эмульсия 亲水乳化液
гидрофобная эмульсия 憎水乳化液
керосиновая эмульсия 煤油乳化液
нефтекислотная эмульсия 油酸乳化液
нефтяная эмульсия 石油乳化液
обратная эмульсия 反相乳化剂
сероводородсодержащая водонефтяная эмульсия 含硫化氢油水乳化液
эмульсия обратного типа 反型乳化液
эмульсия прямого типа 正型乳化液
эмульсоид 乳胶液
эмульсор (эмульсификатор) 乳化剂
эмфибол【地】角闪石; 闪岩类
ЭН эллипсоид напряжений【地】

应力椭球
энаргит【地】硫砷铜矿
эндемики【地】生物特有种
эндогенный (внутренний или глубинный) процесс【地】内生过程,内动力过程,内动力作用
эндоконтакт【地】内接触带
эндоморфоз (эндоморфизм)【地】内生变质作用
эндосмос 渗入,内渗现象
энергетик главный 总动力师
энергетика 动力工程学; 动力学
энергетический 动力的; 能量的
энергия 能源(量)
аккумулированная энергия 储存的电能
кинетическая энергия 动能
пластовая энергия【地】地层能量
удельная энергия давления 比压能
удельная энергия положения 比位能
удельная энергия, потенциальная 比势能
энергия землетрясения【震】地震能量
энергия течения【地】水流能量
энергобаланс 能量平衡
энергоноситель 能源(载体)(如нефть、газ、уголь等)
энергорасход 能耗
энергоснабжение 动力供给
энзимы 酶
энтальпия【化】焓
энтропия【化】熵
эозой【地】始生代
эолит【地】始石器时代
эолова【地】风成岩
эоловый【地】风成的
эоловый лесс【地】风成黄土
эоловые образования【地】风成层; 风成建造
эоловые отложения【地】风成沉积
эоловые пески【地】风成砂
эоловые формы рельефа【地】风成地形
эоловая эрозия【地】风蚀
эон【地】宙
эонотема【地】宇(地质时期)
ЭОС элементоорганическое соединение 有机元素化合物
ЭОТ эмульсия обратного типа 反型乳化液,油包水
эоцен【地】始新世(始新统)
эпибатиаль (всевдоабиссаль)【地】半深海(200~500m),浅海底部(向深海过渡带)
эпиболь (акме-зона)【地】生物峰带
эпигенез【地】外力变质,表生作用
эпигенетический【地】次生的,表生的,后成的
эпигенный【地】表成的,外成的
эпигенный процесс【地】外力作用
эпигеология【地】表层地质
эпигерцинский【地】海西期后的
эпидот【地】绿帘石
эпизона【地】浅变带
эпикаледонский【地】加里东期后的
эпикластический【地】外力碎裂的
эпиконтинентальный【地】陆架的,陆缘的
эпиконтинентальная геосинклиналь【地】陆缘地槽
эпиконтинентальное (прибрежное море) море【地】陆缘海
эпикратонный【地】克拉通边缘的
эпиметаморфизм【地】浅变质作用

эпиплатформенный【地】地台期后的
эпиплатформенный орогенез【地】地台期后造山作用
эпитаксия【地】晶体取向附生
эпицентр【震】震中
эпицентр землетрясения【震】震中
ЭПО эффективная площадь отражения【震】有效反射面积
эпоха【地】世;期
эпоха складчатости【地】褶皱期
эпоха складчатости, **Альпийская**【地】阿尔卑斯褶皱期
эпоха складчатости, **Варисцийская**【地】华力西褶皱期
эпоха складчатости, **Герцинская**【地】海西褶皱期
эпоха складчатости, **Готская**【地】哥特褶皱期
эпоха складчатости, **Каледонская**【地】加里东褶皱期
эпоха складчатости, **Карельская**【地】卡列里褶皱期
эпоха складчатости, **Киммерийская**【地】基末利褶皱期
ЭПР электронный парамагнитный резонанс 电—顺磁谐振
эпсомит【地】泻利盐
ЭПТ эмульсия прямого типа 正型乳化液,水包油
эпюра (эпюр) 图;图形;分布图;曲线图;图表
эпюра давления 压力分布图
эпюра момента 力矩分布图
эпюра напряжений 应力图
эпюра скоростей 速度分布图
эра【地】代
эратема (группа)【地】界
эрбий【化】铒(Er)
эрг 尔格(功或能的单位)
эрлифт 空气升液器
Эрмановская свита【地】埃尔马诺夫组(勘察加,中新统)
эрозионный 侵蚀的
эрозионная долина【地】侵蚀谷
эрозионная равнина【地】侵蚀平原
эрозия【地】侵蚀
боковая эрозия【地】侧向侵蚀
ледниковая эрозия【地】冰川侵蚀
наступательная эрозия【地】向源侵蚀
ретрогрессивная эрозия【地】向源侵蚀
эрратический【地】漂砾的;移动的
ЭРС эмпирическая регистрирующая система 实验记录系统
ЭРС эшелонированная разрывная структура【地】雁列式断裂构造
эруптивный【地】火成的;喷发的
ЭС энергосистема 能源系统,动力系统,电力系统
эскарп【地】崖,崖坡
эскиз 草图
ЭСОД электронная система обработки данных 电子数据处理系统
ЭСП электрический силовой привод 电力传动装置
ЭСР эффективный сейсмический разрез【震】有效地震剖面
эстакада【储】高架桥,天桥;栈道;装卸油台
нефтеналивная эстакада【储】装油栈台
эстер【化】酯
эстерификация【化】酯化作用
эстуарий【地】港湾,河口湾,三角湾

Э

этаж【地】层
этажность 层数
эталон 标准, 规格; 标准仪; 校准物, 样版
эталонирование 标准化; 校准, 定准, 标定
эталонность 标准度
эталонный 标准的, 校准的
эталон-свидетель 检验标准样件
этан【化】乙烷
этанал【化】乙醛
этанит【化】乙烷橡胶
этанол【化】乙醇
этаноламин【化】乙醇胺, 羟基乙胺, 氨基乙醇
этап 阶段【钻】造斜点
этап опытной эксплуатации【采】试生产阶段
этап подготовки производства【采】生产准备阶段
этап разработки【采】开发阶段
этап разработки месторождения【采】油田开发阶段
этап строительства скважины【钻】建井阶段
этен【化】乙烯
этер【化】醚
этерификация【化】醚化, 酯化
этернит 石棉水泥(板)
этикетировка 贴标签, 系标签
этикетка 商标; 货签, 标签【震】(地震磁带)标签
этил【化】乙基
этиламин 乙胺; 胺基乙烷
этилацетат【化】乙酸乙酯
этилбензол【化】乙基苯, 乙苯
этилен【化】乙烯
этиленизация 乙烯处理
этилмеркаптан【化】乙硫醇
этилсульфат【化】硫酸乙酯
этилформиат【化】甲酸乙酯; 蚁酸乙酯
этилциклопентан【化】乙基环戊烷
этин【化】乙炔
этинилирование【化】乙炔化作用
Этолонская свита【地】埃托龙组(勘察加, 中新统)
ЭУ энергетическая установка 动力装置
эфир【地】太空【化】醚, 乙醚; 酯
изоамиловый эфир【化】异戊醚
метиловый эфир【化】甲醚
метилэтиловый эфир【化】甲基乙醚
петролейный эфир【化】石油醚
серный (этиловый) эфир【化】乙醚
сложный эфир【化】酯
уксусноэтиловый эфир【化】乙酸乙酯
эфир аспарагиновой кислоты【化】天冬氨酸醚
эфир ацетоуксусной кислоты【化】乙酰乙酸醚
эфир винилуксусной кислоты【化】乙烯乙酸醚
эфир глицерина【化】甘油醚
эфир целлюлозы【化】纤维素醚
эффект 效应(果)
граничный эффект 边界效应
капиллярный эффект 毛细管效应
комптоновский эффект 康普顿效应
конфузорный эффект 收缩效应
краевой эффект 边缘效应
нелинейный эффект внутрипластового горения【采】火烧油层非线性效应
пространственный эффект 空间效应

фильтрационный эффект 渗透效应
фотоэлектрический эффект【测】光电效应
экранный эффект 屏蔽效应
эффект близости 邻界效应
эффект гидроизоляции【采】堵水效果
эффект **Жамена**【采】贾敏效应
эффект каналирования【震】波道效应
эффект **Кориолиса**【地】科里奥利效应
эффект пьезосопротивления 压电电阻效应
эффект силы тяжести【地】重力效应
эффект скольжения【地】滑脱效应
эффект экранирования【震】屏蔽效应
эффективность 效益, 效果, 效率, 效力, 有效性
общая экономическая эффективность геологоразведочных работ【地】地质勘探工作总经济效益
объемная эффективность【钻】容积效率
сравнительная экономическая эффективность геологоразведочных работ【地】地质勘探工作比较经济效益
эффективность геологоразведочных работ【地】地质勘探工作效果
эффективность отдельных стадий геологоразведочных работ【地】地质勘探工作阶段性效果
эффективный 有效的
эффузивный【地】喷出的
эффузия【地】喷发, 逸散
эффузия газов【地】喷出气体
эхо-зонд【物】回声探测
эхолот【物】回声测深仪, 测音器
эхометрия【物】回声测量
ЭЦН электро-центробежный насос 电动离心泵
ЭЩ электрощит 配电盘, 配电板
ЭЭ электроэнергия 电力, 电能

Ю

юбка【钻】防喷盒
юбка против разбрызгивания【钻】泥浆防喷盒
Ю.-В юго-восток 东南
ЮВА Юго-Восточная Азия 东南亚, 东南亚国家
ювенильный【地】初生的, 原生的
юг【地】南, 南方, 南部
юдолие【地】溪谷, 山谷
Южная Америка【地】南美洲
Южно-Американская платформа【地】南美洲地台
Южно-Африканская газоносная область【地】南部非洲含油气区
Южно-Каспийская нефтегазоносная провинция【地】南里海含油气省
Южно-Китайская платформа【地】南中国地台
Южно-Мангышлакская нефтегазо-

носная область【地】南曼吉什拉克含油气区
Южно-Предуральская нефтегазоносная область【地】南乌拉尔山前含油气区
Южно-Тяньшаньская складчатая область【地】南天山褶皱区
южный【地】南的, 南方的, 南部的
южное полушарие【地】南半球
южный полюс【地】南极
южный полярный круг【地】南极圈
южное полярное сияние【地】南极光
южный тропик【地】南回归线
южная широта【地】南纬
ЮЗА Юго-Западная Африка【地】西南非洲
юинтаит【地】硬沥青, 黑沥青
юность реки【地】幼年河
Юра (Юрская система или период)【地】侏罗纪(系)
юридический 法律的, 法学的; 律师的; 司法的
юрисконсульт 法律顾问
юстировка 调整, 调准, 校正, 校准
механическая юстировка 机械调整
юстировщик 调准员

Я

ЯАР ядерный акустический резонанс【测】核声共振
яблоко кардана, наружное 万向接头外壳
явление 现象; 效应
адсорбционное явление 吸附现象
диффузионное явление 扩散现象
капиллярное явление 毛细管现象
молекулярно-поверхностное явление 分子表面现象
осмотическое явление【地】渗析现象; 渗滤现象
ретроградное явление 反转现象
физическое явление 物理现象
химическое явление 化学现象
экономическое явление 经济现象
эндогенное явление【地】内生作用现象
электрокинетическое явление 电动现象
явление закупорки【采】堵塞现象
явление интерференции 干涉现象
явление конусообразования【采】水锥现象
явление наложения волн【震】波的重叠现象
явление отражения【震】反射现象
явление поглощения 吸收现象
явление поляризации 极化现象
явление преломления【震】折射现象
явление природы【地】自然现象
явление резонанса 谐振现象, 共振现象
явление релаксации 松弛现象
ЯГМК ядерно-геофизический метод каротажа【测】核地球物理测井法
ЯГР ядерный гамма-резонанс【测】

核伽马共振

ЯГРС ядерный гамма-резонансный спектрометр【测】核伽马共振能谱仪

ядерно-магнитный【物】核磁的

ядерный 核的

ядовитый 有毒的; 有害的

ядро 核(心)

атомное ядро 原子核

внешнее (наружное) ядро【地】外(内)核

внутреннее ядро【地】内核

диапированное ядро【地】底辟核心

ядро протыкания【地】底辟刺穿构造核部

ядро складки【地】褶皱核部

язык 舌

язык газа【地】气舌

язык ледника【地】冰舌

язык обводнения【采】水舌, 水淹舌

Яковлевская свита【地】亚科夫列夫组(西西伯利亚, 阿尔普—阿普特阶)

якорь【钻】锚, 高绳钩, 猫头钩

якорь оттяжки【钻】绷绳锚

яма 坑

ЯМК ядерно-магнитный каротаж【测】核磁测井

ЯМР ядерно-магнитный резонанс【测】核磁共振

Яньшаньское движение【地】燕山运动

ЯО ядерные отходы 核废料

Япетус (протоатлантика)【地】原始大西洋

Япония【地】日本

Японская впадина【地】日本海沟

Японское море【地】日本海

ЯР ядерный резонанс【测】核共振

ярозиты【地】黄钾铁矾

ярус【地】阶; 层; 建造

структурный ярус【地】构造层

ярусность【地】成层性

ЯСС【钻】震击器

ячейка 格子; 单元, 单体; 网络

ячейка сита【钻】筛孔, 网眼

ячейка установки параметра【钻】参数设定单元

ящик 箱, 盒

защитный ящик для приборов 仪表保护箱

нержавеющий ящик для дезинфицирования 不锈钢消毒柜

приборный ящик 仪表箱

распределительный ящик главного трансформатора 主变压器配电箱

упаковочный ящик 装箱单

ящик для выключателей 开关箱

ящик насоса 泵箱

ящик противовеса 平衡箱, 配重箱

ящик с электроприборами 电气仪表箱

ящикообразный 箱形的, 箱状的

附 录

附录1 世界主要国家与地区

I АЗИЯ 亚 洲				
№	СТРАНА 国 家		СТОЛИЦА 首 都	
1	АЗЕРБАЙДЖАН (Азербайджанская Республика)	阿塞拜疆	Баку	巴库
2	АРМЕНИЯ (Республика Армения)	亚美尼亚	Ереван	埃里温
3	АФГАНИСТАН (Исламское Государство Афганистан)	阿富汗	Кабул	喀布尔
4	БАНГЛАДЕШ (Народная Республика Бангладеш)	孟加拉	Дакка	达卡
5	БАХРЕЙН (Государство Бахрейн)	巴林	Манама	麦纳麦
6	БРУНЕЙ (Государство Бруней-Даруссалам)	文莱	Бандар-Сери-Бегаван	斯里巴加湾市
7	БУТАН (Королевство Бутан)	不丹	Тхимпху	廷布
8	ВЬЕТНАМ (Социалистическая Республика Вьетнам)	越南	Ханой	河内
9	ГРУЗИЯ (Грузия)	格鲁吉亚	Тбилиси	第比利斯
10	ИЗРАИЛЬ (Государство Израиль)	以色列	Тель-Авив	特拉维夫
11	ИНДИЯ (Республика Индия)	印度	Дели	新德里
12	ИНДОНЕЗИЯ (Республика Индонезия)	印度尼西亚	Джакарта	雅加达
13	ИОРДАНИЯ (Иорданское Хашимитское Королевство)	约旦	Амман	安曼
14	ИРАК (Республика Ирак)	伊拉克	Багдад	巴格达
15	ИРАН (Исламское Республика Иран)	伊朗	Тегеран	德黑兰

16	ЙЕМЕН (Йеменская Республика)	也门	Сана	萨那
17	КАЗАХСТАН (Республика Казахстан)	哈萨克斯坦	Астана	阿斯塔纳
18	КАМБОДЖА (Королевство Камбоджа)	柬埔寨	Пномпень	金边
19	КАТАР (Государство Катар)	卡塔尔	Доха	多哈
20	КИПР (Республика Кипр)	塞浦路斯	Никосия	尼科西亚
21	КЫРТЫЗСТdН (Киргизская Республика)	吉尔吉斯斯坦	Бишкек	比什凯克
22	КИТАЙ (Китайская Народная Республика)(КНР)	中国	Пекин	北京
23	КНДР (Корейская Народно-Демократическая Республика)	朝鲜	Пхеньян	平壤
24	РЕСПУБЛИКА КОРЕЯ (Республика Корея)	韩国	Сеул	首尔
25	КУВЕЙТ (Государство Кувейт)	科威特	Эль-Кувейт	科威特城
26	ЛАОС (Лаосская Народно-Демократическая Республика)	老挝	Вьентьян	万象
27	ЛИВАН (Ливанская Республика)	黎巴嫩	Бейрут	贝鲁特
28	МАЛАЙЗИЯ (Малайзия)	马来西亚	Куала-Лампур	吉隆坡
29	МАЛЬДИВЫ (Мальдивская Республика)	马尔代夫	Мале	马累
30	МОНГОЛИЯ (Монголия)	蒙古	Улан-Батор	乌兰巴托
31	МЬЯНМА (Союз Мьянма)	缅甸	Янгон	内比都
32	НЕПАЛ (Королевство Непал)	尼泊尔	Катманду	加德满都
33	ОБЬЕДИНЕННЫЕ АРАБСКИЕ ЭМИРАТЫ (Обьединенные Арабские Эмираты) (ОАЭ)	阿拉伯联合酋长国	Абу-Даби	阿布扎比
34	ОМАН (Султанат Оман)	阿曼	Маскат	马斯喀特
35	ПАКИСТАН (Исламская Республика Пакистан)	巴基斯坦	Исламабад	伊斯兰堡

36	ПАЛЕСТИНСКИЕ ТЕРРИТОРИИ (Западный берег реки Иордан и сектор Газа)	巴勒斯坦地区		
37	САУДОВСКАЯ АРАВИЯ (Королевство Саудовская Аравия)	沙特阿拉伯	Эр-Рияд	利雅德
38	СИНГАПУР (Республика Сингапур)	新加坡	Сингапур	新加坡
39	СИРИЯ (Сирийская Арабская Республика)	叙利亚	Дамаск	大马士革
40	ТАДЖИКИСТАН (Республика Таджикистан)	塔吉克斯坦	Душанбе	杜尚别
41	ТАИЛАНД (Королевство Таиланд)	泰国	Бангкок	曼谷
42	ТУРКМЕНИЯ (Туркменистан)	土库曼斯坦	Ашхабад	阿什哈巴德
43	ТУРЦИЯ (Турецкая Республика)	土耳其	Анкара	安卡拉
44	УЗБЕКИСТАН (Республика Узбекистан)	乌兹别克斯坦	Ташкент	塔什干
45	ФИЛИППИНЫ (Республика Филиппины)	菲律宾	Манила	马尼拉
46	ШРИ-ЛАНКА (Демократическая Социалистическая Республика Шри-Ланка)	斯里兰卡	Коломбо	科伦坡
47	ЯПОНИЯ (Япония)	日本	Токио	东京

II ЕВРОПА 欧 洲

1	АВСТРИЯ (Австрийская Республика)	奥地利	Вена	维也纳
2	АЛБАНИЯ (Республика Албания)	阿尔巴尼亚	Тирана	地拉那
3	АНДОРРА (Княжество Андорра)	安道尔	Андорра-ла-Велья	安道尔城
4	БЕЛОРУССИЯ (Республика Белоруссия)	白俄罗斯	Минск	明斯克

5	БЕЛЬГИЯ (Королевство Бельгия)	比利时	Брюссель	布鲁塞尔
6	БОЛГАРИЯ (Республика Болгария)	保加利亚	София	索非亚
7	БОСНИЯ И ГЕРЦЕГОВИНА (БОСНИЯ И ГЕРЦЕГОВИНА)	波斯尼亚和黑塞哥维那	Сараево	萨拉热窝
8	ВАТИКАН (Государство-Город Ватикан)	梵蒂冈	Ватикан	梵蒂冈城
9	ВЕЛИКОБРИТАНИЯ (Соединенная Королевство Великобритании и Северной Ирландии)	英国	Лондон	伦敦
10	ВЕНГРИЯ (Венгерская Республика)	匈牙利	Будапешт	布达佩斯
11	ГЕРМАНИЯ (Федеративная Республика Германия)	德国	Берлин	柏林
12	ГРЕЦИЯ (Греческая Республика)	希腊	Афины	雅典
13	ДАНИЯ (Королевство Дания)	丹麦	Копенгаген	哥本哈根
14	ИРЛАНДИЯ (Ирландия)	爱尔兰	Дублин	都柏林
15	ИСЛАНДИЯ (Республика Исландия)	冰岛	Рейкьявик	雷克雅未克
16	ИСПАНИЯ (Королевство Испания)	西班牙	Мадрид	马德里
17	ИТАЛИЯ (Итальянская Республика)	意大利	Рим	罗马
18	ЛАТВИЯ (Латвийская Республика)	拉脱维亚	Рига	里加
19	ЛИТВА (Литовская Республика)	立陶宛	Вильнюс	维尔纽斯
20	ЛИХТЕНШТЕЙН (Княжество Лихтенштейн)	列支敦士登	Вадуц	瓦杜兹
21	ЛЮКСЕМБУРГ (Великое Герцогство Люксембург)	卢森堡	Люксембург	卢森堡
22	МАКЕДОНИЯ (Республика Македония)	马其顿	Скопье	斯科普里

23	МАЛЬТА (Республика Мальта)	马耳他	Валлетта	瓦莱塔
24	МОЛДАВИЯ (Республика Молдова)	摩尔多瓦	Кишенёв	基希讷乌
25	МОНАКО (Княжество Монако)	摩纳哥	Монако	摩纳哥
26	НИДЕРЛАНДЫ (ГОЛЛАНДИЯ) (Королевство Нидерландов)	荷兰	Амстердам	阿姆斯特丹
27	НОРВЕГИЯ (Королевство Норвегия)	挪威	Осло	奥斯陆
28	ПОЛЬША (Республика Польша)	波兰	Варшава	华沙
29	ПОРТУГАЛИЯ (Португальская Республика)	葡萄牙	Лиссабон	里斯本
30	РОССИЯ (Российская Федерация)	俄罗斯	Москва	莫斯科
31	РУМЫНИЯ (Румыния)	罗马尼亚	Бухарест	布加勒斯特
32	САН-МАРИНО (Республика Сан-Марино)	圣马力诺	Сан-Марино	圣马力诺
33	СЕРБИЯ	塞尔维亚	Белград	贝尔格莱德
34	СЛОВАКИЯ (Словацкая Республика)	斯洛伐克	Братислава	布拉迪斯拉发
35	СЛОВЕНИЯ (Республика Словения)	斯洛文尼亚	Любляна	卢布尔雅那
36	УКРАИНА (Украина)	乌克兰	Киев	基辅
37	ФИНЛЯНДИЯ (Финляндская Республика)	芬兰	Хельсинки	赫尔辛基
38	ФРАНЦИЯ (Французская Республика)	法国	Париж	巴黎
39	ХОРВАТИЯ (Республика Хорватия)	克罗地亚	Загреб	萨格勒布
40	ЧЕРНОГОРИЯ	黑山	Подгорица	波德戈里察
41	ЧЕХИЯ (Чешская Республика)	捷克	Прага	布拉格

42	ШВЕЙЦАРИЯ (Швейцарская Конфедерация)	瑞士	Берн	伯尔尼
43	ШВЕЦИЯ (Королевство Швеция)	瑞典	Стокгольм	斯德哥尔摩
44	ЭСТОНИЯ (Эстонская Республика)	爱沙尼亚	Таллин	塔林
III АФРИКА 非 洲				
1	АЛЖИР (Алжирская Народная Демократическая Республика)	阿尔及利亚	Алжир	阿尔吉尔
2	АНГОЛА (Республика Ангола)	安哥拉	Луанда	罗安达
3	БЕНИН (Республика Бенин)	贝宁	Порто-Ново	波多诺伏
4	БОТСВАНА (Республика Ботсвана)	博茨瓦纳	Габороне	哈博罗内
5	БУРКИНА-ФАСО (Буркина-Фасо)	布基那法索	Уагадугу	瓦加杜古
6	БУРУНДИ (Республика Бурунди)	布隆迪	Бужумбура	布琼布拉
7	ГАБОН (Габонская Республика)	加蓬	Либревиль	利伯维尔
8	ГАМБИЯ (Республика Гамбия)	冈比亚	Банжул	班珠尔
9	ГАНА (Республика Гана)	加纳	Аккра	阿克拉
10	ГВИНЕЯ (Гвинейская Республика)	几内亚	Конакри	科纳克里
11	ГВИНЕЯ-БИСАУ (Республика Гвинея-Бисау)	几内亚比绍	Бисау	比绍
12	ДЖИБУТИ (Республика Джибути)	吉布提	Джибути	吉布提
13	ЕГИПЕТ (Арабская Республика Египет)	埃及	Каир	开罗
14	ЗАМБИЯ (Республика Замбия)	赞比亚	Лусака	卢萨卡
15	ЗАПАДНАЯ САХАРА	西撒哈拉	Эль-Аюн	阿尤恩
16	ЗИМБАБВЕ (Республика Зимбабве)	津巴布韦	Хараре	哈拉雷
17	КАБО-ВЕРДЕ (Республика Кабо-Верде)	佛得角	Прая	普拉亚
18	КАМЕРУН (Республика Камерун)	喀麦隆	Яунде	雅温得

19	КЕНИЯ (Республика Кения)	肯尼亚	Найроби	内罗毕
20	КОМОРСКИЕ ОСТРОВА (Федеральная Исламская Республика Коморские Острова)	科摩罗	Морони	莫罗尼
21	КОНГО (Демократическая Республика Конго)	刚果民主共和国	Киншаса	金沙萨
22	КОНГО (Республика Конго)	刚果	Браззавиль	布拉柴维尔
23	КОТ-Д'ИВУАР (Республика Кот-Д'Ивуар)	科特迪瓦	Ямусукро	亚穆苏克雷
24	ЛЕСОТО (Королевство Лесото)	莱索托	Масеру	马塞卢
25	ЛИБЕРИЯ (Республика Либерия)	利比里亚	Монровия	蒙罗维亚
26	ЛИВИЯ (Социалистическая Народная Ливийская Арабская Джамахирия)	利比亚	Триполи	的黎波里
27	МАВРИКИЙ (Республика Маврикий)	毛里求斯	Порт-Луи	路易满港
28	МАВРИТАНИЯ (Исламская Республика Мавритания)	毛里塔尼亚	Нуакшот	努瓦克肖特
29	МАДАГАСКАР (Республика Мадагаскар)	马达加斯加	Антананариву	塔那那利佛
30	МАЛАВИ (Республика Малави)	马拉维	Лилонгве	科隆圭
31	МАЛИ (Республика Мали)	马里	Бамако	巴马科
32	МАРОККО (Королевство Марокко)	摩洛哥	Рабат	拉巴特
33	МОЗАМБИК (Республика Мозамбик)	莫桑比克	Мапуту	马普托
34	НАМИБИЯ (Республика Намибия)	纳米比亚	Виндхук	温得和克
35	НИГЕР(Республика Нигер)	尼日尔	Ниамей	尼亚美
36	НИГЕРИЯ (Федеративная Республика Нигерия)	尼日利亚	Абуджа	阿布贾
37	РУАНДА (Руандийская Республика)	卢旺达	Кигали	基加利

38	САН-ТОМЕ И ПРИНСИПИ (Демократическая Республика Сан-Томе и Принсипи)	圣多美和普林西比	Сан-Томе	圣多美
39	СВАЗИЛЕНД (Королевство Свазилент)	斯威士兰	Мбабане	姆巴巴内
40	СЕЙШЕЛЬСКИЕ ОСТРОВА (Республика Сейшельские Острова)	塞舌尔群岛	Виктория	维多利亚
41	СЕНЕГАЛ (Республика Сенегал)	塞内加尔	Дакар	达喀尔
42	СОМАЛИ (Сомалийская Демократическая Республика)	索马里	Могадишо	摩加迪沙
43	СУДАН (Республика Судан)	苏丹	Хартум	喀土穆
44	СЬЕРРА-ЛЕОНЕ (Республика Сьерра-Леоне)	塞拉利昂	Фритаун	弗里敦
45	ТАНЗАНИЯ (Обьединенная Республика Танзания)	坦桑尼亚	Додома	达累斯萨拉姆
46	ТОГО (Тоголезская Республика)	多哥	Ломе	洛美
47	ТУНИС (Тунисская Республика)	突尼斯	Тунис	突尼斯
48	УГАНДА (Республика Уганда)	乌干达	Кампала	坎帕拉
49	ЦЕНТРАЛЬНО-АФРИКАНСКАЯ РЕСПУБЛИКА (Центральноафриканская Республика)	中非共和国	Банги	班吉
50	ЧАД (Республика Чад)	乍得	Нджамена	恩贾梅纳
51	ЭКВАТОРИАЛЬНАЯ ГВИНЕЯ (Республика Экваториальная Гвинея)	赤道几内亚	Малабо	马拉博
52	ЭРИТРЕЯ (Государство Эритрея)	厄立特里亚	Асмэра	马斯马拉
53	ЭФИОПИЯ (Федеративная Демократическая Республика Эфиопия)	埃塞俄比亚	Аддис-Абеба	亚的斯亚贝巴

54	ЮЖНО-АФРИКАНСКАЯ РЕСПУБЛИКА (Южно-Африканская Республика)	南非共和国	Претория	比勒陀利亚
IV СЕВЕРНАЯ АМЕРИКА 北 美 洲				
1	АНТИГУА И БАРБУДА (Антигуа и Барбуда)	安提瓜和巴布达	Сент-Джонс	圣约瀚
3	БАРБАДОС (Барбадос)	巴巴多斯	Бриджтаун	布里奇敦
4	БЕЛИЗ (Белиз)	伯利兹	Бельмопан	贝尔莫潘
5	ГАИТИ (Республика Гаити)	海地	Порт-о-Пренс	太子港
6	ГВАТЕМАЛА (Республика Гватемала)	危地马拉	Гватемала	危地马拉城
7	ГОНДУРАС (Республика Гондурас)	洪都拉斯	Тегусигальпа	特古西加尔巴
8	ГРЕНАДА (Гренада)	格林纳达	Сент-Джорджес	圣乔治
9	ДОМИНИКА (Содружество Доминики)	多米尼克	Розо	罗索
10	ДОМИНИКАНСКАЯ РЕСПУБЛИКА (Доминиканская Республика)	多米尼加共和国	Санто-Доминго	圣多明各
11	КАНАДА (Канада)	加拿大	Оттава	渥太华
12	КОСТА-РИКА (Республика Коста-Рика)	哥斯达黎加	Сан-Хосе	圣何塞
13	КУБА (Республика Куба)	古巴	Гавана	哈瓦那
14	МЕКСИКА (Максиканские Соединенные Штаты)	墨西哥	Мехико	墨西哥城
15	НИКАРАГУА (Республика Никарагуа)	尼加拉瓜	Манагуа	马那瓜
16	ПАНАМА (Республика Панама)	巴拿马	Панама	巴拿马城
17	САЛЬВАДОР (Республика Эль-Сальвадор)	萨尔瓦多	Сан-Сальвадор	圣萨尔瓦多
18	СЕНТ-ВИНСЕНТ И ГРЕНАДИНЫ (Сент-Винсент и Гренадины)	圣文森特和格林纳丁斯	Кингстаун	金斯敦

19	СЕНТ-КИТС И НЕВИС (Федерация Сент-Китс и Невис)	圣基茨和尼维斯	Бастер	巴斯特尔
20	СЕНТ-ЛЮСИЯ (Сент-Люсия)	圣卢西亚	Кастри	卡斯特里
21	США (Соединенные Штаты Америки)	美国	Вашингтон	华盛顿
22	ТРИНИДАД И ТОБАГО (Республика Тринидад и Тобаго)	特立尼达和多巴哥	Порт-оф-Спейн	西班牙港
23	ЯМАЙКА (Ямайка)	牙买加	Кингстон	金斯敦
V ЮЖНАЯ АМЕРИКА 南 美 洲				
1	АРГЕНТИНА (Аргентинская Республика)	阿根廷	Буэнос-Айрес	布宜诺斯艾利斯
2	БОЛИВИЯ (Республика Боливия)	玻利维亚	Ла-Пас	苏克雷
3	БРАЗИЛИЯ (Федеративная Республика Бразилия)	巴西	Бразилиа	巴西利亚
4	ВЕНЕСУЭЛА (Боливарская Республика Венесуэла)	委内瑞拉	Каракас	加拉加斯
5	ГАЙАНА (Кооперативная Республика Гайана)	圭亚那	Джорджтаун	乔治敦
6	КОЛУМБИЯ (Республика Калумбия)	哥伦比亚	Санта-Фе-де-Богота	波哥大
7	ПАРАГВАЙ (Республика Парагвай)	巴拉圭	Асунсьон	亚松森
8	ПЕРУ (Республика Перу)	秘鲁	Лима	利马
9	СУРИНАМ (Республика Суринам)	苏里南	Парамарибо	帕拉马里博
10	УРУГВАЙ (Восточная Республика Уругвай)	乌拉圭	Монтевидео	蒙得维的亚
11	ЧИЛИ (Республика Чили)	智利	Сантьяго	圣地亚哥
12	ЭКВАДОР (Республика Эквадор)	厄瓜多尔	Кито	基多
VI ОКЕАНИЯ 大 洋 洲				
1	АВСТРАЛИЯ (Австралия)	澳大利亚	Канберра	堪培拉

2	ВАНУАТУ (Республика Вануату)	瓦努阿图	Порт-Вила	维拉港
3	КИРИБАТИ (Республика Кирибати)	基里巴斯	Баирики	塔拉瓦
4	МАРШАЛЛОВЫ ОСТРОВА (Республика Маршалловы Острова)	马绍尔群岛	Маджуро	马朱罗
5	НАУРУ (Республика Науру)	瑙鲁		亚伦
6	НОВАЯ ЗЕЛАНДИЯ (Новая Зеландия)	新西兰	Веллингтон	惠灵顿
8	ПАПУА-НОВАЯ ГВИНЕЯ (Независимое Государство Папуа-Новая Гвинея)	巴布亚新几内亚	Порт-Морсби	莫尔兹比港
9	САМОА (Независимое Государство Самоя)	萨摩亚	Апиа	阿皮亚
10	СОЛОМОНОВЫ ОСТРОВА (Соломоновы Острова)	所罗门群岛	Хониара	霍尼亚拉
11	ТОНГА (Королевство Тонга)	汤加	Нукуалофа	努库阿洛法
12	ТУВАЛУ (Тувалу)	图瓦卢	Фунафути	富纳富提
13	ФЕДЕРАТИВНЫЕ ШТАТЫ МИКРОНЕЗИИ (Федеративные Штаты Микронезии) (ФШМ)	密克罗尼西亚联邦	Паликир	帕利基尔
14	ФИДЖИ (Республика Островов Фжиджи)	斐济	Сува	苏瓦

附录2　独联体地区主要产油国行政区划

I РОССИЯ 俄 罗 斯					
СТОЛИЦА (首都)			Москва (莫斯科)		
№	Субъекты Российской Федерации (俄罗斯联邦主体)		Административный центр 行政中心		
1. 21 РЕСПУБЛИКА (21个共和国)					
1	АДЫГЕЯ	阿迪格	Майкоп	迈科普
2	АЛТАЙ	阿尔泰	Горно-Алтайск	戈尔诺阿尔泰斯克
3	БАШКОРТОСТАН	巴什科尔托斯坦 (巴什基尔)	Уфа	乌法
4	БУРЯТИЯ	布里亚特	Улан-Удэ	乌兰乌德
5	ДАГЕСТАН	达吉斯坦共和国 (达吉斯坦)	Махачкала	马哈奇卡拉
6	ИНГУШЕТИЯ	印古什	Магас	马加斯
7	КАБАРДИНО-БАЛКАРСКАЯ	卡巴尔达—巴尔卡尔	Нальчик	纳尔奇克
8	КАЛМЫКИЯ	卡尔梅克	Элиста	埃利斯塔
9	КАРАЧАЕВО-ЧЕРКЕССКАЯ	卡拉恰耶夫—切尔克斯	Черкесск	切尔克斯克
10	КАРЕЛИЯ	卡累利阿	Петрозоводск	彼得罗扎沃茨克
11	КОМИ	科米	Сыктывкар	瑟克特夫卡尔
12	МАРИЙ ЭЛ	马里埃尔	Йошкар-Ола	约什卡尔奥拉
13	МОРДОВИЯ	莫尔多瓦 (莫尔多瓦)	Саранск	萨兰斯克
14	САХА (ЯКУТИЯ)	萨哈(雅库特)	Якутск	雅库茨克
15	СЕВЕРНАЯ ОСЕТИЯ-АЛАНИЯ	北奥塞梯	Владикавказ	弗拉基高加索
16	ТАТАРСТАН	鞑靼斯坦	Казань	喀山
17	ТЫВА (ТУВА)	图瓦(图瓦)	Кызыл	克孜勒

18	УДМУРТСКАЯ (УДМУРТИЯ)	乌德穆尔特	Ижевск	伊热夫斯克
19	ХАКАСИЯ	哈卡斯	Абакан	阿巴坎
20	ЧЕЧЕНСКАЯ (ЧЕЧЕНЬ)	车臣共和国（车臣）	Грозный	格罗兹尼
21	ЧУВАШСКАЯ (ЧУВАШИЯ)	楚瓦什	Чебоксары	切博克萨雷
2. 6 КРАЕВ (6个边疆区)				
1	АЛТАЙСКИЙ	阿尔泰	Барнаул	巴尔瑙尔
2	КРАСНОДАРСКИЙ	克拉斯诺达尔	Краснодар	克拉斯诺达尔
3	КРАСНОЯРСКИЙ	克拉斯诺亚尔斯克	Красноярск	克拉斯诺亚尔斯克
4	ПРИМОРСКИЙ	滨海	Владивосток	符拉迪沃斯托克
5	СТАВРОПОЛЬСКИЙ	斯塔夫罗波尔	Ставрополь	斯塔夫罗波尔
6	ХАБАРОВСКИЙ	哈巴罗夫斯克	Хабаровск	哈巴罗夫斯克
3. 49 ОБЛАСТЕЙ (49个州)				
1	АМУРСКАЯ	阿穆尔	Благовещенск	布拉戈维申斯克
2	АРХАНГЕЛЬСКАЯ	阿尔汉格尔斯克	Архангельск	阿尔汉格尔斯克
3	АСТРАХАНСКАЯ	阿斯特拉罕	Астрахань	阿斯特拉罕
4	БЕЛГОРОДСКАЯ	别尔哥罗德	Белгород	别尔哥罗德
5	БРЯНСКАЯ	布良斯克	Брянск	布良斯克
6	ВЛАДИМЕРСКАЯ	弗拉基米尔	Владимер	弗拉基米尔
7	ВОЛГОГРАДСКАЯ	伏尔加格勒	Волгоград	伏尔加格勒
8	ВОЛОГОДСКАЯ	沃洛格达	Вологда	沃洛格达
9	ВОРОНЕЖСКАЯ	沃洛涅日	Воронеж	沃洛涅日
10	ИВАНОВСКАЯ	伊万诺沃	Иваново	伊万诺沃
11	ИРКУТСКАЯ	伊尔库茨克	Иркутск	伊尔库茨克
12	КАЛИНИНГРАДСКАЯ	加里宁格勒	Калининград	加里宁格勒
13	КАЛУЖСКАЯ	卡卢加	Калуга	卡卢加

14	КАМЧАТСКАЯ	堪察加	Петропавлоск-Камчатский	(堪察加)彼得罗巴甫洛夫斯克
15	КЕМЕРОВСКАЯ	克麦罗沃	Кемерово	克麦罗沃
16	КИРОВСКАЯ	基沃夫	Киров	基洛夫
17	КОСТРОМСКАЯ	科斯特罗马	Кострома	科斯特罗马
18	КУРГАНСКАЯ	库尔干	Курган	库尔干
19	КУРСКСКАЯ	库尔斯克	Курск	库尔斯克
20	ЛЕНИНГРАДСКАЯ	列宁格勒	Санк-Петербург	圣彼得堡
21	ЛИПЕЦКАЯ	科佩茨克	Липецк	科佩茨
22	МАГАДАНСКАЯ	马加丹	Магадан	马加丹
23	МОСКОВСКАЯ	莫斯科	Москва	莫斯科市
24	МУРМАНСКАЯ	摩尔曼斯克	Мурманск	摩尔曼斯克
25	НИЖЕГОРОДСКАЯ	下诺夫哥罗德	Нижний Новгород	下诺夫哥罗德
26	НОВГОРОДСКАЯ	诺夫哥罗德	Великий Новгород	诺夫哥罗德
27	НОВОСИБИРСКАЯ	新西伯利亚	Новосибирск	新西伯利亚
28	ОМСКАЯ	鄂木斯克	Омск	鄂木斯克
29	ОРЕНБУРГСКАЯ	奥伦堡	Оренбург	奥伦堡
30	ОРЛОВСКАЯ	奥廖尔	Орел	奥廖尔
31	ПЕЗЕНСКАЯ	奔萨	Пенза	奔萨
32	ПЕРМСКАЯ	彼尔姆	Пермь	彼尔姆
33	ПСКОВСКАЯ	普斯科夫	Псков	普斯科夫
34	РОСТОВСКАЯ	罗斯托夫	Ростов-на-Дону	顿河畔罗斯托夫
35	РЯЗАНСКАЯ	梁赞	Рязань	梁赞
36	САМАРСКАЯ	萨马拉	Самара	萨马拉
37	САРАТОВСКАЯ	萨拉托夫	Саратов	萨拉托夫
38	САХАЛИНСКАЯ	萨哈林	Южно-Сахалинск	南萨哈林

39	СВЕРДЛОВСКАЯ	斯维尔德罗夫斯克	Екатеринбург	叶卡捷琳堡
40	СМОЛЕНСКАЯ	斯摩棱斯克	Смоленск	斯摩棱斯克
41	ТАМБОВСКАЯ	坦波夫	Тамбов	坦波夫
42	ТВЕРСКАЯ	特维尔	Тверь	特维尔
43	ТОМСКАЯ	托木斯克	Томск	托木斯克
44	ТУЛЬСКАЯ	图拉	Тула	图拉
45	ТЮМЕНСКАЯ	秋明	Тюмень	秋明
46	УЛЬЯНОВСКАЯ	乌里扬诺夫斯克	Ульяновск	乌里扬诺夫斯克
47	ЧЕЛЯБИНСКАЯ	车里雅宾斯克	Челябинск	车里雅宾斯克
48	ЧИТИНСКАЯ	赤塔	Чита	赤塔
49	ЯРОСЛАВСКАЯ	雅罗斯拉夫尔	Ярославь	雅罗斯拉夫尔
4. 2 ГОРОДА ФЕДЕРАЛЬНОГО ЗНАЧЕНИЯ (2个联邦直辖市)				
1	МОСКВА	莫斯科		
2	САНКТ-ПЕТЕРБУРГ	圣彼得堡		
5. 1 АВТОНОМНАЯ ОБЛАСТЬ (1个自治州)				
1	ЕВРЕЙСКАЯ	犹太	Биробиджан	比罗比詹
6. 10 АВТОНОМНЫХ ОКРУГОВ (10个自治专区)				
1	АГИНСКИЙ БУРЯТСКИЙ	阿加布里亚特	Агинское	阿金斯科耶
2	КОМИ-ПЕРМЯЦКИЙ	科米彼尔米亚克	Кудымкар	库德姆卡尔
3	КОРЯКСКИЙ	科里亚克	Палана	帕拉纳
4	НЕНЕЦКИЙ	涅涅茨自治专区	Нарьян-Мар	维里扬马尔
5	ТАЙМЫРСКИЙ	泰梅尔	Дудинка	杜金卡
6	УСТЬ-ОРДЫНСКИЙ БУРЯТСКИЙ	乌斯季奥尔登斯基	Усть-Ордынский	乌斯季奥尔登斯基
7	ХАНТЫ-МАНСИЙСКИЙ	汉特曼西斯克	Ханты-Мансийск	汉特曼西斯克
8	ЧУКОТСКИЙ	楚克奇	Анадырь	阿纳德尔

9	ЭВЕНКИЙСКИЙ	埃文基	Тура	图拉镇
10	ЯМАЛО-НЕНЕЦКИЙ	亚马尔—涅涅茨	Салехард	萨列哈尔德

II КАЗАХСТАН 哈萨克斯坦				
СТОЛИЦА (首都)			**Астана (阿斯塔纳)**	
ЮЖНАЯ СТОЛИЦА (南部首都)			**Алма-Ата (Алматы) (阿拉木图)**	
№	**Административное деление (14 областей) 行政划分 (14个州)**		**Административный центр 行政中心**	
1	АКМОЛИНСКАЯ	阿克莫拉州	Кокшетау	科克舍套
2	АКТЮБИНСКАЯ	阿克托别州	Актюбе (Актюбинск)	阿克托别
3	АЛМАТИНСКАЯ	阿拉木图州	Талдыкорган	塔尔迪库尔干
4	АТЫРАУСКАЯ	阿特劳州	Атырау	阿特劳
5	ВОСТОЧНО-КАЗАХСТАНСКАЯ	东哈萨克斯坦州	Усть-Каменогорск	乌斯季卡缅诺戈尔斯克
6	ЖАМБЫЛСКАЯ	江布尔州	Тараз	塔拉兹
7	ЗАПАДНО-КАЗАХСТАНСКАЯ	西哈萨克斯坦州	Уральск	乌拉尔
8	КАРАГАНДИНСКАЯ	卡拉干达州	Караганда	卡拉干达
9	КОСТАНАЙСКАЯ	科斯塔奈州	Костанай	科斯塔奈
10	КЫЗЫЛОРДИНСКАЯ	克孜勒奥尔达州	Кызылорда	克孜勒奥尔达
11	ПАВЛОДАРСКАЯ	巴甫洛达尔州	Павлодар	巴甫洛达尔
12	МАНГИСТАУСКАЯ	曼吉斯套州	Актау	阿克套
13	СЕВЕРНО-КАЗАХСТАНСКАЯ	北哈萨克斯坦州	Петропавловск	彼得罗巴甫洛夫斯克
14	ЮЖНО-КАЗАХСТАНСКАЯ	南哈萨克斯坦州	Шымкент	希姆肯特

III УЗБЕКИСТАН 乌兹别克斯坦				
СТОЛИЦА (首都)			Ташкент (塔什干)	
№	Административное деление (1 республика и 13 областей) 行政划分 (1个共和国与13个州)		Административный центр 行政中心	
1	АВТОНОМНАЯ РЕСПУБЛИКА КАРАКАЛПАКСТАН	卡拉卡尔帕克斯坦共和国	Нукус	努库斯
2	АНДИЖАНСКАЯ	安集延州	Андижан	安集延
3	БУХАРСКАЯ	布哈拉州	Бухара	布哈拉
4	ДЖИЗАКСКАЯ	吉扎克州	Джизак	吉扎克
5	КАШКАДАРЬИНСАЯ	卡什卡达里亚州	Карши	卡尔希
6	НАВОИЙСКАЯ	纳沃伊州	Навои	纳沃伊
7	НАМАНГАНСКАЯ	纳曼干州	Наманган	纳曼干
8	САМАРКАНДСКАЯ	撒马尔罕州	Самарганд	撒马尔罕
9	СУРХАНДАРЬИНСКАЯ	苏尔汉河州	Термез	铁尔梅兹
10	СЫРДАРЬИНСКАЯ	锡尔河州	Гулистан	古利斯坦
11	ФЕРГАНСКАЯ	费尔干纳州	Фергана	弗尔干纳
12	ТАШКЕНТСКАЯ	塔什干州	Ташкент	塔什干
13	ХОРЕЗМСКАЯ	花拉子模州	Ургенч	乌尔根奇

IV ТУРКМЕНИСТАН 土库曼斯坦				
СТОЛИЦА (首都)			Ашхабад (阿什哈巴德)	
№	Административное деление (5 велаятов) 行政划分 (5个州)		Административный центр 行政中心	
1	АХАЛСКИЙ	阿哈尔州	Аннау	安纳乌
2	БАЛКАНСКИЙ	巴尔坎州	балканабат	巴尔坎那巴特
3	ДАШОВУЗКИЙ	达沙古兹州	Дашховуз (Ташауз)	达绍古兹
4	ЛЕБАПСКИЙ	列巴普州	Туркменабат	土库曼那巴特
5	МАРЫЙСКИЙ	马雷州	Мары	马雷

V ТАДЖИКИСТАН 塔吉克斯坦				
СТОЛИЦА (首都)			Душанбе (杜尚别)	
№	Административное деление 行政划分		Административный центр 行政中心	
1	СОГДИЙСКАЯ ОБЛАСТЬ	索格特州	Худжанд	苦盏
2	ХАТЛОНСКАЯ ОБЛАСТЬ	哈特隆州	Курган-Тюбе	库尔干秋别
3	ГОРНО-БАДАХШАНСКАЯ АВТОНОМНАЯ ОБЛАСТЬ	戈尔诺—巴达赫尚自治州	Хорог	霍罗格
4	РАЙОНЫ РЕСПУБЛИКАНСКОГО	中央直属区（11个）		

VI КИРГИЗИЯ 吉尔吉斯				
СТОЛИЦА (首都)			Бишкек (比什凯克)	
ЮЖНАЯ СТОЛИЦА (南部首都)			Ош (奥什)	
№	Административное деление (7 областей) 行政划分 (7个州)		Административный центр 行政中心	
1	БАТКЕНСКАЯ	巴肯特州	Баткен	巴肯特
2	ДЖАЛАЛ-АБАДСКАЯ	贾拉拉巴德州	Джалал-Абад	贾拉拉巴德
3	ИССЫК-КУЛЬСКАЯ	伊塞克湖州	Каракол	卡拉科尔
4	НАРЫНСКАЯ	纳伦州	Нарын	纳伦
5	ОШСКАЯ	奥什州	Ош	奥什
6	ТАЛАССКАЯ	塔拉斯州	Талас	塔拉斯
7	ЧУЙСКАЯ	楚河州	Токмак	托克马克

附录3 独联体地区主要含油气区域

Г **газовое** 气田
ГК **газоконденсатное** 凝析气田
ГН **газонефтяное** 带油环气田
Н **нефтяное** 油田
НГ **нефтегазовое** 带气顶油田
НГК **нефтегазоконденсатное** 带油环凝析气田

1 Тимано-Печорская газонефтеносная провинция 蒂曼—伯朝拉含油气省（俄罗斯）

Ванейвисское (**НГК**) 瓦涅伊维斯
Варандейское (**Н**) 瓦兰杰
Васильковское (**ГК**) 瓦西利科夫
Верхнегрубешорское (**Н**) 上格鲁别绍尔
Верхнеомринское (**ГН**) 上奥姆拉
Возейское (**Н**) 沃泽
Войвожское (**ГН**) 沃伊沃日
Восточно-Савиноборское (**Н**) 东萨文诺鲍尔
Восточно-Харьягинское (**Н**) 东哈里亚加
Вуктыльское (**ГК**) 武克蒂利
Западно-Соплесское (**ГК**) 西索普列斯
Западно-Тэбукское (**Н**) 西泰布克
Интинское (**Г**) 英塔
Кожимское (**Г**) 科日马
Курьинское (**Г**) 库里亚
Кыртаельское (**НГК**) 克尔塔耶利
Лабоганское (**Н**) 拉鲍甘
Лаявожское (**НГ**) 拉亚沃日
Наульское (**Н**) 纳乌利
Нибельское (**НГ**) 尼别利
Нижнеомринское (**ГН**) 下奥姆拉
Падимейское (**Н**) 帕季麦

Пашнинское (Н) 帕什尼亚
Пашорское (Н) 帕什绍尔
Печорогородское (ГК) 伯朝拉戈罗德
Печорокожвинское (ГК) 伯朝拉科日瓦
Прилуксвое (ГК) 普里卢克
Рассохинское (ГК) 拉索哈
Сандивейское (Н) 桑季维
Сарембойское (Г) 萨列姆鲍
Таравейское (Н) 塔拉维
Тобойское (Н) 托鲍
Усинское (Н) 乌萨
Харьягинское (Н) 哈里亚加
Хыльчуюское (НГК) 赫利丘尤
Чибъюское (Н) 奇勃尤
Шапкинское (Г) 沙普基纳
Югидское (Н) 尤吉德
Южно-Шапкинское (ГН) 南沙普基纳
Ярегское (Н) 亚列格

2 Волго-Уральская нефтегазоносная провинция 伏尔加—乌拉尔含气油省（俄罗斯）

Арланское (Н) 阿尔兰
Арчединское (НГ) 阿尔切达
Бавлинское (Н) 巴弗拉
Батырбайское (ГН) 巴蒂尔巴
Бобровское (Н) 鲍勃罗夫
Бугурусланское (ГН) 布古鲁斯兰
Верхнечусовское (Н) 上丘索夫
Дмитриевское (Н) 德米特里耶夫
Жигулевское (Н) 日古列夫
Жирновско-Бахметьевское (Н) 日尔诺夫—巴赫麦季耶夫
Ишимбаевское (Н) 伊希姆巴耶夫
Кокуйское (НГ) 科库
Красноярско-Куединское (Н) 克拉斯诺亚尔—库叶达

Кулешовское (Н) 库列绍夫
Кушкульское (Н) 库什库利
Коробковское (НГК) 科罗勃科夫
Мишкинское (Н) 米什基诺
Мухановское (Н) 穆哈诺夫
Новоелховсое (Н) 新叶尔霍夫
Оренбургское (ГК) 奥伦堡
Осинское (Н) 奥萨
Павловское (Н) 巴甫洛夫
Покровское (Н) 波克罗夫
Ромашкинское (Н) 罗马什金诺
Саратовское (ГК) 萨拉托夫
Соколовогорское (Н) 索科洛沃戈尔
Степновское (ГК) 斯捷普诺夫
Туймазинское (Н) 图伊马兹
Чураковское (Н) 丘拉科夫
Чутырско-Киенгопское (НГ) 丘特尔—基延戈普
Шагиртско-Гожанское (Н) 沙吉尔特—戈让
Шкаповское (Н) 什卡波夫
Ярино-Каменноложское (Н) 亚里诺—卡缅诺洛日

3 Лено-Тунгусская нефтегазоносная провинция 勒拿—通古斯含气油省（俄罗斯）

Агалеевское (Г) 阿加列耶夫
Атовское (ГК) 阿托夫
Аянское (ГК) 阿扬
Братское (ГК) 勃拉特
Верхневилючанское (Г) 上维柳恰
Верхнечонское (НГК) 上乔
Вилюйско-Джербинское (Г) 维柳伊—杰尔巴
Даниловское (Н) 达尼洛夫
Дулисьминское (НГК) 杜利西马
Ireляхское (ГН) 伊列利亚赫
Ковыктинское (ГК) 科维克塔

Куюмбинское (НГ) 库尤姆巴
Лодочное (НГК) 洛多奇
Марковское (НГК) 马尔科夫
Нижнехамакинское (Г) 下哈马卡
Озерное (Г) 奥泽尔诺耶
Оморинское (Г) 奥莫拉
Собинское (НГК) 索巴
Среднеботуобинское (НГК) 中鲍图奥巴
Талаканское (НГК) 塔拉坎
Тас-Юряхское (ГН) 塔斯—尤里亚赫
Хотого-Мурбайское (Г) 霍托戈—穆尔巴伊
Чаяндинское (НГК) 恰扬达
Юрубченское (Г) 尤鲁勃切诺
Яραктинское (НГК) 亚拉克塔

4 Лено-Вилюйская газонефтеносная провинция 勒拿—维柳伊含油气省（俄罗斯）

Бадаранское (Г) 巴达兰
Нижневилюйское (Г) 下维柳伊
Соболох-Нежделинское (ГК) 索鲍洛赫—涅杰利
Средневилюйское (Г) 中维柳伊
Среднетюнгское (ГК) 中琼格
Толон-Мастахское (ГК) 托隆—马斯塔赫
Усть-Вилюйское (Г) 乌斯季—维柳伊

5 Енисейско-Анабарская газонефтеносная провинция 叶尼塞—阿纳巴尔含油气省（俄罗斯）

Балахнинское (Г) 巴拉赫纳
Дерябинское (Г) 杰里亚巴
Джангодское (Г) 贾戈德
Замнее (Г) 扎姆涅耶
Казанцевское (Г) 卡赞采夫
Мессояхско е(Г) 梅索亚哈
Нижнехетское (Г) 下赫特

Нордвигское (ГН) 诺尔德维格
Озерное (Г) 奥泽尔诺耶
Пеляткинское (ГК) 佩利亚特卡
Северо-Соленинское (ГК) 北索列纳
Хабейское (Г) 哈别
Южно-Соленинское (ГК) 南索列纳
Южно-Тигянское (ГН) 南季加亚

6 Западно-Сибирская нефтегазоносная провинция 西西伯利亚含气油省（俄罗斯）

6.1 Ямальская газоносная область 亚马尔含气区
Бованенковское (НГК) 鲍瓦年科夫
Верхнетеутейское (Г) 上捷乌捷
Крузенштерское (ГК) 克鲁津什捷尔
Малоямальское (Г) 小亚马尔
Новопортовское (НГК) 新波尔托夫(诺维港)
Нурминское (Г) 努尔马
Северо-Тамбейское (ГК) 北塔别
Среднеямальское (ГК) 中亚马尔
Харасавейское (НГК) 哈拉萨维
Южно-Тамбейское (ГК) 南塔姆别

6.2 Гыданскаягазоносная область 格丹含气区
Антипаютинское (Г) 安季帕尤塔
Гыданское (Г) 格丹
Семаковское (ГК) 谢马科夫

6.3 Надым-Пурская нефтегазоносная область 纳迪姆—普尔含气油区
Ваньеганское (НГК) 凡叶甘
Варьеганское (НГК) 瓦里叶甘
Верхнепурпейское (Г) 上普尔佩
Восточно-Таркосалинское (НГК) 东塔尔科萨列
Восточно-Уренгойское (ГК) 东乌连戈伊

Вэнгапурское (НГК) 文加普尔
Вэнгаяхинское (НГК) 文加亚哈
Губкинское (ГН) 古勃金
Ево-Яхинское (ГК) 叶沃—亚哈
Енъяхинское (НГК) 延亚哈
Етыпурское (ГН) 叶蒂普尔
Западно-Варьеганское (Н) 西瓦里叶甘
Западно-Таркосалинское (НГК) 西塔尔科萨列
Комсомольское (НГК) 共青村
Крайнее (Н) 克拉伊涅耶
Медвежье (Г) 梅德维日耶
Муравленковско (ГН) 穆拉弗连科夫
Надымское (ГК) 纳迪姆
Находкинское (Г) 纳霍德卡
Пангодинское (ГК) 潘戈迪
Пульпуяхское (Н) 普利普亚赫
Пырейное (ГК) 佩列
Самбургское (НГК) 萨姆堡
Сандибинское (Н) 桑季巴
Северо-Варьеганское (Н) 北瓦里叶甘
Северо-Губкинское (НГК) 北古勃金
Северо-Комсомольское (ГН) 北共青村
Северо-Уренгойское (ГК) 北乌连戈伊
Суторминское (ГН) 苏托尔马
Тарасовское (НГК) 塔拉索夫
Уренгойское (НГК) 乌连戈伊
Харвутинское (НГ) 哈尔武塔
Юбилейное (НГК) 尤比列伊
Южно-Вэнгапурское (Н) 南文加普尔
Южно-Самбургское (НГК) 南萨姆堡
Юрхаровское (ГК) 尤尔哈罗夫
Ямбургское (ГК) 亚姆堡
Ямсовейское (ГК) 亚姆索维
Ярайнерское (Н) 亚拉伊涅尔

6.4 Пур-Тазовкая область 普尔—塔佐夫区

Верхнеколикъеганское (ГН) 上科利克叶甘

Верхнечасельское (НГК) 上恰谢尔

Западно-Заполярное (Г) 西扎波利亚尔

Заполярное (НГК) 扎波利亚尔

Тазовское (ГН) 塔佐夫

Усть-Часельское (НГК) 乌斯季—恰谢尔

Харампурское (ГН) 哈拉姆普尔

Южно-Пырейное (НГК) 面佩列

Южно-Харампурское (ГН) 南哈拉姆普尔

6.5 Приуральская нефтегазоносная область 滨乌拉尔含气油区

Березовское (Г) 别列佐夫

Верхнекондинское (Г) 上康达

Верхнелемьинское (Н) 上列米亚

Восточно-Семивидовское (НГК) 东谢米维多夫

Восточно-Сысконсыньинское (Г) 东瑟斯康辛亚

Восточно-Тетеревское (Н) 东捷捷列夫

Восточно-Шухтунгортское (Г) 东舒赫童戈尔特

Даниловское (ГН) 达尼洛夫

Деминское (Г) 杰马

Западно-Картопьинское (Н) 西卡尔托皮亚

Западно-Сысконсыньинское (Г) 西瑟斯康辛亚

Западно-Шухтунгортское (Г) 西舒赫童戈尔特

Карабашское (Г) 卡拉巴什

Картопья-Оханское (Н) 卡尔托皮亚—奥哈

Каюмовское (Н) 卡尤莫夫

Лемьинское (Н) 列米亚

Ловинское (Н) 洛瓦

Мулымьинское (Н) 穆雷米亚

Нулин-Турское (Г) 努林图尔

Пауль-Турское (Г) 泡利图尔

Похромское (Г) 波赫罗姆

Пунгинское (ГК) 蓬加

Северо-Алясовское (Г) 北阿利亚索夫
Северо-Игримское (ГК) 北伊格里姆
Северо-Мортымьинское (Н) 北莫尔蒂米亚
Северо-Потанайское (Н) 北波塔纳
Северо-Толумское (ГН) 北托鲁姆
Среднемулымьинское (Н) 中穆雷米亚
Толумско-Семивидовское (НГ) 托鲁姆—谢米维多夫
Трехзерное (Н) 特列赫泽尔诺耶
Тугиянское (Г) 图吉扬
Филипповское (Н) 菲利波夫
Чуэльское (Г) 丘埃利
Южно-Алясовское (Г) 南阿利亚索夫
Южно-Игримское (ГК) 北伊格里姆
Южно-Потанайское (Н) 南波塔纳
Южно-Сысконсыньинское (Г) 南瑟斯康辛亚
Южено-Тетеревское (Н) 南捷捷列夫
Яхлинское (Н) 亚赫利

6.6 **Фроловская нефтегазоносная область** 弗罗洛夫含气油区
Апрельское (Н) 阿普列利
Галяновское (Н) 加利亚诺夫
Декабрьское (Н) 杰卡勃里
Елизаровское (Н) 叶利扎罗夫
Емъеговское (НГК) 叶姆叶戈夫
Ингинское (Н) 英加
Каменное (Н) 卡缅诺耶
Лебяжье (Н) 列比亚日耶
Лорбинское (Н) 洛尔巴
Лыхминское (Н) 雷赫马
Новоендырское (Н) 新延迪尔
Прирахтовское (Н) 普里拉赫托夫
Северо-Казымское (Г) 北卡兹姆
Северо-Сотэ-Юганское (Г) 北索泰—尤甘
Сосновомысское (Н) 索斯诺沃梅斯

Средненазымское (Н) 中纳兹姆
Тайтымское (Н) 泰蒂姆
Тевризское (Г) 捷弗里兹
Ханты-Мансийское (Н) 罕蒂—曼西
Южно-Сотэ-Юганское (Г) 南索泰—尤甘

6.7 **Среднеобская нефтегазоносная область** 中鄂毕含气油区
Аганское (Н) 阿甘
Айпимское (Н) 艾皮姆
Ачимовское (Н) 阿奇莫夫
Большекотухтинское (Н) 大科图赫塔
Большечерногорское (НГК) 大黑山
Быстринское (Н) 贝斯特林斯克
Вартовско-Соснинское (Н) 瓦尔托夫—索斯宁
Ватьеганское (Н) 瓦季叶甘
Вачимское (Г) 瓦奇姆
Верхнесалымское (Н) 上萨雷姆
Вершинное (Н) 维尔希诺耶
Восточно-Сургутское (Н) 东苏尔古特
Восточно-Ягунское (Н) 东亚古
Выинтойское (Н) 维英托
Грибное (Н) 格里勃诺耶
Гуньеганское (Н) 贡叶甘
Ермаковское (Н) 叶尔马科夫
Ершовое (Н) 叶尔绍沃耶
Западно-Сургутское (Н) 西苏尔古特
Икилорское (Н) 伊基洛尔
Камынское (Н) 卡梅
Карамовское (Н) 卡拉莫夫
Карьяунское (Н) 卡里亚乌
Квартовое (Н) 克瓦尔托沃耶
Коголымское (Н) 科戈雷姆
Конитлорское (Н) 科尼特洛尔
Кочевское (Н) 科切夫

Курраганское (Н) 库拉甘
Ласъеганское (Н) 拉斯叶甘
Ледовое (Н) 列多沃耶
Локосовское (Н) 洛科索夫
Лянторское (НГК) 梁托尔
Майское (Н) 麦斯科耶
Малобалыкское (Н) 小巴雷克
Малореченское (Н) 小列切
Малочерногорское (Н) 小黑山
Малоюганское (Н) 小尤甘
Мамонтовское (Н) 马蒙托夫
Мегионское (НГК) 梅吉昂
Мыхпайское (НГК) 梅赫帕
Нежданное (Н) 涅贾
Нивагальское (Н) 尼瓦加利
Нижневартовское (Н) 下瓦尔托夫
Нижнесортымское (Н) 下索尔蒂姆
Новопокурское (Н) 诺沃波库尔
Ореховское (Н) 奥列霍夫
Островное (Н) 奥斯特罗夫
Повховское (Н) 波弗霍夫
Пограничное (Н) 波格拉尼奇
Покамасовское (Н) 波卡马索夫
Покачевское (Н) 波卡切夫
Поточное (Н) 波托奇诺耶
Правдинское (Н) 普拉弗达
Приобское (Н) 普里奥勃
Равенское (Н) 拉维
Руфьеганское (Н) 鲁菲叶甘
Савуйское (Н) 萨武
Салымское (Н) 萨雷姆
Самотлорское (НГК) 萨莫特洛尔
Северо-Островное (Н) 北奥斯特罗夫
Северо-Покурское (Н) 北波库尔

Северо-Соимлорское (Н) 北索伊姆洛尔
Северо-Чупальское (Н) 北丘帕利
Советское (Н) 苏维埃
Сорымское (Н) 索雷姆
Среднебалыкское (Н) 中巴雷克
Среднесалымское (Н) 中萨雷姆
Стрежевое (Н) 斯特列热沃耶
Студеное (Н) 斯图杰诺耶
Таплорское (Г) 塔普洛尔
Тепловское (Н) 捷普洛夫
Тутлимское (НГ) 图特利姆
Тюменское (Н) 秋明
Урьевкое (Н) 乌里叶夫
Федоровское (НГК) 费多罗夫
Холмогорское (Н) 霍尔莫戈尔
Чумпасское (Н) 丘姆帕斯
Чупальское (Н) 丘帕利
Широковское (Н) 希罗科夫
Южно-Балыкское (Н) 南巴雷克
Южно-Покачевское (Н) 南波卡切夫
Южно-Сургутское (Н) 南苏尔古特
Южно-Ягунское (Н) 南亚古

6.8 **Каймысовская нефтегазоносная область** 凯梅索夫含气油区
Айяунское (Н) 艾亚乌
Веселовское (ГК) 维谢洛夫
Герасимовское (НГК) 格拉西莫夫
Глуховское (Н) 格卢霍夫
Западно-Карайское (Н) 西卡拉
Игольское (Н) 伊戈利
Казанское (НГК) 喀山
Калиновое (НГК) 卡利诺沃耶
Карайское (Н) 卡拉
Катыльгинское (Н) 卡蒂利加

Лонтыньяхское (Н) 隆蒂亚赫
Малоичское (Н) 小伊奇
Межовское (Н) 麦若夫
Моисеевское (Н) 莫伊谢耶夫
Мултановское (Н) 穆尔坦诺夫
Нижнетабаганское (НГК) 下塔巴甘
Озерное (Н) 奥泽尔诺夫
Оленье (Н) 奥连耶
Первомайское (Н) 佩尔沃马
Поньжевое (Н) 庞热沃耶
Северо-Калиновое (НГК) 北卡利诺沃耶
Тай-Дасское (Н) 泰达斯
Тайлаковское (Н) 泰拉科夫
Таловое (Н) 塔洛沃耶
Туканское (Н) 图卡
Урманское (Н) 乌尔曼
Урненское (Н) 乌尔年
Усановское (Н) 乌萨诺夫
Южно-Табаганское (Н) 南塔巴甘

6.9 **Васюганская нефтегазоносная область** 瓦休甘含气油区
Вартовское (Н) 瓦尔托夫
Верхнекомбарское (ГК) 上科姆巴尔
Верхнесалатское (Н) 上萨拉特
Вахское (Н) 瓦赫
Ключевское (Н) 克柳切夫
Коликъеганское (Н) 科利克叶甘
Кондаковское (Н) 康达科夫
Ломовое (Н) 洛莫沃耶
Лугинецкое (НГК) 卢吉涅茨
Мирное (НГК) 米尔诺耶
Мыльджинское (ГК) 梅尔吉诺
Никольское (Н) 尼科尔
Пермяковское (Н) 佩尔米亚科夫

Проточное (Н) 普罗托奇诺耶
Речное (ГК) 列奇诺耶
Останинское (НГК) 奥斯塔纳
Селимхановское (ГК) 谢利姆哈诺夫
Северо-Васюганское (ГК) 北瓦休甘
Северо-Останинское (Н) 北奥斯塔纳
Северо-Сикторское (Н) 北锡克托尔
Северо-Хохряковское (Н) 北霍赫里亚科夫
Средневасюганское (Н) 中瓦休甘
Средненюрольское (Н) 中纽罗利
Фестивальное (Н) 费斯季瓦利
Хохряковское (Н) 霍赫里亚科夫
Чворовое (Н) 奇沃罗沃耶
Чебачье (Н) 切巴奇耶
Чкаловское (НГК) 奇卡洛夫
Южно-Мыльджинское (Н) 南梅利吉诺
Южно-Черемшанское (Н) 南切列姆沙

6.10 **Пайдугинскаянефтегазоносная область** 派杜金含气油区
Киевъеганское (Н) 基叶夫叶甘
Линейное (Н) 利涅
Северо-Сильгинское (ГК) 北锡利卡
Соболиное (Н) 索鲍利
Среднесильгинское (ГК) 中锡利卡
Усть-Сильгинское (ГК) 乌斯季锡利卡

7 Охотская нефтегазоносная провинция 鄂霍茨克含气油省（俄罗斯）

7.1 **Сахалинская нефтегазоносная область** 萨哈林含气油区
Абановское (Г) 阿巴诺夫
Аркутун-Даги (НГК) 阿尔库童—达吉
Астрахановское (ГК) 阿斯特拉哈诺夫
Березовское (НГ) 别列佐夫
Волчинское (Г) 沃尔奇

Гиляко-Абунанское (НГ) 吉利亚科—阿布南
Горомайское (Н) 戈罗马
Катанглинское (Н) 卡坦格利
Крапивненское (Г) 科拉皮弗年
Лунское (НГК) 伦斯基
Мостовое (Г) 莫斯托沃耶
Мухтинское (Н) 穆赫塔
Набильское (Н) 纳比利
Некрасовское (НГ) 涅克拉索夫
Одопту (НГК) 奥多普图
Одопту-море (НГК) 奥多普图—海上
Окружное (Н) 奥克鲁日诺耶
Осиновское (Г) 奥西诺夫
Охинское (Н) 奥哈
Паромайское (Н) 帕罗马
Пильтун-Астохское (НГК) 皮利童—阿斯托赫
Прибрежное (Г) 普里勃列日诺耶
Сабинское (НГ) 萨鲍
Тунгорское (ГК) 童戈尔
Узловое (Г) 乌兹洛夫
Уйглекутское (НГ) 乌伊列库特
Чайво (НГК) 恰伊沃
Чайво-Море (НГК) 恰伊沃—海上
Шхунное (НГ) 什胡
Эхабинское (Н) 埃哈比
Южно-Кенигское (Г) 南克尼格

7.2 **Охотско-Камчатская нефтегазоносная область** 鄂霍茨克—堪察加含气油区

Нижнеквакчикское (ГК) 下克瓦克奇克
Кшукское (ГК) 克舒克
Северо-Колпаковское (ГК) 北科尔帕科夫
Среднекунжикское (ГК) 中昆日克

8 Северо-Кавказская нефтегазоносная провинция 北高加索含气油省（俄罗斯）

Анастасиевско-Троицкое (НГ) 阿纳斯塔西耶夫—特罗伊茨

Асфальтовая Гора (Н) 沥青山

Березанское (Н) 别列赞

Майкопское (ГК) 麦科普

Малгобек-Вознесенское (НГ) 马尔戈别克—沃兹涅先

Махачкалинское (Н) 马哈奇卡拉

Озексуатское (Н) 奥泽克苏阿特

Русский Хутор (НГ) 俄罗斯胡托尔

Северо-Ставропольское (Г) 北斯塔弗罗波尔

Старо-Минское (ГК) 斯塔罗—米纳

9 Прикаспийская нефтегазоносная провинция 滨里海含气油省

9.1 俄罗斯

Астраханское (ГК) 阿斯特拉罕

Ждановское (ГК) 日丹诺夫

Карпенское (НГК) 卡尔品

Кирикилинское (Н) 基里基利

Комсомольское (ГК) 共青村

Краснокутское (ГК) 克拉斯诺库特

Куриловское (Н) 库里洛夫

Павловское (НГК) 巴普洛夫

Солдатско-Степновское (ГК) 索尔达特—斯捷普诺夫

Спортивное (Н) 斯波尔季夫

Старшиновское (Г) 斯塔尔希诺夫

Таловское (Г) 塔洛夫

9.2 哈萨克斯坦

Айранкуль (Н) 艾兰库利

Акжар (Н) 阿克扎尔

Акингель (Н) 阿金格利

Аккудук (Н) 阿库杜克

Актюбе (Н) 阿克丘别
Алибекмола (Н) 阿利别克莫拉
Алтыколь-Кызылкала (Н) 阿尔蒂科利—克兹尔卡拉
Байчунас (Н) 巴伊丘纳斯
Бакланий (Н) 巴克拉尼
Бекбеке-Испулай (Н) 别克别克—伊斯普拉伊
Бисбулюк (Н) 比斯布柳克
Бозоба (Н) 鲍佐巴
Боранколь (НГК) 鲍兰科利
Ботахан (Н) 鲍塔汉
Восточно-Гремячинское (НГК) 东格列米亚钦斯克
Гран (Н) 格兰
Гремячинское (НГК) 格列米亚钦斯克
Даулеталы (Н) 道列塔雷
Досмухамбетовское (Н) 多斯穆哈姆别托夫
Доссор (НГ) 多索尔
Жаксымай (Н) 扎克瑟麦
Жалгизтюбе (Н) 扎尔吉兹丘别
Жанажол (НГК) 让纳若尔
Жанаталап (Н) 让纳塔拉普
Женгельды (Н) 任格利迪
Жиланкабак (Н) 日兰卡巴克
Жолдыбай (Н) 若尔迪巴伊
Забурунье (Н) 扎布鲁尼耶
Имашевское (ГК) 伊马雪夫
Искине (Н) 伊斯基涅
Каламкас (НГ) 卡拉姆卡斯
Камыскуль (Южный) (Н) (南) 卡梅斯库利
Камышитовый (Н) 卡梅希托威
Караарна (Н) 卡拉阿尔纳
Каражанбас (Н) 卡拉让巴斯
Каражанбас Северный (Н) 北卡拉让巴斯
Каратал (Н) 卡拉塔尔
Каратон (Н) 卡拉通

Каратурун Восточный (Н) 东卡拉图伦
Каратюбе (Н) 卡拉丘别
Карачаганак (Карашыганак) (НГК) 卡拉恰甘纳克
Кашаган (Н) 卡沙甘
Кенкияк (Н) 肯基亚克
Кисимбай (НГ) 基西姆巴伊
Кожасай (Н) 科扎赛
Кокарна Восточная (Н) 东科卡尔纳
Комсомольское (Нармунданак) (Н) 共青村(纳尔蒙达纳克)
Копа (Н) 科帕
Королевское (Н) 科罗列夫
Корсак (Н) 科尔萨克
Косчагыл (Н) 科斯恰格尔
Кошкар Южный (Н) 南科什卡尔
Кубасай (Н) 库巴赛
Кулсары (Н) 库尔萨雷
Курмангазы (Н) 库尔曼加兹
Макат (НГ) 马卡特
Мартыши (Н) 马尔蒂希
Масабай (Н) 马萨巴伊
Морское (Н) 莫尔
Мунайли (Н) 穆奈利
Октябрьское (Н) 十月村
Орысказган (Н) 奥雷斯卡兹甘
Прибрежное (Н) 普里勃列日
Прорва (НГК) 普罗尔瓦
Пустынное (Н) 普斯滕
Равнинное (Н) 拉弗宁纳
Ровное (Н) 罗弗诺耶
Сагыз (НГ) 萨吉兹
Северо-Бузачинское (Н) 北布扎奇
Тажигали (Н) 塔日加利
Танатар (Н) 塔纳塔尔
Тенгиз (Н) 坚吉兹

Тентяксор (Н) 坚佳克索尔
Тепловское (НГК) 捷普洛夫
Токаревское (Г) 托卡列夫
Тортай (Н) 托尔塔伊
Тюлегень (Н) 丘列格尼
Тюлюс (Южный) (Н) 南丘留斯
Урихтау (ГК) 乌里赫套
Чингиз (Н) 钦吉兹
Шубаркудук (Н) 舒巴尔库杜克

10 Южно-Каспийская нефтегазоносная провинция 南里海含气油省

10.1 阿塞拜疆
Адживели Восточное (Н) 东阿吉维利
Аджидере (Н) 阿吉杰佩
Азери-Чираг-Гюнешали (НГК) 阿泽里—奇拉格—丘涅沙利
Ази-Асланова (Н) 阿齐—阿斯拉诺瓦
Артема (Н) 阿尔捷马
Балаханы-Сабунчи-Раманы (ГН) 巴拉哈内—萨邦奇—拉马内
Банка Апшеронская (Н) 阿普舍隆海滩
Банка Дарвина (Н) 达尔文海滩
Бахар (НГК) 巴哈尔
Бибиэйбат (ГН) 比比埃巴特
Бинагады (Н) 比纳加迪
Бузовны-Маштаги (ГН) 布佐纳弗纳—马什塔基
Булла-море (НГК) 布拉海上
Бухта Ильича (Н) 布赫塔
Гарасу (Н) 加拉苏
Гездек (ГН) 格兹杰克
Гоусаны (Н) 戈乌萨纳
Грязевая Сопка (Н) 泥索普卡
Гюргяны-море (Н) 丘尔吉亚内—海上
Дашгиль-Деляниз (ГН) 达什基利—杰利亚尼兹
Дуванный-суша (ГК) 杜瓦内伊—陆上

Дуровдаг (Г) 杜罗弗达克
Жилой (ГН) 日洛伊
Зардоб (Н) 扎尔多普
Зыря (НГК) 兹里亚
Зых (ГН) 兹赫
Казанбулаг (Н) 卡赞布拉格
Кала (ГН) 卡拉
Каламадын (Н) 卡拉马登
Калмас (НГ) 卡尔马斯
Карабаглы (НГК) 卡拉巴格雷
Карадаг (НГК) 卡拉达格
Карачухур (ГН) 卡拉丘胡尔
Караэйбат (Н) 卡拉埃巴特
Кергез-Кызылтепе (ГН) 克尔格兹—克兹尔杰佩
Кирмаку (ГН) 基尔马库
Кюрдаханы (Н) 丘尔达哈内
Кюровдаг (ГН) 丘罗弗达格
Кюрсангя (НГК) 丘尔桑基亚
Локбатан-Пута-Кушхана (ГН) 洛克巴坦—普塔—库什哈纳
Масазыр (Н) 马萨兹尔
Мирбашир (Н) 米尔巴希尔
Мирзаани (Н) 米尔扎阿尼
Мишовдаг (Н) 米绍弗达格
Мурадханлы (Н) 穆拉德罕雷
Нафталан (Н) 纳弗塔兰
Нефтечала (НГ) 涅弗捷恰拉
Нефтяные Комни (ГН) 油石
Норио (Н) 诺里奥
Патара-Шираки (Н) 帕塔拉—希拉基
Песчаный-море (НГК) 佩斯恰内伊—海上
Пирсагат (НГК) 皮尔萨加特
Самгори-Патардзеули (Н) 萨姆戈里—帕塔尔泽乌利
Сангачалы-море-Дуванный-море (НГК) 桑加恰雷—海上—杜瓦内伊-海上
Сацхениси (Н) 萨茨希尼西

Сианьшор (Н) 西安绍尔
Сулутепе (ГН) 苏鲁杰佩
Сураханы (ГН) 苏拉哈纳
Тарибани (Н) 塔里巴尼
Телети (Н) 捷列季
Умбаки (ГН) 乌姆巴基
Хиллы (Н) 希雷
Чахнагляр (ГН) 恰赫纳格利亚尔
Шабандаг-Шубаны (ГН) 沙班达格—舒巴内
Шах-Дениз (ГК) 沙赫德尼兹
Шонгар (Н) 顺加尔
Южное (НГК) 尤日诺耶
Южный купол Самгори (Н) 萨姆戈里南凸起

10.2 土库曼斯坦
Ак-Патлаух (НГК) 阿克—帕特拉乌赫
Банка Жданова (НГК) 江诺夫海滩
Банка Лам (НГК) 拉姆海滩
Банка Ливанова Восточная (НГК) 东利瓦诺夫海滩
Барса-Гельмес (НГК) 巴尔萨—格利麦斯
Бугдайли (ГК) 布格戴利
Бурун (НГК) 布伦
Восточная Камышилджа (ГК) 东卡梅什尔贾
Восточный Челекен (НГК) 东切列肯
Гограньдаг (НГК) 戈格兰达克
Им. Баринова (ГК) 巴里诺夫
Камышлджа (НГК) 卡梅什尔贾
Каратепе (Г) 卡拉杰佩
Деймир (НГК) 克伊米尔
Корпедже (ГК) 科尔佩杰
Котуртепе (НГК) 科图尔杰佩
Куйджик (НГК) 库伊吉克
Кум-Даг (Н) 库姆达克
Кызылкум (ГК) 克兹尔库姆

Небит-Даг (Н) 涅比特—达克(石油山)
Ногай (ГК) 诺盖
Окарем (НГК) 奥卡列姆
Причелекенский Купол (НГК) 邻切列肯凸起
Челекен (Н) 切列肯
Чикишляр (ГК) 奇基什利亚尔
Эвиз-Ак (ГК) 埃维兹—阿克
Эрдекли (ГК) 埃尔杰克利
Южное Бугдайли (ГК) 南布格戴利

11 Амударьинская газонефтеносная провинция 阿姆河含油气省

11.1 土库曼斯坦

Акгумолам (ГК) 阿克古莫拉姆
Атасары (Г) 阿塔萨雷
Ачак (ГК) 阿恰克
Ачак Северный (ГК) 北阿恰克
Бабаарап (ГК) 巴巴阿拉普
Багаджа (ГК) 巴加扎
Байрамали (Г) 巴伊拉马利
Балкуи (ГК) 巴尔古伊
Берекетли (ГК) 别列克特利
Беурдешик (ГК) 别乌尔杰希克
Бешкызыл (Г) 别什克兹尔
Газлыдепе(Гагарина) (ГК) 加兹雷杰佩(加加林)
Гирсан (ГК) 基尔桑
Гугуртли (ГК) 古古尔特利
Гугуртли Северное (Г) 北古古尔特利
Даулетабад-Донмез (ГК) 道列塔巴德—顿麦兹
Заунгузская группа (Г) 外翁古兹气田群
Измаил (Г) 伊兹马伊尔
Ильджик (Г) 伊利吉克
Карабиль (Г) 卡拉比利
Кирпичли (ГК) 基尔皮奇利

Киштуван (Г) 基什图凡
Майское (Г) 麦斯科耶
Малай (ГК) 马莱
Метеджан (Г) 麦捷让
Наип (ГК) 纳伊普
Наип Северный (ГК) 北纳伊普
Наип Южный (ГК) 南纳伊普
Нерезим (ГК) 涅列齐姆
Осман (ГК) 奥斯曼
Пиргуи (ГК) 皮尔古伊
Сакар (ГК) 萨卡尔
Самандепе (ГК) 萨曼杰佩
Северное Балкуи (ГК) 北巴尔古伊
Сейраб (Г) 赛拉勃
Сундукли (Г) 松杜克利
Теджен (ГК) 捷真
Теджен Востоный (Г) 东捷真
Учаджи (Г) 乌恰吉
Фараб (Г) 法拉普
Чартак (Г) 恰尔塔克
Шатлык (ГК) 沙特雷克
Южный Иолотань (ГК) 南约洛坦
Янгуи (ГК) 扬古伊
Яшлар (ГК) 亚什拉尔
Яшылдепе (ГК) 亚希尔杰佩

11.2 乌兹别克斯坦
Акджар (ГН) 阿克贾尔
Аккум (ГК) 阿克库姆
Алан (ГК) 阿兰
Алан Новый (ГК) 新阿兰
Алат (ГК) 阿拉特
Бердыкудук (ГК) 别尔迪库杜克
Бешкент (ГК) 别什肯特

Газли (НГК) 加兹利
Даяхатын (ГК) 达亚哈京
Денгизкуль Восточный (ГК) 东坚吉兹库利
Денгизкуль Северный (ГК) 北坚吉兹库利
Денгизкуль-Хаузак-Шады (ГК) 坚吉兹库利—豪扎克—沙迪
Джаркак (ГН) 贾尔卡克
Джарчи (ГК) 贾尔奇
Дивалкак (Г) 季瓦尔卡克
Западный Кокчи (ГК) 西科克奇
Зафар (ГК) 扎法尔
Зеварды (ГК) 泽瓦尔迪
Камаши (ГК) 卡马希
Кандым (ГК) 坎迪姆
Капали (ГК) 卡帕利
Карабаир (НГ) 卡拉巴伊尔
Караиз (Н) 卡拉伊兹
Карактай (НГ) 卡拉克泰
Каракум (ГК) 卡拉库姆
Карим (НГК) 卡里姆
Кокдумалак (НГК) 科克杜马拉克
Култак (ГК) 库尔塔克
Кульбешкак (ГК) 库利别什卡克
Куюмазар (Н) 库尤马扎尔
Кызылрабат (ГН) 克兹尔拉巴特
Майманак Северный (ГК) 北麦马纳克
Марковское (ГК) 马尔科夫
Мубарек Северный (НГК) 北穆巴拉克
Мубарек Южный (ГК) 南穆巴拉克
Нишан Северный (ГК) 北尼尚
Памук (НГК) 帕穆克
Памук Северный (НГК) 北帕穆克
Парсанкуль (ГК) 帕尔桑库利
Пирназар (ГК) 皮尔纳扎尔
Расылкудук (Г) 拉瑟尔库杜克

Сардоб (ГК) 萨尔多普
Сарыташ-Караул-Базар (ГН) 萨雷塔什—卡拉乌尔—巴扎尔
Сарыча (Г) 萨雷恰
Сеталантепе (Г) 谢塔兰杰佩
Ташкудук (Г) 塔什库杜克
Ташлы Восточное (НГ) 东塔什雷
Ташлы Западное (Н) 西塔什雷
Тегермен (ГК) 捷格尔缅
Тегермен Западный (ГК) 西捷格尔缅
Увады (Г) 乌瓦迪
Узуншор-Киштуван (ГК) 乌宗绍尔—基什图凡
Умид (НГК) 乌米特
Уртабулак (ГК) 乌尔塔布拉克
Уртабулак Северный (Н) 北乌尔塔布拉克
Учкыр (ГК) 乌奇克尔
Ходжи (ГК) 霍吉
Ходжи Западный (ГК) 西霍吉
Ходжиказган (ГК) 霍吉卡兹甘
Ходжихайрам (Г) 霍吉海拉姆
Чандыр (ГК) 昌迪尔
Чембар (Г) 切姆巴尔
Шумак (ГК) 舒马克
Шуртан (ГК) 舒尔坦
Шуртан Северный (НГК) 北舒尔坦
Шуртепе (ГН) 舒尔杰佩
Шурчи (ГН) 舒尔奇
Южные Зекры (Н) 南泽克雷
Южное Кемачи (НГК) 南克马奇
Юлдузкак (ГН) 尤尔杜兹卡克
Юлдузкак Западный (ГН) 西尤尔杜兹卡克
Юлдузкак Юго-Западный (Н) 西南尤尔杜兹卡克
Янгиказган (ГК) 扬吉卡兹甘

12 其他含油气区

12.1 **Северо-Устюртская газонефтеносная провинция** 北乌斯丘尔特含油气省

12.1.1 哈萨克斯坦

Арыстановское (Н) 阿雷斯塔诺夫
Жаксыкоянкулакское (Г) 扎克瑟科扬库拉克
Жаманкоянкулакское (Г) 扎曼科扬库拉克
Каракудукское (Н) 卡拉库杜克
Кзылойское (Г) 克兹洛伊
Култукское (Н) 库尔图克
Чагырлы-Чумыштинское (Г) 恰格尔雷—丘梅什塔

12.1.2 乌兹别克斯坦

Западно-Барсагельмесское (Н) 西巴尔萨格利麦斯
Куанышское (Г) 库阿内什

12.2 **Ферганская нефтегазоносная область** 费尔干纳含气油区（乌兹别克斯坦）

Айритан (ГН) 艾里坦
Аламышик Северный (Н) 北阿拉梅希克
Ачису (Н) 阿奇苏
Бешкент-Тогап (Н) 别什肯特—托加普
Варык (ГН) 瓦雷克
Избаскент (ГН) 伊兹巴斯肯特
Карагачи-Тамчи (Н) 卡拉加奇—塔姆奇
Кызылалма (Г) 克兹拉尔马
Маданият (Н) 马达尼亚特
Наманган (Н) 纳曼甘
Ниязбек-Каракчикум (НГК) 尼亚兹别克—卡拉克奇库姆
Сарыкамыш (Г) 萨雷卡梅什
Сарыток (Г) 萨雷托克
Северный Канибадам (Г) 北卡尼巴达姆
Сузак (Г) 苏扎克

Тергачи (Н) 捷尔加奇

Чигирчик (Н) 奇吉尔奇克

Шорбулак (Н) 绍尔布拉克

12.3 **Южно-Мангышлакская нефтегазоносная область** 南曼吉什拉克含气油区 （哈萨克斯坦）

Актас (НГ) 阿克塔斯

Асар (НГ) 阿萨尔

Бектурлы (НГ) 别克图尔雷

Бурмаша (Н) 布尔马沙

Дунга (НГ) 顿加

Еспелисай (Г) 叶斯佩利赛

Жангурши (Н) 让古尔希

Жетыбай (ГН) 热蒂巴伊

Жетыбай Восточный (НГ) 东热蒂巴伊

Жетыбай Северо-Западный (Н) 西北热蒂巴伊

Жетыбай Южный (НГ) 南热蒂巴伊

Жоласкан (НГ) 若拉斯坎

Кансу (Г) 坎苏

Карамандыбас (НГ) 卡拉曼迪巴斯

Ракушечное (Г) 拉库舍奇

Оймаша (Н) 奥伊马沙

Тамды (Г) 塔姆迪

Тасбулат (НГ) 塔斯布拉特

Тенге (НГ) 坚格

Тенге Западный (НГ) 西坚格

Туркменой (НГ) 土库曼诺伊

Тюбеджик (Н) 丘别吉克

Узень (НГ) 乌津

Шахпахты (Г) 沙赫帕赫蒂

12.4 **Чу-Сарысуйская газоносная область** 楚—萨雷苏含气区（哈萨克斯坦）

Айрактинское (ГК) 艾拉克塔

Амангельдинское (ГК) 阿曼格利达
Придорожное (Г) 普里多罗日

12.5 **Тургайская (Южно-Торгайская и Северо-Тургайская) нефтегазоносная область** 图尔盖含气油区（南图尔盖与北图尔盖含气油区）（哈萨克斯坦）

Аксай (Н) 阿克赛
Акшабулак (Н) 阿克沙布拉克
Арысс (Н) 阿雷斯
Арысскум (Н) 阿雷斯库姆
Булинов (Н) 布利诺夫
Конис (Н) 科内斯
Кумколь (Н) 库姆科利
Кызылкия (Н) 克兹尔基亚
Нурали (НГ) 努拉利

12.6 **Тянь-Шань-Памирская нефтегазоносная область** 天山—帕米尔含气油区（哈萨克斯坦）

12.7 **Тенизская нефтегазоносная область** 坚吉兹湖含气油区（哈萨克斯坦）

12.8 **Иртышская нефтегазоносная область** 额尔齐斯含气油区

12.9 **Аральская нефтегазоносная область** 咸海含气油区（哈萨克斯坦与乌兹别克斯坦）

12.10 **Сырдарьинская нефтегазоносная область** 锡尔河含气油区（哈萨克斯坦）

12.11 **Илийская нефтегазоносная область** 伊梨含气油区 (哈萨克斯坦)

12.12 **Зайсанская нефтегазоносная область** 斋桑含气油区 (哈萨克斯坦)

12.13 **Алакольская нефтегазоносная область** 阿拉湖含气油区（哈萨克斯坦）

附录4 独联体地区主要油气公司

I 俄罗斯

«Зарубежнефть» 俄罗斯外国石油经济联合体

ОАО «Газпром» 俄罗斯天然气工业股份公司

ОАО НГК «Славнефть» 斯拉夫石油股份公司

ОАО НК «ЛУКОЙЛ» 鲁克石油股份公司

ОАО НК «Роснефть» 俄罗斯石油股份公司

ОАО НК «ЮКОС» 尤科斯石油股份公司

ОАО ННГК «Саханефтегаз» 萨哈林石油天然气股份公司

ОАО «Сургутнефтегаз» 苏尔古特石油天然气股份公司

ОАО «Татнефть» 鞑靼石油联合股份公司

ОАО «ТНК-ВР Холдинг» 秋明—英国石油控股公司

АО РНГС «Роснефтегазстрой» 俄罗斯石油天然气建设股份公司

«Сахалин Энерджи» 萨哈林能源投资有限公司

II 哈萨克斯坦

АО «КазТрансГаз» 哈萨克斯坦天然气运输公司

АО Разведка Добыча «КазМунайГаз» 哈萨克斯坦国家石油天然气勘探与开发公司

АО «КазТрансОйл» 哈萨克斯坦石油运输公司

АО НК «КазМунайГаз» 哈萨克斯坦国家石油天然气公司

III 乌兹别克斯坦

Национальная Холдинговая Компания (НХК) «Узбекнефтегаз» 乌兹别克斯坦国家石油天然气总公司

АК «Узнефтегаздобыча» 乌兹别克斯坦石油天然气开采股份公司

АК «Узнефтегазмаш» 乌兹别克斯坦石油天然气设备股份公司

АК «Узнефтепродукт» 乌兹别克斯坦石油制品股份公司

АК «Узтрансгаз» 乌兹别克斯坦天然气运输股份公司

IV 土库曼斯坦

Государственное агентство по управлению и использованию углеводородных ресурсов при Президенте Туркменистана 土库曼斯坦总统下属油气资源利用和管理署（油气署）

Государственный Концерн «Туркменгеология» - ГК Туркменгеология» 土库曼地质康采恩

Государственный Концерн «Туркменгаз» - ГК «Туркменгаз» 土库曼天然气康采恩

Государственный Концерн «Туркменнебит» (Туркменнефть) – ГК «Туркменнефть» 土库曼石油康采恩

Государственный Концерн «Туркменнебитгазгурлушык» (Туркменнефтегазстрой) – ГК «Туркменнефтегазстрой» 土库曼油气建设康采恩

V 吉尔吉斯斯坦

АО «Кыргызнефтегаз» 吉尔吉斯石油天然气公司

VI 阿塞拜疆

ГНКАР (SOCAR) **«Государственная Нефтяная Компания Азербайджанской Республики»** 阿塞拜疆国家石油公司

VII 乌克兰

ОАО «УКРГАЗПРОМ» 乌克兰天然气工业股份公司

VIII 格鲁吉亚

Национальная Нефтяная Компания «Сакнафтоби» (Грузнефть) 格鲁吉亚国家石油公司

附录5 俄汉音译对照

俄文辅音	拉丁文	汉字译音	A	E	Ё ИО	И,Й ИЙ,Ь	O	У	Ы ЫЙ	Э	Ю	Я	АЙ АИ	ЭЙ	АО АУ	АН АНЬ	ЕН ЕНЬ	ИН ИНЬ	ОН ОНЬ	УН УНЬ	ЭН ЭНЬ	ЯН ЯНЬ	УА ОА	УЙ
		拉丁文	A	E	IO YO	I	O	U	YI	E	U YU,IU	IA YA	AI	EI	AO AU	AN	EN	IN	ON	UN	EN	IAN YAN	UA OA	UI
		音	阿	叶 (耶)	约	伊	奥	乌	厄	埃	尤	亚 (娅)	艾	埃	奥	安	延	英	昂	翁	恩	扬	瓦 (娃)	威
Б	B	勃	巴 (芭)	别	标	比	鲍	布	贝	贝	比尤	比亚	巴 伊	贝	鲍	班	宾	宾	邦	邦	本	卞		
В	V	弗 (夫)	瓦	维	维 奥	维	沃	武	维	维	维尤	维亚	瓦 伊	威	沃	凡	文	文	旺	冯	文	维扬		威
Г	G	格	加	格	格 奥	基	戈	古	格	格	丘		盖	盖	高	甘	根	金	冈	贡	根	格扬	瓜	圭
Д	D	德	达	杰	焦	季	多	杜	迪	德	久	佳	戴	戴	道	丹	坚	金	顿	顿	登	江 (姜)		杜 伊
ДЖ	DZH, J	吉	贾	杰	召	吉	召	朱		杰	久	贾	贾 伊	杰 伊	召	江 (姜)	真	真	忠	忠	真	江 (姜)		朱 伊
Ж	ZH	日	扎	热	若	日	若	茹		热	茹		扎 伊	热 伊	饶	让	任	任	容	容	任	让		瑞
З(ДЗ)	Z, DZ	兹	扎	泽	焦	齐	佐	祖	兹	泽	久	齐亚	扎 伊	泽 伊	佐	赞	津	津	宗	宗	增	江 (姜)		祖 伊
К	K	克	卡	克	乔	基	科	库	克	凯	丘		凯	凯	考	坎	肯	金	康	孔	肯	基扬	夸	奎

Л	L	勒(尔)	拉	列	廖	利(莉)	洛	卢	雷	莱	柳	利亚	莱	莱	劳	兰	连	林(琳)	隆	伦	兰	梁		卢伊
М	M	姆	马(玛)	麦	苗	米	莫	穆	梅	迈	缪	米亚	麦	麦	茂	曼	缅	明	蒙	蒙	门	缅		穆伊
Н	N	恩	纳(娜)	涅	尼奥	尼	诺	努	内(纳)	奈	纽	尼亚	奈	奈	瑙	南(楠)	年	宁	农	农	嫩	尼扬		努伊
П	P	普	帕	佩	皮奥	皮	波	普	佩	派	皮尤	皮亚	派	佩	泡	潘	片	平	庞	蓬	彭	皮扬		普伊
Р	R	尔	拉	列	廖	里(丽)	罗	鲁	雷	莱	柳	里亚	莱	莱	劳	兰	连	林(琳)	隆	伦	连	梁		鲁伊
С	S	斯	萨	谢	肖	西(锡)	索	苏	瑟	瑟	休(秀)	夏(霞)	赛	赛	萨乌	桑	先	辛	松	松	森	相		缓
Т	T	特	塔	捷	焦	季	托	图	蒂	泰	丘	佳	泰	泰	陶	坦	坚	京	顿	童	滕	强		图伊
Ф	F	弗	法	费	费奥	菲	福	富	菲	费	菲尤	菲亚	法伊	费	法乌	凡	芬	芬	方	丰	芬			富伊
Х	KH	赫	哈	赫	晓	希	霍	胡	赫	赫	休		海	海	豪	罕	亨	欣	杭	洪	亨		华	惠
Ц	TS	茨	查	采	齐奥	齐	佐	楚	齐	采	秋		采	采	曹	仓	增	增	宗	宗	岑	蔷		崔
Ч	CH	奇	恰	切	乔	奇	乔	丘		切	丘		恰伊	切伊	乔	昌	钦	钦	琼	琼	琴			崔
Ш	SH	什	沙(莎)	舍	绍	希	绍	舒		舍	舒		沙伊	舍伊	绍	尚	申	申	顺	顺	申			舒伊
Щ	SHCH	希	夏	谢	肖	希	肖	休			休		夏伊	谢伊	肖	向	辛	辛	雄	雄				休伊

俄汉音译对照附注

1. **м**在**б**与**п**前按**н**译写。
2. 以«**его**»、«**ого**»结尾的形容词、代词与数词，«**его**»、«**ого**»中的«**го**»译作“沃”。
3. 辅音组«**чт**»中«**ч**»发«**ш**»音，译作“什”；辅音组«**гк**»中«**г**»发«**х**»音，译作“赫”。
4. «**ей**»、«**ой**»分别按«**е**»行汉字和«**о**»行汉字加“伊”译写。
5. 词首«**р**»、«**л**»后紧跟辅音字母时，«**р**»、«**л**»译作“勒”，如«**ржиха**»译作“勒日哈”。
6. **н**的双拼：

   ①词干以**н**结尾，其后缀又以元音开头，**н**按双拼处理，如**Иван**伊万→**Иванов**伊万诺夫→**Ивановск**伊万诺夫斯克；

   ②其他情况，**н**不按双拼处理，如«**ненец**»译作“涅涅茨”。
7. （栋）（楠）（锡）用于地名开头，（亥）（姜）用于地名结尾。
8. （娅）（芭）（玛）（娜）（莉）（丽）（莎）（娃）（蕾）（秀）（妮）（琳）（珍）（萝）（黛）等用于女人名。
9. （叶）（弗）用于人名、地名开头。
10. 几个固定词尾：-«**город**»“哥罗德”,-«**град**»“格勒”,-«**поль**»“波尔”,-«**цов**»“佐夫”。

附录6 汉俄拼音对照

A

a	а
ai	ай
an	ань
ang	ан
ao	ао

B

ba	ба
bai	бай
ban	бань
bang	бан
bao	бао
bei	бэй
ben	бэнь
beng	бэн
bi	би
bian	бянь
biao	бяо
bie	бе
bin	бинь
bing	бин
bo	бо
bu	бу

C

ca	ца
cai	цай

can	цань
cang	цан
cao	цао
ce	цэ
cen	цэнь
ceng	цэн
cha	ча
chai	чай
chan	чань
chang	чан
chao	чао
che	чэ
chen	чэнь
cheng	чэн
chi	чи
chong	чун
chou	чоу
chu	чу
chua	чуа
chuai	чуай
chuan	чуань
chuang	чуан
chui	чуй
chun	чунь
chuo	чо
ci	цы
cong	цун
cou	цоу
cu	цу
cuan	чуань

cui	цуй
cun	цунь
cuo	цо

D

da	да
dai	дай
dan	дань
dang	дан
dao	дао
de	дэ
dei	дэй
den	дэнь
deng	дэн
di	ди
dian	дянь
diao	дяо
die	де
ding	дин
diu	дю
dong	дун
dou	доу
du	ду
duan	дуань
dui	дуй
dun	дунь
duo	до

E

e	э
ei	эй
en	энь

er	эр

F

fa	фа
fan	фань
fang	фан
fei	фэй
fen	фэнь
feng	фэн
fo	фо
fou	фоу
fu	фу

G

ga	га
gai	гай
gan	гань
gang	ган
gao	гао
ge	гэ
gei	гэй
gen	гэнь
geng	гэн
gong	гун
gou	гоу
gu	гу
gua	гуа
guai	гуай
guan	гуань
guang	гуан
gui	гуй
gun	гунь

guo	го

H

ha	ха
hai	хай
han	хань
hang	хан
hao	хао
he	хэ
hei	хэй
hen	хэнь
heng	хэн
hong	хун
hou	хоу
hu	ху
hua	хуа
huai	хуай
huan	хуань
huang	хуан
hui	хой
hun	хунь
huo	хо

J

ji	цзи
jia	цзя
jian	цзянь
jiang	цзян
jiao	цзяо
jie	цзе
jin	цзинь
jing	цзин

jiong	цзюн
jiu	цзю
ju	цзюй
juan	цзюань
jue	цзюе
jun	цзюнь

K

ka	ка
kai	кай
kan	кань
kang	кан
kao	као
ke	кэ
ken	кэнь
keng	кэн
kong	кун
kou	коу
ku	ку
kua	куа
kuai	куай
kuan	куань
kuang	куан
kui	куй
kun	кунь
kuo	ко

L

la	ла
lai	лай
lan	лань
lang	лан

lao	лао
le	лэ
lei	лэй
leng	лэн
li	ли
lia	ля
lian	лянь
liang	лян
liao	ляо
lie	ле
lin	линь
ling	лин
liu	лю
long	лун
lou	лоу
lu	лун
lv	люй
luan	луань
lve	люе
lun	лунь
luo	ло

M

ma	ма
mai	май
man	мань
mang	ман
mao	мао
mei	мэй
men	мэнь
meng	мэн

mi	ми
mian	мянь
miao	мяо
mie	ме
min	минь
ming	мин
miu	мю
mo	мо
mou	моу
mu	му

N

na	на
nai	най
nan	нань
nang	нан
nao	нао
ne	нэ
nei	нэй
nen	нэнь
neng	нэн
ni	ни
nian	нянь
niang	нян
niao	няо
nie	не
nin	нинь
ning	нин
niu	ню
nong	нун
nou	ноу

nu		ну
nv		нюй
nuan		нуань
nve		нюе
nuo		но
	O	
o		о
ou		оу
	P	
pa		па
pai		пай
pan		пань
pang		пан
pao		пао
pei		пэй
pen		пэнь
peng		пэн
pi		пи
pian		пянь
piao		пяо
pie		пе
pin		пинь
ping		пин
po		по
pou		поу
pu		пу
	Q	
qi		ци
qia		ця
qian		цянь

qiang	цян
qiao	цяо
qie	це
qin	цинь
qing	цин
qiong	цюн
qiu	цю
qu	цюй
quan	цюань
que	цюе
qun	цюнь

R

ran	жань
rang	жан
rao	жао
re	жэ
ren	жэнь
reng	жэн
ri	жи
rong	жун
rou	жоу
ru	жу
ruan	жуань
rui	жуй
run	жунь
ruo	жо

S

sa	са
sai	сай
san	сань

sang	сан
sao	сао
se	сэ
sen	сэнь
seng	сэн
sha	ша
shai	шай
shan	шань
shang	шан
shao	шао
she	шэ
shei	шэй
shen	шэнь
sheng	шэн
shi	ши
shou	шоу
shu	шу
shua	шуа
shuai	шуай
shuan	шуань
shuang	шуан
shui	шуй
shun	шунь
shuo	шо
si	сы
song	сун
sou	соу
su	су
suan	суань
sui	суй

sun	сунь
suo	со

T

ta	та
tai	тай
tan	тань
tang	тан
tao	тао
te	тэ
teng	тэн
ti	ти
tian	тянь
tiao	тяо
tie	те
ting	тин
tong	тун
tou	тоу
tu	тун
tuan	туань
tui	туй
tun	тунь
tuo	то

W

wa	ва
wai	вай
wan	вань
wang	ван
wei	вэй
wen	вэнь
weng	вэн

wo	во
wu	у

X

xi	си
xia	ся
xian	сянь
xiang	сян
xiao	сяо
xie	се
xin	синь
xing	син
xiong	сюн
xiu	сю
xu	сюй
xuan	сюань
xue	сюе
xun	сюнь

Y

ya	я
yan	янь
yang	ян
yao	яо
ye	е
yi	и
yin	инь
ying	ин
yo	ио
yong	юн
you	ю
yu	юй

yuan	юань
yue	юе
yun	юнь

Z

za	цза
zai	цзай
zan	цзань
zang	цзан
zao	цзао
ze	цзэ
zei	цзэй
zen	цзэнь
zeng	цзэн
zha	чжа
zhai	чжай
zhan	чжань
zhang	чжан
zhao	чжао
zhe	чжэ
zhei	чжэй
zhen	чжэнь
zheng	чжэн
zhi	чжи
zhong	чжун
zhou	чжоу
zhu	чжу
zhua	чжуа
zhuai	чжуай
zhuan	чжуань
zhuang	чжуан

zhui	чжуй
zhun	чжунь
zhuo	чжо
zi	цзы
zong	цзун
zou	цзоу
zu	цзу
zuan	цзуань
zui	цзуй
zun	цзунь
zuo	цзо

附录7 计量单位

а. -ангстрем埃(光波波长单位, 等于10^{-8}厘米)

а. -ампер安(培)

ата. -атмосфера абсолютная绝对大气压

ат.в. -атомный вес原子量

ати. -атмосфера избыточная余压

атм. -атмосфера大气压

б. -бар巴(压强单位)

баррель -баррель桶

бел贝(耳)(声的强度单位)

б.кал. -большая калория大卡, 千卡

боме -Бомэ, Боме, Бома波美(液体浓度单位)

в. -вольт伏(特)(电压单位)

ва. -вольт-ампер伏(特)安(培)

Вб. -вебер韦(伯)(磁通量单位, 等于10^{8}麦克斯韦)

в.с. -водяной столб水柱

Вт. -ватт瓦(特)(功率单位)

вт.гц. -ватт/герц瓦/赫

вт-сек. -ватт-секунда瓦(特)秒

г. -год年

г. -грамм克

га -гектар公顷(一万平方米)

г-атом. -грамм-атом克原子

гб. -гильберт吉伯(磁通量单位)

гвт. -гектоватт百瓦(特)

гг. -гектограмм百克

ггц. -гигагерц千兆周, 千兆赫

г-кал. -грамм-калория克卡

гл. -гектолитр百升

гм. -гектометр百米

г-мол. -грамм-молекула克分子

гн. -генри亨(利)(电感单位)

гс. -гаус, гаусс高斯(磁感应强度或磁通量密度单位或磁场强度单位)

гц. -герц赫(兹)

г-экв. -грамм-эквивалент克当量

дарси达西(渗透率单位)

дб. -децибел分贝

дг. -дециграмм分克

дж. -джоуль焦耳

дкг. -декаграмм十克

дкл. -декалитр十升

дкм. -декаметр十米

дл. -децилитр分升

дм. -дециметр分米

дм. -дюйм英寸

дн. -дана达因(力的单位)

К. кальвин开尔文

к. -кулон库(仑)(电量单位)

к. -кюри居里(放射性单位)

ка. -килоампер千安(培)

кал. -малая калория小卡, 卡(热量单位)

кв. -киловольт千伏(特)

кв-а. -киловольт-ампер千伏(特)安(培)

кв.дм. -квадратный дециметр平方分米

кв.м. -квадратный метр平方米

кв.мм. -квадратный миллиметр平方毫米

кв.см. -квадратный сантиметр平方厘米

квт. -киловатт千瓦(特)

квт-ч. -киловатт-час千瓦(特)小时

кГ. -килограмм-сила千克力(力的单位)

кг. -килограмм千克

кгц. -килогерц千周, 千赫(兹)

кдж. -килоджоуль千焦耳

кк. -килокулон千库(仑)

ккал. -килокалория大卡, 千卡

кл. -килолитр千升

клм. -килолюмен千流明
клм-ч. -килолюмен-час千流明小时
км. -километр千米
км2 -квадратный километр平方千米
км3 -кубический километр立方千米
км/ч. -километр в час千米/小时
ком. -килоом千欧(姆)
куб.дм. -кубический дециметр立方分米
куб.м. -кубический метр立方米
куб.мм. -кубический миллиметр立方毫米
куб.см. -кубический сантиметр立方厘米
кэ-в. -килоэлектрон-вольт千电子伏
л. -литр升
лк. -люкс米烛光(勒克司)(光照度单位)
лк-с. -люкс-секунда勒秒
лк-ч. -люкс-час升力时
лм. -люмен流明(光通量单位)
лм-с. -люмен-секунда流明秒
лм.ч. -люмен-час流明小时
л.с. -лошадиная сила马力
м. -метр米
м2 -квадратный метр平方米
м3 -кубический метр立方米
ма. -миллиампер毫安
Мб. -мегабар兆巴
Мб. -миллибар毫巴
мв. -милливольт毫伏(特)
мва. -милливольтампер毫伏(特)安(培)
мвт. -милливатт毫瓦(特)
мвт-ч. -мегаватт-час兆瓦(特)小时
мг. -миллиграмм毫克
мгвт. -мегаватт兆瓦(特)
мгвт-ч. -мегаватт-час兆瓦(特)小时
мгн. -мегагенри兆亨

мггц(мгц). -мегагерц兆周，兆赫
мгдж. -мегаджоуль兆焦耳
мгк. -мегакалория兆卡
мгл. -миллигал微伽
мгн. -миллигенри微亨
мг-экв. -миллиграмм-эквивалент毫克当量
мдж. -мегаджоуль兆焦耳
мдн. -мегадина兆达因
мин. -минута分钟
мк. -микрон微米
мка. -микроампер微安(培)
мкб. -микробар微巴
мкв. -микровольт微伏特
мквт. -микроватт微瓦特
мкг. -микрограмм微克
мкгл. -микрогал微伽
мкгн. -микрогенри微亨(利)
мкк. -микрокулон微库(仑)
мкл. -микролитр微升
мкмкф. -микромикрофадада微微法拉
мком. -микроом微欧(姆)
мкс. -максвелл麦克斯韦(磁通量单位)
мксим. -микросименс微姆(欧)(电导单位)
мкф. -микрофарада微法拉
мл. -миллилитр毫升
млн. -миллион百万
млрд. -миллиард千兆，十亿
мм. -миллиметр毫米
мм2 -квадратный миллиметр平方毫米
мм3 -кубический миллиметр立方毫米
ммк. -миллимикрон毫微米
ммHg. -миллиметр ртутного столба毫米水银柱(压力)
ммол. -миллимоль毫摩尔
мнеп. -миллинепер毫奈(培)

мол. -моль摩尔

Мом. -мегом兆欧(姆)

Мом. -миллиом毫欧(姆)

мс. -миллисекунда毫秒

мсим. -миллисименс毫姆(欧)(电导单位)

мэ. -мегаэрг兆尔格

Мэв. -мегаэлектрон-вольт兆电子伏

н. -ньютон牛顿

неп. -непер奈培

нф. -нанофарада毫微法拉

ом. -ом欧姆

П. -пуаз泊(黏度单位)

Па. -паскаль帕(压强单位)

па. -пикоампер微微安

пз. -пьеза逼压(压力单位)

пог. м. -погонный метр延米，直线米

пом. -пиком微微安

пф. -пикофарада微微法拉

р. -рентген伦琴

рад. -радиан弧度

рд. -розерфорд卢(瑟福)(测量物质放射性单位)

рлк. -радлюкс辐射勒克司(辐射单位)

рф. -радфот辐射辐透(辐射度单位)

с. -секунда秒

сб. -стильб熙提(亮度单位)

сим. -сименс姆欧(电导单位，为欧姆倒数)

сл. -сантилитр厘升

см. -сантиметр厘米

см2 -квадратный сантиметр平方厘米

см3 -кубический сантиметр立方厘米

сн. -стен斯坦(力的单位)

ст. -стокс司托克，沲(动黏度单位)

сут. -сутки一昼夜

т. -тесла特斯拉(磁通密度单位)

т. -тонна吨

тор. -тор托里(等于1毫米水银柱压力)

тыс. -тысяча千

ф. -фарада法拉(电容单位)

фн. -фунт磅

фт. -фут英尺

ц. -центнер公担(等于100千克)

ч. -час时, 小时

шт. -штука台, 个, 件

э. -эрг尔格(功或能的单位)

э. -эрстед奥(斯特)(磁场强度单位)

эв. -электрон-вольт电子伏特

эрг/сек. -эрг в секунду尔格/秒

附录8 化学元素表

序号	元素		符号
1	氢	ВОДОРОД	H
2	氦	ГЕЛИЙ	He
3	锂	ЛИТИЙ	Li
4	铍	БЕРИЛЛИЙ	Be
5	硼	БОР	B
6	碳	УГЛЕРОД	C
7	氮	АЗОТ	N
8	氧	КИСЛОРОД	O
9	氟	ФТОР	F
10	氖	НЕОН	Ne
11	钠	НАТРИЙ	Na
12	镁	МАГНИЙ	Mg
13	铝	АЛЮМИНИЙ	Al
14	硅	КРЕМНИЙ	Si
15	磷	ФОСФОР	O
16	硫	СЕРА	S
17	氯	ХЛОР	Cl
18	氩	АРГОН	Ar
19	钾	КАЛИЙ	K
20	钙	КАЛЬЦИЙ	Ca
21	钪	СКАНДИЙ	Sc
22	钛	ТИТАН	Ti
23	钒	ВАНАДИЙ	V
24	铬	ХРОМ	Cr
25	锰	МАРГАНЕЦ	Mn
26	铁	ЖЕЛЕЗО	Fe

27	钴	КОБАЛЬТ	Co
28	镍	НИКЕЛЬ	Ni
29	铜	МЕДЬ	Cu
30	锌	ЦИНК	Zn
31	镓	ГАЛЛИЙ	Ga
32	锗	ГЕРМАНИЙ	Ge
33	砷	МЫШЬЯК	As
34	硒	СЕЛЕН	Se
35	溴	БРОМ	Br
36	氪	КРИПТОН	Kr
37	铷	РУБИДИЙ	Rb
38	锶	СТРОНЦИЙ	Sr
39	钇	ИТТРИЙ	Y
40	锆	ЦИРКОНИЙ	Zr
41	铌(钶)	НИОБИЙ (КОЛУМБИЙ)	Nb (Cb)
42	钼	МОЛИБДЕН	Mo
43	锝	ТЕХНЕТИЙ (ТЕХНЕЦИЙ)	Tc
44	钌	РУТЕНИЙ	Ru
45	铑	РОДИЙ	Rh
46	钯	ПАЛЛАДИЙ	Pd
47	银	СЕРЕБРО	Ag
48	镉	КАДМИЙ	Cd
49	铟	ИНДИЙ	In
50	锡	ОЛОВО	Sn
51	锑	СУРЬМА	Sb
52	碲	ТЕЛЛУРИЙ (ТЕЛЛУР)	Te
53	碘	ИОД	I
54	氙	КСЕНОН	Xe
55	铯	ЦЕЗИЙ	Cs
56	钡	БАРИЙ	Ba

57	镧	ЛАНТАН	La
58	铈	ЦЕРИЙ	Ce
59	镨	ПРАЗЕОДИМИЙ (ПРАЗЕОДИМ)	Pr
60	钕	НЕОДИМИЙ	Nd
61	钷	ПРОМЕТИЙ	Pm
62	钐	САМАРИЙ	Sm
63	铕	ЕВРОПИЙ	En
64	钆	ГАДОЛИНИЙ	Gd
65	铽	ТЕРБИЙ	Tb
66	镝	ДИСПРОЗИЙ	Dy
67	钬	ГОЛМИЙ (ГОЛЬМИЙ)	Ho
68	铒	ЭРБИЙ	Er
69	铥	ТУЛЛИЙ (ТУЛИЙ)	Tu
70	镱	ИТТЕРБИЙ	Yb
71	镥	ЛЮТЕЦИЙ	Lu
72	铪	ГАФНИЙ	Hf
73	钽	ТАНТАЛ	Ta
74	钨	ВОЛЬФРАМ	W
75	铼	РЕНИЙ	Re
76	锇	ОСМИЙ	Os
77	铱	ИРИДИЙ	Ir
78	铂	ПЛАТИНА	Pt
79	金	ЗОЛОТО	Au
80	汞	РТУТЬ	Hg
81	铊	ТАЛЛИЙ	Tl
82	铅	СВИНЕЦ	Pb
83	铋	ВИСМУТ	Bi
84	钋	ПОЛОНИЙ	Po
85	砹	АСТАТИН	At
86	氡	РАДОН	Rn

87	钫	ФРАНЦИЙ	Fr
88	镭	РАДИЙ	Ra
89	锕	АКТИНИЙ	Ac
90	钍	ТОРИЙ	Th
91	镤	ПРОТАКТИНИЙ	Pa
92	铀	УРАН	U
93	镎	НЕПТУНИЙ	Np
94	钚	ПЛУТОНИЙ	Pu
95	镅	АМЕРИЦИЙ	Am
96	锔	КЮРИЙ	Cm
97	锫	БЕРКЛИЙ (БЕРКЕЛИЙ)	Bk
98	锎	КАЛИФОРНИЙ	Cf
99	(锿)	АФИНИЙ (ЭЙНШТЕЙНИЙ)	An (Es)
100	钲	ЦЕНТУРИЙ	Ct